科学版研究生教学丛书

现代有机合成化学

——选择性有机合成反应和复杂有机分子合成设计

（第二版）

吴毓林　姚祝军　胡泰山　编著

科学出版社

北　京

内 容 简 介

本书共13章，分别从有机合成中的选择性，有机合成中的保护基，潜在官能团，不对称合成，有机合成设计概论，目标分子的考察，反合成分析，合成原料、砌块和手性源，合成计划的考察和选择，天然产物合成实例，组合化学等方面全面论述了现代有机合成的核心问题——选择性问题和合成设计问题。

本书曾作为研究生教材在中国科学院上海有机化学研究所讲授17年，期间曾3次修订，现作为中国科学院研究生教材正式出版，补充了大量最新的研究文献，是一部非常好的适合高年级本科生和研究生层次的教材。

本书可供从事化学研究工作的大学高年级本科生、研究生、教师及广大的科研工作者参考。

图书在版编目（CIP）数据

现代有机合成化学——选择性有机合成反应和复杂有机分子合成设计/吴毓林，姚祝军，胡泰山编著. —2版. —北京：科学出版社，2006.1
（科学版研究生教学丛书）
ISBN 978-7-03-016315-8

Ⅰ. 现… Ⅱ. ①吴… ②姚… ③胡… Ⅲ. 有机合成-合成化学-研究生-教材 Ⅳ. O621.3

中国版本图书馆CIP数据核字（2006）第112083号

责任编辑：胡华强 杨向萍 丁 里 / 责任校对：鲁 素
责任印制：张 伟 / 封面设计：陈 敬

科学出版社出版
北京东黄城根北街16号
邮政编码：100717
http://www.sciencep.com
涿州市般润文化传播有限公司 印刷
科学出版社发行 各地新华书店经销
*
2001年7月第 一 版 开本：B5（720×1000）
2006年1月第 二 版 印张：28 1/2
2023年7月第十一次印刷 字数：544 000

定价：98.00元

（如有印装质量问题，我社负责调换）

序 1

《现代有机合成化学——选择性有机合成反应和复杂有机分子合成设计》一书作者吴毓林是中国科学院上海有机化学研究所研究员，从事有机合成研究工作 30 余年，在当前有机合成的前沿如甾体、萜类、前列腺素、白三烯等领域开展了创造性的工作，发表了大量高质量的论文。自 1984 年以来，吴毓林一直承担中国科学院上海有机化学研究所研究生有机合成课的教学工作，积累了丰富的经验。本书是他 30 余年来研究与教学工作两方面经验的结晶。

一般的有机合成教科书将重点放在官能团的转化和反应的类型方面。本书作者则把有机合成化学提高到一个新的高度，把重点放在选择性有机合成和复杂有机分子合成设计两个方面，这是当代有机合成化学的活跃点。有机合成化学发展到今天，选择性有机合成，尤其是不对称合成已成为有机化学家改造世界的有力手段，是国际上飞速发展的领域。复杂有机分子合成是有机化学高水平和艺术的结合，是有机化学发展到高层次的标志，本书对这方面的合成设计进行了系统的介绍，如反合成、合成原料、合成砌块和手性源等，并有天然产物合成的实例。由于作者有合成天然产物的丰富经验，所以整个写作有一定深度。

本书作为研究生的教材，可以把研究生领入一个有机合成的最前沿的领域；对于从事有机合成的研究工作者和工厂技术人员是一本很完备的参考书；对于科研人员和大学教师是一本再学习的好材料！

陆熙炎

中国科学院院士

中国科学院上海有机化学研究所研究员

2000 年 3 月

序 2

目前，国内可作为高等学校本科生教材使用的有机化学书籍已经出版了很多，但更高层次、更专门、可作为研究生（特别是博士生）教学用书的书籍还很少。有机合成是有机化学中一个重要领域，近年进展很快。一些结构复杂的有机化合物，特别是一些结构奇特的天然产物已经大量合成，一些合成难度很高的有机化合物也已经采用特色方法合成。这类化合物合成过程中往往采用技巧很高的方法，或应用高选择性的试剂，将这方面的经验与技巧很好地总结与系统地叙述，对培养高层次的有机化学人才将有很高的价值。

中国科学院上海有机化学研究所研究员吴毓林教授对研究生（特别是博士生）讲授高等有机化学课程已经十余年，编有讲义，并几经修改。最近，准备再一次补充近三年来的新文献资料，重新改写以供出版。这本书稿的特色包括：（1）内容很新，收集了近年有机化学的新进展；（2）合成方法特别重点叙述有机反应的选择性，包括化学选择性、区域选择性、立体选择性，这也正反映了复杂有机分子合成近年进展的特点；（3）阐明合成路线设计的一些原理与原则，包括合成计划的考察和选择；（4）列举了一些复杂天然产物的合成实例。

吴毓林教授与姚祝军博士从事有机化学科研多年，积累了很多经验，也发表了很多论文，也具有很高学术水平。特别是吴毓林教授多年主持生命有机化学国家重点实验室的工作，不但先后亲自成功地完成许多高难度的合成工作，还指导大量博士生与重点实验室客座人员进行复杂化合物的合成，因此不但通晓文献，而且颇具感性知识，写成的书稿将对研究生教学、专业人员进修、有机化学科技工作者参考有很大价值！

嵇汝运

中国科学院院士

中国科学院上海药物研究所研究员

2000 年 3 月

第二版自序

本书自第一次正式出版以来虽经四次印刷，但也已全部售罄，为此科学出版社希望我们能加以修订再版。我们也深感有此职责，一是四年前交稿之际时间紧迫，基本上是将原来的讲义直接付印，因此内容上少叙述，多反应图式，而事后还发现分子结构式中尚有不少错误，十分汗颜；二是这四年来有机合成，特别是复杂有机分子、天然产物的全合成研究又有了新的发展，作为一本研究生的教材，既要包括这一课程的基础知识，也应反映该领域的新进展，为此完全有必要对原书做较大的更新。按照这样的想法，2005 年 3 月以来，在基本保持全书原有章节的前提下，对内容做了较多的更新和补充。

由于近期有机合成的材料极其丰富，无法一一领略，而我们本身的研究、教学工作又正值忙季，因此这次也只能从我们手头和感兴趣的材料中，做了一些选择、加工。我们也感到这次再版恐难尽如人意，希望读者能多多提出意见，指出错误，以便在重印和再版时加以改正。

吴毓林　姚祝军　胡泰山

2005 年 12 月

第一版自序

有机合成是有机化学的中心，是有机化学家改造世界、创造未来最重要的手段，而复杂分子的合成或称多步合成则更是集中体现了有机合成的科学价值和当前的综合水平。有机合成从总体上讲涉及各种各样的单元反应，包括碳碳键的形成和官能团的转化，这也可称作有机合成反应方法学的问题，是有机合成的基础；另一方面则是如何将这些方法组合起来用于特定目标分子的合成，这时将面临一个复杂的多元体系，因此多元体系中合成反应的选择性问题以及合成路线的合理设计问题将成为最突出之点。

1984 年根据有机化学专业研究生课程的要求，我们就复杂分子的合成编写了一份讲义，其中就突出了合成反应的选择性和合成路线的合理设计。之后于 1988 年印刷第二稿，仍保持了这一特色，但内容作了较多的补充和更新。自第二稿编写至今，已过去了 12 年之久，其间有机合成有了迅猛的发展。随着 21 世纪的到来，有机化学乃至化学和整个自然科学都将有新的发展和转折，尤其表现在学科的交叉和渗透。但是不论如何变化，复杂有机分子的合成仍将是一个十分活跃的领域。当然，在合成目标分子如何与生命科学、材料科学等的结合上将会有新的要求，在所使用的合成反应手段上，尤其是不对称反应的控制和生物技术的应用等方面将会有更显著的发展。为此，我们在 1996 年第三稿中力图确切反映近年来这些变化和进步，我们恢复了“不对称合成”一章以示内容的系统性和完整性。这次，我们还增加了“组合化学”一章，使读者对这一新生学科有所了解和认识。仍如第二稿序中提及的那样，由于我们水平和时间所限，编写上可能还有不少错误之处。另外所取材料较多是我们日常收集的，其中不少是我们自己研究课题兴趣所在，因此无疑将有较大的局限性。对此欢迎读者批评指正。

最后我们感谢这几年来用过这份讲义前三稿的研究生，他们在学习过程中提出了不少宝贵的意见。上海有机化学研究所各位研究生导师和研究生部这几年一直关心和支持着这份教材，这次公开出版也是他们鼓励的结果。这里，我们还要感谢陆熙炎院士和嵇汝运院士对本书出版的推荐以及中国科学院教育局出版基金对本书出版的支持。

吴毓林　姚祝军

2000 年 6 月于上海有机化学研究所

目　　录

第1章 绪　言

自 1828 年德国科学家伍勒(Wöhler)合成尿素以来,170 多年间有机化学的发展逐渐形成了三个互相联系和依存的领域:一是天然产物的分离、鉴定和结构测定;二是物理有机化学;三是有机合成。有机合成是一个富有创造性的领域,它不仅要合成自然界含量稀少的有用化合物,也要合成自然界不存在的、新的有意义的化合物。有机合成的基石是各种类型的合成反应以及组合这些合成反应以获得目标化合物的合成设计及策略。目前,随着生命科学研究的推进,人们对许多生命过程、功能本质的认识已深入到分子水平;材料化学家也正在构想分子水平的器件,合成十分复杂和具有特定功能结构的有机分子已成为有机化学家们十分重要的课题。另外,分子结构理论也日趋进步,提出了一系列理论上可能存在的有机分子结构,这些结构的证实也有待于有机合成化学家的实践。近 20 年来,有机合成在这两方面都取得了辉煌的成就,有机合成大师的一些杰作也曾一度被誉为是一种艺术而相互传颂。前者如维生素 B_{12} **1** 的合成,两个实验室的 100 多位合成化学家在 Woodward 及 Eschenmoser [1] 领导下攻克了这一堡垒;后者如 Paquette 小组[2] 成功合成了结构上饶有兴趣的五角十二面烷 **2**(pentagonal dodecahedrdane)。

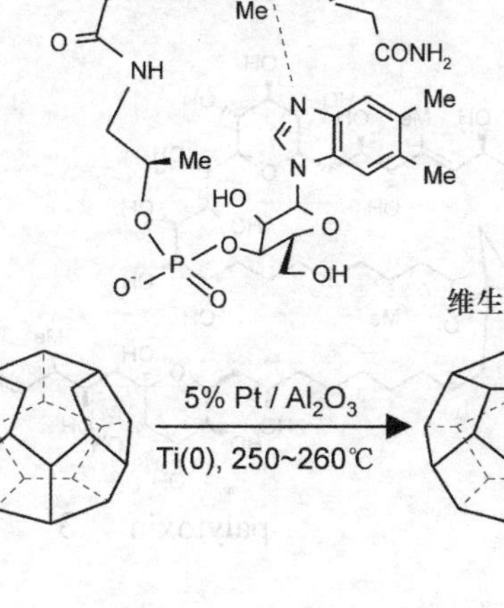

维生素 B_{12} **1**

5% Pt / Al_2O_3, Ti(0), 250~260℃

2

这些被认为是有机化学、特别是有机合成在第二次世界大战以后的成就标志，但不能认为有机合成已发展到了顶峰。如果说 Woodward 一生奋斗的成就是将有机合成作为一种艺术展现在世人面前，那么 Corey 则是将有机合成从艺术转变为科学的一个关键人物，他的反合成分析是现代有机合成化学的最重要基石，推动了 20 世纪 70 年代以来整个有机合成领域的蓬勃发展。自维生素 B_{12} 合成以后，复杂分子的合成又取得了许多新的进展。有机合成所从事的目标分子不仅仅局限于它们的结构，而且还考虑目标分子的功能和活性[3]。但从有机合成的方法和技术上讲，作为这一时期的一个特征，合成反应的选择性，包括化学、区域、立体选择性受到了空前的重视。高度选择性的合成反应，尤其是对映选择性反应取得了以前无法预料的成就，而且这一势头仍在增长之中。这一时期的另一特征是复杂分子合成设计方法上的进步，合成路线更为合理、巧妙、艺术和科学，合成过程更注重于环境的承受能力和原子经济性合成[4]。计算机技术的进步也为有机合成增添了新的色彩，计算机辅助的合成设计可能将合成设计的科学、合理、经济性推向一个新的高度[5]。这些发展都为有机合成能适应时代的需求，更好地参与生命过程中的一些复杂的化学基础问题的研究提供了条件。如果说 Kishi 等[6]完成的含有 64 个手性碳中心的天然海葵毒素 **3**(palytoxin) 的合成使我们看到了有机合成所能达到的复杂、精细程度，那么 Schreiber 等[7]对 FK-506 **4** 的细胞免疫抑制作用和 FK-1012 **5** 的基因开关研究更使合成化学家看到了有机合成在生命科学等大科学研究领域中的无穷创造力和迷人前景[8]。

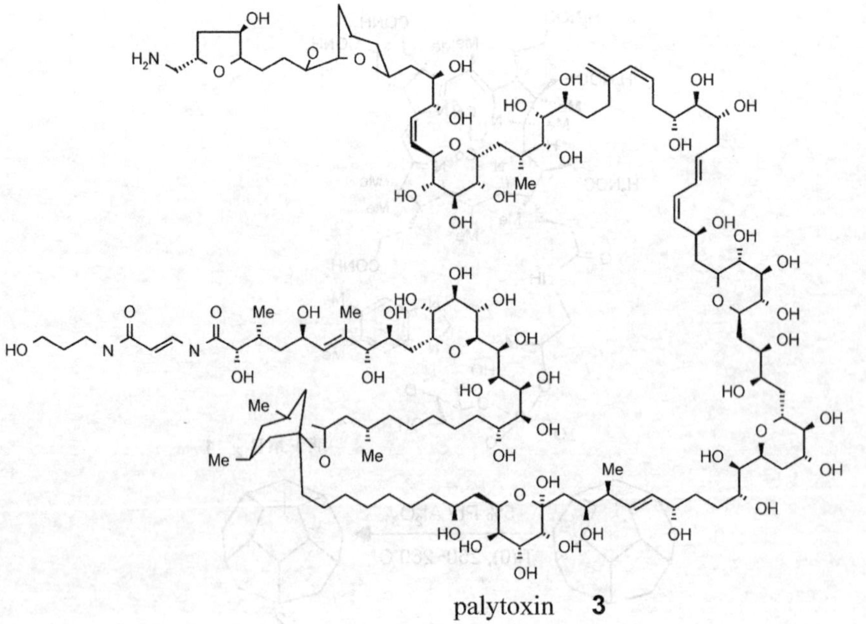

palytoxin **3**

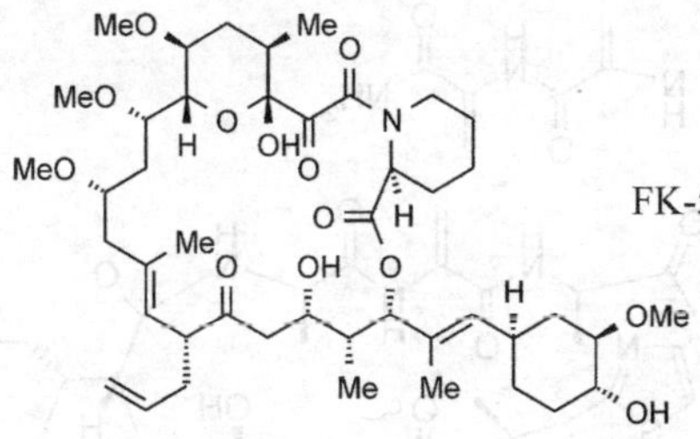

FK-506 **4**

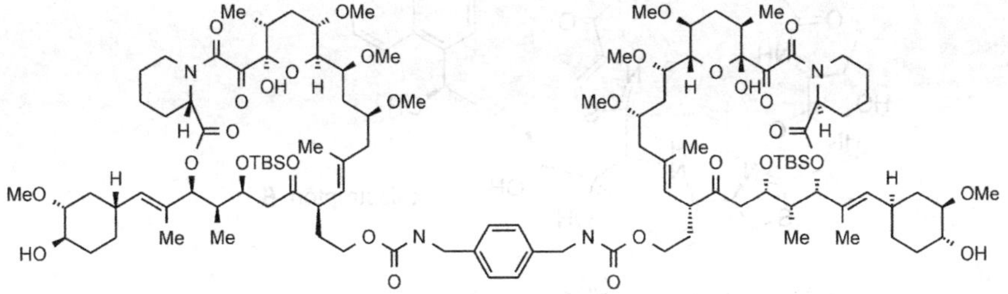

FK-1012 **5**

20世纪与21世纪之交的有机合成化学更是充满了挑战和机遇。经典的复杂分子合成继续向高难度、高生物活性方向发展，出现了 Nicolaou 等[9]一大批的合成大师，攻克了一个又一个合成化学的堡垒。进入21世纪后，我们则看到了一股更迅猛的发展势头，下面的几个例子也许可以看出一些端倪。在天然产物方面，thiostrepton **6** 具有10个环、11个肽键和17个手性中心，于2004年由 Nicolaou 小组合成成功[10]；brevetoxin-B **7**(BTX-B) 是有名的海洋天然产物，已有多条合成路线报道，这次 Nakata 小组报道了他们研究的新的合成路线，由三乙酰基葡萄糖烯开始，最长的线性路线步数为59步，总反应步数为90步，每步平均产率93%，显示了一件精心杰作[11]；jiadifenin **8** 是一个倍半萜，这是一小分子但密集着多个环和手性中心，因而还是一个有相当挑战性的合成目标，Danishefsky 小组以18步，1.9%的总产率(还未充分优化)合成了它的消旋体。这一合成工作的特点是密切结合生物活性的研究，通过合成的产物进一步确证了 jiadifenin 是一个非肽类的神经营养调节剂，而且还发现它合成最后一步的前体活性竟然更高[12]。在合成结构独特的分子方面，如球烯 **9**(C_{60}，fullerene)的合成[13]，以及将球烯打开、再缝上的方法合成了包入一个氢分子的球烯($H_2@C_{60}$)[14]。此外，Corey 的一个梯形烷(ladderane) pentacycloanammoxic acid methyl ester **10** 的合成也是十分有意义的，虽然这一分子也是一天然产物，但它的梯形结构是十分独特的[15]。

有机合成化学为了迎合日新月异的现代合成药物工业、功能材料科学的需求，高通量(high throughput)自动化合成技术受到日益重视，组合化学(combinatorial chemistry)应运而生，成为当代有机合成化学领域一道亮丽的风景线。为了指

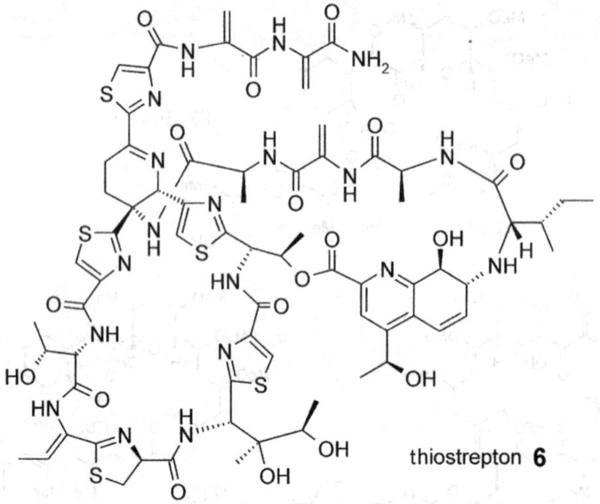

thiostrepton **6**

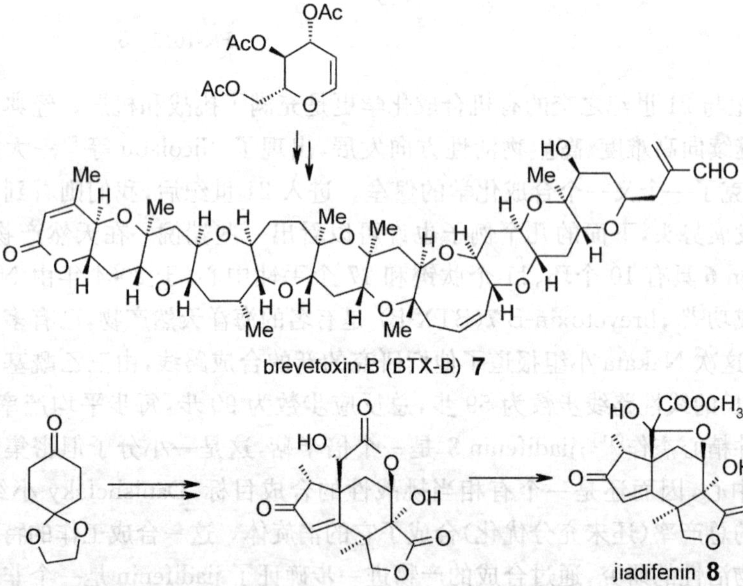

OAc
AcO
AcO
O

HO
Me
CHO
Me
H
O
Me
H
H
Me
O
O
H
H
H
Me
H
H
O
O
O
O
O
O
H
O
H
H
O
H
H
O
O
H
O
O
H
H
Me
Me

brevetoxin-B (BTX-B) **7**

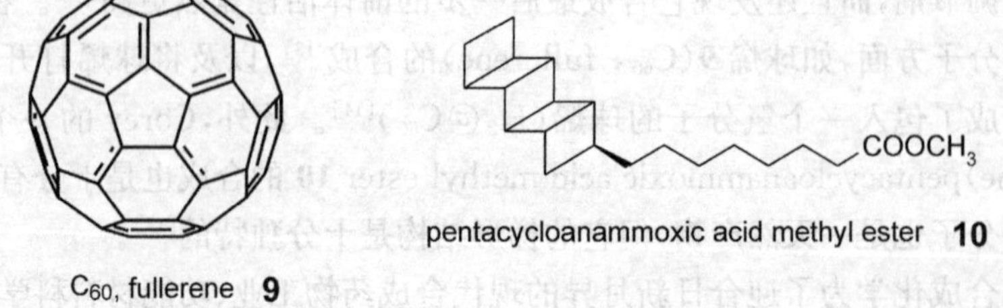

jiadifenin **8**

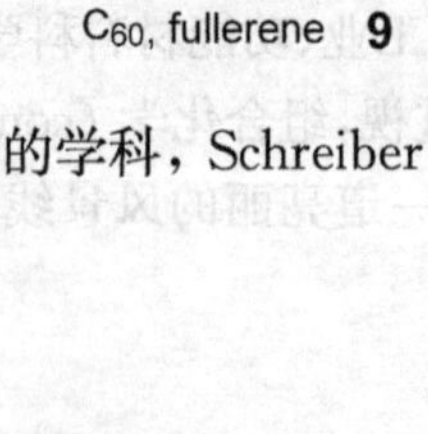

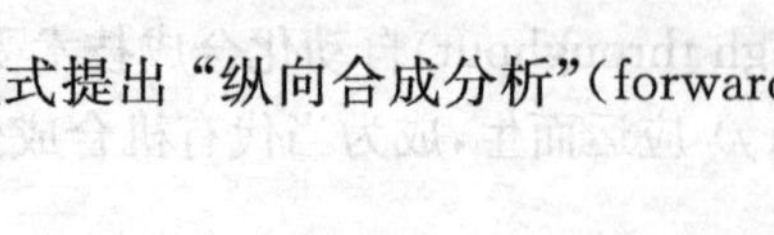

pentacycloanammoxic acid methyl ester **10**

C_{60}, fullerene **9**

导这一新的学科，Schreiber 于近期正式提出“纵向合成分析”(forward synthetic

analysis)和“分子多样性导向合成”(diversity-oriented organic synthesis, DOS)的概念[16],以补充“反合成分析”的不足。

从合成化学的发展轨迹,我们完全有理由相信,它的发展将没有终点,而且永远也不会有终点。作为创造物质的有力手段,有机合成已经为人类社会创造了无数的奇迹,它必将继续服务于人类的文明进步,致力于创造人类生活更加美好的未来。

参 考 文 献

[1] Eschenmoser, A., Wintner, C. E. Science, 1977, 196, 1410

[2] Paquette, L. A., Miyahara, Y., Doecke, C. W. J. Am. Chem. Soc., 1986, 108, 1716

[3] Seebach, D. Angew. Chem. Int. Ed. Engl., 1990, 29, 1320

[4] Trost, B. M. Angew. Chem. Int. Ed. Engl., 1995, 34, 259

[5] Ihlenfeldt, W.-D., Gasteiger, J. Angew. Chem. Int. Ed. Engl., 1995, 34, 2613

[6] Kishi, Y. Chemica Scripta, 1987, 27, 573

[7] Spencer, D. M., Wandless, T. J., Schreiber, S. L., Crabtree, G. R. Science, 1993, 262, 1019

[8] Baum, R. M. Probing the Interface of Chemistry and Biology. Chem. & Eng. News, 2000, 78(19) (May 8), 73

[9] a) Nicolaou, K. C., Vourloumis, D., Winssinger, N., Baran, P. S. The Art and Science of Total Synthesis at the Dawn of Twenty-First Century. Angew. Chem. Int. Ed. Engl., 2000, 39, 44~122

b) Nicolaou, K. C. Perspectives in total synthesis: a personal account. Tetrahedron, 2003, 59, 6683~6738

[10] a) Nicolaou, K. C., Safina, B. S., Zak, M., Estrada, A. A., Lee, S. H. Angew Chem Int Ed., 2004, 43, 5087~5092

b) Nicolaou, K. C., Zak, M., Safina, B. S., et al. Angew Chem Int Ed., 2004, 43, 5092~5097

[11] Matsuo, G., Kawamura, K., Hori, N., et al. J. Am. Chem. Soc., 2004, 126, 14374~14376

[12] Cho, Y. S., Carcache, D. A., Tian, Y., et al. J. Am. Chem. Soc., 2004, 126, 14358~14359

[13] a) Scott, L. T., Boorum, M. M., Mcmahon, B. J., et al. Science, 2002, 295, 1500~1503

b) Scott, L. T. Angew Chem Int Ed., 2004, 43, 4994~5007

[14] Komatsu, K., Murata, M., Murata, Y. Science, 2005, 307, 238~240

[15] Mascitti, V., Corey, E. J. J. Am. Chem. Soc. 2004, 126, 15664~15665

[16] a) Schreiber, S. L. Target-Oriented and Diversity-Oriented Organic Synthesis in Drug Discovery. Science, 2000, 287, 1964~1969

b) Burke, M. D., Schreiber, S. L. Angew. Chem. Int. Ed., 2004, 43, 46~58

第2章 有机合成中的选择性

在当代有机合成中，设计一个新的反应和试剂或应用某一反应和试剂于目标物的合成时，尤其在复杂分子合成中，反应的选择性是一个关键的问题。反应的选择性(selectivity)是指一个反应可能在底物的不同部位和方向进行，从而形成几种产物时的选择程度。反应的专一性(specificity)是指产物与反应物、条件在机理上呈一一对应关系。因此，只产生一个产物的反应并不一定是专一性反应。为此，专一性这一名词一般较少使用。

反应的选择性可以从反应的底物和产物两方面来考察。通常大致可以分为三种选择性。

(1) 化学选择性(chemoselectivity)　不同官能团或处于不同化学环境中的相同官能团，在不利用保护或活化基团时区别反应的能力；或一个官能团在同一反应体系中可能生成不同官能团产物的控制情况。

(2) 区域选择性(regioselectivity)　在具有一个不对称的官能团(产生两个不等同的反应部位)的底物上反应，试剂进攻的两个可能部位及生成两个结构异构体的选择情况。如通常涉及的羰基的两侧 α 位、双键或环氧两侧位置上的选择反应、α,β-不饱和体系的1,2对1,4加成和烯丙基离子的1,3选择反应等。

(3) 立体选择性(stereoselectivity)　又可以分成两类：第一类是相对立体化学或非对映选择性(diastereoselectivity)的控制；第二类是绝对构型或对映选择性(enantioselectivity)的控制。前者还包括几何异构体的控制，以及引入手性辅助基团的不对称反应。

由于化学选择性比较易于理解，这里不多叙述。下面我们举一例[1]来说明后两者的异同。

COOH　γ　γ'
I_2, CH_2Cl_2
aq $NaHCO_3$
20℃, 79%

142　I　　1.0　III　(Re)
4.7　II　　0　IV　(Si)

上例中Ⅰ和Ⅲ、Ⅱ和Ⅳ之间为区域选择性关系；Ⅰ和Ⅱ、Ⅲ和Ⅳ之间为立体选择性关系。

在一个结构较为复杂的有机分子合成中，一般总要涉及上述的三种选择性问题。由于合成过程涉及的中间体常是多官能团的，而目标化合物又都是特定结构的，因此，最理想的解决办法就是采用高选择性的反应，因此寻找高选择性的有机反应是当前有机合成方法学研究的主要课题。当然，合成中也存在不少缺少有效的选择性反应的场合，于是不得不采用迂回的方法，如采用保护基团、潜在官能团或合成等当体的方法，甚至改变合成路线，采用其他合适原料等。这些迂回的方法将在以后讨论，本章仅就直接选择性反应的几个议题略作讨论。不对称合成由于其突出的地位，我们将另辟章节论述。

2.1　选择性反应的底物

一合成路线中要对某中间体进行选择性反应，选择的成功与否，首先取决于这一中间体即反应底物的结构情况，对此情况大致可以分成四类。根据不同类别，我们可以做出预测和设计相应的对策。

1. 被选择的两方面状况有质的不同

这时，我们很容易找到合适的试剂和条件来进行高度选择性的反应。如下述底物中在羧基存在下对羰基的选择性反应就相对容易进行[2a]。

HO　HOOC　←$NaBH_4$—　O　HOOC　—MeMgI, −20~0℃→　OH　HOOC

但如果这时要使低反应活性的羧基发生选择性的反应，则就很难找到直接的办法，而需要采用选择保护的办法。在羰基保护之后，两者反应性质发生变化，就可以达到选择性的目的。下面就是这样的一个例子，还原酯基而保留羰基[3]。

CO_2Et　BnO　O　—$HOCH_2CH_2OH$, TsOH, 98%→　CO_2Et　BnO　—1) LAH　2) PPTS, wet acetone→　OH　BnO　O　76%

2. 被选择的两方面在量上差别较大

这时也较易或经探索后可以达到较好的选择性。这里所指的量不是数量的意思，而是相同的活性官能团处于不同的化学环境中产生的反应差异性。例如，下例中[4]亲双烯体的二侧烯烃活性差异以及右侧烯烃两端的电性差异在 Diels-Alder 反应中所表现的不同反应性质，利用这样的性质达到区域选择性和立体选择性的目的。

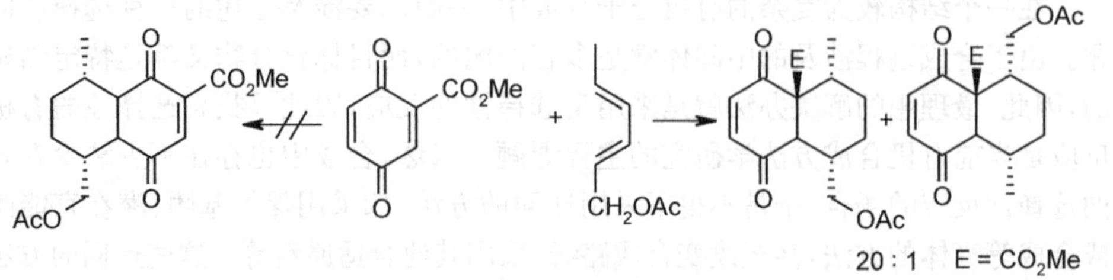

20 : 1 E = CO_2Me

在下面的茼蒿素衍生物中，选择性地还原环内双键是一个难题，催化氢化往往得到两个双键均被还原的产物。后来发现，环内双键可以高选择性地被 NH_2OH/AcOEt 或 $NaBH_4$/$NiCl_2$ 还原[2b]。

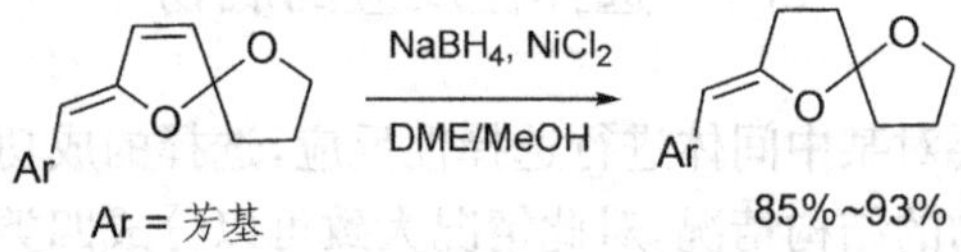

$NaBH_4$, $NiCl_2$；DME/MeOH

Ar = 芳基　　85%~93%

3. 被选择的两方面情况差别很小

这时就比较难找到满意的选择反应，只能采取分离的手段或改变合成的路线以避免这种情况。例如，对下述底物的酸催化脱水反应[2a]，因缺少有效的控制因素而得到 1∶1 的两个性质接近的反应产物。这种情况在合成设计时应尽量避免。

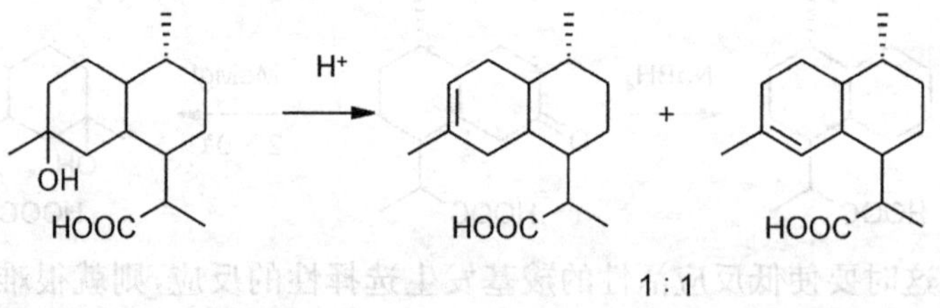

1 : 1

4. 被选择的两方面情况完全相同

被选择的两方面情况完全相同，即分子存在一定的对称性。这时可以选用合适的反应条件和试剂量，或利用部分反应后的中间产物进一步反应的活性下降，达到可以接受的单边反应效果。例如，对 2,3-*O*-丙酮叉保护的鼠李醇的单边苄基保护，使用 1 当量(eq.)①的试剂就可以达到比较满意的效果[5]。

① 当量是非法定单位，根据国家规定，当量应改用物质的量表示。但由于实际工程应用中仍广泛使用当量的概念；加之在有些情况下，当量与物质的量并不等值，因此本书仍保留了当量一词的使用。在此特做说明。——出版者

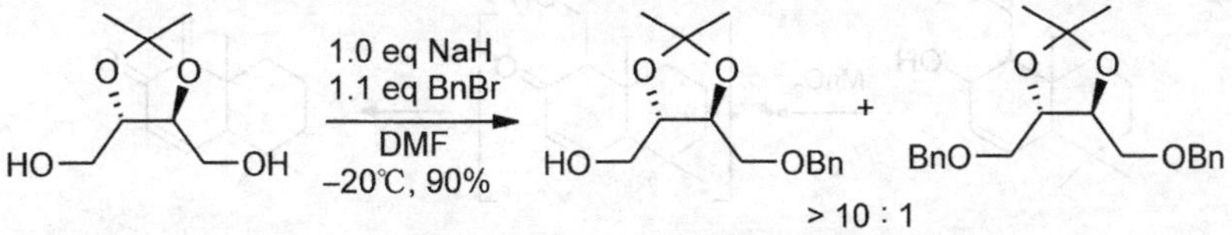

HO　OH
1.0 eq NaH
1.1 eq BnBr
DMF
−20℃, 90%
HO　OBn　+　BnO　OBn
> 10 : 1

Schreiber 等[6]对对称的双烯基甲醇的 Sharpless 环氧化则充分利用了不同反应中间产物的动力学行为的差异,从而获得高度立体选择性的结果,成为当代有机合成反应成功的经典之作。下图中有方框的化合物为反应的主产物。

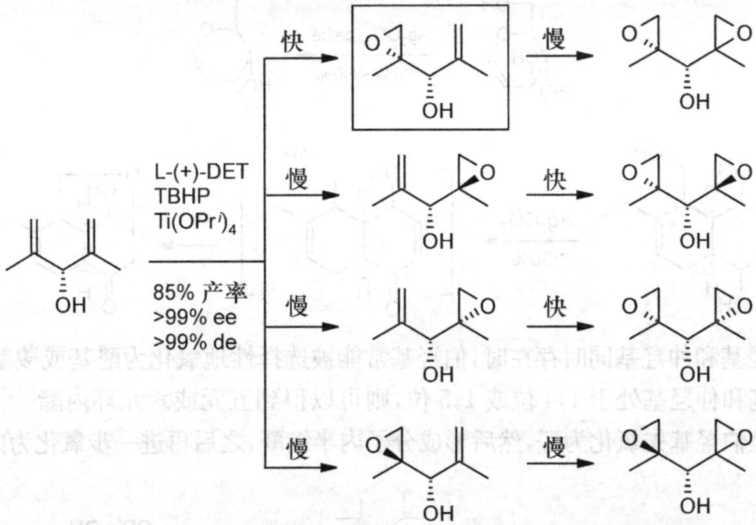

L-(+)-DET
TBHP
$Ti(OPr^i)_4$
85% 产率
>99% ee
>99% de
快　慢
慢　快
慢　快
慢　慢

2.2　选择性的控制——试剂和反应条件的调节

在 2.1 节的第二和第四种类型底物时,选择合适的试剂和反应条件可以获得选择性,这也是目前有机合成方法学研究的一个主要方向。下面我们以一些典型官能团的选择性反应为例来说明这样的一种调节作用。

1. 羟基的选择性氧化

烯丙基羟基和苄羟基的活性较高,因此在其他羟基的存在下可被选择性氧化。这些氧化试剂有活性 MnO_2[7]、DDQ[8]、Ag_2CO_3/celite[9]等。下面的四个例子就是在这种情况下的选择情况。

伯羟基和仲羟基同时存在时，伯羟基常能被选择性地氧化为醛基或羧基[10]。如果伯羟基和仲羟基处于1,4位或1,5位，则可以得到五元或六元环内酯[11,12]。该过程可能是伯羟基先氧化为醛，然后形成分子内半缩醛，之后再进一步氧化为内酯。

相反,利用下列一些特定的化学试剂也可以选择性地将仲羟基氧化为酮，而同时存在于一个分子内的伯羟基保持不变[13~16]。

$$\xrightarrow[CH_2Cl_2]{Ph_3C^+BF_4^-}$$

$$R-CH(OH)-(CH_2)_nCH_2OH \xrightarrow{Al_2O_3/Cl_3CCHO} R-CO-(CH_2)_nCH_2OH$$

$$\xrightarrow[H_2O_2]{(NH_4)_5Mo_7O_{24}\cdot 4H_2O,\ Bu_4NCl,\ K_2CO_3}$$

$$C_8H_{17}CH(OH)CH_2CH_2OH \xrightarrow[NaBrO_3,\ MeCN,\ H_2O,\ 80℃,\ 88\%]{cat.\ CAN} C_8H_{17}COCH_2CH_2OH$$

另外,多个仲羟基如果处于不同的化学环境中也能被选择性氧化,但这在很大程度上与底物情况有关。例如,甾体上经常利用这一点达到选择性氧化目的[17],其实质是分子中的局部化学环境造成各个羟基的反应性质和化学行为有所差别,甾体显然是典型的位置各异性骨架,其巨大的板块在三维空间上是差别很大的。

$$\xrightarrow[二氧六环水溶液,\ 95\%]{NBS}$$

化学性质完全一致的仲羟基在试剂用量控制的条件下也能达到单边氧化的目的。Fitizon 等[18]曾用 Ag_2CO_3/celite 将 1,4-环己二醇氧化为 4-羟基环己酮。

$$\xrightarrow{Ag_2CO_3\ /\ celite}$$

2. 羰基的选择性反应

羰基是另一类重要官能团,经常被用来进行研究选择性反应。如 α,β-不饱和酮和饱和酮由于它们的电子离域情况不同,亲核性还原剂 H^- 可选择性地进攻饱和酮,而亲电性试剂 B_2H_6 则可选择与不饱和酮反应[19]。

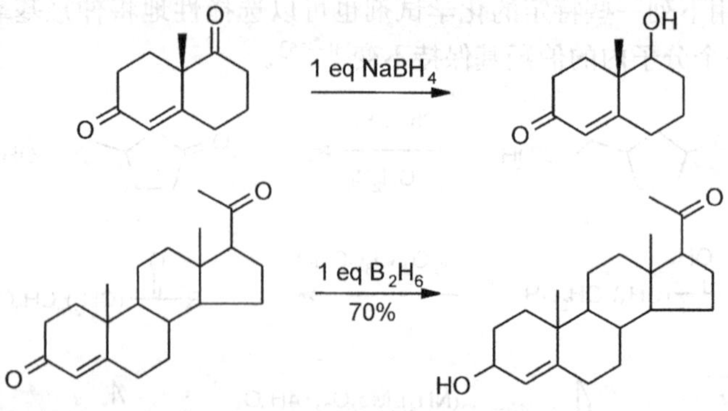

1 eq $NaBH_4$

1 eq B_2H_6
70%

Luche 等[20]发现 $NaBH_4$ 和 $CeCl_3 \cdot 6H_2O$ 的组合可选择性还原 α,β-不饱和醛酮,这一方法被广泛应用于复杂体系中的合成需要[21]。该反应常以甲醇为溶剂,不过在 Isobe 等[22]合成河豚毒素的过程中,对他们的底物而言,最好的溶剂是 $EtOH/CH_2Cl_2$ 混合溶剂,用甲醇的话将有大部分原料反应不完。

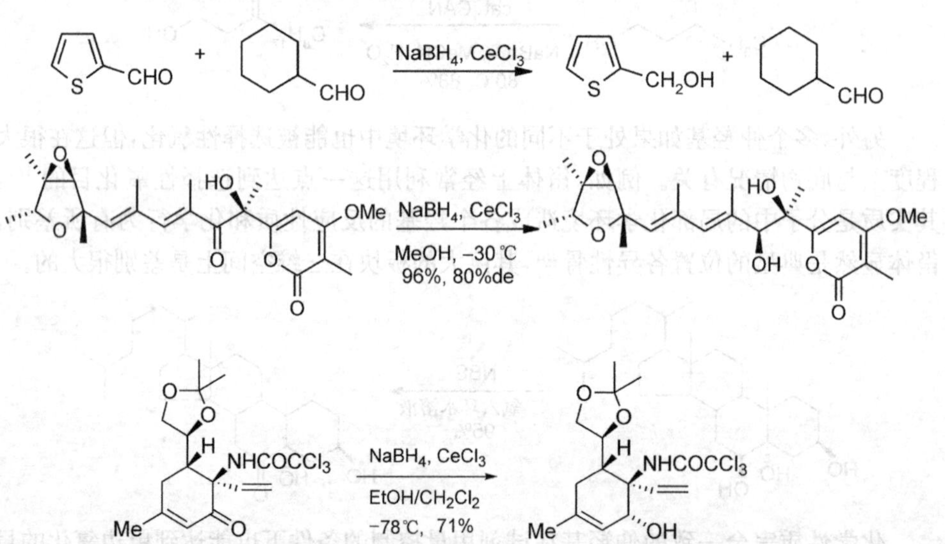

$NaBH_4$, $CeCl_3$

$NaBH_4$, $CeCl_3$
MeOH, −30 ℃
96%, 80%de

$NaBH_4$, $CeCl_3$
$EtOH/CH_2Cl_2$
−78℃, 71%

同样,饱和酮之间也可以利用某些化学环境的差异进行选择性反应。前文提及,甾体的骨架是区域位置各异性较大的刚性环境,因此常被利用进行官能团的选择性反应,羰基也不例外[23,24]。

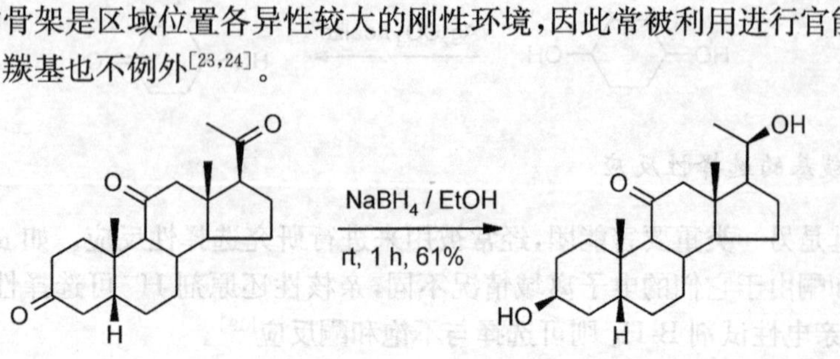

$NaBH_4$ / EtOH
rt, 1 h, 61%

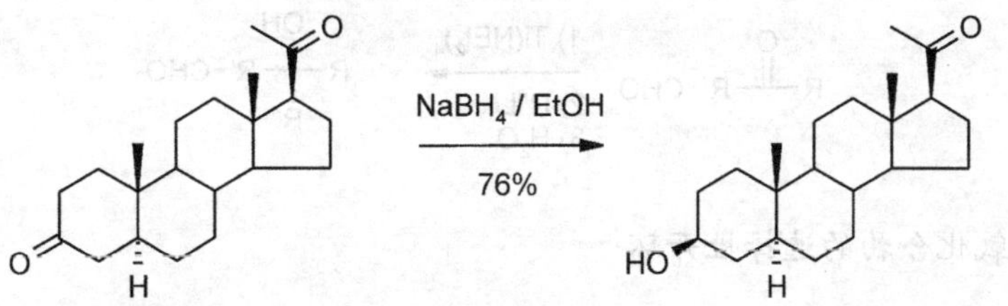

$NaBH_4$ / EtOH

76%

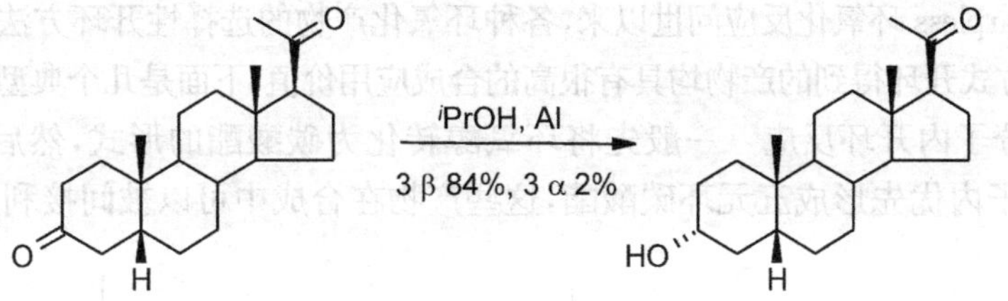

^iPrOH, Al

3 β 84%, 3 α 2%

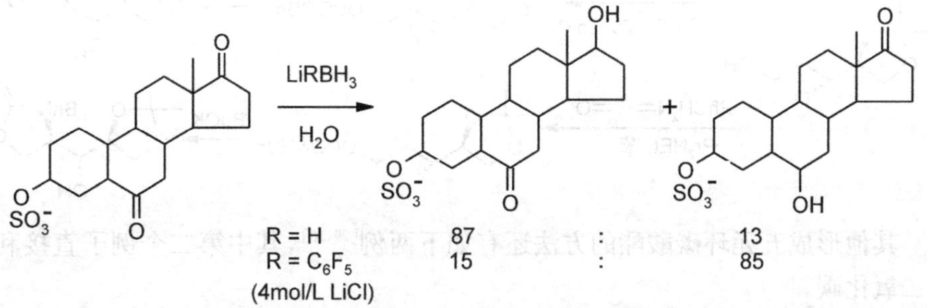

$LiRBH_3$

H_2O

R = H	87	:	13
R = C_6F_5 (4mol/L LiCl)	15	:	85

1) MeOH, $ErCl_3 \cdot 6H_2O$ $(MeO)_3CH$

2) $NaBH_4$

3) pH 2

(间接法)

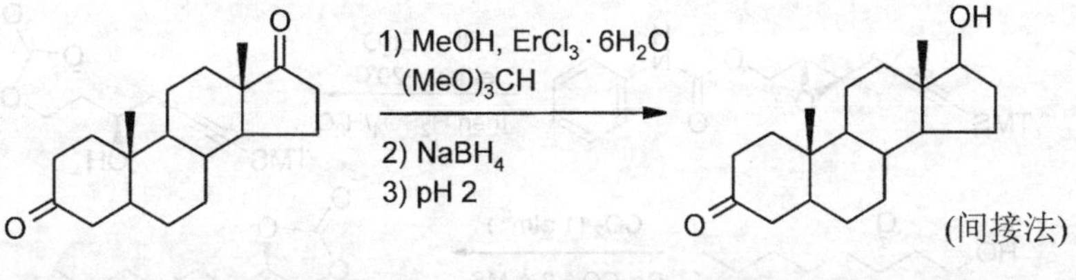

此外,醛酮之间也可选择反应。在一般条件下,醛基的活性要稍高些,通常优先发生反应[25];但某些情况下也可以获得相反的选择性,即酮也可以优先反应[26,27]。在第三个例子中,其实涉及了醛的现场临时保护(见第 3 章)以及后处理时的去保护。

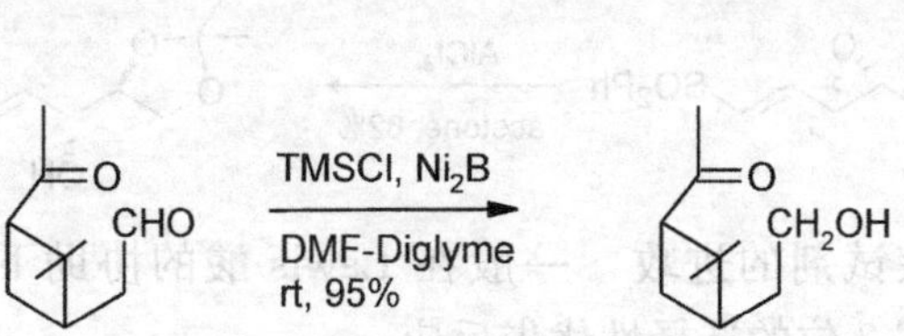

TMSCl, Ni_2B

DMF-Diglyme

rt, 95%

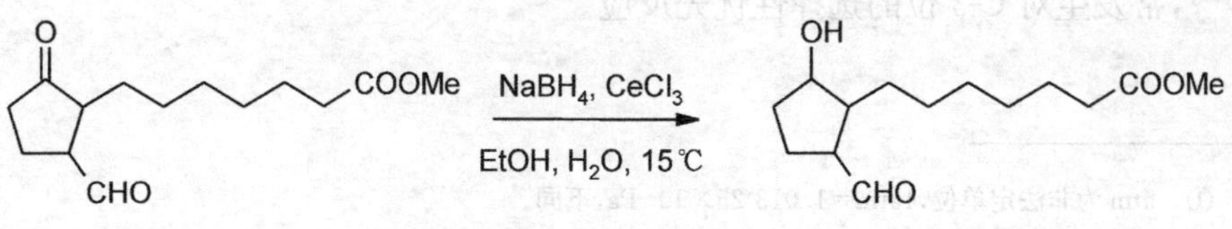

$NaBH_4$, $CeCl_3$

EtOH, H_2O, 15℃

$$R-C(=O)-R'-CHO \xrightarrow[\text{2) R''Li; 3) } H_2O]{\text{1) } Ti(NEt_2)_4} R-C(OH)(R'')-R'-CHO$$

3. 环氧化合物的选择性开环

自 Sharpless 环氧化反应问世以来，各种环氧化产物的选择性开环方法层出不穷，因为不同方式开环得到的产物均具有很高的合成应用价值，下面是几个典型的例子。

(1) 分子内开环反应　一般先将环氧醇转化为碳酸酯的形式，然后在酸或碱作用下分子内优先形成五元环碳酸酯，这些产物在合成中可以被间接利用[28]。

CBzCl/Py, THF, −25~25℃ → OCOOBn; $AlCl_3$ → OH

$PhCH_2N{=}C{=}O$, $^iPr_2NEt$, 苯 → OCONHBn; ^tBuOK → BnN, OH

其他形成五元环碳酸酯的方法还有如下两例[29,30]，其中第二个例子直接利用了二氧化碳。

TMS; $BF_3 \cdot Et_2O$, ether, −20℃, then H_2SO_4/H_2O → TMS, OH

HO; CO_2 (1 atm①), Ce_2CO_3, 3 Å MS, DMF, 40℃ → OH

1-羟基-2,3-环氧底物还常常转化为 3-羟基-1,2-丙酮叉保护的化合物[31]。

HO, SO_2Ph; $AlCl_3$, acetone, 82% → SO_2Ph, OH

(2) 外来亲核试剂的进攻　一般在 Lewis 酸的协助下进行，如 $Ti(OPr^i)_4$ 等[32a]，常发生对 C-3 位的选择性优先反应。

① atm 为非法定单位，1atm＝1.013 25×10^5 Pa，下同。

1.5 eq. $Ti(OPr^i)_4$
3.0 eq. $TMSN_3$
己烷, 回流, 3h
74%, 14/1 ds
N_3　OH　OH　主
OH　OH　N_3　次

上述反应如果采用 $Ti(OPr^i)_2(N_3)_2$ 为试剂[32b]，产物的区域选择性可达 100∶1。最近，Miyashita 等[33]发现，以硼酸三甲酯或乙酯为 Lewis 酸，以 N_3^-、CN^- 或 PhS^- 为亲核试剂时，可以得到 C-2 位优先反应的产物。

NaN_3, $(CH_3O)_3B$
DMF, 50℃
97%
次　(18 : 82)　主

Martin 等[34]用单质卤素在 $Ti(OPr^i)_4$ 的存在下对 1,2-环氧开环也获得了很好的选择性结果。

I_2-$Ti(OPr^i)_4$
0.5 h, 0℃

Br_2-$Ti(OPr^i)_4$
4h, 20~25℃

(3) 金属氢化物的选择性开环　对于 2,3-环氧醇体系，用 Red-Al 试剂得到高选择性的 1,3-二醇[35]；用 Diabal 或 $LiBH_4/Ti(OPr^i)_4$ 则得到以 1,2-二醇为主的结果[35,36]。

BnO　OH　→　BnO　OH　+　BnO　OH
Red-Al / THF / −20℃　150 : 1
Dibal / 苯 / RT　1 : 13

C_4H_9　OH
$LiBH_4$-$Ti(OPr^i)_4$
苯, 10℃, 18h
97%
1 : 150

(4) 在 Cu(Ⅰ)存在下，碳负离子亲核试剂对 2,3-环氧醇的反应　一般都选择优势进攻 C-2 位[30]，如甲基铜锂试剂或 CuI 催化下的乙烯基 Grignard 试剂[37a,b]等。

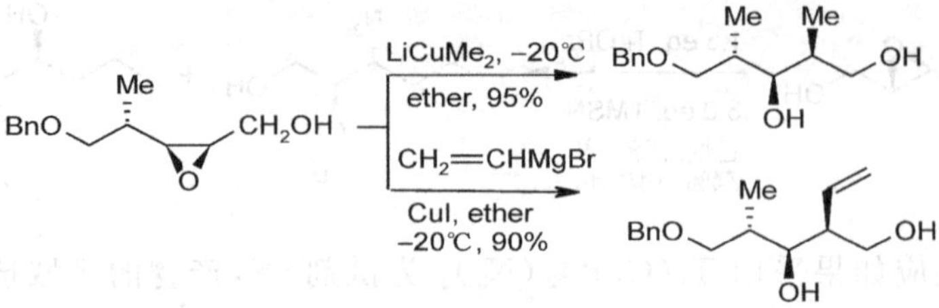

此外,对 *erythro*-2,3-环氧-1-醇底物的选择性开环还可以利用它们在碱性条件下发生的 Payne 重排反应。经重排后得到的 1,2-环氧-3-醇再当场接受亲核试剂对 C-1 位的选择性进攻。这些反应也被广泛用于合成中,亲核试剂可以为 PhS^-、BH_4^-、CN^- 和 $TsNH^-$ 等[38],这里不再叙述。

上面提到的环氧底物主要是 Sharpless 反应后的产物,底物结构中的羟基对这些开环氧反应具有关键的导向作用。近年来,由于孤立烯烃不对称环氧化反应的日渐成熟,推进了对 *meso*-环氧化合物的选择性开环反应的研究。Paterson 等[39]利用天然碱获得了较好的结果(见 5.3 节)。最近,Jacobsen 等[40]则利用他们发展的 Salen-金属络合物催化开环也获得了很好的效果。

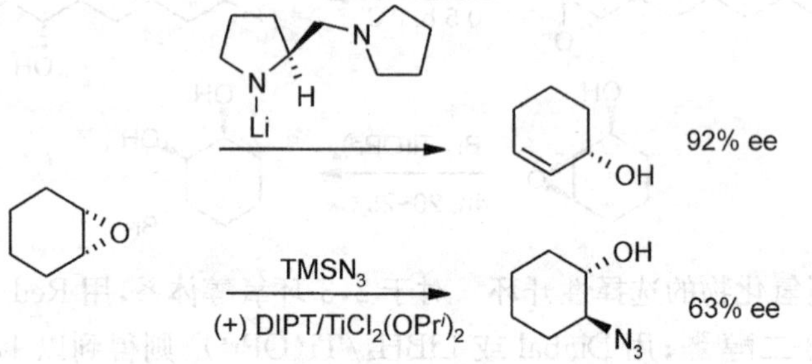

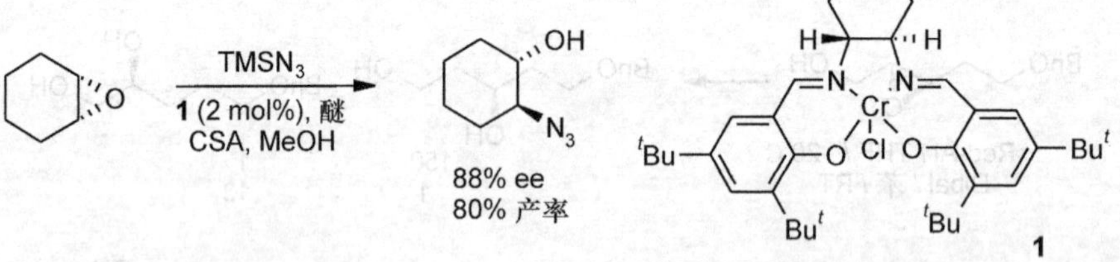

4. 双键顺反式的选择控制

近年来,合成化学家将较多的注意力转向对非环化合物的合成,因为通常非环化合物的立体控制相对于环状化合物为底物显得更为困难。这里,我们首先讨论一下双键顺反几何异构体的选择控制方法,主要有三种途径:一是通过炔烃的立体控制还原;二是通过与醛或酮的反应获得[41],如 Wittig 反应及其改良形式;三是通过钯催化的各类偶联反应获得。

(1) 通过炔烃的立体控制性还原　通常，顺式烯烃主要通过非均相催化氢化获得；化学还原法则大都以反式选择性为主。催化氢化的催化剂主要有 Lindlar 催化剂和 P-2Ni 催化剂，它们的催化氢化能力均被控制在双键阶段。由于它们的普遍性，这里不再介绍。化学还原法典型的反应体系有 Li-NH_3(l)、$LiAlH_4$ 和 Red-Al 还原。对于 α-羟基炔，使用红铝可减少丙二烯型副产物的生成[42,43]。另外，最近几年也发展了一些 $NaBH_4$ 与过渡金属卤化物组合还原炔烃为顺式烯烃的例子。

Red-Al/THF
回流，91%

Red-Al/THF
heating, 83%

(2) Wittig 型反应　醛经 Wittig 反应生成烯烃的立体化学与 ylide 的性质有关，稳定 ylide 以 *E* 式产物为主，而不稳定 ylide 主要生成 *Z* 式产物。溶剂条件也很重要，α-烷氧基醛在甲醇中与稳定 ylide 作用主要生成 *Z* 式烯烃；如果在苯或二氯甲烷中反应，则易于生成 *E* 式烯烃[44]。

$Ph_3P{=}CHCO_2Et$
CH_2Cl_2, cat. HOAc
MeOH, 0℃

$E/Z = 94:6$
$E/Z = 10:90$

此外，用普通的 Wittig-Horner 试剂得到反式占绝对优势烯烃，但如果将 Wittig-Horner 试剂的膦酸乙酯换成膦酸-β-三氟乙酯，选择性就会发生转换，获得顺式产物[45]。

RCHO
R=烷基, Ar 等
$EtO_2CCH_2P(O)(OCH_2CF_3)_2$
NaH, THF

Ando 发现[46]，膦酸三苯酯同样能给出以顺式为主的产物，并且在非常温和的反应条件下(DBU/NaI/THF)就可进行[47]，因而适用于对碱敏感的底物。

$(ArO)_2P(O)CH_2CO_2Et$ —— 1) NaI, DBU, THF, 0℃; 2) RCHO, −78～0℃ ——→ R–CH=CH–CO_2Et

Ar = Ph, *o*-MePh　　　　　　*Z* 选择性高达 96 : 4

砷盐形成的 ylide 比相应的磷 ylide 具有更强的亲核性，因此醛可以在温和的条件下与之反应，具有许多优点。这一反应在一锅内进行，具有很好的反式控制能力[48]。控制溴代乙醛砷盐的用量，还可以发生两次反应，得到全反式共轭多烯产物[49]。

$Ph_3As^+CH_2CHO\ Br^-$ / K_2CO_3, THF-醚, 微量 H_2O → Ⅰ (CHO) + Ⅱ (CHO)

1 eq. $Ph_3As^+CH_2CHO\ Br^-$, 91% 生成 Ⅰ

2.2 eq. $Ph_3As^+CH_2CHO\ Br^-$, 75% 生成 Ⅱ

(3) 偶联反应　Pd 催化的偶联反应，如 Stille 反应和 Suzuki 反应[50,51]经常被用来制备双键构型确定的化合物，在天然产物的合成中得到广泛应用[52]。这类偶联反应的前体化合物如烯基碘（溴）以及烯基硼（锡）可以高立体选择性地合成。

R^1(C=C)BR_2(R^2) + Br–CH=CH–R^3 —— $Pd(PPh_3)_4$ / NaOEt, PhH ——→ R^1–CH=C(R^2)–CH=CH–R^3 (Suzuki 反应)

Macrolactin A 是一个含有四个反式双键和两个顺式双键的大环内酯，Smith 等在合成该天然产物时多次应用了 Stille 反应[52b]。

HO…(TBSO, OTBS)…C≡CH —— $PdCl_2(PPh_3)_2$ / *n*-Bu_3SnH, CH_2Cl_2, then I_2, 83% ——→ HO…(TBSO, OTBS)…CH=CH–I —— Bu_3Sn–CH=CH–…–CH(OPiv)– / $PdCl_2(MeCN)_2$, DMF, 82% ——→

HO…(TBSO, OTBS)…(diene)…OPiv ⟹ (−)-macrolactin A

下面是一个 Pd 催化的烷基锌和烯基碘的偶联反应，Williams 等[53]以其为关键反应合成了(+)-amphidinolide。其中反式烯基碘的制备是一个经典方法，即通过炔的锆氢化和随后的碘代两步反应。

OSEM, OTBDPS 炔烃 —— Cp_2ZrHCl / CH_2Cl_2, then NIS, 94% ——→ OSEM, OTBDPS, Me, I —— ZnCl, OTHP, Me / $(PPh_3)_4Pd$, 22 °C, 84% ——→

THPO…(Me)…(=CH_2)…(OSEM, Me)…OTBDPS ⟹ (+)-amphidinolide

另外，一种称为"ate" complex 的中间体的转化和重排也是合成烯烃的重要方法[54]。

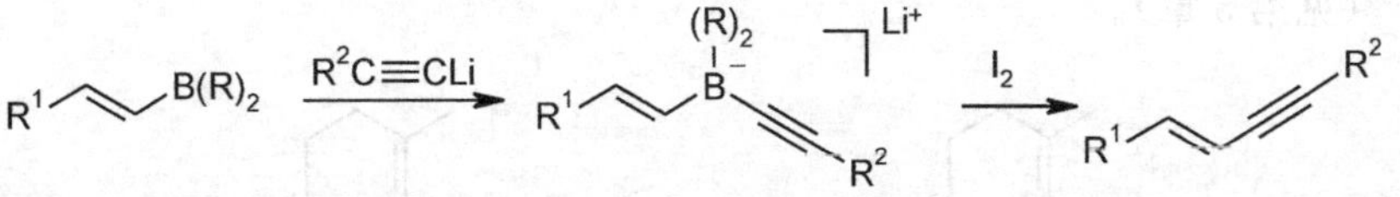

除了以上的三类主要反应之外，通过硫/硒氧化物等的热消除等也可以达到对烯烃几何异构体的立体控制[55]。

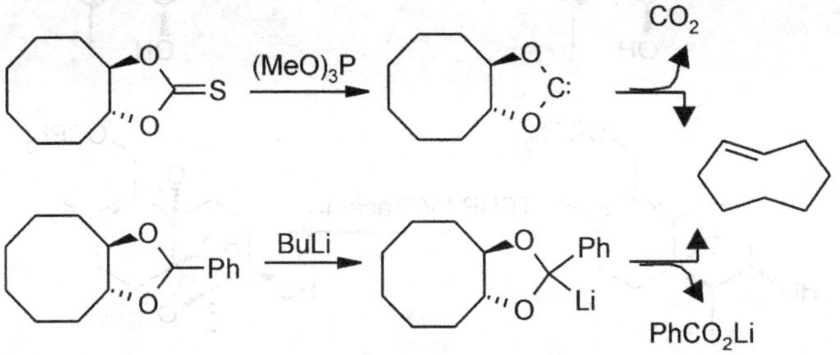

其他还有重排或利用环系化合物的碎片化反应(frangmentation)等，前者如 Johnson 等[56]利用重排反应制备角鲨烯的中间体，后者如 Zurfluh 等[57]两次利用这种裂解反应合成 *cecropia juvenile* hormone。

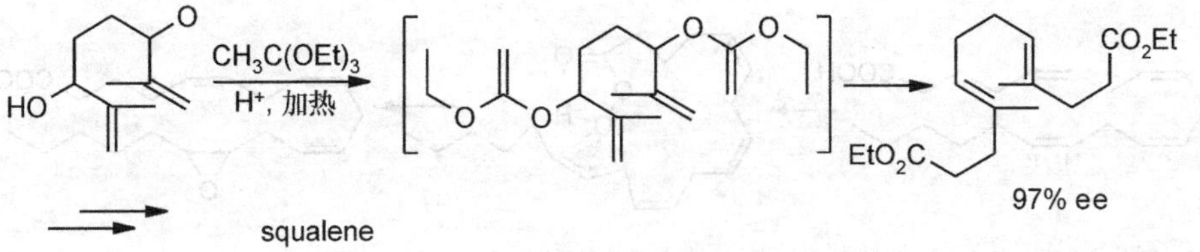

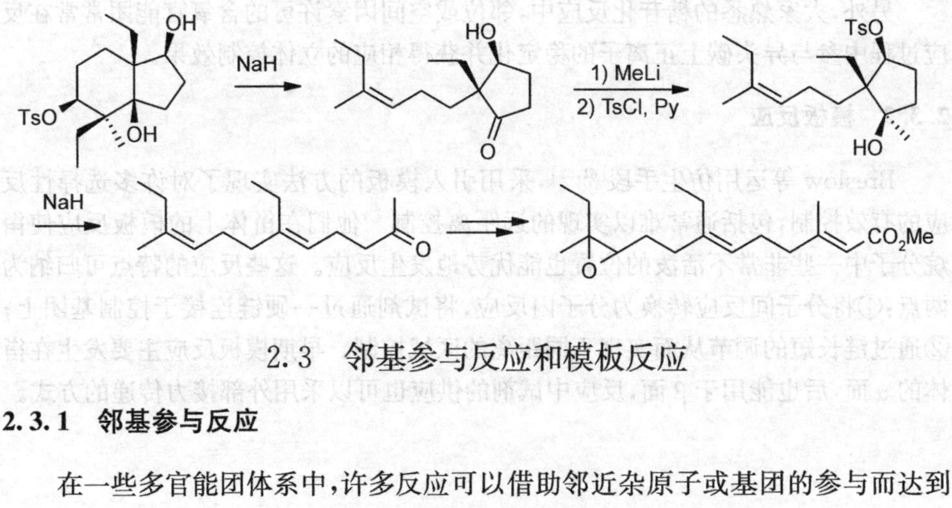

2.3　邻基参与反应和模板反应

2.3.1　邻基参与反应

在一些多官能团体系中，许多反应可以借助邻近杂原子或基团的参与而达到较好的控制效果。如下列两个多烯类化合物,用一般的过酸氧化时区域选择性很差,但用 TBHP/VO(acac)$_2$ 氧化体系则可在羟基附近的双键上优势地发生环氧化[58,59](见第5章)。

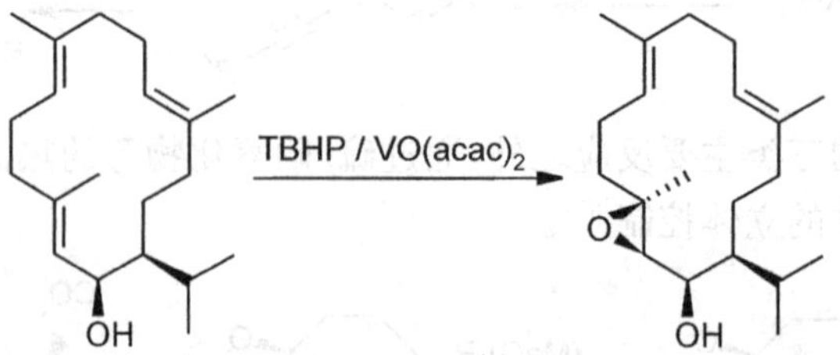

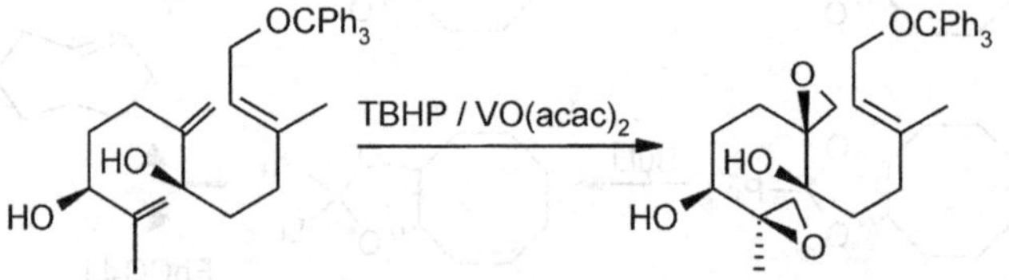

TBHP / VO(acac)$_2$

TBHP / VO(acac)$_2$

Corey[60]将花生四烯酸制成过酸,利用分子内反应实现了远距离选择性对(14,15)-双键的环氧化,可能经过一个14元环的过渡态。用其他环氧化试剂,则无法在这四个双键上直接选择反应。

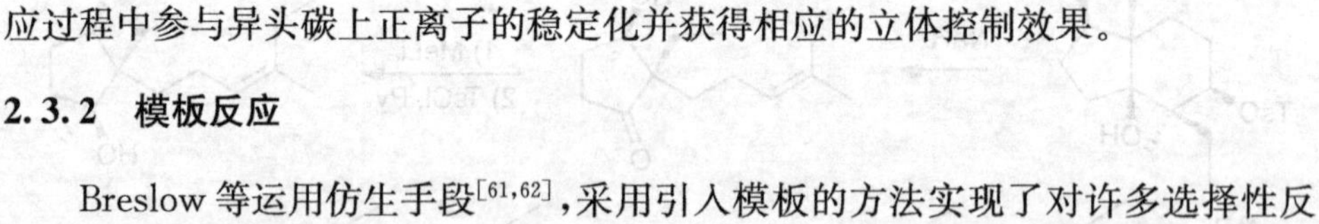

另外,大家熟悉的糖苷化反应中,邻位或空间因素许可的含氧官能团常常在反应过程中参与异头碳上正离子的稳定化并获得相应的立体控制效果。

2.3.2 模板反应

Breslow 等运用仿生手段[61,62],采用引入模板的方法实现了对许多选择性反应的有效控制,包括通常难以实现的远距离控制。他们在甾体上的模板反应使甾烷分子中一些非常不活泼的位置也能优势地发生反应。这些反应的特点可归纳为两点:①将分子间反应转换为分子内反应,将试剂通过一硬链连接于控制基团上;②通过链长短的调节从而实现不同距离的区域控制。早期模板反应主要发生在甾体的 α 面,后也能用于 β 面,反应中试剂的供应也可以采用外部接力传递的方式。

1) $h\nu$
2) KOH, MeOH
3) Ac_2O, Py

C_8H_{17} ICl_2 AcO

1) $h\nu$
2) KOH, MeOH
3) Ac_2O, Py

2.4　分子识别、超分子和选择性反应

分子识别和超分子的概念近年来在化学界受到了越来越多的关注，其基本点是有机化学体系的形成和化学反应的进行不仅仅在于共价键的问题，还取决于分子间的某些弱相互作用力，即非共价键的相互作用，包括诸如氢键、简单的Coulombia作用力、π-π 堆集效应、疏水亲脂作用、拓扑键等[63]。某些情况下，有机反应的选择性在很大程度上也是反应底物与试剂在弱作用力引导下通过分子与分子相互识别得到相应的结果。用这种视角，诸如 2.3 节的邻基参与获得的选择性也可以认为是由于分子间非键作用所引导的结果。

2.4.1　主客体、微环境的反应控制

Breslow 的另一贡献是他利用环糊精所做的工作，从主客体概念出发设计了一些人工酶并获得控制反应选择性的效果。例如，对于环戊二烯与丙烯腈的Diels-Alder 反应，一般情况下是要在温度和压力下进行的，如果放入 β-环糊精就能大大促进反应[64,65]。原因是两底物在反应时均被结合在环糊精的空穴中，有利于过渡态的形成，而加速反应并增强了产物的 *endo* 选择性。但同样的反应使用α-环糊精却不行，因为空穴的大小与底物不匹配。

CN　CN　CN

苯甲醚的选择性氯化也是一个很好的例子[66]，先将底物苯甲醚包结于环糊精

内，然后通过环糊精的羟基将氯原子转移到苯甲醚的对位上。

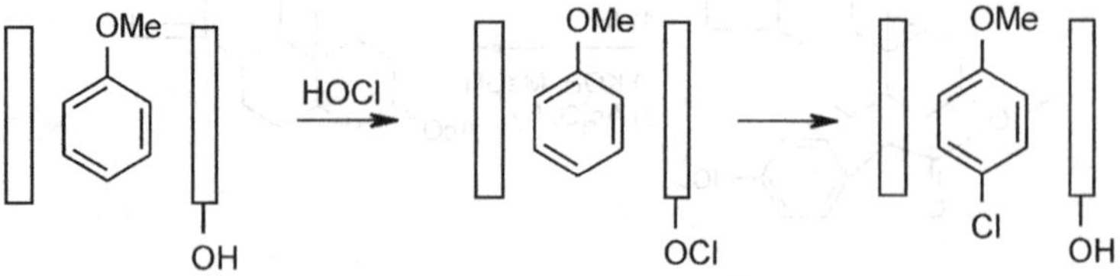

惠永正等[67]将手性胶束产生的不对称微环境用在化学反应上产生不对称效果，也取得了一些较好的结果。

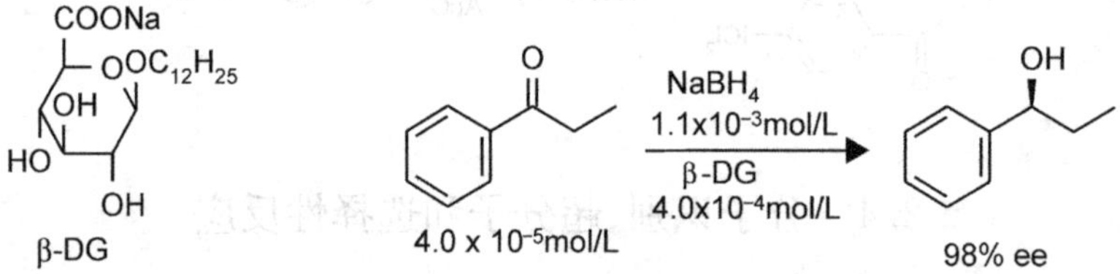

为同样的目的，杯芳烃近年来也得到了较多的应用[68]。

2.4.2 分子互补和分子识别

将这种概念明确地用于选择性反应是有机合成化学近年的特色之一[69]。所谓的"纳米化学"在很大程度上是分子之间相互作用或超分子体系的科学，各种各样的概念和应用都源于这种本质，如合成的位置专一性的DNA剪刀、Kemps酸的自我复制、共价键和非共价键的卟啉装配、两亲分子的装配以及发散型分子胶束等等。最近报道的Diels-Alder反应的*exo*选择性反应则更加明确地指出是由于分子识别概念的成功应用[70]。Lewis酸催化剂$(ATPH)_3Al$在反应中为底物亲双烯的羰基提供了一只高效率的口袋，使通常在Al类催化剂存在下得到*endo*优势产物的反应选择性发生了逆转。

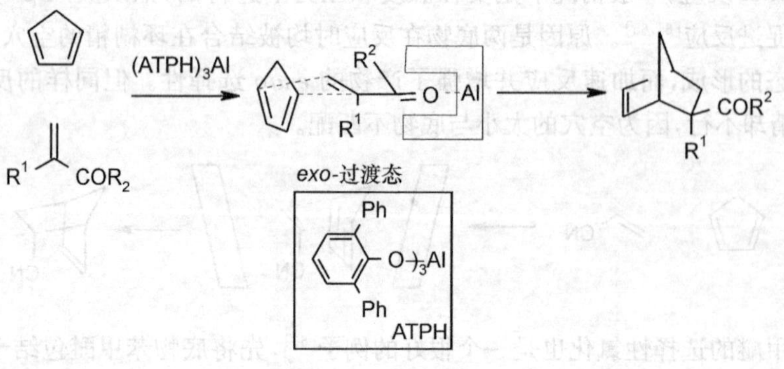

2.5　控制选择性的间接途径

选择性的控制，除利用前面提及的控制反应条件、试剂、催化剂以及改变反应环境、使用模板等方法之外，还有很多情况下因缺乏这些控制反应的条件而只能采用辅助基团等间接的方法。如要在高活性基团或部位存在下选择性地与低活性基团或部位反应，可以先将前者进行保护或堵塞，然后在所需反应完毕后再除去保护。其他还可以在底物上先引入定位基团，从而改变选择性，反应后再除去，达到预期的目的，芳香族的取代反应中较多采用这种定位基团法。这里我们仅举两个脂肪族的反应例子[71,72]，前者利用硝基的定向性控制 Diels-Alder 反应的位置选择性；后者则引入手性辅基达到在烯烃上对映选择性环丙烷化的目的。

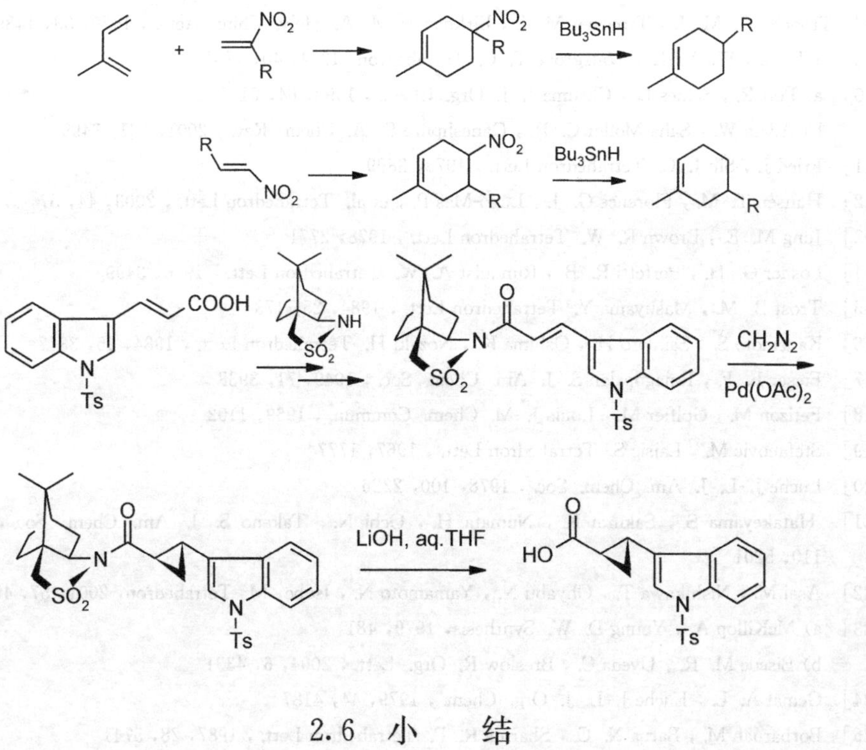

2.6　小　结

本章我们从反应的选择性出发，讨论了各种选择性反应的底物、反应试剂、反应条件等对反应选择性的调节作用，对模板反应的控制作用以及分子识别概念应用于选择性合成反应的情况也做了相应的介绍。最后，我们对利用间接方法达到反应选择性控制的策略做了简介，其中特别是引入手性辅基的方法，我们将在第 5 章再做进一步的探讨。

参 考 文 献

[1] a) Kurth M. J., Brown E. G. J. Am. Chem. Soc., 1987, 109, 6844
b) Kurth M. J., Brown E. G., Lewis E. J., McKew J. C. Tetrahedron Lett., 1988, 29, 1517
[2] a) Wu Y.-L., Zhang J.-L., Li J.-C. Huaxue Xubao, 1985, 43, 901
b) Yin B.-L., Fan J.-F., Gao Y., Wu Y.-L. Synlett, 2003, 399
[3] Nicolaou K. C., Follmann M., Roecker A. J., Hunt K. V. Angew. Chem. Int. Ed., 2002, 41, 2103
[4] Kraus G. A., Yue S., Sy J. J. Org. Chem., 1985, 50, 283
[5] Murrer B. A., Brown J. M., Chaloner P. A., et al. Synthesis, 1979, 350
[6] Schreiber S. L., Schreiber T. S., Smith D. B. J. Am. Chem. Soc., 1987, 109, 1525
[7] a) Katsumura S., Isoe S. Chem. Lett., 1982, 1689
b) Mann S., Melero C. P., Hawksley D., Lepper, F. J. Org. Biomol. Chem., 2004, 2, 1732
[8] Tronchet J. M. J., Tronchet M. J., Birkhauser M. A. Helv. Chim. Acta., 1970, 53, 1489
[9] Li T. -t., Wu Y.-L., Walsgrove T. C. Tetrahedron, 1984, 40, 4701
[10] a) Polt R., Sames D., Chruma J. J. Org. Chem., 1999, 64, 6147
b) Adam W., Saha-Moller C. R., Ganeshpure P. A. Chem. Rev., 2001, 101, 3499
[11] Fried J., Sih J. C. Tetrahedron Lett., 1973, 3899
[12] Hansen T. M., Florence G. J., Lugo-Mas P., et al. Tetrahedron Lett., 2003, 44, 57
[13] Jung M. E., Brown R. W. Tetrahedron Lett., 1978, 2771
[14] Posner G. H., Perfetti R. B., Runquist A. W. Tetrahedron Lett., 1976, 3499
[15] Trost B. M., Masuyama Y. Tetrahedron Lett., 1984, 25, 173
[16] Kanemoto S., Saimoto H., Oshima K., Nozaki H. Tetrahedron Lett., 1984, 25, 3317
[17] Fieser L. F., Rajagopalan S. J. Am. Chem. Soc., 1949, 71, 3938
[18] Fetizon M., Golfier M., Louis J.-M. Chem. Commun., 1969, 1102
[19] Stefanovic M., Lajsic S. Tetrahedron Lett., 1967, 1777
[20] Luche J.-L. J. Am. Chem. Soc., 1978, 100, 2226
[21] Hatakeyama S., Sakurai K., Numata H., Ochi N., Takano S. J. Am. Chem. Soc., 1988, 110, 5201
[22] Asai M., Nishikawa T., Ohyabu N., Yamamoto N., Isobe, M. Tetrahedron, 2001, 57, 4543
[23] a) McKillop A., Young D. W. Synthesis, 1979, 481
b) Biscoe M. R., Uyeda C., Breslow R. Org. Lett., 2004, 6, 4331
[24] Gemal A. L., Luche J.-L. J. Org. Chem., 1979, 44, 4187
[25] Borbaruah M., Barua N. C., Sharma R. P. Tetrahedron Lett., 1987, 28, 5741
[26] Mehta G., Krishnamurthy N., Karra S. R. J. Chem. Soc., Chem. Commun., 1989, 1299
[27] Reetz M. T., Wenderoth B., Peter R. J. Chem. Soc., Chem. Commun., 1983, 406
[28] Jung M. E., Jung Y. H. Tetrahedron Lett., 1989, 30, 6637
[29] Selles P., Lett R., Tetrahedron Lett., 2002, 43, 4621
[30] Rodriguez A., Nomen M., Spur B. W., et al. Tetrahedron Lett., 2000, 41, 823
[31] Diez D., Beneitez M. T., Marcos I. S., et al. Tetrahedron: Asymmetry, 2002, 13, 639
[32] a) Caron M., Sharpless K. B. J. Org. Chem., 1985, 50, 1557

b) Caron M., Carlier P. R., Sharpless K. B. J. Org. Chem., 1988, 53, 5185

[33] Sasaki M., Tanino K., Hirai A., Miyahsita M. Org. Lett., 2003, 5, 1789

[34] Alvarez E., Nunez M. T., Martin V. S. J. Org. Chem., 1990, 55, 3429

[35] Finan J. M., Kishi Y. Tetrahedron Lett., 1982, 23, 2719

[36] Dai L.-X., Lou B.-l., Zhang Y.-Z., Guo G.-Z. Tetrahedron Lett., 1986, 27, 4343

[37] a) Johnson M. R., Nakata T., Kishi Y. Tetrahedron Lett., 1979, 4343

b) Johnson M. R., Kishi Y. Tetrahedron Lett., 1979, 4347

c) Sasaki M., Tanino K., Miyahsita M. Org. Lett., 2001, 3, 1765

[38] Behrens C. H., Ko S. Y., Sharpless K. B., Walker F. J. J. Org. Chem., 1985, 50, 5687

[39] Paterson I., Berrisford D. J. Angew. Chem. Int. Ed. Engl., 1992, 31, 1179

[40] Martinez L. E., Leighton J. L., Carsten D. H., Jacobsen E. N. J. Am. Chem. Soc., 1995, 117, 5897

[41] Takeda T. Modern Carbonyl Olefination: Methods and Applications, Ed. VILEY-VCH, Weinheim, 2004

[42] Johnson W. S., Lyle T. A., Daub G. W. J. Org. Chem., 1982, 47, 161

[43] Wipf P., Graham T. J. Am. Chem. Soc., 2004, 126, 15346

[44] Leonard J., Mohialdin S., Swain P. A. Synthetic Communication, 1989, 19, 3529

[45] Still W. C., Gennari C. Tetrahedron Lett., 1983, 24, 4405

[46] a) Ando K. Tetrahedron Lett., 1995, 36, 4105

b) Ando K. J. Org. Chem., 1997, 62, 1934

c) Ando K. J. Org. Chem., 1998, 63, 8411

d) Ando K. J. Org. Chem., 1999, 64, 8406

[47] Ando K., Oishi T., Hirama M., Ohno H., Ibuka T. J. Org. Chem., 2000, 65, 4745

[48] Huang Y., Shi L., Yang J. Tetrahedron Lett., 1985, 26, 6447

[49] Peng Z.-H., Li Y.-L., Liu C.-X., Wu Y.-L. J. Chem. Soc., Perkin Trans. I, 1996, 1057

[50] Miyaura N., Yamada K., Suginome H., Suzuki A. J. Am. Chem. Soc., 1985, 107, 972

[51] Chemler S. R., Trauner D., Danishefsky S. J. For review on application of Suzuki reaction in natural product synthesis: Angew. Chem. Int. Ed., 2001, 40, 4544

[52] a) Marshall J. A., Bourbeau M. P. J. Org. Chem., 2002, 67, 2751

b) Smith Ⅲ. A. B., Gregory R. O. J. Am. Chem. Soc., 1998, 120, 3935

c) Critcher D. J., Connolly S., Wills M. J. Org. Chem., 1997, 62, 6638

[53] Williams D. R., Kissel W. S. J. Am. Chem. Soc., 1998, 120, 11198

[54] Negishi E., Lew G., Yoshida T. J. Chem. Soc., Chem. Commun., 1973, 874

[55] Corey E. J., Winter R. A. E. J. Am. Chem. Soc., 1963, 85, 2677

[56] Johnson W. S., Werthemann L., Bartlett W. R., et al. J. Am. Chem. Soc., 1970, 92, 741

[57] Zurfluh R., Wall E. N., Siddall J. B., Edwards J. A. J. Am. Chem. Soc., 1968, 90, 6224

[58] Kato T., Suzuki M., Takahashi M., Kitahara Y. Chem. Lett., 1977, 465

[59] Tanaka S., Yamamoto H., Nozaki H., Sharpless, et al. J. Am. Chem. Soc., 1974, 96, 5254

[60] Corey E. J., Albright J. O., Barton A. E., Hashimoto S.-i. J. Am. Chem. Soc., 1980, 102, 1435

[61] a) Breslow R. Acc. Chem. Res., 1980, 13, 170

b) ibid, 1995, 28, 146

[62] a) Breslow R., Corcoran R., Dale J. A., et al. J. Am. Chem. Soc., 1974, 96, 1973
b) Breslow R., Corcoran R. J., Snider B. B., et al. ibid, 1977, 99, 905
[63] Mascal M. Comtemporary Organic Synthesis, 1994, 1, 31
[64] Breslow R., Kohn H., Siegel B. Tetrahedron Lett., 1976, 1645
[65] Rideout D. C., Breslow R. J. Am. Chem. Soc., 1980, 102, 7816
[66] Breslow R., Winnik M. A. J. Am. Chem. Soc., 1969, 91, 3083
[67] Hui Y.-Z., Yang C.-M. Huaxue Xuebao, 1988, 46, 239
[68] a) Shinkai S. Functionalization of Crown Ethers and Calixarenes: New Applications as Ligands, Carriers, and Host Molecules. Bioorganic Chemistry Frontiers, Vol. 1. Berlin Heidelberg: Springer-Verlag. 1990, 161
b) Bohmer V. Calixarenes, Macrocycles with (Almost) Unlimited Possibilities. Angew. Chem. Int. Ed. Engl., 1995, 34, 713
[69] a) Wintner E. A., Conn M. M., Rebek, Jr, J. R. Acc. Chem. Res., 1994, 27, 198
b) Jr, J. R. Chemistry in Britian, 1994, 30, 286
c) Jr J. R. Scientific American, 1994, July, 34
[70] Maruoka K., Imoto H., Yamamoto H. J. Am. Chem. Soc., 1994, 116, 12115
[71] Ono N., Miyake H., Kamimura A., Kaji A. J. Chem. Soc., Perkin Trans. I, 1987, 1929
[72] Vangveravong S., Nichols D. E. J. Org. Chem., 1995, 60, 3409

第3章 有机合成中的保护基

本章将主要介绍官能团的保护，包括醇羟基、二醇、醛、酮、羧酸、氨基和碳-碳不饱和键等的保护和去保护。对某些情况下多官能团的选择性上保护和去保护，在这里也将做一些简要介绍。

3.1 概 述

有机合成中，如果分子中有几个部位或官能团可能发生反应，而我们又只希望在某一部位或官能团上发生反应，比较直接的办法是采用选择性的反应条件和试剂。但是在复杂分子的合成中，许多情况下会找不到这样的直接条件，或选择性不好，于是必须采用另外的办法，将不希望发生反应的部位保护起来成为衍生物形式，待达到目的之后再恢复原来的官能团，这样的办法称为“保护基团”(protecting groups)法。保护基团法可追溯到 Emil Fischer 时代，从他对碳水化合物的合成研究开始，保护基团在各种复杂分子合成中得到广泛应用，可以说这也是这位有机化学大师对有机化学发展做出的一大贡献。特别是天然产物的合成中，保护基团的应用几乎是不可避免的，也常常是唯一可行的方法。保护基团法不仅在实验室有广泛应用，在今天的药物合成工业中同样被频繁地应用着。

有几种场合可考虑应用保护基团：一种是保护一些官能团后能达到反应希望的区域选择性；二是保护某些官能团后可以提高反应的立体选择性；三是基团保护之后有利于多种产物的分离。另外，如在 Grignard 反应或 Wittig 反应中，羟基的存在不影响反应，但要消耗试剂，在试剂比较贵重时，采用保护基团的方法是一种经济的选择。

在实际工作中，要实施保护基团法，必须作细致的考虑。在选择保护基时，概括起来大致有七点要加以考虑：

(1) 保护基的供应来源，包括经济程度，这在工业原料制备上尤其重要。

(2) 保护基团必须能容易地进行保护，而且保护效率要高。

(3) 保护基的引入对化合物的结构论证不致增加过量的复杂性，如保护中忌讳产生新的手性中心，像四氢吡喃(THP)和乙氧基乙醚(EE)都是产生手性的保护基。

(4) 保护以后的化合物要能承受得起以后进行的反应和后处理过程。

(5) 保护以后的化合物对分离、纯化、各种层析技术要稳定。

(6) 保护基团在高度专一的条件下能选择性、高效率地被除去。

(7) 去保护过程的副产物和产物能容易被分离。

围绕这些要求,人们在经过了几十年的努力之后,今天仍不时有对新的保护基团研究工作的报道,为有机合成提供更加巧妙的手段[1,2]。相信今后对这一领域的研究还会有更大的发展。

3.2 保护基团的互不相干性原则

对于一个结构复杂的分子的合成,合成设计者必须考虑许多问题,如片断的合成、片断的连接、立体化学、官能团的相互转换,还有就是保护基问题。合成中,上保护基的问题往往是容易解决的,而去保护基步骤常是整个合成的"压轴戏",许多的合成工作因此而失败。当合成过程中存在多种保护基的选择性脱除时,预先做一周密的考虑是必需的,最理想的情形就是我们认为的保护基团能符合互不相干性原则,即其中一个保护基的脱除不影响另外的保护基。虽然实际的情况很少百分之百符合,但这种观念在考虑问题时是十分重要的。

下面,我们分 12 种情况加以讨论。

3.2.1 碱性条件除去的保护基

对硫醇、醇、羧酸、氨基进行酰基(酯或酰胺)保护是最古老也是今天使用频率最高的保护基之一。它们均能方便地用标准方法制备,另外还能在比较宽的碱性条件下除去。

乙酸酯(Ac)、苯甲酸酯(Bz)以及三甲基乙酸酯(Piv)等在许多合成中得到广泛应用,Ac 和 Bz 能在 K_2CO_3 或 NH_3 的 MeOH 体系中方便除去。另外,它们的脱除还可以利用电子和空间因素加以调节,由于 Piv 的空间障碍,它对 NH_3 甲醇体系反应缓慢,Ac 就可以被选择性除去[3],而三氟乙酸酯由于电子因素引起的高活性在 pH 7 的时候就能水解[4]。这种电子调节因素在水解反应的相对速率上表现突出:acetate(1)、chloroacetate(760)、dichloroacetate(16 000)、trichroloacetate(100 000)[5]。

多官能团体系的底物在碱性条件下的保护基水解反应还有一个可能存在的问题是酰基向邻位基团的迁移,主要在除去 Ac 时出现这一情况[6]。在 *N*-acetyl neuraminic acid 的合成中发现苯甲酸酯也能发生迁移[7,8],因为平伏键的苯甲酸酯比竖键在热力学上更稳定。

OBz OMe / COOMe / OBz OBz OH OBz $\xrightarrow{K_2CO_3}$ OBz OMe / COOMe / OBz OBz OH OBz

与酯相比，酰胺水解常常需要更强的条件，因此氨基的保护更常用一些比酰胺更易除去的保护基。但是三氟乙酰胺和邻苯二甲酰亚胺除外，三氟乙酰胺能在 K_2CO_3 甲醇体系下水解[9]，而这样条件下甲酯不动；邻苯二甲酰亚胺是比较特殊的，它的除去是用肼在甲醇或乙醇中进行，不是一个严格的水解反应。它的机理大致是肼对酰胺的加成-消除，最后的净结果是置换出游离的氨基。

3.2.2　酸性条件下除去的保护基

对酸敏感的保护基团很难按照互不相干关系做出归纳，因为这些酸性条件相差不是很大。但是在复杂分子合成中，正由于它们对酸的敏感性，使得它们与别的保护基有了那种区分性。

对酸敏感的保护基大致有两种情况。

第一种是 C—O 键的异裂，如三取代烷基或苄基醚、酯，以及氨基甲酸酯，它们的酸水解可以被碳正离子的共振效果所促进。

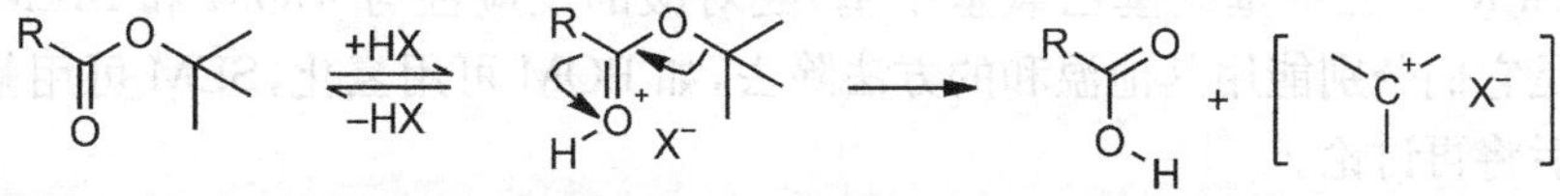

但是各种保护基的典型的脱除条件也有区别。三苯甲基醚(trityl)在弱酸性条件下可以除去，但是实践中有一个缺点是往往反应不干净，存在碳正离子的副反应，需要一些辅助试剂，如还原剂 Et_3SiH 等；苄基酯和醚的酸性断裂需要 HBr-HOAc；叔丁基醚、酯和氨基甲酸酯需要 $CF_3COOH—CH_2Cl_2$ 体系等。C—O 键的断裂也并不一定要经过碳正离子阶段，如 Lewis 酸对碳氧键的断裂。惰性的甲基醚用 TMSI[10]，BBr_3 或 BF_3-thiolane（三氟化硼/硫化物体系）可以较好地去保护。芳香体系中，在甲基醚共同存在时，异丙基醚可以用 BCl_3 选择性除去[11]。

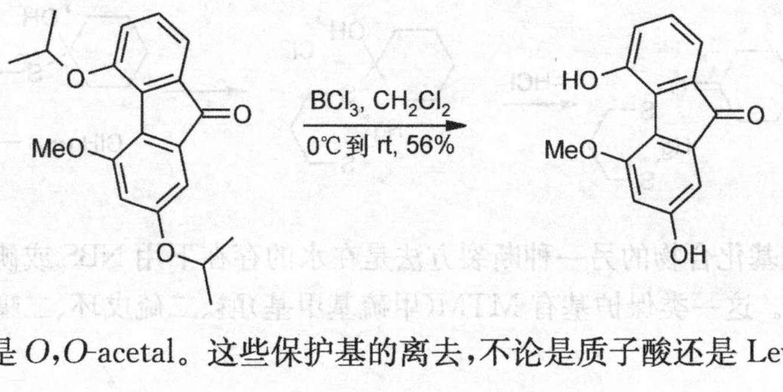

第二种是 *O*,*O*-acetal。这些保护基的离去，不论是质子酸还是 Lewis 酸，机理

上都归结为氧嗡离子的共振稳定性,在外来亲核试剂的进攻下成为半缩酮,接着给出相应的二醇和酮。

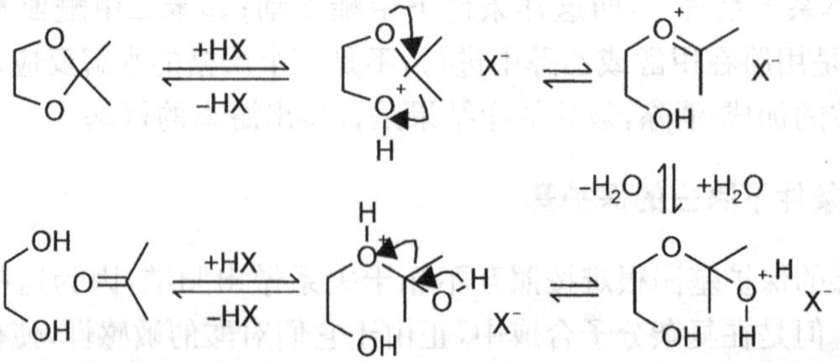

具体的反应条件因底物结构的性质不同变化较大。非环缩醛、丙酮叉和 THP 醚(缩醛)对酸比较敏感,在稀乙酸或 PPTS/MeOH 体系中一般就能完成保护基的除去;MOM 和 MEM 醚需要稀的无机酸在较高的温度下去保护;BOM(苄氧基甲基)和 SEM(2-三甲基硅基乙氧基甲基)醚对酸的反应性与 MOM 和 MEM 醚类似,但是它们分别能用其他温和的方法除去,如 BOM 可用氢化,SEM 可用氟离子等,以后将再讨论。

3.2.3 重金属离子催化除去的保护基

O,*S*-acetal 和 *S*,*S*-acetal 尽管在结构上与 *O*,*O*-acetal 十分相似,但是它们却不能被一般的质子酸破坏,而要在重金属 Ag(Ⅰ)或 Hg(Ⅱ)催化协助下水解。于是在 *S*,*S*-acetal 存在下,*O*,*O*-acetal 能被选择除去;相反也能选择性除去 *S*,*S*-acetal。这一水解过程将产生两分子质子酸,因此常用缓冲体系来控制过程中的 pH。这种水解方式由于 Hg(Ⅱ)和 S 原子之间的软-软相互作用而得到加速。

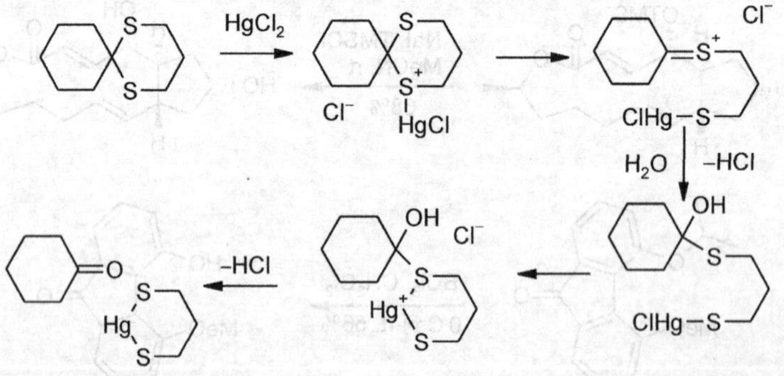

对 *S*-烷基化合物的另一种断裂方法是在水的存在下用 NBS 或碘对 S 原子进行氧化消除。这一类保护基有 MTM(甲硫基甲基)醚、二硫戊环、二噻烷。

3.2.4 氟离子对 Si—O 键和 Si—C 键的断裂

硅醚保护基是最近二三十年左右发展起来并得到广泛应用的一类保护基。所有三烷基硅醚保护基对酸和碱都敏感，但区域很宽。通过对硅原子上取代基的调整可以调节它们的稳定性和去保护条件。由于硅原子和氟原子强的亲和力，使得 TBAF(四丁基氟化铵)/THF、HF 吡啶络合物和 HF/CH_3CN 成为这类保护基最常用的去保护试剂。去保护的过程涉及一个五价硅的中间体，因为硅原子含有空的 d 轨道可以接收氟负离子的电子对。

TBAF
$[Bu_4N^+]$
$[RO^-][N^+Bu_4]$ + t-$BuMe_2SiF$

用来保护羟基的保护基有 TES(三乙基硅基)、TBDMS(叔丁基二甲基硅基)、TBDPS(叔丁基二苯基硅基)和 TIPS(三异丙基硅基)醚等。二醇可用环状 DTBS (di-*tert*-butylsilylene) 和 TIPDS(1,1,3,3-tetraisopropyldisiloxyany-lidene)的衍生物形式保护。

三烷基硅基保护羧酸和胺很少见，因为它们对水解反应过于敏感。但是合成实践中又发展了许多含硅原子的保护羧酸的试剂，如 TMSE(β-三甲基硅基乙基)，它被 TBAF 除去的机理与前面不同，是一个五价硅中间体分解成乙烯和三甲基氟化硅烷的过程，同时释放出相应的羧酸铵盐[12]。

$SiMe_3$ TBAF $Me_3[N^+Bu_4]$ $-H_2C=CH_2$ $-FSiMe_3$ RCO_2NBu_4

这种碎片化的去保护方式还可用于一些羟基的保护基上，如 SEM[(2-trimethylsilyl)-ethoxymethyl]醚[13]、TMSEC[2-(trimethylsilyl) ethyl carbonate]酯[14]等。类似的氨基保护基为 Teoc[2-(trimethylsilyl)ethyl carbamate][15]。

3.2.5 用锌还原消除的保护基

对 2,2,2-三氯乙基(TCE)酯可以用锌粉在乙酸中或锌铜合金在 DMF 中处理释放 1,1-二氯乙烯和羧酸[16]。同样的方法可用于一些醇的保护基，如 2,2,2-三氯乙氧基甲基醚[17]、2,2,2-三氯乙基碳酸酯[18]以及胺基的保护基 Troc(2,2,2-trichloroethoxy carbamate)等。

3.2.6 β-消除法去保护

这种类型的一个重要例子是著名的胺基的保护基 Fmoc(9-fluorenylmethoxycarbonyl)的脱除反应[19]。这种保护基可以在较温和的碱性条件下完成去保护,如六氢吡啶和吗啉的 DMF 体系。

$+R_2NH$ $[R_2NH_2]^+$ $-CO_2$ RNH_2

类似的方式还有羧基的保护基 Fm(9-fluorenylmethyl)酯的去保护[20]。

姚祝军等在合成番荔枝内酯 corossolone 时也应用了 β-消除法除去保护基释放出需要的烯烃,但相对条件较为强烈,将 MOM 醚保护改为离去性能更好的 AcO 基或 CF_3COO 基[21],去保护条件就变得温和了许多。但总的来说,这类保护基在合成中应用是相对较少的,而且对底物有些特定的要求,能量上应对消除产物有利。

DBU 94%

3.2.7 氢解方式除去的保护基

利用 Pd 等金属催化的非均相氢解方法是除去苄基类保护基的有效而方便的途径,包括苄基醚、酯、碳酰胺和苄胺等。作为替代方法,氢化的氢原子来源也可以为环己二烯、环己烯、甲酸或甲酸铵等[22],称为转移氢解。这类保护基有着广泛的应用价值,如在肽的合成中,Cbz(benzyloxycarbonyl)是重要的胺基保护基;在糖化学合成中,苄醚和 benzylideneacetal 是最常用的保护基。在对甲氧基苄基醚(PMB)的共同存在时,Raney Ni 可选择性氢解苄基[23]。

3.2.8 氧化法除去的保护基

这类保护基也比较少，主要是 PMB（对甲氧基苄基）醚、DMB（3，4-dimethoxybenzyl）醚，用的氧化剂主要为 DDQ(2，3-Dichloro-5，6-dicyno-1，4-benzoquinone)[24]和 CAN（硝酸铈铵）[25]。去保护的机理是一个单电子转移(SET)过程，产物是醇和与保护基对应的副产物醛。

3.2.9 溶解金属还原法除去的保护基

金属钠或锂溶于液氨中能快速除去苄基醚或苄酯，产物为醇锂或羧酸锂和甲苯，经酸性后处理即得到产物。这一方法不影响碳-碳双键，但许多官能团不能承受这一强碱性的还原体系。胺基用对甲苯磺酰基保护时，去保护方式常用芳烃-金属还原体系[26]。

3.2.10 对 C—O 键的亲核进攻方式除去保护基

酚和羧酸的保护基除去时，由于酚负离子和羧酸负离子能被共振稳定化，因此可以作为亲核反应的离去基团而完成 C—O 键的断裂，但这仅限于 O—Me 和 O—Et的断裂。典型的亲核试剂包括 Cl^-、I^-、CN^-、PhS^-等，一般在非质子性极性溶剂中并在较高的温度下进行反应。

3.2.11 烯丙基保护基团

烯丙基保护基可以用区别于其他保护基的专一、温和方式离去，因此专门归为一类讨论。烯丙基可以作为醇（烯丙基醚、烯丙基碳酸酯）、羧酸（烯丙基酯）、胺基（烯丙基碳酰胺）的保护基。去保护的方法主要取决于底物的结构。烯丙基醚对强酸稳定，但可用 $KOBu^t$/DMSO 先异构双键位置而除去。烯丙基烯醇醚是稳定的中间体，但可用温和的酸性条件水解。另外，烯丙基双键的异构化重排作为去保护方法可以借助过渡金属的催化完成，如 Rh(Ⅰ)、Pd(0)催化剂常被用于这类保护基的去保护[27]。

3.2.12 光化学方法除去的保护基

光化学除去的保护基[28~30]含有对光敏感的发色基团,通常这些保护基对许多化学试剂是稳定的。例如,醇的保护基——邻硝基苄基醚经光照后发生离解生成醇和邻亚硝基苯甲醛。

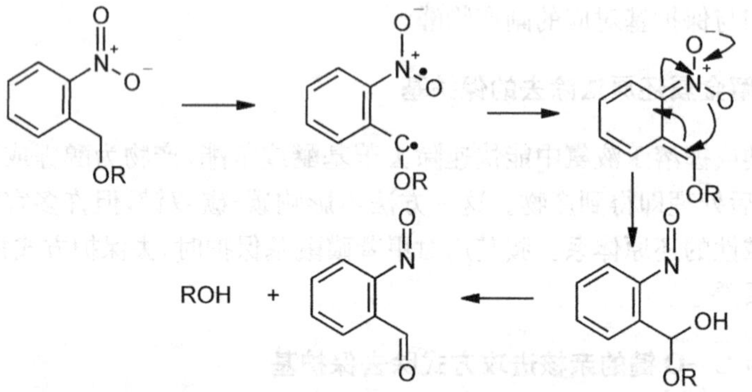

同样的例子有:胺基保护基 *o*-nitrobenzyl carbamates[31]、醇保护基 *o*-nitrobenzylcarbonates[32]、羧酸保护基 *o*-nitrobenzyl esters[33]、1,2-二醇和 1,3-二醇保护基 *o*-nitrobenzylidene acetals[34]。由于这类保护基的特异性,现在被广泛用于固相合成和组合平行合成之中,以及现代生物分子芯片的光刻工艺。

以上我们从保护基的 12 类除去方法的角度介绍了目前保护基的基本状况。在实际应用中,保护基的概念并不局限于上述形式,许多利用分子结构中的官能团在反应过程中进行当场协助以控制立体选择性等也是一种保护形式,但这种保护作用在形式上一点都不明显。如下述例子中的糖苷化反应中,邻位酰基的参与当场保护了碳正离子中间体,同时控制了苷键的立体选择性[35],这在 2.3 节中也提及了。

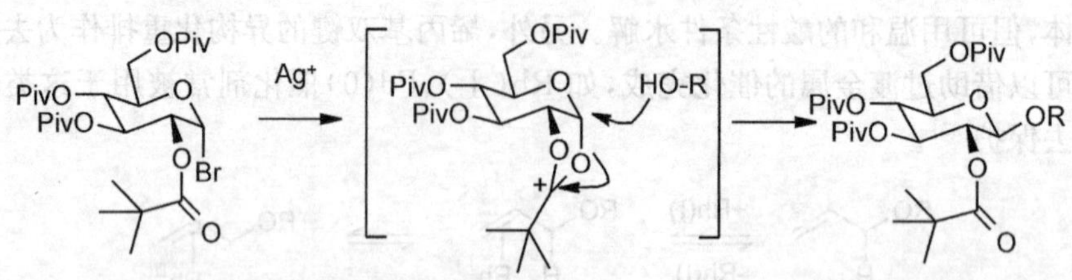

另外,还有一种称作当前/临时保护(temporary protection)的概念,即保护、反应和去保护在一锅内进行。Danishefsky 等[36]在对 calicheamicin 和 esperamicin 的核心结构合成时就应用了这一策略,先加入 lithium *N*-methylanilide 保护醛基,然后加入炔负离子与羰基反应,再在后处理时即时除去保护露出醛基。

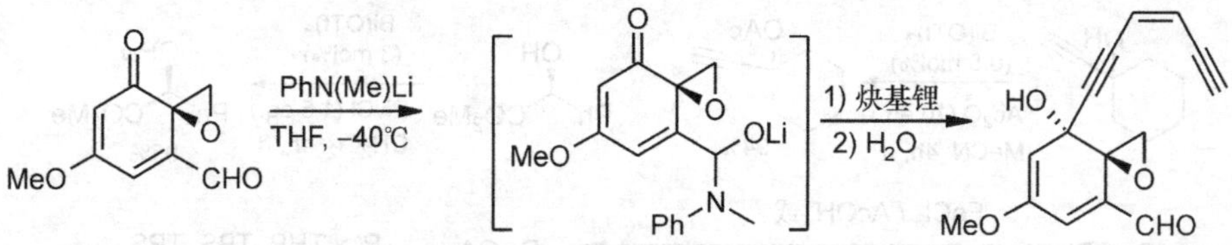

总之，合成中保护基的应用是非常灵活的。下面，我们换一个角度继续讨论保护基问题——各种官能团的保护基。

3.3 羟基的保护基

羟基的保护基大概有150种左右，但其中只有少部分具有普遍的实用价值。下面我们从几个大类来分别加以讨论。

3.3.1 酯类保护基

酯类保护基是实施羟基保护的经济而有效的方法。这些保护基主要有 ${}^tBuCO(Piv)$、PhCO、MeCO、$ClCH_2CO$ 等，广泛用于氧化反应、肽和寡糖等的合成之中。

1. 酯类保护基的生成

酯类保护基生成（formation）方法一般均大同小异，由醇和相应的酸酐、酰氯在吡啶或三乙胺存在下，0～20℃下反应获得。如果反应过慢，可加入催化量DMAP（4-dimethylaminopyridine）来加速反应。在多羟基底物上，${}^tBuCOCl$ 可以选择性地保护伯羟基[37]。

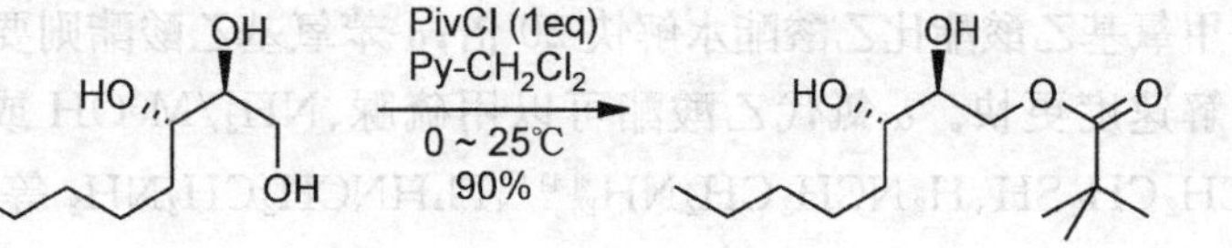

对于一些对碱敏感的底物，则可以在Lewis酸如 $Sc(OTf)_3$[38]、$Bi(OTf)_3$[39]以及 $Mg(ClO_4)_2$[40a]等的存在下进行酯化反应。其中，$Bi(OTf)_3$ 对各类羟基化合物的乙酰化和三甲基乙酰化都有很好的催化作用，没有消除或消旋化的现象。印度化学家则发展了一种更为简便的乙酰化方法[40b]，在5 mol% 的 $FeCl_3$ 存在下以乙酸为试剂和溶剂或3eq乙酸和二氯甲烷为溶剂即可使羟基酰化为乙酸酯，这一方法也可使烷氧基烷基醚（acetal）等保护的羟基直接转化成乙酸酯。

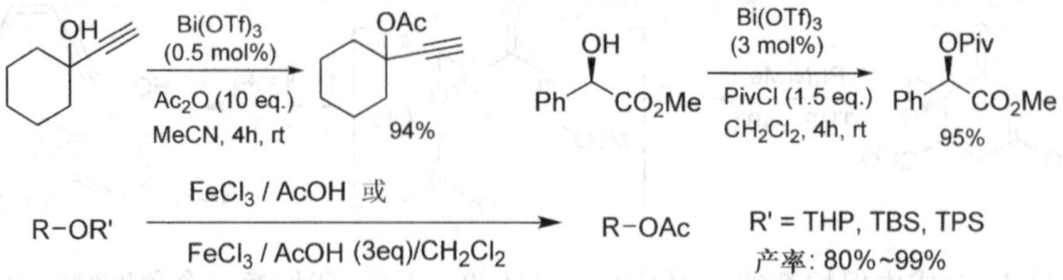

2. 酯类保护基的除去

一般情况下，酯类保护基均在碱性条件下除去（cleavage）。但各种酰基的水解敏感性也不同，特别是 Me_3CCO 由于立体位阻大，反应很慢，在它存在下可以选择性除去乙酸酯保护；相反，CF_3COO 在 pH 7 时就能水解。这些保护基的水解能力次序大致为：${}^tBuCO<PhCO<MeCO<ClCH_2CO$…。

最常用的乙酸酯保护基一般在温和的碱性条件下就可以除去，常用的碱为 K_2CO_3、NH_3、肼、胍（guanidine）、KCN、Et_3N 或 ${}^iPr_2Net$ 等。在水或醇的体系中，乙酸酯在酸催化下也能发生水解或酯交换除去，但在无质子性物质参与时，乙酸酯一般是比较稳定的。

位阻较大的 Piv 需要较强的碱性体系，如 KOH/MeOH 除去。这种条件下，TBDMS 醚是不能承受的。除去 Piv 的另一种办法是用金属氢化物还原，如 $LiAlH_4$、DIBAL[37]或 $KBHEt_3$ 等，条件相对也比较强烈。

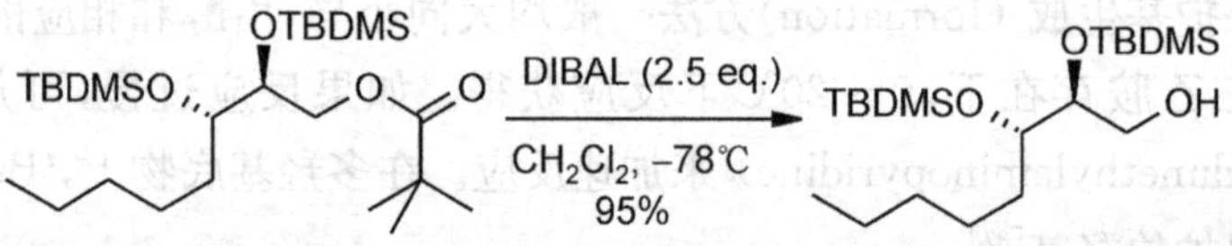

如果作为保护基的酰基的 α-位有吸电子因素的话，酯水解的速度将会大大加快。如 α-甲氧基乙酸酯比乙酸酯水解快 20 倍；α-苯氧基乙酸酯则要快 50 倍；α-卤代之后水解速度更快。α-氯代乙酸酯可以用硫脲、NH_3/MeOH 或苯、吡啶水溶液、$H_2NCH_2CH_2SH$、$H_2NCH_2CH_2NH_2$[41]、$PhHNCH_2CH_2NH_2$ 等除去。

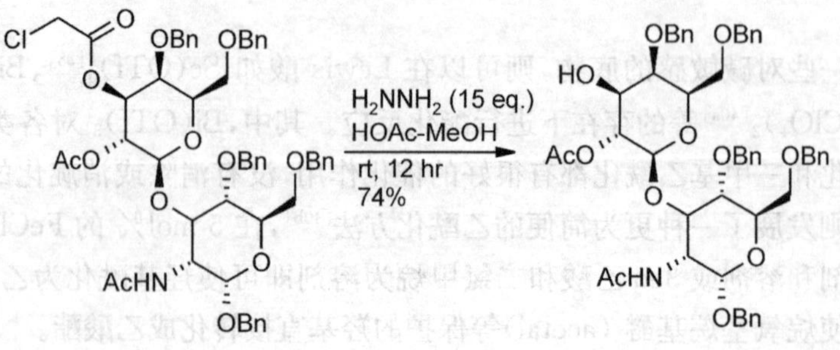

在碳水化合物的合成中，常常使用 $H_2NNHC(=S)SH$/dioxane-$^iPr_2Net$ 体系来代替硫脲除去 α-氯代乙酸酯[42]。

R=ClCH$_2$CO → R=H　H_2NNHCS_2H，二噁烷，$^iPr_2NEt$，40%

酶催化反应作为一类比较特殊的反应常用于一些 *meso*-二醇乙酸酯的单边水解反应获得高光学纯度的产物。除了这种动力学拆分外，某些脂酶还被用于一些特殊的合成中作为保护和去保护的方法，例如下面的反应[43]。

Castanspermin　枯草溶菌素，n-PrCOOCH$_2$CCl$_3$，Py, 92 h，84%　脂肪酶 CV，n-PrCOOCH$_2$CCl$_3$，THF, 72%

枯草溶菌素，磷酸缓冲液，pH 6.0, 64%

由于近年来酶已经发展到可以在有机溶剂体系中进行反应，因此可望在将来有更多的应用。

3.3.2　硅醚保护基

硅醚保护基主要有：Me_3Si（TMS）、Et_3Si（TES）、$^tBuMe_2Si$（TBDMS 或 TBS）、$^iPr_3Si$（TIPS）、$^tBuPh_2Si$（TBDPS）等。有人[44]测定了它们对酸碱的稳定性，其中它们对酸水解的相对稳定次序为：TMS(1) < TES(64) < TBDMS(20 000) < TIPS(700 000) < TBDPS(5 000 000)；对碱的相对稳定性次序为：TMS(1) < TES(10～100) < TBDMS=TBDPS(20 000) < TIPS(100 000)。

由于 F—Si（142 kcal/mol）和 O—Si（112 kcal/mol）键能的差别，因此大多数硅醚均可以用含氟试剂除去，如通常用的 HF/CH_3CN、TBAF/THF、HF-Py/CH_3CN 等。

1. 生成反应

TMS 醚一般用 TMSCl 或更高活性的 TMSOTf 在吡啶、三乙胺、$^iPr_2NEt$、咪唑或 DBU 的存在下与羟基快速成醚。溶剂可以为二氯甲烷、乙腈、THF 或 DMF。但是使用 TMSOTf 时必须注意它能将醛酮转化为烯醇硅醚，甚至催化将环氧开环，因为它是一个优秀的 Lewis 酸。对于高位阻的叔醇，可以使用高活性的 MeC(OTMS)＝NTMS 或 TMSImid[45] 为试剂。

过量 Me_3Si-Im
100℃, 90 min
100%

TES 保护试剂一般为 TESCl/Imid. 或 DMAP、TESOTf/Py 或 2,6-lutidine。TES 可以用来保护 β-羟基醛、酮和酯，而不会发生消除反应[46]。

TESOTf (1.1 eq)
Py, MeCN, −50℃
10 min, 79%

TBDMS 一般使用 TBDMSCl/imid. /DMF 体系，在较大反应浓度(例如，每克底物需 2 mL DMF)条件下获得。位阻大的仲醇或叔醇采用 TBDMSOTf/二甲基吡啶加以保护[47]，使用试剂的物质的量之比例大致为：醇-TBSOTf-二甲基吡啶＝1∶1.5∶2。

TBDMOTf
2,6-二叔丁基吡啶
CH_2Cl_2, rt, 24 h

TBDPS 醚一般使用 TBDPSCl/imid. /DMF 体系，常用 DMAP 来催化反应，溶剂也可为二氯甲烷。该保护基不能保护叔醇，它对伯醇和仲醇的区分选择性优于 TBDMS[48]。

TBDPSCl (1.2 eq.)
imidazole (1.2 eq.)
DMF, rt, 80%

TIPS 醚的制备与 TBS 醚相似，TIPSCl/DMF/imid. 或 DMAP[49] 可以保护伯醇和仲醇，活性较高的 TIPSOTf/2,6-二甲基吡啶体系也有应用报道。

TIPSCl (1 eq.)
imid. (2.5 eq.)
DMF, rt, 48 h
87%

2. 去保护反应

TMS 醚对酸碱都很敏感，K_2CO_3/MeOH 或 HOAc/MeOH 均能将它除去。当醇单元中具有吸电子因素时会加速水解反应。

TES 的水解稳定性比 TMS 好 10～100 倍，但比 TBDMS 差。它对Grignard 反应、Swern 氧化、Wittig-Horner 反应、Sulfone LDA 金属化、DDQ/CH_2Cl_2 和 Dess-Martin 氧化都是稳定的。一般可以用 2% HF/Py-THF、H_2O-HOAc-THF (3：5：11)等条件除去。Merck 公司在 FK-506 的合成中用下列条件除去 TES 而保留其他硅醚不动[50]。

R=TES → R=H
TFA (2.6 eq)
THF-H_2O
(6:1)
rt, 85 min
93%

TBDMS 自 1972 年首次应用以来成为目前应用最广的硅醚保护基。它对于 0℃以下的 n-BuLi 反应、Grignard 反应、烯醇盐反应等是稳定的，但^{t}BuLi能使SiMe 的甲基金属化。TBDMS 醚对中等强度的碱性是稳定的，但对酸性很敏感。在无 Lewis 酸存在时，它对 $LiAlH_4$、DIBAL-H 还原也是稳定的。酚的 TBDMS 醚稳定性稍差，但也能经受 DHP/cat. CSA、n-BuLi、K_2CO_3/MeOH、PDC/DMF 等条件。然而，TBSCl 价格比较贵一些。除去 TBDMS 醚的主要方法有：PPTS/MeOH/rt、CF_3COOH-H_2O(9：1)/0℃、5%HF/CH_3CN、HF/Py/MeOH 和 TBAF/THF 等；HOAc-H_2O-THF(3：1：1)可以保留 TBDPS 而除去 TBDMS[51]。

HOAc-THF-H_2O
(3:1:1), 87%

HF-CH_3CN 在低温下对伯醇和仲醇的 TBS 醚也有一定的选择性[52]。

TBAF 对不同化学环境的 TBS 醚也能选择性地除去某一个[53]。

处于羰基 β 位的硅醚用 TBAF 去保护时，常有 β-消除现象[54,55]，但通过采用一些酸或碱性较弱的氟化物可抑制此反应的发生。Roush 等[54]发现 TAS-F [tris(dimethylamino)sulfonium difluorotrimethylsilicate，$(Me_2N)_3S^+ F_2SiMe_3^-$]能顺利脱除对碱敏感底物中的硅醚保护基团。该试剂有售但也可以自制[56]。

目前关于选择性除去脂肪醇 TBS 醚和酚的 TBS 醚的报道有许多，例如在 DMSO/H_2O(5∶1)，90 ℃的条件下，酚、(高)烯丙醇以及苄醇的 TBS 醚可以被脱除，而其他硅醚不动[57]，而 HF/CH_3CN[58]、1% 甲醇碘溶液[59]、过硫酸氢钾/甲醇水溶液[60]以及 TMSCl(0.2 eq.)/H_2O(1 eq.)/CH_3CN[61]等体系可以选择性地除去脂肪伯醇 TBS 硅醚。

TBDPS醚于1975年由Hanessian等首次应用。它对酸的稳定性约为TBS(即TBDMS)的100～250倍，是TIPS的5～10倍，但它被TBAF除去的速度与TBS相当；对碳负离子的反应较TBS稳定，能经受DIBAL还原、80%HOAc(除去trityl，THP，TBS的条件)、CF_3COOH-H_2O/THF(除去丙酮叉和苄叉)、Me_2BBr/CH_2Cl_2/－78℃(除去MOM保护)、cat. NaOMe/MeOH/rt/24h(除去乙酸酯和苯甲酸酯)、NaOH(2eq)/^{i}PrOH-H_2O(3∶1)/60℃(除去甲酯)、$H_2SCH_2CH_3$/BF_3·OEt_2(除去缩醛保护)等条件。然而在酸性条件下可能发生重排，相应的去保护基条件，反应速度也较TBS要慢。

TIPS常被选择性保护伯醇，它在碱性条件下比TBS和TBDPS稳定，且能经受强亲核试剂进攻。如甲酯水解时，TBS被破坏而TIPS不动；TIPS还能经受^{t}BuLi参与的反应，同样TBS不行。它的除去条件与TBS相似但反应较慢，因此两者的除去有一定选择性。在FK-506的合成中，TIPS经受了许多反应，Schreiber等[62]最后一步用HF/MeCN在聚丙烯瓶子里同时除去两个TIPS和一个TBS保护基，产率73%；但在普通玻璃瓶中反应仅得35%的产物。这说明玻璃与HF反应产生的物质对去保护有副作用。

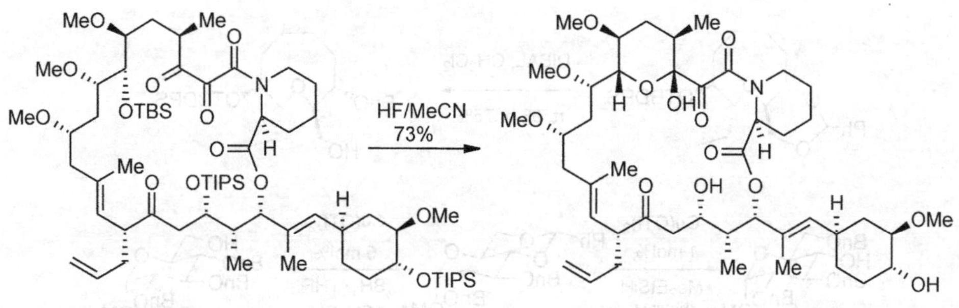

HF/MeCN
73%

3.3.3 烷基醚类

这类保护基主要有甲基醚(Me)、苄基醚(Bn)、对甲氧基苄基醚(PMB)、3,4-二甲氧基苄基醚(DMB或DMPB)、三苯甲基醚(Tr)、叔丁基醚和烯丙基醚等。由于共性较少，我们分别予以介绍。

1. 甲基醚

甲基醚化试剂一般有MeI、$(MeO)_2SO_2$或MeOTf与相应的碱组成反应体系，但也有用CH_2N_2/硅胶进行O—H键的插入反应。

甲基醚非常惰性，除去也相当不容易。常用TMSI/CH_3Cl或CH_2Cl_2或MeCN或者BBr_3/CH_2Cl_2等。酚用甲基醚保护较多，也比较易于除去，一般$AlCl_3$/CH_2Cl_2或甲苯加热体系即可。

2. 苄基醚

苄基醚的应用很广，可以经受许多温和的氧化反应，如 Swern、PCC、PDC、Dess-Martinperiodinate、Jones、$NaIO_4$、$Pb(OAc)_4$ 以及 $LiAlH_4$ 还原。

苄基醚一般用 $PhCH_2Br$ 或 $PhCH_2Cl$ 与烷氧基负离子反应所得，如 BnBr/NaH/cat. Bu_4NI。另外，BnBr/Ag_2O/DMF 体系常被用于 α-羟基酯的保护。对易消除的 β-羟基酯可以用酸性条件[63]。

$Cl_3C—C=NH(OBn)$, TfOH cat.
cyclohexane - CH_2Cl_2
rt, 3 h, 79%

另外，苄基的产生还可以在反应中由苄叉还原而来。还原试剂可以是 DIBAL-H，这时苄基主要生成在仲羟基上[64]；也可以在 Lewis 酸的协助下以硼烷[65]或硅烷[66]为还原试剂，此时通过适当的条件选择可以得到仲羟基的苄醚或伯羟基苄醚。最近，Hung 等[67]发现在 $Cu(OTf)_2$ 存在下，以硼烷或硅烷为还原剂可以实现不同的选择性。

DIBAL, CH_2Cl_2
rt, 96 h, 75%

$Cu(OTf)_2$ 1 mol%, Me_2EtSiH, CH_3CN, rt, 0.5 h, 84%
$Cu(OTf)_2$ 5 mol%, $BH_3\cdot THF$, CH_2Cl_2, rt, 2.5 h, 95%

苄基在很多情况下用氢解的方式除去，10%Pd-C 是最常用的催化剂。另外，Raney-Ni、Rh-Al_2O_3 也是常用的氢解催化剂。氢解的氢原子来源除了氢气外，还可以是环己烯、环己二烯、甲酸或甲酸铵等[68]。

Pd-C, EtOH, rt, 2 h, 72%
18% HCOOH in MeOH, 10% Pd-C, 25℃, 3 h, 78%

应用 Li(Na)/NH_3(液)还原也可迅速除去苄基保护，同时不影响双键。另外，Lewis 酸也被用以除去苄基醚保护，如 TMSI、$SnCl_4$、$PhSSiMe_3$-ZnI_2、BCl_3、$FeCl_3$

等。$CrCl_2/LiI$ 体系[69]是一个脱苄基及其类似物的温和方法。

$$\xrightarrow[\text{EtOAc/H}_2\text{O},\ 75℃,\ 12\ \text{h}]{\text{CrCl}_2,\ \text{LiI}}\quad 89\%$$

3. PMB 和 DMB

PMB 和 DMB 的保护条件与苄基醚类似，但一般在 DMF 中的产率较 THF 中的高。PMBCl 不太稳定，用前要纯化。另外一种活性较高的替代试剂 $p\text{-MeOC}_6H_4CH_2O\text{—}C(\text{═}NH)CCl_3$ 可以在酸 TfOH 的催化下保护叔醇。合成中很多的 PMB 醚是从相应的苄叉经 DIBAL 还原转化而得。

它们的除去方式除了用除去苄基醚的相应方法外，还可以用 DDQ、CAN 等温和的氧化条件。$CeCl_3/NaI$ 体系[70]也被报道可用于此类苄醚的脱除。

4. 三苯甲基醚

三苯甲基醚常被用以保护伯醇，一般用 TrCl/Py 在 DMAP 催化下完成保护，也曾用 TrOTf/2,6-二甲基吡啶来保护半缩醛的合成例子。

它的除去基本都用酸性条件，如 $HCOOH\text{-}H_2O$、$HCOOH\text{-}^tBuOH$、0.1mol/L HCl/MeCN、1%碘甲醇溶液[71]、BCl_3/CH_2Cl_2[72]等，也可用 Na/NH_3(l)还原方法。Nishizawa 等[73]报道了一种还原脱除三苯甲基醚的条件：TESOTf(cat.)/ Et_3SiH/CH_2Cl_2，该方法比较温和，不过脱除 Tr 时同时会上 TES 保护，所以后处理需用乙酸水溶液除去 TES 硅醚。

5. 叔丁基醚

叔丁基醚对强碱性条件稳定，但可以为烷基锂和 Grignard 试剂在较高温度下进攻破坏。它的制备一般用异丁烯在酸催化下于二氯甲烷中进行，替代试剂有 $^tBuO\text{—}C(\text{═}NH)CCl_3$/cat. BF_3/CH_2Cl_2。

叔丁基醚的除去要用中强度酸，包括 Lewis 酸，如 HCOOH、无水 CF_3COOH、HBr-HOAc、4mol/L HCl-dioxane 以及 $FeCl_3$、$TiCl_4$、TMSI 等。

还有人报道末端丙酮叉经甲基 Grignard 试剂进攻后可以中等产率转化为伯位叔丁基醚[74]，可望在某些合成中得到很好的应用[75]。

MeMgI, 乙醚 / PHMe, 回流 / 52% → 植物鞘氨醇

6. 烯丙基醚

烯丙基醚的制备与苄基类似。在碳水化合物合成中，常利用 Bu_2SnO 大量制备烯丙基醚保护的糖[76]。

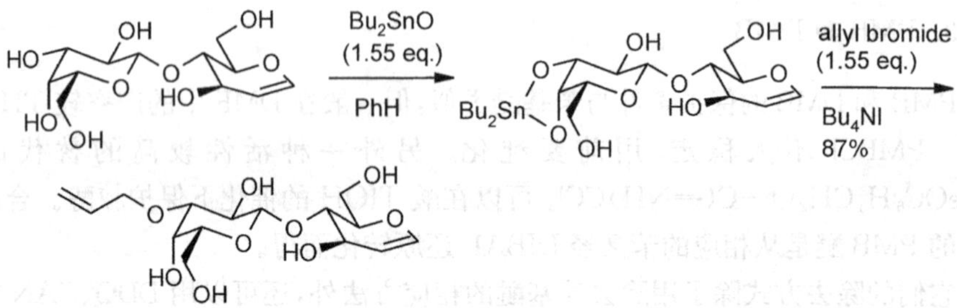

另外，通过 Pd(0)催化的对相应碳酸酯的 CO_2 挤出反应也可得到烯丙基醚[77]。

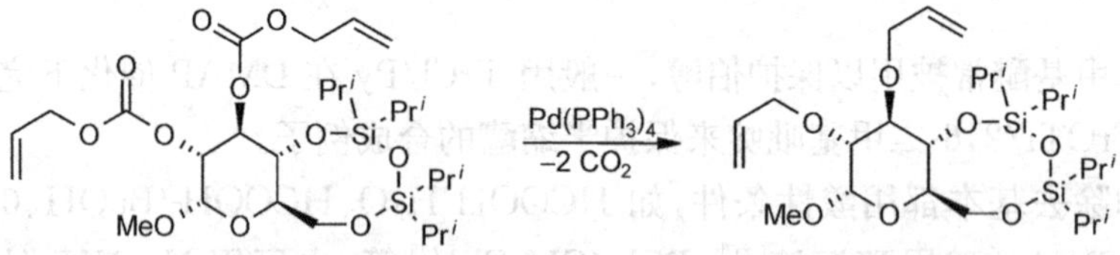

最近，Kitamura 等发展了一个[$CpRu(CH_3CN)_3$]PF_6/2-喹啉羧酸催化的底物醇和丙烯醇直接缩合制备烯丙基醚的方法[78]。该方法比较温和，适用范围较广。值得一提的还有，以甲醇或乙醇为溶剂时，该催化体系还能有效脱除烯丙基醚，因此无需强碱条件，是非常温和的方法[79]。其反应机理可能并不涉及双键的异构重排。

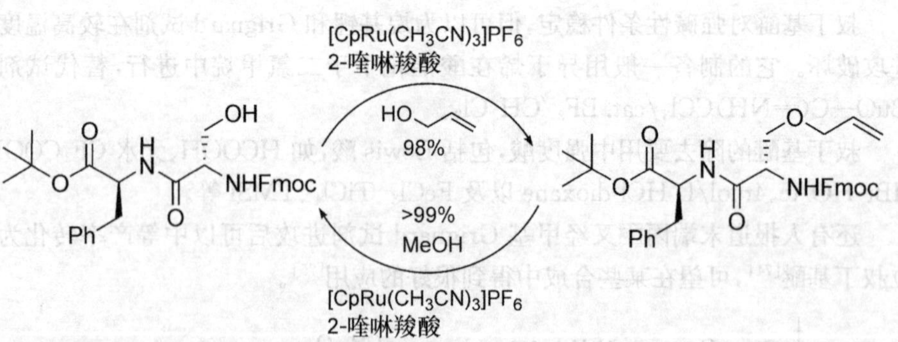

烯丙基醚的除去一般都利用烯烃的异构重排反应再水解除去。除了 ^{t}BuOK/DMSO强碱性条件外，这种重排还可以用过渡金属催化完成，如 Rh(Ⅰ)、Ir(Ⅰ)、Pd(0)[80]等催化的反应完成。

Pd/C, TsOH
MeOH/H_2O, 45℃
54%

其他一些反应机理不同的脱除烯丙基醚的条件,如 TMSCl/NaI [81]、$NaBH_4$/I_2[82]、$NiCl_2$(dppp)/DIBAL-H 或 Et_3Al [83]等,都在一定的底物上得到应用。

3.3.4 烷氧基烷基醚

烷氧基烷基醚保护基包括 MOM(甲氧基甲基醚)、MTM(甲硫基甲基醚)、MEM(甲氧基乙氧基甲基醚)、BOM(苄氧基甲基醚)、SEM(三甲硅基乙氧基甲基醚)、THP(四氢吡喃)醚等。

1. 制备

除 THP 醚外,这类保护基的制备方法大体相同,一般用相应的氯化物或溴化物与醇负离子作用所得。如用 NaH 或 KH 作碱,反应一般在 THF 中进行,加料有先后次序;如用 $^iPr_2NEt$ 作碱,反应一般在二氯甲烷内进行,并可一次加料。MOM 醚还可以用 $H_2C(OMe)_2/P_2O_5/CHCl_3$ 体系[84]完成保护。此外,1,2-二醇的原甲酸三酯的还原断裂[85]也曾用来制备仲醇的 MOM 醚。

$H_2C(OMe)_2$
P_2O_5, $CHCl_3$
rt, 99%

$CH(OMe)_3$, CSA, CH_2Cl_2, rt
DIBALH, −78℃
96%

MEM 醚制备时对于对碱敏感的底物,可采用先制成季铵盐 $Et_3N^+MEMCl^-$,然后再与醇反应[86]。

$Et_3N^+MEMCl^-$
MeCN, 64 h
80%

THP 醚的制备与前面几种甲基醚有较大差别。DHP 为一潜手性化合物,因此反应后会引入一新的手性中心,相对来说,图谱也较为复杂。它一般在酸催化下形成，催化剂可以为 CSA、$POCl_3$、PTSA、TMSI 和 PPTS 等，PPTS 酸性比较温和，适应于许多底物，如对环氧醇的保护[87]。

DHP (1.5 eq.)
PPTS (0.1 eq.)
CH_2Cl_2, rt, 100%

2. 去保护

MOM 醚的去保护一般用酸性条件，如 6mol/L HCl-THF-H_2O(1∶2∶1)以及 Lewis 酸 Me_3SiBr(4eq.)/CH_2Cl_2、$BF_3 \cdot OEt_2$/PhSH、($^iPrS)_2BBr$(6eq.)/CH_2Cl_2、Me_2BBr(3eq.)/CH_2Cl_2 等。胡泰山等[88]在合成番荔枝内酯 annonacin 时，最后一步用 $BF_3 \cdot OEt_2/Me_2S$ 高效脱除了分子中的四个 MOM 保护基团。

R = MOM → R = H　$BF_3 \cdot OEt_2$, Me_2S, 86%

MTM 醚一般用重金属盐作试剂，如 $AgNO_3$/2,6-二甲基吡啶，$Hg(ClO_4)_2$/三甲基吡啶以及 $HgCl_2$-$CaCO_3$[89]等。

$HgCl_2$, $CaCO_3$
MeCN, H_2O

MEM 保护基的除去较 MOM 醚条件要强些，如 $ZnBr_2$(7eq.)/CH_2Cl_2、aq. HBr/THF、$TiCl_4$/CH_2Cl_2、Me_2BBr(2eq.)/CH_2Cl_2 等。MEM 在复杂分子合成中可能扮演离子配体的作用而影响整个反应的选择性。在 taxol 的合成中就发现这一现象[90]。

$CH_2=C(OMe)Li$
乙烷, 90%

1) cat.$FeCl_3$, Ac_2O, −45℃
2) K_2CO_3, MeOH
90%

BOM醚的除去可用 Na/NH_3(l)-EtOH、$H_2/Pd(OH)_2$-C、W-2 Ra-Ni/EtOH 以及 $BF_3 \cdot OEt_2$(3eq.)/PhSH(8eq.)/CH_2Cl_2 等条件。酚的BOM醚可用 Dowex 50W-X8/MeOH 酸性条件完成去保护。

SEM较MEM和MOM对酸性敏感,可用0.1 mol/L HCl/MeOH除去,也可用Lewis酸或TBAF除去。在Milbemycin E的合成中,Thomas等[91]用1eq. I_2 在太阳灯照射下高效率除去SEM保护基。

I_2 (1 eq.), sunlamp
92%

THP醚对强碱性条件稳定,但在温和的酸性条件下可以被除去。例如,HOAc-THF-H_2O(4∶2∶1)/45 ℃可以除去TBS和THP,但不能除去MOM、MEM和MTM醚。另外PTSA/MeOH,PPTS/MeOH或EtOH(pH3.0)/45～55℃,酸性离子交换树脂/MeOH均能用于THP醚的脱除。

3.4 二醇的保护基

二醇的保护基与醛酮的保护基往往是相互对应的。二醇的保护基主要有三类:缩醛或缩酮、亚甲硅基衍生物、1,1,3,3-四异丙基硅氧烷叉类化合物。

3.4.1 缩醛和缩酮

缩醛和缩酮主要有苄叉、丙酮叉和脂环酮叉。

1. 制备

苄叉的形成有以下两种条件:PhCHO/$ZnCl_2$ 或质子酸催化下去水缩合,或者 $PhCH(OMe)_2$(过量)/PTSA/DMF或PhH。当保护1,2,3-或1,2,4-三羟基化合物时,醛或者由醛衍生而来的试剂利于形成六元环,即1,3-保护[92];而酮或由酮衍生的试剂一般优先生成五元环,即1,2-保护。

HO H O O PhCHO HCl 65% HO H HO O O PhCH(OMe)$_2$ H$^+$, 84% Ph O O H HO H EtOOC H O O Ph O O OH Ph OH HO OH

丙酮叉的生成条件与前者类似。除了可用丙酮和DMOP外,还有一种等同试剂是$H_2C{=}C(OMe)Me$。丙酮叉在酸催化条件下经常会发生一些热力学重排,如下例[93]。

OH O O acetone amberlyst-15 rt, 30 min O O OH

环己酮或环戊酮叉与丙酮叉的制备方法类似。丙酮和脂环酮在Lewis酸存在下能高度立体选择性地对环氧化合物开环并形成缩酮保护[94]。

H O OTs H acetone, AlCl$_3$ rt, 24 h, 94% O O OTs

2. 去保护

缩醛或缩酮均可用酸水解除去保护,包括质子酸和Lewis酸。不同位置的丙酮叉可调节酸性达到选择性效果[95]。

O O H O H O O HO H_2SO_4, H_2O-MeOH rt, 22 h, 95% HO HO H O H O O HO H

但苄叉的去保护方式要丰富一些,还可以用氢解反应。Nicolaou等在brevotoxin A的合成中用下列条件除去苄叉保护基[96]。

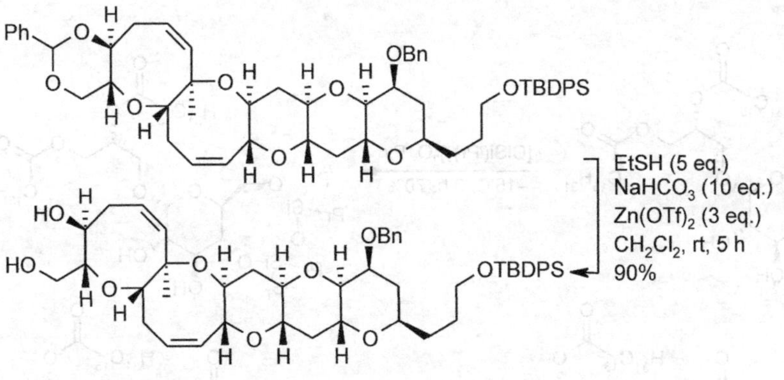

EtSH (5 eq.)
$NaHCO_3$ (10 eq.)
$Zn(OTf)_2$ (3 eq.)
CH_2Cl_2, rt, 5 h
90%

彭陟辉等[97]在对 LTB_4 的合成中，用 $HSCH_2CH_2CH_2SH/TiCl_4$-Ph_3As 体系选择性地除去中间的丙酮叉保护并保留 TBDPS 保护基，这在许多酸性条件下均做不到。

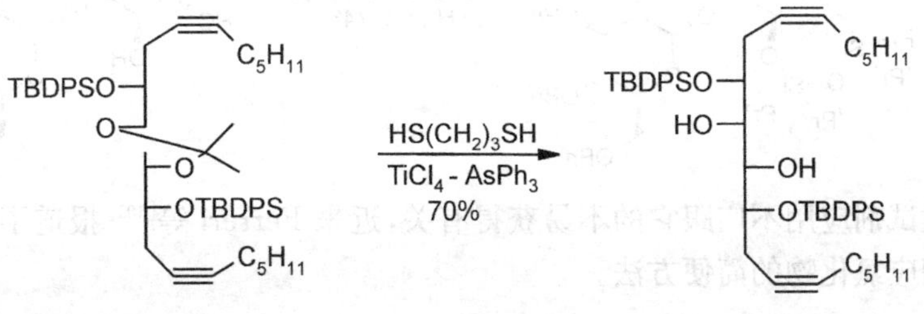

$HS(CH_2)_3SH$
$TiCl_4$ - $AsPh_3$
70%

3.4.2　亚甲硅基衍生物

Trost 等[98]首次使用 DTBS (di-*tert*-butylsilylene derivatives) 保护 1,2-或 1,3-二醇。目前这类保护基仍在使用的也只有这一试剂。上保护的条件有：$^tBu_2SiCl_2$(1.1eq.)/Et_3N(3eq.)/HOBT(0.1eq.)/MeCN；或者 $^tBu_2Si(OTf)_2$/2,6-二甲基吡啶/CH_2Cl_2。去保护一般都用 HF-Py 在 THF-Py 中于室温下完成。Evans 等[99]在 Cytovaricin 合成中将 7 个硅醚保护基用该条件一步除去，产率达 76%。

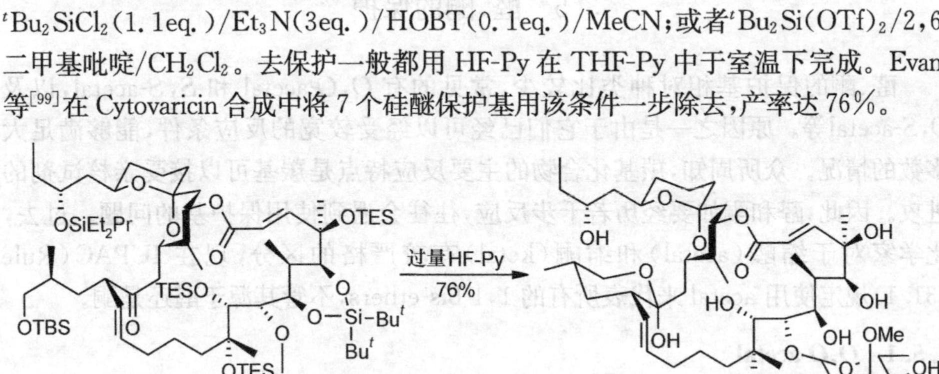

过量HF-Py
76%

3.4.3　1,1,3,3-四异丙基二硅氧烷叉衍生物

1,1,3,3-四异丙基二硅氧烷叉衍生物类保护基目前应用不多，仅举下例[100]予

以说明。

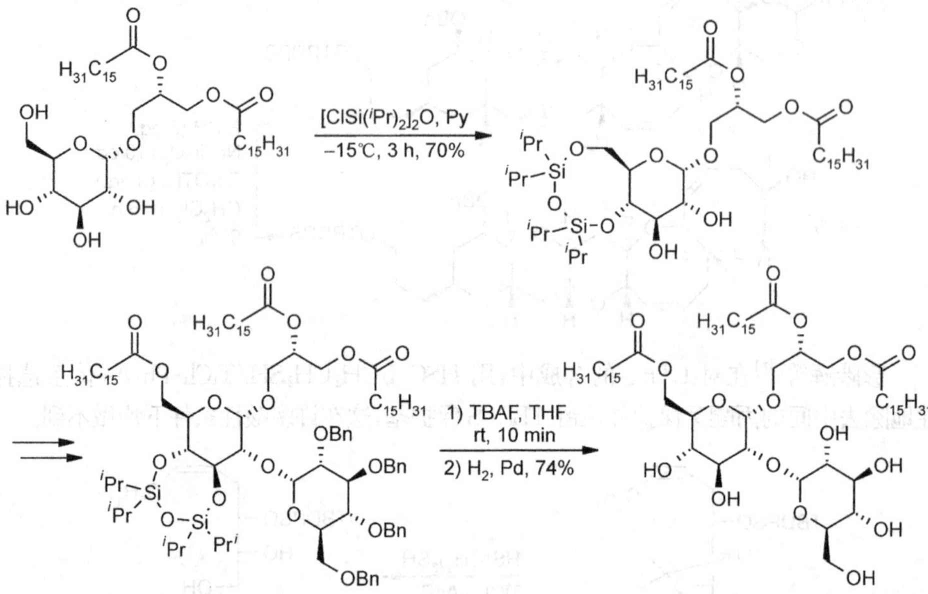

$[ClSi(^iPr)_2]_2O$, Py

−15℃, 3 h, 70%

1) TBAF, THF

rt, 10 min

2) H_2, Pd, 74%

这类试剂应用不广跟它的不易获得有关，近来 Ferreri 等[101]报道了一个从硅烷制备相应氯化物的简便方法。

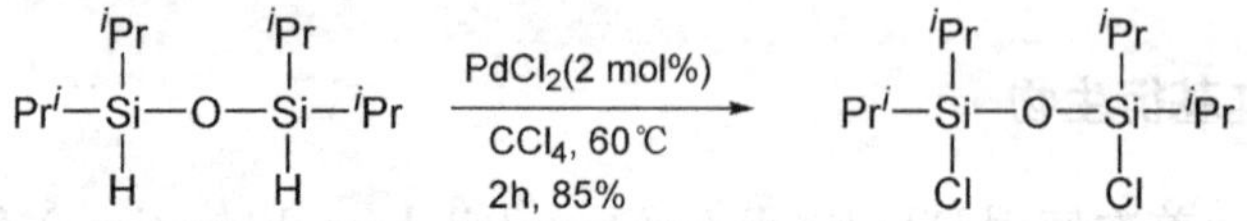

$PdCl_2$(2 mol%)

CCl_4, 60℃

2h, 85%

3.5 醛、酮的保护

醛、酮的保护基相对种类比较少，常见的有 *O*,*O*-acetal 和 *S*,*S*-acetal，以及 *O*,*S*-acetal等。原因之一是由于它们已经可以经受较宽的反应条件，能够满足大多数的情况。众所周知，羰基化合物的主要反应特点是羰基可以接受亲核试剂的进攻。因此，醛和酮如要经历若干步反应，往往会遇到使用保护基的问题。过去，化学家对于缩醛（acetal）和缩酮（ketal）有较严格的区分，现在 IUPAC（Rule 331.1）规定使用 acetal 来代表所有的 1,1-bis-ethers，不管其源于醛还是酮。

3.5.1 *O*,*O*-acetal

1. 化学性质

O,*O*-acetal 在通常条件下是比较稳定的，但是某些 Lewis 酸还是会与之作用，并破坏它的基本结构。Zn^{2+} 和 Mg^{2+} 可以与环状缩醛或缩酮发生螯合；但是与氧

原子作用力更强的 Lewis 酸，如 AlX_3、TiX_2、BX_3 以及 R_3SiX 可以活化它并使之发生某些反应。典型的例子如 Grignard 试剂[102]在强 Lewis 酸的帮助下可以取代缩醛中的一个氧原子。*O*,*O*-acetal 对于金属氢化物的还原反应、有机锂试剂、碱的水溶液或醇溶液、催化氢化(不包括苄叉类)、锂氨还原等条件是稳定的。在大多数非酸性条件下的氧化反应也是可以承受的，但是臭氧化反应[103]可以使 1,3-dioxane 结构发生变化，氧化为酯，即

O_3, EtOAc, −78 °C, 5 h, 69%；TFA-H_2O (9:1), 0 ℃, 3.5 h, 72%

类似这样的情况还有金属 Ru 催化下的氧化反应。

2. *O*,*O*-acetal 保护基的制备

通常，由醛制备 *O*,*O*-acetal 较酮容易；环状的 *O*,*O*-acetal 又比非环 acetal 容易形成；位阻较大的羰基化合物形成 acetal 的反应相当慢；对于芳香醛酮，芳基上的吸电子基团比给电子基团更有利于 acetal 的形成。1,3-dioxalane 和 1,3-dioxane 是最常见的环状缩醛(酮)，通常分别由 1,2-乙二醇和 1,3-丙二醇在酸催化下与醛酮反应而得[104,105]。反应中去水处理过程有利于反应正方向发展。常用的酸催化剂有 *p*-TsOH、CSA、PPTs 或酸性离子交换树脂等。

$HO(CH_2)_3OH$, *p*-TsOH, 91%

$HO(CH_2)_2OH$, *p*-TsOH, 81%

另外，TMSCl 是一个很好的试剂，它在反应中既是催化剂，又是脱水试剂，如[106]

对于一些对酸敏感的底物，可以采用乙二醇双 TMS 醚（$TMSOCH_2CH_2OTMS$）作保护试剂，这时生成的反应副产物为$(TMS)_2O$，而不是水，如[107]

缩醛（酮）的交换反应是另外一种制备方法[108]，一般需要酸催化协助完成此过程。

从上一例子可以发现，共轭的羰基相对反应性要弱一些，下面的一个例子[109]更可以说明这一点，即共轭状态的醛基比酮反应还慢。

在此，我们还必须注意一个现象，共轭醛酮在保护之后，有时双键的位置会发生转移，这跟催化剂的酸性密切相关[110]。

酸	pK_a	A/B
HCOOH	3.03	10:0
邻苯二甲酸	2.89	7:3
$(COOH)_2$	1.23	8:2
p-TsOH	<1.0	0:10

缩醛(酮)的制备还可以通过过渡金属催化剂实现,条件也比较温和[111]。

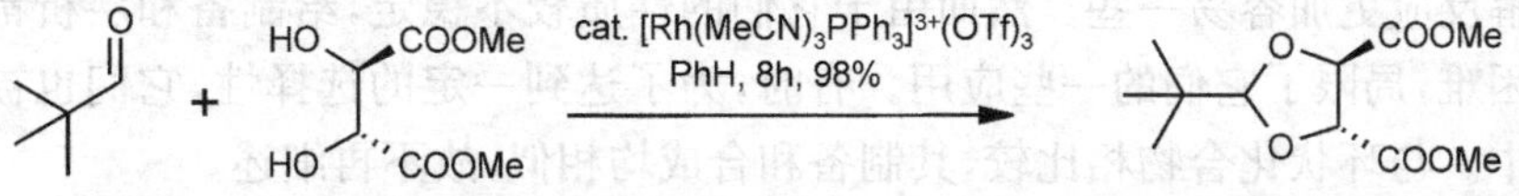

cat. $[Rh(MeCN)_3PPh_3]^{3+}(OTf)_3$
PhH, 8h, 98%

前面提到苄醚可以通过苄叉的还原而得到,而苄叉通过苄醚的氧化来获得也是可能的[112]。

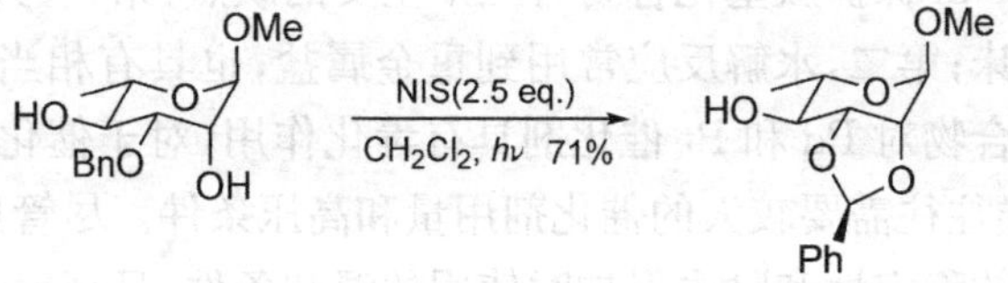

NIS(2.5 eq.)
CH_2Cl_2, $h\nu$ 71%

3. *O*,*O*-acetal 保护基的除去

酸催化水解反应是最为常见的办法。通常酮的1,3-dioxane保护形式比醛的1,3-dioxolane保护形式水解速度要快;同时醛的1,3-dioxolane又比醛的1,3-dioxane水解速度快。对于底物中存在碱性氮原子的情况,水解反应速度相对要慢一些,因为酸首先与氮原子发生作用,因此需要较强的酸性物质作为催化剂[113]。

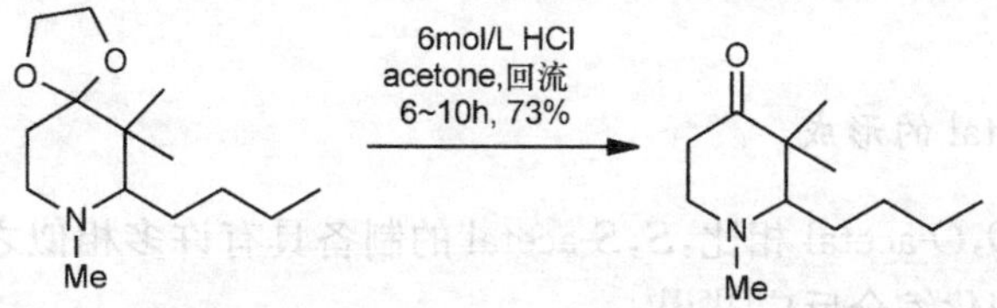

6mol/L HCl
acetone,回流
6~10h, 73%

由于PPTS酸性较弱,因此在此类除去保护基的反应中应用很多,如合成1,25-dihydroxycholecalciferol[114]。

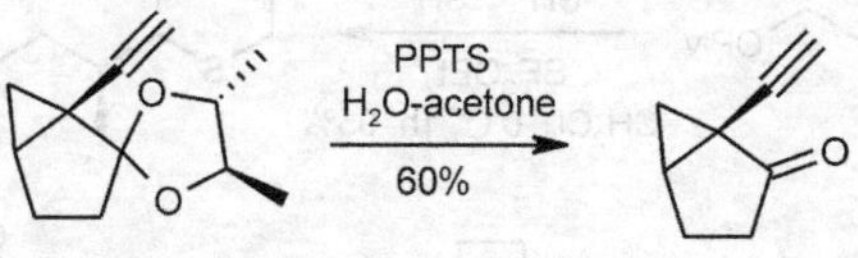

PPTS
H_2O-acetone
60%

同样,Lewis酸可以在温和条件下除去acetals。下例中由于产物是β-羟基酮,使用酸性条件极易发生消除反应;将底物的丙酮溶液经催化量$PdCl_2(MeCN)_2$处理,可以高产率地获得产物[115]:

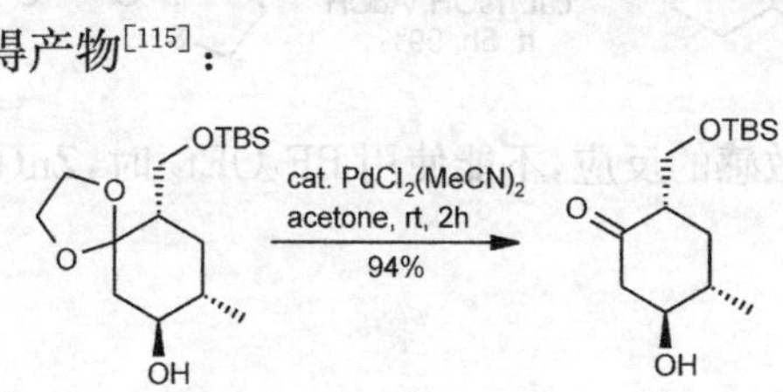

cat. $PdCl_2(MeCN)_2$
acetone, rt, 2h
94%

以上我们提及的都是环状 O,O-acetal 的反应，非环状 O,O-acetal 非常类似，但水解反应更加容易一些。然而由于它们的性质较不稳定，给制备和层析都带来一些困难，局限了它们的一些应用。有时，为了达到一定的选择性，它们也被用于合成中。与环状化合物相比较，其制备和合成均相似，故不再细述。

3.5.2 *S*,*S*-acetal

使用 *S*,*S*-acetal 保护羰基化合物有三个主要的缺点：第一，大多数硫醇和二硫醇具有难闻的气味；第二，水解反应常用到重金属盐，也具有相当的毒性和环境问题；第三，含硫化合物对 Pd 和 Pt 催化剂具有毒化作用，对于催化还原反应有相当大的限制，这时候往往需要较大的催化剂用量和高压条件。尽管如此，由于该类化合物对水解反应的稳定性和除去保护时使用的温和条件，且高度专一性，使之在复杂分子合成中有广泛的应用。

合成实践中，由于二硫醇的沸点较高，而甲硫醇的沸点只有 34℃，因此环状 *S*,*S*-acetal 的应用较普遍。但是，有一个性质必须加以考虑到，即 1,3-dithiane(环状)的亚甲基($pK_a=31$)能够被 *n*-BuLi 夺取质子而成为负离子，且相当稳定，能够进行各种碳-碳键的形成反应。在本书的潜在官能团(第 4 章)和反合成部分，我们将会提及转极性(umpolung)的概念，将醛转化为 *S*,*S*-acetal 就是典型的例子。

1. *S*,*S*-acetal 的形成

与相应的 *O*,*O*-acetal 相比，*S*,*S*-acetal 的制备具有许多相似之处，Lewis 酸和质子酸均可以催化缩合反应[116,117]。

OTBS　OMe　OMe　OPiv　SH SH　BF_3OEt_2　CH_2Cl_2, 0℃, 1h, 95%　S S　OTBS　OMe　OMe　OPiv

SH SH　(1.1 eq)　cat. TsOH, AcOH　rt, 5h, 99%　S S

对于一些性质较敏感的反应，不能使用 BF_3OEt_2 时，$Zn(OTf)_2$ 可以是很好的选择[118]。

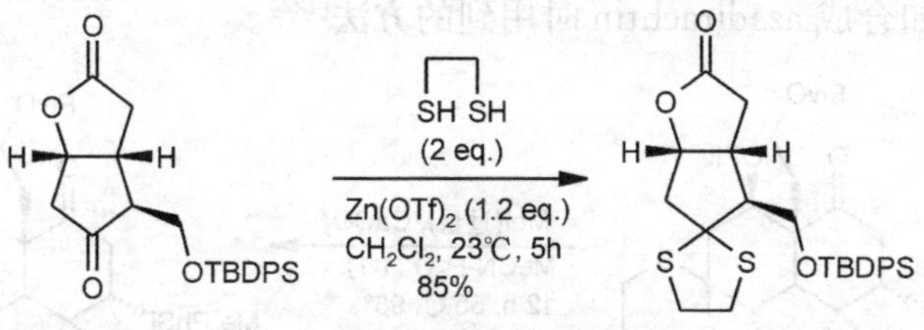

SH SH
(2 eq.)
Zn(OTf)2 (1.2 eq.)
CH2Cl2, 23℃, 5h
85%
OTBDPS
OTBDPS

另外，与前者类似，*S*,*S*-acetal 也可以通过 $TMSSCH_2CH_2STMS$ 来制备，反应中不会有水的生成[119]。

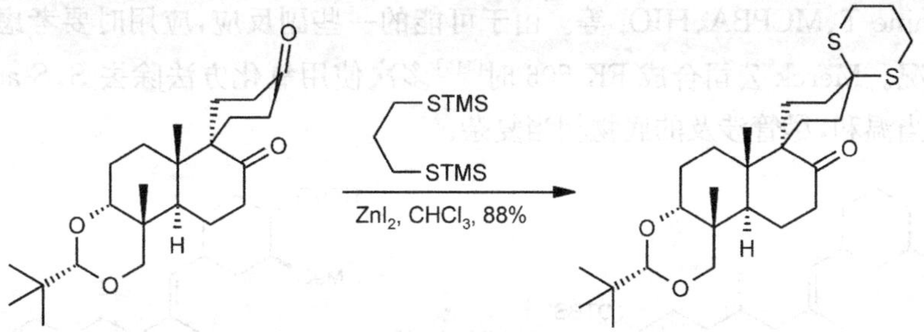

STMS
STMS
ZnI2, CHCl3, 88%

由于 *S*,*S*-acetal 高度的热力学稳定性，因此 $HSCH_2CH_2SH$ 可以直接将一些 *O*,*O*-acetal 置换为 *S*,*S*-acetal。下例[120]的一个优点是转化的同时将环状结构打开，有利于后续化学反应的进行。

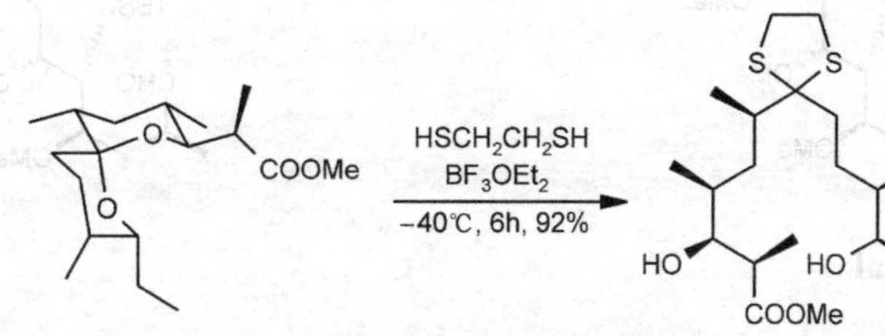

COOMe
HSCH2CH2SH
BF3OEt2
-40℃, 6h, 92%
HO
HO
COOMe

2. *S*,*S*-acetal 的除去

S,*S*-acetal 对于 *O*,*O*-acetal 的水解条件都是非常稳定的，依次可以区分两者，并先后选择性脱除。比较常见的除去 *S*,*S*-acetal 的条件都使用重金属盐[121]，其机理我们已经在前文叙述过了，如 Hg(Ⅱ)、Ag(Ⅰ)、Ag(Ⅱ)、Cu(Ⅱ)或Tl(Ⅲ)等。

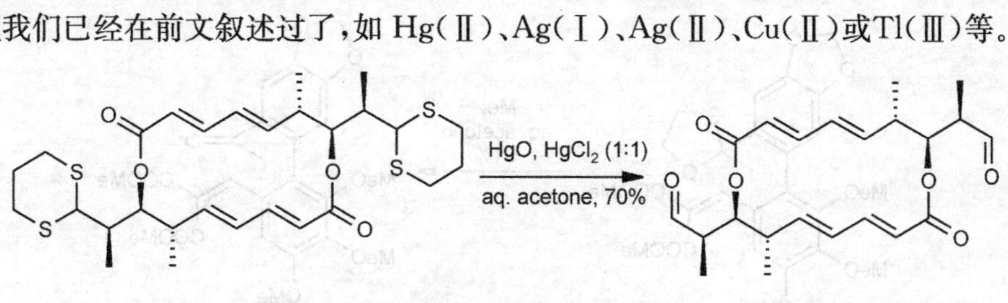

HgO, HgCl2 (1:1)
aq. acetone, 70%

一种比较温和的条件是使用硫烷基化试剂，如 MeI、Me_3OBF_4、Et_3OBF_4 或

$MeOSO_2CF_3$，如合成 azadirachtin 时用到的方法[122]。

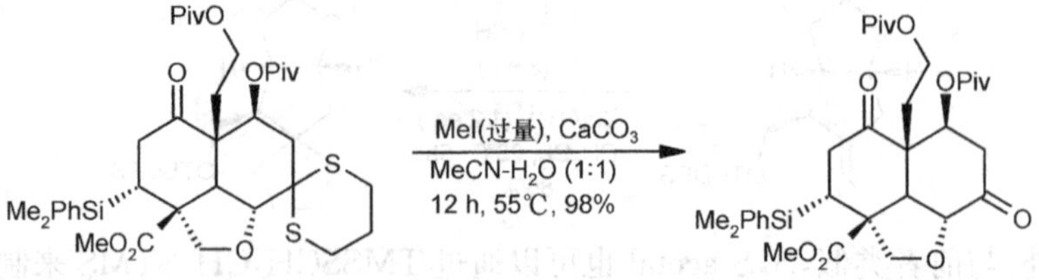

MeI(过量), $CaCO_3$
MeCN-H_2O (1:1)
12 h, 55℃, 98%

氧化反应是又一种去保护方法，这些试剂包括卤素、NCS、NBS、*t*-BuOCl、chloramine-T、MCPBA、HIO_4 等。由于可能的一些副反应，应用时要考虑底物的具体情况。Merck 公司合成 FK-506 时[116]多次使用氧化方法除去 *S*,*S*-acetal，其条件相当温和，尽管涉及的底物相当复杂。

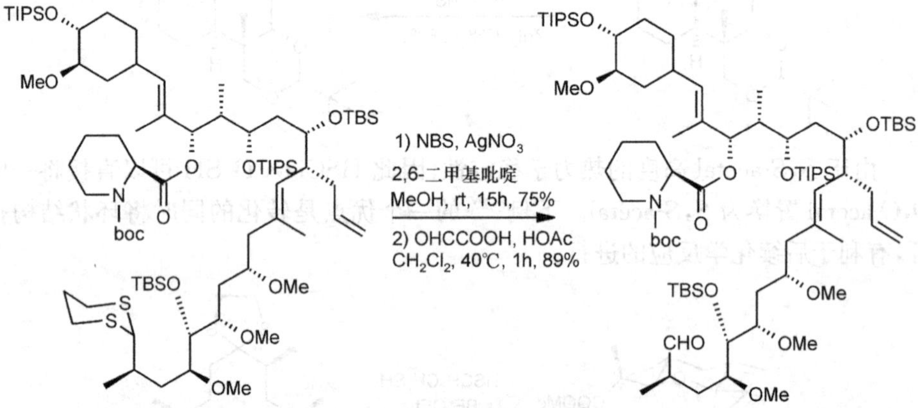

1) NBS, $AgNO_3$
2,6-二甲基吡啶
MeOH, rt, 15h, 75%
2) OHCCOOH, HOAc
CH_2Cl_2, 40℃, 1h, 89%

3.5.3 *O*,*S*-acetal

1,3-Oxathiane 被认为是替代 1,3-dithiane 的好方法。理由有两条：首先，其金属化的条件与后者类似；其次，前者的水解速度约为后者的 10 000 倍。但是，它也有不利之处，锂化产物稳定性有限；缺乏对称性而引入新的立体化学问题，即非对映异构现象。在类似的条件下，*O*,*S*-缩醛(酮)能够被选择性除去[123,124]。

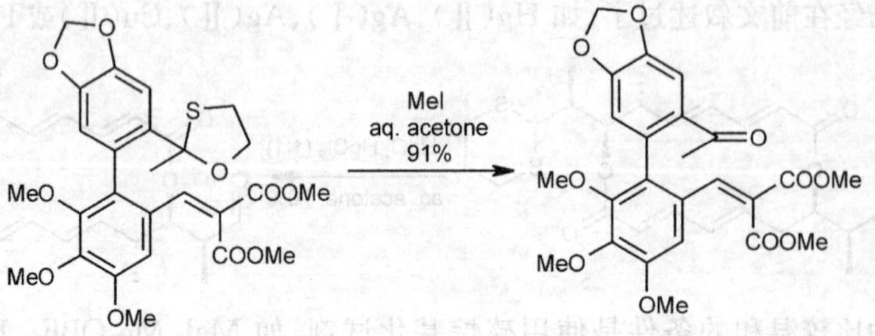

MeI
aq. acetone
91%

$HgCl_2$ (2 eq.), $CaCO_3$ (3 eq.), H_2O-MeCN, rt, 2h

3.6　羧酸的保护

在肽或核苷的合成过程中，羧酸的保护是一个常见的步骤，主要是阻止碱性试剂与羧酸质子之间的反应。少数情况下，保护的目的是为了阻止亲核试剂的进攻或金属氢化物的还原。羧酸的保护基大多以酯的形式展示，少数特殊的如 OBO (2, 6, 7-trioxabicyclo [2. 2. 2] octane) 为代表的原酸酯类化合物，以及 oxazolines 等。

3.6.1　酯类保护基

传统的酯化方法在稳定性、选择性及花费等指标下可以有较宽的选择，主要有：

Ⅰ. 由酸和醇直接制备。

Ⅱ. 酰氯或酸酐与醇的反应。

Ⅲ. 羧酸盐与卤代烷烃之间的反应。

Ⅳ. 羧酸与烯烃的反应，特别是叔丁酯的制备。

Ⅴ. 羧酸与重氮烷烃的反应。

除上述反应方法外，为了适应更多的情况，化学家也发展了一些新的制备方法。如 DCC 活化羧基的酯化反应；2,4,6-三氯苯甲酰氯参与活化的混合酸酐法 (Yamaguchi 酯化)；*N*-甲基-2-氯卤化吡啶盐活化的大环内酯合成方法；DEAD/PPh_3 活化的 Mitsunobu 酯化反应等。

1. 甲酯的合成

甲酯的优点是简单，位阻小，核磁共振谱简单，易于制备，而且较乙酯等其他简单酯易于获得结晶。甲酯的制备可以用传统的方法，但是对于氨基酸，有一些有效的方法，如使用 Me_3SiCl 或 $SOCl_2$ 活化的酯化反应[125]，反应中首先产生的 HCl 是酯化催化剂。

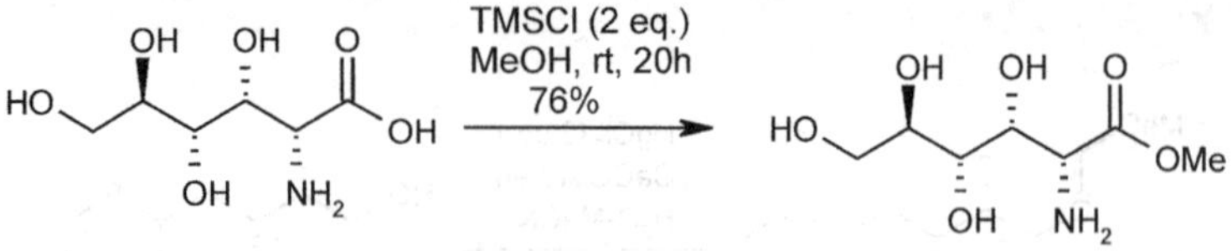

TMSCl (2 eq.)
MeOH, rt, 20h
76%

比较温和的反应条件还有使用 $KHCO_3/MeI$，有时也用到一些常见的相转移催化剂来促进反应[126]。

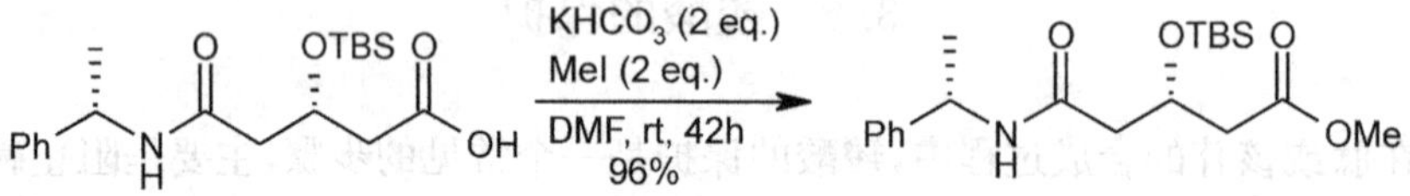

$KHCO_3$ (2 eq.)
MeI (2 eq.)
DMF, rt, 42h
96%

DMOP(丙酮二甲氧缩酮)/MeOH/TMSCl 则可以在芳香羧酸的存在下选择性地对脂肪羧酸进行甲酯化[127]。

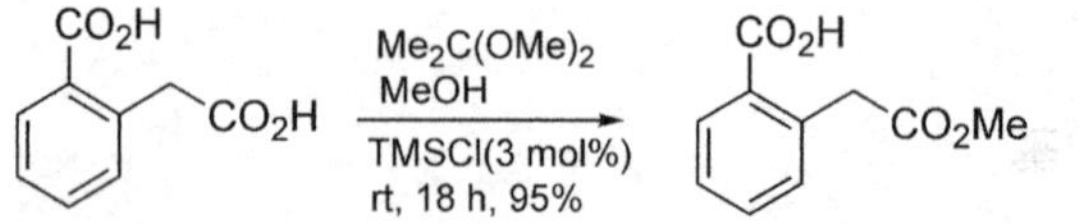

$Me_2C(OMe)_2$
MeOH
TMSCl(3 mol%)
rt, 18 h, 95%

甲酯的脱除过程常常在 MeOH 或 THF 与水的混合溶剂中进行，使用 LiOH 等无机碱来完成[128]。

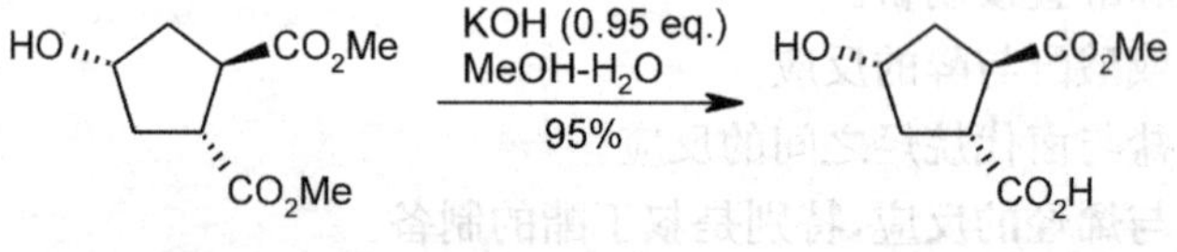

KOH (0.95 eq.)
$MeOH-H_2O$
95%

某些 Lewis 酸的使用也是一种重要的方法，可以避免碱性条件下不宜实施的底物或产生副反应的情况，如溴化铝与硫醚组合常用于甲酯到羧酸的转化[129]。

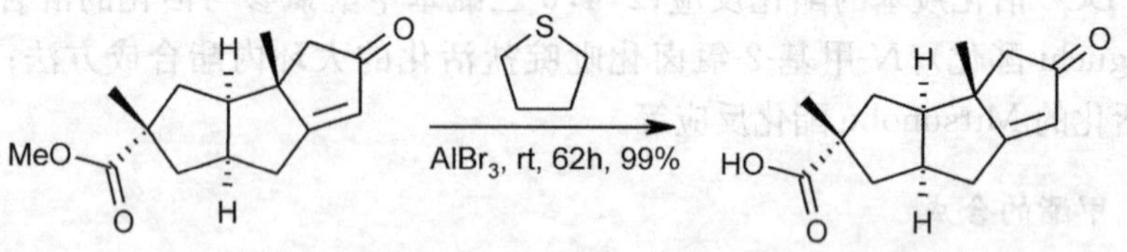

$AlBr_3$, rt, 62h, 99%

水解酶也是一种常见的试剂，特别在对 *meso* 化合物的控制性水解方面，有尤其突出的优势，其产物通常具有很高的光学活性[130]。

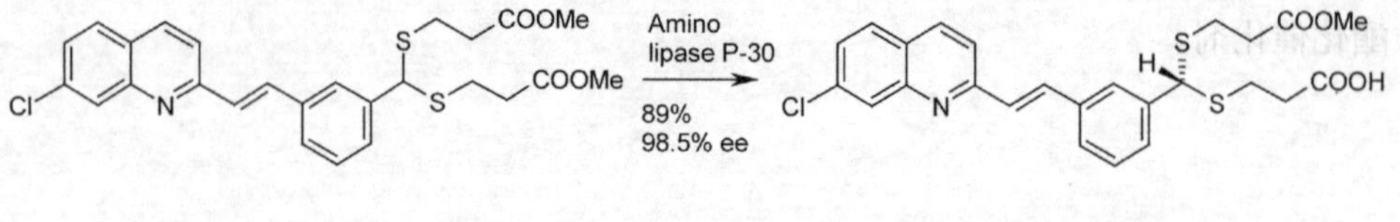

Amino
lipase P-30
89%
98.5% ee

2. 叔丁基酯

叔丁基酯的制备方法有别于其他酯。经典的合成是酸催化条件下羧酸对异丁烯的加成反应[131]，这是相当便宜的工艺流程。

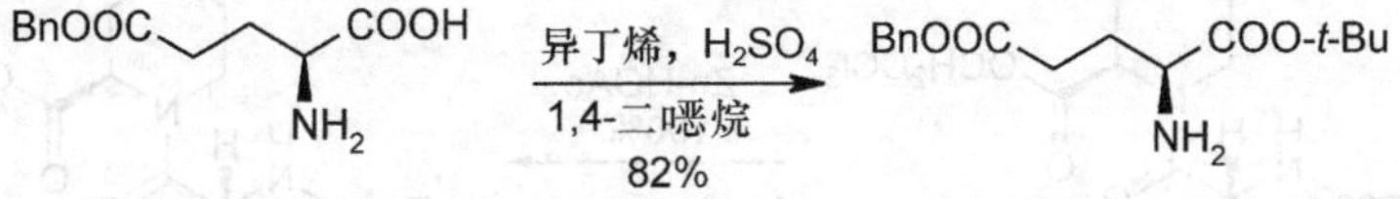

新的有效的保护试剂也不断地被开发出来，以满足各种不同的需要。*O-tert-*Butyl trichloroacetimidate 就是条件温和的试剂之一，反应一般用 $BF_3 \cdot OEt_2$ 催化完成[132]。

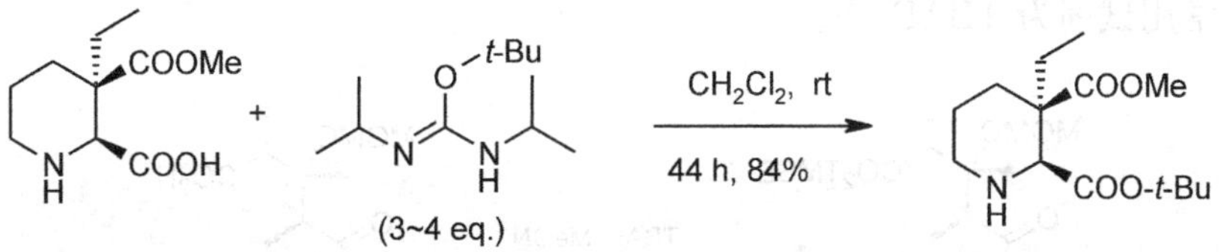

最常见的叔丁基酯的除去反应在 CF_3COOH(TFA)中进行，可使用纯 TFA 或 TFA 与 CH_2Cl_2 的混合溶液。其他条件还有 TsOH 或甲酸在回流的苯中反应；温和一些的条件如乙酸在回流的异丙醇中也非常高效率[133]。

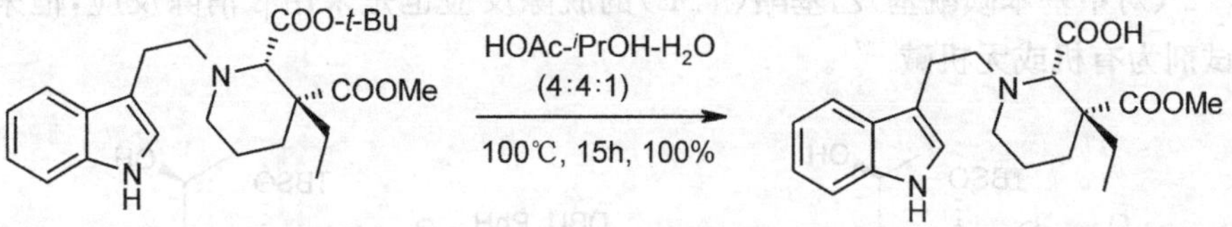

在此，我们还要提醒读者，叔丁基酯分解产生的碳正离子具有强亲电性，可以与很多官能团发生反应，此时需要加入 PhSMe 或 Et_3SiH 等清除产生的正离子，称为捕获剂(scavenger)[134]。

3. MOM、MEM、BOM、MTM、SEM 酯

MOM、MEM、BOM、MTM、SEM 酯类保护基被称作缩醛型酯，很容易高产率制备，也很容易在各种条件下温和地被除去。上保护和下保护的操作与醇的相应保护基类似，在此不作展开讲述。

4. β-取代的乙酯

β-取代的乙酯类保护基的主要代表为 2,2,2-三氯乙基酯(TCE)、2-(三甲硅基)乙基酯和 2-(对甲基苯磺酰基)乙基酯等。它们的制备基本上均采用羧酸与相

应的β-取代的乙醇在DCC存在下缩合而成，但是除去保护基的方法略有不同。

TCE的脱保护反应主要采用化学还原方法，如Zn在乙酸中的还原反应可以高效地获得相应羧酸[135]。

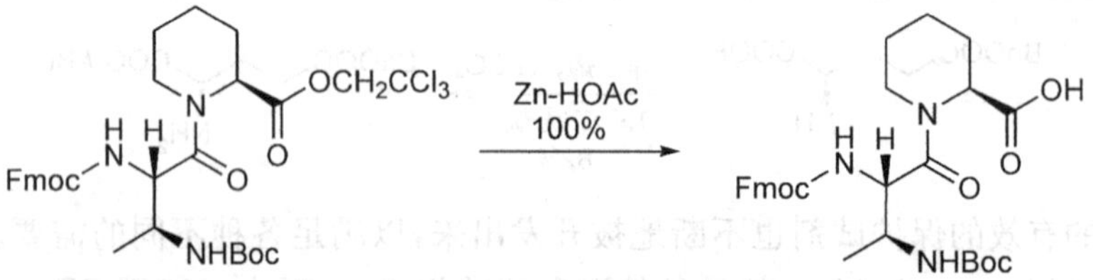

Fmoc　NHBoc　OCH_2CCl_3　Zn-HOAc 100%　Fmoc　NHBoc　OH

2-(三甲硅基)乙基酯(TMSE)的脱保护反应主要采用氟负离子参与的β消除反应，常用试剂为TBAF[136]。

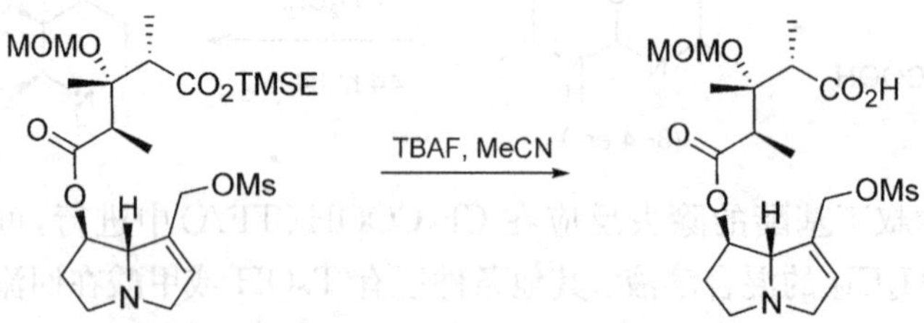

MOMO　CO_2TMSE　OMs　TBAF, MeCN　MOMO　CO_2H　OMs

2-(对甲基苯磺酰基)乙基酯(TSE)的脱除反应也是采用β消除反应，但采用的试剂为有机或无机碱[137]。

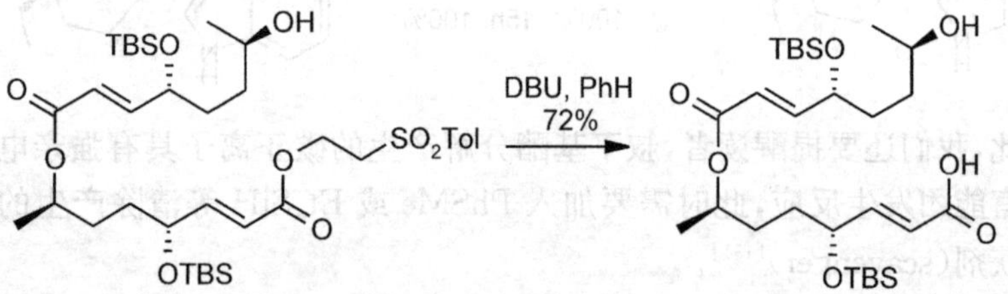

TBSO　OH　SO_2Tol　OTBS　DBU, PhH 72%　TBSO　OH　OH　OTBS

5. 苄基酯及其类似性质的保护基

苄基酯及其类似性质的保护基的最大特点是可以催化氢解除去，条件中性而温和，具体与相应的苄醚保护类似，在此不再介绍。

6. 烯丙基酯

烯丙基酯的特色是除去保护基的反应与众不同，多数使用Pd催化的烯丙基异构化-水解反应[135]。

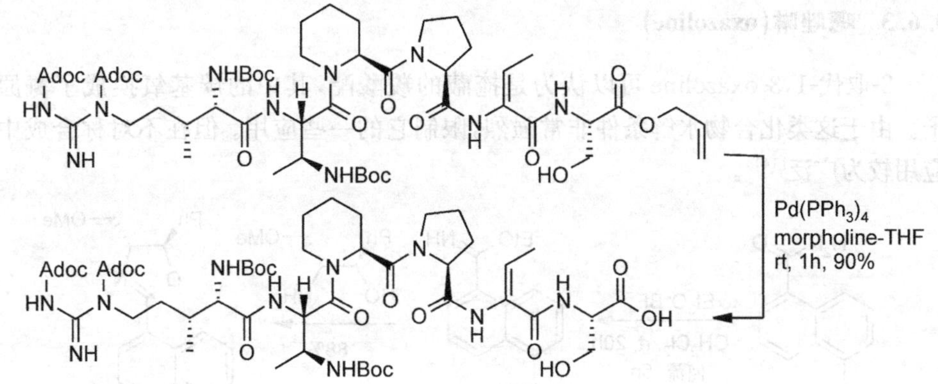

7. 硅基酯

硅基酯的制备由相应氯硅烷，羧酸在碱的存在下制备而得。脱保护也较为方便，如简单的碳酸钾-甲醇体系，乙酸-水-THF（3∶1∶1）等均非常有效。另外，1%HF-乙腈溶液也是非常好的除去保护基方法。硅基酯的稳定性与硅烷本身的性质有很大关系，除特殊需要，一般应用不多。

3.6.2　2,6,7-trioxabicyclo[2.2.2]octanes（OBO）

Corey 等发展这类原酸酯保护基主要为了满足底物经受强亲核试剂的进攻。采用这样一种保护基不仅保护了羧酸中的 OH，而且保护了羰基。原酸酯的制备通常与缩酮类似，但是 Corey[138] 对 OBO 的制备有些特殊，由酰氯与 3-methyl-3-(hydroxymethyl)oxetane 发生酯化反应，再在三氟化硼乙醚络合物催化下重排获得。除去此类保护基的方法使用酸水解[139]。

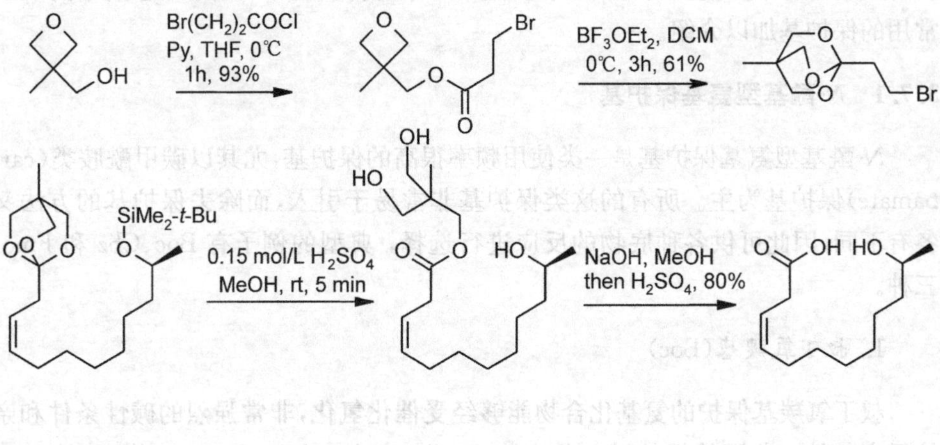

3.6.3 噁唑啉(oxazoline)

2-取代-1,3-oxazoline 可以认为是掩蔽的羧酸酯,其中的羰基氧换成了氮原子。由于这类化合物水解条件非常强烈,限制它的一些应用。但在不对称合成中应用较为广泛[140]。

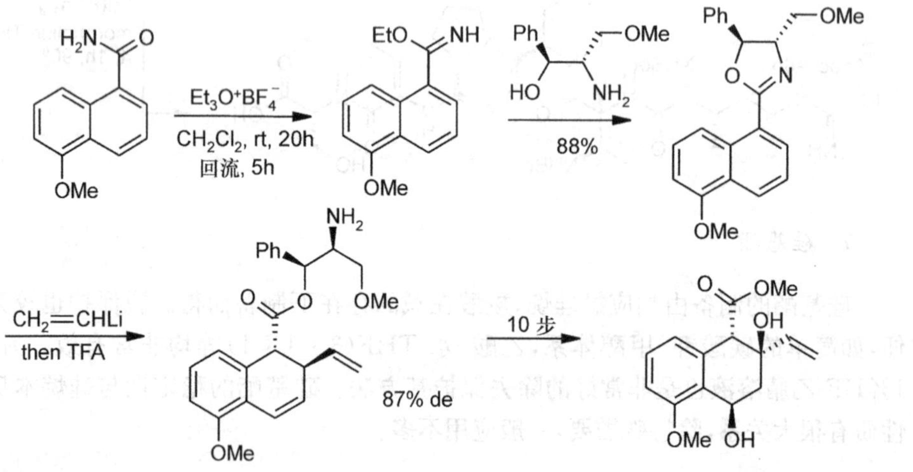

H2N
O
OMe
Et3O+BF4−
CH2Cl2, rt, 20h
回流, 5h
EtO
NH
OMe
Ph
HO
NH2
OMe
88%
Ph
OMe
O
N
OMe
CH2=CHLi
then TFA
NH2
Ph
O
O
OMe
OMe
87% de
10 步
O
OMe
OH
OMe
OH

3.7 氨基的保护

与前面的各种官能团的保护基相比,氨基保护基有较大的区别,主要的原因是N原子与氧原子有很大的性质区别。由于许多生物活性分子,如氨基酸、肽、糖肽、氨基糖、β-内酰胺、核苷、鞘氨醇、生物碱等均含有氮原子,因此氨基的保护在有机合成中占有十分重要的地位。在多达250余种保护基中,我们只选取其中典型,常用的保护基加以介绍。

3.7.1 *N*-酰基型氨基保护基

N-酰基型氨基保护基是一类使用频率很高的保护基,尤其以碳甲酰胺类(carbamate)保护基为主。所有的这类保护基非常易于引入,而除去保护基的方法又各有不同,因此可供各种底物的反应进行选择,典型的例子有Boc、Cbz和Fmoc三种。

1. 叔丁氧羰基(Boc)

叔丁氧羰基保护的氨基化合物能够经受催化氢化,非常强烈的碱性条件和亲核反应条件。常用的保护试剂为 Boc_2O(di-*tert*-butyldicarbonate)[141] 和 BocON

[2-(*tert*-butoxycarbonyloxyimino)-phenylacetonitrile][142]，以苯丙氨酸的保护为例，保护的条件相当温和。

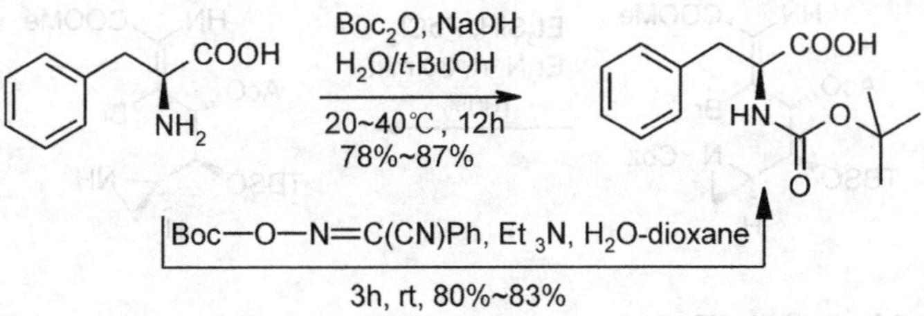

COOH
NH2
Boc2O, NaOH
H2O/t-BuOH
20~40℃, 12h
78%~87%
COOH
HN
O
O
Boc—O—N=C(CN)Ph, Et3N, H2O-dioxane
3h, rt, 80%~83%

也可以采用无水溶剂体系，如乙腈和有机碱[143]。

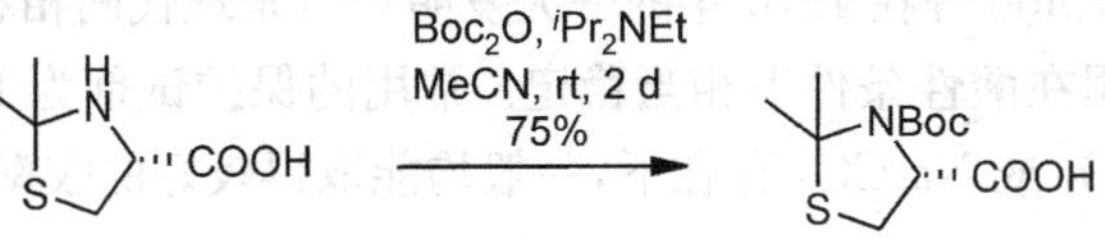

H
N
S
COOH
Boc2O, iPr2NEt
MeCN, rt, 2 d
75%
NBoc
S
COOH

值得一提的是，Boc_2O 在 DMAP 存在下可以保护酰胺—NH 的氮原子和吲哚上的—NH[144]。

脱除 Boc 保护基最常用的方法是使用三氟乙酸或三氟乙酸在 CH_2Cl_2 中的溶液。一般在室温下就可以迅速完成去保护反应，但有些底物会慢一些[145]。

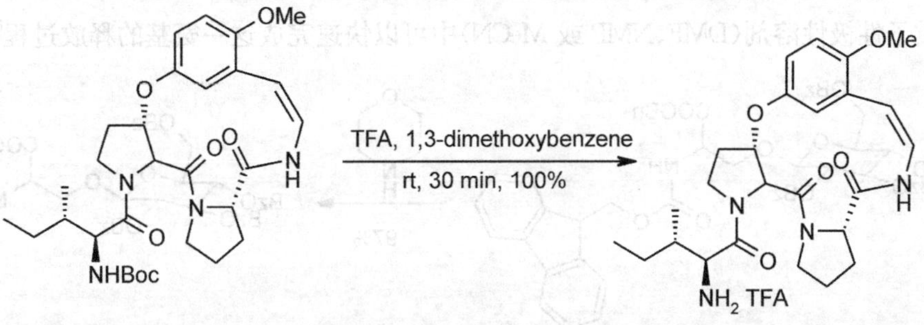

OMe
O
N
O
O
N
O
N
H
NHBoc
TFA, 1,3-dimethoxybenzene
rt, 30 min, 100%
OMe
NH2 TFA

2. 苄氧羰基(Cbz 或 Z)

1932 年，Bergman 等[146]发明了这一保护基，开创了现代肽合成化学中的一个里程碑。由于 Cbz 可以被氢解除去，条件中性，因此得到了广泛应用，且由于 CbzCl 非常便宜，适合大量原料的制备。Cbz 保护的条件非常温和，在碱性水溶液中使用 CbzCl(5～10℃)很快完成。

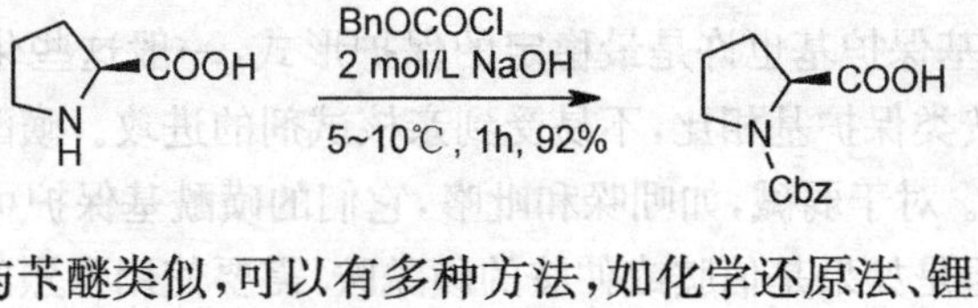

COOH
N
H
BnOCOCl
2 mol/L NaOH
5~10℃, 1h, 92%
COOH
N
Cbz

Cbz 的除去与苄醚类似，可以有多种方法，如化学还原法、锂氨还原以及使用

Lewis 酸等，其中使用催化氢解的例子最多[147]。

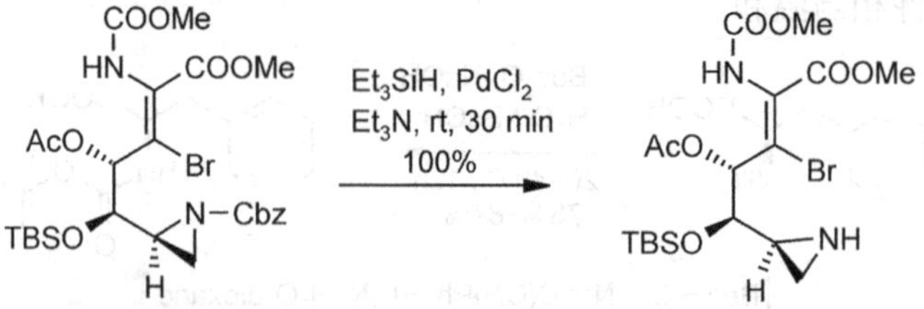

3. 9-芴甲氧基羰基(Fmoc)

Fmoc 是 Carpino 等在 1970 年的一大发明[148]，是现代固相和液相多肽合成的基础。Fmoc 基团在酸性条件下相当稳定。常用的保护试剂为 Fmoc-Cl 或 Fmoc-OSuc，在 $NaHCO_3$ 或 Na_2CO_3 存在下，一般均能取得较好的收率[149]。

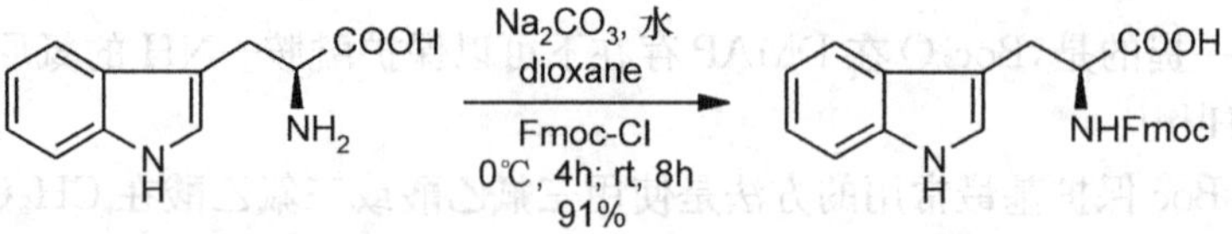

该保护基的除去应用 β-消除原理，简单的碱，如 NH_3、Et_2NH、哌啶、吗啡啉等在非质子性极性溶剂(DMF、NMP 或 MeCN)中可以快速完成这一氨基的释放过程[150]。

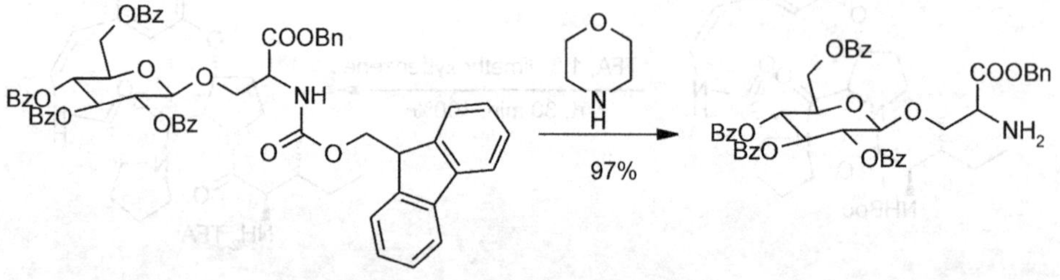

以上介绍了三种主要的氨基甲酸酯类 (carbamates) 氨基保护基，这类保护基还有 Alloc (Allyloxycarbonyl)[151]、Teoc [2-(trimethylsilyl) ethoxycarbonyl][152]、Troc (2,2,2-trichloroethoxycarbonyl)[153]等。这些保护基的性质与相应的酯类保护基类似，在此不作介绍。

3.7.2 *N*-磺酰基衍生物

磺酰基类氨基保护基也许是最稳定的保护形式，一般这些化合物都有很好的结晶，与碳甲酰胺类保护基相比，不易受到亲核试剂的进攻。磺酰基的除去因底物特性而各有区别。对于弱碱，如吲哚和吡咯，它们的磺酰基保护可以使用简单的碱水解完成脱除；但是如果是伯胺或仲胺的磺酰胺，需要使用强烈的还原条件才能完成此过程。

吲哚和吡咯的保护先用强碱夺取 N 上的质子，然后与磺酰氯反应；也可使用相转移反应条件促进反应[154]。

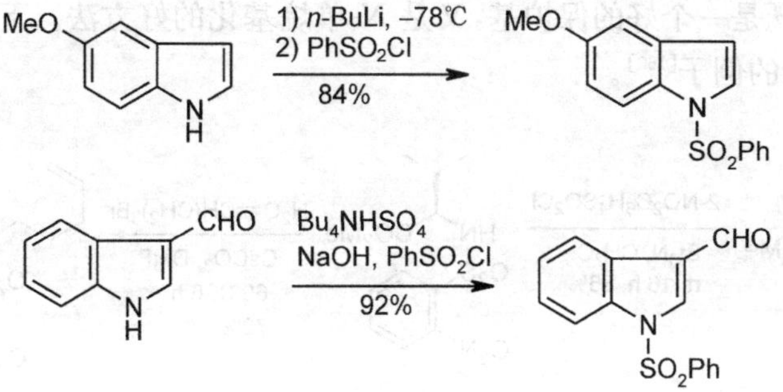

MeO
H
1) n-BuLi, −78℃
2) PhSO2Cl
84%
MeO
N
SO2Ph
CHO
H
Bu4NHSO4
NaOH, PhSO2Cl
92%
CHO
N
SO2Ph

这些化合物磺酰基的脱除反应相对比较温和，使用碱水解就可以完成[155]。

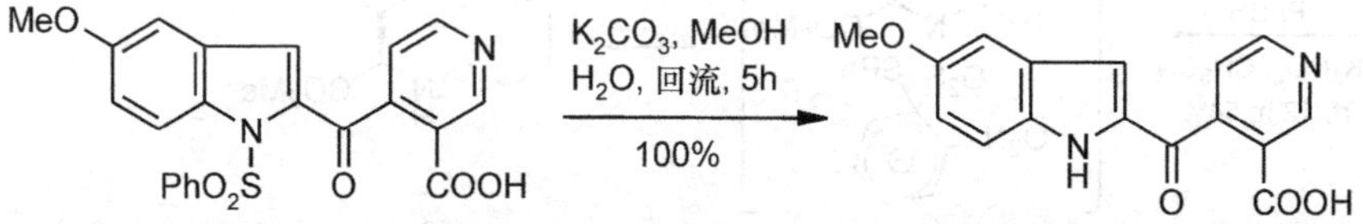

MeO
N
PhO2S
O
COOH
N
K2CO3, MeOH
H2O, 回流, 5h
100%
MeO
N
H
O
COOH
N

然而，对于脂肪伯胺和仲胺的磺酰基衍生物，则存在一个保护容易，去保护难的问题，因此一定程度上也影响了它的使用面[156, 157]。

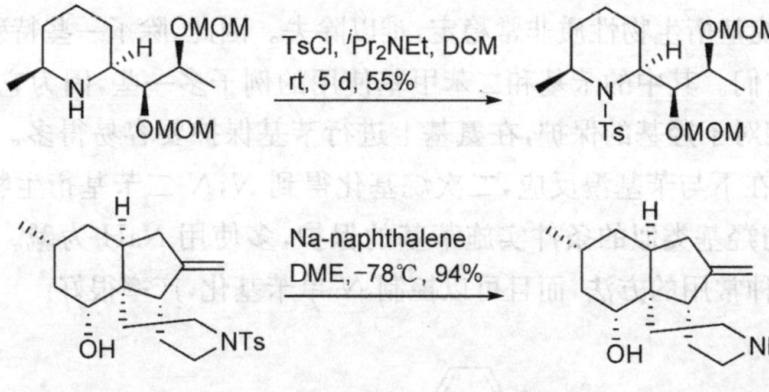

OMOM
H
N
H
OMOM
TsCl, iPr2NEt, DCM
rt, 5 d, 55%
OMOM
H
N
Ts
OMOM
H
OH
NTs
Na-naphthalene
DME, −78℃, 94%
H
OH
NH

为了克服这种情况，Weinreb 等[158]于 1986 年创制了一种新的磺酰基，即 SES [β-(trimethylsilyl)ethanesulfonyl]。由于它同样稳定，且可以用非还原条件下除去，具有很好的前途。

SO2CH2CH2SiMe3
NH
O
O
H
CHCl2
O
OH
O
TBAF, THF
52℃, 6h, 50%
NH2
O
O
H
CHCl2
O
OH
O

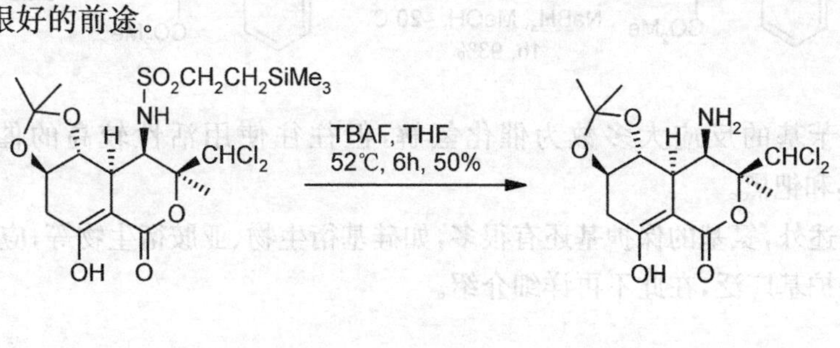

最近，Fukuyama 等[159]利用邻硝基苯磺酰氯作为氨基的保护试剂，取得很好的结果。该试剂优点有二：其一，对氨基保护后，增强其酸性，使得在弱碱如 K_2CO_3 或 $CsCO_3$ 的作用下即可进行烷基化；其二，在 PhSH/K_2CO_3 的作用下即可除去，因此这既是一个好的保护基，又是 *N*-单烷基化的好方法。下面是一个 α-氨基酸氮烷基化的例子[160]。

$$\text{H}_2\text{N-CH(}i\text{-Pr)-CO}_2\text{Me}\cdot\text{HCl}\xrightarrow[\text{Et}_3\text{N, CH}_2\text{Cl}_2,\ \text{rt, 16 h, 86\%}]{2\text{-NO}_2\text{C}_6\text{H}_4\text{SO}_2\text{Cl}}\text{(2-O}_2\text{NC}_6\text{H}_4\text{SO}_2)\text{NH-CH(}i\text{-Pr)-CO}_2\text{Me}\xrightarrow[\text{CsCO}_3,\ \text{DMF, 60℃, 6 h, 72\%}]{\text{H}_2\text{C=CH(CH}_2)_3\text{Br}}$$

$$\xrightarrow[\text{K}_2\text{CO}_3,\ \text{CH}_3\text{CN, rt, 12 h, 54\%}]{\text{PhSH}}\left[\text{Meisenheimer complex (SPh, } \text{O}_2\text{N, } \ominus\text{)}\right]\longrightarrow\text{CH}_2\text{=CH(CH}_2)_4\text{NH-CH(}i\text{-Pr)-CO}_2\text{Me}$$

3.7.3 *N*-烷基类保护基

由于 *N*-烷基衍生物性质非常稳定，难以除去。因此，除了一些特殊的需要，平时很少使用它们。其中的苄基和二苯甲基使用的例子多一些，因为它们可以催化氢解除去。相对于羟基的保护，在氨基上进行苄基保护要容易得多。伯胺可以在 Na_2CO_3 的存在下与苄基溴反应，二次烷基化得到 *N*,*N*-二苄基衍生物；而酰胺上的 NH 采用与羟基类似的条件实施苄基的保护，多使用 NaH 为碱。还原氨化方法[161]是另一种常用的方法，而且可以控制 *N*-单苄基化，产率很好。

$$\text{PhCH(NH}_2\text{)CH}_2\text{CO}_2\text{Me}\xrightarrow[\text{NaBH}_4,\ \text{MeOH, }-20℃,\ \text{1h, 93\%}]{\text{MeO-C}_6\text{H}_4\text{-CHO, PhH, 回流, 8h}}\text{PhCH(NHCH}_2\text{C}_6\text{H}_4\text{OMe)CH}_2\text{CO}_2\text{Me}$$

除去苄基的反应大多数为催化氢解，但往往使用活性较高的催化剂，如 $Pd(OH)_2$ 和钯黑。

除上述外，氨基的保护基还有很多，如硅基衍生物、亚胺衍生物等，应用面没有上述的保护基广泛，在此不再详细介绍。

3.8 其　　他

保护基在现代合成化学中显得日益重要,越来越多新的保护基和新的保护和去保护方法被报道。上述众多的羟基保护基,由于它们在上下保护条件上各有特色,因此适当组合就可用于多羟基化合物的选择反应上。下面是一个例子,六个不同的羟基保护基团在同时存在下,可以一个一个依次除去[162]。

第一方式

去保护顺序	1	2	3	4	5	6
保护基	Ac	$Cl_3CCH_2OC(=O)OR$	Bn	TBDMS	THP	Me
条件	OH^-	Zn-Cu/HOAc	H_2/Pd Na/NH_3	TBAF	$HOAc/H_2O$	BBr_3 BCl_3

第二方式

去保护顺序	1	2	3	4	5	6
保护基	TBDMS	THP	TCEOC	Ac	Bn	Me
条件	TBAF	$HOAc/H_2O$	Zn-Cu/HOAc	OH^-	H_2/Pd	BBr_3

我们还注意到一种去保护和上保护在一锅内进行的方法[163]。下面的例子就是在氮原子上进行的这类转保护基反应[164~168]。

RNH-CBZ
H_2, 5% Pd-C, $(BOC)_2O$, MeOH
1) TBDMSOTf, CH_2Cl_2
2) TBAF, BnBr, THF
RNH-BOC

RNH-FMOC
KF, Et_3N, $(BOC)_2O$
DMF, 25℃
RNH-BOC

本章我们主要讨论了有机合成中的保护基问题,我们想借故人的一句话来说明"它"的意义:"保护不是目的,但却是无害的。"(Benjamin Disraeli,1845)。尽管保护基在近年来仍保持发展的势头,但它毕竟是一种迂回的方法。在合成中,保护基的巧妙应用是一种手段,而尽可能少用或不用保护基则是更佳的选择,这就要提高反应的选择性。

参 考 文 献

[1] Kocienski P. L. Protecting Groups, Thieme Foundations of Organic Chemistry Series. Ed. by Enders D., Noyori R., Trost B. M. New York: Georg Thieme Verlag Stuttgart, 1994; 3rd Ed, 2003, 2005

[2] Greene T. W., Wuts P. G. M. Protective Groups in Organic Synthesis. 3rd Ed. New York: John Wiley & Sons, Inc., 1999

[3] Griffin B. E., Jarman M., Reese C. B. Tetrahedron, 1968, 24, 639

[4] Cramer F., Bar H. P., Rhaese H. J., et al. Tetrahedron Lett., 1963, 1039

[5] Isaacs N. S. Physical Organic Chemistry Longman Scietific & Technical. New York: John Wiley & Sons Inc., 1987, p. 470

[6] Haines A. H. Adv. Carbohydr. Chem. Biochem., 1976, 33, 11

[7] Danishefsky S. J., DeNinno M. P., Chen S.-h. J. Am. Chem. Soc., 1988, 110, 3929

[8] DeNinno M. P. Synthesis, 1991, 583

[9] Weygand F., Geiger R. Chem. Ber., 1956, 89, 647

[10] Le Drian C., Greene A. E. J. Am. Chem. Soc., 1982, 104, 5473

[11] Wang W., Snieckus V. J. Org. Chem., 1992, 57, 424

[12] a) Gerlach H. Helv. Chim. Acta., 1977, 60, 3039
b) Sieber P. ibid, 1977, 60, 2711

[13] Lipshutz B. H., Pegram J. J. Tetrahedron Lett., 1980, 21, 3343

[14] Gioelli C., Balgobin N., Josephson S., Chattopadhyaya J. B. Tetrahedron Lett., 1981, 22, 969

[15] Carpino L. A., Tsao J.-H., Ringsdorf H., Fell E., Hettrich G. J. Chem. Soc., Chem. Commun., 1978, 358

[16] Woodward R. B., Heusler K., Gosteli J., et al. J. Am. Chem. Soc., 1966, 88, 852

[17] Jacobson R. M., Clader J. W. Synth. Commun., 1979, 9, 57

[18] Windholz T. B., Johnston D. B. R. Tetrahedron Lett., 1967, 2555

[19] Carpino L. A., Sadat-Aalaee D., Beyermann M. J. Org. Chem., 1990, 55, 1673

[20] Kessler H., Siegmeier R. Tetrahedron Lett., 1983, 24, 281

[21] Yao Z.-J., Wu Y.-L. J. Org. Chem., 1995, 60, 1170

[22] Johnstone R. A. W., Wilby A. H., Entwistle I. D. Chem. Rev., 1985, 85, 129

[23] Oikawa Y., Tanaka T., Horita K., Yonemitsu O. Tetrahedron Lett., 1984, 25, 5397

[24] Oikawa Y., Yoshioka T., Yonemitsu O. Tetrahedron Lett., 1982, 23, 889

[25] Johansson R., Samuelsson B. J. Chem. Soc., Perkin Trans. I, 1984, 2371

[26] Zhou W.-S., Xie W.-G., Lu Z.-H., Pan X.-F. Tetrahedron Lett., 1995, 36, 1291

[27] Kunz H. Angew. Chem. Int. Ed. Engl., 1987, 26, 294

[28] Pillai V. N. R. Synthesis, 1980, 1

[29] Pillai V. N. R. Org. Photochem., 1987, 9, 225

[30] Zehavi U. Adv. Carbohydr. Chem. Biochem., 1988, 46, 179

[31] Amit B., Zehavi U., Patchornik A. J. Org. Chem., 1974, 39, 192

[32] Cama L. D., Christensen B. G. J. Am. Chem. Soc., 1978, 100, 8006

[33] Webber J. A., van Heyningen E. M., Vasileff R. T. J. Am. Chem. Soc., 1969, 91, 5674

[34] Collins P. M., Munasinghe V. R. N. J. Chem. Soc., Perkin Trans. I, 1983, 921

[35] Harreus A., Kunz H. Liebigs Ann. Chem., 1986, 717
[36] a) Danishefsky S. J., Mantlo N. B., Yamashita D. S., Schulte, G. J. Am. Chem. Soc. 1988, 110, 6890
b) Haseltine J. N., Cabal M. P., Mantlo N. B., et al. J. Am. Chem. Soc., 1991, 113, 3850
[37] Nicolaou K. C., Webber S. E. Synthesis, 1986, 453
[38] Ishihara K., Kubota M., Kurihara H., Yamamoto H. J. Org. Chem., 1996, 61, 4560
[39] a) Orita A., Tanahashi C., Kakuda A., Otera. J. Org. Chem., 2001, 66, 8926 and references therein
b) Orita A., Tanahashi C., Kakuda A., Otera. Angew. Chem. Int. Ed., 2000, 39, 2877
[40] a) Bartoli G., Bosco M., Dalpozzo R., et al. Synlett, 2003, 39 and references therein
b) Sharma G. V. M., Mahalingam A. K., Nagarajan M., Ilangovan A., Radhakrishna P. Synlett, 1999, 1200～1202
[41] Cook A. F., Maichuk D. T. J. Org. Chem., 1970, 35, 1940
[42] Smith Ⅲ A. B., Hale K. J., Vaccaro H. A., Rivero R. A. J. Am. Chem. Soc., 1991, 113, 2112
[43] Margolin A. L., Delinck D. L., Whalon M. R. J. Am. Chem. Soc., 1990, 112, 2849
[44] Cunico R. F., Bedell L. J. Org. Chem., 1980, 45, 4797
[45] Kerwin S. M., Paul A. G., Heathcock C. H. J. Org. Chem., 1987, 52, 1686
[46] Heathcock C. H., Young S. D., Hagen J. P., et al. J. Org. Chem., 1985, 50, 2095
[47] Hikota M., Tone H., Horita K., Yonemitsu O. J. Org. Chem., 1990, 55, 7
[48] Nicolaou K. C., Pavia M. R., Seitz S. P. J. Am. Chem. Soc., 1981, 103, 1224
[49] Bennett F., Knight D. W., Fenton G. J. Chem. Soc., Perkin Trans I, 1991, 1543
[50] Jones T. K., Reamer R. A., Desmond R., Mills S. G. J. Am. Chem. Soc., 1990, 112, 2998
[51] Marshall J. A., Sedrani R. J. Org. Chem., 1991, 56, 5496
[52] Danishefsky S. J., Armistead D. M., Wincott F. E., et al. J. Am. Chem. Soc., 1989, 111, 2967
[53] Nakata T., Fukui M., Oishi T. Tetrahedron Lett., 1988, 29, 2219
[54] Scheidt K. A., Chen H., Follows B. C., et al. J. Org. Chem., 1998, 63, 6436
[55] Hu S.-G., Hu T.-S., Wu, Y.-L. Org. Biomol. Chem., 2004, 2, 2305
[56] Middleton W. J. Org. Synth., Coll. Vol. Ⅶ, 1990, 528
[57] Maiti G., Roy S. C. Tetrahedron Lett., 1997, 38, 495
[58] Collington E. W., Finch H., Smith I. J. Tetrahedron Lett., 1985, 26, 681
[59] Lipshutz B. H., Keith J. Tetrahedron Lett., 1998, 39, 2495
[60] Sabitha G., Syamala M., Yadav J. S. Org. Lett., 1999, 1, 1701
[61] Grieco P. A., Markworth C. J. Tetrahedron Lett., 1999, 40, 665
[62] Nakatsuka M., Ragan J. A., Sammakia T., et al. J. Am. chem. Soc., 1990, 112, 5583
[63] Widmer U. Synthesis, 1987, 568
[64] Curtis N. R., Holmes A. B., Looney M. G. Tetrahedron Lett., 1992, 33, 671
[65] a) Fukase K., Fukase Y., Oikawa M., et al. Tetrahedron, 1998, 54, 4033
b) Jiang L., Chan T. H. Tetrahedron Lett., 1998, 39, 355
[66] a) Sakagami M., Hamana H. Tetrahedron Lett., 2000, 41, 5547
b) Debenham S. D., Toone E. J. Tetrahedron: Asymmetry, 2000, 11, 385
[67] Shie C.-R., Tzeng Z.-H., Kulkarni S. S., et al. Angew. Chem. Int. Ed., 2005, 44, 1665

[68] Jung M. E., Street L. J. J. Am. Chem. Soc., 1984, 106, 8327
[69] Falck J. R., Barma D. K., Baati R., Mioskowski. Angew. Chem. Int. Ed., 2001, 40, 1281
[70] Cappa A., Marcantoni E., Torregiani E. J. Org. Chem., 1999, 64, 5696
[71] Wahlstrom L., Ronald R. C. J. Org. Chem., 1998, 63, 6021
[72] Jones G. B., Hynd G., Wright J. M., Sharma A. J. J. Org. Chem., 2000, 65, 263
[73] Imagawa H., Tsuchihashi T., Singh R. K., et al. Org. Lett., 2003, 5, 153
[74] Cheng W.-L., Yeh S.-M., Luh T.-Y. J. Org. Chem., 1993, 58, 5576
[75] Li Y.-L., Mao X. -H., Wu Y. -L. J. Chem. Soc. Perkin Trans I, 1995, 1559
[76] Schaubach R., Hemberger J., Kinzy W. Liebigs Ann. Chem., 1991, 607
[77] Oltvoort J. J., Kloosterman M., van Boom J. H. Rec'l Trav. Chim. Pays-Bas, 1983, 102, 501
[78] Saburi H., Tanaka S., Kitamura M. Angew. Chem. Int. Ed., 2005, 44, 1730
[79] Tanaka S., Saburi H., Ishibashi Y., Kitamura M. Org. Lett., 2004, 6, 1873
[80] Jarosz S., Szewczyk K., Gawel A., Luboradzki R. Tetrahedron: Asymmetry, 2004, 15, 1719
[81] Hanessian S., Huynh H. K. Tetrahedron Lett., 1999, 40, 671
[82] Thomas R. M., Mohan G. H., Iyengar D. S. Tetrahedron Lett., 1997, 38, 4721
[83] Taniguchi T., Ogasawa K. Angew. Chem. Int. Ed., 1998, 37, 1136
[84] Vedejs E., Larsen S. D. J. Am. Chem. Soc., 1984, 106, 3030
[85] a) Jiang S., Li Y., Cheng X.-G., et al. Angew. Chem. Int. Ed., 2004, 43, 329
b) He L., Byun H.-S., Bittman R. J. Org. Chem., 2000, 65, 7618
[86] Williams J. R., Callahan J. F. J. Org. Chem., 1980, 45, 4479
[87] Tanner D., Somfai P. Tetrahedron, 1987, 43, 4395
[88] Hu T.-S., Yu Q., Wu Y.-L., Wu Y. J. Org. Chem., 2001, 66, 853~861
[89] Corey E. J., Bock M. G. Tetrahedron Lett., 1975, 3269
[90] Holton R. A., Juo R. R., Kim H. B., et al. J. Am. Chem. Soc., 1988, 110, 6558
[91] Karim S., Parmee E. R., Thomas E. J. Tetrahedron Lett., 1991, 32, 2269
[92] Crawford T. C., Breitenbach R. J. Chem. Soc. Chem. Commun., 1979, 388
[93] Dumortier L., Van de Eycken J., Vandewalle M. Tetrahedron Lett., 1989, 30, 3201
[94] Wershofen S., Scharf H.-D. Synthesis, 1988, 854
[95] Gelas J., Horton D. Heterocycles, 1981, 16, 1587
[96] Nicolaou K. C., Veale C. A., Hwang C.-K., et al. Angew. Chem. Int. Ed. Engl., 1991, 30, 299
[97] Peng Z.-H., Li Y.-L., Wu W.-L., et al. J. Chem. Soc. Perkin Trans. I, 1996, 1057
[98] Trost B. M., Caldwell C. G., Murayama E., Heissler D. J. Org. Chem., 1983, 48, 3252
[99] Evans D. A., Kaldor S. W., Jones T. K., et al. J. Am. Chem. Soc., 1990, 112, 7001
[100] van Boeckel C. A. A., van Boom J. H. Tetrahedron, 1985, 41, 4567
[101] Ferreri C., Costantino C., Romeo R., Chatgilialoglu C. Tetrahedron Lett., 1999, 40, 1197
[102] Ishikawa H., Mukaiyama T., Ikeda S. Bull. Chem. Soc. Jpan., 1981, 54, 776
[103] Cohen N., Banner B. L., Lopresti R. J., et al. J. Am. Chem. Soc., 1983, 105, 3661
[104] Okawara H., Nakai H., Ohno M. Tetrahedron Lett., 1982, 23, 1087
[105] Crimmins M. T., DeLoach J. A. J. Am. Chem. Soc., 1986, 108, 800
[106] Chan T. H., Schwerdtfeger A. E. J. Org. Chem., 1991, 56, 3294
[107] Rubin Y., Knobler C. B., Diederich F. J. Am. Chem. Soc., 1990, 112, 1607

[108] McMurry J. E., Isser S. J. J. Am. Chem. Soc., 1972, 94, 7132
[109] Hwu J. R., Leu L.-C., Robl J. A., et al. J. Org. Chem., 1987, 52, 188
[110] De Leeuw J. W., De Waard E. R., Beetz T., Huisman H. O. Recl Trav. Chim. Pays-Bas, 1973, 92, 1047
[111] Madsen J., Viuf C., Bols M. Chem. Eur. J., 2000, 6, 1140
[112] Ott J., Ramos Tombo G. M., Schmid B., et al. Tetrahedron Lett., 1989, 30, 6151
[113] Dodd D. S., Oehlschlager A. C., Georgopapadakou N. H., et al. J. Org. Chem., 1992, 57, 7226
[114] Kabat M., Kiegiel J., Cohen N., et al. Tetrahedron Lett., 1991, 32, 2343
[115] Anthony N. J., Clarke T., Jones A. B., Ley S. V. Tetrahedron Lett., 1987, 28, 5755
[116] Jones T. K., Reamer R. A., Desmond R., Mills S. G. J. Am. Chem. Soc., 1990, 112, 2998
[117] Bosch M. P., Camps F., Coll J., et al. J. Org. Chem., 1986, 51, 773
[118] Corey E. J., Shimoji K. J. Am. Chem. Soc., 1983, 105, 1662
[119] Evans D. A., Truesdale L. K., Grimm. K. G., Nesbitt S. L. J. Am. Chem. Soc., 1977, 99, 5009
[120] Ireland R. E., Daub J. P., Mandel G. S., Mandel N. S. J. Org. Chem., 1983, 48, 1312
[121] Toshima K., Tatsuta K., Kinoshita M. Bull. Chem. Soc. Jpn., 1988, 61, 2369
[122] Ley S. V., Maw G. N., Trudell M. L. Tetrahedron Lett., 1990, 31, 5521
[123] Ziegler F. E., Fowler K. W., Sinha N. D. Tetrahedron Lett., 1978, 2767
[124] Corey E. J., Bock M. G. Tetrahedron Lett., 1975, 2643
[125] Gerspacher M., Rapoport H. J. Org. Chem., 1991, 56, 3700
[126] Karanewsky D. S., Malley M. F., Gougoutas J. Z. J. Org. Chem., 1991, 56, 3744
[127] Rodriguez A., Nomen M., Spur B. W., Godfroid J. J. Tetrahedron Lett., 1998, 39, 8563
[128] Honda M., Hirata K., Sueoka H., et al. Tetrahedron Lett., 1981, 22, 2679
[129] Corey E. J., Weigel L. O., Floyd D., Bock M. G. J. Am. Chem. Soc., 1978, 100, 2916
[130] Hughes D. L., Bergan J. J., Amato J. S., et al. J. Org. Chem., 1990, 55, 6252
[131] Valerio R. M., Alewood P. F., Johns R. B. Synthesis, 1988, 786
[132] Mathias L. J. Synthesis, 1979, 561
[133] Gmeiner P., Feldman P. L., Chu-Moyer M. Y., Rapoport H. J. Org. Chem., 1990, 55, 3068
[134] Fujii N., Otaka A., Ikemura O., et al. J. Chem. Soc., Chem. Commun., 1987, 274
[135] Schmidt U., Mundinger K., Mangold R., Lieberknecht A. J. Chem. Soc., Chem. Commun., 1990, 1216
[136] Vedejs E., Larsen S. D. J. Am. Chem. Soc., 1984, 106, 3030
[137] Dommerholt F. J., Thijs L., Zwanenburg B. Tetrahedron Lett., 1991, 32, 1499
[138] Pattison D. B. J. Am. Chem. Soc., 1957, 79, 3455
[139] Keinan E., Sinha S. C., Singh S. P. Tetrahedron, 1991, 47, 4631
[140] Meyers A. I., Lutomski K. A. J. Am. Chem. Soc., 1982, 104, 879
[141] Pope B. M., Yamamoto Y., Tarbell D. S. Org. Synthesis, 1988, Coll. Vol. Ⅵ, 418
[142] Itoh M., Hagiwara D., Kamiya T. Bull. Chem. Soc. Jpn., 1977, 50, 718
[143] Kemp D. S., Carey R. I. J. Org. Chem., 1989, 54, 3640
[144] Ohfune Y., Tomita M. J. Am. Chem. Soc., 1982, 104, 3511
[145] Yamashiro D., Blake J., Li C. H. J. Am. Chem. Soc., 1972, 94, 2855

[146] Bergman M., Zervas L. Ber. Dtsch. Chem. Ges., 1932, 65, 1192
[147] Sakaitani M., Ohfune Y. J. Org. Chem., 1990, 55, 870
[148] Carpino L. A., Han G. Y. J. Am. Chem. Soc., 1970, 92, 5748
[149] Hoogerhout P., Guis C. P., Erkelens C., et al. Recl. Trav. Chim. Pays-Bas, 1985, 104, 54
[150] Schultheiss-Reimann P., Kunz H. Angew. Chem. Int. Ed. Engl., 1983, 22, 62
[151] Kunz H., Unverzagt C. Angew. Chem. Int. Ed. Engl., 1988, 27, 1697
[152] Kim G., Chu-Moyer M. Y., Danishefsky S. J., Schulte G. K. J. Am. Chem. Soc., 1993, 115, 30
[153] Wasserman H. H., Robinson R. P., Carter C. G. J. Am. Chem. Soc., 1983, 105, 1697
[154] Gribble G. W., Saulnier M. G., Obaza-Nutaitis J. A., Ketcha D. M. J. Org. Chem., 1992, 57, 5891
[155] Gribble G. W., Keavy D. J., Davis D. A., et al. J. Org. Chem., 1992, 57, 5878
[156] Yamazaki N., Kibayashi C. J. Am. Chem. Soc., 1989, 111, 1396
[157] Ji S., Gortler L. B., Waring A., et al. J. Am. Chem. Soc., 1967, 89, 5311
[158] Garigipati R. S., Tschaen D. M., Weinreb S. M. J. Am. Chem. Soc., 1990, 112, 3475
[159] Kan T., Fukuyama T. Chem. Commun., 2004, 353 and references therein
[160] Bowman W. R., Coghlan D. R. Tetrahedron, 1997, 53, 15787
[161] Smith Ⅲ, A. B., Rano T. A., Chida N., et al. J. Am. Chem. Soc., 1992, 114, 8008
[162] Corey E. J., Venkateswarlu A. J. Am. Chem. Soc., 1972, 94, 6190
[163] Burgess K., Lim D. Chemtracts-Organic Chemistry, 1995, 8, 113
[164] Sakaitani M., Hori K., Ohfune Y. Tetrahedron Lett., 1988, 29, 2983
[165] Bajwa J. S. Tetrahedron Lett., 1992, 33, 2955
[166] Li W.-R., Jiang J., Joullie M. M. Tetrahedron Lett., 1993, 34, 1413
[167] Sakaitani M., Ohfune Y. Tetrahedron Lett., 1985, 26, 5543
[168] Dzubeck V, Schneider J. P. Tetrahedron Lett., 2000, 41, 9953

第 4 章　潜在官能团

复杂分子合成中,多官能团分子反应时如果存在反应活性重叠,将出现给定的试剂不能按计划只进攻某一部位或官能团的情况。为解决这一问题,通常采取三种策略:

1) 选择性反应。

2) 可逆性去活化,包括保护 (protecting)、堵塞 (blocking)和掩蔽 (masking)。

3) 潜在官能团 (latent functionality)。

我们在前面已经讨论了第一和第二种策略。当前两者都达不到效果时,更多的会使用第三种方式,即潜在官能团方法。本章我们将就此展开讨论。潜在官能团是一条完全不同的途径,这一名词最初是由 Lednicer[1] 于 1972 年比较明确地提出的。

那么,什么是潜在官能团呢? 如果分子本身包含一个反应活性低的官能团,此官能团在适当的阶段通过某种专一性的反应可转化为反应性高的官能团,这种分子就是一个具有潜在官能团的分子。我们将最终所需的官能团称为目标官能团(goal-function);把作为前体的反应活性较低的官能团称为前官能团(pre-function);将把前官能团转化为目标官能团的反应称为展示(exposition)。利用潜在官能团策略可以使分子进行一些在目标官能团存在时通常无法进行的反应。

从目的来看,可逆性去活化和潜在官能团策略在最终效果上没有实质性区别。但是从过程来看,两者是有区别的。首先,潜在官能团在展示前后有氧化态的变化,因此展示反应常有氧化、还原、重排或裂解,一般都伴随化学键的断裂或重组。其次,潜在官能团方法由两步反应组成:一是在分子的其他部位反应;二是将目标官能团从前官能团展现出来。如缩醛一般作为保护基用,但下例[2] 中它被作为羧酸的潜在官能团,在展示过程中有氧化态的改变。

$P^+Ph_3Br^-$　+　OH　1) n-BuLi　2) BzCl, Py　PhCOO

1) H_2/Pt　2) O_3,−78℃　PhCOO　O　OH

概括起来，作为潜在官能团大致要具备下列条件：

1）易得。

2）一般反应活性低，对尽可能多的试剂稳定。

3）能用选择性或专一性反应展示，条件要温和。

4）可作为一个以上目标官能团的潜在者（多重潜在官能团）。

以上的要求也指出了潜在官能团的局限性，特别是低反应活性官能团转化为重要的目标官能团所需的选择性或专一性反应是很少的。同时，对所有重要的高反应活性官能团，其合适的前官能团以及展示的方法也不完全是已知的。

下面我们结合潜在官能团应用于天然产物的合成例子来介绍它们的优点。潜在官能团可以从目标官能团、展示方法或前官能团三种角度来系统介绍。我们选择从最后一种方式来讨论。

4.1 烯烃作为前官能团

已知一些方法可将烯烃转化为羰基化合物，重要的方法有：臭氧化，将烯烃进行双羟基化后再进行邻二醇氧化断裂；环氧化，溶剂化开环再进行邻二醇断裂等。这种策略被用于合成许多不同类型的羰基或双羰基化合物。

O_3 还原 OsO_4 $NaIO_4$ HO OH RCO_3H H_2O HO OH $NaIO_4$ 或 $Pb(OAc)_4$ O O

开链烯烃得到两个不连接的羰基化合物，仅当它们大小差别足够大时才易分离，因此末端烯烃作为前官能团最为常用。如 α-甲基烯丙基部分可断裂为丙酮基片断和甲醛，这是一个极为有用的前官能团，因为它可以由亲电或亲核进攻引入到分子中。

Z CH_2MgBr CH_2Br Z HCHO Z O

Ireland 等[3]利用这个方式合成了（±）-6-desoxypodocapicacid，因为合成中在羰基的 α 位直接引入丙酮是非常困难的。

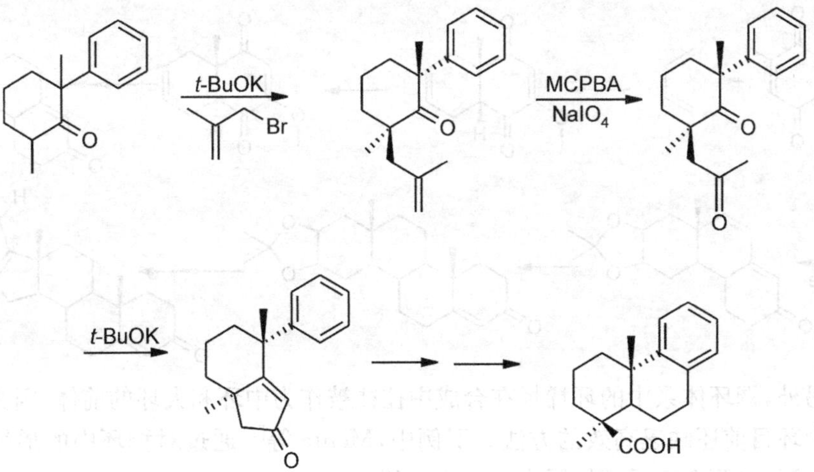

Sharpless[4]和 Corey[5]分别用类似的方法合成了白三烯A_4的关键中间体，这里展示出来的是羧酸。这时如果不用双键作为酸的潜在官能团，则在环氧化反应中无法得到所需化合物，在 $Ti(O^iPr)_4$ 存在下六元环内酯非常容易形成。

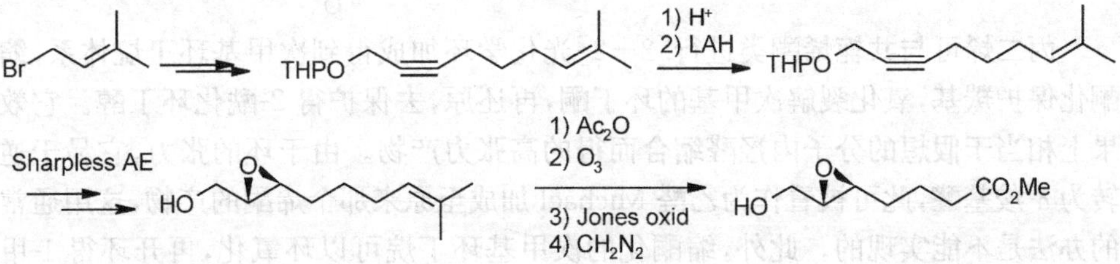

环状烯烃与链状烯烃相比是更有合成价值的前官能团，它在氧化断裂后生成双羰基化合物，而且经展示反应后仍保留所有碳原子，还能进一步进行各种反应。合成实践中较多使用的是环己烯的衍生物，因为各种取代的环己烯可由 Diels-Alder 反应立体专一性地制备得到，它在氧化开环后得到 1,6-双醛或酮，进一步分子内羟醛缩合生成 1-酰基环戊烯类化合物，是常见的天然产物骨架单元。

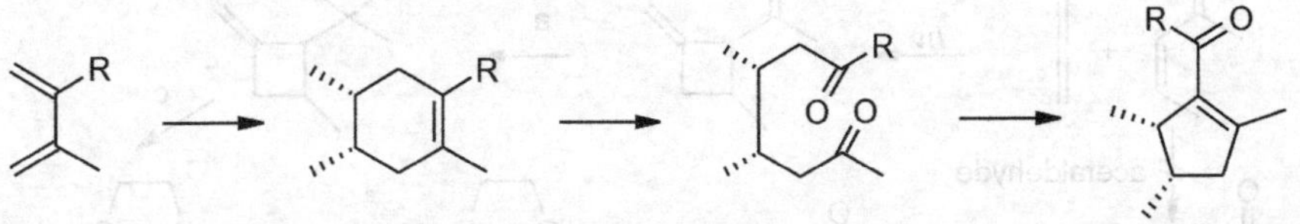

Woodward 小组[6]将此用于胆固醇的全合成，开始 D 环为六元环，在合成的最后再将它转化为需要的五元环。这是一个将保护技术和潜在官能团策略巧妙结合的例子。

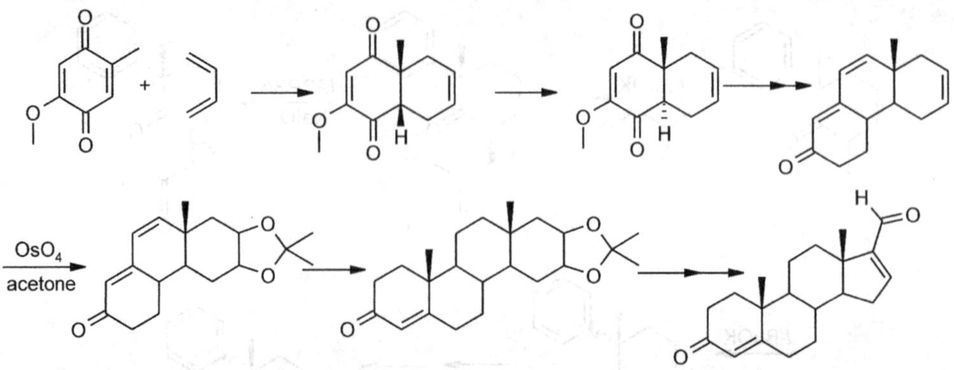

OsO4
acetone

另外，稠环体系中的环烯烃在合成中往往被作为中环和大环的前体，因为直接生成中环目前还缺乏高效的方法。下例中，Mehta 等[7]通过对稠环中的烯烃实施氧化断裂，将两个五元环扩展为一个八元环。

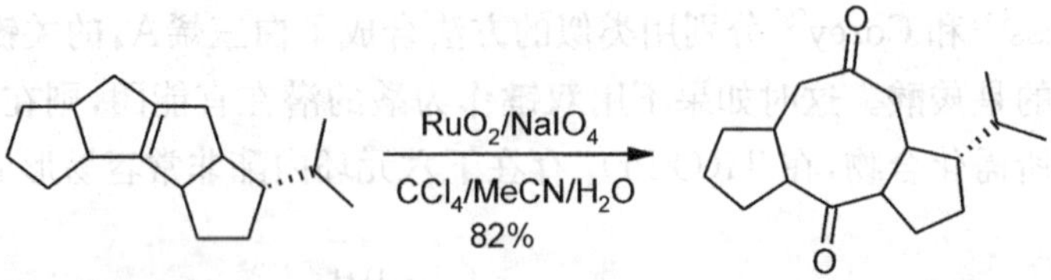

RuO2/NaIO4
CCl4/MeCN/H2O
82%

丙二烯可与共轭烯酮类进行[2+2]光化学环加成得到次甲基环丁烷体系，缩酮化保护羰基，氧化裂解次甲基的环丁酮，再还原，去保护得 2-酰化环丁醇。它效果上相当于假想的分子内羟醛缩合而得的高张力产物。由于环的张力，它易于逆转为 δ-羧基醛，此可被看作为乙醛 Michael 加成至原来那个烯酮的产物，这用通常的办法是不能实现的。此外，缩酮化的次甲基环丁烷可以环氧化，再开环得 1-甲基环己醇，用类似上述顺序可得到一个相当于丙酮对烯酮进行 Michael 加成的产物。

acetone
acetaldehyde
hν
a
b
c
d
e

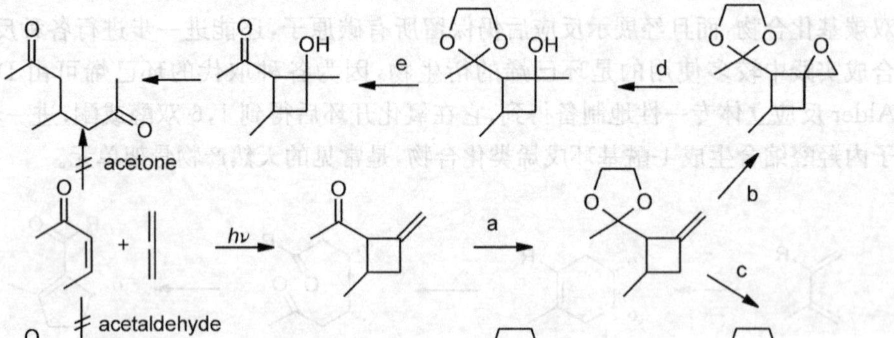

a. $HO(CH_2)_2OH$，H^+；b. RCO_3H；c. OsO_4，$NaIO_4$；d. $NaBH_4$；e. H_2O，H^+

此时环丁烷的碳原子均被保留了下来。这一顺序为 Wiesner 和它的研究小组所设计,并成功用于 12-epilycopodine 合成中[8]。

除了上述的氧化方法外,末端烯烃还有一个重要的转化途径,那就是通过 Wacker 氧化反应转化为甲基酮。该氧化反应以二氯化钯和氯化亚铜为催化剂,氧气为氧化剂[9]。工业上应用此反应把乙烯转化为乙醛[10];在实验室,此反应也常用于天然产物的全合成。因为末端烯烃很容易通过烯丙基以及烯基金属或硼试剂引入,生成的甲基酮可以有许多转化途径[11]。

$PdCl_2$, CuCl; O_2, DMF/H_2O (Wacker 氧化)

Isobe 小组在合成海洋天然产物 ciguatoxin 系列化合物时,曾数次用到该反应[12]。

$PdCl_2$, CuCl; O_2, DMF, H_2O, 85%

Smith 小组在合成海洋天然产物 calyculin 时,其中一步也是利用 Wacker 氧化反应。但由于底物含有对酸性条件敏感的丙酮叉保护基团,用经典的 Wacker 反应条件时(理论上有两分子 HCl 生成)丙酮叉会脱除。他们以 $Cu(OAc)_2$ 代替 CuCl,取得了很好的效果,$Cu(OAc)_2$ 甚至可以仅用催化量而对产率没有太大影响[11]。此改良方法除适合酸性敏感的底物外,有操作方便且易放大等优点。最近,Paterson 小组在合成 26 元环内酯 reidispongiolide A 时采用了此改良法[13]。

O_2, $Cu(OAc)_2$, $PdCl_2$ (10 mol%); $AcNMe_2/H_2O$ (7 : 1), rt, 2d

2 eq. $Cu(OAc)_2$: 86%
0.2 eq. $Cu(OAc)_2$: 84%

近年来,关于烯烃的反应层出不穷,其中一个代表性的反应称为闭环烯烃复分解(ring closing metathesis,RCM)反应。这一反应利用催化量的 Ru(钌)或 W,Mo(钨,钼)卡宾化合物即可完成关环,因此分子内如果存在两个烯烃单元,就可以经 RCM 反应转化为一个环状化合物。这样,如果我们将前体中的两个烯烃单元作为潜在基团,那么 RCM 反应就是一种展示方式,而生成的环状产物就是目标[14,15]。这类反应在许多敏感的底物上应用越来越多。

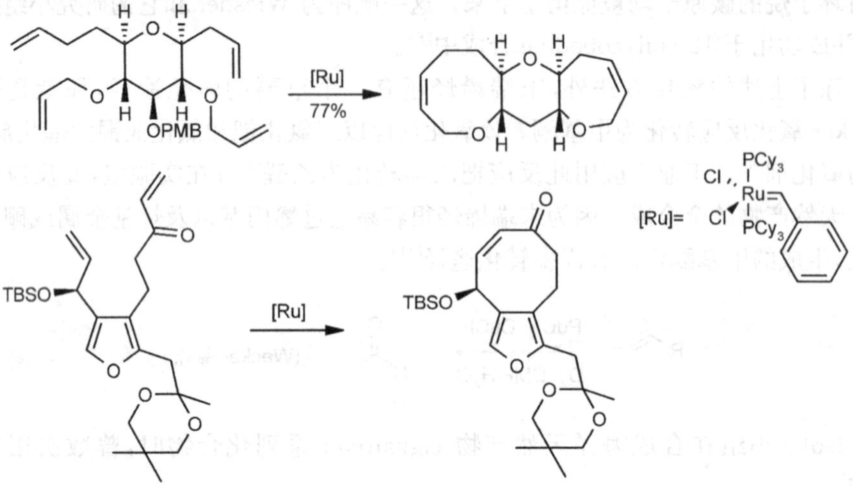

取代的环丁烯酮在合成中常被作为假想的不能存在的丁二烯酮的等价物，在合成特殊的芳香族化合物时有很好的应用性[16]。

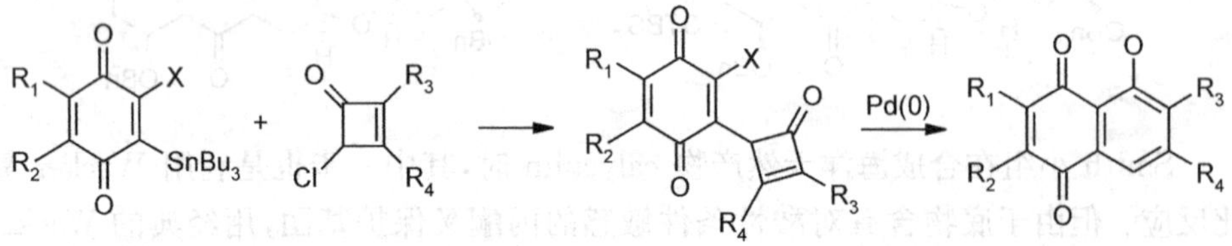

4.2 炔烃作为前官能团

乙炔作为最简单的炔烃，在有机合成中扮演了非常重要且灵活的角色，尤其是在衍生为三甲基硅乙炔后。三甲基硅乙炔（及末端炔烃）有较活泼的炔氢（pK_a～24），在强碱如正丁基锂的作用下，很容易成为炔基锂盐，它能和很多亲电试剂如烷基卤化物，三氟甲磺酸烷基酯以及环氧化物等发生反应。在铜、钯等过渡金属存在下，三甲基硅乙炔（及末端炔烃）可以和烯基卤或芳基卤化物进行偶联反应（如 Sonogashira 反应）。其所生成的产物是一末端炔烃，在需要的时候还可以再一次反应。因此，乙炔经常被看作是两个碳的极其有效的切块。这些引入的碳-碳叁键在适当的还原条件下可以转化为顺式或是反式双键，甚至是全氢化为亚甲基，因此可看作是乙烯基双负离子或乙基双负离子的等当体。在适当的氧化条件下，分子中间的碳-碳叁键可转化为 1,2-二酮，末端的碳-碳叁键可转化为 α-酮酸酯，这两类化合物用其他的方法是很难得到的。

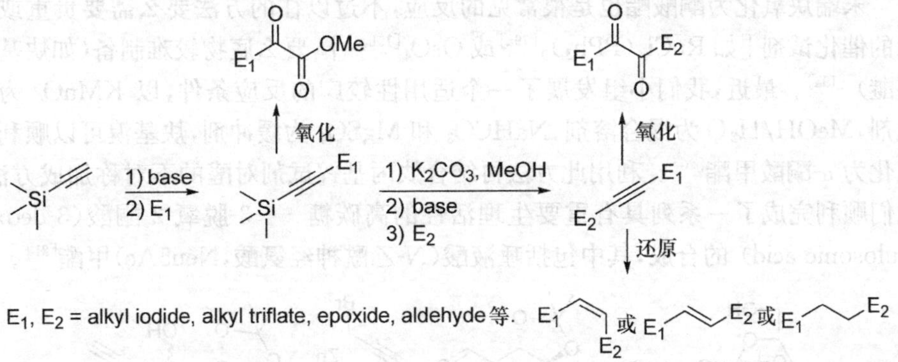

E$_1$, E$_2$ = alkyl iodide, alkyl triflate, epoxide, aldehyde 等.

我们小组在合成具有抗肿瘤活性的番荔枝内酯 annonacin 时,通过三甲基硅乙炔把两个重要的环氧中间体连接起来,顺利完成了分子骨架的构建。该碳-碳叁键最后通过氢化转化为两个亚甲基[17]。

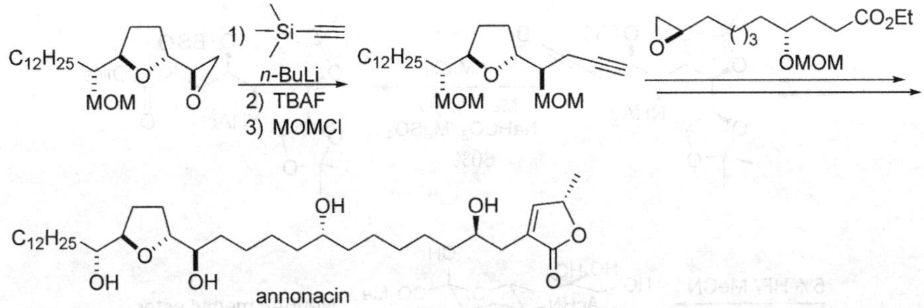

日本几个研究小组[18],巧妙地利用碳-碳叁键在氧化钌、高碘酸钠体系下氧化为二酮的性质,发展了一个高效合成多环醚的方法。许多海洋天然产物拥有此类多环醚结构。Mori 等在合成 yessotoxin 时,通过三甲基硅乙炔把一个呋喃环和一个氧杂七元环连接起来,之后叁键氧化为 1,2-二酮结构,经酸性条件下关环等反应,高效构建了 6,6,6,7-四环醚片断[18c]。

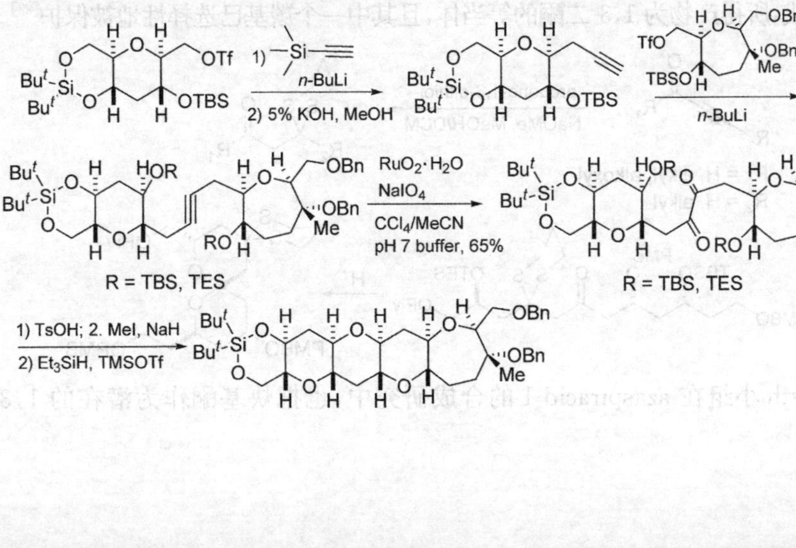

末端炔氧化为酮酸酯也是很常见的反应,不过以往的方法要么需要贵重或有毒的催化试剂[如 $RuCl_2(PPh_3)_3$[19a]或 OsO_4[19b,c]],要么底物较难制备(如炔基烷基醚)[19a]。最近,我们小组发展了一个适用性较广的反应条件,以 $KMnO_4$ 为氧化剂,$MeOH/H_2O$ 为混合溶剂,$NaHCO_3$ 和 $MgSO_4$ 为缓冲剂,炔基溴可以顺利地氧化为 α-酮酸甲酯[20]。利用此方法再结合炔丙基锌试剂对醛的不对称加成方法,我们顺利完成了一系列具有重要生理活性的高碳糖——3-脱氧-2-酮酸(3-deoxy-2-ulosonic acid)的合成,其中包括唾液酸(*N*-乙酰神经氨酸,Neu5Ac)甲酯[21]。

葡萄糖酸内酯

DMF/Et_2O

threo : erythro ~7:1

$KMnO_4$

$MeOH/H_2O$

$NaHCO_3$, $MgSO_4$

60%

5% HF/ MeCN

Neu5Ac methyl ester

炔基酮也是一个非常有用的结构单元,它很容易通过末端炔对醛加成再氧化所得醇来获得,当然也可通过末端炔和酰化试剂一步生成。由于炔基和羰基共轭,炔基酮可看作是 1,3-二酮的等当体。

Ley 小组发现在 NaOMe 作用下,1,3-丙二硫醇可以顺利对炔基酮,酯或醛进行两次共轭加成,所得产物为 1,3-二酮的等当体,且其中一个羰基已选择性地被保护[22]。

propane-1,3-dithiol

NaOMe, MeOH/DCM

R_1 = H, alkyl, alkoxyl

R_2 = H, alkyl

H^+

Forsyth 小组在 azaspiracid-1 的合成研究中,也把炔基酮作为潜在的 1,3-二酮,在酸性条件下成功构建了双螺环结构片断[23]。

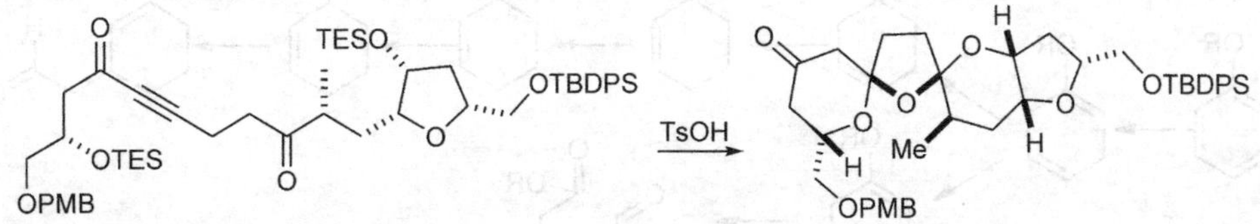

4.3 苯酚醚作为前官能团

苯环在合成中通常是作为一个惰性部分,但由于氧化和还原两类去芳香化方法的发展,苯酚醚现在已是一个重要和多变的前官能团。

苯衍生物中苯环上的给电子取代基可以使臭氧化反应选择性地断裂在某一双键上。如1,2-二甲氧基苯(黎芦醚)在臭氧化时可得到2,4-己二烯二酸的二甲酯。Woodward小组[24]将这一反应出色地用于生物碱马钱子碱(strychnine)的全合成,其中的相关步骤见下列图式。

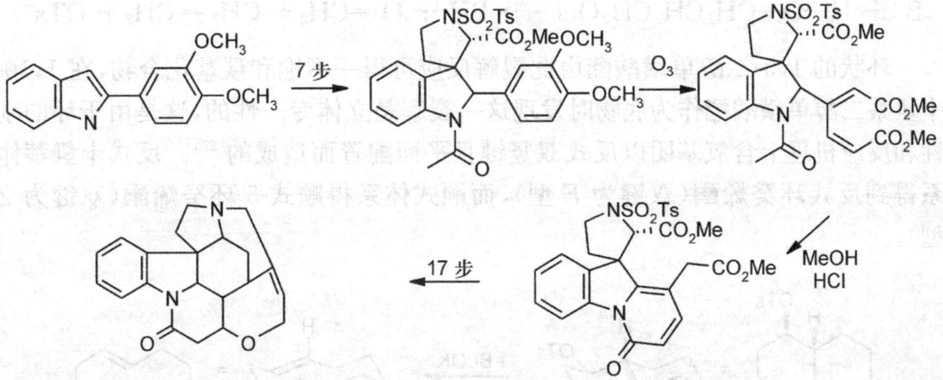

上述选择性氧化苯环作为潜在官能团的展示反应显然是十分出色的,但是使用还原方法使苯酚醚去芳香化则更具有普遍意义。

1944年,Birch[25]发现苯酚醚在液氨中并在质子供体如醇或铵盐的存在下可以被碱金属,最好为金属锂还原为非共轭的1-烷氧基-1,4-环己二烯。由这一化合物可以转化为许多合成的中间体,从而使苯酚醚广泛用于天然产物的合成,特别是含六元环化合物的全合成,如甾体的A、B和D环都曾以苯酚醚为前体而获得。

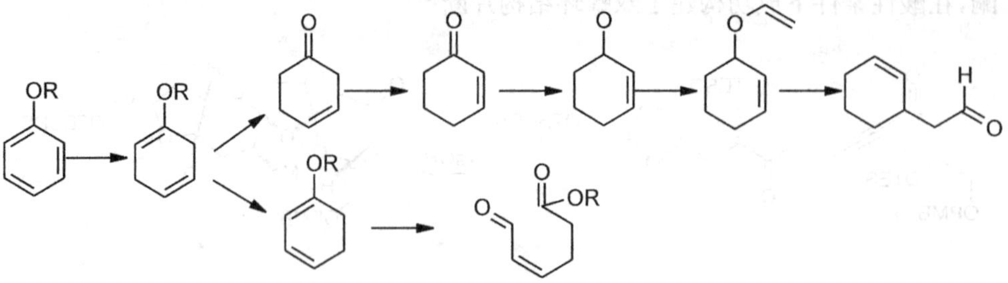

OR OR O O O O H O OR O OR O

4.4　醇作为前官能团

醇作为合成前体在合成中有着广泛的应用，因为羟基可以通过许许多多的化学反应转化为各种不同的官能团。当一个醇再具有一个羟基或双键时，可以作为不饱和羰基化合物的前官能团，在合成中具有重要的价值。

1,3-二醇单磺酸酯可由强碱断裂为一个烯和一个羰基化合物，这类反应由Grob[26]定名为“heterolytic fragmentation”。

$$B^- + H—O—CH_2CH_2CH_2Ots \longrightarrow BH + O{=}CH_2 + CH_2{=}CH_2 + OTs^-$$

环状的1,3-二醇单磺酸酯由此裂解反应可得一不饱和羰基化合物，在1,10-十氢萘二醇单磺酸酯作为底物时发现这一裂解是立体专一性的，这是由于环的刚性和反应机理上含氧基团以反式双竖键且平面配置而造成的[27]。反式十氢萘体系得到反式环癸烯酮（双键为E型），而顺式体系得顺式-5-环癸烯酮（双键为Z型）。

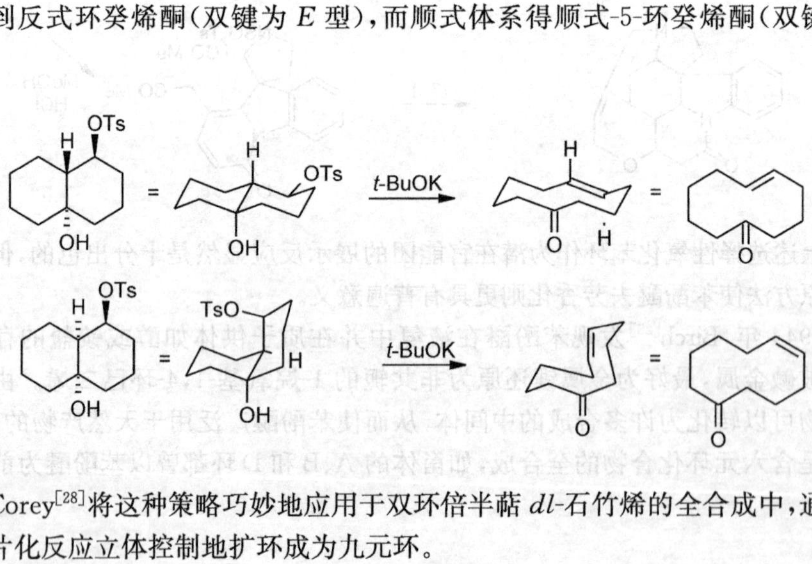

OTs H = H OTs t-BuOK H = OH OH O H O

OTs H TsO = H t-BuOK = OH OH O O

Corey[28]将这种策略巧妙地应用于双环倍半萜*dl*-石竹烯的全合成中，通过这种碎片化反应立体控制地扩环成为九元环。

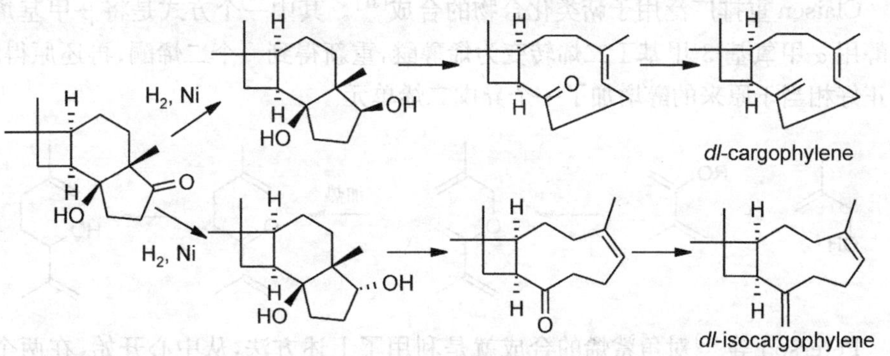

H_2, Ni

H_2, Ni

dl-cargophylene

dl-isocargophylene

与此相似，利用 1-羟基-3-酮的 *retro*-aldol 反应也是类似的一种扩环策略。这种策略在美洲紫杉醇 taxol 的 B 环构建中得到较好的应用[29]。

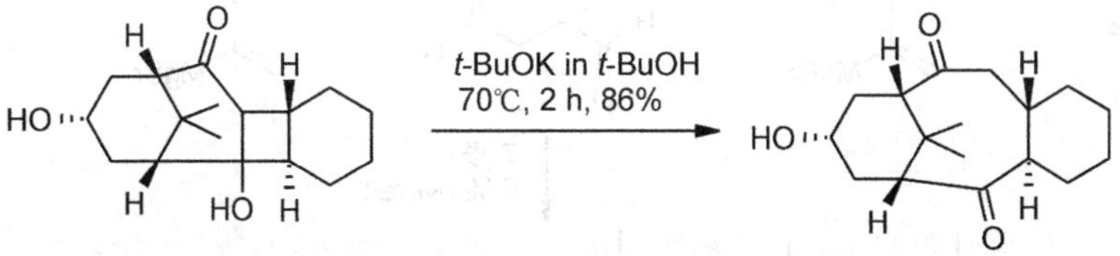

t-BuOK in *t*-BuOH
70℃, 2 h, 86%

烯丙基醇就氧化态而论相当于 1,3-二醇，它们的烯醇醚可以通过加热引发 Σ (3,3) Claisen 重排[30]，转化为 γ,δ-不饱和羰基化合物，视羰基 α-位碳原子上的取代基情况可得不同氧化态的不饱和羰基化合物。

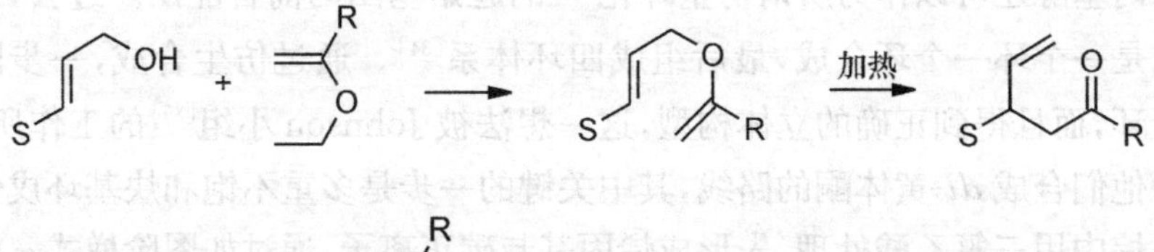

加热

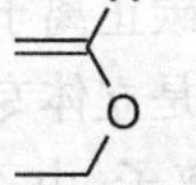

R		γ,δ-不饱和羰基化合物
H	醛烯醇醚	醛
R′	酮烯醇醚	酮
OEt	烯酮缩醛	羧酸酯
NR_2	烯酮半缩醛胺	酰胺

Claisen 重排反应物的立体化学控制了产物的立体化学，结合上述的底物可变性大的特点，使得这一重排在天然产物的合成中使用越来越多。用 Claisen 重排在桥头位置引入角甲基，可将一个手性叔碳转化为一个手性季碳，为一个长期以来没有能完满解决的问题提供了一条较好的途径。

Claisen 重排广泛用于萜类化合物的合成[31]。其中一个方式是将 β-甲基烯丙基醇用 α-甲氧基-3-甲基丁二烯转变为烯醇醚，重新得到一个二烯酮，再还原得醇，这正好相当于原来的醇增加了一个异戊二烯单元。

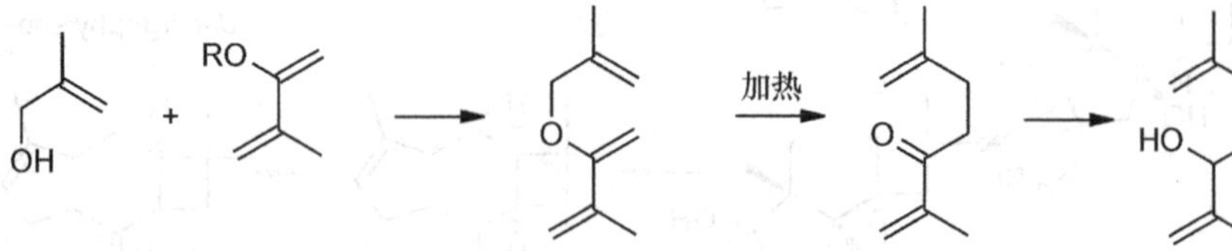

RO OH + 加热 O HO

Peterson 等[32]对角鲨烯的合成就是利用了上述方法，从中心开始，在两个伸展方向同时增长碳链。

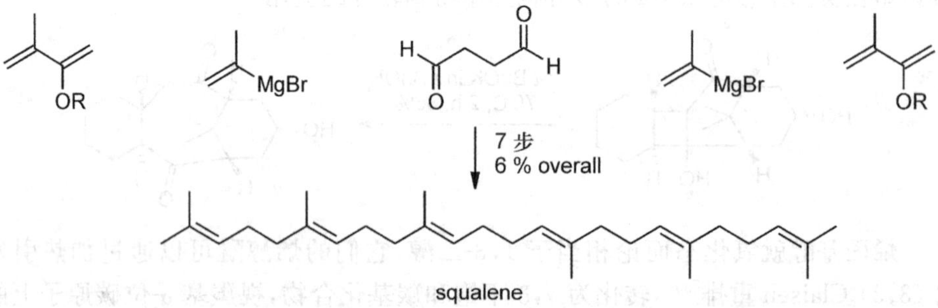

OR MgBr H O O H MgBr OR

7 步
6 % overall

squalene

烯丙基醇还可以作为所谓仿生环化[33]的起始基团的前官能团。过去，甾体的全合成是一个环一个环合成，最后组成四环体系[34]。通过仿生合成，一步同时合成四个环，而且得到正确的立体构型，这一想法被 Johnson 小组[35]的工作所证实。下图为他们合成 *dl*-黄体酮的路线，其中关键的一步是多重不饱和炔基环戊烯醇在二氯甲烷中用三氟乙酸处理，先形成烯丙基叔碳正离子，通过如图阶梯式 π 电子离域过程，从而一步形成四环甾体骨架。此过程是立体专一性的，烯键的立体化学决定了环接点的构型。正电荷最后呈乙烯基正离子，由乙二醇捕获成稳定的原碳酸酯正离子，用碳酸钾处理成羰基，这时得 A 环失碳甾体，再经臭氧化断键，分子内羟醛缩合最终得黄体酮。由环戊烯酮出发，总产率为 33%。

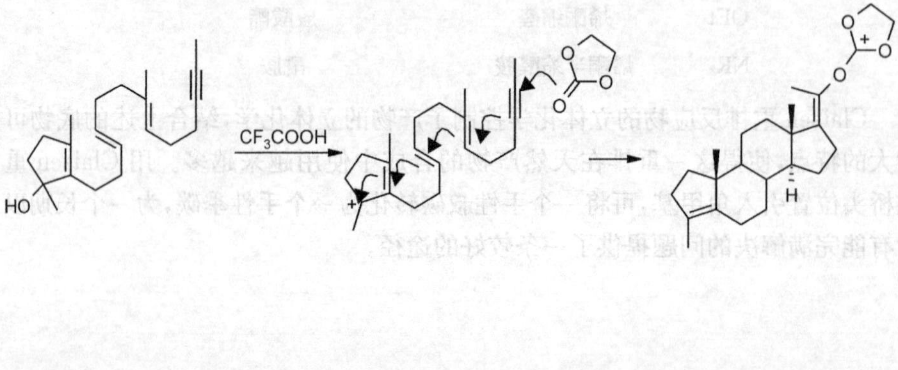

HO CF_3COOH O O + H

K_2CO_3 → O_3 → → *dl*-progesterone

4.5 杂环作为前官能团

杂环在当代有机合成中有着重要的地位。作为潜在官能团应用的前官能团，呋喃及其衍生物是最常见的例子。呋喃可以作为一个1,4-双酮化合物的等当体，可以通过酸处理或电极反应展示。

Buchi等[36]将呋喃环作为前官能团用于茉莉酮的合成中，在乙二醇存在下打开呋喃成为1,4-二酮，产率达90%。

+ Br → H^+ →

在甾体仿生环化的前体合成[37]时，也用到了呋喃。

BuLi, $BrCH_2CH_2CH{=}CH_2$ → TsOH →

另一种开环方法称为Clauson-Kass反应[38]，用溴-丙酮-水将呋喃环高产率地水解为反式烯二酮。

R_1 O R_2 —Br_2, acetone, H_2O, −20℃→ R_1 O O R_2

Br_2, MeOH → MeO R_1 O OMe R_2 → H^+, B^-

Kang等[39a]在合成D-(+)-showdomycin时就应用了这种展示方式使呋喃环

转化为缩醛形式，继而氧化为酰亚胺。

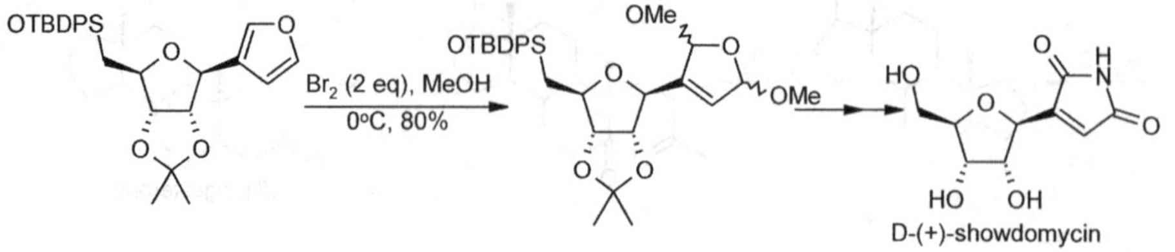

OTBDPS
Br_2 (2 eq), MeOH
0°C, 80%
OMe
OTBDPS
OMe
HO
HO OH
D-(+)-showdomycin

呋喃作为潜在官能团的氧化展示还可以通过 NBS 完成。Kobayashi 等[39b]最近利用这样的反应合成了十二元环内酯(+)-patulolide A。

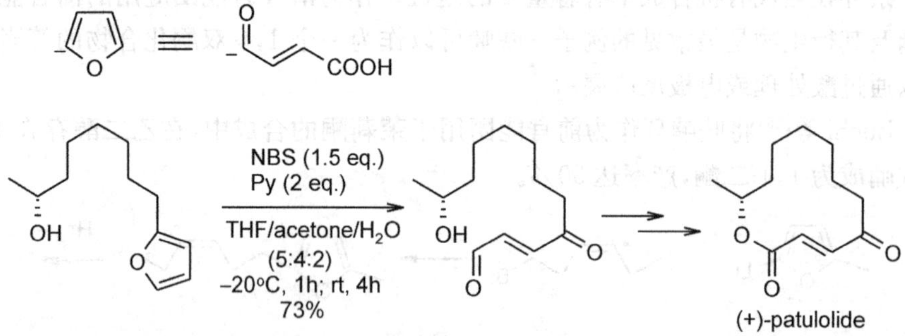

COOH
NBS (1.5 eq.)
Py (2 eq.)
THF/acetone/H_2O
(5:4:2)
–20°C, 1h; rt, 4h
73%
OH
OH
(+)-patulolide

将呋喃环进行氧化开环是又一种展示方式，这种方式往往将呋喃环作为吡喃酮内酯的合成前体或进一步开环为四碳链。下例是合成脱皮激素的边链的合成例子[40]。

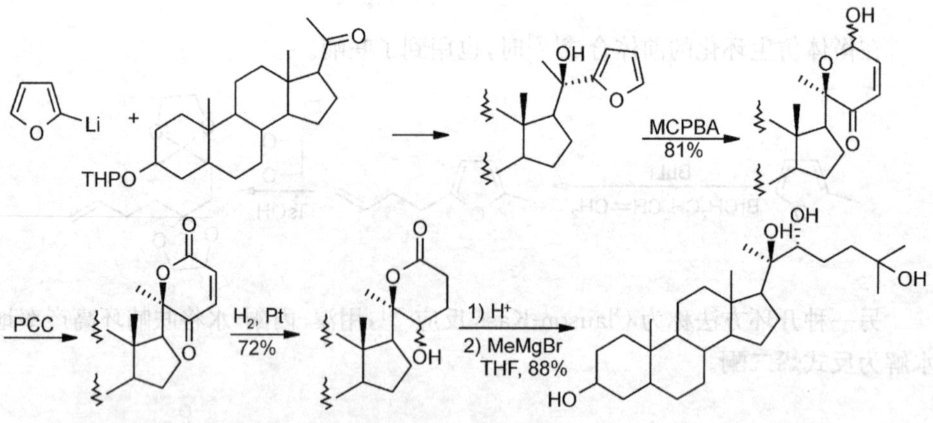

Li
THPO
OH
MCPBA
81%
OH
PCC
H_2, Pt
72%
OH
1) H^+
2) MeMgBr
THF, 88%
OH
OH
OH
HO

类似的策略被用在一类水溶性生物碱的合成中[41]。

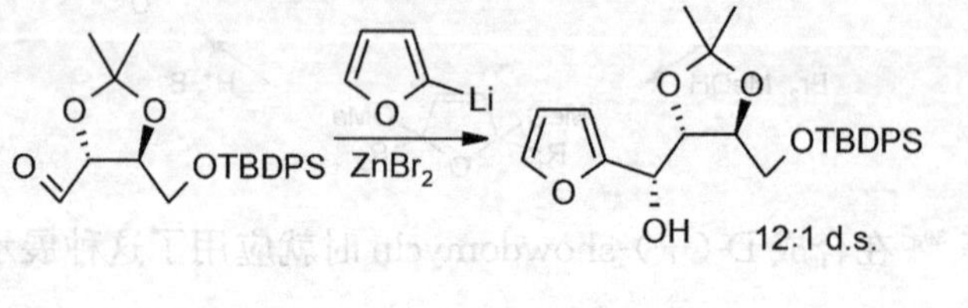

OTBDPS
Li
$ZnBr_2$
OTBDPS
OH
12:1 d.s.

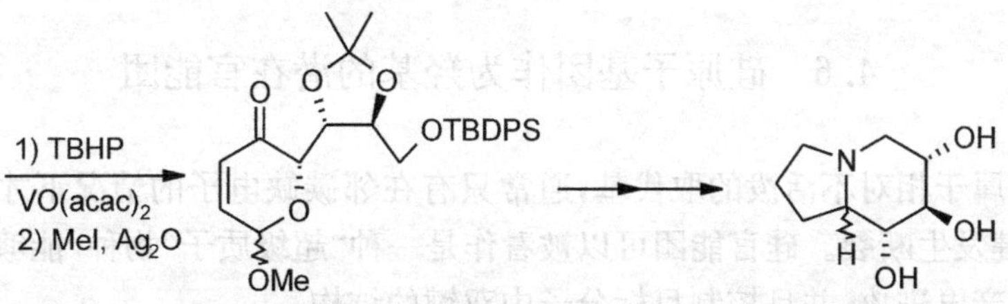

呋喃环如果用 $RuO_4/NaIO_4$ 体系氧化，则可直接转化为羧酸，这与苯和其他芳环的情况类似。Danishefsky[42] 曾将这一展示反应用在糖衍生物的合成中。

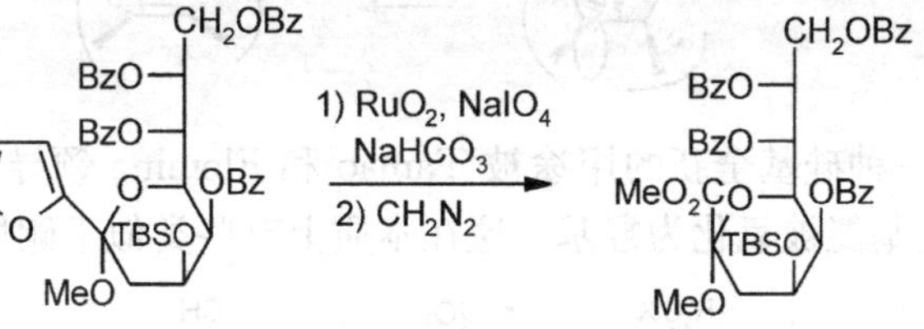

Trost 小组在合成 (+)-boronolide 时，利用呋喃环为羧基潜在官能团，以 RCM 为关键反应构建 α,β-不饱和六元内酯环[43]。

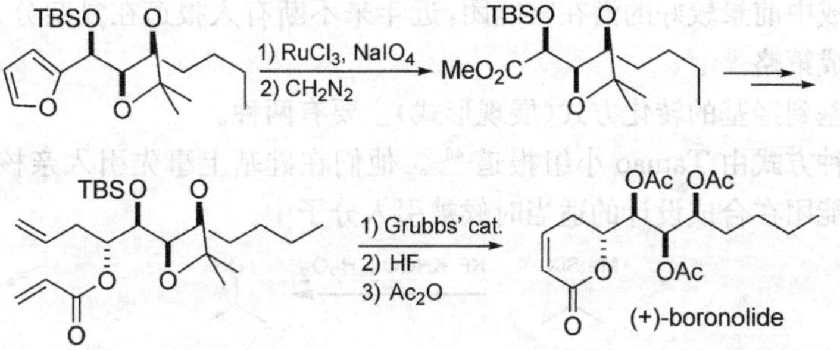

周维善等[44] 则将呋喃环作为羧酸的潜在官能团用于 α-氨基酸的合成。他们先用动力学拆分得到光学纯糠胺，然后再臭氧化将呋喃环展示出来。

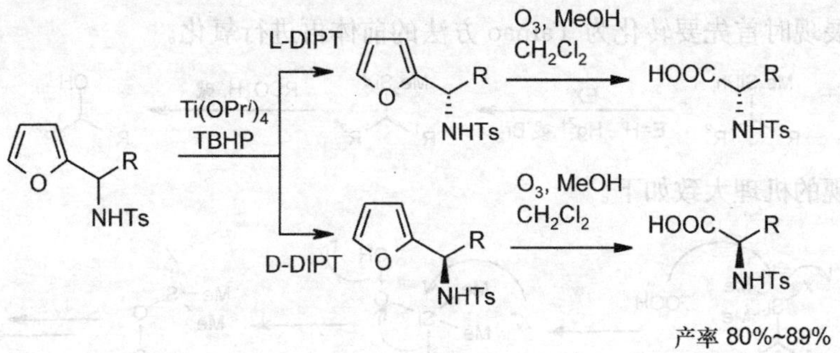

产率 80%~89%

4.6 硅原子基团作为羟基的潜在官能团

硅烷属于相对不活泼的取代基，通常只有在邻碳缺电子的情况下才会顺利地使硅-碳键发生断裂。硅官能团可以被看作是一种“超级质子”物种，能够活化双键使之受到亲电进攻，并且控制目标分子中双键的结构。

X^- Me_3Si ⟶

除此之外，一种硅基全新的用途被 Tamao 和 Fleming 领导的小组开发出来，即适当取代的硅基能被氧化为羟基。这在本质上有些类似于硼烷的情况。

R_2SiX —[O]→ OH

由于在合成设计时可以考虑将硅基在原料中连接到某个特定的碳上，从而使之成为合成中前景较好的潜在官能团，近年来不断有人报道在复杂分子体系中应用这种合成策略[45]。

由硅基到羟基的转化方式(展现形式)主要有两种。

第一种方式由 Tamao 小组报道[46]。他们在硅基上事先引入亲核离去基团，这种硅官能团在合成设计的适当时候被引入分子中。

Me_2SiX —KF, $KHCO_3$, H_2O_2→ OH

X=hal, OR, NR_2 或 H

第二种方式由 Fleming 小组报道[47]，与前一种有些类似，但硅官能团有所不同。硅原子上全部为碳硅键取代基。这样在合成中更能经受各种化学反应的考验。但展现时首先要转化为 Tamao 方法的前体再进行氧化。

Me_2SiPh (R^1, R^2) —EX, E=H^+, Hg^{2+} 或 Br_2→ Me_2SiX (R^1, R^2) —RCO_3H, 碱→ OH (R^1, R^2)

展现的机理大致如下。

X, Si, Me, Me, R^1, R^2 + ^-OOH ⟶ X^-, Me, Me, Si, O, OH, R^1, R^2 ⟶ X, Me—Si, Me, O, R^1, R^2 ⟶⟶

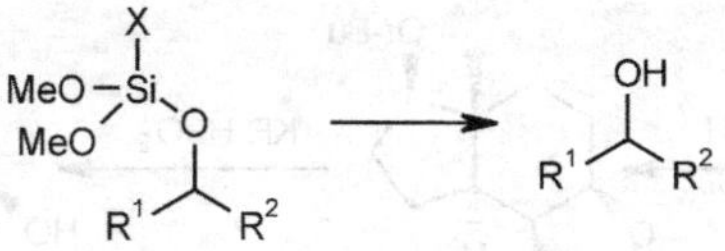

硅官能团在展示过程中，其立体化学均保持原有构型，下面仅举几例说明这种立体化学的转化情况。

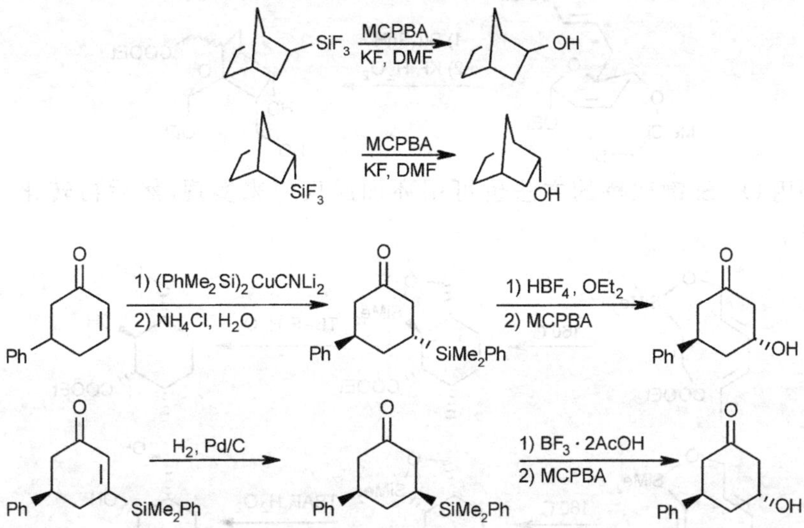

硅的这种性质在合成化学中得到了较好应用。下面是几个例子，如 Fleming 等用于前列腺素化合物的合成[48]。

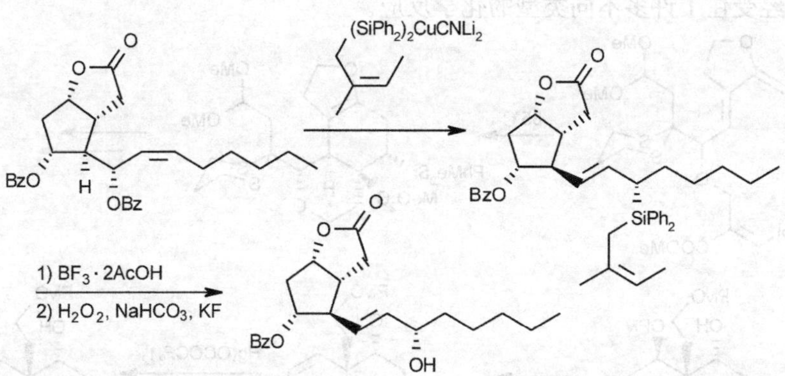

Stork 等[49]利用分子内反应来合成甾体的 CD 环，*trans*-hydrindane 相关二醇化合物（用于合成 19-nortestosterone）。

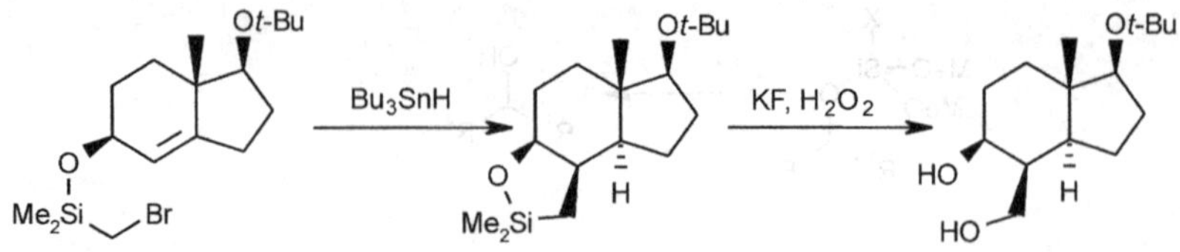

类似的策略还被 Fraser-Reid 等[50]用于 Reserpine 的合成，他们通过构建含硅环状中间体，获得处于同侧的二醇结构。

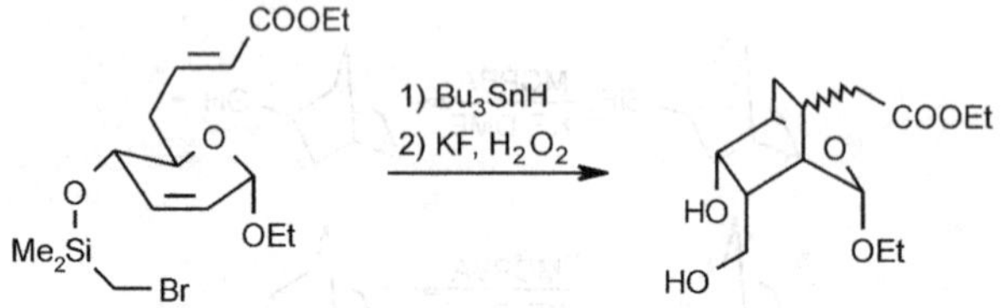

利用 O—Si 键架桥的方法也可用环加成反应来实现，然后再转化为相应二醇[51]。

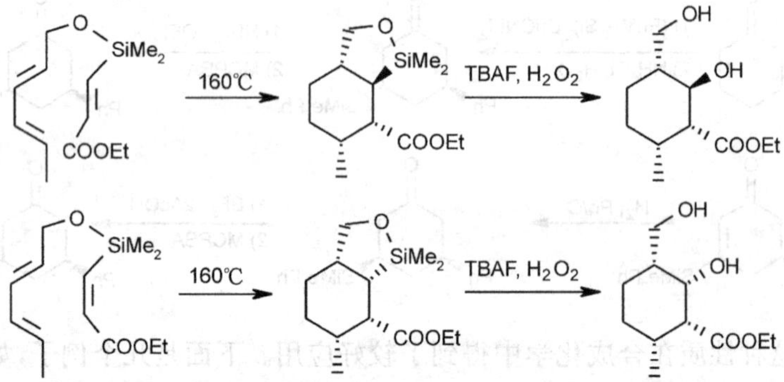

Ley 等[52]用于 Azadirachtin 的合成中，也用上了硅的潜在官能团策略，使这个位置经受住了许多不同类型的化学反应。

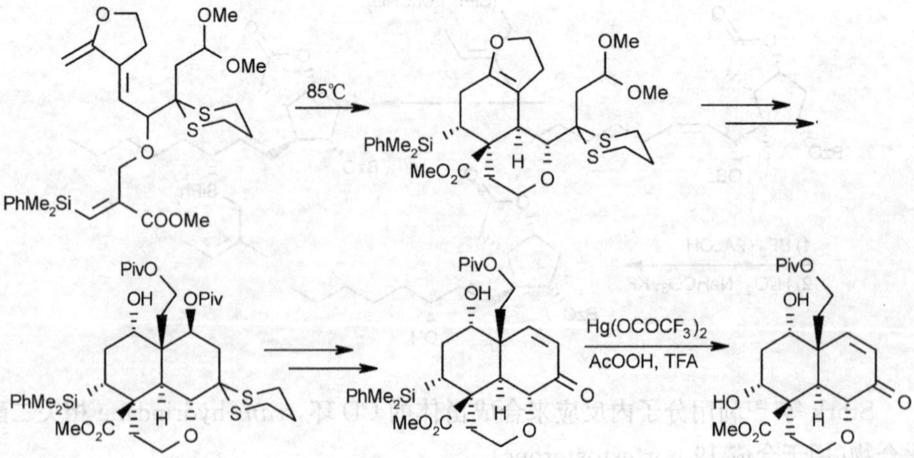

还有,在糖上增加一个羟甲基[53]的例子,显然一般方法比较不易达到这样的目的。

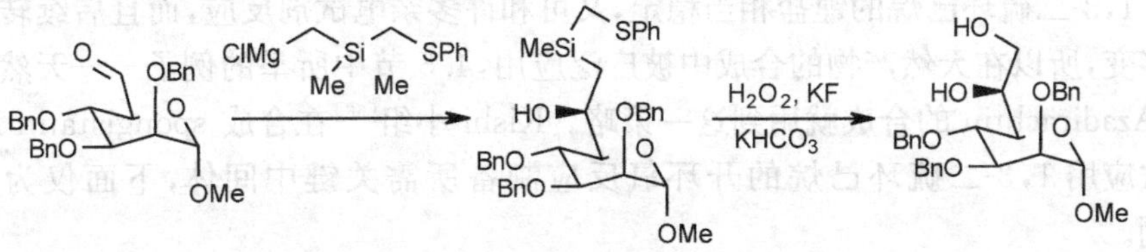

4.7 1,3-二硫环己烷 (1,3-dithiane) 为前官能团

自从 Corey 和 Seebach[54] 在 20 世纪 60 年代的开创性工作以来,1,3-二硫环己烷作为一个全能的潜在官能团在有机合成(尤其是天然产物的合成)中得到非常广泛的应用[55],也使得 Wittig 在 50 年代提出的极性反转(umpolung)这一概念为化学界所接受。1,3-二硫环己烷已商品化,2-取代 1,3-二硫环己烷虽可通过 1,3-二硫环己烷烷基化反应得到,但在实际应用中常由相应的醛和 1,3-丙二硫醇在酸性条件下缩合而来。

低温下,1,3-二硫环己烷和 *n*-BuLi 反应可得到锂盐Ⅰ,其可与一系列的亲电试剂如烷基碘代物、三氟甲磺酸酯、环氧化物以及醛等反应得到 2-取代 1,3-二硫环己烷Ⅱ。Ⅱ经适当的强碱处理后可进一步和另一分子亲电试剂反应得到 2,2-双取代 1,3-二硫环己烷Ⅲ。该化合物在 Raney Ni 存在下可氢解得到Ⅳ,而在另外一些条件下则可转化为羰基化合物Ⅴ。这样,1,3-二硫环己烷就可以看作是亚甲基或羰基的潜在官能团,或是亚甲基双负离子Ⅵ或羰基双负离子Ⅷ的等当体。而正常的羰基碳应该带有部分正电荷,是亲电性的,这也正是极性反转一词的来由。同

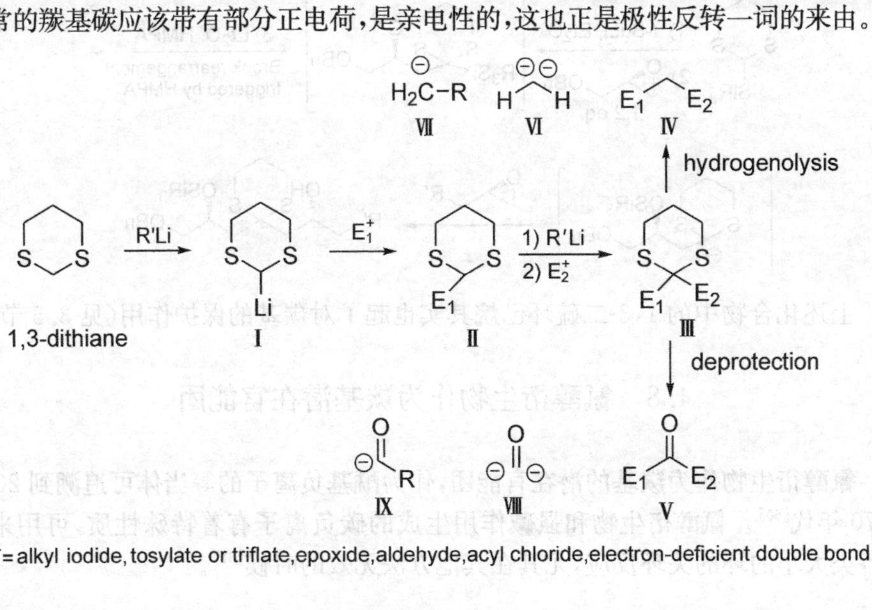

E^+ = alkyl iodide, tosylate or triflate, epoxide, aldehyde, acyl chloride, electron-deficient double bond 等

样,2-取代 1,3-二硫环己烷可看作是亚甲基负离子Ⅷ和酰基负离子 Ⅸ的等当体。

1,3-二硫环己烷的锂盐相当稳定,又可和许多亲电试剂反应,而且后续转化灵活多变,所以在天然产物的合成中被广泛应用,4.5 节中所举的例子——天然拒食剂 Azadirachtin 的合成就用到这一策略。Kishi 小组[56]在合成 spongistatin 1 时,多次应用 1,3-二硫环己烷的开环氧反应制备所需关键中间体,下面仅为其中一例。

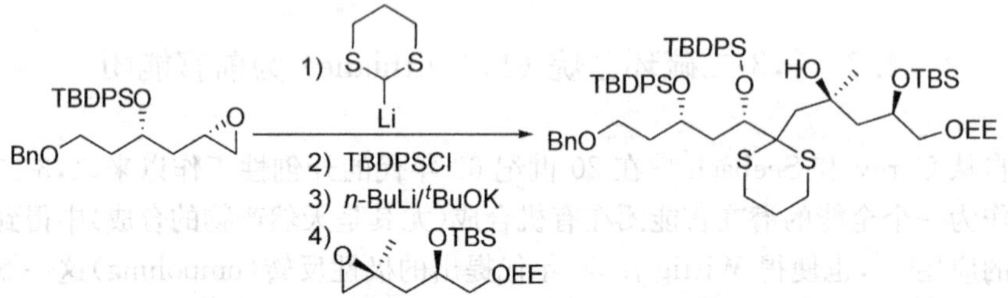

1994 年,Tietze 等[57]报道了 2-三烷基硅基 1,3-二硫环己烷的对称双烷基化反应。在此基础上, Smith 等[58]发展了 2-硅基取代-1,3-二硫环己烷的不对称双烷基化反应,其间无需分离。2-硅基取代-1,3-二硫环己烷首先在乙醚中经 *t*-BuLi 处理后和环氧化物反应生成一烷基氧负离子中间体。此时加入 HMPA,该中间发生 Brook 重排生成一碳负离子中间体。此时再加入一亲电试剂如另一环氧化物,就可得到 1,5-二醇衍生物,而且新生成的两个羟基得到了区分。当然第二个亲电试剂也可以是烷基溴代物或醛。该一锅法双烷基化反应的灵活性、高效性以及可操作性在 spongistatin 的合成中得到充分的展现[59]。

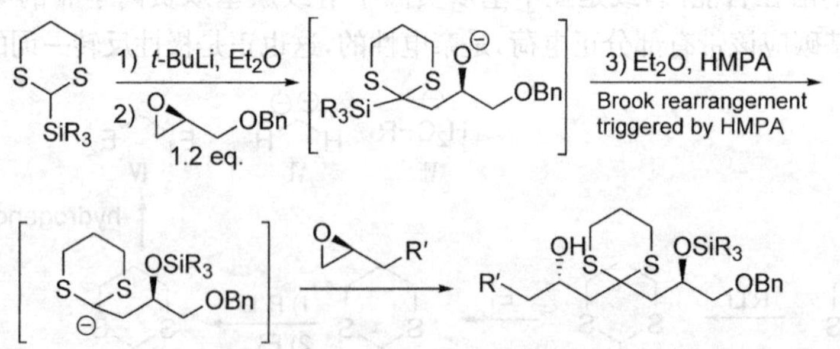

上述化合物中的 1,3-二硫环己烷其实也起了对羰基的保护作用(见 3.5 节)。

4.8 氰醇衍生物作为羰基潜在官能团

氰醇衍生物作为羰基的潜在官能团,作为酰基负离子的等当体可追溯到 20 世纪 70 年代[60]。氰醇衍生物和强碱作用生成的碳负离子有着特殊性质,可用来进行各类大小的环的关环反应,尤其在其他方法无效的时候[61]。

Takahashi 等[62]在 taxol 类化合物的合成研究中，利用氰醇醚碳负离子分子内亲核取代反应实现了一个环张力很大的八元环的关环反应，为这类化合物的合成奠定了很好的基础。

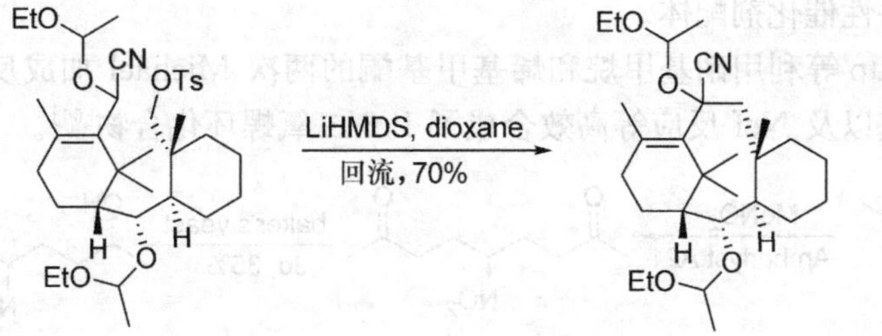

LiHMDS, dioxane
回流，70%

最近，朱强等也利用此反应关上了二倍萜 clavulactone 的十一元环[63]。

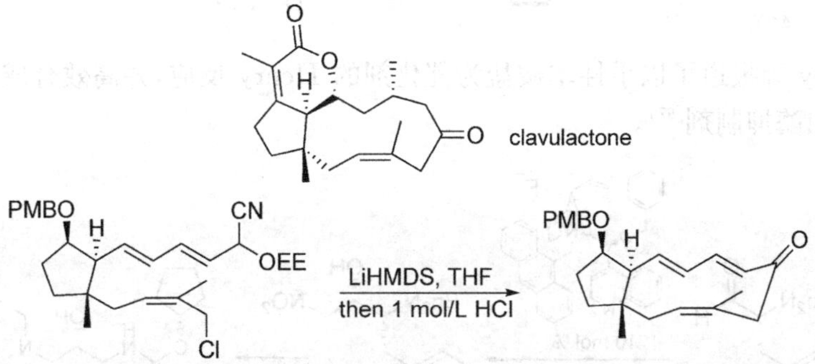

clavulactone

LiHMDS, THF
then 1 mol/L HCl

4.9 硝基作为前官能团

众所周知，在苯环上要直接引入氨基是非常困难的。而通过硝化反应则可方便地在苯环上引入一个硝基官能团，此硝基在许多温和的反应条件下都可被还原为氨基，所以芳环化学中硝基常作为氨基的前官能团。天然产物（+）-geldanamycin 的全合成是较近的一个例子[64]。

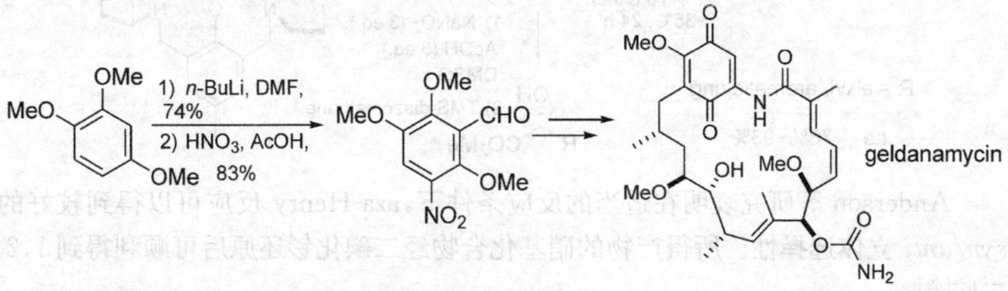

1) *n*-BuLi, DMF, 74%
2) HNO_3, AcOH, 83%

geldanamycin

在脂肪化学中，硝基化合物也是很有用的中间体。通过 Nef 反应，硝基可转化为羰基官能团[65]，而在还原条件下，硝基可转化为氨基。Henry 反应是常见的形成碳-碳键的方法之一，该反应的产物硝基醇经还原后可得到1,2-氨基醇。如果Henry反应中，以亚胺代替醛，所得产物则是硝基胺，其被还原后可得1,2-二胺。无论是1,2-氨基醇还是1,2-二胺都是天然产物合成中的有效砌块，此外，它们还是有用的手性催化剂配体。

Occhiato等利用硝基甲烷和烯基甲基酮的两次Michael加成反应，立体选择性还原羰基以及Nef反应等高效合成了1,6-二氧螺环化合物[66]。

MeNO$_2$, Amberlyst A21; baker's yeast, 3d, 35%; 1) NaOH, EtOH 2) H$_2$SO$_4$, n-C$_6$H$_{14}$ 41%

Corey等报道了以手性季铵盐为催化剂的Henry反应，并高效合成了第二代HIV蛋白酶抑制剂[67]。

Bn$_2$N; 10 mol %; 2.5 CH$_3$NO$_2$; 12.5 KF, THF; −10℃, 6 h, 86%; dr 17:1

Trost等则以双锌核催化剂催化Henry反应，取得了很好的对映选择性，所得硝基醇可转化为α-羟基酸[68]。

RCHO + CH$_3$NO$_2$ —5 mol % cat., THF, −78℃ then −35℃, 24 h→ R-CH(OH)CH$_2$NO$_2$ —1) NaNO$_2$ (3 eq.), AcOH (5 eq.) DMSO 2) TMS-diazomethane→ R-CH(OH)CO$_2$Me

R = alkyl, aromatic ring

ee 78%~93%

Anderson等研究表明在适当的反应条件下，aza-Henry反应可以得到较好的*syn*/*anti*立体选择性。所得产物的硝基化合物经二碘化钐还原后可顺利得到1,2-二胺[69]。

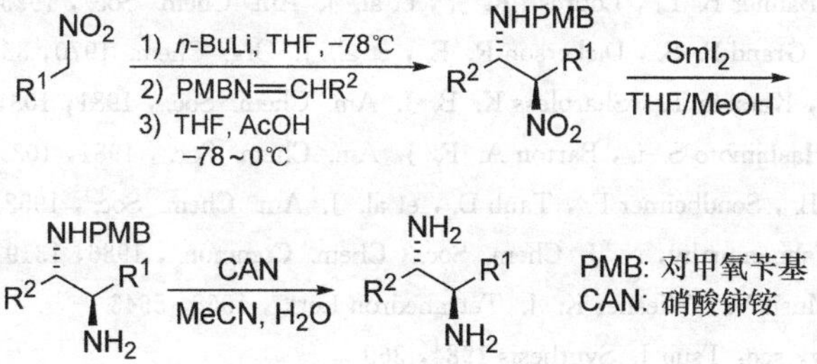

NO2
R1
1) n-BuLi, THF, −78℃
2) PMBN═CHR2
3) THF, AcOH
−78～0℃
NHPMB
R2
R1
NO2
SmI2
THF/MeOH
NHPMB
R2
R1
NH2
CAN
MeCN, H2O
NH2
R2
R1
NH2
PMB: 对甲氧苄基
CAN: 硝酸铈铵

4.10　小　结

最后,我们以 Church 等[70]发表的工作为例,来说明如何采用苯酚醚、醇和烯等为前官能团来实现一个复杂分子的合成。他们为了证明一个四环三萜 phyllocladene 的绝对构型,需要合成它的降解产物。由甲氧基-三甲基-八氢菲出发,经 Birch 还原得三环酮,再还原成烯丙基醇,然后制得烯醇醚,经 Claisen 重排得 γ,δ-不饱和醛,再将醛氧化成酸,进而将环己烯部分氧化断裂为二酸,将得到的双环三酸的酸酐进行 Dieckmann 缩合,最后脱羧得 phyllocladene 的降解产物。

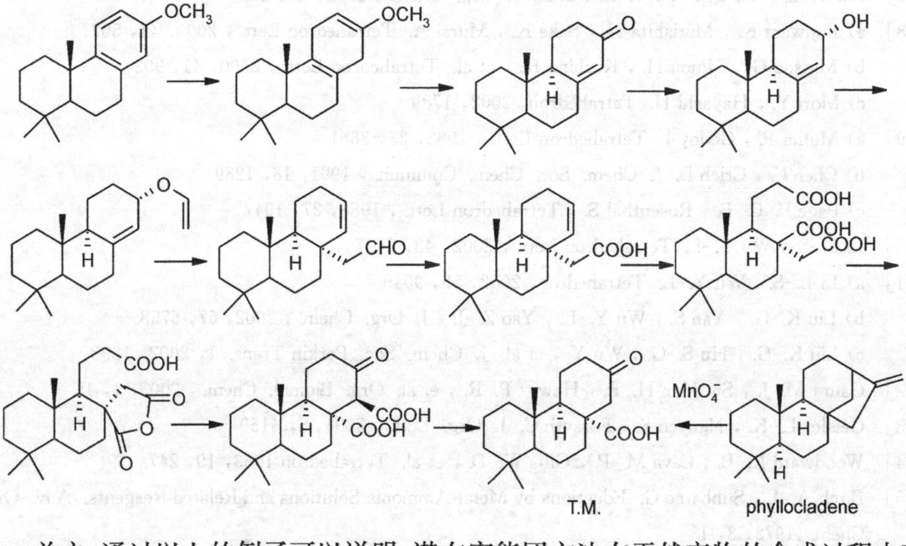

OCH3
OCH3
O
OH
H
H
O
H
CHO
COOH
COOH
COOH
COOH
COOH
O
O
O
O
COOH
COOH
O
COOH
MnO4−
T.M.
phyllocladene

总之,通过以上的例子可以说明,潜在官能团方法在天然产物的合成过程中确实是一种非常有用的策略。

参　考　文　献

［1］ a) Lednicer, D. Latent Functionality in OrganicSynthesis. Adv. Org. Chem., 1972, 8, 179

b) Call, L. 有机化学, 1980(1), 22

［2］ a) Cohen N., Banner B. L., Lopresti, R. J. Tetrahedron Lett., 1980, 21, 4163

b) Cohen N., Banner B. L., Lopresti R. J., et al. J. Am. Chem. Soc., 1983, 105, 3661
[3] Ireland R. E., Grand P. S., Dickerson R. E., et al. J. Org. Chem. 1970, 35, 570
[4] Rossiter B. E., Katsuki T., Sharpless K. B. J. Am. Chem. Soc., 1981, 103, 464
[5] Corey E. J., Hashimoto S.-i., Barton A. E. J. Am. Chem. Soc., 1981, 103, 721
[6] Woodward R. B., Sondheimer F., Taub D., et al. J. Am. Chem. Soc., 1952, 74, 4223
[7] Mehta G., Krishnamurthy, N. J. Chem. Soc., Chem. Commun., 1986, 1319
[8] Wiesner K., Musil V., Wiesner K. J. Tetrahedron Lett., 1968, 5643
[9] a) For a review, see: Tsuji J. Synthesis 1984, 369
b) Tsuji J., Nagashima H., Nemoto H. Org. Synth., Coll. Vol. 7, 1990, 137
[10] Smidt J., Hafner W., Jira R., et al. Angew. Chem. Int. Ed., 1962, 1, 80
[11] Smith A. B. Ⅲ, Cho Y. S., Friestad G. K. Tetrahedron Lett., 1998, 39, 8765 and references cited therein
[12] a) Baba T., Huang G., Isobe M. Tetrahedron 2003, 59, 6851
b) Kira K., Hamajima A., Isobe M. Tetrahedron, 2002, 58, 1875
[13] Paterson I., Ashton K., Britton R., et al. Org. Lett., 2003, 5, 1963
[14] Clark J. S., Hamelin O. Angew. Chem. Int. Ed. Engl., 2000, 39, 372
[15] Paqutte L. A., et al. Organic Letters, 2000, 2, 1259
[16] Edwards J. P., Krysan D. J., Liebeskind L. S. J. Am. Chem. Soc., 1993, 115, 9868
[17] Hu T.-S., Yu Q., Wu Y.-L., et al. J. Org. Chem., 2001, 66, 853
[18] a) Fujiwara K., Morishita H., Saka K., Murai A. Tetrahedron Lett., 2000, 41, 507
b) Matsuo G., Hinou H., Koshino H., et al. Tetrahedron Lett., 2000, 41, 903
c) Mori Y., Hayashi H. Tetrahedron, 2002, 1789
[19] a) Muller P., Godoy J. Tetrahedron Lett., 1982, 23, 3661
b) Chen C., Crich D. J. Chem. Soc. Chem. Commun., 1991, 18, 1289
c) Page P. C. B., Rosenthal S., Tetrahedron Lett., 1986, 27, 1947
[20] Li L.-S., Wu Y.-L. Tetrahedron Lett., 2002, 43, 2427
[21] a) Li L.-S., Wu Y.-L. Tetrahedron, 2002, 58, 9049
b) Liu K.-G., Yan S., Wu Y.-L., Yao Z.-J., J. Org. Chem., 2002, 67, 6758
c) Liu K.-G., Hu S.-G., Wu Y., et al. J. Chem. Soc. Perkin Trans. 1, 2002, 1890
[22] Gaunt M. J., Sneddon H. F., Hewitt P. R., et al. Org. Biomol. Chem., 2003, 1, 15
[23] Geisler L. K., Nguyen S., Forsyth C. J. Org. Lett., 2004, 6, 4159
[24] Woodward R. B., Cava M. P., Ollis W. D., et al. Tetrahedron 1963, 19, 247.
[25] Birch A. J., Subbarao G. Eductions by Metal-Ammonia Solutions and Related Reagents. Adv. Org. Chem., 1972, 8, 1
[26] Grob C. A., Schiess P. W. Angew. Chem. Int. Ed. Engl., 1967, 6, 1
[27] Wharton P. S., Hiegel G. A. J. Org. Chem., 1965, 30, 3254
[28] Corey E. J., Mitra R. B., Uda H. J. Am. Chem. Soc., 1964, 86, 485
[29] Blechert S., Kleine-Klausing A. Angew. Chem. Int. Ed. Engl., 1991, 30, 412
[30] Rhoads S. J., Raulins N. R. The Claisen and Cope Rearrangements. Org. React., 1974, 22, 1
[31] Saucy G., Marbet R. Helv. Chim. Acta., 1967, 50, 2091
[32] Faulkner D. J., Petersen M. R. J. Am. Chem. Soc., 1973, 95, 553

[33] Johnson W. S. Biomimetic Polyene Cyclozations. Angew. Chem. Int. Ed. Engl., 1976, 15, 9
[34] Johnson W. S. J. Am. Chem. Soc., 1956, 78, 6278
[35] Johnson W. S., Gravestock M. B., McCarry B. E. J. Am. Chem. Soc., 1971, 93, 4332
[36] Johnson W. S., Berner D., Dumas D. J., et al. J. Am. Chem. Soc., 1982, 104, 3508
[37] Nedenskov P., Elming N., Nielsen J. T., Clauson-Kaas N. Acta. Chem. Scand., 1955, 9, 17
[38] Jurczak J., Pikul S. Tetrahedron Lett., 1985, 26, 3039
[39] a) Kang S. H., Lee S. B. Tetrahedron Lett., 1995, 36, 4089
b) Kobayashi Y., Kishihara K., Watatani K. Tetrahedron Lett., 1996, 37, 4385
[40] a) Kametani T., Tsubuki M., Furuyama, H. Honda, T. J. Chem. Soc., Chem. Commun., 1984, 375
b) Kametani T., Tsubuki M., Furuyama H., Honda T. J. Chem. Soc. Perkin Trans. I, 1985, 557
[41] Martin S. F., Chen H. -J., Yang C. -P. J. Org. Chem., 1993, 58, 2867
[42] Danishefsky S. J., DeNinno M. P. J. Org. Chem., 1986, 51, 2615
[43] Trost B. M., Yeh V. S. C. Org. Lett., 2002, 4, 3513
[44] Zhou W. -S., Lu Z. -H., Zhu X. -Y. Chin. J. Chem., 1994, 12, 378
[45] Fleming I. Chemtracts-Organic Chemistry, 1996, 9, 1
[46] a) Tamao K., Ishida N., Tanaka T., Kumada M. Organomettalics, 1983, 2, 1694
b) Tamao K., Ishida N. J. Organomet. Chem., 1984, 269, C37
[47] a) Fleming I., Henning R., Plaut H. J. Chem. Soc. Chem. Commun., 1984, 29
b) Fleming I., Henning R., Parker D. C., et al. J. Chem. Soc. Perkin Trans. I, 1995, 317
[48] Fleming I., Winter S. B. D. Tetrahedron Lett., 1993, 34, 7287
[49] Stork G., Kahn M. J. Am. Chem. Soc., 1985, 107, 500
[50] Gómez A. M., López J. C., Fraser-Reid B. J. Org. Chem., 1995, 60, 3859
[51] Stork G., Chan T. Y., Breault G. A. J. Am. Chem. Soc., 1992, 114, 7578
[52] Kolb H. C., Ley S. V., Slawin A. M. Z., Williams D. J. J. Chem Soc. Perkin Trans. I, 1992, 2735
[53] van Delft F. L., van der Marel G. A., van Boom J. H. Synlett., 1995, 1069
[54] a) Corey E. J., Seebach D. Angew. Chem. Int. Ed. Engl., 1965, 4, 1077
b) Seebach D., Corey E. J. J. Org. Chem., 1975, 40, 231
[55] a) Yus M., Najera C., Foubelo F. Tetrahedron, 2003, 59, 6147 and references cited therein
b) Smith A. B. Ⅲ, Adams C. M. Acc. Chem. Res., 2004, 37, 365
[56] a) Hayward M. M. Rothe R. M., Duffy K. J., et al. Angew. Chem. Int. Ed., 1998, 37, 192.
b) Guo J., Duffy K. J., Stevens K. L., et al. Angew. Chem. Int. Ed., 1998, 37, 187
[57] Tietze L. F., Geissler H., Gewert J. A., Hakobi U. Synlett, 1994, 511
[58] a) Smith A. B., Ⅲ, Boldi A. M. J. Am. Chem. Soc., 1997, 119, 6925
b) Smith A. B. Ⅲ, Pitram S. M., Boldi A. M., et al. J. Am. Chem. Soc., 2003, 125, 14435
[59] a) Smith A. B. Ⅲ, Doughty V. A., Lin Q. Y., et al. Angew. Chem. Int. Ed., 2001, 40, 191
b) Smith A. B. Ⅲ, Lin Q. Y., Doughty V. A., et al. Angew. Chem. Int. Ed., 2001, 40, 196
c) Smith A. B. Ⅲ, Doughty V. A., Sfouggatakis C., et al. Org. Lett., 2002, 4, 783
d) Smith A. B. Ⅲ, Zhu W., Shirakami S., et al. Org Lett., 2003, 5, 761
[60] Albright J. D. Tetrahedron, 1983, 39, 3207

[61] Fleming F. F., Shook B. C. Tetrahedron, 2002, 58, 1
[62] Takahashi T., Iwamoto H., Nagashima K., et al. Angew. Chem. Int. Ed., 1997, 36, 1319
[63] Zhu Q., Qiao L., Wu Y., Wu Y.-L. J. Org. Chem., 2001, 66, 2692
[64] Andrus M. B., Meredith E. L., Hicken E. J., et al. J. Org. Chem., 2003, 21, 8162
[65] Ballini R., Bosica G., Fiorini D., Petrini M. Tetrahedron Lett., 2002, 43, 5233 and references cited therein
[66] a) Occhiato E. G., Guarna A., De Sarlo F., Scarpi D. Tetrahedron: Asymmetry, 1995, 6, 2971
b) Occhiato E. G., Scarpi D., Menchi G., Guarna A. Tetrahedron: Asymmetry, 1996, 7, 1927
[67] Corey E. J., Zhang F.-Y. Angew. Chem. Int. Ed., 1999, 38, 1931
[68] Trost B. M., Yeh V. S. C. Angew. Chem. Int. Ed., 2002, 41, 861
[69] a) Anderson J. C., Blake A. J., Howell G. P., Wilson C. J. Org. Chem., 2005, 70, 549
b) Adams H., Anderson J. C., Peace S., Pennell A. M. K. J. Org. Chem., 1998, 63, 9932
[70] Church R. F., Ireland R. E., Marshall J. A. Tetrahedron Lett., 1960 (17), 1

第 5 章　不对称合成

现代科学在分子层次的发展和要求，尤其是人们对复杂分子对映体不同生理作用的深入了解(一对对映体或非对映体经常显示完全不同的生理活性)，推动了现代有机合成化学领域中不对称合成研究的迅速发展。对于含多个手性中心的有机分子的合成最关键的问题常常是对立体化学的控制，这不仅需要良好的合成设计，而且还要选择最佳的立体控制合成反应。从理论上讲，一个含 n 个手性中心的分子如果不含某些对称元素，则应该存在 2^n 个立体异构体。如果合成中不采取任何立体控制办法，即使每步反应产率均为 100%，实际每步有效产率也只有 50%，经多步反应后，总效率将急速下降，尤其在整个操作过程中对立体异构体的分离简直是一种混沌状态。正因为这些因素，不对称合成在有机合成中占有非常重要的地位，对其研究也是经久不衰。

5.1　简　　介

不对称合成(asymmetric synthesis)简而言之就是通过某种控制方式选择性地在分子中引入新的手性元素(chirality element)的过程。手性元素可以是手性中心(chirality center)、手性轴(chirality axis)以及手性平面(chirality plane)，不过这里我们将主要讨论有关中心手性的不对称合成。在广义上，不对称合成还包括对映体拆分、手性源方法(见第 6 章和第 9 章)等。

不对称合成的根本问题是如何对立体化学进行有效的控制。这个过程可以是对映选择性的也可以是非对映选择性的，视参与反应的底物是否已含手性中心而论。如果底物无手性，且反应过程中只产生一个手性中心，那么不对称合成将优先生成一对对映体中的其中一个对映体 (对映选择性合成)。如果底物已含手性中心，又或是反应过程中同时形成几个手性中心(如 Diels-Alder 反应)，那么不对称合成将优先生成多个可能非对映体中的其中一个(非对映选择性合成)。产物的 ee (enantiomer excess)或 de(diastereomer excess) 值是选择性好坏的一个重要表征方式。

手性中心通常可以通过以下几种方法来构建：

(1) 通过对潜手性中心 sp^2 碳进行面选择性加成反应　这是一个 sp^2 杂化碳向 sp^3 四面体杂化碳的转化过程，大部分的不对称合成可归于此类。含 sp^2 碳的官能团有羰基、亚胺、烯、烯醇、烯胺等不饱和官能团。sp^2 碳所在平面的上下两面根据 sp^2 碳所连的三个基团的 CIP(Cahn-Ingold-Prelog)优先顺序可定义为 *re* 面

(三个基团为顺时针方向排列)和 *si* 面(三个基团反时针排列),从 *re* 面或 *si* 面进攻将得到不同立体构型的两个产物,因此这两个面互为(非)对映面(enantiotopic/diastereotopic faces)。碳基化合物的亲核加成、氢化、硼氢化、aldol 反应,烯烃的氢化、硼氢化、双羟化以及环氧化均属于此类。

sp^2 碳(非)对映面选择性

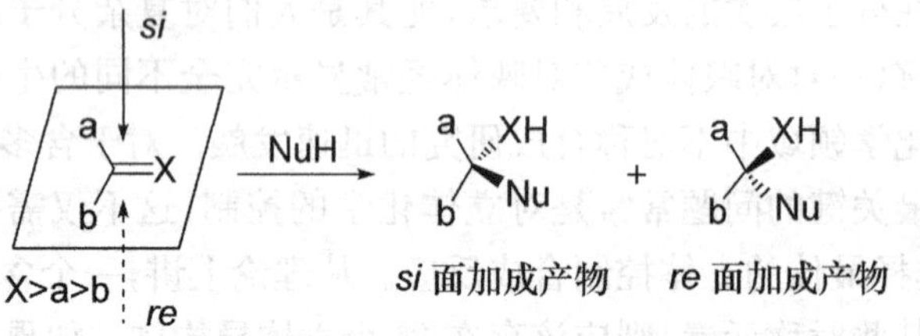

si

a X b NuH a XH b Nu + a XH b Nu

X>a>b re *si* 面加成产物 *re* 面加成产物

(2) 通过对潜手性中心 sp^3 碳上的一对(非)对映性原子或基团(enantiotopic/diastereotopic atoms/groups)进行选择性地反应 这对原子或基团结构相同,但取代其中一个将导致具有不同立体构型的产物生成。根据 CIP 优先原则,这两个原子/基团可分别定义为 pro-*R* 和 pro-*S*(在定义某个原子/基团时,暂时规定其优先于另一个)。下图所示例子为在金雀花碱存在下的对映选择性去质子化(pro-*R* 质子)以及随后和丙酮的亲核加成反应[1]。

sp^3 碳(非)对映性原子(基团)选择性

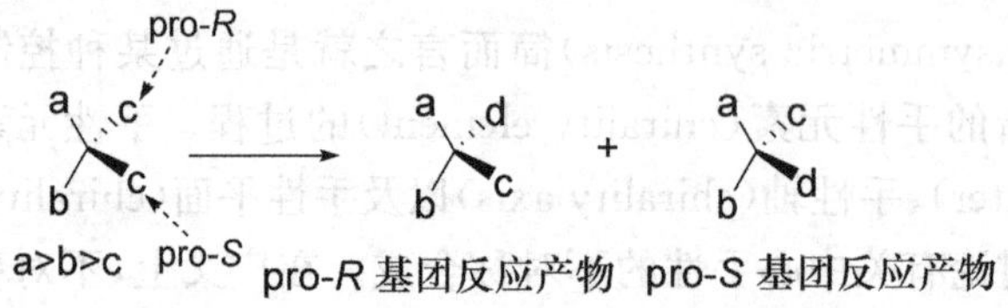

pro-*R*

a c b c pro-*S* a d b c + a c b d

a>b>c pro-*R* 基团反应产物 pro-*S* 基团反应产物

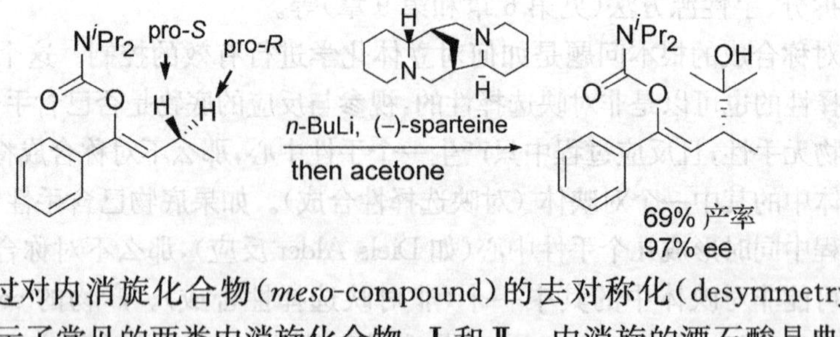

N^iPr_2 pro-*S* pro-*R* O O H H

n-BuLi, (−)-sparteine

then acetone

N^iPr_2 OH O O

69% 产率

97% ee

(3) 通过对内消旋化合物(*meso*-compound)的去对称化(desymmetry)来实现 下图显示了常见的两类内消旋化合物,Ⅰ和Ⅱ。内消旋的酒石酸是典型的Ⅰ型化合物。Ⅱ型 *meso*-compound 含有一个假手性碳(pseudo-asymmetric carbon atom),其去对称化其实也是涉及一对对映性基团的选择性。

I　　II

不对称合成中有两个广泛应用的术语：立体选择性（stereoselective）和立体专一性（stereospecific）。根据 Zimmerman（1959）和 Eliel（1962）的论述[2]，“立体专一性”仅被使用于产物的构型与反应底物的构型在反应机理上立体化学相对应的情况，典型的例子如溴对 2-butene 的加成反应：*trans* 异构体给出 *meso*-2，3-dibromo-butane，而 *cis* 底物则生成（±）-2，3-dibromobutane。S_N2 反应也是一类常见的立体专一性反应，由于立体电子以及立体位阻的要求，只能得到立体构型翻转的产物。例如，甲磺酸酯 **1** 和叠氮化钠发生取代反应得到构型翻转的叠氮化物 **2**[3a]。此外，重排反应也常常是立体专一的。化合物 **3** 和 **4** 是一对非对映异构体，在 $BF_3 \cdot OEt_2$ 的作用下二者均转化为化合物 **5**。这里说明了两点：其一，迁移基团从离去基团的背面进攻；其二，迁移能力强的基团优先迁移[3b]。

立体专一的不对称反应

（S_N2 反应）

1　NaN_3, DMF　**2** 57%

3, **4**　$BF_3 \cdot OEt_2$　**5** ~85%　（1,2-rearrangement）

“立体选择性”则广泛用来描述反应中产生多种立体异构体的选择性情况。有时反应只生成一个立体异构体，但并不一定能称为立体专一性反应，如 α-蒎烯的硼氢化反应[4] 只生成异构体 A，但由于在机理上异构体 B 仍是可能产生的，因此这一反应是 α-蒎烯的 α 面立体选择性反应。

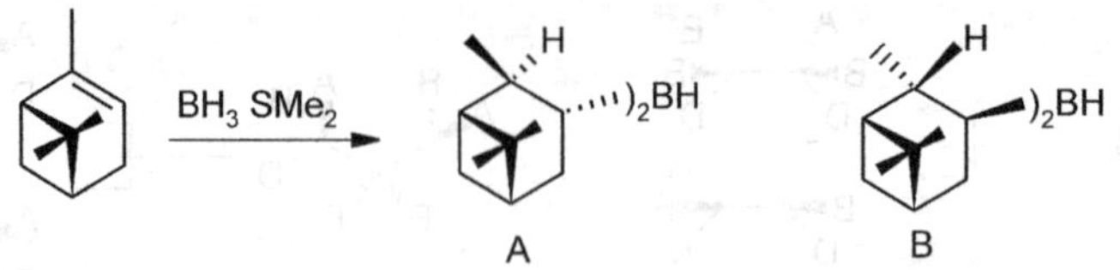

反应产物的立体选择性与相应的过渡态自由能差($\Delta\Delta G^{\neq}$)及产物的自由能差($\Delta\Delta G^{\circ}$)密切相关。通过分子力学计算可得到一个定量的参考数据来指导试剂和反应条件的选择等。下面我们就过渡态理论在不对称诱导中的作用[5a]作一简要介绍。

不对称诱导可以用过渡态理论得到阐述[5b]。作为简单的例子,假如反应仅在一个底物和一个试剂之间进行,反应产生两个互不等量的非对映异构体,相应的每条反应途径应该遵循同样的动力学规则。假如底物 Σ^* 带有一个手性中心,它的两个反应产物用 Σ^*-E 和 Σ^*-Ǝ 来表示。经过反应后处理以及除去相应的手性辅基,那么得到一个具有对映过量值的产物 Γ^*。

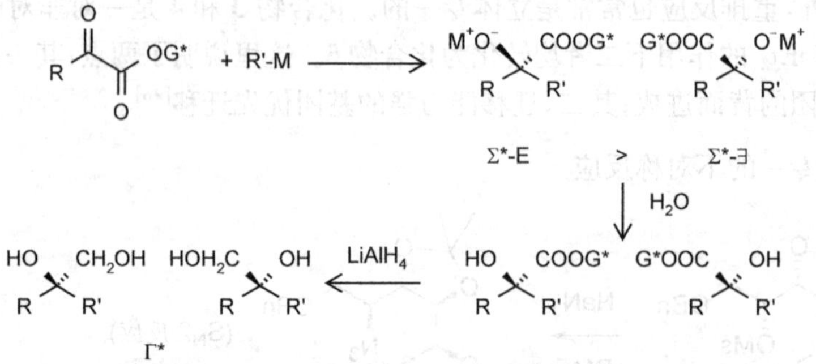

同样,当反应试剂带有一个手性时,它与前手性的底物反应也产生一样的效果。下面是一个手性硼试剂与醛的反应图解。

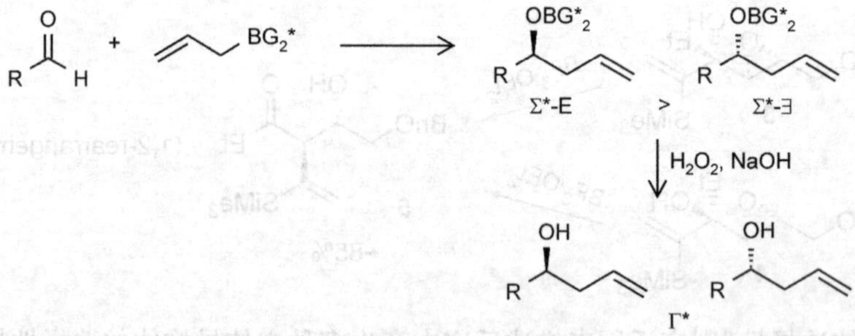

这样的处理方法对催化反应也适应,例如由手性的 Lewis 酸碱催化的反应。反应中某一个基态物种为试剂-催化剂或底物-催化剂的结合物,并且最初的反应底物也包括催化剂。在过渡金属络合物催化的反应中,反应的瞬间中间体也是非对映关系的结合物,同样这一原理也是适用的。下面我们讨论这种一步反应的情况。

1. 一步反应

我们以带有一个手性的底物 Σ^* 和试剂 E 产生两个产物 Σ^*-E 和 Σ^*-∃ 为例进行自由能与选择性之间关系的讨论。如果 Σ^*-E 比 Σ^* ∃ 稳定，反应中一系列物种的能量则可以用图 5.1 表示；反之，可以用图 5.2 表示。

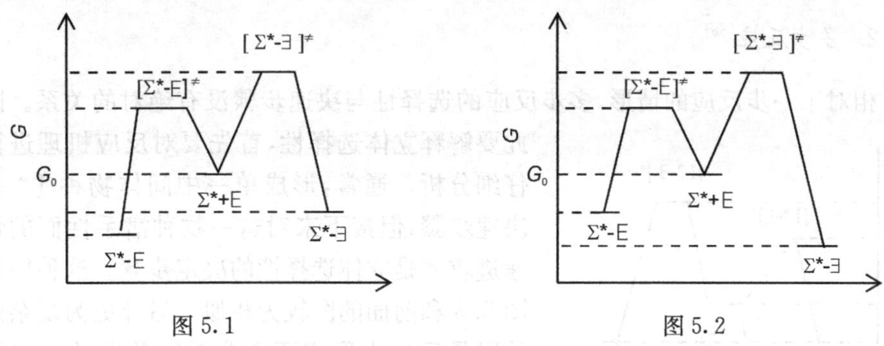

图 5.1　　　　图 5.2

但是不论哪一种情况，过渡态$[\Sigma^*\text{-E}]^{\neq}$的能量比另一种过渡态$[\Sigma^*\text{-}\exists]^{\neq}$低是不可改变的。因此，如果反应由动力学控制，那么产物 Σ^*-E 的形成在两种情况下(图 5.1 和图 5.2)均是有利的。反应如果受热力学控制，两种情况就不一样了，第一种情况下 Σ^*-E 仍为主要产物；第二种情况中 Σ^*-∃ 就成了优势产物。因此，对于第二种情况，通过一定的实验条件控制是有可能分别得到两种非对映体中的某一种。

多数动力学控制的反应选择性与其两种过渡态之间的自由能差密切相关：

$$\Delta\Delta G^{\neq} = (G^{\neq}_{\Sigma^*\text{-E}}) - (G^{\neq}_{\Sigma^*\text{-}\exists})$$

自由能则与熵(S)和焓(H)有如下关系：

$$\Delta\Delta G^{\neq} = \Delta\Delta H^{\neq} - T\Delta\Delta S^{\neq}$$

多数情况下，两种非对映关系的过渡态之间的熵变相差是很小的，因此焓变项成为决定因素。但是熵变项并不总是可以忽略不计，在某些条件下可能成为主要因素[3c]，这样选择性就与反应的温度变化密切相关，有可能通过温度的改变而获得相反的选择性。当达到 $\Delta\Delta H^{\neq} = T\Delta\Delta S^{\neq}$ 时，转折点的温度被称为 isokinetic temperature (isoinversion)。这种温度的发生不太频繁，但往往在多步过程中被观察到。

动力学控制条件下非对映产物的比例可以用下式表述：

$$\frac{[\Sigma^*\text{-E}]}{[\Sigma^*\text{-}\exists]} = e^{\Delta\Delta G^{\neq}/RT}$$

从上式可以发现产物比例与温度相关，选择性与温度呈递减关系。下表列出一些在 25℃ (298K)时，竞争性过渡态差值 $\Delta\Delta G^{\neq}$ 与产物比例的大致关系[5d]。

比率	de/%	ΔΔG≠/(kcal/mol)	比率	de/%	ΔΔG≠/(kcal/mol)
1.0	0.0	0.00	19.0	90.0	1.74
3.0	50.0	0.65	99.0	98.0	2.72
9.0	80.0	1.30	99.9	99.8	4.09

2. 多步反应[5e]

相对于一步反应的情形，多步反应的选择性与决速步骤没有绝对的关系。因此要解释立体选择性，首先要对反应机理进行仔细分析。通常，形成单一中间体物种Ⅰ*是决速步骤，但接下来对这一物种潜手性面的快速进攻才是立体选择性的决定步骤。这种能量图 5.3 和前面的图较为相似。另外更为复杂的情况是反应中形成两个非对映关系的中间体 I_1^* 和 I_2^*，它们分别产生产物 Σ*-E 和 Σ*-∃。下面的图 5.4 和图 5.5 就是这种情况。

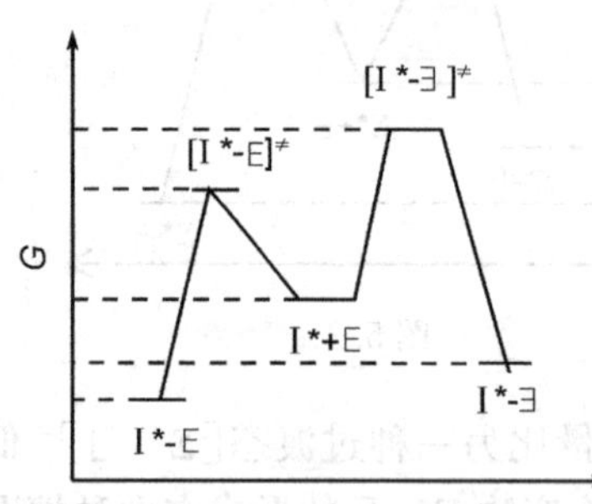

图 5.3

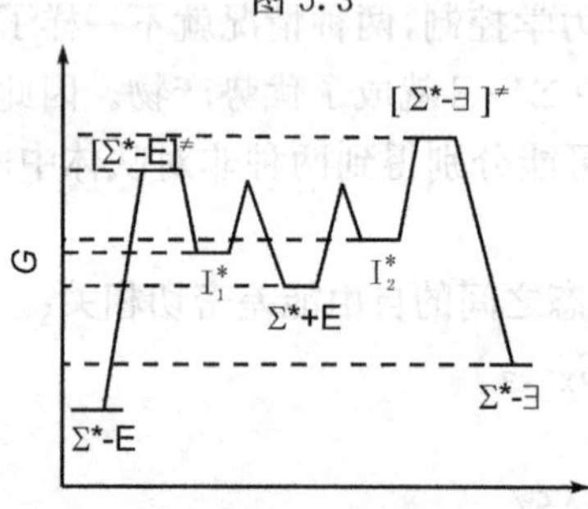

图 5.4

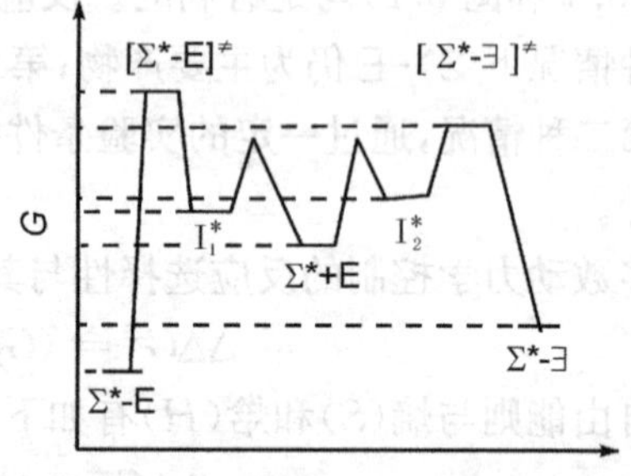

图 5.5

$$\Sigma^*\text{+E} \underset{k_{-1}}{\overset{k_1}{\rightleftharpoons}} I_1^* \xrightarrow{k'_1} \Sigma^*\text{-E}$$
$$\Sigma^*\text{+E} \underset{k_2}{\overset{k_{-2}}{\leftrightharpoons}} I_2^* \xrightarrow{k'_2} \Sigma^*\text{-}\exists$$

根据 Curtin-Hammett 规则，当 k'_1 和 k'_2 相对于速率常数 k_1、k_{-1}、k_2、k_{-2}很小时，那么 I_1^* 和 I_2^* 呈快速平衡状态，因此反应立体选择性还是取决于过渡态的自由能差值，即

$$\frac{[\Sigma^{*}\text{-}\mathrm{E}]}{[\Sigma^{*}\text{-}\exists]}=e^{\Delta\Delta G^{\neq}/RT}$$

图 5.4 表示稳定的中间体 I_1^* 也是较活泼的中间体的情况，$k'_1>k'_2$；图 5.2 则表示稳定的中间体 I_1^* 却是不活泼的情况。这种情况下的动力学就比较复杂，并有前文提及的 isoinversion 现象，选择性可能依赖于温度和压力。有证据[5c]表明 Rh 催化的碳-碳双键的氢化就遵循这种机理。

正如上面所见，立体专一性反应由于反应机理和产物的对应性一般不会带来立体化学上的麻烦，而立体选择性反应则不然，然而后者正是不对称合成中所经常遇到的情况，也是本章节的重点。本章将按照以下四个方面来阐述不对称合成：

1) 非对映选择性反应（diastereoselective reaction）。

2) 对映选择性反应（enantioselective reaction）。

3) 不对称催化反应（catalytic asymmetric reaction）。

4) 双立体差异反应（double stereodifferentiating reaction）或双不对称反应（double asymmetric reaction）。

这样的分类无疑是粗略的。其中双立体差异反应必然是非对映选择性反应，而不对称催化反应也可归于非对映选择性反应以及对映选择性反应的范畴，但为了突出强调二者，所以各辟了一节。

在这些内容开始之前，我们还想分析一下合成策略中的"汇聚式合成"（convergent synthesis）所带来的立体化学组合问题。将分子 M^1 和 M^2 连接在一起时，有 16 种可能的组合。下表中：N 为非手性底物，反应发生在非手性位置；N^* 为手性底物，反应发生于非手性位置；P 为非手性底物，反应发生在潜手性位置；P^* 为手性底物，反应发生在潜手性位置。

		M^2			
		N^2	N^{2*}	P^2	P^{2*}
M^1	N^1	N^1N^2	N^1N^{2*}	N^1P^2	N^1P^{2*}
	N^{1*}	$N^{1*}N^2$	$N^{1*}N^{2*}$	$N^{1*}P^2$	$N^{1*}P^{2*}$
	P^1	P^1N^2	P^1N^{2*}	P^1P^2	P^1P^{2*}
	P^{1*}	$P^{1*}N^2$	$P^{1*}N^{2*}$	$P^{1*}P^2$	$P^{1*}P^{2*}$

假定底物中其他的手性中心对反应不产生影响而且反应物是对映纯的，那么：

1) N^1N^2、N^1N^{2*}、$N^{1*}N^2$、$N^{1*}N^{2*}$ 没有新的手性中心产生。

2) N^1P^2、P^1N^2 将产生一对消旋体。

3) P^1P^2 将产生两对不等量的消旋体。

4) $N^{1*}P^2$、P^1N^{2*}、N^1P^{2*}、$P^{1*}N^2$ 将产生两个不等量的非对映异构体。

5) $N^{1*}P^{2*}$、$P^{1*}N^{2*}$ 将产生两个不等量的非对映异构体。

6) P^1P^{2*}、$P^{1*}P^2$ 将产生四个非对映异构体。

7) $P^{1*}P^{2*}$ 将产生四个非对映异构体。

另外,如果汇聚式合成中一个底物是光学纯的,另一个是消旋体,在反应中就可能发生动力学拆分。

接下来我们将分类具体讨论不对称合成反应。

5.2 非对映选择性合成

在手性底物上引入新的手性中心的选择性反应基本上都属于非对映选择性反应类型。前面我们通过过渡态理论阐述了不对称诱导,不同过渡态能量上的差异将导致立体选择性,而能量是和分子(或过渡态)的形状(三维空间结构)密切相关的。影响立体选择性的因素通常有空间效应(steric effect)和立体电子效应(stereoelectronic effect)。这里,空间效应主要指底物的取代基和试剂之间的非键作用(non-bonding effect),这种作用将使试剂优先从位阻较小的一面进攻,从而产生立体选择性。立体电子效应来源于电子轨道对分子几何构型的要求,它可加强或减弱甚至压倒空间效应。一般而言,环状底物由于具有较刚性的空间构型,不同过渡态之间的能量差别比较大,其立体选择性也因此比非环状底物要好。同理,具有闭合的环状过渡态的反应能得到较好的立体选择性,如周环反应,硼或钛等络合能力较强的物种参与的 aldol 缩合反应等。除上述两个因素之外,还有一个因素对立体选择性有较大的影响,那就是杂原子导向效应。杂原子导向效应是指当底物存在含氧或氮的官能团,且这些官能团可以和试剂通过氢键或金属络合发生作用,从而使试剂优先进攻杂原子所在的一面。这里,底物和试剂之间存在一种"吸引"而非如空间效应那样的排斥作用,因此立体选择性往往异于由空间效应主导的反应。上述影响立体选择性的三个因素都将在以下的讨论中得到体现。我们将先讨论一些控制立体选择性的策略,然后就几类重要的反应进一步阐述。

5.2.1 控制策略(方法)

1. 小环模板

小环(small ring)的扰曲性较差,可以凭较固定的构象作为非对映选择性反应的模板(templates)建立新的手性中心。例如,Corey 等[6]在红霉内酯 B 的合成中将大环分解成小环,在小环上建立手性中心后再转化为需要的大环结构的巧妙构思,就是为了合成时能够获得较好的选择性。

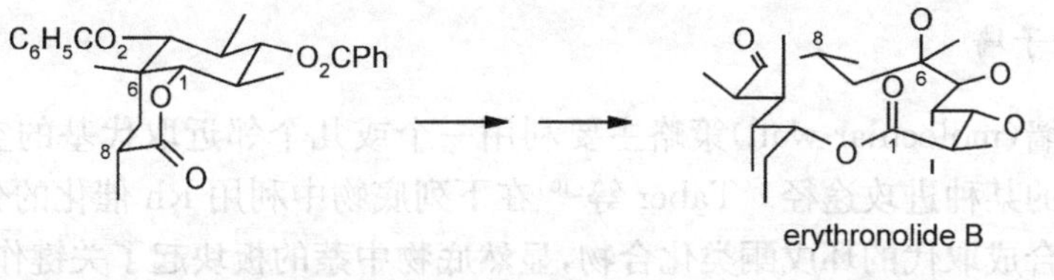

利用刚性环系模板实施反应面的选择性非常普遍。将 threonine 转化为 oxazoline ester之后进行烷基化[7]，其非对映选择性可达 94%。

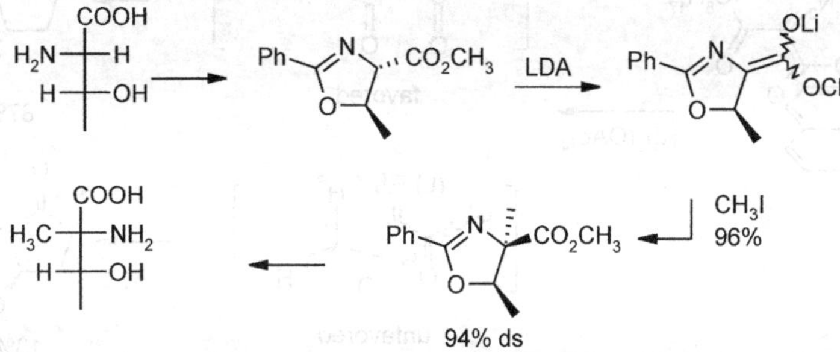

同样的原理，在双并环体系中可以实现高度的立体控制。Seebach 等[8]由此提出“手性中心的自我再生”(self-reproduction of setereogenic centers) 的概念。在反应过程中，底物原有的手性中心被破坏，然后产生了新的手性中心。

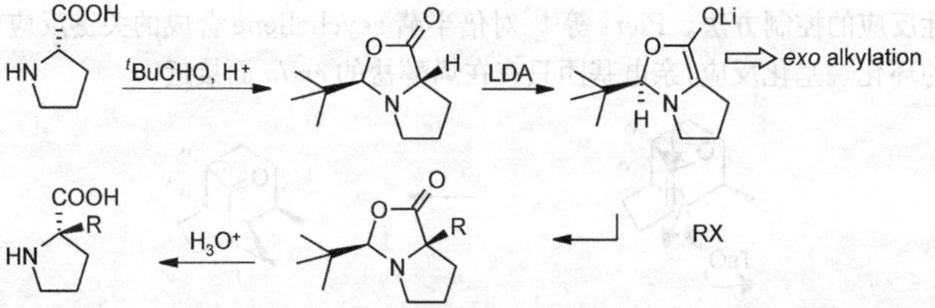

在这方面，Meyers 等[9]做了大量的研究工作，并将这样的方法应用到较为广泛的天然化合物合成之中。这里由缬胺酸衍生的氨基醇起了手性辅基的作用。

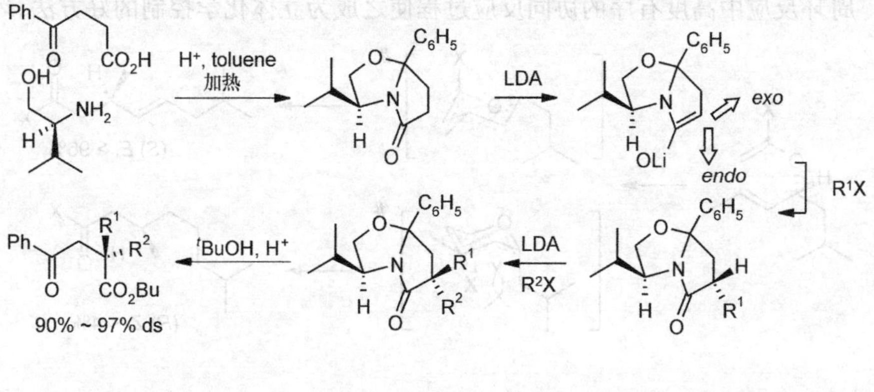

2. 分子墙

分子墙(molecular wall)策略主要利用一个或几个邻近取代基的空间壁垒来阻断试剂的某种进攻途径。Taber 等[10]在下列底物中利用 Rh 催化的分子内卡宾插入反应合成取代的环戊酮类化合物,显然底物中萘的板块起了关键作用。

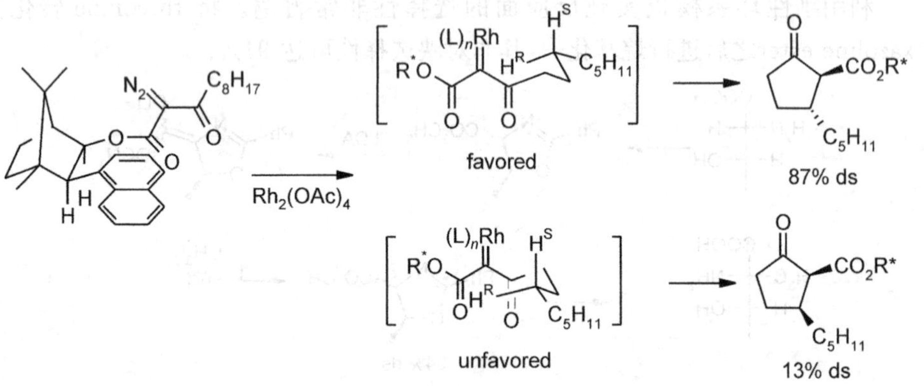

$Rh_2(OAc)_4$

favored

87% ds

unfavored

13% ds

3. 环形成反应

分子内反应时,各参与反应的基团处于一定的优势构型,因而被用来作为立体选择性反应的控制方法。Piers 等[11]对倍半萜 seychellene 合成的关键反应就是分子内的环化烷基化反应,亲电基团只有在烯醇盐的 *endo* 面接近。

4. 周环反应

周环反应中高度有序的协同反应过程使之成为立体化学控制的好方法。环加

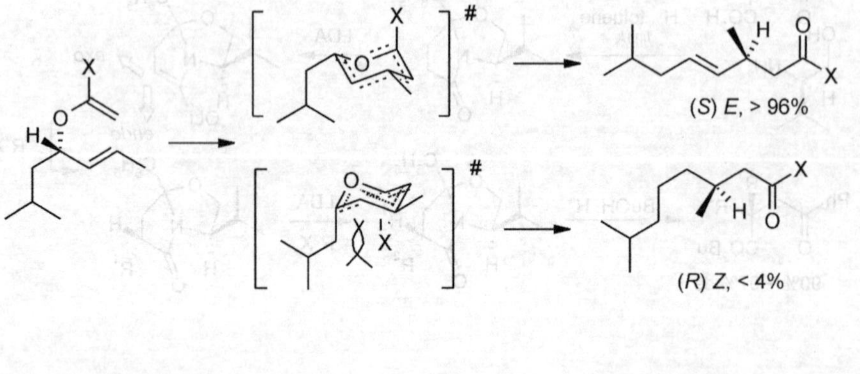

(S) E, > 96%

(R) Z, < 4%

成反应还可以一次生成多个手性中心。下例通过 Claisen 重排[12]使1,3-转移的立体化学得到很好的控制。

5. 金属中心的配位

金属离子的配位作用往往能使立体化学中心和反应中心之间建立固定的相互关系而刚性化。这一策略非常有效且普遍，如后面会提到的 Evans 辅基控制的烷基化反应和 Cram 螯合控制(Cram-chelation controlled)的羰基化合物的亲核加成反应。又如下例[13]中 enone sulfoxide 的亲核加成反应，有无锌离子的参与，得到的立体化学结果相反。

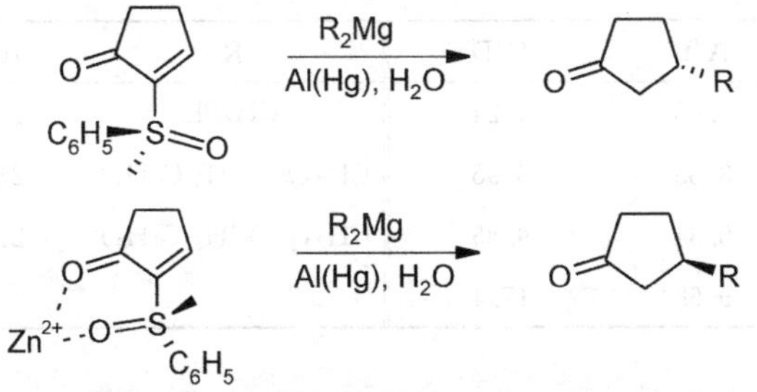

R_2Mg, $Al(Hg)$, H_2O

R_2Mg, $Al(Hg)$, H_2O

6. π-供体络合物的应用

在含芳基或双烯等官能团的底物中，使这些官能团与过渡金属形成 π-络合物也是控制反应立体化学的一种方法。例如，$Fe(CO)_3$-diene 络合物常被用于控制单侧反应[14]，这种反应用通常的方法难以达到效果。

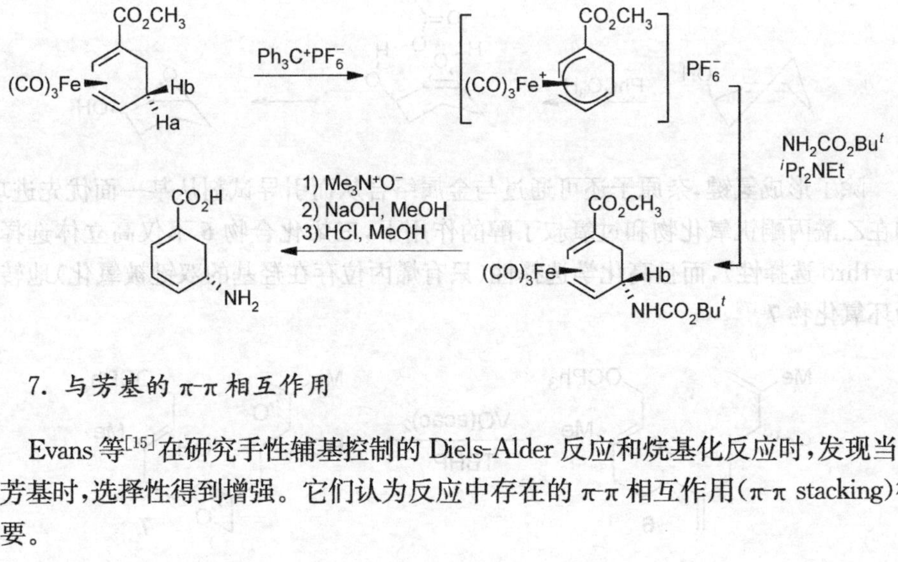

$Ph_3C^+PF_6^-$; $NH_2CO_2Bu^t$, $^iPr_2NEt$; 1) $Me_3N^+O^-$ 2) NaOH, MeOH 3) HCl, MeOH

7. 与芳基的 π-π 相互作用

Evans 等[15]在研究手性辅基控制的 Diels-Alder 反应和烷基化反应时，发现当 R 为芳基时，选择性得到增强。它们认为反应中存在的 π-π 相互作用(π-π stacking)很重要。

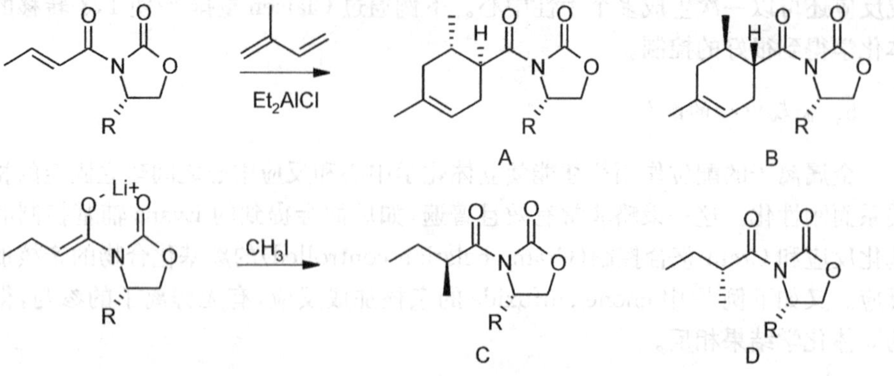

R	A/B	C/D	R	A/B	C/D
C_6H_5	2.06	4.24	CH_2Ph	20.7	16.7
CH_3	3.83	6.95	CH_2(p-OCH_3-C_6H_4)	23.3	16.9
i-Pr	5.34	9.85	CH_2(p-OCH_3-C_6H_4)	21.0	16.8
$CH_2C_6H_{11}$	9.68	17.4			

8. 杂原子导向性 π-面选择性

邻近杂原子的参与对烯烃的面选择性反应常有良好的导向作用。例如，烯丙醇和高烯丙醇用过酸氧化[16]时，由于底物和试剂之间的氢键作用常可获得较好的非对映选择性效果。

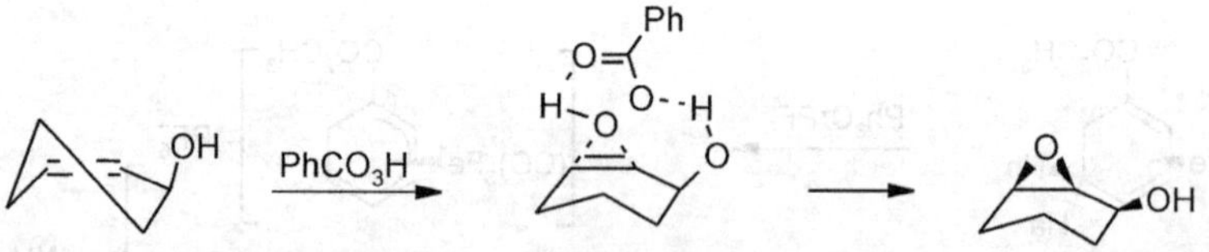

除了形成氢键，杂原子还可通过与金属络合从而引导试剂从某一面优先进攻。如在乙酰丙酮钒氧化物和过氧叔丁醇的作用下，三烯化合物 **6** 不仅高立体选择性（erythro 选择性），而且高化学选择性（只有烯丙位存在羟基的双键被氧化）地转化为环氧化物 **7**[17]。

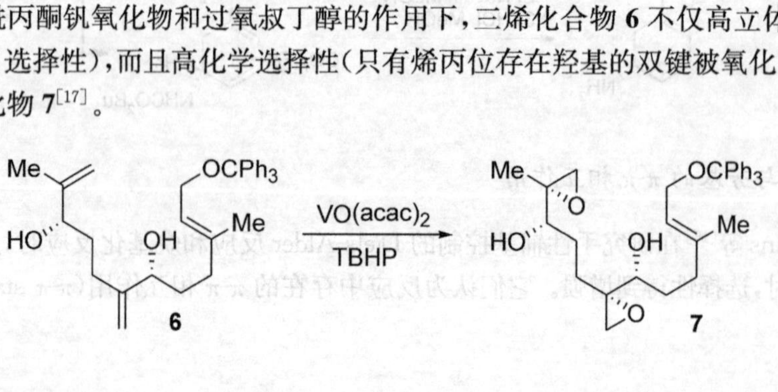

Evans等[18a]对β-羟基酮的还原反应也利用了底物中的羟基，使分子间反应变成分子内反应，从而增强了立体选择性。本来在分子间反应中不能还原酮的试剂$Me_4N^+BH^-(OAc)_3$，因转化为分子内反应而可以完成立体选择性还原反应的目的。

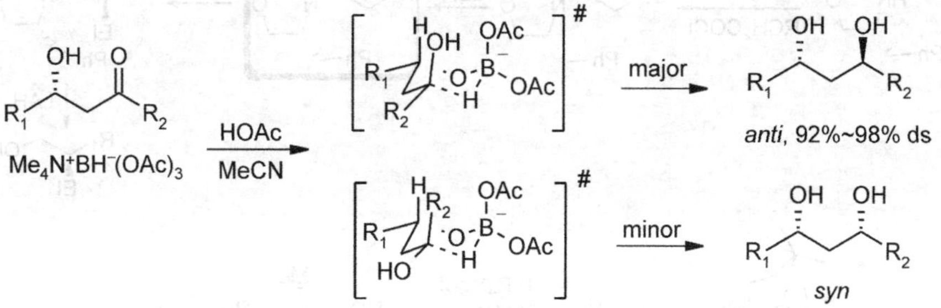

更详尽的有关杂原子导向的各类反应及其反应机理，读者可参看Hoveyda等[19]的一篇很好的综述。

9. 手性辅基

采用手性辅基(chiral auxilaries)方法控制立体选择性是现代不对称合成中最广泛的方法之一，在前面提到的一些立体选择性的策略中，不少也是利用了手性辅基。由于手性辅基的使用必是化学剂量的，所以一种手性辅基要想得到广泛应用，其应该可以较容易地被大量获得，并且具有高的光学纯度。因此，许多手性辅基是从廉价易得的天然产物如α-氨基酸或α-羟基酸等衍生而来的。下图仅列出了三类手性辅基，氨基酸衍生的噁唑烷酮(oxazolidinone)[19]、樟脑磺酰氯衍生的sultam[20a]以及由脯氨酸衍生的SAMP和RAMP[21]。Oxazolidinone辅基在烷基化、aldol反应、Diels-Alder等反应中都得到广泛应用[19b, c]。在烷基化反应中，烯醇氧和噁唑烷酮的氧与金属离子络合而形成的双环中间体对高立体选择性的获得非常关键。Sultam在α,β-不饱和酰胺的共轭加成中有很好的效果[20]，这里酰胺的氧及磺酰基团上的氧跟金属离子的络合从而形成较刚性的中间体同样很关键。SAMP和RAMP与醛或酮衍生为腙后，可以高立体选择性地进行烷基化反应[21]。

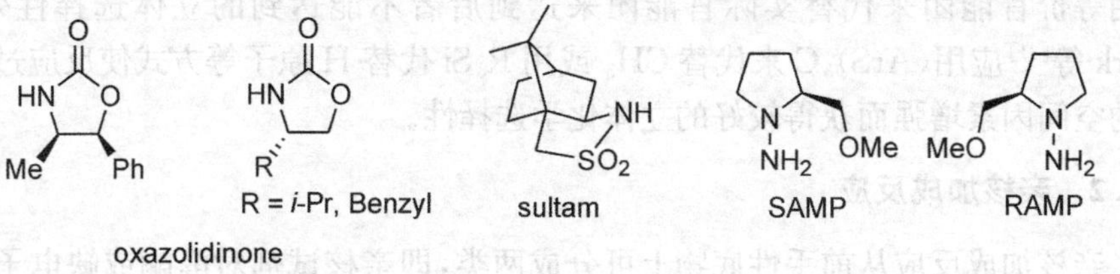

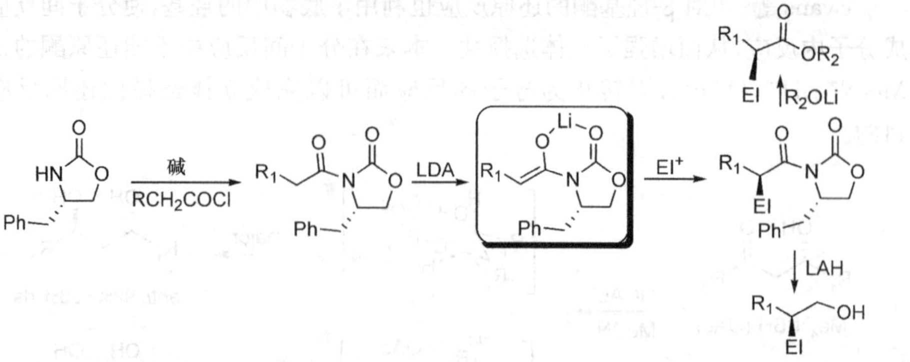

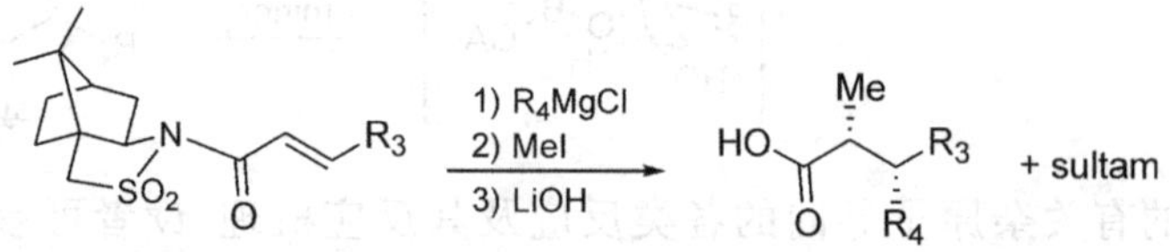

手性辅基应用的广范性在后面的分类反应中会有所体现,这里仅列出了一些主要的文献和综述供读者泛读、参考:

- Acetals and miscellaneous heterocycles (Seebach[22],1986)
- Boronic esters (Matteson[23],1989)
- Camphor derivatives(Oppolzer[20a],1987)
- Dienes and dienophiles for [4+2] cycloaddition (Masamune[24], 1983; Paquette[25], 1984; Helmchen[26], 1986)
- Enamines and imines (Mewcomb[27], 1983; Seebach[22], 1986)
- Hydrazones (Enders[21], 1984; 1985)
- Oxathianes (Eliel[28], 1983)
- Oxazolidineones (Evans[19b],1982; Ager [19c], 1997)
- Oxazolines (Myers[9], 1984)
- Sulfoxides (Posner[29,30], 1983; 1985)

10. 非手性辅基

非手性辅基 (achiral auxiliaries)这种策略相对来说使用较少。非手性辅基是指用等价官能团来代替实际官能团来达到后者不能达到的立体选择性效果。Stork 等[31]应用$(ArS)_3C$来代替CH_3或用R_3Si代替 H 原子等方式使反应过渡态中的空间因素增强而获得较好的立体化学选择性。

5.2.2 亲核加成反应

亲核加成反应从前手性底物上可分成两类,即亲核试剂对醛酮或缺电子烯烃的加成反应。两者都是对重键 π 面的选择性加成,为了理解它们的立体选择性反应结果,许多化学家曾提出过许多模型和假设[32,33]。这些模型一般都假设反应过程中的底物将采用某一确定的构象，在这一确定的构象中，由于空间效应或其他因素的影响，非对映面之一将优先被进攻。当然，这一确定的构象并不一定是基态时最稳定的构象。一些主要的模型和假设列出如下：

- Steric repulsion (Prelog, 1953)
- Preference for a staggered conformation in the transition state, that is, minimization of torsional strain (Schleyer, 1967; Cherest, Felkin and Prudent, 1968; Wu, Houk and Trost, 1987)
- Electrostatic model (Kahnand Hehre, 1986, 1987)
- Dissymmetric π-electron clouds (Fujimoto, 1976; Eisenstein, 1979; Burgess, 1981, 1984)
- Bent-bond or tau-bond model (Vogel, 1987; Winter, 1987)
- Preferential attack antiperiplanar to the best electronic donor (Cieplak, 1981; Srivasta, 1987; Johnson, 1987; Laube, 1987)
- Preferential attack antiperiplanar to the best electronic acceptor (Anhand Eisenstein, 1977; Ahn, 1980; Kumin, 1980; Corey, 1985)
- Principle of least motion (Tee, 1974)
- Stereoelectronic control and smallest charge in conformation (Toromanoff, 1980)
- Alkene pyramidalization (Houk, 1983)

1. 羰基化合物的亲核加成

由于立体选择性受诸多因素影响，用一个模型来合理解释所有反应的立体选择性是不太可能的。目前，对于链状 α 位为手性碳的羰基化合物(醛或酮)的亲核加成反应，有两个模型能较好预测其立体选择性：① Felkin-Anh 模型；②Cram-chelation 模型。在 Felkin-Anh 模型中，羰基 α 位手性碳上的三个取代基根据其体积大小分别定义为 L (large)、M (medium) 以及 S (small)。其关键的想法是参与反应的分子的构象应是这样的，即 L 基团和羰基处于正交，而且亲核试剂应从 L 基团的反面进攻。在这样的构象中，C—Lσ^* 轨道和 C ═Oπ^* 轨道处于平行位置，在反应过程中可以最大限度地使从亲核试剂转移到羰基 π^* 轨道的电子云密度得到离域。此外，这样还能使产物直接处于交叉(staggered)构象。总的来说，Felkin-Anh模型既满足了立体位阻的要求，也满足了立体电子的要求。需要强调的一点就是，由于立体电子效应的原因，如果 α 碳上含有吸电子基团(如氯原子、硅醚官能团等)，那不论它的体积大小，它都将被认为是 L 基团。经验和计算表明，亲核试剂是以和羰基接近 103°的角度进攻的，所以它将优先从靠近小基团 S 的一侧进攻，得到的主要产物常被称作 Felkin-product 或 Cram-product，次要产物则称作 *anti*-Felkin-product 或 Cram-chelation-product。当羰基化合物的 α 碳的一个取代基可以通过金属离子和羰基螯合时，Cram-chelation 模型则是非常有效的立体化学预测模型。亲核试剂优先从小基团 S 一侧进攻。

Felkin-Anh model

~103°
favored
Felkin-product
major
C=O π*
C—L σ*
Nu -π*-σ*
interaction
disfavored
anti-Felkin-product
minor

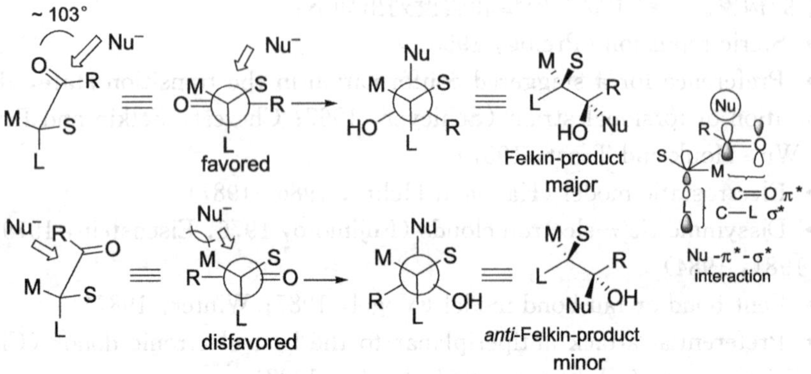

Cram chelation model

L = OR′, NHR′

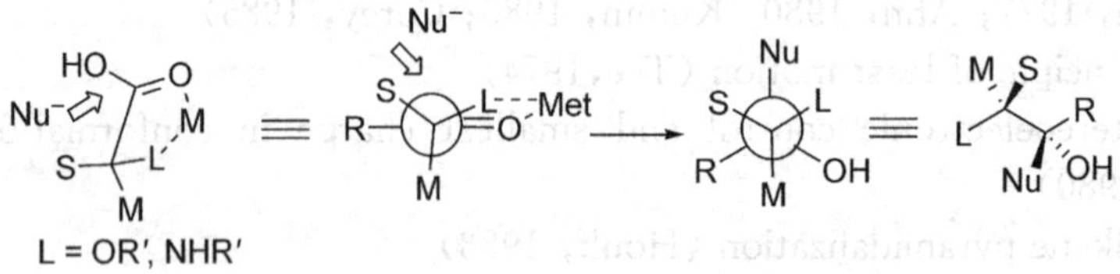

从 Felkin-Anh 模型我们可以推测，当羰基的 R 基团体积增大时，由于 R 基团和 M 基团之间的非键作用（non-bonding effect）增强，有利于 Felkin-Anh 产物的生成。当亲核试剂体积增大时，由于 Nu 和 M 基团间增强的非键作用，同样有利于 Felkin-Anh 产物的生成。实验也表明如此[34]。因此，在其他反应条件一致的情况下，酮的立体选择性一般要好于醛。

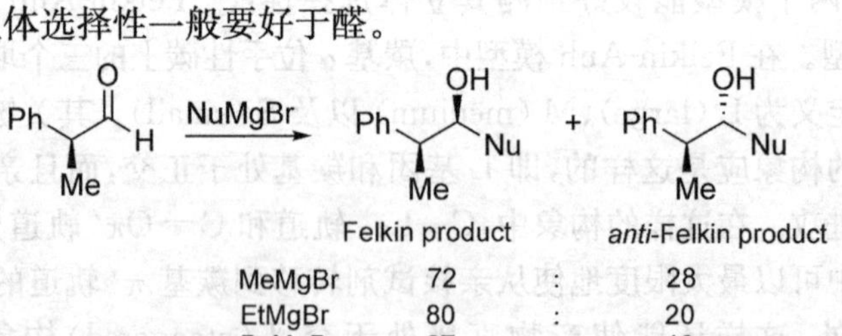

NuMgBr
Felkin product
anti-Felkin product
MeMgBr 72 : 28
EtMgBr 80 : 20
BuMgBr 87 : 13

MeMgBr
Felkin product
anti-Felkin product
86 : 16

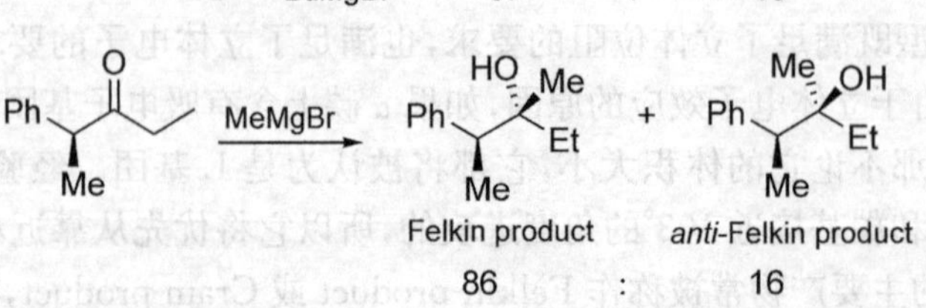

基于上述原因，于是人们又创造出一种策略，即前文曾提及的非手性辅基方法。Nakada 等[34a]将醛基上的氢原子换成 TMS 基团增强底物的空间因素，这样

的底物与丁基锂加成时非对映选择性可达 99%。

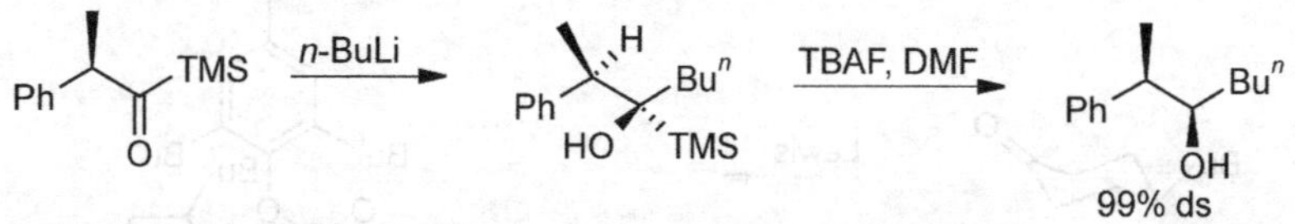

因此,对于链状底物,要取得理想的立体选择性可以从两个方面考虑:其一是借助底物中已有的不对称环境的空间差异;其二是通过分子内基团参与过渡态使构象刚性化或成有利的环状过渡态。Zn^{2+} 大都被认为可参与大配位作用,但 Zn 粉-溴丙炔对 α-烷氧基醛的加成反应[35]主要利用底物的空间因素,其结果可由 Felkin—Anh 过渡态加以说明。

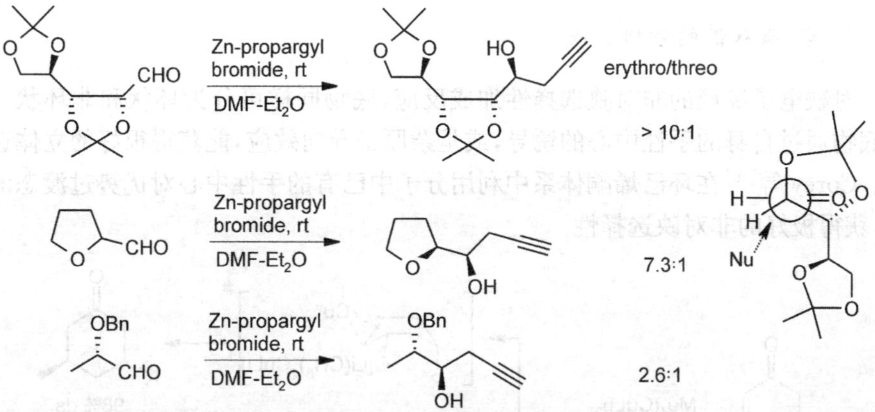

下面炔基锌试剂对 α-苄氧基丙醛的加成可以用 Cram-Chelation 模型很好地解释[36]。因此,对于一具体的反应,由于底物、试剂以及溶剂等反应条件的影响,预测是不够的,选择性的确认和解释还得视最后的结果。

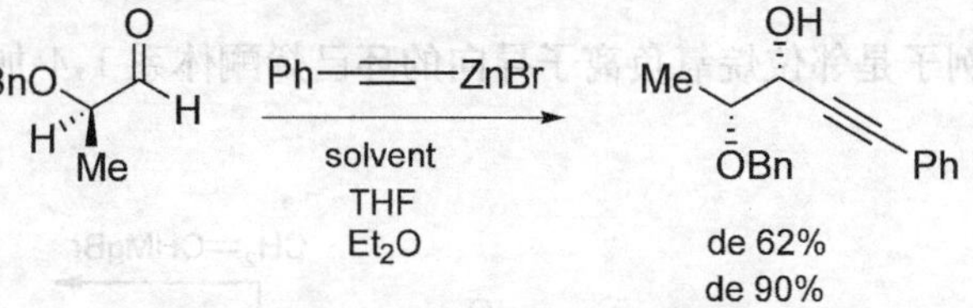

对于环状的酮,如果没有一个相对稳定的构象,那么对其反应的立体选择性的预测将非常复杂。但是对于一个构象锁定的环酮,如 4-位叔丁基取代的环酮,亲核试剂有两个进攻方向,直立(axial)和平伏(equatorial)。一般说来,受 1,3-axial 的非键作用,试剂的体积越大,越有利于从平伏的方向进攻。Power 等[37]利用大位阻的 Lewis 酸来制造过渡态中额外的空间因素而使反应的选择性发生扭转,具

有很好的创意。

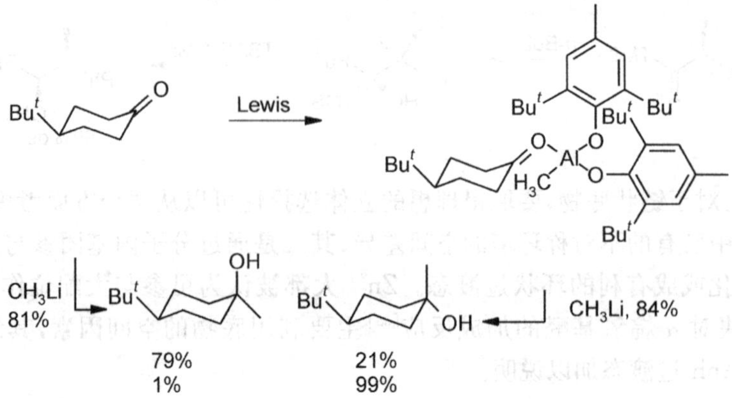

2. 碳-碳双键的亲核加成

对缺电子烯烃的非对映选择性加成反应,底物同样可分为环状和非环状。环状底物通过自身的手性中心的诱导,或是杂原子导向效应,能获得很好的立体选择性。Corey 等[38]在环己烯酮体系中利用分子中已有的手性中心对优势过渡态的影响,获得极好的非对映选择性。

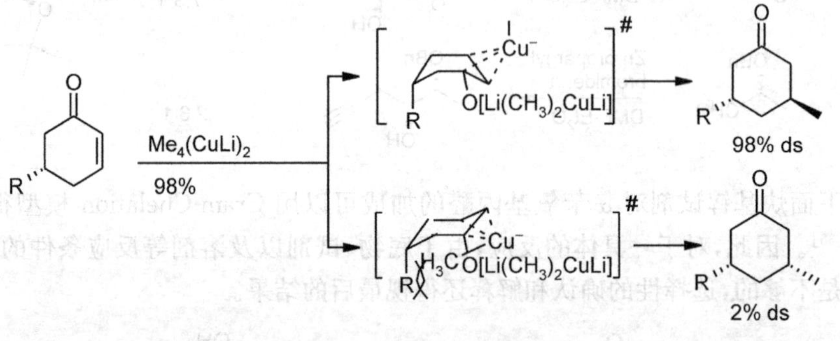

下面两个例子是邻位烷氧负离子导向的环己烯酮体系 1,4-加成[39]。

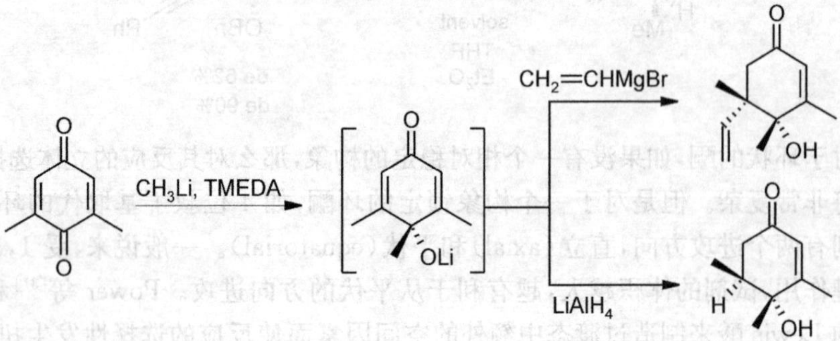

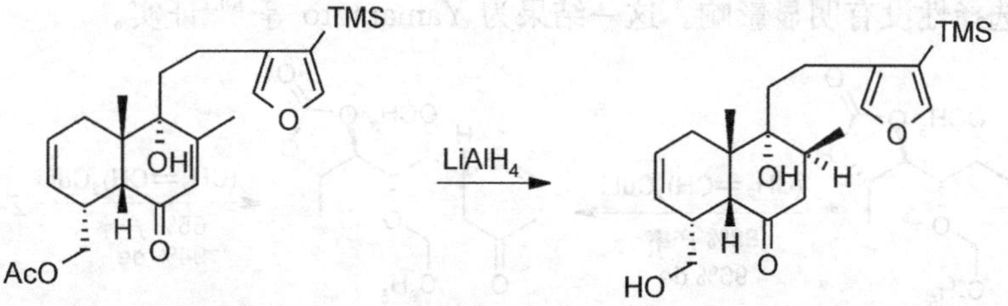

对链状的 γ 位含手性碳缺电子烯烃(如 α,β-不饱和酯或酮)的加成反应,化学家们也进行了深入研究,由于影响因素的复杂性,比如底物的双键构型,亲核试剂是低级的铜试剂(low-order cuprate)还是高级铜试剂(high-order cuprate),也或其他的亲核试剂。此外,铜试剂和 α,β-不饱和酯或酮的反应还可能涉及单电子转移过程,而不是一个单纯的亲核加成反应,所以 γ 位含手性碳的 α,β-不饱和酯或酮的亲核加成反应的立体选择性不如 α 位含手性碳的羰基的亲核反应那样可以得到较满意的解释[40, 41]。

例如,4-苯基-戊-2-烯酸乙酯的 *E*-异构体与 *Z*-异构体和二丁基酮锂三氟化硼反应时,*E*-异构体生成以 *anti* 为主的产物,这可用改良的 Felkin-Anh 模型解释;*Z*-异构体则生成以 *syn* 为主的产物,这可解释为在它的改良 Felkin-Anh 模型中,甲基和酯基之间存在 1,3-排斥作用(1,3-allylic strain 或 $A^{1,3}$ stain),而导致生成 *anti*-产物的过渡态不稳定[40a,c]。

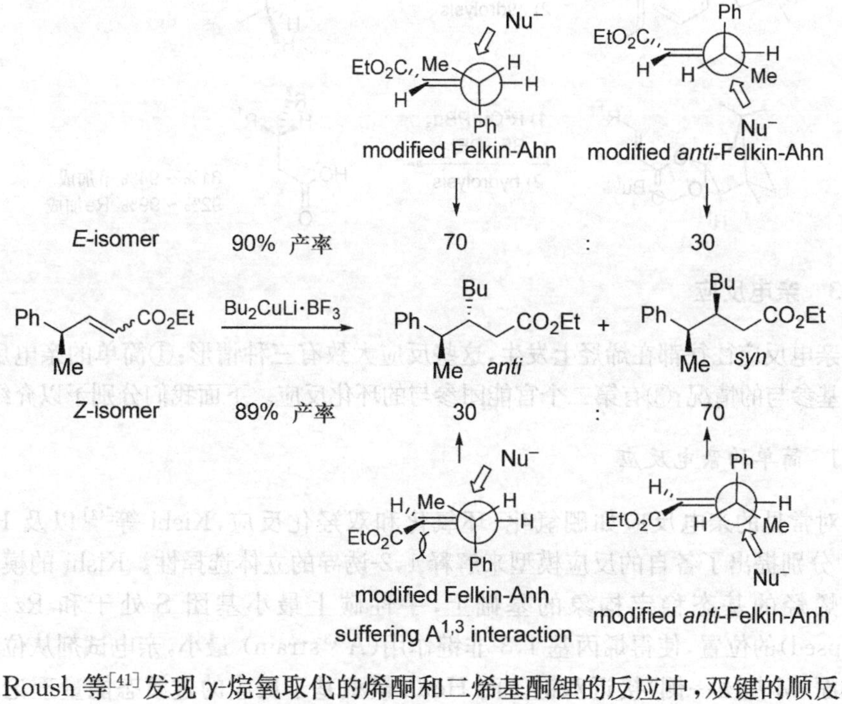

Roush 等[41]发现 γ-烷氧取代的烯酮和二烯基酮锂的反应中,双键的顺反构型

对立体选择性没有明显影响。这一结果为 Yamamoto 等[40b]证实。

$(CH_2{=}CH)_2CuLi$ 88% 产率 96% de

$(CH_2{=}CH)_2CuLi$ 65% 产率 94% de Z-isomer

OCH_3 C_6H_5

E-isomer

preferred approach

除了上述底物或试剂控制的反应，手性辅基也常用来控制 α，β-不和酯或酰胺亲核加成的立体选择性。Oppolzer 等[42]利用 8-phenylmenthol 等作为不饱和酯的手性醇部分，使共轭加成有利于单侧进攻。这类似于前面提到的所谓分子墙效应。酰胺的例子可参看前面“手性辅基”一节。

1) $PhCu\cdot BF_3$
2) hydrolysis

1) $R^2Cu\cdot PBu_3$
$BF_3\cdot OEt_2$
2) hydrolysis

81%～94% β加成
92%～99% Re加成

5.2.3 亲电反应

亲电反应往往都在烯烃上发生，这些反应大致有三种情形：①简单的亲电反应；②邻基参与的情况；③有第二个官能团参与的环化反应。下面我们分别予以介绍。

1. 简单的亲电反应

对常见的亲电反应如硼氢化、环氧化和双羟化反应，Kishi 等[43]以及 Houk 等[44]分别提出了各自的反应模型来解释 1，2-诱导的立体选择性。Kishi 的模型建立在烯烃的基态稳定构象的基础上，手性碳上最小基团 S 处于和 Rz 重叠(eclipsed)的位置，使得烯丙基 1，3-非键作用($A^{1,3}$ strain) 最小，亲电试剂从位阻小的一面(M 基团一侧)接近双键。而 Houk 模型基于反应的过渡态能量理论计算而来，最大基团 L 和双键处于正交状态，S 基团靠近双键，亲电试剂以小于 90°的轨迹接近双键。试剂和双键间常称作“内侧”(inside)，另一侧相应地称作“外侧”(outside)。Houk 模型可以说是 Felkin-Anh 模型的改良模式。虽然 Kishi 模型和 Houk 模型存在着诸多不同，但它们的预测结果具有一致性。一般来说，顺式异构体比反式异构体有着更好的立体选择性。这或许是顺式异构体更易处于如图所示重叠构象(eclipsed conformer)。

eclipsed conformer　　Kishi model　　Houk model

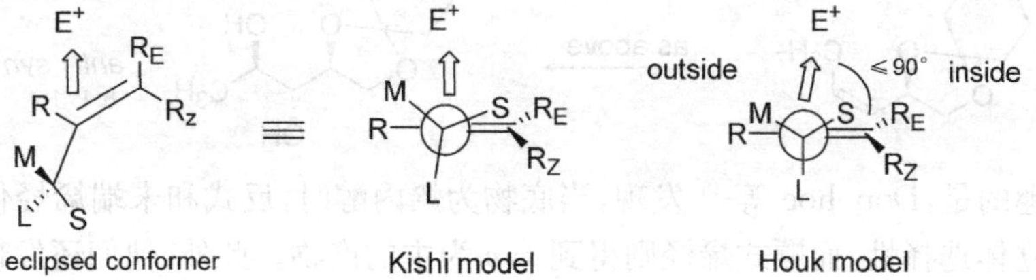

(1) 硼氢化和双羟化反应　Kishi 等[43a]在 Monensin 的全合成中利用了中间体烯丙基醚的硼氢化反应，获得了 78%的 de 值。这里较高的选择性跟 C-2 上存在一个甲基是分不开的，它使得 S 基团(这里为氢原子)和 R_Z(即甲基)处于重叠的构象更为有优势(具有最小的 $A^{1,3}$ strain)。

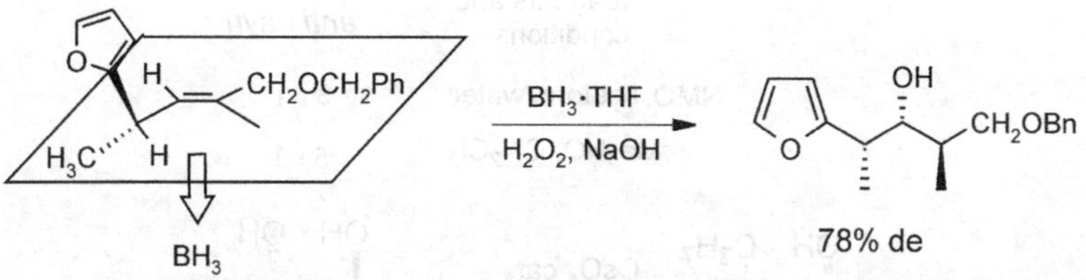

$BH_3 \cdot THF$; H_2O_2, NaOH　　78% de

不过，当底物双键邻位的手性碳含有烷氧基团时，情况有所不同。Kishi 等[45]在研究中发现，四氧化锇(OsO_4)对环状或非环状烯丙醇醚的双羟基化一般都能取代满意的选择性结果：环状底物新产生的羟基与原先的羟基为 *trans* 关系；非环化合物中这种关系往往为 *anti*(*erythro*)[46]。对非环底物，Kishi 等[45]和 Houk 等[47]也分别提出各自的模型来解释所观察到的立体选择性。Kishi 模型仍基于 $A^{1,3}$ strain，四氧化锇从烷氧基团的反面进攻。Houk 模型把烷氧基置于 inside 位置，四氧化锇从 L 基团反面进攻。下面所示顺反比例均指底物中原来存在的手性中心和它邻近的新生成的手性中心的相对构型。

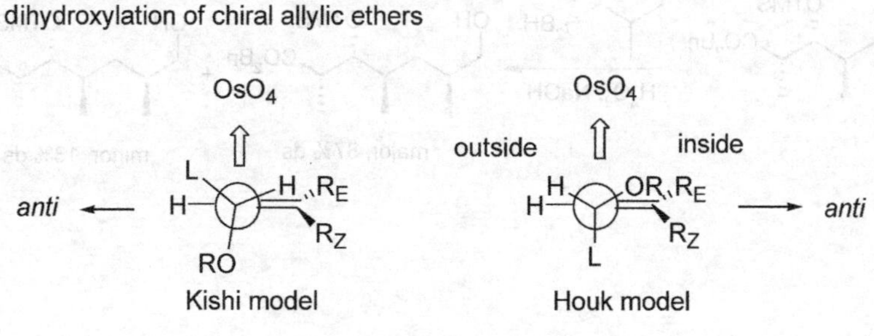

dihydroxylation of chiral allylic ethers

Kishi model　　Houk model

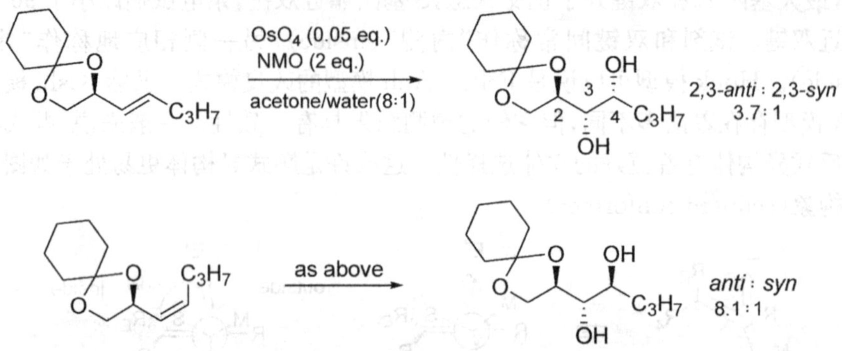

OsO_4 (0.05 eq.)
NMO (2 eq.)
acetone/water(8:1)

2,3-*anti* : 2,3-*syn*
3.7 : 1

as above

anti : *syn*
8.1 : 1

有趣的是，Donohoe 等[48]发现，当底物为烯丙醇时，反式和末端烯烃仍然遵守 *anti* 的立体选择性，而顺式烯烃则得到 *syn* 为主的产物。此外，他们还发现以二氯甲烷为溶剂比丙酮/水混合溶剂有更好的选择性。

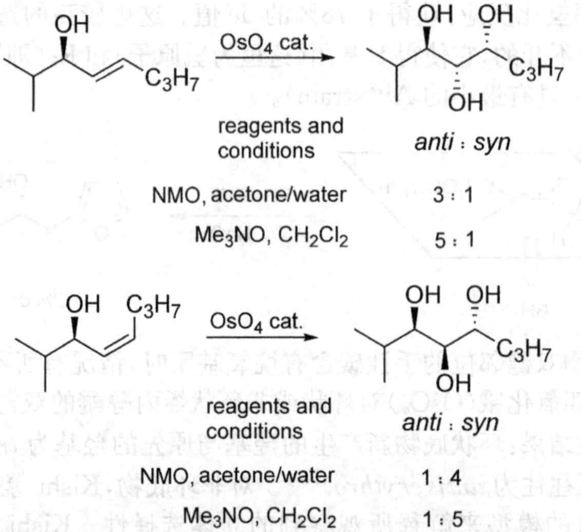

OsO_4 cat.

reagents and conditions	*anti* : *syn*
NMO, acetone/water	3 : 1
Me_3NO, CH_2Cl_2	5 : 1

OsO_4 cat.

reagents and conditions	*anti* : *syn*
NMO, acetone/water	1 : 4
Me_3NO, CH_2Cl_2	1 : 5

如果上述例子是“1,2 诱导”的结果，那么 Evans 等[49]对下列底物的硼氢化就该属于“1,3 诱导”的结果。

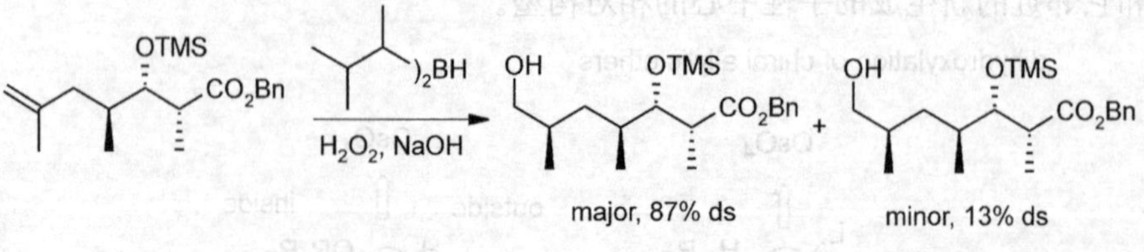

H_2O_2, NaOH

major, 87% ds + minor, 13% ds

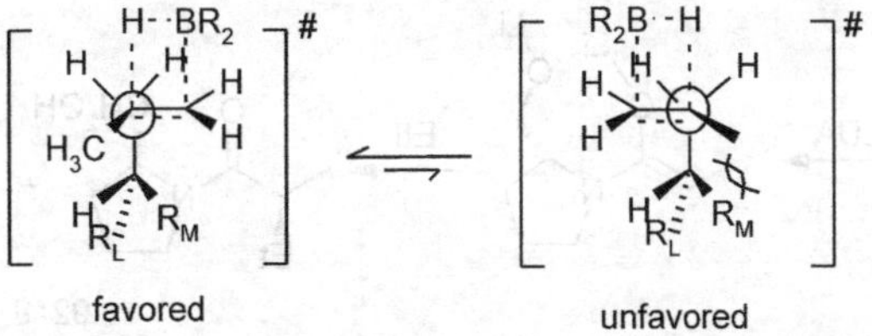

favored unfavored

(2) 烯醇负离子的烷基化反应　以烯醇衍生物为底物的亲电反应又是一类，在碳-碳键的合成中有着重要的地位。它们的立体选择性与烯醇的 E/Z 构型的关系非常密切。当底物为链状底物时，1,2-诱导的立体选择性也可以用 Kishi 模型来解释[50]。

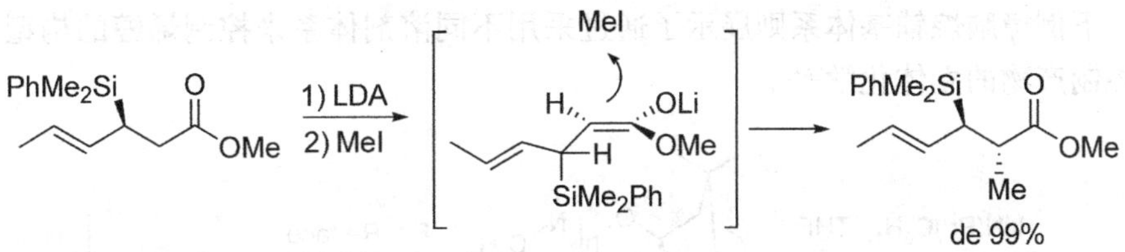

1) LDA 2) MeI　de 99%

当底物为环状且烯键处于环内时，环两侧的取代基很重要。Coates 等[51]发现当下述底物的 R 为甲基时，其烷基化反应的选择性与 R 为氢原子的情况截然相反。

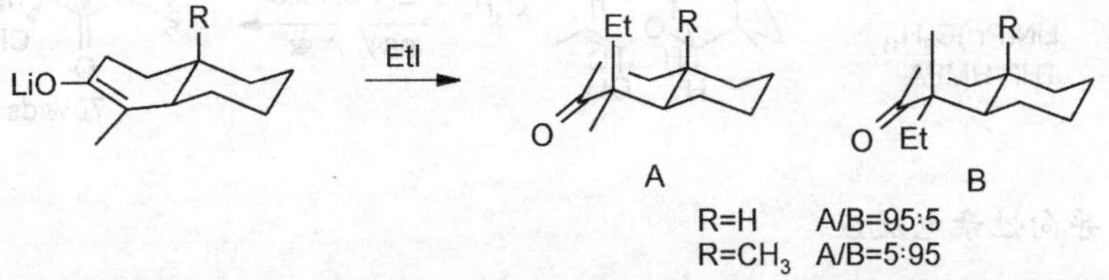

EtI　A　B

R=H　A/B=95:5

R=CH_3　A/B=5:95

上述情况下，当 α 位为一吸电子取代基时，相对来说烯醇盐的反应性能降低，反应趋向于后过渡态[52]，即过渡态较接近产物性质。

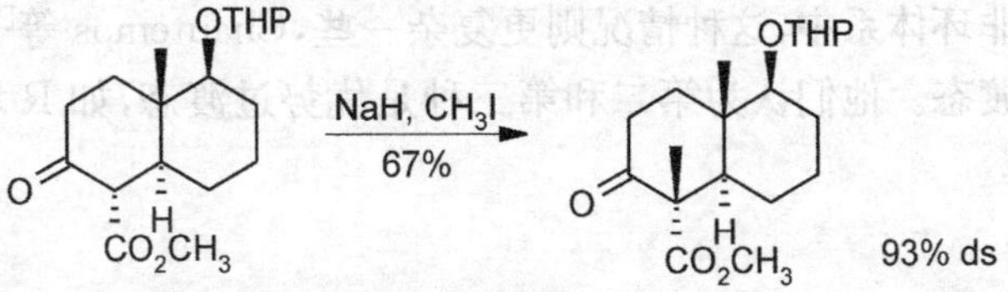

NaH, CH_3I 67%　93% ds

除上述底物控制的反应外，辅基控制的反应在烯醇的烷基化反应中也占有重要一席（同时见 5.2.1 节中 9）。下例展示了金属络合配位与否对立体选择性的影响[53]。

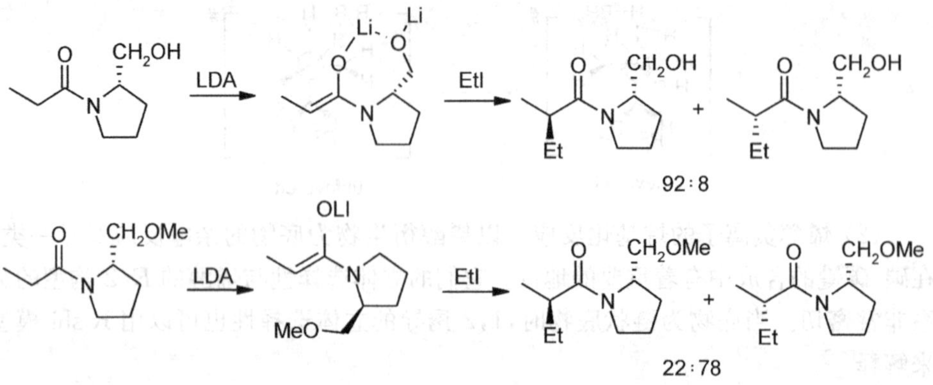

LDA EtI 92:8

LDA EtI 22:78

下例樟脑烷辅基体系则展示了通过采用不同溶剂体系来控制烯醇的构型，从而控制产物的立体化学[54]。

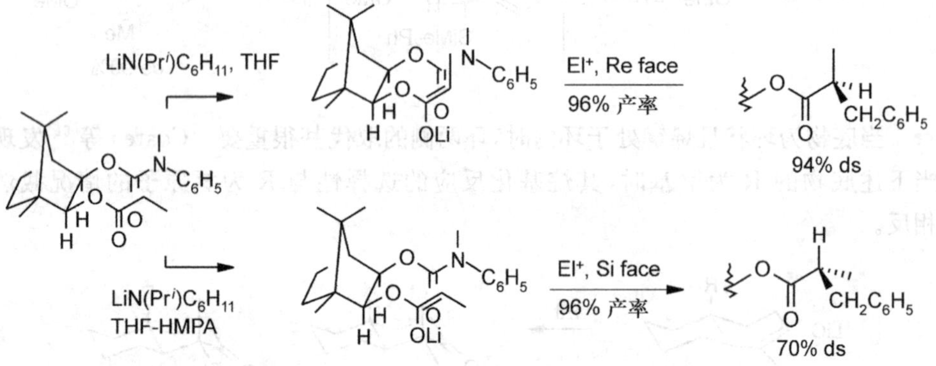

$LiN(Pr^i)C_6H_{11}$, THF　El⁺, Re face 96% 产率　94% ds

$LiN(Pr^i)C_6H_{11}$ THF-HMPA　El⁺, Si face 96% 产率　70% ds

2. 导向性亲电反应

(1) 环氧化反应　简单烯烃环氧化的不对称效果往往只靠立体因素，效果往往不佳。Henbest 等[55]于 1957 年发现环状烯丙醇或高烯丙醇与过酸反应时能得到较好的 *syn* 选择性效果。此后，Chamberlain[56]于 1970 年提出了氢键参与的过渡态模型。在非环体系中，这种情况则更复杂一些，Chautemps 等[57]于 1976 年提出下列四种过渡态。他们认为第二和第三种是优势过渡态，如 R 增大，有利于第二种过渡态。

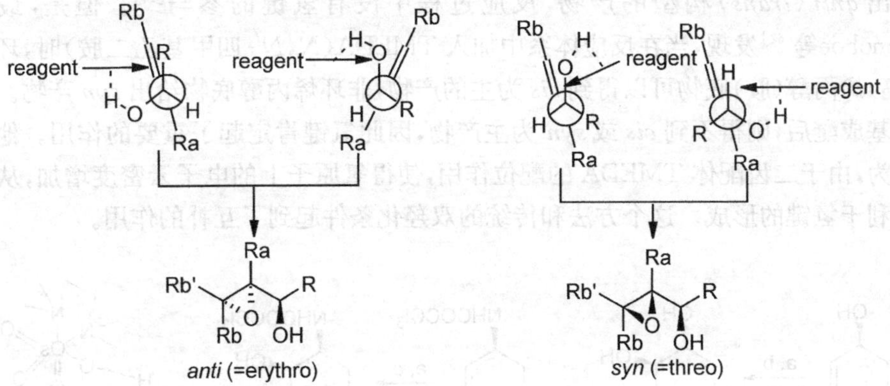

后来 Narula 等[58]于 20 世纪 80 年代又修改了上述解释，提出下面的分析：

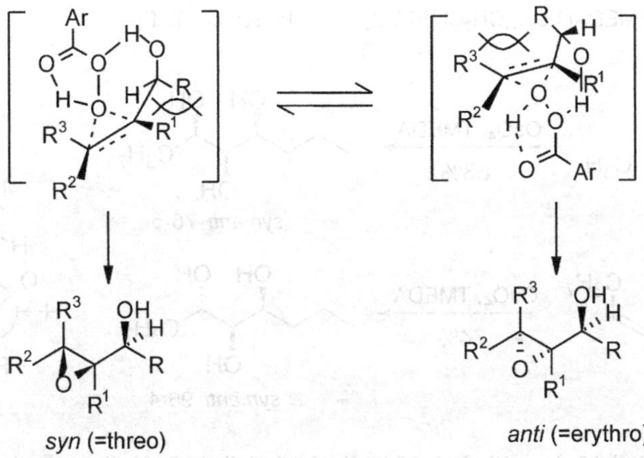

他指出，当 R 和 R^3 均为烷基时（$A^{1,3}$ strain 起主导作用），*syn* 产物是优势产物；而当 R^1 特别庞大时（$A^{1,2}$ strain 起主导作用），*anti* 产物则成为优势产物。因此，Kishi 等[59]曾用 TMS 代替 R^1 位置获得 *anti* 选择性。除了过酸外，还有以 $VO(acac)_2$催化剂，以 TBHP 为氧化剂的氧化体系[60]也能在这类底物上取得很好的效果。前者是通过氢键，而后者则通过配位作用，殊途同归[19]。

另外还有一种常用的间接获得环氧化合物的方法，即 halo-lactonization。Bartlett 等[61]在下列反应中获得了 95∶5 的非对映选择性结果。

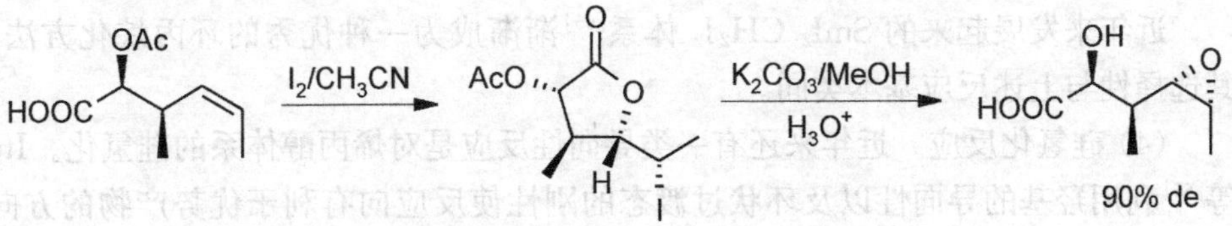

(2) 双羟化反应　正如前面所言，烯丙醇或醚的四氧化锇参与的双羟化反应

给出 *anti*（*trans*）构型的产物，反应过程中没有氢键的参与[46]。但是，最近 Donohoe等[62]发现，当在反应体系中加入 TMEDA（N,N'-四甲基乙二胺）时，环状（高）烯丙醇（胺）底物可以得到 *cis* 为主的产物，非环烯丙醇底物给出 *syn* 产物。而羟基成醚后，则得不到 *cis* 或 *syn* 为主产物，因此氢键肯定起了重要的作用。他们认为，由于二齿配体 TMEDA 的配位作用，使得氧原子上的电子云密度增加，从而有利于氢键的形成。这个方法和传统的双羟化条件起到了互补的作用。

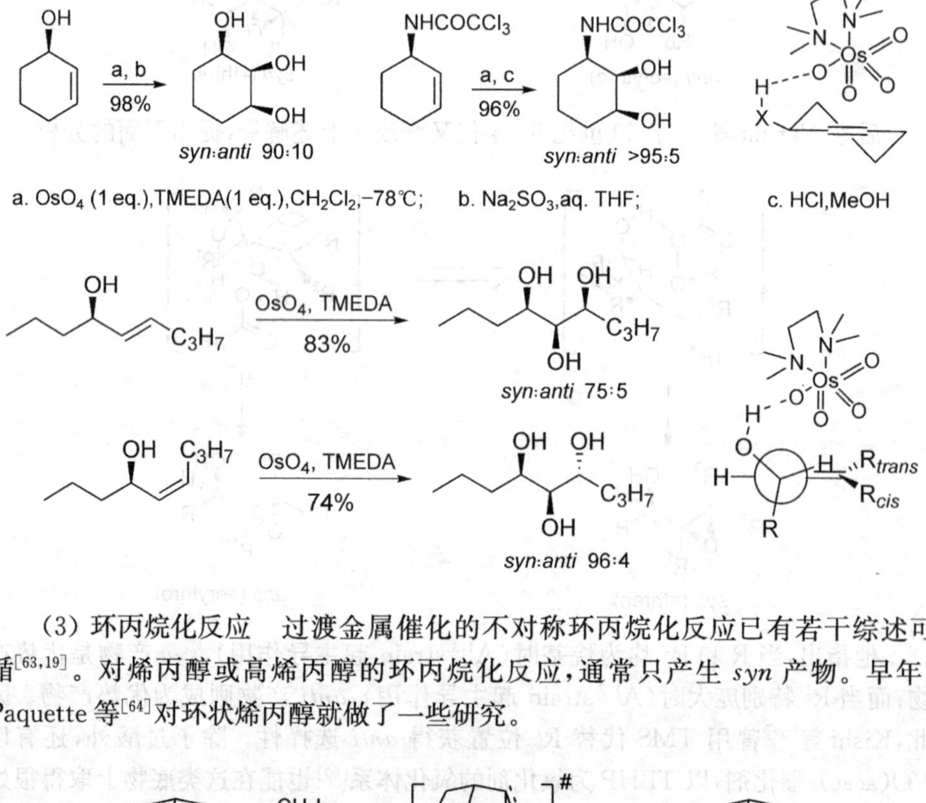

a. OsO_4 (1 eq.),TMEDA(1 eq.),CH_2Cl_2,−78℃;　b. Na_2SO_3,aq. THF;　c. HCl,MeOH

（3）环丙烷化反应　过渡金属催化的不对称环丙烷化反应已有若干综述可循[63,19]。对烯丙醇或高烯丙醇的环丙烷化反应，通常只产生 *syn* 产物。早年，Paquette 等[64]对环状烯丙醇就做了一些研究。

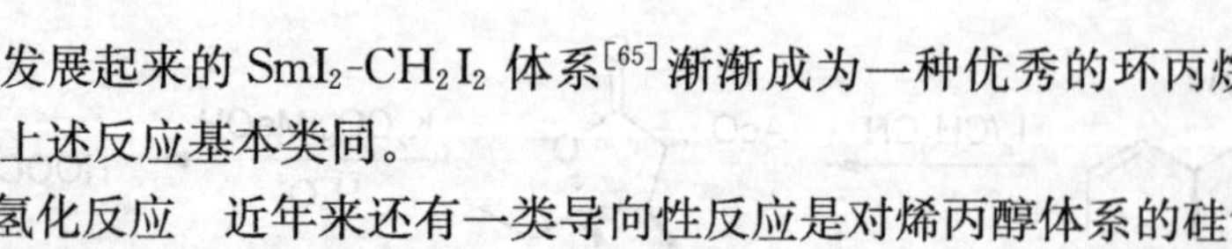

近年来发展起来的 SmI_2-CH_2I_2 体系[65]渐渐成为一种优秀的环丙烷化方法，其选择性与上述反应基本类同。

（4）硅氢化反应　近年来还有一类导向性反应是对烯丙醇体系的硅氢化。Ito 等[66]利用羟基的导向性以及环状过渡态的刚性使反应向有利于优势产物的方向发展。

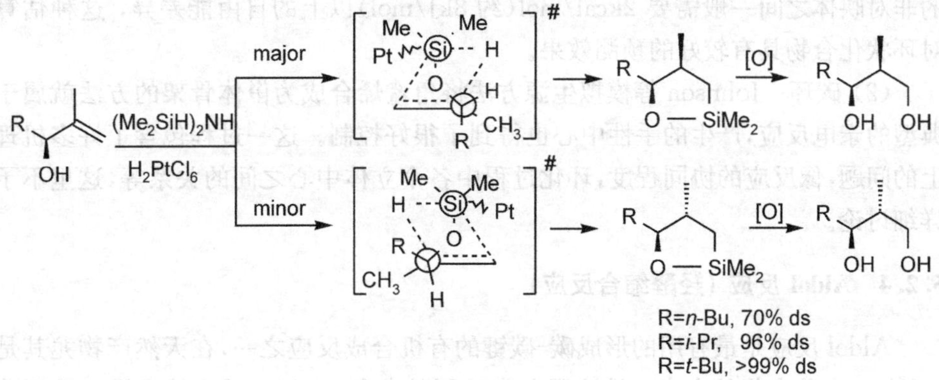

R=n-Bu, 70% ds
R=i-Pr, 96% ds
R=t-Bu, >99% ds

3. 亲电体引发的环化反应

(1) 杂环　这类反应包含分子内杂原子的亲核反应过程，往往可取得令人满意的结果。这样的情况，需要考虑亲电体的性质、*exo* 成环和 *endo* 成环的竞争、动力学控制还是热力学控制等问题。

下列 4-环己烯衍生物的碘内酯化反应[67]在动力学控制条件下（NIS-$CHCl_3$），四个产物的比例分别为 A/B/C/D＝2∶2∶3∶1；但在热力学条件下（I_2-CH_3CN-$NaHCO_3$），只有最稳定的 A 产生，产率达 95%以上。

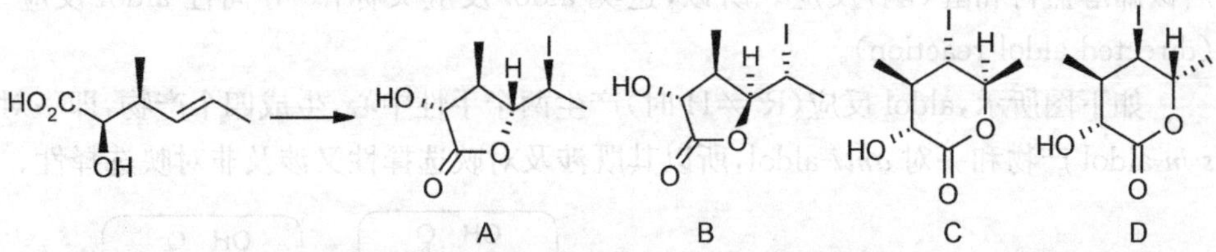

Mootoo 等在合成天然产物番荔枝内酯 asimicin 和 trilobacin 时，利用碘醚化反应来生成四氢呋喃环[68]。

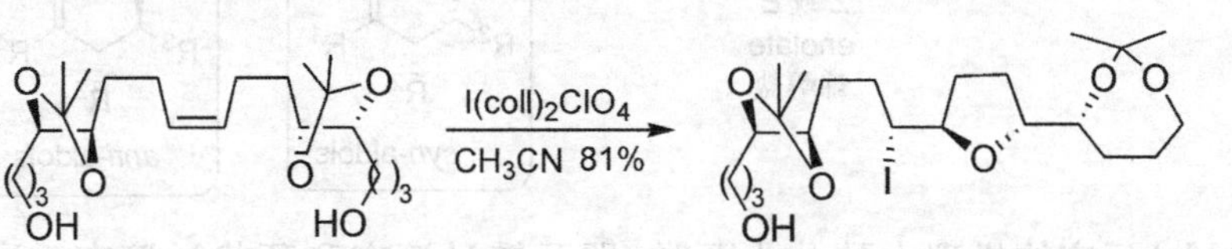

总的来说，热力学条件下一般能取得较好的结果。在六元环体系中，不管是 *trans*-1,2 或 *cis*-1,3 关系，庞大的取代基总优先处于平伏键位置；在五元环中则一定是 1,2-*trans* 关系。

值得一提的是，对于热力学控制的反应，要取得理想的选择性结果，两个可能的非对映体之间一般需要 2kcal/mol(约 8kJ/mol)以上的自由能差异，这种估算对环状化合物具有较好的预测效果。

(2) 碳环　Johnson 等模拟生源方法将角鲨烯合成为甾体骨架的方法就属于典型的亲电反应，产生的手性中心也得到了很好控制。这一过程包含了许多机理上的问题，像反应的协同程度，环化过程中各个立体中心之间的关系等，这里不予详细讨论。

5.2.4　Aldol 反应 (羟醛缩合反应)

Aldol 反应是最有用的形成碳-碳键的有机合成反应之一，在天然产物尤其是 polyketide 化合物的合成中扮演了非常重要的角色。Aldol 反应的发展大致可分为两个阶段：1970 年代以前，被称作传统 aldol 反应(traditional aldol reaction)；1970 年代以后，则被称作现代 aldol 反应 (modern aldol reaction)。传统 aldol 反应仅局限于醛和酮之间，一般在质子酸或碱的存在下，在质子性溶剂中反应。在这种条件下，反应是可逆的，所以谈不上立体化学的控制，而且还受自身缩合(尤其是醛)、烯醇化的区域选择性等问题困扰。此外，如果参与反应的二者都能烯醇化，情况则更复杂。现代 aldol 反应则不再局限于醛和酮，而是扩展到各种酯和酰胺等羧酸衍生物，更为重要的是它能给出高立体选择性的产物。现代 aldol 反应(以下简称 aldol 反应)的一个特点是作为亲核试剂的羰基化合物预先制备成烯醇盐，然后该烯醇盐再和醛(酮)反应。所以，这类 aldol 反应又称作“导向性 aldol 反应”(directed aldol reaction)。

如下图所示，aldol 反应($R^2 \neq H$ 时)产生两个手性中心，生成四个产物，即一对 *syn*-aldol 产物和一对 *anti*-aldol，所以其既涉及对映选择性又涉及非对映选择性。

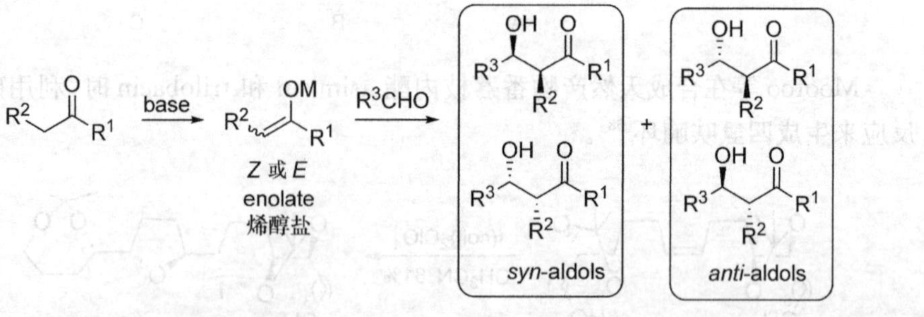

base　R^3CHO

Z 或 *E*
enolate
烯醇盐

syn-aldols　+　*anti*-aldols

Aldol 反应的机理大致分为两类，即开链过渡态和环状过渡态。当烯醇盐(醚)的顺反构型和产物的 *syn* 和 *anti* 选择性没有较强的关联性时，一般认为改反应经过一开链过渡态，如 Mukaiyama aldol 反应(烯醇硅醚和醛的反应)；当烯醇盐的顺反构型和产物的构型有对应关系时，即 *Z*-enolate→*syn*-aldol、*E*-enolate→*anti*-aldol，则通常认为反应经过了环状六元环过渡态，如烯醇锂盐、烯醇硼盐

(boron enolate)和烯醇钛盐(titanium enolate)等参与的 aldol 反应。其中硼和钛参与的反应比锂有着更好的立体选择性,原因之一是 B—O 键或 Ti—O 键比 O—Li 键要短,使得六元环过渡态更紧凑,空间位阻效应更明显。一般而言,顺式烯醇盐比反式烯醇盐能给出更好的非对映选择性,也即立体选择性地制备 *syn*-aldol 比 *anti*-aldol要更容易。

机理之一:椅式六元环过渡态(Zimmerman-Traxler model)

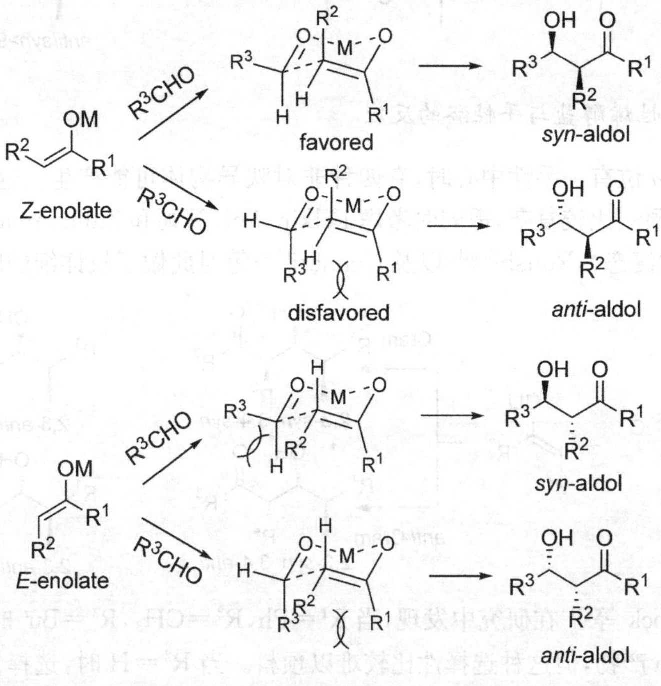

烯醇盐的顺反构型受底物、试剂等诸多条件的影响。一般而言,低温下以 LDA 为碱,酯(尤其是位阻较大的苯基酯)倾向于生成反式烯醇盐。酮或酰胺衍生物的烯醇锂盐或硼盐则以顺式为主,正如上面提到顺式烯醇盐能给出较好的立体选择性,所以这两种底物在天然产物的合成中比较常见。

下面我们简单介绍一下 aldol 反应的几种情况,然后介绍几种手性辅基诱导的不对称 aldol 反应,以及 aldol 反应的最新进展。

1. 非手性烯醇盐对非手性醛的加成

非手性烯醇盐对非手性醛的加成,烯醇的 E/Z 构型是最重要的控制因素。Heathcock 等[69]发现下列两种极端的例子。

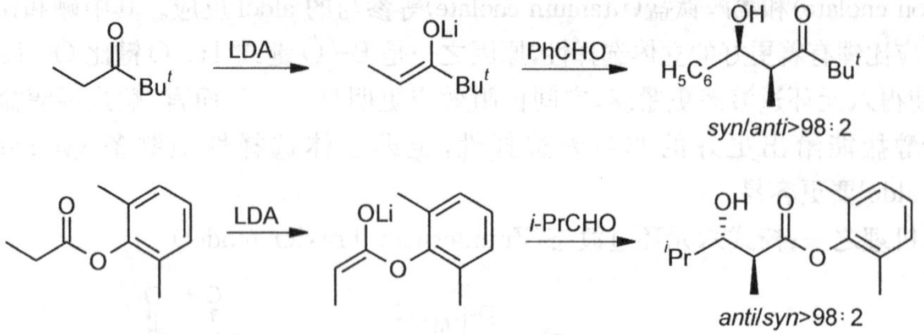

2. 非手性烯醇盐与手性醛的反应

当醛的 α 位有一手性中心时，有四种非对映异构体可能产生。这类反应的立体选择性的预测比较复杂，需同时考虑 Felkin-Anh 规则和 Zimmerman-Traxler 模型(六元环过渡态)，Roush[70a,b]以及 Gennari[70c]等对此做了较详细的阐述。

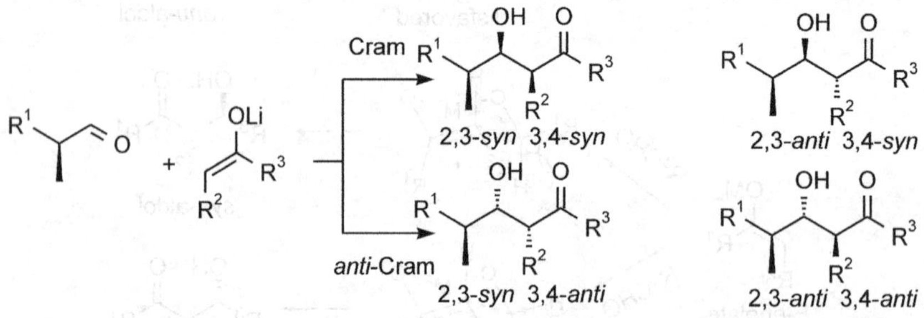

Heathcock 等[71]在研究中发现，当 $R^1=Ph$，$R^2=CH_3$，$R^3=Bu^t$ 时，4：1 的优势得到 Cram 产物，但这种选择性比较难以预料。当 $R^2=H$ 时，选择性往往较差。为了得到 $R^2=H$ 时高选择性的产物，常可采用先引入官能团后再除去的方法。

Heathcock 等[72]在红霉素 A 的合成中利用了一个异丙醇三甲基硅醚结构单元作为非手性辅基来控制烯醇醚的构型以及产物的立体选择性，取得了很好的效果。

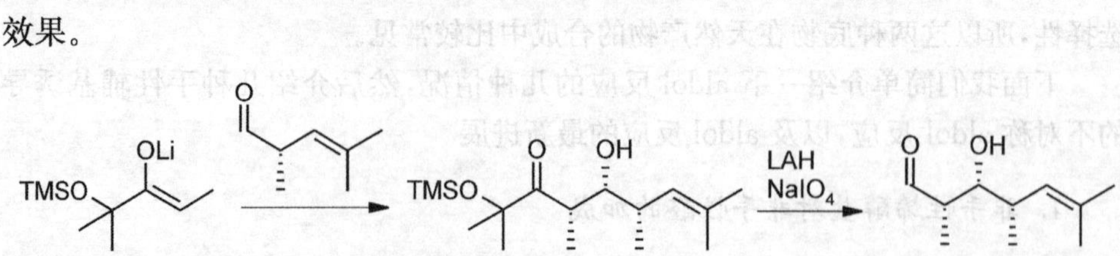

3. 手性烯醇盐与非手性醛的反应

与前者相比，这种组合常可取得较满意的效果。但使用烯醇锂盐时，反应选择性相对差些；一般常用 Zr 和 B 的烯醇盐(酯)，产物多以 *syn* 选择性为主。Heathcock、Masamune、Enders、Siegel 等[73]为此做过大量的工作。

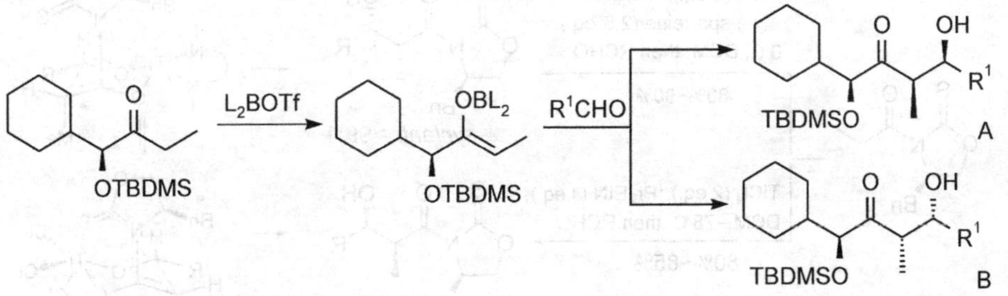

L_2	R^1	A/B	L_2	R^1	A/B	L_2	R^1	A/B
	C_6H_5	14∶1		C_6H_5	40∶1		C_6H_5	75∶1
9-BBN	Et	17∶1	di-*n*-Bu	Et	50∶1	cyclopentyl	Et	100∶1
	${}^iPr$	100∶1		${}^iPr$	100∶1		${}^iPr$	不反应

4. 手性烯醇盐与手性醛的反应

手性烯醇盐与手性醛的反应将在后面双不对称反应中介绍。

5. 手性辅基控制的 aldol 反应

Evans 辅基(噁唑烷-2-酮)是迄今应用最广泛的之一，它能高立体选择性地得到 *syn*-aldol 产物[19]。通过选择不同的手性辅基可以分别得到一对对映体(脱除辅基后)。

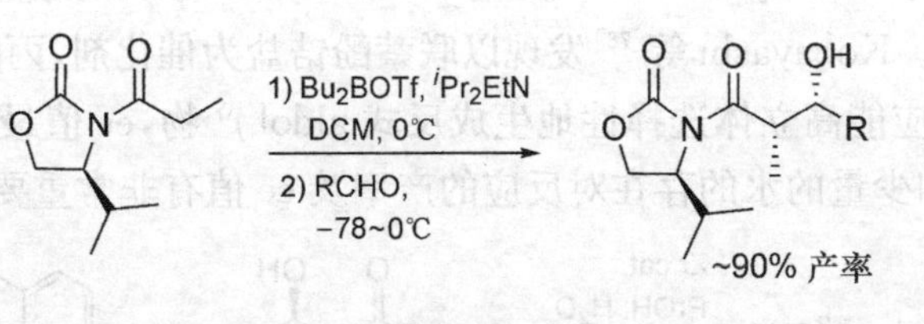

Crimmins 等发现，以噁唑烷-2-硫代酮为手性辅基，通过对反应条件的选择，从同一个手性辅基可以分别制备一对对映体(脱除辅基后)[74]。当用 1 eq $TiCl_4$、2.5 eq TMEDA 或 sparteine 时，将得到所谓的正常的 Evans *syn*-aldol 产物。而当用 2 eq $TiCl_4$，1 eq ^{i}PrEtN 时，则得到所谓的 non-Evans *syn*-aldol 产物。可能的原因如下，在前一个条件下，过量的二胺(TMEDA 或 sparteine)可和金属中心配位，大大降低了后者中出现的硫跟金属配位的可能性，从而导致二者过渡态的不同。

相对 *syn*-aldol 产物而言，*anti*-aldol 产物的立体选择性一直是个问题。Abiko 等以(—)-去甲麻黄碱衍生物为手性辅基，高立体选择性地得到 *anti*-aldol 产物[75]。

6. 催化 aldol 反应

催化 aldol 反应大致可分为两个体系：①催化的 Mukaiyama aldol 反应；②催化的直接的 aldol 反应。

(1) 催化的 Mukaiyama aldol 反应　Mukaiyama aldol 反应是指烯醇硅醚和醛(酮)的反应。Kobayashi 等[76]发现以联萘酚锆盐为催化剂，丙酸苯酯的 *Z/E*-烯醇硅醚和醛反应能高立体选择性地生成反式 aldol 产物，ee 值最好可达 99%。有意思的是，醇和少量的水的存在对反应的产率及 ee 值有非常重要的影响。

随着绿色化学的兴起，以水为介质的 Mukaiyama aldol 反应也正在发展[77]。最近，Li 等[78]发现以 H_2O/EtOH(9∶1) 为溶剂，Trost 的配体和镓盐的络合物可以催化苯丙酮烯醇硅醚和芳香醛的反应，得到顺式为主的 aldol 产物，ee 值最好为 88%。

常见的 Mukaiyama aldol 反应都是由 Lewis 酸所促进，Denmark 等则发展了 Lewis 碱促进的 Mukaiyama aldol 反应，并实现了催化的非对映选择的醛和醛之间的交叉 aldol 反应[79]。与上面 Kobayashi 结果不同的是，这里烯醇硅醚的顺反构型决定产物的 *syn* 或 *anti* 构型。

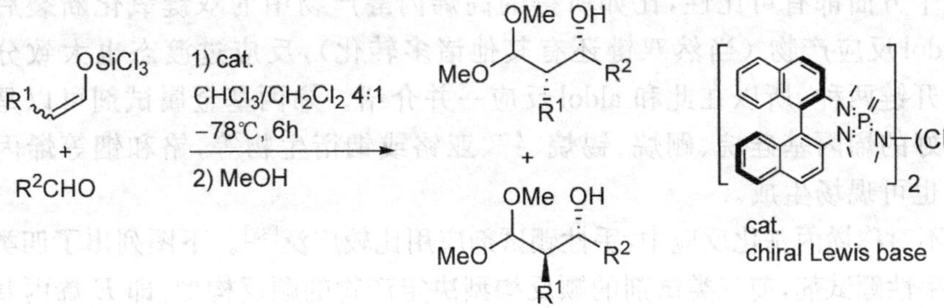

(2) 催化的直接的 aldol 反应　直接的 aldol 反应是指在 aldol 反应中羰基给体无需预先制备成烯醇盐。受Ⅱ型醇醛缩合酶（aldolase）启发，Shibasaki 等发展了一种双金属多功能的络合物——$LaLi_3$ tris(binaphthaoxide)，LLB，并首次完成了直接的催化不对称 aldol 反应[80]。最近，他们又发展了一类二联萘酚和二乙基锌的络合物，通过 X 射线等实验证实其为三金属核结构，并在 2-羟基-2′-甲氧基苯乙酮的 aldol 反应中得到很好的立体选择性[81]。

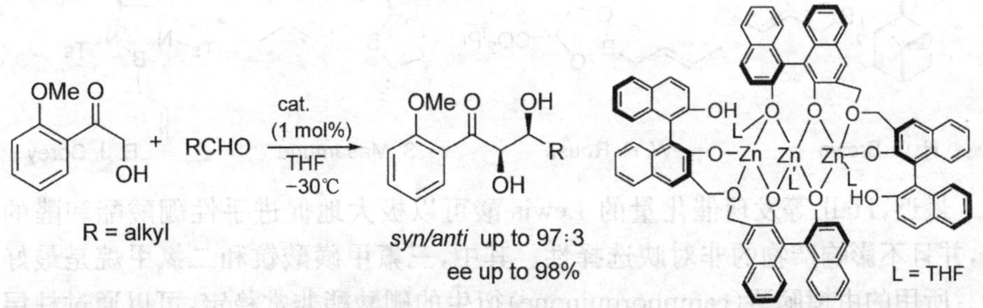

Trost 等[82]的双锌金属核催化剂在直接的 aldol 反应中也取得非常好的结果，也得到 *syn*-aldol 为主的产物，不过绝对构型和 Shibasaki 的相反，正好互补。

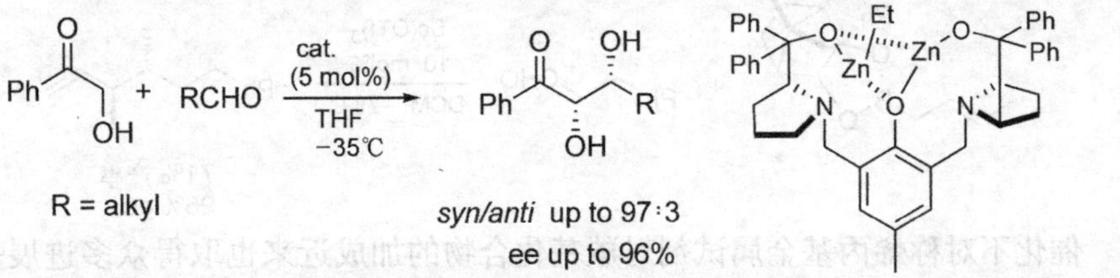

近来，有机小分子参与的直接的 aldol 反应取得了很好的进展，这在 5.4.2 节将详细介绍。总之，aldol 反应在过去 10 年取得了很大的进展，现已有不少综述[83]和专著[84]，读者可以进一步深入学习。

7. 烯丙基金属化合物作为烯醇盐的等价物

烯丙基金属试剂对醛的加成反应也是一类非常重要的碳-碳键形成的方法，在天然产物的全合成中占有一席之地。该反应和 aldol 反应在反应机理和产物两个方面都有可比性，比如所得的高烯丙醇产物中的双键氧化断裂后可得到 aldol 反应产物（当然双键还有其他诸多转化），反应过渡态也大致分为环状和开链两种，所以在此和 aldol 反应一并介绍。烯丙基金属试剂可以是预先制备好的烯丙基硅烷、硼烷、锡烷、锌、亚铬或铟衍生物等，铬和铟等烯丙基化合物也可现场生成。

在不对称烯丙基化反应中，手性硼试剂应用比较广泛[85]。下图列出了四类较常用的手性硼试剂，前三类试剂的顺反构型决定产物的顺反构型，即 *E*-烯丙基硼试剂将给出 *anti*-构型为主的产物，*Z*-烯丙基硼试剂将给出 *syn*-构型为主的产物。这三类试剂的 *Z*-和 *E*-异构体都是分别从 *Z*-和 *E*-丁二烯制备。

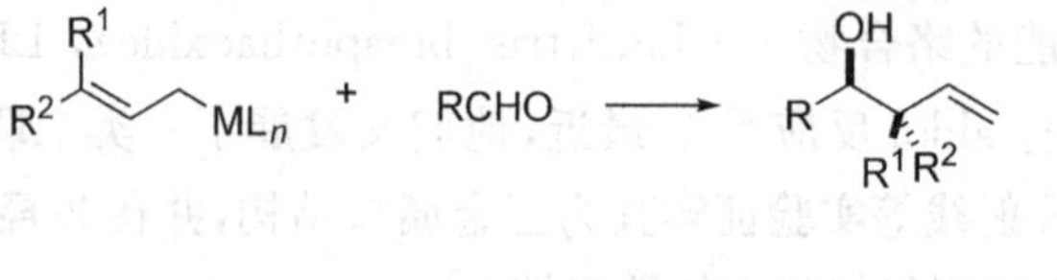

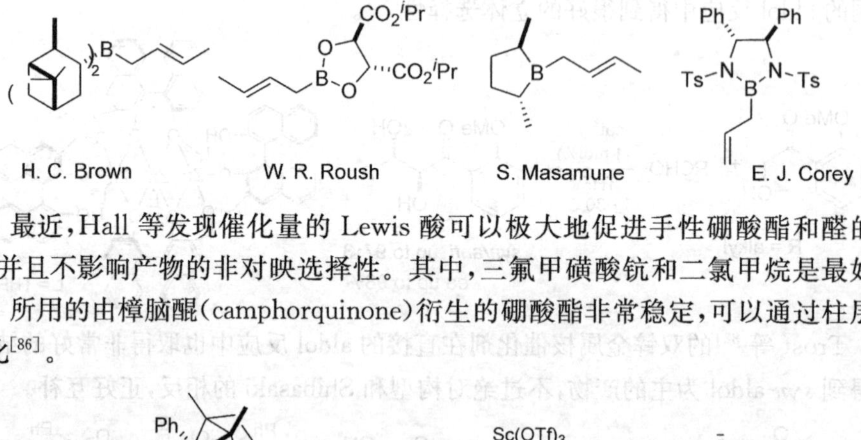

H. C. Brown　W. R. Roush　S. Masamune　E. J. Corey

最近，Hall 等发现催化量的 Lewis 酸可以极大地促进手性硼酸酯和醛的反应，并且不影响产物的非对映选择性。其中，三氟甲磺酸钪和二氯甲烷是最好组合。所用的由樟脑醌(camphorquinone)衍生的硼酸酯非常稳定，可以通过柱层析纯化[86]。

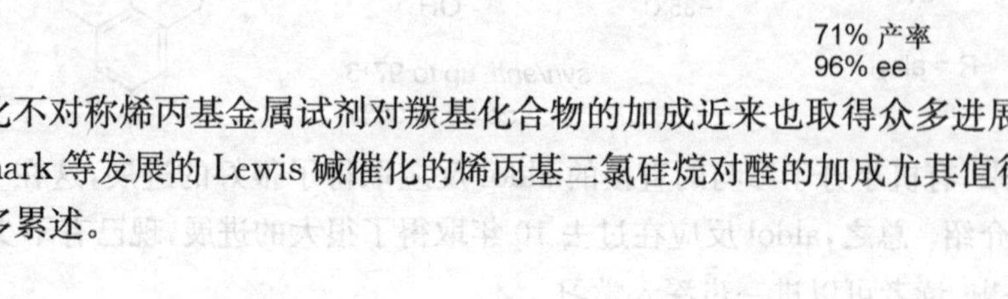

$Sc(OTf)_3$ 10 mol%, DCM, −78℃

71% 产率
96% ee

催化不对称烯丙基金属试剂对羰基化合物的加成近来也取得众多进展[87]，其中 Denmark 等发展的 Lewis 碱催化的烯丙基三氯硅烷对醛的加成尤其值得注意，这里不多累述。

5.2.5　周环反应

周环反应于 1970 年由 Woodward 和 Hoffmann 定义为“those in which all first-order changes in bonding relationships take place in concert on a closed curve”[88]，主要有四种类型：环加成(包括偶极反应)、Σ 重排、电环化、ene 反应。这些反应出色的立体选择性主要来自于反应中轨道对称性的要求。

1. *环加成反应*

环加成反应指两个或两个以上的反应物成环的反应，但不发生任何消除，过程中 σ 键形成但不断裂。这类反应一般按 π 电子的参与情况来分类，其中最著名的 Diels-Alder 反应属于[4+2]环加成反应。参与反应的两个化合物其一称作 1,3-二烯(1,3-diene)，另一称作亲二烯体(dienophile)，其产物一般是环己烯衍生物。Diels-Alder 反应一步形成两个 σ 键，最多生成四个手性中心，是一个非常高效的反应[89]，也是天然产物合成中常用的工具之一[90]。

Diels-Alder 反应有如下一些特点：

(1) 亲二烯体的构型(*cis*/*trans*)体现在产物的立体化学中　即在亲二烯体中处于 *cis* 的两个基团取代在产物中处于 *cis* 构型，反之亦然[91]。

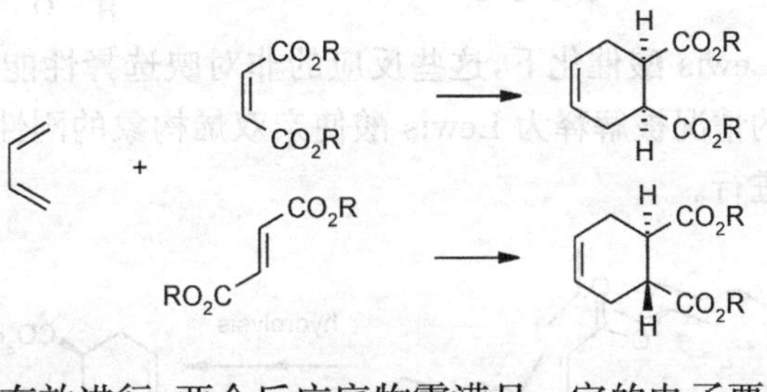

(2) 要使反应有效进行，两个反应底物需满足一定的电子要求　一般而言，二烯应该是富电子的，而亲二烯体应是贫电子的。

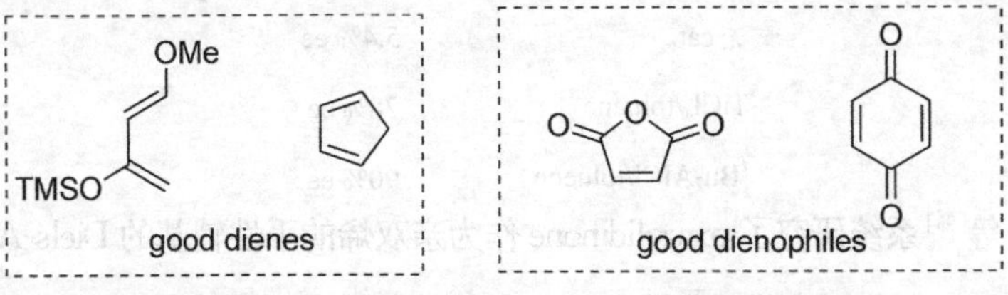

(3) Lewis 酸能极大促进 Diels-Alder 反应，从而使反应在低温条件可以进行，提高反应的立体选择性　Lewis 酸有利于 *endo* 产物的生成。*endo* 产物是动力学有利的，主要由于电子因素(二级轨道相互作用)；*exo* 产物则是热力学稳定产物，主要由于空间因素。除此之外，Lewis 酸的存在还可以使某些不对称性较差的双

烯与亲双烯反应的区域选择性得到提高。

下面是一个手性 Lewis 酸催化的反应，很好地体现了 *endo*/*exo* 选择性、二烯和亲二烯体的区域选择性以及对映选择性[92]。

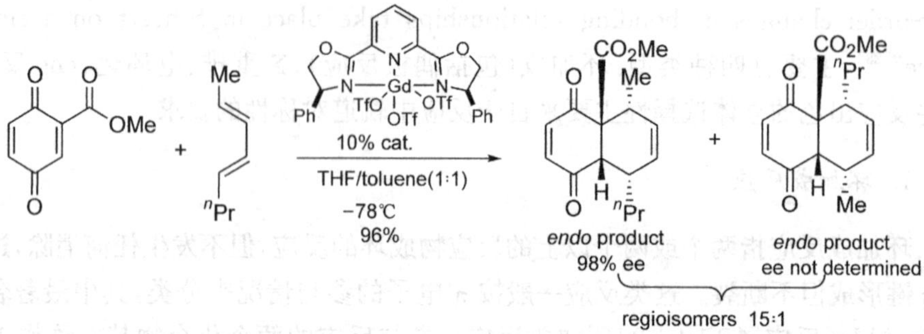

10% cat.
THF/toluene(1:1)
−78℃
96%

endo product
98% ee

endo product
ee not determined

regioisomers 15:1

由于该反应在合成化学中的重要地位，有机化学家进行了大量的工作研究其立体选择性问题，我们在此仅作一些讨论和介绍。

(1) 手性的亲二烯　早期人们常将糖或薄荷醇等手性物质接在亲二烯上来研究[4+2]反应的一些立体化学规律，但效果不佳[93]。

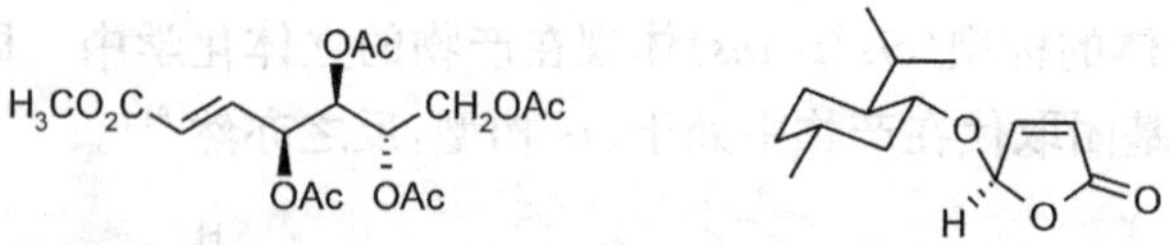

后来发现在 Lewis 酸催化下，这些反应的非对映选择性能得到极大提高[94]。这种选择性提高的情况被解释为 Lewis 酸使亲双烯构象的刚性增强，而且反应一般得以在低温下进行。

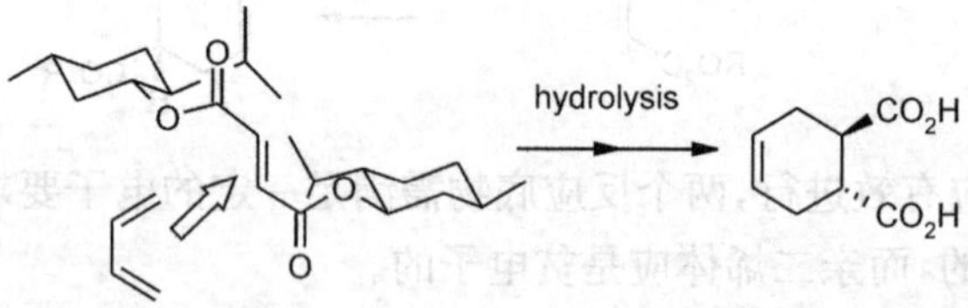

hydrolysis

无 cat.	5.4% ee
$TiCl_4$/toluene	78% ee
$^{i}Bu_2AlCl$/toluene	90% ee

Evans 等[95]系统研究了 oxazolidinone 作为亲双烯的手性辅基的 Diels-Alder 反应。

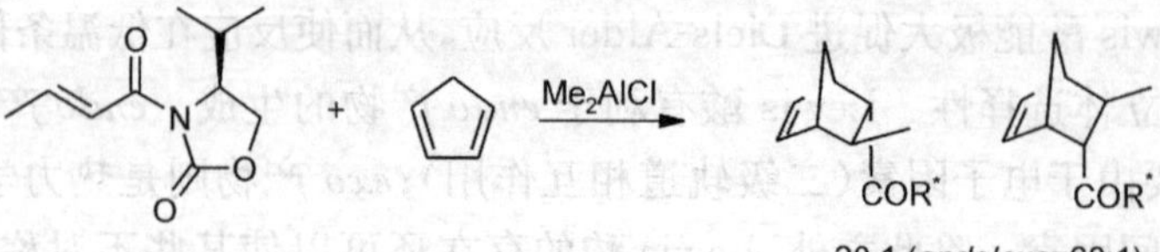

Me_2AlCl

20:1 (*endo*/*exo*=60:1)

Masamune 等[86]则将 aldol 反应的同样策略套用在 Diels-Alder 反应上，即在底物先接上手性基团，并在反应之后除去。

ZnCl$_2$, −43℃　94% *endo*　> 99% facial selectivity　[O]　产物

(2) 手性双烯　这方面最早的工作也是将天然糖的衍生物引入底物中，相对而言，一般面选择性较好，但 *endo*/*exo* 选择性较差。Trost[97]和 Siegel 等[98]利用 BF_3 作催化剂成功完成下列 Diels-Alder 反应。

BF_3 OEt_2　−20℃，4∶1 ds　−78℃，94∶6 ds

当时前者认为反应选择性是由于 π-π 相互作用使过渡态稳定化，但后来后者通过计算认为过渡态并非如此之复杂。

Trost 模型　　Siegel 模型

上述的 Diels-Alder 反应都是生成碳环产物。生成杂环的 Diels-Alder 反应，即杂 Diels-Alder 反应(hetero-Diels-Alder reaction，HDA)也是一个研究和应用的热点[99]。需要指出的是，HDA 反应的反应机理未必都是协同的，也有可能是分步的。

hetero-Diels-Alder reaction

Lewis 酸　X = O, NR^2

不对称 HDA 反应是合成光学活性吡喃衍生物的好方法。Jacobsen 等[100]在合成番荔枝内酯 muconin 时，通过 Salen-Cr 催化的 HDA 反应高对映选择性地合成了一个二氢吡喃酮中间体。

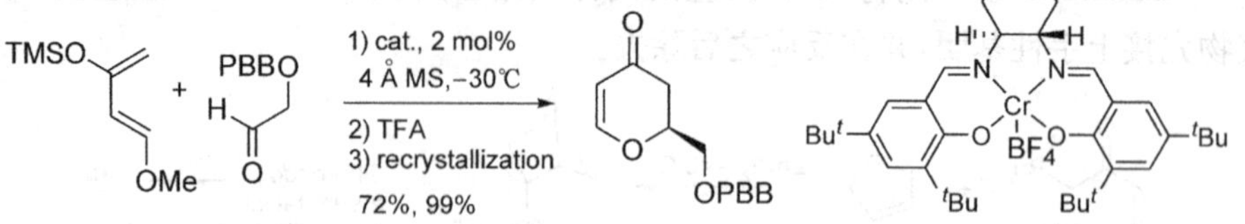

PBB: 对溴苄基

2. Σ重排

Σ重排是高度控制地形成新的手性中心的有效方法之一，特别是某些手性季碳的制备。属于Σ重排的重要反应类型有下列几种：

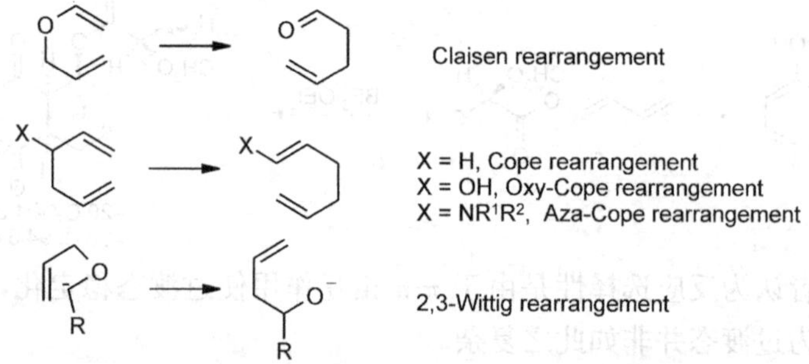

(1) Claisen 重排 Zieglar 等[101]在合成 Bruceantin 时进行了一些模型研究，其中 C(14)的立体化学中心就是通过 Claisen 重排得以构建的。

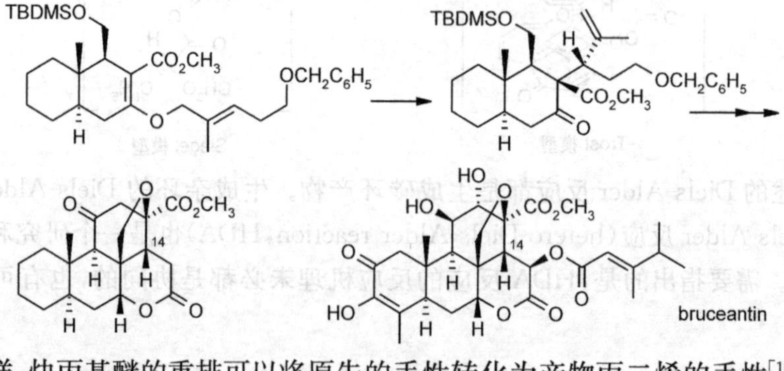

同样，炔丙基醚的重排可以将原先的手性转化为产物丙二烯的手性[102]，这通常是难以做到的。

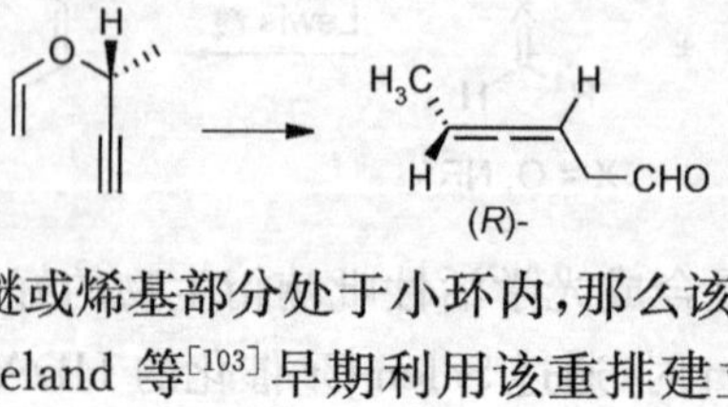

如果底物的烯丙基醚或烯基部分处于小环内，那么该重排一般可获得很好的立体化学结果。例如，Ireland 等[103]早期利用该重排建立一个手性季碳中心的工作。

190℃, 90%

Claisen 重排有不少变种，其中 Ireland-Claisen 重排[104]是常见的一种。最近，Kazmaier 等发展了一个通过从甘氨酸烯丙基酯制备光学纯 β-取代-α-氨基酸衍生物的不对称合成方法[105]。在手性配体奎宁和 Lewis 酸三异丙氧钛的存在下，经六甲基二硅胺基锂(LiHMDS)处理所得的烯醇盐可以高非对映选择性及较好的对映选择性地得到 β-取代-α-氨基酸衍生物。

TFAHN; 5 eq. LiHMDS, 1.1 eq. $Al(O^iPr)_3$, 2.5 eq. quinine, −78℃到rt; 1) H^+ 2) CH_2N_2; TFAHN, OMe

98% 产率
98% dr 87% ee

TFA: trifluoroacetyl

(2) Cope 重排 Cope 重排是“全碳”的 Claisen 重排，和 Claisen 重排一样反应有利于通过椅式过渡态途径。但该反应一般活化能高，需要的条件比较激烈，合成中应用较少。但是 oxy-Cope 重排却是复杂脂环分子合成中最常见而有效的反应之一[106]。当羟基经 KH 处理成为氧负离子后，反应可以在低温下进行。这是因为生成物是一烯醇负离子，其比氧负离子要稳定得多。

300℃ → amorphene

KH, 18-C-6, 25℃ → acoragermacrone

H_3CO_2C, OAc, OCH_3, CO_2CH_3; 130℃; CO_2CH_3, H_3CO_2C, OAc, OCH_3 → reserpine

值得一提的是，在现代高效合成中，化学家常设计一些串联组合反应(tandem

reaction，domino reaction、cascade reaction）来实现他们的目标，周环反应则是常见的组合因子，如下列串联反应[107]。首先发生一个 oxy-Cope 重排，接着发生分子内 Diels-Alder 反应，然后是 *retro* Diels-Alder 反应，最后水解除去乙二醇保护，反应一锅完成，产率 45%。

Shair 等利用亲核加成反应、逆 aldol/aldol 平衡、oxy-Cope 重排反应以及跨环 Dieckmann 反应一步高立体选择性地合成了四环化合物[108]。其中，逆 aldol/aldol 平衡以及 oxy-Cope 重排反应涉及动态动力学拆分。

含季碳消旋底物的串联反应中的动态动力学拆分（dynamic kinetic resolution）如下：

75% 产率
> 95% dr
TBS O
H
Dieckmann-like cyclization
racemic
CO_2Me
+ OTBS
Bu_3Sn
99% ee
n-BuLi, THF, −78℃, then $MgBr_2$, Et_2O/PhH, 0℃, then THF/toluene, 23℃, 18h
BrMgO
OTBS
CO_2Me
via retro-aldol/aldol reaction
O-Cope 快
O-Cope 慢
OMgBr
BrMg O
OTBS
Dieckmann-like cyclization
H
OTBS

（3）Wittig 重排　该重排一般底物的基态能量较高，所以大多数反应在低温下进行以利于反应选择性。Stork 等[109]利用 sulfenate-sulfoxide 重排立体控制地合成了前列腺素类化合物。经过重排，净效果上改变了烯烃的构型和羟基的手性。

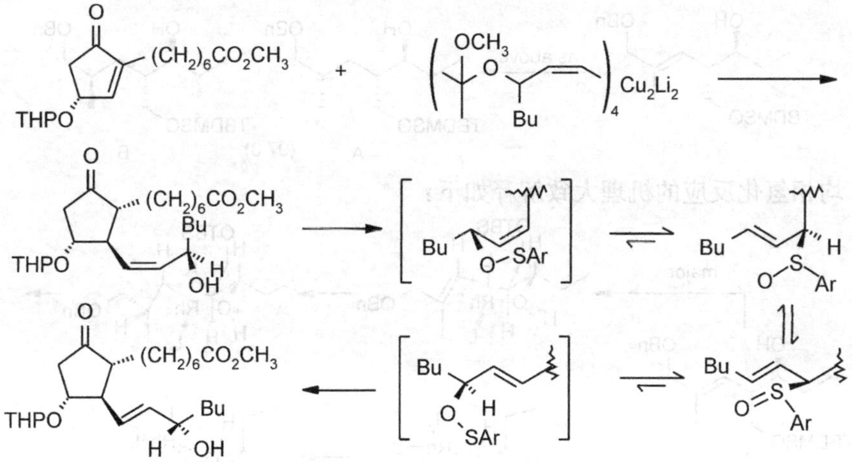

5.2.6　催化氢化

(1) 非均相催化　双键氢化的立体控制一直是令人困惑的课题，很大程度上取决于底物的立体因素，又往往难以预测，与催化剂、溶剂、pH 和压力都有密切关系，下例中底物结构的微小变化对氢化的立体化学影响很大[110]。

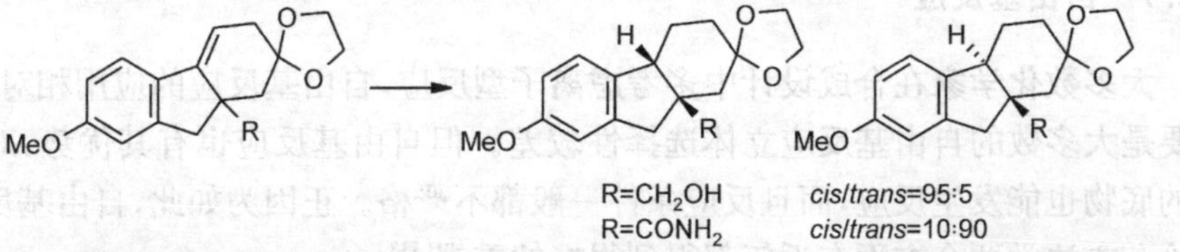

R=CH_2OH　*cis/trans*=95∶5
R=$CONH_2$　*cis/trans*=10∶90

(2) 均相催化中的基团导向性　与环氧化反应一样，烯丙醇和高烯丙醇底物在均相催化剂(Ir^+或 Rh^+)的存在下，氢化反应一般也能获得较好的立体控制效果。Stork 等[111]发现下述底物在均相和非均相催化条件下得到的产物不同。

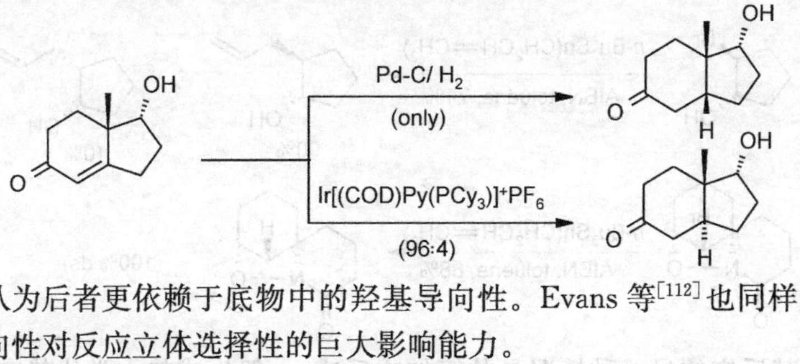

Pd-C/ H_2 (only)
$Ir[(COD)Py(PCy_3)]^+PF_6$ (96∶4)

他们认为后者更依赖于底物中的羟基导向性。Evans 等[112]也同样发现这种羟基的导向性对反应立体选择性的巨大影响能力。

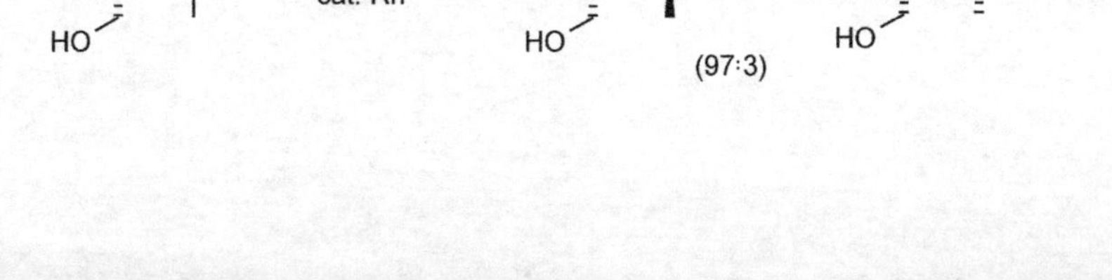

H_2, 2 atm, cat. Rh^+　(97∶3)

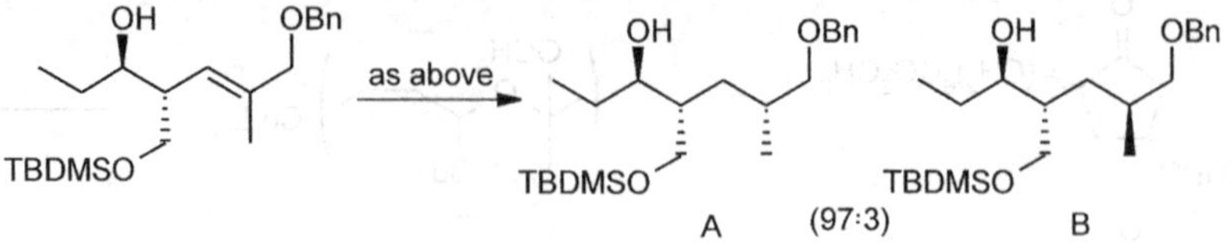

均相氢化反应的机理大致解释如下：

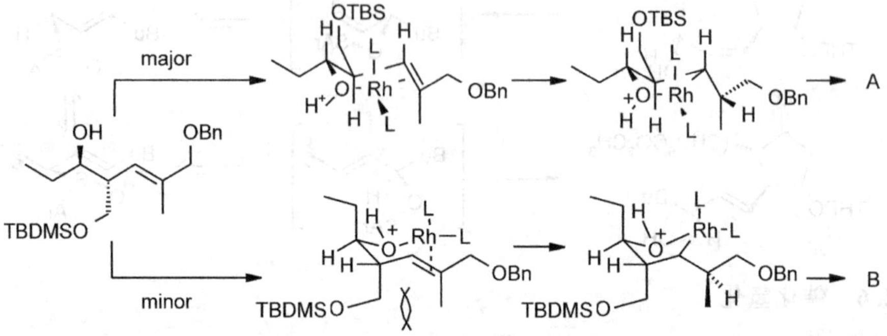

此外，为了获得非对映选择性，也曾有人采用手性辅基的办法。在此也不再叙述。

5.2.7 自由基反应

大多数化学家在合成设计中多考虑离子型反应，自由基反应的应用相对较少，主要是大多数的自由基反应立体选择性较差。但自由基反应也有其优势，对位阻大的底物也能发生反应，而且反应条件一般都不严格。正因为如此，自由基反应从理论和方法学两个方面在近年都得到很好的重视[113]。

影响自由基反应的因素很复杂。Keck 等[114]研究了五元环体系的自由基偶联反应，认为空间因素很重要，产物以 *trans* 异构体为主；但 Barton 等[115]则认为没有那么简单。

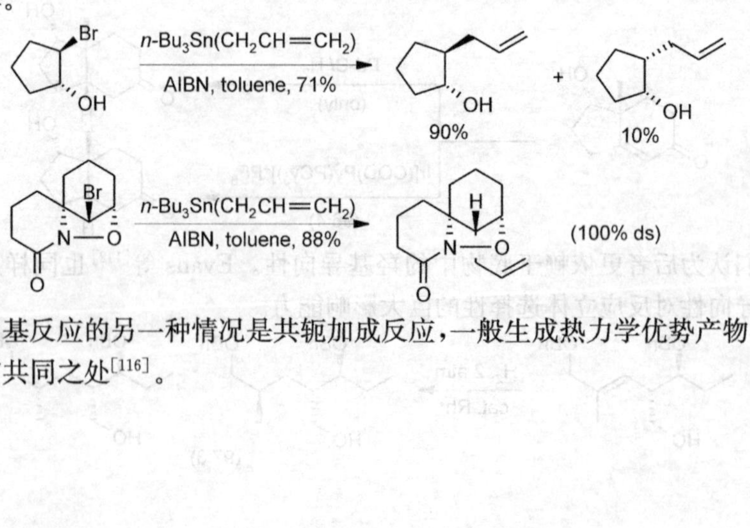

自由基反应的另一种情况是共轭加成反应，一般生成热力学优势产物，与负离子反应有共同之处[116]。

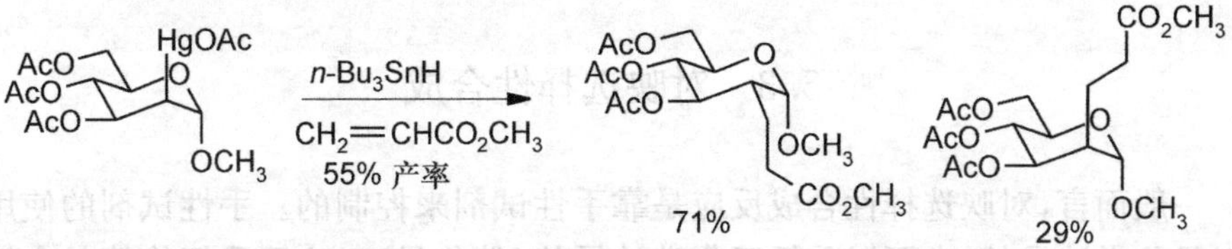

但也并非全部是这样，像下列乙酰糖溴的糖苷化反应就生成热力学不利的竖键产物[117]，有人认为这是邻基参与的结果。

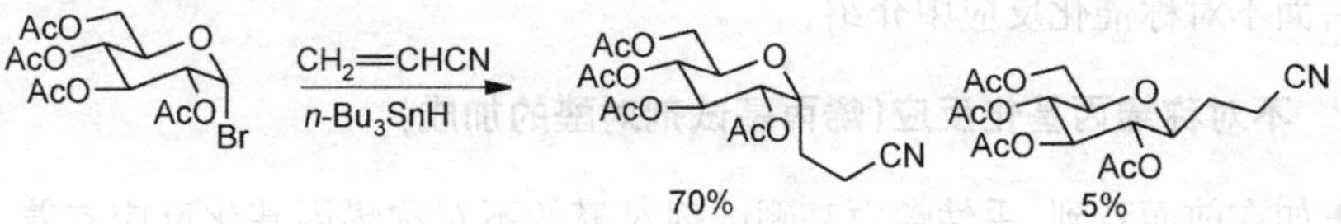

相对来说，自由基反应在成环反应中的应用颇有前景[118]，特别是在稠密五元脂环化合物的合成中能表现出自由基反应的优势。

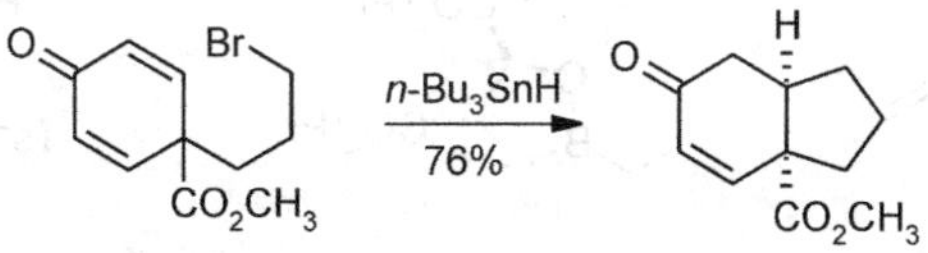

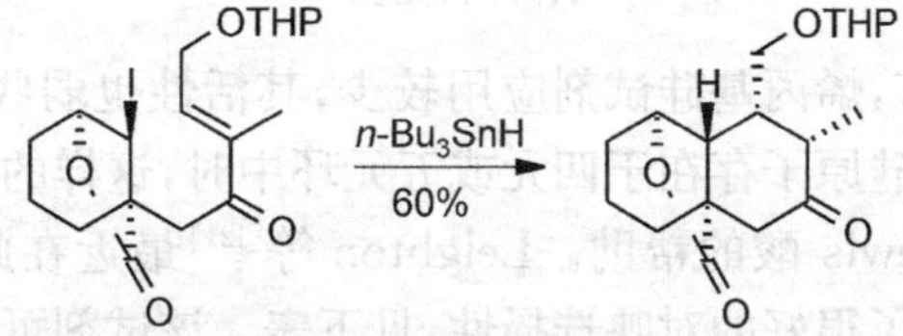

自由基串联反应在稠环的合成中具有极大潜力[119]。Zard 等利用自由基串联反应一步高效地构建了生物碱(±)-matrine 的骨架，最终完成了其合成[120]。

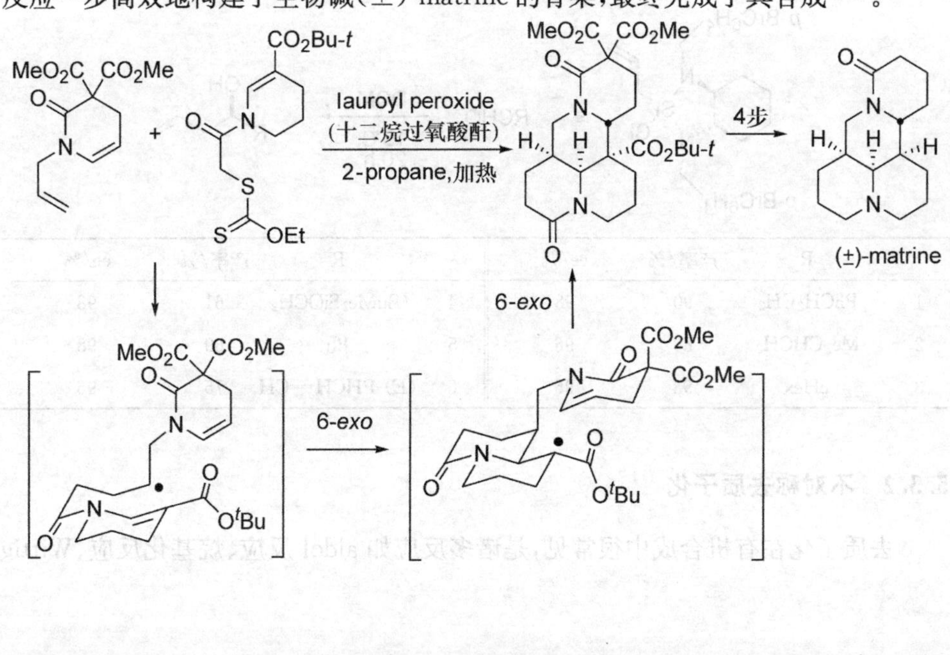

5.3 对映选择性合成

一般而言,对映选择性合成反应是靠手性试剂来控制的。手性试剂的使用量可以是化学计量的,也可以是低于化学计量的(催化量)。这里我们将简单介绍化学计量的手性试剂参与的对映选择性合成,催化量的试剂控制的对映选择性合成将在后面不对称催化反应中介绍。

5.3.1 不对称烯丙基化反应(烯丙基试剂对醛的加成)

正如在前面看到,手性烯丙基硼试剂对醛的不对称烯丙基化反应有着广泛的应用[85~87]。

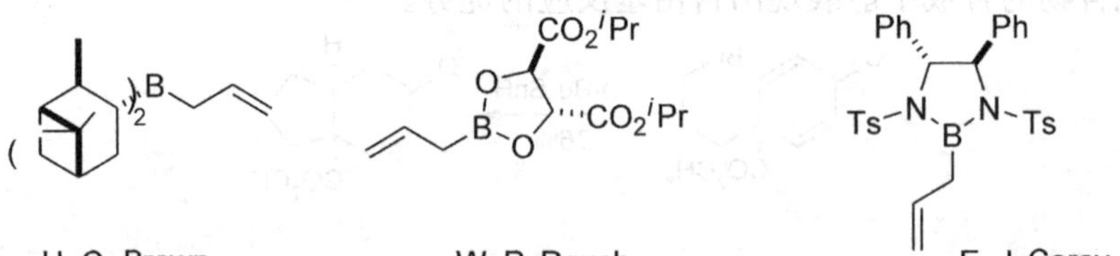

H. C. Brown　　W. R. Roush　　E. J. Corey

相对硼试剂而言,烯丙基硅试剂应用较少,其活性也弱些,常需添加 Lewis 酸来促进反应。不过,硅原子存在于四元或五元环中时,这样的烯丙基硅试剂具有较高的活性,而无需 Lewis 酸的帮助。Leighton 等[121]最近在此基础上发展了手性烯丙基硅试剂,取得了很好的对映选择性,见下表。该试剂可从光学纯环己二胺方便制备,且比较稳定,易于储存,对脂肪醛和芳香醛均有普适性。

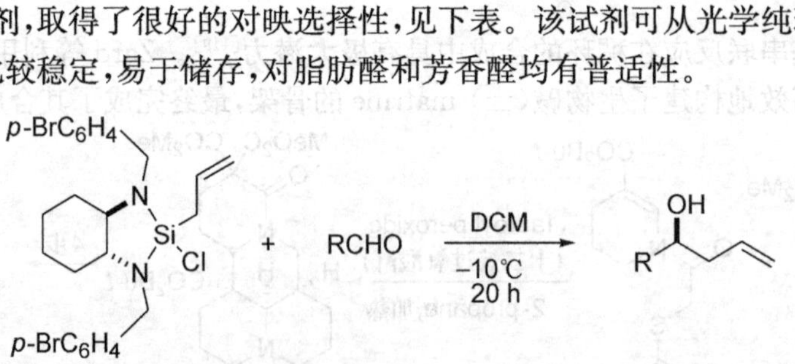

	R	产率/%	ee/%		R	产率/%	ee/%
1	$PhCH_2CH_2$	90	98	4	$^tBuMe_2SiOCH_2$	61	98
2	Me_2CHCH_2	80	96	5	Ph	69	98
3	cHex	93	96	6	(E)-PHCH═CH	75	96

5.3.2 不对称去质子化

去质子化在有机合成中很常见,是诸多反应如 aldol 反应、烷基化反应、Wittig

反应等的必经过程。对于一个具有潜手性中性的底物如果能通过不对称去质子化，产生一个手性的金属有机试剂，然后和一个亲电试剂进行立体选择性地反应得到光学纯的产物，这无疑将是很有意义的。

1. 非手性化合物的不对称锂化

目前在该领域的研究中，^{s}BuLi/(－)-sparteine(金雀花碱)（1∶1)组合是常用的不对称锂化试剂，而二异丙基氨基甲酸衍生物[122]和 *N*-Boc-吡咯烷[123]是两类很好的底物。例如，*N*-Boc-吡咯烷在－78℃下经^{s}BuLi/(－)-sparteine 处理，对映选择性地攫取 *Pro-S* 氢，然后和亲电试剂反应得到光学纯产物。其中和二苯甲酮反应得到的产物经一次重结晶后 ee 值可从 90%提高到 99%，该化合物脱除 Boc 保护后是一个非常有用的手性配体，可用于羰基的不对称还原[124]。

Hoppe　　　Beak

(–)-sparteine, ^{s}BuLi, Et$_2$O, –78℃　　EIX

EIX = Ph$_2$CO, 75% 产率, 90% ee
Me$_3$SiCl, 87% 产率, 96% ee

(–)-sparteine

有趣的是，最近 O'Brien 等[125]发现化合物 **8** 可以高对映选择性地攫取 *N*-Boc-吡咯烷的 *Pro-R* 氢，从而起到和(－)-sparteine 相辅的效果。化合物 **8** 比(－)-sparteine 少了一个 D 环，且具有相反的绝对构型。因此，这引起了化学家的兴趣，究竟在(－)-sparteine 中哪些环是必要的[126]？

(–)-sparteine　　**8**

1) **6**, ^{s}BuLi, Et$_2$O, –78℃
2) Me$_3$SiCl$_3$

84% 产率
90% ee

2. 内消旋化合物去对称化

在内消旋化合物(*meso*-compound)去对称化这类反应中，其底物一般是对称

的环状羰基化合物和环状的环氧化物，所用的去质子化试剂多为手性仲胺的锂盐[127]，例如

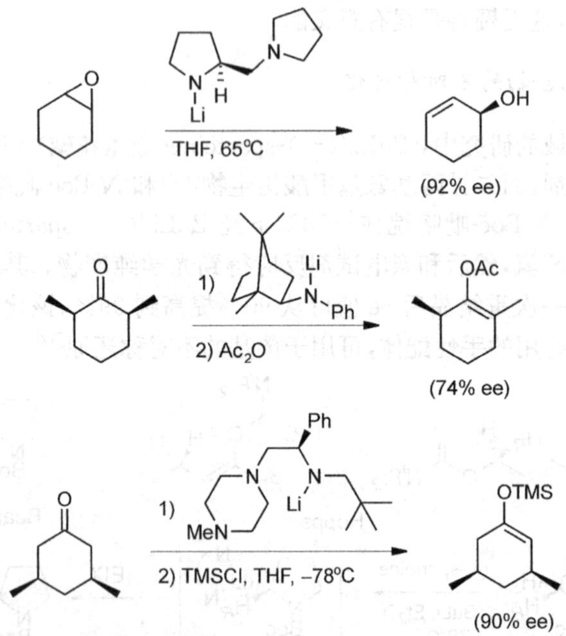

THF, 65℃

(92% ee)

1)　2) Ac_2O

(74% ee)

1)　2) TMSCl, THF, −78℃

(90% ee)

Hodgson 等发现，中环的环氧化物在(−)-sparteine 的存在下，经异丙基锂处理，能以较好的对映选择性得到双环产物[128]。

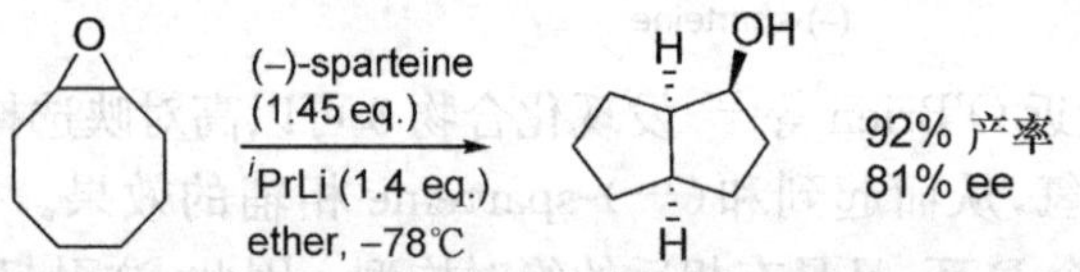

(−)-sparteine (1.45 eq.)　^{i}PrLi (1.4 eq.)　ether, −78℃

92% 产率　81% ee

当然，去质子化的底物并不局限于这些，外消旋化合物通过不对称去质子化从而达到动力学拆分的效果也有报道，这里不多累述[129]。

5.3.3　负氢化合物的还原反应

手性负氢试剂在酮类化合物的还原反应中是一种重要的方法。较多的例子集中在 $LiAlH_4$ 的性能改良上，例如配以手性的二醇等。Noyori 等[130] 发明的 BINALH就是一个成功的例子，影响反应的主要因素是 R^1 和 R^2 的电子效应。

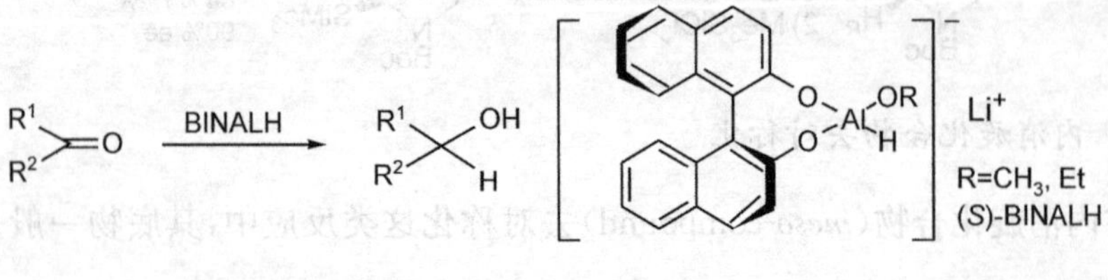

BINALH

$R=CH_3$, Et

(S)-BINALH

Ketone		R	ee/%	Ketone		R	ee/%
R^1	R^2			R^1	R^2		
Ph	CH_3	Et	95	n-BuC≡C	n-C_5H_{11}	CH_3	90
Ph	Pr	Et	100	n-BuC≡C	CH_3	CH_3	84
Ph	i-Pr	Et	71				

Midland 等[131] 发现 Ipc-BBN 能够将硼烷上的氢原子转移到醛和酮上，并能取得 77%～100%的 ee 值。

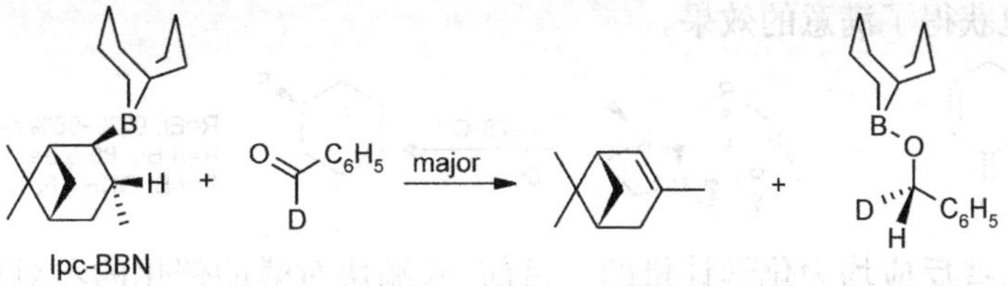

Ipc-BBN　major

之后，人们着手来改良这种反应，并使用于不对称合成之中。例如，Brown[132] 和 Corey 小组[133] 的工作。

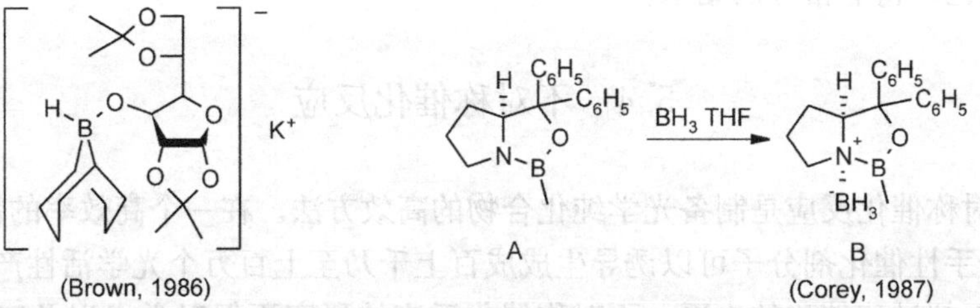

(Brown, 1986)　A　BH_3 THF　B (Corey, 1987)

这两种试剂的对映选择性效果均能达到 90%ee 以上，特别是 Corey[124] 的后一种试剂可以将 A 作为催化剂(0.05mol/mol)使用。

除 $LiAlH_4$ 之外，$NaBH_4$ 在过渡金属和手性配体存在下也能将 α,β-不饱和酯的双键进行选择性还原[134]。

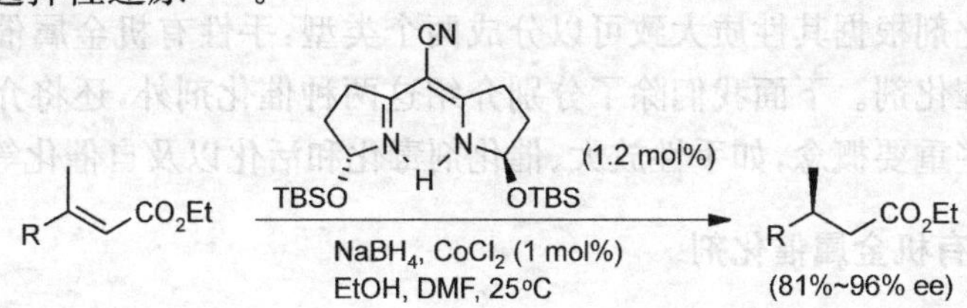

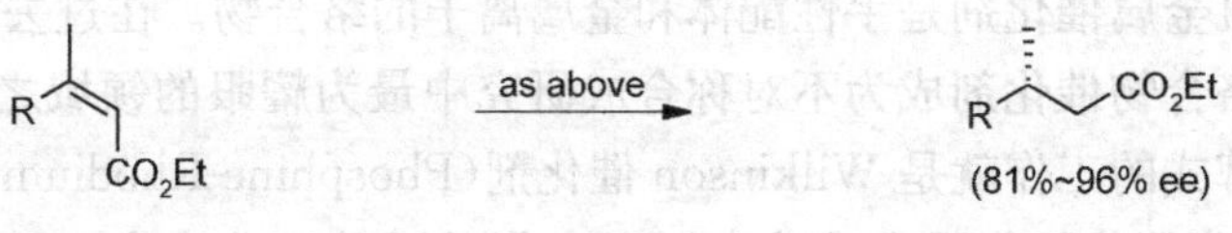

(1.2 mol%)　$NaBH_4$, $CoCl_2$ (1 mol%)　EtOH, DMF, 25°C　(81%~96% ee)

as above　(81%~96% ee)

5.3.4　亲核加成反应

手性金属络合物有机金属化合物在亲核进攻时，体系中存在合适的手性配体就能达到一定的 ee 值。Johnson 等[135]利用氨基醇配体使炔基锂对醛的加成达到有效的对映控制,反应过程中被认为涉及手性金属络合物的参与。

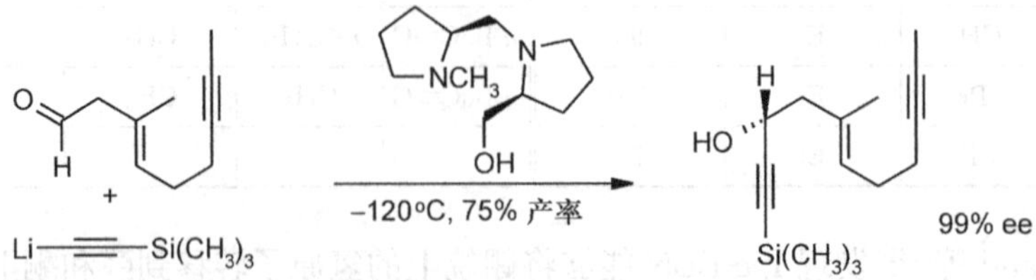

Corey 等[136]利用相似的原理在下面的手性铜锂络合物试剂对环己烯酮的共轭加成时也获得了满意的效果。

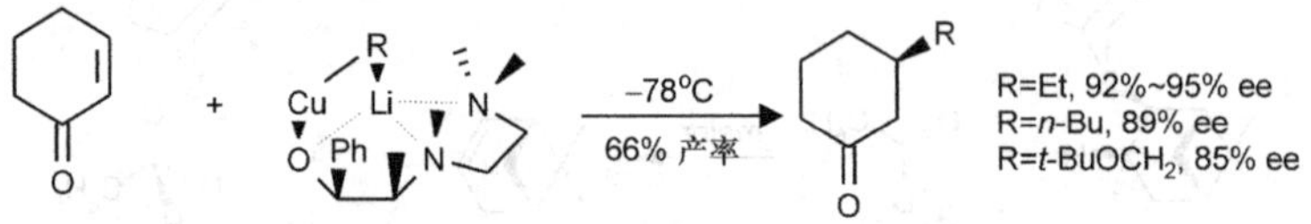

以上这些反应均为化学计量的。目前,末端炔对醛的催化的不对称加成[137],以及有机铜试剂对环己烯酮及其他一些 α,β-不饱和酮催化不对称共轭加成反应[138]都已取得非常好的结果。

5.4 不对称催化反应

不对称催化反应是制备光学纯化合物的高效方法。在一个高效率的催化反应中,一个手性催化剂分子可以诱导生成成百上千乃至上百万个光学活性产物分子,达到甚至超过酶催化的水平。不对称催化反应的研究不但对学术以及工业界(如医药)有重要意义,而且可能对自然界手性均一性的起源提供重要线索。2001 年,化学家 Knowles(不对称氢化)、Noyori (不对称氢化)和 Sharpless(不对环氧化和双羟化)由于在不对称催化研究领域的重要贡献获得了该年度的诺贝尔化学奖。

手性催化剂根据其性质大致可以分成两个类型:手性有机金属催化剂和手性有机小分子催化剂。下面我们除了分别介绍这两种催化剂外,还将介绍催化反应领域中的一些重要概念,如手性放大、催化剂毒化和活化以及自催化等。

5.4.1 手性有机金属催化剂

手性有机金属催化剂是手性配体和金属离子的络合物。在过去的 20 年间,手性过渡金属络合物催化剂成为不对称合成研究中最为耀眼的领域之一。1968 年,第一个里程碑式的工作就是 Wilkinson 催化剂(Phosphine-Rhodium Complexe)的出现,使不对称催化氢化反应成功应用于 α-氨基酸的工业生产。20 世纪 80 年代之后,以 tartrate-titanium alkoxide complexe 为催化剂的 Sharpless 环氧化反应成为目前在合成化学中使用频率最高的对映选择性反应之一。另外,以 1,1′-二联萘衍生物(1,1′-binaphthyl derived ligands)和 Salen 为配体的过渡金属络合物催化反应研究也是两个主要的方向。随着人们对分子识别机制的深入理解和计算机模拟技术的帮助，对催化剂的设计也越来越从偶然性走向科学性。

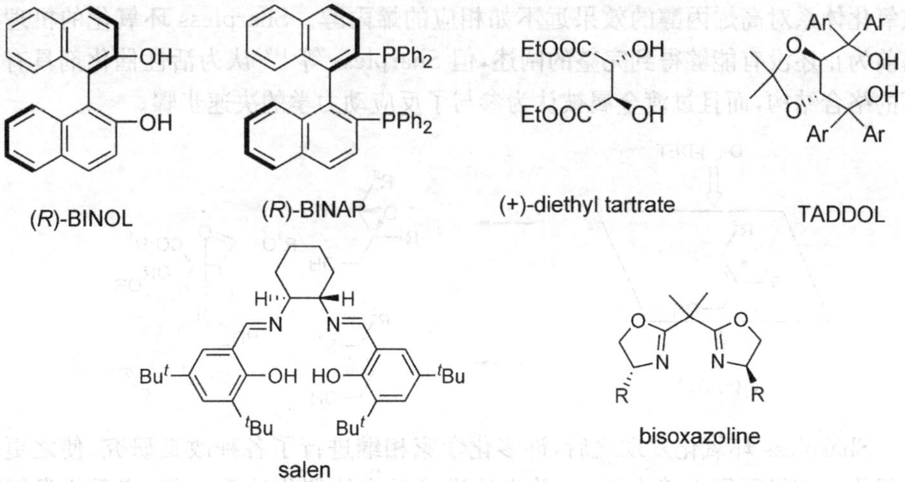

(R)-BINOL　(R)-BINAP　(+)-diethyl tartrate　TADDOL

salen　bisoxazoline

上图列出了几种应用比较广泛的手性配体。BINOL 及其衍生物可与诸多金属离子形成络合物，如 BINOL-Ti、BINOL-Zr、BINOL-B、BINOL-Al、BINOL-Zn、BINOL-Ln 等，在不对称烷基化、ene、Diels-Alder、Hetero-Diels-Alder、aldol、Mannich、Michael 加成、环氧化、硅氰化等反应中取得了很好的结果[139]。酒石酸衍生物 TADDOL 试剂[140]是另一类应用广泛的双羟基配体，TADDOL-Ti 络合物催化剂在一些反应中也表现出与 BINOL 相似的高对映选择性。正如上面所言，酒石酸酯本身和钛的络合物是使用频率最高的催化剂之一，最终使 Sharpless 赢得 2001 年诺贝尔化学奖[141]。双膦配体 BINAP 和过渡金属，如 Pd、Rh、Cu、Ag 等形成的络合物是众多不对称反应的优秀催化剂[142]，但其中碳-碳双键和碳氧双键的不对称氢化最引人注目[143]，Noyori 因该方面的工作获得了 2001 年诺贝尔化学奖。Salen 配体的金属络合物催化剂也是不对称催化研究的热点之一。Jacobsen 等[144a,b]发展的 Salen-Co 络合物是目前最好的环氧化合物水解动力学拆分的催化剂，工业界已用此来获得多种手性药物的关键中间体。Salen 化合物还是环氧化反应的一类重要配体[144c]。双噁唑啉类化合物在 Diels-Alder、aldol 和 Michael 加成等诸多反应中得到应用[145]。

1. 烯烃的环氧化

20 世纪 60 年代，人们试图采用手性过酸对烯烃进行对映选择性环氧化，但 ee 值均不能达到满意的程度。1980 年，Julia 等[146]报道在 poly-(S)-alanine 催化下，用胺氧化物作氧化剂能取得 90%ee 值，但底物范围很窄。同年，Sharpless 研究组[141,147]报道酒石酸酯、四异丙基钛、过氧叔丁醇体系能对各类烯丙醇进行高对映选择性环氧化，而且产物的绝对构型与底物无关，仅与配体构型相对应并能预测。1987年，该小组[148]将此反应发展为催化反应并用于烯丙仲醇的动力学拆分。但该氧化体系对高烯丙醇的效果远不如相应的烯丙醇。Sharpless 环氧化的机理到目前为止还没有能够得到完整的阐述，但 Sharpless 等[149]认为活性催化剂具有右下的络合结构，而且过渡金属被认为参与了反应动力学的决速步骤。

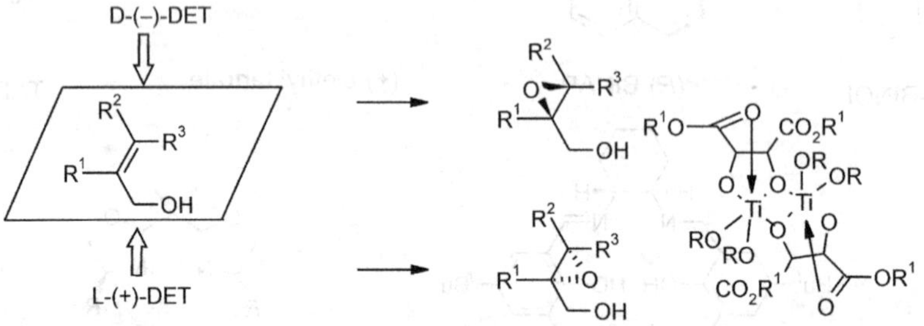

D-(−)-DET　L-(+)-DET

Sharpless 环氧化发现之后，许多化学家相继进行了各种改良研究，使之更利于操作。有机所周维善小组[150]首先改进了反应的催化体系，同时将反应发展到α-糠胺的动力学拆分，得到的产物可用于天然或非天然氨基酸的合成。

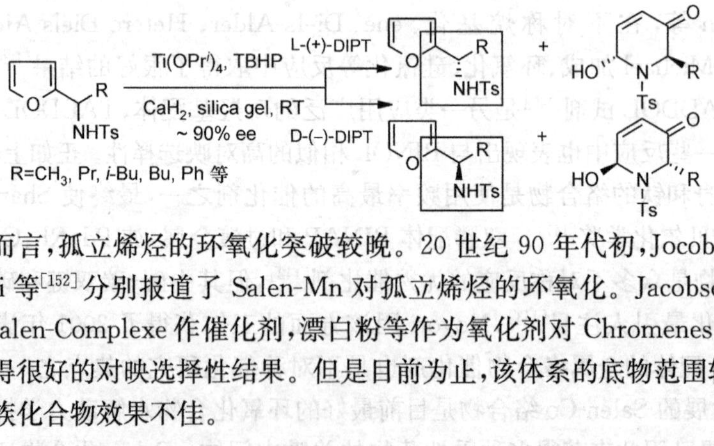

$Ti(OPr^i)_4$, TBHP；CaH_2, silica gel, RT；~90% ee；L-(+)-DIPT；D-(−)-DIPT；$R=CH_3$, Pr, *i*-Bu, Bu, Ph 等

相对而言，孤立烯烃的环氧化突破较晚。20 世纪 90 年代初，Jocobsen 等[151]和 Katsuki 等[152]分别报道了 Salen-Mn 对孤立烯烃的环氧化。Jacobsen 等利用 Mn(Ⅱ)-Salen-Complexe 作催化剂，漂白粉等作为氧化剂对 Chromenes 类化合物环氧化取得很好的对映选择性结果。但是目前为止，该体系的底物范围较窄，尤其对于脂肪族化合物效果不佳。

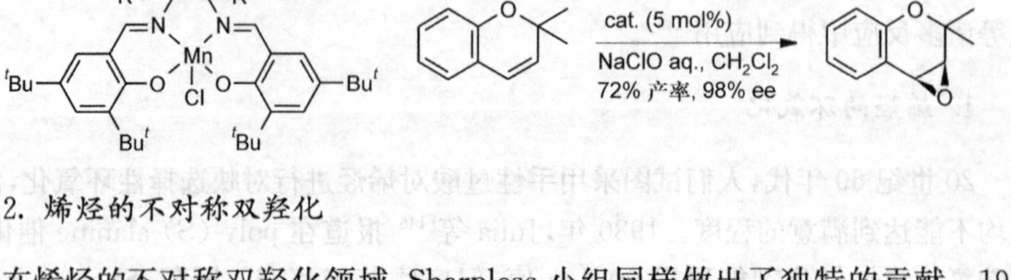

cat. (5 mol%)；NaClO aq., CH_2Cl_2；72% 产率, 98% ee

2. 烯烃的不对称双羟化

在烯烃的不对称双羟化领域，Sharpless 小组同样做出了独特的贡献。1988

年，Sharpless 小组[153]报道在二氢奎宁或二氢奎尼定邻氯苯甲酸酯的存在下，OsO_4 对烯烃的双羟基化能获得非常高的对映过量值。后来，他们又将这反应发展为催化型反应，并用更安全的 $K_2OsO_2(OH)_4$ 代替了剧毒的四氧化锇(OsO_4)。1992 年，该小组[154]又报道二氢奎宁和二氢奎尼定的 Phthalazine 类衍生物是更为有效的催化配体，$K_3[Fe(CN)_6]$可作为助氧化剂，反应中使用 $MeSO_2NH_2$ 可加速反应。这样，Sharpless 双羟基化的试剂被正式商品化，即 AD-mix-α[含$(DHQ)_2PHAL$]和 AD-mix-β[含$(DHQD)_2PHAL$]。

DHQD　二氢奎尼定　　DHQ　二氢奎宁　　$(DHQD)_2PHAL$: Alk = DHQD　$(DHQ)_2PHAL$: Alk = DHQ

Sharpless 双羟基化对 ***E*** 式烯烃效果尤其好，但通常对 *Z* 式烯烃相对效果较差。反应产物的绝对构型与催化体系的配体一一对映，具有很好的预测性[155]。与 Sharpless 环氧化相比，该反应不再局限于烯丙醇类底物，且可以放大反应至千克级，非常稳定，催化效率也很高。

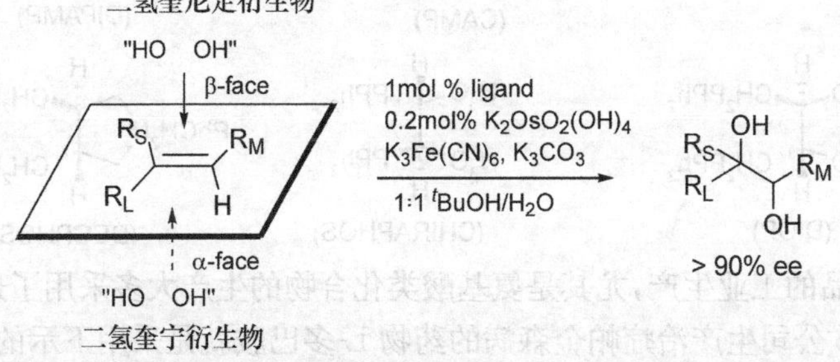

Sharpless 双羟基化反应的机理尚未有定论。Corey[156]和 Sharpless[157]分别提出了自己的许多观点并报道了相关的实验论证工作，在此不作叙述。

值得一提的是，Sharpless 小组经过多年的努力，最近又成功地实现了对映选择性羟氨化反应[158]，这在以前往往要靠间接法才能获得。利用不对称羟氨化(Sharpless AA)通过三步反应可快速完成 taxol 边链的合成。该反应主要的化学计量试剂是氧化剂氯氨-T(Chloramine-T)，学名为 *N*-氯-对甲苯磺酰胺钠盐，为非常便宜的工业氧化剂。通过对配体的选择，[159]可以获得所需要的异构体，即 α-羟基-β-氨基酸或是 β-羟基-α-氨基酸。

5% $(DHQ)_2$-PHAL
4% $K_2OsO_2(OH)_4$
3 eq $TsNClNa \cdot 3H_2O$
1:1 *t*-BuOH/H_2O
rt, 3h

acid deprotection

BzlCl

5% $(DHQD)_2$-PHAL
4% $K_2OsO_2(OH)_4$
3 eq $TsNClNa \cdot 3H_2O$
1:1 *t*-BuOH/H_2O
rt, 3h

taxol C-13 side chain
> 99% ee, 30% yield overall

3. *碳-碳双键和碳氧双键的不对称还原*

碳-碳双键的对映选择性氢化反应可以被认为是有机合成历史上一个“成功的故事”。反应所使用的中心金属大多为 Rh 和 Ru，手性配体基本为三价磷配体，例如：

(CAMP) (DIPAMP)

(DIOP) (CHIRAPHOS) (DEGPHOS)

许多药品的工业生产，尤其是氨基酸类化合物的生产大多采用了这种新技术，如 Monsanto 公司生产治疗帕金森病的药物 L-多巴胺就是采用下示的不对称氢化路线[160]。

H_2, MeOH
$[Rh(R,R)\text{-DIPAMP}]^+$

L-DOPA

氢化反应的催化剂的普适性往往不是太好，如上面 Knowles 发明的$[Rh(R,R)\text{-DIPAMP}]^+$络合物仅对 α-氨基丙烯酸类底物有很好的对映选择性。在 1986 年，日本名古屋大学的 Noyori 小组[143a,c]发现，$Ru(OAc)_2$(*R*/*S*-BINAP)对官能化的烯烃有非常好的效果，即烯丙醇、高烯丙醇、α-氨基丙烯酸以及 β-氨基丙烯酸等都是适用的底物。其中著名的例子应该是抗炎药萘普生(naproxen)的合成。

Ru(OAc)$_2$(S-BINAP)
135 atm H_2
MeO　CO_2H
92% 产率
97% ee

Noyori 等还发现以 $RuCl_2$(*R*/*S*-BINAP)而不是上述的 Ru(OAc)$_2$(*R*/*S*-BINAP)为催化剂，则可高对映选择性地实现对官能化羰基化合物（如 α-氨基或羟基酮、β-羰基酯等）的氢化。其中羟基丙酮的氢化产物(*R*)-1,2-丙二醇被 Takasago 公司用于抗细菌药 levofloxacin 的工业合成中。在 20 世纪 90 年代后期，他们通过对催化剂的修饰并加入除 BINAP 外的第二个手性配体 1,2-二胺，使得非官能化的羰基化合物（芳基酮、杂芳基酮以及 α,β-不饱和酮）的不对称氢化成为可能[143b,c, 161]。需要指出的是，底物中的双键并不会被氢化。此处的反应机理与 $RuCl_2$(*R*/*S*-BINAP)催化的反应有所不同。

H_2 Ru cat. base
Unsat = alkenyl, Aryl, heteroaryl
up to 100% ee
up to 100% yield
Ar = 3,5-二甲基苯基
(*S*)-BINAP/(*S*,*S*)-dpen-$RuCl_2$

最近有机所丁奎岭小组发展了催化剂自负载概念，制备了自负载型的 BINOL-P-Rh[162] 和类 Noyori 的 BINAP-Ru[163] 非均相型催化剂，分别实现了烯胺和芳基酮的高效不对称氢化还原。该类催化剂在回收循环使用 7 次后，仍然保持较高的活性和对映选择性。

linker
K. Ding

美国 Pennsylvannia State University 的 Zhang 等[164] 自 1994 年起围绕传统型的双磷配体开展了一系列有益的研究工作。现在，底物的适用范围也可以扩大到简单的酮、α,β-不饱和酸、烯丙醇和高烯丙醇等。

羰基化合物的还原除了上述的不对称催化氢化外，催化的不对称硼氢化也是一个重要途径。Corey 小组在 Itsuno 等的工作基础上制备了一类噁唑硼化合物（CSB 试剂），它们对芳基酮以及烯基或炔基酮都有很好的适用性，并在医药中间体和天然产物的合成中得到了广泛应用[124]。

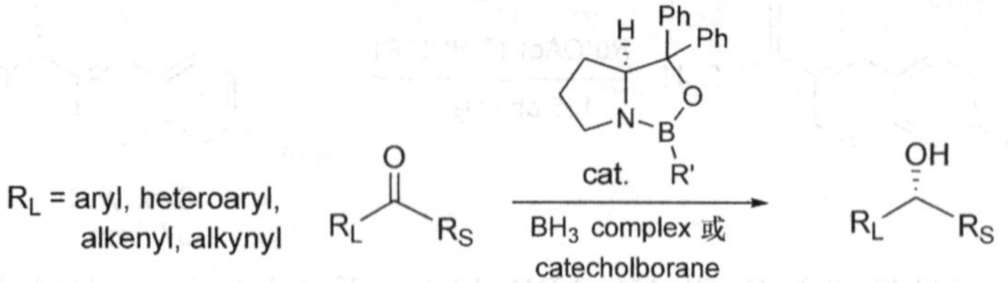

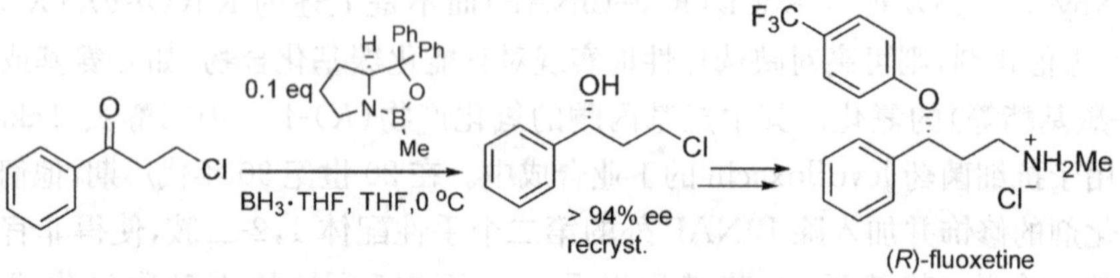

4. 不对称烯丙基烷基化反应

过渡金属参与的不对称烯丙基烷基化反应(asymmetric allylic alkylation)在最近的 20 年得到了很大的发展,其中手性钯催化剂是最常见的催化剂[165,166]。一般认为,反应经历了一个烯丙基 π 络合物,但影响反应的立体选择性的因素有多种[166]。在下图所示中,X 代表离去基团,常为酰氧基团(如乙酰氧官能团);Nu 为亲核试剂,可以是碳负离子、醇、酚以及胺或叠氮化合物,所以不对称烯丙基烷基化反应是形成 C—C、C—O 以及 C—N 键的好方法。

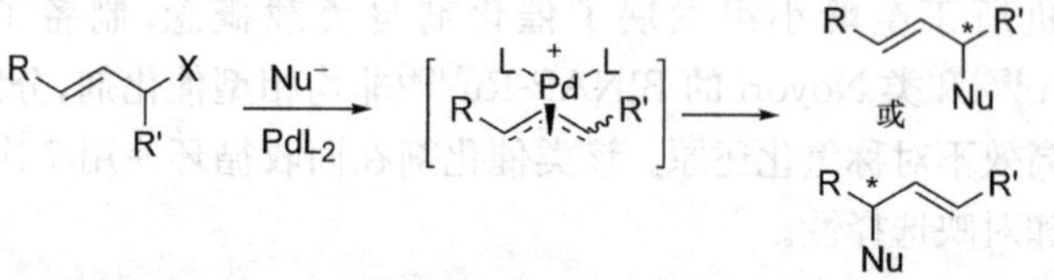

Trost 小组在不对称烯丙基烷基化反应方面做出了比较显著的贡献,他们发展的所谓的口袋型配体——具有 C2 对称的二苯基膦苯甲酰胺化合物[2-(diphenylphosphino) benzamide]有着较好的底物适应性,在内消旋化合物(*meso*-compound)的去对称化[166]、外消旋化合物(racemic compound)的动力学拆分[166]以及季碳手性中心的构建[166,167]等方面取得了很好的结果,并在天然产物的合成[166,167]中得到广泛应用。

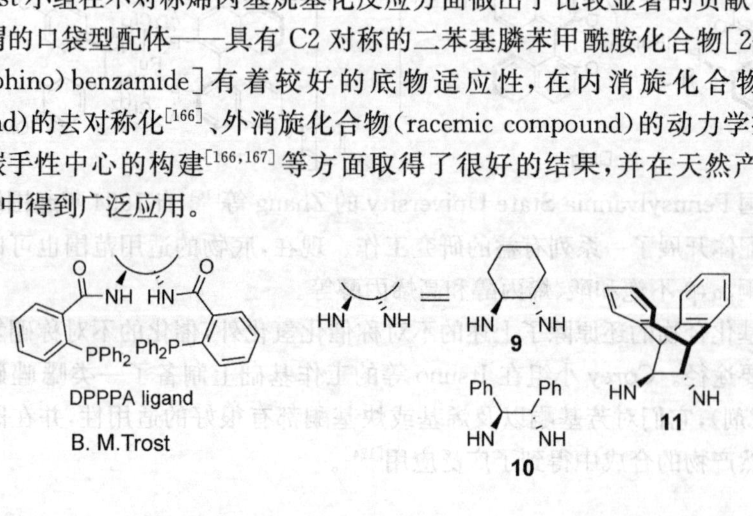

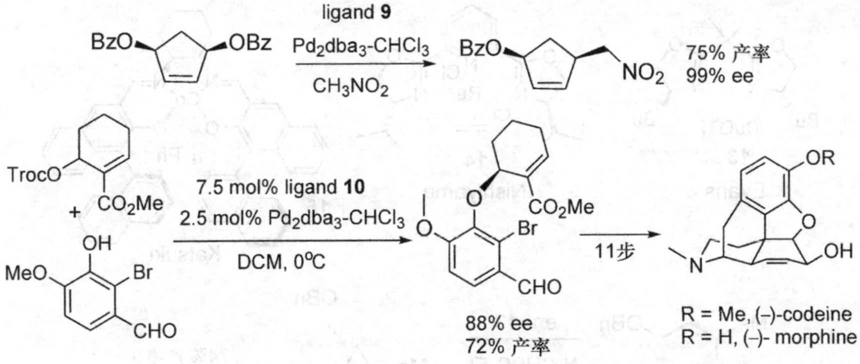

中国科学院上海有机化学研究所侯雪龙和戴立信小组[169]合成了基于二茂铁的口袋型配体，并在 α-甲基苯并环己酮的不对称烯丙基化反应中取得高达 95% ee 值。日本的 Hamada 等[170]则利用手性膦（磷原子是手性中心）为配体，高对映选择性地促进了 α-烷氧羰基取代的环酮的不对称烯丙基化。上述二者在反应中均构建了一个手性季碳中心。

5. 不对称环丙烷化反应

不对称环丙烷化反应可能是最早使用过渡金属络合物进行的催化反应。1966 年，Nozaki 等[171]利用 Cu(Ⅱ)的络合物 **11** 作催化剂对苯乙烯用 N_2CHCO_2Et 进行环丙烷化反应，但只获得 6%的 ee 值。20 年后，在此基础上发展了 **12**，被成功用于菊酸（chrysanthemic acid）以及酶抑制剂 cilastatin 的合成之中[172]。

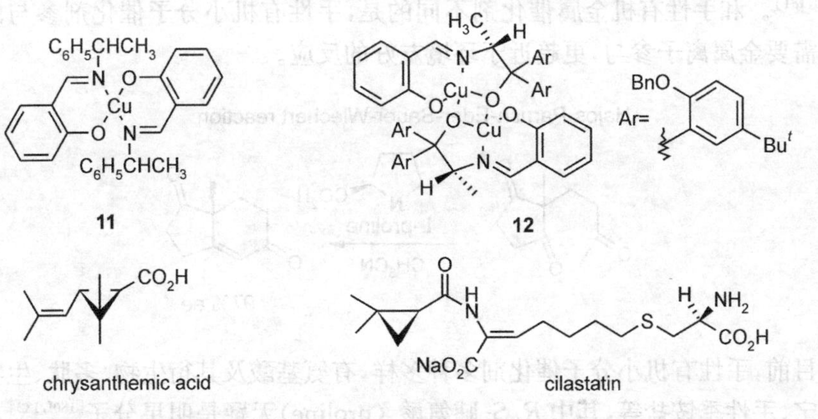

20 世纪 90 年代之后，催化不对称环丙环化得到了很大发展[173]，如 Evans 等[174]的双噁唑啉-Cu(Ⅰ)型络合物[175]、Nishiyama 等[176]的 Pybox-Ru(Ⅱ)型络合物以及 Katsuki 等[177]的 Salen-Co(Ⅱ)型络合物在一定的底物范围内都能取得很高的对映选择性和顺反选择性。

13 Evans　14 Nishiyama　15 Katsuki

ent-**13**, N_2CHCO_2Et：74% 产率，*trans*:*cis* 88:12，93% ee

15, $N_2CHCO_2{}^tBu$, *N*-methylimidazole：89% 产率，*cis*:*trans* 98:2，98% ee

除上述几大类型反应之外，还有许许多多应用过渡金属络合物催化剂的合成反应也获得了长足的进展[142,178]，在此不能一一介绍。

5.4.2 手性有机小分子催化剂

手性有机小分子催化剂的历史可以追溯到 20 世纪 70 年代的 Hajos-Parrish-Eder-Sauer-Wiechert 反应[179]，不过这方面的研究直到最近几年才得到迅猛的发展[180,181]。和手性有机金属催化剂不同的是，手性有机小分子催化剂参与的反应并不需要金属离子参与，更趋近于环境友好的反应。

Hajos-Parrish-Eder-Sauer-Wiechert reaction

L-proline, CH_3CN：97% ee

目前，手性有机小分子催化剂多种多样，有氨基酸及其衍生物、多肽、生物碱如辛可宁、手性季铵盐等，其中 *R*/*S*-脯氨酸 (proline)无疑是明星分子[180f,182]。它们参与的反应类型同样广泛，反应机理也各不相同，有以共价键形式参与反应如脯氨酸类催化剂，也有以非共价键方式如氢键[183]参与反应，或者二者兼而有之。下面我们将根据反应类型来介绍手性有机小分子催化剂参与反应进展。

1. Aldol 反应

我们在非对映选择性一节中的 aldol 反应中提到，直接的交叉 aldol 反应(direct cross aldol reaction)是很困难的，尤其是醛和醛之间的反应，这是因为常常有诸如自身偶合和聚合等不可避免的副反应。令人兴奋的是，有机小分子催化剂在这一领域展现了非常好的应用前景。目前，脯氨酸是最具普适性的催化剂，有着广泛的底物适用范围。

在 2000 年，List、Lerner 和 Barbas Ⅲ[184]基于他们对羟醛缩合酶(aldolase)的研究，发现脯氨酸能对映选择性地催化丙酮和一些芳香醛的 aldol 反应，和异丁醛的反应更是获得了 97%产率和 96% ee 值的好结果。随后，α-羟基丙酮和醛的反应[185]，甚至是醛和醛之间的 aldol 反应[186]都得到了实现。这样，脯氨酸即可看作是Ⅰ型羟醛缩合酶(class Ⅰ aldolase)的模拟物，而又甚至超越了酶的作用，因为它的底物范围以及反应类型(见后面)都有很大的拓宽。

体积分数为20% + OHC — L-proline (30 mol %), DMSO/acetone (4:1,体积比) → 97% 产率, 96% ee (List et al.)

体积分数为20% + OHC — L-proline (20~30 mol %), DMSO/hydroxyacetone (4:1,体积比) → 60% 产率, *anti*:*syn* >20:1, >99% ee (List et al.)

H + OHC — L-proline (10 mol %), DMF, 4°C → 80% 产率, *anti*:*syn* 4:1, 99% ee (MacMillan et al.)

在 L-proline 催化的醛和醛之间的 aldol 反应基础上，MacMillan 等[187]发展了六碳糖的两步制备法。首先，适当保护基保护的 α-羟基乙醛在 L-proline 的催化下，高立体选择性地得到三羟基丁醛。该化合物在此反应条件下很稳定，不会发生进一步的 aldol 反应。然而，在不同的 Lewis 酸和溶剂存在下，该四碳醛可和 β-乙酰烯醇硅醚发生 Mukaiyama aldol 反应，得到不同构型的六碳糖。

OHC OTIPS L-proline (10 mol %) DMSO, rt 92% 产率 *anti*:*syn* 4:1, 95% ee
O OH OTIPS OTIPS
\+ AcO H OTMS
$MgBr_2 \cdot OEt_2$ Et_2O −20℃→4℃ TIPSO O OH TIPSO OAc OH 79%, 95:5 dr 95% ee
$MgBr_2 \cdot OEt_2$ CH_2Cl_2 −20℃→4℃ TIPSO O OH TIPSO OAc OH 87%, >97:3 dr 95% ee
$TiCl_4$ CH_2Cl_2 −78℃→40℃ TIPSO O OH TIPSO OAc OH 97%, >97:3 dr 95% ee

Cordova 等[188]则利用 α-烷基醛为底物，分别利用 L-proline 和 D-proline 为催化剂，实现了六碳糖的两步法合成。如果第一步用 D-proline，第二步用 L-proline，将得到一个相应的对映体。

R H O + R^1 H O L-proline (10 mol %) DMF R OH O R^1 H O D-proline (10 mol %) DMF R O OH R^1 OH

R = Et, R^1 = Me, 29% 产率, 99% ee
R = ^{i}Pr, R^1 = Me,42% 产率, >99% ee
R =*c*-hexyl, R^1 = Me, 41% yield, >99% ee

Enders 等[189]则通过脯氨酸催化的仿生[3+2]aldol 反应，合成了五碳糖。除了这些分子间 aldol 反应外，分子内 aldol 反应[190]也取得了非常好的结果。此外，一些非脯氨酸催化剂[182b,191]也被发现具有很好的催化效果，有时甚至超过脯氨酸。

对于脯氨酸催化的 aldol 反应机理，化学家们一直很感兴趣。Hajos-Parrish-Eder-Sauer-Wiechert 反应自发现以来，如今已有好几个过渡态模型。最初，Hajos 等提出了两个模型 **A** 和 **B** 来解释所观察到的立体选择性。模型 **A** 含有一个氨基缩酮(carbinolamine)中间体[192]，模型 **B** 则含有一个烯胺中间体，并存在分子内的 N—H…O 氢键。Hajos 等倾向于前者，然而许多实验数据[193]表明烯胺是反应中间体。20 世纪 80 年代，Agami 等[194]在模型 **B** 的基础上提出了第二个脯氨酸协助的模型 **C**。最近，List 和 Houk 等[182a, 195]的实验表明，脯氨酸的 ee 值和产物烯酮的 ee 值之间并不存在 Agami 等观察到的非线性关系，因而排除了两分子脯氨酸参与的过渡态模型 **C**。他们提出了羧基参与氢键的过渡态模型 **D**，并通过计算表明，过度态 **B** 比 **D** 能量上要高 30.5 kcal/mol。对脯氨酸参与的分子间的 aldol 反应，Houk 等[195]提出了一个类似的九元环过渡，很好地解释了观察到的对映选择性和非对映选择性。

Hajos-Parrish-Eder-Sauer-Wiechert 反应过渡态模型如下所示。

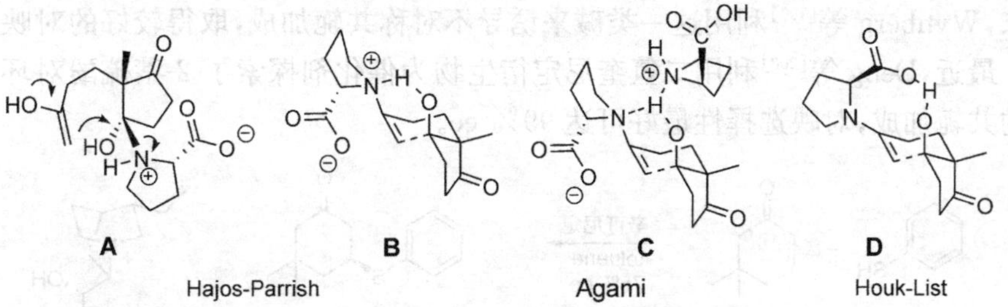

A Hajos-Parrish　B　C Agami　D Houk-List

L-脯氨酸参与的分子间 aldol 反应的立体选择性如下所示。

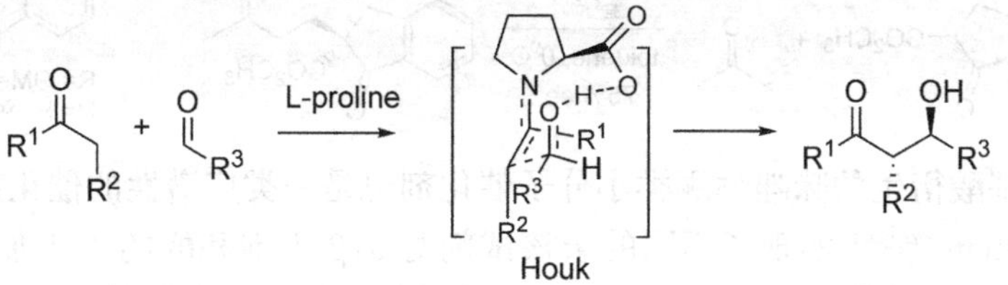

L-proline　Houk

2. Mannich 反应

与小分子催化的 aldol 反应一样，底物和反应条件的选择对醛和酮的 Mannich 反应同样非常重要。相对于酮[196,197]而言，醛的 Mannich 反应更困难一些。利用乙醛酸乙酯衍生的亚胺为受体，Barbas 等实现了首次的醛的 Mannich 反应，进而在这个基础上，他们实现了醛的三组分 Mannich 反应[198]。有趣的是，proline 催化的 aldol 反应给出 *anti* 为主的产物，而 Mannich 反应则给出 *syn* 为主的产物。

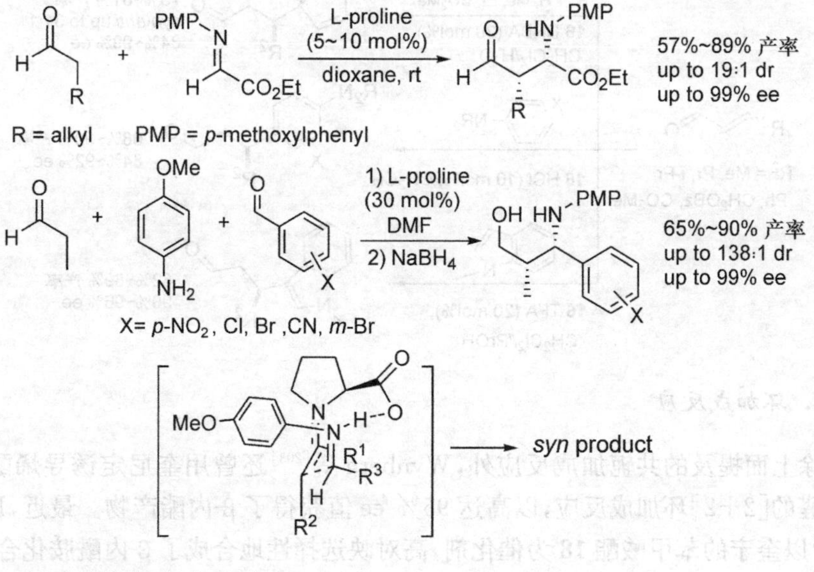

L-proline (5~10 mol%) dioxane, rt　57%~89% 产率　up to 19:1 dr　up to 99% ee

R = alkyl　PMP = *p*-methoxylphenyl

1) L-proline (30 mol%) DMF　2) $NaBH_4$　65%~90% 产率　up to 138:1 dr　up to 99% ee

X= *p*-NO_2, Cl, Br ,CN, *m*-Br

syn product

3. 不对称共轭加成反应

金鸡纳碱类在有机合成中也常用作配体或小分子催化剂。早在 20 世纪 70 年代末，Wynberg 等[199]利用这一类碱来诱导不对称共轭加成，取得较好的对映选择性。最近，Deng 等[200]利用二氢奎尼定衍生物为催化剂探索了 2-萘硫酚对环状烯酮的共轭加成，对映选择性最好可达 99% ee。

SH +
辛可尼定
toluene
75% ee
S
OH
N
R
N
CO_2CH_3 +
奎宁
toluene, 0°C
75% ee
CO_2CH_3
R= OMe, 奎宁
R= H, 辛可尼定

由氨基酸衍生的咪唑啉酮类小分子催化剂也是一类广谱性的催化剂。利用它们，MacMillan 等[201]实现了不同的亲核试剂对 α,β-不饱和醛的 1,4-加成，并在天然产物的合成[202]中得到应用。在这些反应中，催化剂和底物醛应该形成了一个亚胺中间体，从而诱导了立体选择性。

Ph **16**
Me
Me
Ph **17**
DNBA = 1,4-dinitrobenzoic acid
TMSO
R^1 = H, Me, Et, CO_2Me
16 DNBA (20 mol%)
CH_2Cl_2/H_2O
73%~81% 产率
syn:*anti* up to 31:1
84%~99% ee
R^2
NR_2
R^2 = Me, Pr, *i*-Pr, Ph, CH_2OBz, CO_2Me
16 HCl (10 mol%), CH_2Cl_2
R_2N
X
68%~90% 产率
84%~92% ee
16 TFA (20 mol%), CH_2Cl_2/^{i}PrOH
82%~89% 产率
90%~96% ee

4. 环加成反应

除上面提及的共轭加成反应外，Wynberg 等[203]还曾用奎尼定诱导烯酮和三氯乙醛的[2+2]环加成反应，以高达 95% ee 值获得了 β-内酯产物。最近，Lectka 等[204]以奎宁的苯甲酸酯 **18** 为催化剂，高对映选择性地合成了 β-内酰胺化合物。

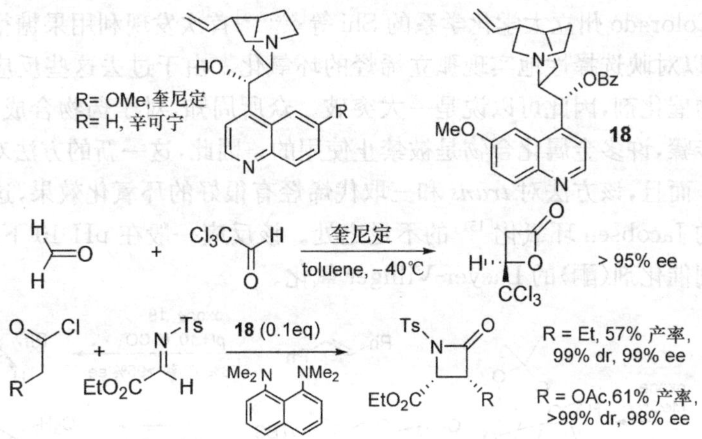

MacMillan 等[205a]则利用催化剂 **17** 的盐酸盐实现了环戊二烯和 α,β-不饱和醛的不对称 Diels-Alder 反应，即[4+2]环加成，他们进而实现了和 α,β-不饱和酮的 Diels-Alder 反应[205b]。

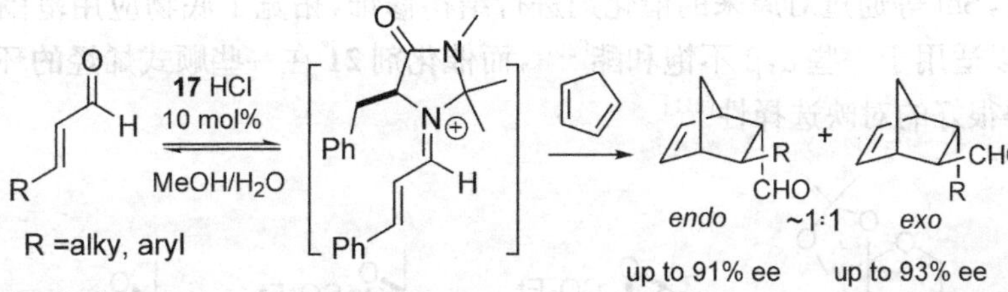

上面介绍的小分子催化反应，其机理一般都涉及小分子催化剂和底物以共价键形成活性中间体，如烯胺或亚胺正离子。最近，Rawal 等[206]最近报道了一类以氢键介导的小分子催化的杂 Diels-Alder 反应。氢键对生物大分子如蛋白质、核酸等的结构和生理活性起着非常重要的作用，但是，由于氢键为弱相互作用力，在不对称合成中很难成为主导反应的进行以及决定反应立体选择性的因素[207]。在这里，催化剂二醇 TADDOL **19** 通过氢键与醛形成活性中间体，进而促进反应并控制其对映选择性。如果 **19** 中的两个羟基保护成甲醚，将失去催化活性。

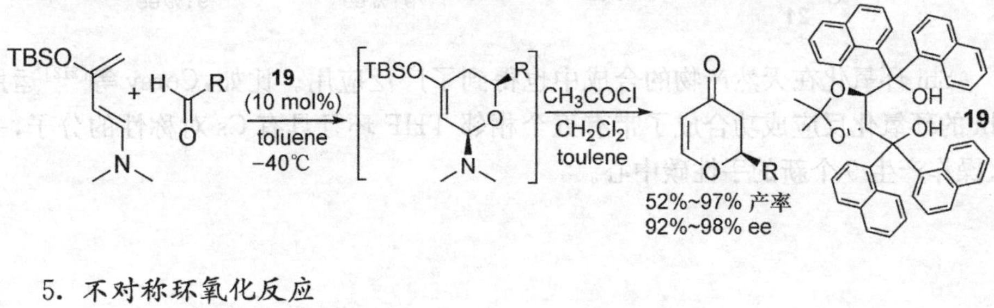

5. 不对称环氧化反应

1996 年以前，很少有化学家想到使用糖或糖的衍生物作为不对称反应的催化剂。美国 Colorado 州立大学化学系的 Shi 等[208,209]首次发现利用果糖衍生物作为催化剂，可以对映选择性地实现孤立烯烃的环氧化。由于过去这些反应必须使用金属络合物催化剂，因此可以说是一大突破。众所周知，对于药物合成过程，特别是最后的步骤，许多金属化合物是被禁止使用的。因此，这一新的方法对于工业界非常重要。而且，该方法对 *trans* 和三取代烯烃有很好的环氧化效果，这可以弥补前文提及的 Jacobsen 环氧化[151]的不足之处。该反应一般在 pH 10 下进行，主要是为了抑制催化剂(酮)的 Baeyer-Villiger 氧化。

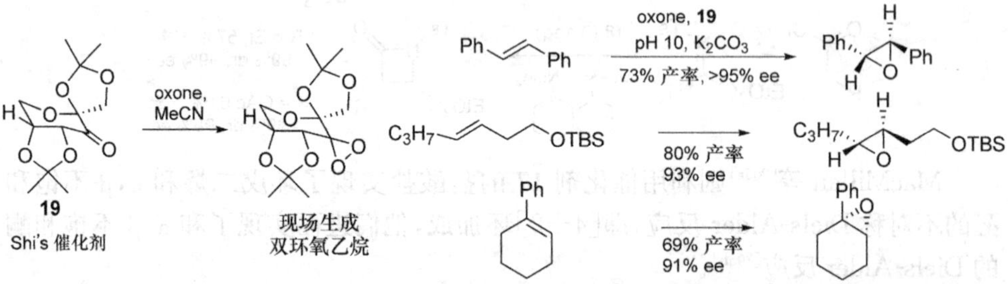

19
Shi's 催化剂
oxone, MeCN
现场生成
双环氧乙烷
oxone, **19**
pH 10, K_2CO_3
73% 产率, >95% ee
80% 产率
93% ee
69% 产率
91% ee

最近，Shi 等通过对原来的催化剂进行结构修饰，拓宽了底物应用范围。催化剂 **20** 可以适用于一些 α,β-不饱和酯[210]，而催化剂 **21** 在一些顺式烯烃的环氧化中可以取得很好的对映选择性[211]。

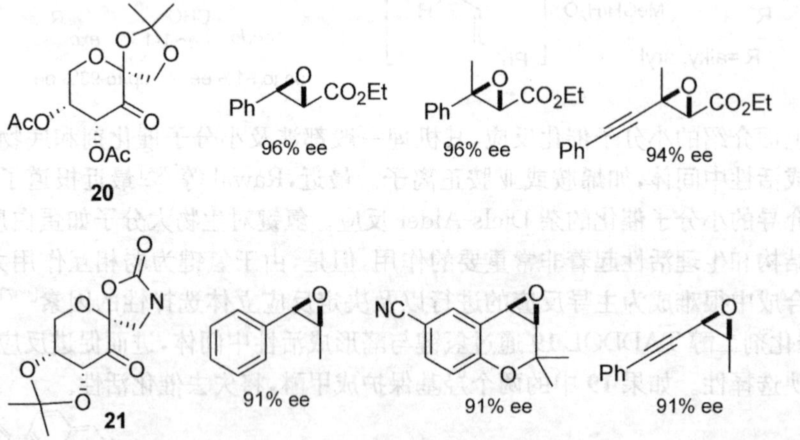

20
96% ee　96% ee　94% ee

21
91% ee　91% ee　91% ee

Shi 环氧化在天然产物的合成中也得到了广泛应用。比如，Corey 等[212]运用 Shi 的环氧化反应成功合成了带有五个相邻 THF 环且具有 Cs 对称性的分子，一次操作产生 9 个新的手性碳中心。

(88.4% ee)

oxone-Shi's catalyst, MeCN-DMM-water (pH 10.5)
0°C, 1.5 h

CSA, toluene, 0℃, 1h, 31% in 2 steps

Shi's catalyst

6. 其他反应

有机小分子催化剂远不止在上面介绍的几类反应中得到应用[180,181,213]，在烷基化反应[214]，尤其相转移催化的甘氨酸衍生物的烷基化[215]、醛或酮的 α-胺化[216]或胺氧化[217]反应或 α-卤化反应[218]以及 Baylis-Hillman 反应[219]等都有非常好的结果。

L-proline 10 mol%, CH_3CN, 0°C到rt, 3h; R = alkyl, aryl; $NaBH_4$, EtOH → up to 97% yield, up to 97% ee; 1) CrO_3, H_5IO_6 2) H_2 → >90% ee

值得一提的是，最近 List [220a,b] 和 MacMillan 等[220c] 分别报道了咪唑啉酮类小分子催化的 α,β-不饱和醛的不对称氢转移还原反应，实现了对生物系统中 NADH (还原烟酰胺腺嘌呤二核苷酸)辅酶的模拟。总之，有机小分子催化反应在有机合成中的应用迎来了它的一个黄金时代[181]。

20 mol%; 1.2 eq; $CHCl_3$, –30 °C; R^1 = Me, Et; R^2 = aryl, alkyl, CO_2Et, CH_2OTIPS → 74%~95% 产率, 90%~97% ee

5.4.3 催化反应的非线性关系(手性放大)

1986 年，Kagan 等[221] 首次报道了催化反应中产物的光学纯度(ee 值)和手性配体的光学纯度(ee 值)间的非线性关系。在某些情况下，当手性配体的光学纯度

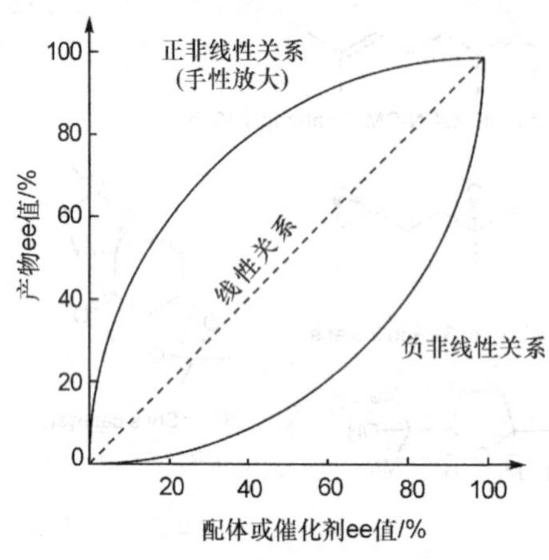

不是 100%，即存在 L_R 和 L_S 两个配体时，产物的光学纯度并不和配体的纯度呈简单线性关系。如果反应中涉及的金属中心 M 为双配位，那么应该有三组配位络合物：(M)L_RL_R、(M)L_SL_S、(M)L_RL_S。假定 L_R 为对映过剩的配体，而且 *meso* 络合物(M)L_RL_S 的稳定系数比其他两者大，那么络合物(M)L_RL_S 和(M)L_RL_R 将是反应主要的催化剂。这种情况下，如果(M)L_RL_S 的活性高，那么产物的 ee 值就很低；反之，(M)L_RL_S 活性差，(M)L_RL_R 是活性物种，那么产物的 ee 值就将高于所用配体的光学纯度。相应地，非线性关系存在正和负两种现象，正的非线性关系被称作手性放大(asymmetric amplification)，具有实际应用价值。Sharpless 环氧化反应和醛的烷基加成反应均存在正的非线性效应。Noyori 等发现，在 1,2-氨基醇 **22** 催化的二乙基锌对芳香醛的不对称加成反应中，只用 15% ee 值的 **22** 就可得到 95%ee 的加成产物[222]。

CHO + Et_2Zn —— **22** ($N(CH_3)_2$, OH, 15% ee) 8 mol%, toluene, 0°C ——→ (H, OH) 95% ee

5.4.4 不对称自催化和不对称自诱导

“不对称自催化”(asymmetric autocatalysis)是指在一个不对称反应中所生成的手性产物本身可以作为催化剂促进该反应的进行[223]。“不对称自诱导”(asymmetric autoinduction)则是指手性产物本身并不能促进反应的进行，但是它可以和该反应中的原有催化剂生成新的催化剂，从而促进反应的进行[224]。如果在这两类反应中同时又存在着手性放大效应，将具有非常重要的意义。

Soai 等[225]发现嘧啶仲醇 **23～25**、喹啉仲醇 **26** 和吡啶仲醇 **27** 在二异丙基锌对各自相应的醛的加成反应中，不仅是自催化剂而且有着显著的手性放大效应，其中尤以化合物 **25** 为甚。仅有 0.000 05% ee 值的化合物 **25** 催化的二异丙基锌和醛 **28** 的反应可以得到具有 57%ee 值的 **25**，随后再经过两次的该反应(以上次得到产物为下次反应的催化剂)最终产物 **25** 的 ee 值竟高达 95.5%(总共仅三次手性放大!)[226]。实验表明，自然界的一些物理因素(如偏正光等)可以导致极小对映体不平衡(<2% ee 值)[227]。因此，Soai 等相信他们的发现为自然界手性的起源到

有机分子，如 L-氨基酸或 D-单糖的手性均一性提供了一个重要的关联平台。对于这种自催化中的手性放大现象，Blackmond 等[228]在 Kagan 模型的基础上给出了解释。

23 R = H
24 R = Me
25 R = t-Bu—≡
26
27
25 极低 ee 值
(cat. 0.000 05% ee)
异丙基苯, 0 °C
显著手性放大的不对称自催化
28
+ i-Pr_2Zn
25 极高 ee 值
(>95.5% ee)

在有机小分子脯氨酸催化的 aldol 反应中，List 等[195c]实验结果表明不存在非线性关系。不过，Blackmond 等发现最近报道的脯氨酸催化的醛的 α-胺氧化反应[217]和以往的其他反应有所不同，即催化剂量小且反应时间短，因此他们详细研究了丙醛和亚硝基苯的反应。他们的结果表明[229]，该反应的反应速率竟然随反应的进行而增大，但产物 **29** 本身并不能催化该反应，因此该反应存在不对称自诱导现象。他们认为产物 **29** 和脯氨酸反应生成了一个催化活性更强的新催化剂 **30**。重要的是，他们还观察到手性放大现象，用 40%ee 的脯氨酸可以得到接近 60%ee 的产物。这是第一例纯有机分子环境中的手性放大，虽然并没有上述二异丙基锌对醛的加成那么明显，但是它对自然界的手性均一性的进化过程可能给予人更大的想像空间，毕竟在生命起源前多水的环境中二异丙基锌类化合物的存在是值得研究的。

L-proline (5~20 mol%)
$CHCl_3$ 或 DMF
5°C 或 rt, 10~45 min
29　60%~80% 产率　97% ee

$-H_2O$
起始催化剂
30　新催化剂

5.4.5 不对称毒化和不对称活化

在不对称催化反应中,要获得光学纯度高的产物一般需要高光学纯度的催化剂,使用外消旋的催化剂本身则只能获得消旋的产物。然而,要获得对映纯的催化剂或其配体,往往需要繁琐的合成和分离操作程序,因此消旋体一般而言无疑更便宜易得。那么,怎么才能使用成本低的外消旋催化剂,又可获得满意的光学纯度的产物呢? Brown、Yamamoto 和 Faller 等提出了一种"不对称毒化"(chiral poisoning)策略[230],即在外消旋催化剂中,加入一种光学活性分子作为毒化剂。在理想的情况下,该活性分子能选择性地使外消旋催化剂中的一个对映体失活,从而使另一个对映异构体成为仅有具有催化活性的物种,进而生成光学活性产物。Mikami 等则从另外一个角度提出了"不对称活化"(asymmetric activation)概念[231],即在一种外消旋催化剂中加入一种手性活化试剂(chiral activator)。该试剂能选择性地活化外消旋催化剂中的一个对映体,从而催化反应生成光学活性产物。不对称活化并不局限于外消旋催化剂,在光学纯的催化剂中也可加入手性活化剂,这样获得的产物比单独使用光学纯催化剂时所获得产物具有更高的光学纯度。此外,他们还同时使用不对称毒化(去活化)和不对称活化策略,使用消旋的 BINAP-Ru 催化剂实现了对酮的高对映选择的不对称氢化(92%～96% ee)[232]。

目前,在有机金属催化剂的设计上也出现一些新的趋向。传统的有机金属催化剂一般仅含有一个金属离子,但越来越多的双(多)金属催化剂出现并体现了优越的催化活性,如 Shibasaki[233] 的杂双金属多功能催化剂首次实现了醛和酮的直接不对称 aldol 反应。此外还出现了含有两个催化中心的催化剂,能一锅实现两个反应机理完全不同的反应,即所谓的一石二鸟[234]。Yamamoto 等[235] 的 Lewis 酸协助的手性 Bronsted 酸(Lewis acid assisted chiral Bronsted acid, LBA)以及 Bronsted 酸协助的手性 Lewis 酸(Bronsted acid assisted chiral Lewis acid, BLA)也都是一些新型的高效催化剂,这里不予详述。

5.5 双立体差异反应

前面我们介绍的是反应中只有一个参与因子(底物、试剂、溶剂或催化剂)是手性化合物的情况。反应的立体化学情况主要与这种手性因子的绝对构型相关。当反应中多于一个手性参与物时,产物立体化学情况更为复杂,不仅与反应物的绝对构型相关,而且也与过渡态中手性中心之间的相互匹配关系有关。这样的反应被称为双立体差异反应,或称双不对称反应。双不对称反应中,两个手性反应物之间的这种相互匹配作用与酶对底物的手性识别颇有类似意义。

1968 年,Horeau 等[236] 首先提出"双不对称诱导"(double asymmetric induction）的概念。1985 年，Masamune 等[237]将这类反应称之为"双不对称合成"（double asymmetric synthesis）。Izumi 于 1977 年[238]和 Heathcock 于 1979 年[239]则以"双立体差异反应"（double stereodifferentiation reactions）来表示这类反应。

在上面提及的参与因子中，一般很少有人考虑通过手性溶剂来实现合成目的，因为这样做代价很高。但也确有人曾从事过这方面的工作，效果不是很理想[240]。

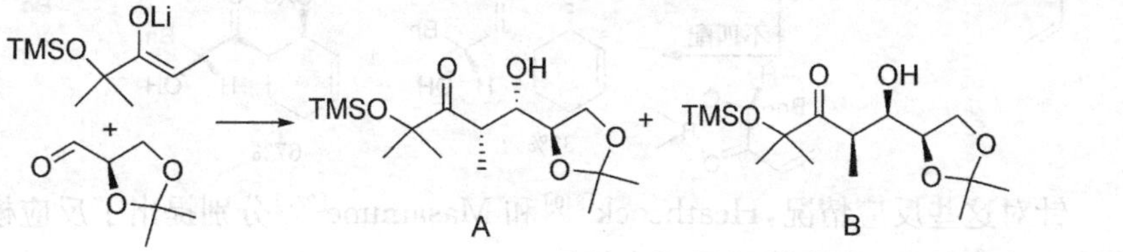

THF:　A/B = 4.3:1

(–)-TMB:　A/B = 5.0:1

(–)-TMB: (*S,S*)-(–)-1,2,3,4-四甲氧基丁烷

下面我们分几个主题来讨论这类反应。

5.5.1　手性反应物之间的相互作用

1985 年，Masamune[237]提出双不对称反应概念的同时也提到了如何衡量这些反应的效果的问题。当两个手性反应物参与的反应与仅有一个手性底物参与的反应相比，反应的立体选择性得到提高，那么这两个底物被称为是"相互匹配"（matched）的；反之，选择性下降，这两个底物就是"不匹配"（mismatched）的。例如下列 aldol 反应，甘油醛与非手性烯醇衍生物的反应选择性约为 4.3∶1，以此为参比依据，不同构型的甘油醛就存在匹配与不匹配之分。

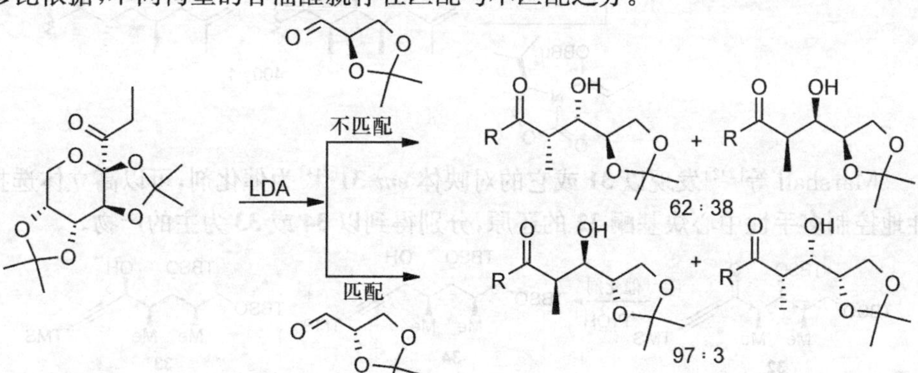

不匹配　62∶38

匹配　97∶3

这种现象同样表现在下列 Diels-Alder 反应[237]中。

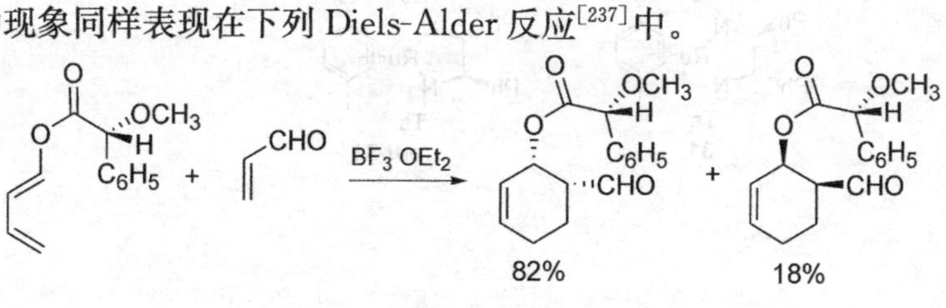

82%　18%

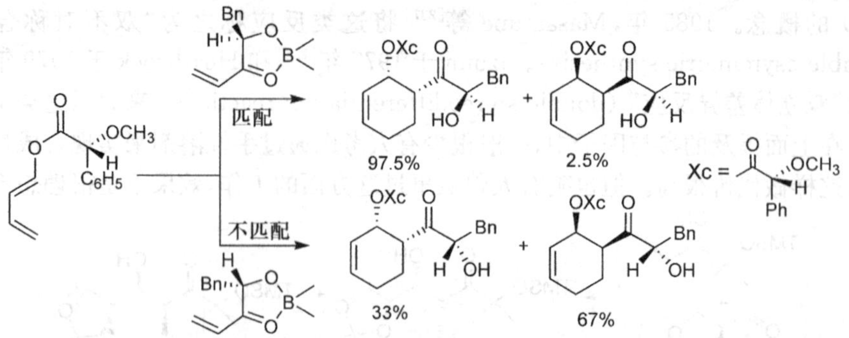

匹配

不匹配

97.5%

2.5%

33%

67%

针对这些反应情况，Heathcock[240]和 Masamune[237]分别提出了反应模型来估算反应的选择性，在此不予展开介绍。

5.5.2 试剂(催化剂)控制作用

除了应用相应的手性反应底物来提高反应的非对映选择性之外，双立体差异反应的另一种策略就是试剂控制作用，使底物绝对构型的影响力削弱。例如，Evans aldol采用的就是这样一种思维[241]。

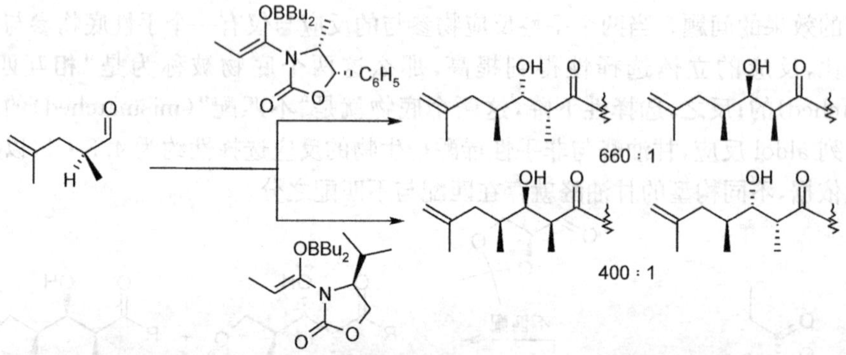

660 : 1

400 : 1

Marshall 等[242]发现以 **31** 或它的对映体 *ent*-**31**[243]为催化剂，可以高立体选择性地控制多手性中心炔基酮 **32** 的还原，分别得到以 **34** 或 **33** 为主的产物。

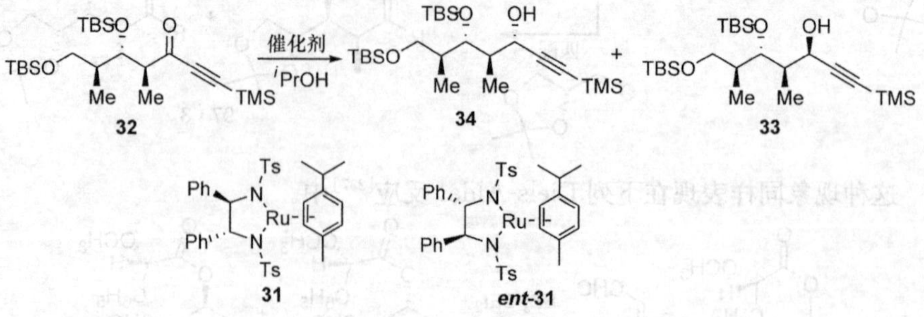

催化剂

^{i}PrOH

32

34

33

31

***ent*-31**

催化剂	产率%	33 : 34
31	76	>95 : 5
ent-31	73	<5 : 95

在试剂或催化剂控制反应的情况下，不同底物的影响得以忽略，对产物的立体选择性可作较好的预测。即使在不匹配的情况下，也仅仅是反应速率的下降。

5.5.3　动力学放大效果

如果反应中的产物可以发生进一步转化成为二级副产物，根据动力学规律，该反应就有可能获得对映纯的中间产物。Dokuzovic 等[244]为获得手性氘代甘氨酸提出这样的一种设想：

K_1　(R)-　K_3
K_2　(S)-　K_4

如果 $K_1 > K_2$，那么(*R*)-对映体比(*S*)-对映体形成快；但这两个化合物都可以被进一步氘代，此时如果 $K_4 > K_3$，那么(*R*)-异构体的对映纯度将随时间增加而上升。其实，第二步的过程是一个动力学拆分的过程。

Schreiber 等[245]正是应用了这种原理，在二乙烯基甲醇的 Sharpless 环氧化反应中高效地得到了高光学纯度的单侧环氧化的产物，即 *erythro* 环氧醇。这种利用动力学原理得到高光学纯度化合物的策略被称为“动力学放大”(kinetic amplification)。

TBHP, $Ti(OPr^i)_4$, (+)-DIPT

时间/h	ee/%	ds/%
3	84	92
24	93	99.7
140	>97	>99.7

在实际应用当中，利用动力学原理来拆分一对对映异构体的混合物(即外消旋化合物)也是一种获得光学纯化合物的重要方法，这被称作“动力学拆分”(kinetic resolution)。其中最有效的应该算是 Jacobsen 的末端环氧化合物的水解动力学拆分[144a,b]，主要用来获得高光学纯度的环氧化合物(<50% 产率，>99% ee)，对一些底物而言，也可用来获得高光学纯度的 1,2-二醇化合物。

Salen-Co(OAc)
35

(*R*,*R*)-**35**, H_2O　(±)　(*S*,*S*)-**35**, H_2O

动力学拆分一般仅能获得小于50%的产率,但如果消旋的起始物在反应条件下存在一个快速的平衡,那么获得大于50%产率就有可能,这种情况被称之为“动态动力学拆分”(dynamic kinetic resolution)。如 Noyori 等[246]于1989年报道,利用对映体对手性催化剂的不同相互识别能力以及对映体之间的酸碱平衡能达到将消旋底物转化为光学纯产物的效果。

H_2 (100 atm), [(*R*)-BINAP]$RuBr_2$, CH_2Cl_2, 15℃ → $NHCOOCH_3$, OEt, 98% ee

H_2 (100 atm), [(*S*)-BINAP]$RuBr_2$, CH_2Cl_2, 15℃ → $NHCOOCH_3$, OEt, > 98% ee

syn/*anti* =99∶1

5.6 “绝对”不对称合成

这一节我们将把目光从单个的分子转向晶体的范畴。世界上几乎没有什么事是绝对的,我们所称的“绝对”不对称合成也是在一定程度上而言的。“绝对”不对称合成(“absolute” asymmetric synthesis)[247]是指在没有任何外界手性诱导试剂作用下[248],在圆偏振光或磁场影响下[249]的封闭体系中的不对称合成。对前一种情况而言,它是一种固态所独有的过程。首先非手性分子自发结晶成为手性晶体[250],然后利用手性晶体的固相反应,通常为光反应,将反应物转变成具有分子手性的产物。这种情况下的不对称诱导完全是由晶体的手性引起。我们知道,分子的手性是由组成分子的原子的不对称三维排列引起,而晶体的手性被认为是晶格中分子的类似空间排列的经过[251]。因此,分子的手性是晶体手性的充分条件而不是必要条件,即非手性分子可能形成手性晶体。利用非手性分子形成的手性晶体的固相反应为不对称合成提供了另一种机遇。

根据晶体学规律,分子在晶体中的排列方式共有230种可能方式[252],这些排列方式被称为空间群,按涉及的对称元素可以分为手性和非手性两种,其中65种为手性空间群,而在有机晶体中最常见的手性空间群是 $P2_12_12_1$ 和 $P2_1$。

非手性分子的自发不对称结晶形成右旋或左旋晶体是由于结晶过程中所形成的第一颗晶体的自动晶种(auto-seeding)作用[253]。我们不可能预测一个过饱和溶液结晶出哪一种对映异构体的晶体,但可以采用加入特定晶种的方法有选择性地大量制备相应的手性晶体,这是完全可能的。由于确定手性晶体及相应手性产物的绝对构型比较困难,一般规定生成(+)-旋光性产物的晶体为(+)-手性晶体,反之亦然[254]。

下面我们介绍几例通过非手性分子所形成的手性晶体的固相反应进行的“绝对”不对称合成。

5.6.1 手性晶体的单分子反应

通过单分子光反应进行绝对不对称合成的开拓者是加拿大学者 Scheffer 教授。他报道的第一个例子是 α-(3-甲基金刚烷基)-4-氯苯乙酮的固相 Norrish Type Ⅱ反应[255]。分子在晶格中具有 $P2_12_12_1$ 手性空间群。将此单晶在 8℃下进行光反应，产物环丁醇的产率为 70%(转化率 8%)。分离后测得产物对映过量值为 80%。但如果反应在苯或乙腈中进行，则得到六种可能结构中四种异构体混合物。

H3C　H1　H2　O　Ar　hν　chiral crystal　OH　Ar　Ar　HO

Ar=p-ClC6H4—

Demuth 等报道了另外一个绝对不对称二-π-甲烷光重排反应[256]，固态下光照底物形成的手性晶体($P2_12_12_1$ 空间群)，生成两种重排产物的对映过量分别为 44%和 96%。

NC　CN　hν　chiral crystal　CN　CN　+　NC　NC　O　44% ee　96% ee

日本的 Sakamoto 等[257]发现光照 N,N-二取代-α,β-不饱和硫代酰胺的手性晶体，可以得到光学活性的硫代 β-内酰胺，其比旋光值为−37。

Me　Me　Me　Me　H　N　CH2Ph　S　hν　chiral crystal　Me2CHMe　H　Me　N　S　CH2Ph

5.6.2 手性晶体的双分子反应

尽管通过双组分手性晶体的反应进行的绝对不对称合成不像单组分手性晶体那样普遍，但最早一个固态“绝对“不对称合成成功的例子却是通过双组分的反应完成的。Green 等[258]发现$(1E,3E)$-1-(2,6-二氯苯基)-4-苯基 1,3-丁二烯 **36** 和$(1E,3E)$-1-(2,6-二氯苯基)-4-噻酚基-1,3-丁二烯 **37** 均能形成手性晶体，它们的空间群都为 $P2_12_12_1$，且具有近乎相同的晶体学参数。用 15%**36** 和 85%**37** 组成单混晶，并以适合 **37** 选择吸收波长的光源照射其粉末，得到对映异构体过量为77%的光学活性交叉二聚产物 C。

Ar Ph + Ar Th $\xrightarrow{h\nu}$

15% **36** 85% **37** **38**

Miyashi 等[259] 发现电子接受体 **39** 与苯乙烯或二乙烯基苯形成弱的电荷转移络合物。在乙腈或固态条件下，由电荷转移吸收带激发，通过单电子转移可以发生分子间[2+2]环加成反应。当电子给予体为邻苯二乙烯时，所形成的固体电荷转移络合物为手性晶体($P2_1$ 空间群)。光照之后以高的化学和光学收率(99%ee)生成[2+2]环加成产物 **40**。

39 + $\xrightarrow[\text{chiral crystal}]{h\nu}$ **40**

就目前来讲，固态“绝对”不对称合成方面的工作大部分属于偶然发现。要实现这样的反应，必须具备两个条件，即非手性分子能够形成手性晶体，手性晶体在固态下具有某种反应活性，生成的产物中要求有手性中心。目前，手性晶体的鉴别仍靠 X 射线衍射分析法，自然有很大的限制。为了保证有机分子能够形成手性晶体，Scheffer 等[260] 提出了类似于手性辅基的“遥控式、可拆除的手性柄方法”(removable remote chiral handle approach)，即让底物与另一手性柄分子形成手性晶体，然后进行固相反应生成手性产物，反应之后除去手性柄分子。这里手性柄分子应距离反应中心足够远，以保证反应进行时不会产生手性诱导，这样固态下反应产物的光学活性完全源于手性结晶环境。

这方面研究工作，包括对磁场下对映选择性反应的研究，其源动力是科学家们希望能为前生物时期天然手性过量的成因提供某种解释(参见手性自催化和手性自诱导)，相信今后会有更多的发展[261]。

5.7 结　语

上述内容叙述了不对称合成的一些概况。总而言之，不对称合成是目前有机化学研究中最活跃、也是最被人们看好的领域之一。例子之多，也并非本章内容所能包容。就目前的情况，利用底物控制的非对映选择性反应在复杂分子合成中仍占很大的比例。随着人们对环境和经济要求的提高，对映选择性合成反应，特别是催化型的对映选择性合成反应已被视作“原子经济合成”[262]和“绿色友好合成”[263]的发展方向来倡导，后者还包括酶和微生物的利用。毫无疑问，随着化学家对分子识别机制的深入了解，立体选择性合成反应的设计、改良、优化的研究周期将会变得更快、更科学，使之真正成为化学家解决复杂分子工程问题的强有力手段。

参考文献

[1] Seppi M., Kalkofen R., Reuohl J., Frohlich R., Hoppe D. Angew. Chem., Int. Ed., 2004, 43, 1423

[2] a) Zimmerman H. E., Singer L., Thyagarajan B. S. J. Am. Chem. Soc., 1959, 81, 108

b) Eliel E. L. Stereochemistry of Carbon Compounds. New York: McGraw-Hill, 1962

[3] a) Liu K. G., Yan S., Wu Y.-L., Yao Z.-J. J. Org. Chem., 2002, 67, 6758

b) Maruoka K., Hasegawa M., Yamamoto H., et al. J. Am. Chem. Soc., 1986, 108, 3827

[4] Brown H. C., Vara Prasad J. V. N., Zee S.-H. J. Org. Chem., 1985, 50, 1582

[5] a) Seyden-Penne J. Chiral Auxiliaries and Ligands in Asymmetric Synthesis. New York: John Wiley & Sons, 1995

b) Carey F. A., Sundberg R. J. Advanced Organic Chemistry. 3rd Ed. New York: Plenum Press, 1991

c) Buschmann H., Scharf H.-D., Hoffmann N., Esser P. Angew. Chem. Int. Ed. Engl., 1991, 30, 477

d) Eliel E. L. Stereochemistry of Carbon Compounds. New York: McGraw Hill, 1962

e) Blaive B., Metzger J. J. de Chemie Physique, 1980, 77, 999 and 1007

[6] a) Corey E. J., Kim S., Yoo S.-e., et al. J. Am. Chem. Soc., 1978, 100, 4620

b) Corey E. J., Trybulski E. J., Melvin L. S., et al. ibid., 1978, 100, 4618

[7] Seebach D., Aebi J. D. Tetrahedron Lett., 1983, 24, 3311

[8] Seebach D., Naef R. Helv. Chim. Acta., 1981, 64, 2704

[9] Meyers A. I., Harre M., Garland R. J. Am. Chem. Soc., 1984, 106, 1146

[10] Taber D. F., Raman K. J. Am. Chem. Soc., 1983, 105, 5935

[11] Piers E., Britton R. W., de Waal W. J. Chem. Soc., Chem. Commun., 1969, 1069

[12] Chan K.-K., Cohen N., De Noble J. P., et al. J. Org. Chem., 1976, 41, 3497

[13] Posner G. H. Chem. Scr., 1985, 25, NS157. Special Nobel symposium 60 issue

[14] Birch A. J. Curr. Sci., 1982, 51, 155

[15] a) Evans D. A., Chapman K. T., Hung D. T., Kawaguchi A. T. Angew. Chem. Int. Ed. Engl., 1987, 26, 1184

b) Evans D. A., Chapman K. T., Bisaha J. J. Am. Chem. Soc., 1988, 110, 1238

[16] Chamberlain P., Roberts M. L., Whitham G. H. J. Chem. Soc. (B), 1970, 1374

[17] a) Yasuda A., Tanaka S., Yamamoto H., Nozaki H. Bull. Chem. Soc. Jpn., 1979, 52, 1701

b) Holland D., Stoddart J. F. Carbohydr. Res., 1982, 100, 207

[18] a) Evans D. A., Chapman K. T., Carreira E. M. J. Am. Chem. Soc., 1988, 110, 3560

b)Hoveyda A. H., Evans D. A., Fu G. C. Chem. Rev., 1993, 93, 1307

[19] a) Evans D. A., Ennis M. D., Mathre D. J. J. Am. Chem. Soc., 1982, 104, 1737
b) Evans D. A. Studies in Asymmetric Synthesis. The Development of Practical Chiral Enolate Synthons. Aldrichim. Acta., 1982, 15, 23
3) Ager D. J., Prakash I., Schaad D. R., Aldrichimica Acta, 1997, 30, 3

[20] a) Oppolzer W. Camphor Derivatives as Chiral Auxiliaries in Asymmetric Synthesis. Tetrahedron, 1987, 43, 1969
b) Rossiter B. E., Swingle N. M. Chem. Rev., 1992, 92, 771

[21] 1) Enders D. Alkylation of Chiral Hydrazones. Asymmetric Synthesis. Morrison, J. D. Ed. New York: Academic, 1984, 275
2) Enders D. Chem. Scr., 1985, 25, NS139. Special Nobel symposium 60 issue

[22] Seebach D., Imwinkelried R. and Weber T. EPC Syntheses with C, C Bond Formation via Acetals and Enamines. Modern Synthetic Methods. Vol. 4, Scheffold R. Ed. Berlin: Springer, 1986, 125

[23] Matteson D. S. Boronic Esters in Stereodirected Synthesis. Tetrahedron, 1989, 45, 1859

[24] Masamune S., Reed Ⅲ L. A., Davis J. T., Choy W. J. Org. Chem., 1983, 48, 4441

[25] Paquette L. A. Asymmetric Cycloaddition Reactions. Asymmetric Synthesis. Vol. 3 Morrison J. D. Ed. New York: Academic, 1984, 455

[26] Helmchen G., Karge R., Weetman J. Asymmetric Diels-Alder Reactions with Chiral Enoate as Dienophiles. Modern Synthetic Methods. Scheffold R. Ed. Berlin: Springer, 1986, 261

[27] Bergbreiter D. E., Newcomb M. Alkylation of Imine and Enamine Salts. Asymmetric Synthesis. Vol. 2. Morrison J. D. Ed. New York: Academic,1983

[28] Eliel E. L. Applications of Cram's Rule: Addition of Achiral Nucleophiles to Chiral Substrates. Asymmetric Synthesis. Vol. 2. Morrison J. D. Ed. New York: Academic, 1983, 125

[29] Posner G. H. Addition of Organometallic Reagents to Chiral Vinylic Sulfoxides. Asymmetric Synthesis. Vol. 2. Morrison J. D. Ed. New York: Academic, 1983, 225

[30] Posner G. H. Chem. Scr., 1985, 25, NS157. Special Nobel symposium 60 issue

[31] Stork G., Rychnovsky S. D. J. Am. Chem. Soc., 1987, 109, 1564

[32] Eliel E. L., Wilen S. H., Mander L. N. Ed. Stereochemistry of Organic Compounds. New York: John Wiley & Sons, Inc., 1994

[33] Mengel A., Reiser O. Chem. Rev., 1999, 99, 1191

[34] a) Nakada M., Urano Y., Kobayashi S., Ohno M. J. Am. Chem. Soc., 1988, 110, 4826
b) Yamoto Y., Maruyama K. J. Am. Chem. Soc., 1985, 107, 6411
c)Maruoka K., Itoh T., Sakurai M., et al. J. Am. Chem. Soc., 1988, 110, 3588

[35] Wu W.-L., Yao Z.-J., Li Y.-L., et al. J. Org. Chem., 1995, 60, 3257

[36] Mead K. T. Tetrahedron Lett., 1987, 28, 1019

[37] Power M. B., Bott S. G., Atwood J. L., Barron A. R. J. Am. Chem. Soc., 1990, 112, 3446

[38] Corey E. J. J. Org. Chem., 1990, 55, 1693

[39] Soloman M., Jamison W. C., McCormick M., et al. J. Am. Chem. Soc., 1988, 110, 3702

[40] a) Chounan Y., Ono Y., Nishi S., et al. Tetrahedron, 2000, 56, 2821
b) Yamamoto Y., Chounan Y., Nishi S., et al. J. Am. Chem. Soc., 1992, 114, 7652
c) Yamamoto Y., Maruyama K. J. Chem. Soc., Chem. Commmun., 1984, 904

[41] a) Roush W. R., Michaelides M. R., Tai D. F., et al. J. Am. Chem. Soc., 1989, 111, 2984
b) Roush W. R., Lesur B. M. Tetrahedron Lett., 1983, 24, 2231
[42] Oppolzer W., Mills R. J., Reglier M. Tetrahedron Lett., 1986, 27, 183
[43] a) Schmid G., Fukuyama T., Akasaka K., Kishi Y. J. Am. Chem. Soc., 1979, 101, 259
b) Kishi Y., Aldrichimica, 1980, 13, 23
c) Hasan I., Kishi Y. Tetrahedron Lett., 1980, 4229
[44] Paddon-Row M., Rondan N. G., Houk K. N. J. Am. Chem. Soc., 1982, 104, 7162
[45] a) Cha J. K., Christ W. J., Kishi Y. Tetrahedron, 1984, 40, 2247
b) Cha J. K., Christ W. J., Kishi Y. Tetrahedron Lett., 1983, 24, 3943
[46] Cha J. K., Kim N.-S. Chem. Rev., 1995, 95, 1761
[47] a) Haller J., Strassner T., Houk K. N. J. Am. Chem. Soc., 1997, 119, 8031
b) Houk K. N., Moses S. R., Wu Y.-D., et al. J. Am. Chem. Soc., 1984, 106, 3880
[48] Donohoe T. J., Waring M. J., Newcombe N. J. Synlett, 2000, 149
[49] Evans D. A., Bartroli J., Godel T. Tetrahedron Lett., 1982, 23, 4577
[50] a) Panek J. S., Beresis R., Fu F., Yang M. J. Org. Chem., 1991,56, 7341
b) Podlech J., Seebach D. Liebig Ann. Org. Bioorg. Chem., 1995, 7, 1217
c) Fleming I., Lewis J. J. J. Chem. Soc., Perkin Trans. 1, 1992, 3257
[51] Coates R. M., Sandefur L. O. J. Org. Chem., 1974, 39, 275
[52] Spencer T. A., Weaver T. D., Villarica R. M., et al. J. Org. Chem., 1968, 33, 712
[53] Evans D. A., Takacs J. M. Tetrahedron Lett., 1980, 21, 4233
[54] Schmierer R., Grotemeier G., Helmchen G., Selim A. Angew. Chem. Int. Ed. Engl., 1981, 20, 207
[55] Henbest H. B., Wilson R. A. L. J. Chem. Soc., 1957, 1958
[56] Chamberlain P., Roberts M. L., Whitham G. H. J. Chem. Soc. (B), 1970, 1374
[57] Chautemps P., Pierre J.-L. Tetrahedron., 1976, 32, 549
[58] Narula A. S. Tetrahedron Lett., 1981, 22, 2017; ibid, 1983, 24, 5421
[59] Hasan I., Kishi Y. Tetrahedron Lett., 1980, 21, 4229
[60] Sharpless K. B., Michaelson R. C. J. Am. Chem. Soc., 1973, 95, 6137
[61] Bartlett P. A., Myerson J. J. Am. Chem. Soc., 1978, 100, 3952
[62] a) Donohe T. J. Synlett, 2002, 1223
b) Donohoe T. J., Waring M. J., Newcombe N. J. Tetrahedron Lett., 1999, 40, 881
c) Donohoe T. J., Moore P. R., Waring M. J., Newcombe N. J. Tetrahedron Lett., 1997, 38, 5027
d) Donohoe T. J., Blades K., Moore P. R., et al. J. Org. Chem., 1999, 64, 2980
[63] Maas G. Top. Curr. Chem., 1987, 137, 75
[64] Paquette L. A., Cox O. J. Am. Chem. Soc., 1967, 89, 5633
[65] Molander G. A., Etter J. B. J. Org. Chem., 1987, 52, 3944
[66] Tamao K., Nakagawa Y., Arai H., Higuchi N., Ito Y. J. Am. Chem. Soc., 1988, 110, 3712; ibid. 1986, 108, 6090
[67] Myerson J. Acyclic Stereocontrol via Iodolactonization Synthesis of (±)-α-Multistriatin. Ph. D. Dissertation. Berkeley: University of California, 1980

[68] Ruan Z., Mootoo D. R. Tetrahedron Lett., 1999, 40, 49
[69] Heathcock C. H., Pirrung M. C., Montgomery S. H., Lampe J. Tetrahedron, 1981, 37, 4087
[70] a) Roush W. R. J. Org. Chem., 1991, 56, 4151
b) Liu C. M., Smith Ⅲ W. J., Gustin D. J., Roush W. R. J. Am. Chem. Soc., 2005, 127, 5770
c) Gennari C., Vieht S., Comotti A., et al. Tetrahedron, 1992, 48, 4439
d) Evans D. A., Siska S. J., Cee V. J. Angew. Chem. Int. Ed., 2003, 42, 1761
[71] Heathcock C. H., Buse C. T., Kleschick W. A., et al. J. Org. Chem., 1980, 45, 1066
[72] Heathcock C. H., Hagen J. P., Young S. D., et al. Chem. Scr., 1985, 25, NS39. Special Nobel symposium 60 issue
[73] Siegel C., Thornton E. R. J. Am. Chem. Soc., 1989, 111, 5722
[74] a) Crimmins M. T., King B. W., Tabet E. A. J. Am. Chem. Soc., 1997, 119, 7883
b) Crimmins M. T., Chaudhary K. Org. Lett., 2000, 2, 775
[75] Abiko A. Acc. Chem. Res., 2004, 37, 387
[76] Yamashita Y., Ishitani H., Shimizu H., Kobayashi S. J. Am. Chem. Soc., 2002, 124, 3299
[77] a) Lindstrom U. M. Chem. Rev., 2002, 102, 2751
b) Hamada T., Manabe K., Ishikawa S., et al. J. Am. Chem. Soc., 2003, 125, 1989
[78] Li H.-J., Tian H.-Y., Chen Y.-J., et al. Chem. Commun., 2002, 2994
[79] a) Denmark S. E., Fan Y. J. Am. Chem. Soc., 2002, 124, 4233
b) Denmark S. E., Stavenger R. A. Acc. Chem. Res., 2000, 33, 432
[80] Yamada Y. M. A., Yoshikawa N., Sasai H., Shibasaki M. Angew. Chem., Int. Ed. Engl., 1997, 36, 1781
[81] Kumagai N., Matsunaga S., Kinoshita T., et al. J. Am. Chem. Soc., 2003, 125, 2169 and references cited therein
[82] Trost B. M., Ito H., Shilcoff E. R. J. Am. Chem. Soc., 2001, 123, 3367
[83] a) Palomo C., Oiarbide M., Garca J. M. Chem. Soc. Rev., 2004, 33, 65
b) Palomo C., Oiarbide M., Garca J. M. Chem. Eur. J., 2002, 8, 36
c) Alcaide B., Almendros P. Eur. J. Org. Chem., 2002, 1595
d) Mahrwald R. Chem. Rev., 1999, 99, 1095
e) Nelson S. G. Tetrahedron: Asymmetry, 1998, 357
f) Carreira E. M. Comprehensive Asymmetric Catalysis, Vol. 3. Eds. E. N. Jacobsen, A. Pfaltz and H. Yamamoto. Heildelberg: Springer, 1999, 997~1065
[84] Modern Aldol Reaction (Volume Ⅰ & Ⅱ). Ed. R. Mahrward. Weinheim: VILEY-VCH, 2004
[85] a) Brown H. C., Jadhav P. K. J. Am. Chem. Soc., 1983, 105, 2092
b) Brown H. C., Bhat K. S. J. Am. Chem. Soc., 1986, 108, 293
c) Brown H. C., Bhat K. S. J. Am. Chem. Soc., 1986, 108, 296
d) Short R. P., Masamune S. J. Am. Chem. Soc., 1989, 111, 1892
e) Corey E. J., Yu C.-M., Kim S. S. J. Am. Chem. Soc., 1989, 111, 5495
[86] Lachance H., Lu X., Gravel M., Hall D. G. J. Am. Chem. Soc., 2003, 125, 10160 and references cited therein
[87] Denmark S. E., Fu J. Chem. Rev., 2003, 103, 2763
[88] Woodwide R. B., Hoffmann R. The Conservation of Orbital Symmetry. Weinheim: Verlag Chemie,

Federal Republic of Germany, 1970

[89] Reviews on enatioselective Diels-Alder reactions: a) Ishihara K., Yamamoto H. Eur. J. Org. Chem., 1999, 527

b) Corey E. J. Angew. Chem. Int. Ed., 2002, 41, 1650~1667

[90] Review on Diels-Alder reaction in total synthesis: Nicolaou K. C., Snyder S. A., Montagnon T., Vassilikogiannakis G. Angew. Chem. Int. Ed., 2002, 41, 1668

[91] Bernardi F., Bottoni A., Field M. J., Guest M. F., et al. J. Am. Chem. Soc., 1988, 110, 3050

[92] Evans D. A., Wu J. J. Am. Chem. Soc., 2003, 125, 10162

[93] a) Horton D., Machinami T. J. Chem. Soc. Chem. Commun., 1981, 88

b) Feringa B. L., de Jong J. C. J. Org. Chem., 1988, 53, 1127

[94] Furuta K., Iwanaga K., Yamamoto H. Tetrahedron Lett., 1986, 27, 4507

[95] Evans D. A., Chapman K. T., Bisaha J. J. Am. Chem. Soc., 1988, 110, 1238

[96] Choy W., Reed L. A., Masamune S. J. Org. Chem., 1983, 48, 1139

[97] Trost B. M., Curran D. P. J. Am. Chem. Soc., 1980, 102, 5700

[98] Siegel C., Thornton E. R. J. Am. Chem. Soc., 1989, 111, 5722

[99] Jorgensen K. A. Angew. Chem. Int. Ed., 2000, 39, 3558

[100] Schaus S. E., Branalt J., Jacobsen E. N. J. Org. Chem., 1998, 63, 4867

[101] Ziegler F. E., Klein S. I., Pati U. K., Wang T.-F. J. Am. Chem. Soc., 1985, 107, 2730

[102] Gibbs R. A., Okamura W. H. J. Am. Chem. Soc., 1988, 110, 4062

[103] Church R. F., Ireland R. E., Marshall J. A. J. Org. Chem., 1966, 31, 2526

[104] Ireland R. E., Muelller R. H., Willard A. K. J. Am. Chem. Soc., 1976, 98, 2868 and references cited therein

[105] Kazmaier U., Mues H., Krebs A., Chem. Eur. J., 2002, 8, 1850

[106] a) Gregson R. P., Mirrington R. N. J. Chem. Soc. Chem. Commun., 1973, 598

b) Still W. C., Barrish J. C. J. Am. Chem. Soc., 1977, 99, 2487

c) Wender P. A., Schaus J. M., White A. W. J. Am. Chem. Soc., 1980, 102, 6159

[107] Jacobi P. A., Selnick H. G. J. Am. Chem. Soc., 1984, 106, 3041 (Recent reviews on tandem reactions see: 1) Tietze L. F., Beifuss U. Angew. Chem. Int. Ed. Engl., 1993, 32, 131. and 2) Bunce R. A. Tetrahedron, 1995, 51, 13103)

[108] Xu K., Lalic G., Sheehan S. M., Shair M. D. Angew. Chem. Int. Ed., 2005, 44, 2259

[109] Miller J. G., Kurz W., Untch K. G., Stork G. J. Am. Chem. Soc., 1974, 96, 6774

[110] Thompson H. W., Naipawer R. E. J. Am. Chem. Soc., 1973, 95, 6379

[111] Stork G., Kahne D. E. J. Am. Chem. Soc., 1983, 105, 1072

[112] Evans D. A., Morrissey M. M., Dow R. L. Tetrahedron Lett., 1985, 26, 6005

[113] a) Gansauer A., Bluhm H. Chem. Rev., 2000, 100, 2771

b) Sibi M. P., Porter N. A. Acc. Chem. Res., 1999, 32, 163

c) Renaud P., Sibi M. P., Eds., Radicals in Organic Synthesis Germany: Wiley-VCH: Weinheim, 2001

d) Review for synthesis of heterocycles by radical cyclization: Bowman W. R., Fletcher A. J., Potts G. B. S. J. Chem. Soc., Perkin Trans. 1, 2002, 2747

e) Zard S. Z. Radical reactions in organic synthesis. London: Oxford University Press, 2003

[114] Keck G. E., Enholm E. J., Yates J. B., Wiley M. R. Tetrahedron, 1985, 41, 3510

[115] Barton D. H. R., Hartwig W., Motherwell W. B. J. Chem Soc. Chem. Commun., 1982, 447

[116] Giese B., Groninger K. Tetrahedron Lett., 1984, 25, 2743

[117] Korth H.-G., Sustmann R., Dupuis J., Giese B. J. Chem. Soc. Perkin Trans. 2, 1986, 1453

[118] Review: Rheault T. R., Sibi M. P. Synthsis, 2003, 803

[119] Review for radical cascade reactions: McCarroll A. J., Walton J. C. Angew. Chem. Int. Ed., 2001, 40, 2224

[120] Boiteau L., Boivin J., Liard A., Quiclet-Sire B., et al. Angew. Chem., Int. Ed., 1998, 37, 1128

[121] a) Kubota K., Leighton J. L. Angew. Chem. Int. Ed., 2003, 42, 946
b) Kinnaird J. W. A., Ng P. Y., Kubota K., Wang X., et al. J. Am. Chem. Soc., 2003, 124, 7920

[122] a) Seppi M., Kalkofen R., Reupohl J., Frohlich R., et al. Angew. Chem. Int. Ed., 2004, 43, 1423
b) Hoppe D., Hense T. Angew. Chem. Int. Ed. Engl., 1997, 36, 2282

[123] Beak P., Basu A., Gallagher D. J., Park Y. S., et al. Acc. Chem. Res., 1996, 29, 552

[124] Corey E. J., Helal C. J. Angew. Chem. Int. Ed., 1998, 37, 1986

[125] Dearden M. J., Firkin C. R. Hermet J.-P. R., O'Bren P. J. Am. Chem. Soc., 2002, 124, 11870 and references cited therein

[126] a) Phuan P.-W., Ianni J. C., Kozlowski M. C. J. Am. Chem. Soc., 2004, 126, 15473
b) O'Bren P., Wiberg K. B., Bailey W. F., Hermet J.-P. R. et al. J. Am. Chem. Soc., 2004, 126, 15480

[127] a) Cain C. M., Cousins R. P. C., Coumbarides G., Simpkins N. S. Tetrahedron, 1990, 46, 523
b) Asami M. Chem. Lett., 1984, 829
c) Kim H. -D., Shirai R., Kawasaki H., Nakajima M., et al. Heterocycles, 1990, 30, 307

[128] Hodgson D. M., Lee G. P. Tetrahedron: Asymmetry, 1997, 8, 2303

[129] Simmpkins N. S. In Advanced asymmetric synthesis, Stephenson G. R. London: Chapman & Hall, 1996, 111~125

[130] a) Noyori R., Tomino I., Tanimoto Y. J. Am. Chem. Soc., 1979, 101, 3129
b) Noyori R. Pure & Appl. Chem., 1981, 53, 2315

[131] Midland M. M. Reductions of Chiral Borone Reagents. In: Asymmetric Synthesis. Vol. 2. Morrison J. D. New York: Academic, 1983, 45

[132] a) Brown H. C., Cho B. T., Park W. S. J. Org. Chem., 1986, 51, 3396
b) Brown H. C., Park W. S., Cho B. T. J. Org. Chem., 1986, 51, 1934

[133] a) Corey E. J., Bakshi R. K., Shibata S. J. Am. Chem. Soc. 1987, 109, 5551
b) Corey E. J., Bakshi R. K., Shibata S., Chen C.-P, et al. J. Am. Chem. Soc., 1987, 109, 7925

[134] Leutenegger U., Madin A., Pfaltz A. Angew. Chem. Int. Ed. Engl., 1989, 28, 60

[135] Johnson W. S., Frei B., Gopalan A. S. J. Org. Chem., 1981, 46, 1512

[136] Corey E. J., Naef R., Hannon F. J. J. Am. Chem. Soc., 1986, 108, 7114

[137] a) Boyall D., Frantz D. E., Carreira E. M. Org. Lett., 2002, 4, 2605
b) Xu M.-H., Pu L. Org. Lett., 2002, 4, 4555 and references cited therein

[138] Alexakis A., Benhaim C., Rosset S., Humam M. J. Am. Chem. Soc., 2002, 124, 5262

[139] a) Brunel J. M. Chem. Rev. 2005, 105, 857

b) Chen Y., Yekta S., Yudin A. K. Chem. Rev., 2003, 103, 3155

c) Pu L. Chem. Rev., 1998, 98, 2405

[140] Seebach D., Beck A. K., Heckel A. Angew. Chem. Int. Ed. Engl., 2001, 40, 92

[141] Sharpless K. B. Angew. Chem. Int. Ed., 2002, 41, 2024 and references cited therein

[142] Catalytic Asymmetric Synthesis, Ojima I., 2nd Ed. New York: CVH, 2000

[143] a) Ohkuma T., Kitamura M., Noyori R. In Catalytic Asymmetric Synthesis, Ojima I., Ed.; 2nd Ed.; New York: VCH, 2000, 1～110

b) Noyori R., Ohkuma T. Angew. Chem., Int. Ed., 2001, 40, 40

c) Noyori R. Angew. Chem., Int. Ed., 2002, 41, 2008

[144] a) Tokunaga M., Larrow J. F., Kakiuchi F., Jacobsen E. N. Science, 1997, 277, 936

b) Schaus S. E., Brandes B. D., Larrow J. F., Tokunaga M, et al. J. Am. Chem. Soc., 2002, 124, 1307

c) McGarrigle E. M., Giheany D. G. Chem. Rev., 2005, 105, 1563

[145] Johnson J. S., Evans D. A. Acc. Chem. Res., 2000, 33, 325

[146] Julia S., Masana J., Vega J. C. Angew. Chem. Int. Ed. Engl., 1980, 19, 929

[147] Katsuki T., Sharpless K. B. J. Am. Chem. Soc., 1980, 102, 5974

[148] Gao Y., Hanson R M., Klunder J. M., Ko S. Y, et al. J. Am. Chem. Soc., 1987, 109, 5765

[149] Finn M. G., Sharpless K. B. J. Am. Chem. Soc., 1991, 113, 113

[150] Zhou W.-S., Lu Z.-H., Zhu X.-Y. Chin. J. Chem., 1994, 12, 378

[151] a) Jacobsen E. N., Zhang W., Muci A. R., Ecker J. R., et al. J. Am. Chem. Soc., 1991, 113, 7063

b) Zhang W., Loebach J. L., Wilson S. R., Jacobsen E. N. J. Am. Chem. Soc., 1990, 112, 2801

[152] a) Irie R., Noda K., Ito Y., Matsumoto N., et al. Tetrahedron Lett., 1990, 31, 7345

b) Katsuki T. In Catalytic Asymmetric Synthesis, Ojima I. New York: VCH, 2000, 287～325

[153] Jacobsen E. N., Marko I., Mungall W. S., Schroder G., et al. J. Am. Chem. Soc., 1988, 110, 1968

[154] Sharpless K. B., Amberg W., Bennani Y. L., Crispino G. A., et al. J. Org. Chem., 1992, 57, 2768

[155] Kolb H. C., VanNieuwenhze M. S., Sharpless K. B. Chem. Rev., 1994, 94, 2482

[156] Corey E. J., Noe M. C., Sarshar S. J. Am. Chem. Soc., 1993, 115, 3828. and references cited therein

[157] Kolb H. C., Andersson P. G., Sharpless K. B. J. Am. Chem. Soc., 1994, 116, 1278. and references cited therein

[158] a) Li G., Chang H.-T., Sharpless K. B. Angew. Chem. Int. Ed. Engl., 1996, 35, 451

b) Review: Bodkin J. A., McLeod M. D. J. Chem. Soc., Perkin Trans. 1, 2002, 2733

[159] Tao B., Schlingloff G., Sharpless K. B. Tetrahedron Lett., 1998, 39, 2507

[160] Knowles W. S. Angew. Chem. Int. Ed., 2002, 41, 1998

[161] a) Ohkuma T., Koizumi M., Doucet H., Pham T., et al. J. Am. Chem. Soc., 1998, 120, 13529

b) Ohkuma T., Ooka H., Hashiguchi S., Ikariya T., et al. J. Am. Chem. Soc., 1995, 117, 2675

[162] Wang X., Ding K. J. Am. Chem. Soc., 2004, 126, 10524

[163] Liang Y., Jing Q., Li, X., Shi L., et al. J. Am. Chem., 2005, 127, 7694

[164] Cao P., Zhang X. J. Am. Chem. Soc., 1999, 121, 7708 and references cited therein

[165] Williams J. M. J. in Advanced asymmetric synthesis, Ed. Stephenson, G. R., London: Chapman & Hall, 1996, 299~312

[166] a) Trost B. M., Crawley M. L. Chem. Rev., 2003, 103, 2921

b) Trost B. M., Van Vranken D. L. Chem. Rev., 1996, 96, 395

[167] a) Trost B. M., Fredericksen M. U. Angew. Chem. Int. Ed., 2005, 44, 308

b) Trost B. M., Schroeder G. M., Kristensen J. Angew. Chem. Int. Ed., 2002, 41, 3492 and references therein

[168] Trost B. M., Carde P.-S., Chen, I., Schroeder G. M. J. Am. Chem. Soc., 2004, 126, 4480

[169] You S.-L., Hou X.-L., Dai L.-X., Zhu X.-Z. Org. Lett., 2001, 3, 149

[170] Nemoto T., Matsumoto T., Masuda T., Hitomi T., et al. J. Am. Chem. Soc., 2004, 126, 3690

[171] a) Nozaki H., Moriuti S., Takaya H., Noyori R. Tetrahedron Lett., 1966, 5239

b) Fritschi H., Leutenegger U., Pfaltz A. Helv. Chim. Acta., 1988, 71, 1553

[172] Ojima I., Clos N., Bastos C. Tetrahedron, 1989, 45, 6901

[173] Lebel H., Marcoux J.-F., Molnaro C., Charette A. B. Chem. Rev., 2003, 103, 977

[174] a) Evans D. A., Woerpel K. A., Hinman M. M., Faul M. M. J. Am. Chem. Soc., 1991, 113, 726

b) Evans D. A., Woerpel K. A., Scott M. J. Angew. Chem., Int. Ed., 1992, 31, 430

[175] ostergaard N., Jensen J. F., Tanner D. Tetrahedron, 2001, 57, 6083

[176] Nishiyama H., Soeda N., Naito T., Motoyama Y. Tetrahedron: Asymmetry, 1998, 9, 2865 and references cited therein

[177] a) Niimi T., Uchida T., Irie R., Katsuki T. Tetrahedron Lett., 2000, 41, 3647

b) Niimi T., Uchida T., Irie R., Katsuki T. Adv. Synth. Catal., 2001, 343, 79

[178] a) Jacobsen E. N., Pfaltz A., Yamamoto H. (Eds.) comprehensive asymmetric catalysis Vols 1-3, Springer, Berlin, 1999

b) Stephenson G. R., Ed. Advanced asymmetric synthesis, Chapman & Hall, London, 1996

[179] a) Hajos Z. G., Parrish D. R. J. Org. Chem., 1974, 39, 1615

b) Eder U., Sauer G., Wiechert R. Angew. Chem., Int. Ed. Engl., 1971, 10, 496

[180] Reviews: a) Dalko P. I., Moisan L. Angew. Chem. Int. Ed., 2004, 43, 5138

b) Dalko P. I., Moisan L. Angew. Chem. Int. Ed., 2001, 40, 3726

c) Seayad J., List B. Org. Biomol. Chem., 2005, 3, 719

d) Jarvo E. R., Miller S. J. Tetrahedron, 2002, 58, 2481

e) List B. Synlett, 2001, 1675

f) List B. Tetrahedron, 2002, 58, 5573

[181] For monograph: (e) Berkessel A., Gröger H. Metal-Free Organic Catalysts in Asymmetric Synthesis, Weinheim: Wiley-VCH, 2004

[182] a) List B. Acc. Chem. Res., 2004, 37, 548

b) Notz W., Tanaka F., Barbas Ⅲ, C. F. Acc. Chem. Res., 2004, 37, 580

[183] Schreiner P. R. Chem. Soc. Rev., 2003, 32, 289

[184] List B., Lerner R. A., Barbas Ⅲ C. F. J. Am. Chem. Soc., 2000, 122, 2395

[185] Notz W., List B. J. Am. Chem. Soc., 2000, 122, 7386

[186] Northrup A. B., MacMillan D. W. C. J. Am. Chem. Soc., 2002, 124, 6798

[187] a) Northrup A. B., Mangion I. K., Hettche F., MacMillan D. W. C. Angew. Chem. Int. Ed., 2004, 43, 2152

b) Northrup A. B., MacMillan D. W. C. Science, 2004, 305, 1752

[188] Casas J., Engqvist M., Ibrahem I., Kaynak B., et al. Angew. Chem. Int. Ed., 2005, 44, 1343

[189] Enders D., Grondal C. Angew. Chem. Int. Ed., 2005, 44, 1210

[190] Pidathala C., Hoang L., Vignola N., List B. Angew. Chem. Int. Ed., 2003, 42, 2785

[191] a) Cobb A. J. A., Shaw D. M., Longbottom D. A., Gold J. B., et al. Org. Biomol. Chem., 2005, 3, 84

b) Tang Z., Yang Z.-H., Chen X.-H., Cun L.-F., et al. J. Am. Chem. Soc., 2005, 127, 9285

[192] Jung M. E. Tetrahedron, 1976, 32, 3

[193] a) Spencer T. A., Neel H. S., Flechtner T. W., Zayle R. A. Tetrahedron Lett., 1965, 6, 3889

b) Molines H., Wakselman C. Tetrahedron. 1976, 32, 2099

c) Brown K. L., Damm L., Dunitz J. D., Eschenmoser. Helv. Chim. Acta, 1978, 61, 3108

[194] a) Agami C., Meynier F., Puchot C., Guilhem, J., et al. Tetrahedron, 1984, 40, 1031

b) Agami C., Levisalles J., Puchot C. J. Chem. Soc., Chem., Commun., 1985, 441

c) Agami C., Puchot C. J. Mol. Catal., 1986, 38, 341

d) Agami C., Puchot C., Sevestre H. Tetrahedron Lett., 1986, 27, 1501

d) Agami C. Bull. Soc. Chim. Fr., 1988, 3, 499

[195] a) Allemann C., Gordillo R., Clemente F. R., Cheong P. H., et al. Acc. Chem. Res., 2004, 37, 558

b) Clmente F. R., Houk K. N. Angew. Chem. Int. Ed., 2004, 43, 5766

c) Hoang L., Bahmanyar S., Houk K. N., List, B. J. Am. Chem. Soc., 2003, 125, 16

[196] a) List B. J. Am. Chem. Soc., 2000, 122, 9336

b) List B., Pojarliev P., Biller W. T., Martin H. J. J. Am. Chem. Soc., 2002, 124, 827

c) Pojarliev P., Biller W. T., Martin H. J., List B. Synlett, 2003, 1903

[197] a) Notz W., Sakthivel K., Bui T., Zhong G., et al. Tetrahedron Lett., 2001, 42, 199

b) Chowdari N. S., Ramachary D. B., Barbas C. F., Ⅲ Synlett, 2003, 1906

c) Co′rdova A., Notz W., Zhong G., Betancort J. M., et al. J. Am. Chem. Soc., 2002, 124, 1842

[198] Notz W., Tanaka F., Watanabe S., Chowdari N. S., et al. J. Org. Chem., 2003, 68, 9624

[199] a) Hiemstra H., Wynberg H. J. Am. Chem. Soc., 1981, 103, 417

b) Hermann K., Wynberg H. J. Org. Chem., 1979, 44, 2238

[200] McDaid P., Chen Y., Deng L. Angew. Chem. Int. Ed., 2002, 41, 338

[201] a) Brown S. P., Goodwin N. C., D. MacMillan W. C. J. Am. Chem. Soc., 2003, 125, 1192

b) Paras N. A., MacMillan D. W. C. J. Am. Chem. Soc., 2001, 123, 4370

c) Austin J. F., MacMillan D. W. C. J. Am. Chem. Soc., 2002, 124, 1172

d) Paras N. A. MacMillan D. W. C. J. Am. Chem. Soc., 2002, 124, 7894

[202] Pederson R. L., Fellows I. M., Ung, T. A., Ishihara H., et al. Adv. Synth. Catal., 2002, 344, 728

[203] Wynberg H, Staring, E. G. J. J. Am. Chem. Soc., 1982, 104, 166

[204] a) Taggi A. E., Hafez A. M., Wack, H., Young B., et al. J. Am. Chem. Soc., 2002, 124, 6626

b) Dudding T., Hafez A. M., Taggi A. E., et al. Org. Lett., 2002, 4, 387

c) Hafez A. M., Taggi A. E., Dudding T., Lectka T. J. Am. Chem. Soc., 2001, 123, 10853

d) France S., Taggi A. E., Lectka T. Acc. Chem. Res., 2004, 37, 592

[205] a) Ahrendt K. A., Borths C. J., MacMillan D. W. C. J. Am. Chem. Soc., 2000, 122, 4243

b) Northrup A. B., MacMillan D. W. C. J. Am. Chem. Soc., 2002, 124, 2458

[206] Huang Y., Unni A. K., Thadani A. N., Rawal V. H. Nature, 2003, 424, 146

[207] a) Kelly T. R., Meghamin P., Ekkundi V. S. Tetrahedron Lett., 1990, 31,3381

b) Vachal P., Jacobsen E. N. J. Am. Chem. Soc., 2002, 124, 10012

c) Schuster T., Bauch M., Durner G., Gobel M. W. Org. Lett., 2000, 2, 179

[208] a) Tu Y., Wang Z.-X., Shi Y. J. Am. Chem. Soc., 1996, 118, 9806

b) Wang Z.-X., Tu Y., Frohn M., Zhang J.-R., et al. J. Am. Chem. Soc., 1997, 119, 11224

c) Wang Z.-X., Tu Y., Frohn M., Shi Y. J. Org. Chem., 1997, 62, 2328

[209] Shi Y. Acc. Chem. Res., 2004, 37, 488

[210] Wu X.-Y., She X., Shi Y. J. Am. Chem. Soc., 2002, 124, 8792

[211] a) Tian H., She X., Shu L., Yu H., et al. J. Am. Chem. Soc., 2000, 122, 11551

b) Tian H., She X., Xu., Shi Y. Org. Lett., 2001, 3, 1929

c) Tian H., She X., Yu, H., Shu L., et al. J. Org. Chem., 2002, 67, 2435

d) Shu L., Shen, Y.-M., Burke C., Goeddel D., et al. J. Org. Chem., 2003, 68, 4963

[212] Xiong Z., Corey E. J. J. Am. Chem. Soc., 2000, 122, 4831

[213] Special issue: Asymmetric Organocatalysis. Acc. Chem. Res., 2004, 37, 487～631

[214] Vignola N., List B. J. Am. Chem. Soc., 2004, 126, 450

[215] a) O'Donnell M. J. Acc. Chem. Res., 2004, 37, 506

b) Lygo B., Andrews B. I. Acc. Chem. Res., 2004, 37, 518

c) Ooi T., Maruoka K. Acc. Chem. Res., 2004, 37, 526

d) Maruoka K., Ooi T. Chem. Rev., 2003, 103, 3013

[216] α-amination of aldehydes: a) List, B. J. Am. Chem. Soc., 2002, 124, 5656

b) Bogevig A., Juhl K., Kumaragurubaran N., Zhuang W., et al. Angew. Chem., Int. Ed., 2002, 41, 1790

c) Vogt H., Vanderheriden S., Brase S. Chem. Commun., 2003, 2448 α-amination of ketones:

d) Kumaragurubaran N., Juhl K., Zhuang W., Bogevig A., et al. J. Am. Chem. Soc., 2002, 124, 6254

[217] α-oxidation of aldehydes:

a) Brown S. P., Brochu M. P., Sinz C. J., MacMillan D. W. C. J. Am. Chem. Soc., 2003, 125, 10808

b) Hayashi Y., Yamaguchi J., Hibino K., Shoji M. Tetrahedron Lett., 2003, 44, 8293

c) Zhong G. Angew. Chem. Int. Ed., 2003, 42, 4247

α-oxidation of ketones：
d) Bogevig A., Sunden H., Cordova A. Angew. Chem. Int. Ed., 2004, 43, 1109
e) Hayashi M., Yamaguchi J., Sumaiya T., Shoji M. Angew. Chem. Int. Ed., 2004, 43, 1112

[218] α-chlorination of aldehydes：a) Brochu M. P., Brown S. P., MacMillan D. W. C. J. Am. Chem. Soc., 2004, 126, 4108
b) Halland N., Braunton A., Bachmann S., Marigo M., et al. J. Am. Chem. Soc., 2004, 126, 4790
α-chlorination of ketones：c) Marigo M., Bachmann Halland N., Braunton A., Jorgensen K. A. Angew. Chem., Int. Ed., 2004, 43, 5507

[219] a) Shi M., Xu Y.-M. Angew. Chem. Int. Ed., 2002, 41, 4507
b) Kawahara S., Nakano A., Esumi T., Iwabuchi Y., et al. Org. Lett., 2003, 5, 3103
c) McDougal N. T., Schaus W. E. J. Am. Chem. Soc., 2003, 125, 12094

[220] a) Wang J. W., Hechavarria Fonseca M. T., List B. Angew. Chem. Int. Ed., 2004, 43, 6660
b) Wang J. W., Hechavarria Fonseca M. T., List B. Angew. Chem. Int. Ed., 2005, 44, 108
c) Ouellet G. S., Tuttle J. B., MacMillan D. W. C. J. Am. Chem. Soc., 2005, 127, 32

[221] a) Puchot C., Samuel O., Dunach E., Zhao S., et al. J. Am. Chem. Soc., 1986, 108, 2353. Review：b) Girard, C., Kagan, H. B. Angew. Chem. Int. Ed., 1998, 37, 2922

[222] a) Kitamura M., Okada S., Suga S., Noyori R. J. Am. Chem. Soc., 1989, 111, 4028
b) Noyori R., Kitamura M. Angew. Chem. Int. Ed. Engl., 1991, 30, 49

[223] Soai K., Shibata T., Sato I. Acc. Chem. Soc., 2000, 33, 382

[224] Alberts A. H., Wynberg H. T J. Am. Chem. Soc., 1989, 111, 7265
b) Danda H., Nishikawa H., Otaka K. J. Org. Chem., 1991, 56, 6740
c) Shibata T., Takahashi T., Konishi T., Soai K. Angew. Chem., Int. Ed. Engl., 1997, 36, 2458 and references therein

[225] a) Soai K., Shibata T., Morioka H., Choji K. Nature, 1995, 378, 767
b) Shibata T., Choji K., Hayase T., Aizu Y., et al. Chem. Commun., 1996, 1235

[226] a) SatoI., Urabe H., Ishiguro S., ShibataT., et al. Angew. Chem. Int. Ed., 2003, 42, 315
b) Lutz F., Sato I., Soai K. Org. Lett., 2004, 6, 1613

[227] a) Moradpour A., Nicoud J. F., Balavoine G., Kagan H. B., et al. J. Am. Chem. Soc., 1971, 93, 2353
b) Bernstein W. J., Calvin M., Buchardt O., J. Am. Chem. Soc., 1972, 94, 494
c) Nishino H., Kosaka A., Hembury G. A., Shitomi H., et al. Org. Lett., 2001, 3, 921 and references therein
d) Sholl D. S., Asthagiri A., Power T. D., J. Phys. Chem., B 2001, 105, 4771
e) Attard G. A. J. Phys. Chem., B 2001, 105, 3158
f) Hazen R. M., Filley T. R., Goodfriend G. A., Proc. Natl. Acad. Sci. USA, 2001, 98, 5487
g) Rikken G. L. J. A., Raupach E. Nature, 2000, 405, 932

[228] Buono F. G., Iwamura H., Blackmond D. G. Angew. Chem. Int. Ed., 2004, 43, 2099 and references therein

[229] Mathew S. P., Iwamura H., Blackmond D. G. Angew. Chem. Int. Ed., 2004, 43, 3317

[230] a) Alcock N. W., Brown J. M., Maddox P. J. J. Chem. Soc., Chem. Commun., 1986, 1532

b) Faller J. W., Parr J. J. Am. Chem. Soc., 1993, 115, 804

c) Faller J. W., Sams D. W. I., Liu X. J. Am. Chem. Soc., 1996, 118, 1217

d) Sablong R., Osborn J. A., Faller J. W. J. Organomet. Chem., 1997, 527, 65 and references therein

e) Maruoka K., Yamamoto H. J. Am. Chem. Soc., 1989, 111, 789

For review see: Vogl E. M., Groger H., Shibasaki M. Angew. Chem., Int. Ed., 1999, 38, 1570～1577

[231] a) Mikami K., Matsukawa S. Nature, 1997, 385, 613

b) Mikami K., Terada M., Korenaga T., Matsumoto Y., et al. Acc. Chem. Res., 2000, 33, 391 and references therein

[232] Mikami K., Korenaga T., Ohkuma T., Noyori R. Angew. Chem. Int. Ed., 2000, 39, 3707

[233] Shibasaki M., Yoshikawa N. Chem. Rev., 2002, 102, 2187

[234] Ajamian A., Gleason J. L. Angew. Chem. Int. Ed., 2004, 43, 2

[235] Ishihara K, Kurihara H., Matsumoto M., Yamamoto H. J. Am. Chem. Soc., 1998, 120, 6920

[236] Horeau A., Kagan, H.-B., Vigneron J.-P. Bull. Soc. Chim. Fr., 1968, 3795

[237] Masamune S., Choy W., Petersen J. S., Sita L. R. Angew. Chem. Int. Ed. Engl., 1985, 24, 1

[238] Izumi Y., Tai A. Stereodifferentiating Reactions. New York: Academic, 1977

[239] Heathcock C. H., Pirrung M. C., Buse C. T., Hagen J. P., et al. J. Am. Chem. Soc., 1979, 101, 7077

[240] Heathcock C. H. Stereoselective Aldol Condensations. In: Comprehensive Carbanion Chemistry, Part B, Buncel E., Durst T. The Netherlands: Elsevier, Amsterdam. 1984, 177

[241] Evans D. A., Bartroli J. Tetrahedron Lett., 1982, 23, 807

[242] Marshall J. A., Bourbeau M. P. Org. Lett., 2003, 5, 3197

[243] Matsumura K., Hashiguchi S., Ikariya T., Noyori R. J. Am. Chem. Soc., 1997, 119, 8738

[244] Dokuzovic Z., Roberts N. K., Sawyer J. F., Whelan J., et al. J. Am. Chem. Soc., 1986, 108, 2034

[245] Schreiber S. L., Schreiber T. S., Smith D. B. J. Am. Chem. Soc., 1987, 109, 1525

[246] Noyori R., Ikeda T., Ohkuma T., Widhalm M., et al. J. Am. Chem. Soc., 1989, 111, 9134

[247] a) Ding K.-L., Wang Y., Wu Y.-J. Youji Huaxue, 1996, 16, 1

b) Feringa B. L., van Delden R. A. Angew. Chem. Int. Ed. Engl., 1999, 38, 3418

[248] Addadi L., van Mil J., Lahav M. J. Am. Chem. Soc., 1982, 104, 3422

[249] Rau H. Chem. Rev., 1983, 83, 535

[250] Jacques J., Collet A., Wilen S. H. Enantiomers, Racemates and Resolutions, New York: Wiley-Interscience, 1981

[251] Hahn T., Klapper H. International Tables for Crystallography, Vol. A. Hahn T., Reidel D. Holland, 1983, 781

[252] Buerger M. J. Elementary Crystallography, New York: Wiley, 1963, 199

[253] Kaupp G., Haak M. Angew. Chem. Int. Ed. Engl., 1993, 32, 694

[254] Toda F., Yagi M., Soda S. J. Chem. Soc. Chem. Commun., 1987, 1413

[255] Evans S. V., Garcia-Garibay M., Omkaram N., Scheffer J. R., et al. J. Am. Chem. Soc., 1986, 108, 5648

[256] Roughton A. L., Muneer M., Demuth M. J. Am. Chem. Soc., 1993, 115, 2085
[257] Sakamoto M., Takanishi M., Kamayi K., Fujita T., et al. Proceedings of the 67th Spring Annual Meeting of the Chem. Soc. Jpn., Tokyo, 1994, 1301
[258] Elgavi A., Green B. S., Schmidt G. M. J. J. Am. Chem. Soc., 1973, 95, 2058
[259] Suzuki T., Fukushima T., Yamashita Y., Miyashi T. J. Am. Chem. Soc., 1994, 116, 2793
[260] Scheffer J. R., Garcia-Garibay M. Photochemistry on Solid Surfaces. Anpo M., Matsuura T., Amsterdam: Elsevier, 1989, 510
[261] Szabo-Nagy A., Keszthelyi L. Proc. Natl. Acad. Sci. USA, 1999, 96, 4252
[262] Trost B. M. Atom Economy-A Challenge for Organic Synthesis: Homogeneous Catalysis Leads the Way. Angew. Chem. Int. Ed. Engl., 1995, 34, 259
[263] Celia M. Henry. Chem. & Eng. News 2000, 78(28), 49

第6章 有机合成设计概论

Synthesis must always be carried out by plan, and the synthetic frontiers can be defined only in term of the degree to which the realistic planning is possible utilizing all of the intellectual and physical tools available.

R. B. Woodward, 1956

有机合成是有机化学中一个古老的分支，也是一个十分活跃的领域。有机化学家为了基础理论和应用研究的需要，不断从事着已知或未知结构有机分子的合成。有机分子，尤其是复杂有机分子有着形式多样的骨架和附在这些骨架上的千变万化的取代基，因此今天也有人将它们的合成称为构筑有机分子的工程学。尽管当今已知化合物数量已超过2000万个，其中又大多为有机化合物，但是有机化学家仍然积极从事着新的化合物的合成以期获得更多具有各种理化、生理性质的化合物。有机合成是一门实验科学，但是在开展合成工作之前，尤其是对复杂有机分子的合成，必须要有一个合理的计划，这就是合成设计工作，它是有机合成的灵魂。长期以来，有机合成被誉为科学中的艺术，一些复杂天然产物的合成中所显示出的巧妙的合成路线确实使人赏心悦目，这样的合成似乎只能是艺术大师的作品。但20世纪60年代以后，在大量天然产物分子成功全合成的基础上，有机合成化学家开始总结起其中的规律，用逻辑推理的方法探讨合成计划中的战略、战术。因而有机合成设计，有机合成策略等的词汇和概念在文献中开始频频出现，其中最著名的，也是后来影响最大的是 E. J. Corey 提出并由此发展起来的“合成元”(synthon)、“反合成分析”(retrosynthesis or antisynthesis)、“反合成元”(retron)的概念，由此形成了当今有机合成中最为普遍接受的设计方法论。Corey 的反合成分析被有机合成化学界称作是 Harvard 学派的代表，与 Cambridge 学派的生源合成学说一起组成了现代有机合成设计思想的基座。与此同时，复杂分子和天然产物的合成在这些思想引领下也进入了一个大发展的时期。现代有机合成设计思想的形成和普及使得有机合成成为一门科学与艺术相交融的学问，而不再仅仅是少数大师们的艺术创作。以科学与艺术相结合名义的有机合成设计因而出版了不少专著和专文，也写入了有机合成的教科书，充分显示了这样的发展盛况[1~10]。本章及第7、8章将从 Corey 的这些基本概念出发，对有机合成设计的方法作一系统的、但还是十分概括性的介绍。

6.1　有机合成的三种出发点以及目标导向合成和多样性导向合成

有机化学合成实验室从事的研究，其出发点不外乎下列三种：将新发现的或有趣的反应贯彻于有意义的合成工作中；利用天然界或生产中未充分利用的原料来合成有价值的产品；以及最主要的，合成因科学应用需要而提出的特定目标分子。随着其他学科对有机分子需求的增长，有机合成当今不仅仅要提供设计的个别的目标分子，而且要高效地制备出一个系列的目标分子，建立结构多样性的有机分子库。因而也就分别称为目标导向合成和多样性导向合成。

6.1.1　利用新反应

一些反应机理或合成方法学的研究者发现了一些新的有趣的反应，这时就自然而然地想到如何应用这些反应于有意义的目标分子的合成中去。如 20 世纪 80 年代以来，著名的 Sharpless-AE 反应，是由 Sharpless 小组在多年研究环氧化反应中发现的 (1980)[11]。发现后当即转向如何应用这一反应于光活性天然产物的合成之中，如抗菌素、白三烯以及昆虫信息素等[12]，Kende 等将这一反应应用在光学活性 Aklavinone 的合成中[13]。现在 Sharpless 环氧化已成为有机合成化学家工具箱中最常用的合成工具之一。

(−)-DET, −40℃, 4 d

80% yield, 91% ee

(+)-disparlure

$Ti(OPr^i)_4$, ^tBuOOH
D-(−)-DET, CH_2Cl_2
83%, 53% ee

吴毓林等在白三烯合成中发现下列双羟基化反应选择性较好，进而就设计了利用此反应来合成蚊子产卵地的信息素[14]。

OsO_4, NMMO

9 : 1

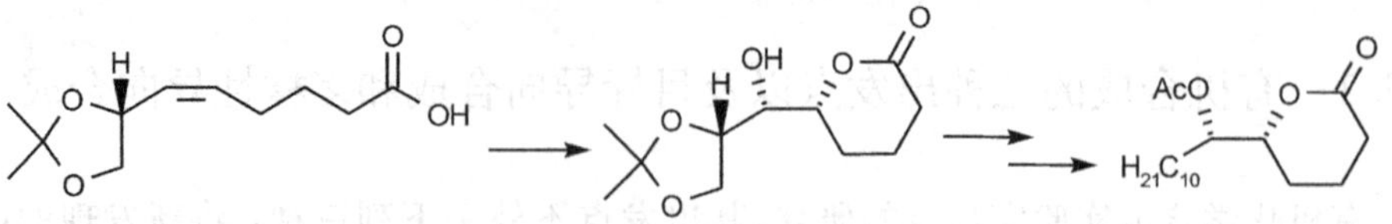

黄耀曾等[15]发现砷 ylide 合成共轭的醛、酮、酰胺条件平和，产率好，进而也就设计合成了一些多烯型天然产物，如

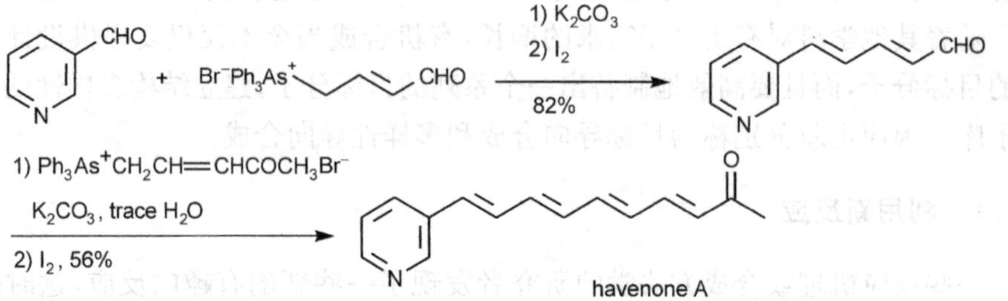

陆熙炎等[16]发现一种有效合成双环［3,3,1］壬-9-酮体系的新方法，而许多天然产物，如石杉碱（huperzine）等就含有这一类骨架，因此可设计利用这一反应以合成这一类天然产物及其类似物。这一方法后为美国化学家所采用[17]，并实践于 huperzine A 的合成中。

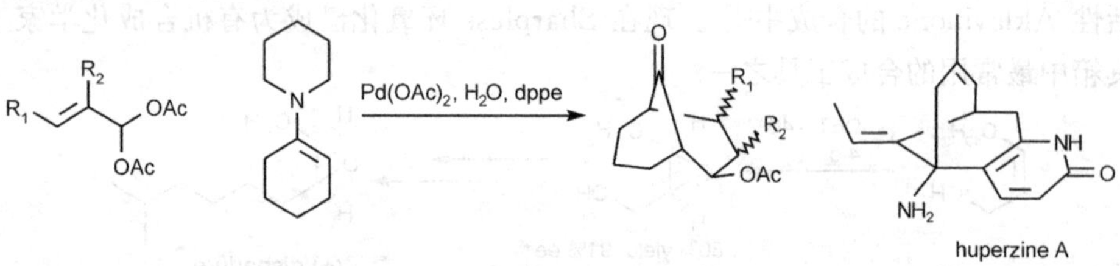

Overman 等[18]发现 2-烯基-1,2-二醇体系在酸存在下与醛发生缩合反应时会发生重排而扩环，反应具有很好的立体选择性。由此，他们应用这一方法设计合成了一系列天然产物。

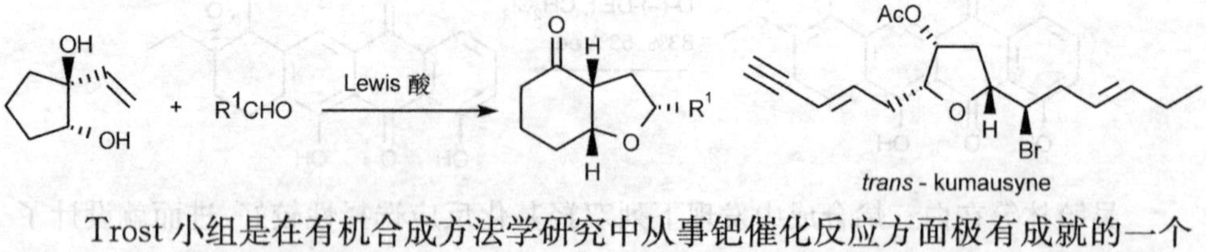

Trost 小组是在有机合成方法学研究中从事钯催化反应方面极有成就的一个小组，同时他们也极致力于将他们发现的方法应用于天然产物的全合成，而且也取得了很好的结果。例如，他们发现在下图中的手性双膦双酰胺 A 这样一类配体存在下，钯催化烯丙基烷基化可以给出很好的对映选择性，进而就利用这一方法为关键反应成功地合成了好几个不同类型的天然产物或其类似物 C2-epi-hydromycin A[19]，hamigeran B[20]等[21]。

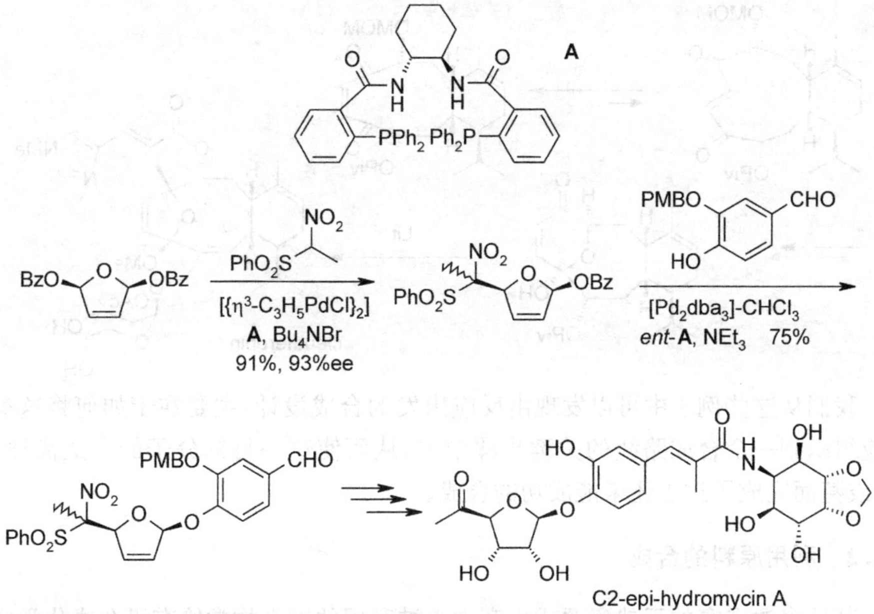

C2-epi-hydromycin A

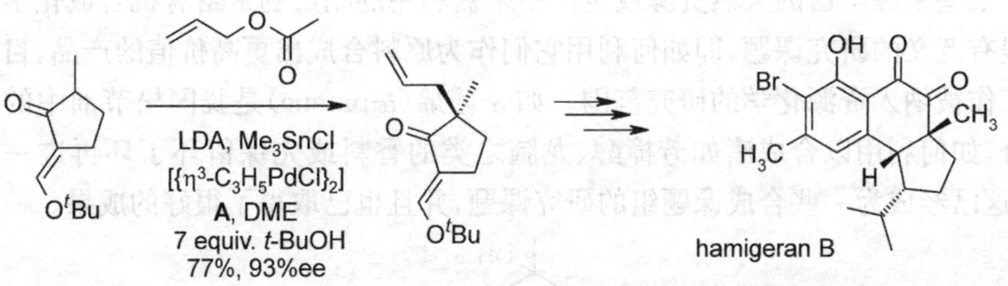

hamigeran B

烯烃复分解反应(olefin metathesis)是 20 世纪 90 年代发现的构筑烯烃的新方法,在有机合成界产生了重大影响,其中形成环烯的烯烃复分解造环反应(RCM)则更受到特别的重视,由此反应为关键反应设计并成功地完成了大量天然产物的合成。来自澳大利亚软珊瑚的 cleutherobin 具有很高的细胞毒性,其细胞毒性的作用机制类似于紫杉醇,已有多条全合成路线。2005 年,采用 RCM 反应为关键反应合成了 cleutherobin 中的含烯二酮的 10 元环,从而再次完成了 cleutherobin的形式合成[22]。

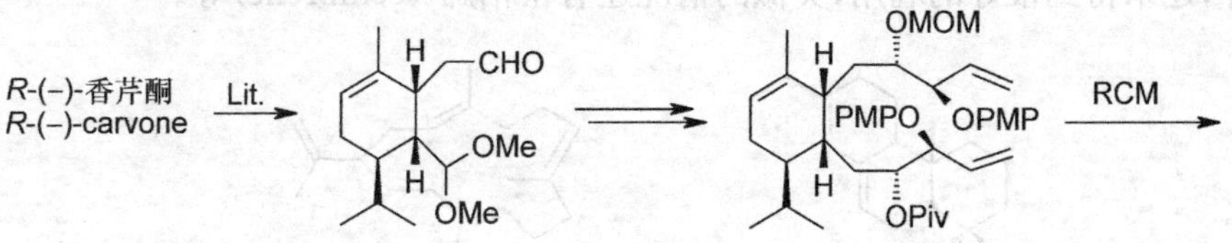

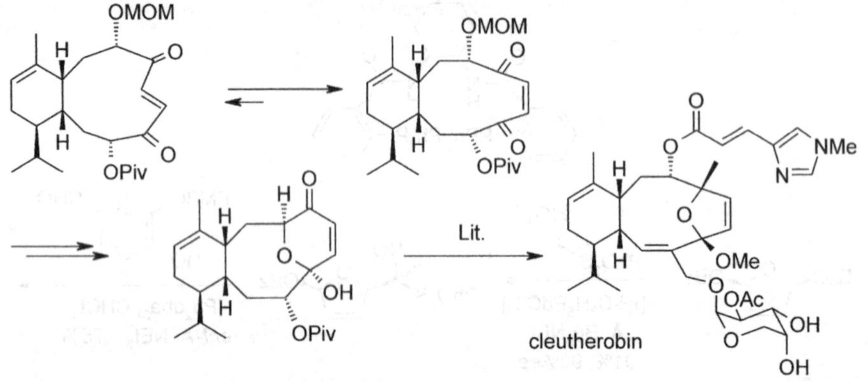

OMOM H O O H OPiv ⇌ OMOM H O O H OPiv → H O H O OH H OPiv —Lit.→ O O NMe N H O H OMe O OAc OH O OH cleutherobin

我们从这些例子中可以发现由反应出发的合成设计，主要在于如何将这类新反应组织到一个合成路线的关键步骤中去，从而使这一目标分子的合成简捷、有效，或甚而完成了过去还未能成功的合成。

6.1.2　利用原料的合成

某些来源丰富的天然资源或生产中未被利用的副产物常给有机合成化学家提出很有意义的研究课题，即如何利用它们作为原料合成出更高价值的产品，目前这些工作被纳入资源化学的研究范围。如 α-蒎烯（α-pinene）是我国松节油中的主要成分，如何利用以合成诸如芳樟醇、龙脑之类的香料或先保留环丁环再进一步利用，这已经成为一些合成课题组的研究课题，并且也已取得了很好的成果。

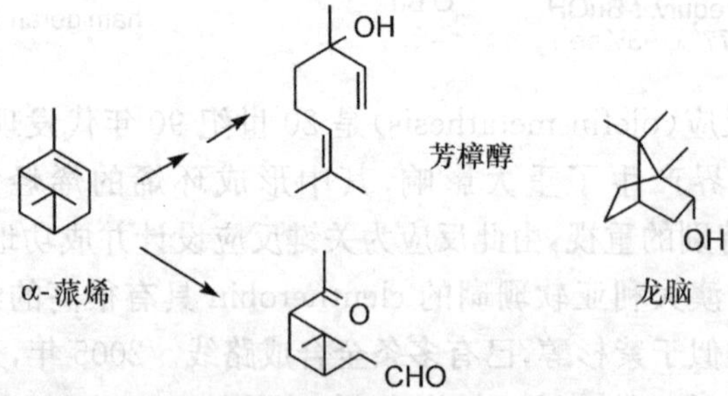

OH 芳樟醇 α-蒎烯 OH 龙脑 O CHO

但与松节油共同产生的松香（主要成分松香酸、abietic acid）除一些低级用途外，还未得到很好的利用，类似的情况还有松柏烯（cembrene）等。

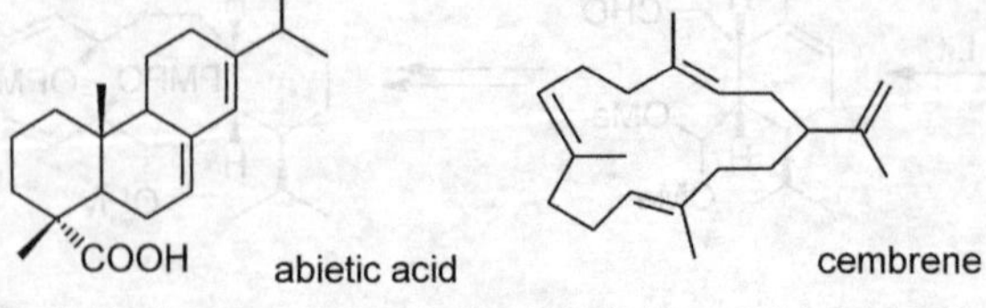

COOH abietic acid　cembrene

青蒿的生长遍布全球，迄今所知除我国南方数省所产的植物含较多青蒿素外，其他地区所产主要含青蒿酸。因而青蒿酸的利用，主要是如何用以合成青蒿素，在

20 世纪 80～90 年代也曾成为一些合成工作者的重点研究课题[23]。

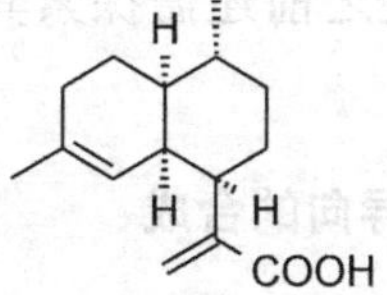

青蒿酸 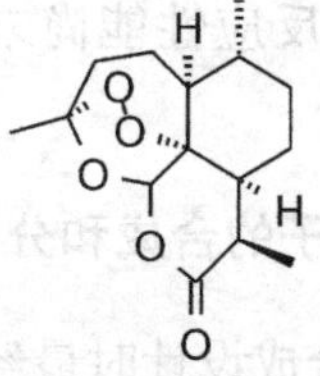　　青蒿素

其他的天然资源，如糖中最廉价的葡萄糖一直也是频繁被使用于合成研究的出发原料，如用于白三烯 A_4 的合成[24]。

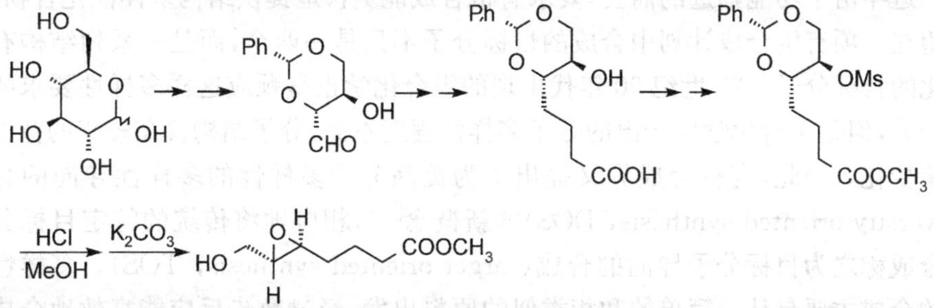

氨基酸中最廉价的是 L-谷氨酸（L-glutamic acid），它也是合成设计时经常考虑的手性纯原料[25]。

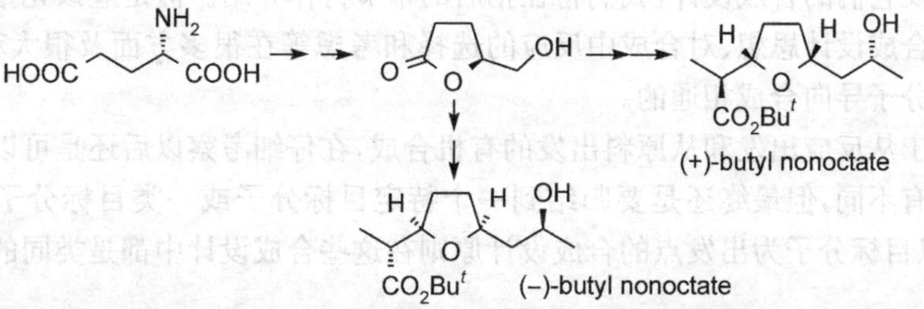

(+)-butyl nonoctate　(−)-butyl nonoctate

一些天然资源加工后的废弃物中常含有若干结构有趣的有机化合物，如何利用它们也经常是有机合成研究的出发点。如橄榄压榨出橄榄油后的残渣中含有 0.4%的石竹素(oleanolic acid)和 0.8%的 2-羟基石竹素(maslinic acid)，因此有实验室就试图以它们为原料设计合成其他的化合物，如从 C 环中间断开则就可能合成到两个片段的倍半萜类化合物[26]。

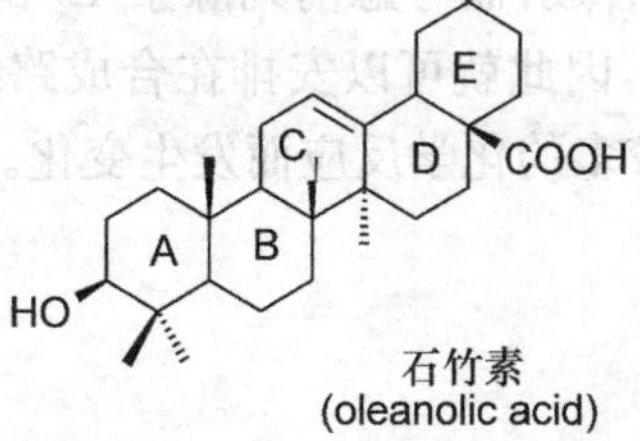

石竹素
(oleanolic acid)　　maslinic acid

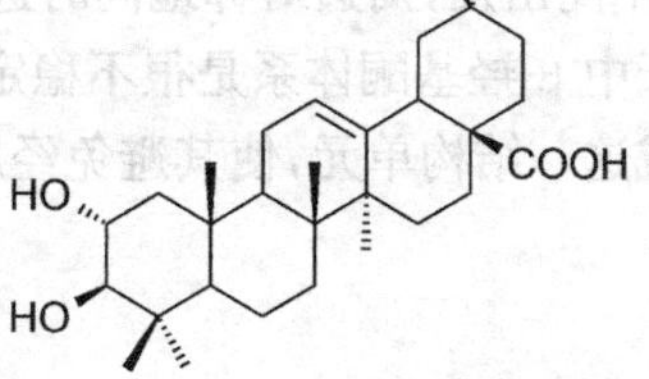

以原料为出发点的合成设计，关键在于如何充分利用这一原料的结构特征和化学反应特性，在其反应性能尚未十分清楚之前还需探索其与各种试剂的反应情况。

6.1.3 特定目标分子的合成和分子多样性导向的合成

复杂分子有机合成设计时最经常遇到的课题是天然产物分子的合成、结构-功能研究中所提出的合成以及结构理论上感兴趣分子的合成，这些都是目标明确的合成，我们将在下面几章节的内容中就这个议题进行深入的讨论。

近年由于功能筛选的需要，要求有机合成能更快地提供结构多样性化合物库，希望在一项有机合成计划中合成的目标分子不只是一两个，而是一系列结构有所变化的目标分子。20 世纪 90 年代出现的组合化学正是顺应这样多样性要求的有机合成，但是组合化学所产出的分子多样性程度不高，分子结构仅在较窄的范围内有所变化。为此，有机合成界又提出了为提高分子多样性的多样性导向的合成(diversity-oriented synthesis，DOS)的新概念[27]，相应地将传统的特定目标分子的合成称之为目标分子导向的合成(target oriented synthesis，TOS)。多样性导向的合成主要是从一简单的和相类似的原料出发，经过数步反应能高效地合成出一批结构相对复杂而彼此又有较大差异的有机小分子。对组合化学和多样性导向的合成及它们的合成设计，我们将在稍后的章节再作介绍。但是应该先指出的是，它们的合成设计思想、对合成中反应的选择和考虑等在很多方面及很大程度上是与目标分子导向合成相通的。

至于从反应出发和从原料出发的有机合成，在仔细考察以后还是可以看到，出发点虽有不同，但最终还是要归结到一个特定目标分子或一类目标分子的合成。因此，以目标分子为出发点的合成设计原则在这些合成设计中都是类同的。

6.2 合成设计的三部曲

考虑对一个特定目标分子的合成，第一步是对这个分子的结构特征和已知的理化性质进行收集和考察，由此可以简化合成中的问题或避免不必要的弯路。诸如角鲨烯的合成，这 30 个碳的三萜分子是一个中心对称的化合物，就可以设计一条路线，从中间出发，两边对称地同时进行合成；而考虑前列腺素 E_2 的合成时，由于已知分子中 β-羟基酮体系是很不稳定的，因此就可以安排在合成路线的最后几步时再形成这一结构单元，使其避免经历较多的化学反应而发生变化。

角鲨烯　　　前列腺素 E_2

第二步是以上述分析为基础，进而一步一步倒推出合成此目标化合物的各种路线和可能的易得起始原料，这也就是所谓反合成(retrosynthesis or antisynthesis)，此分析思路与真正的合成正好相反。合成中间使用各种各样的反应来形成分子的骨架，改变分子骨架上的官能团，从而最终获得目标分子；在反合成中则是利用一系列所谓的“转化（transformation）”来推导出一系列中间体和合适的起始原料。转化用双线箭头表示（$\Longrightarrow$），以示有别于单线箭头表示的反应（$\longrightarrow$）。由相应的已知或可靠的反应而进行转化所得的结构单元称之为“合成元（synthon)”，由合成元再可以推导（用虚线表示）得相应的试剂或中间体，有时合成元本身即是试剂或中间体。

鉴于目前文献上合成元与合成中间体的混淆使用，Corey 在反合成转化方面又提出了一个术语，即反合成元（retron）[7, 28]。反合成元意为进行某一转化所必要的结构单元。如下列结构单元 A、B、C、D 分别为 Diels-Alder 反应、Claisen 重排、Robinson 造环、Mannich 转化的基本反合成元。

A　　B　　C　　D

有时目标分子中仅包含部分反合成元，如下列 E、F、G 即含有 Robinson 造环的部分反合成元，它们通过若干转化就可以得到完整的反合成元。

E　　F　　G

反合成分析的核心问题是转化，反合成元和合成元则是这一问题的两个方面：前者是转化的必要结构单元；后者是转化将得到的结构单元。转化同样有两大类型，即碳-碳键的转化和官能团的转化。目标分子碳-碳骨架的转化包括分拆（disconnection)、连接(connection) 和重排(rearrangement) 三种。

碳-碳键分拆得的合成元可以有：

1) 接受电子的(a)合成元。

2）给电子的(d)合成元。

3）自由基(r)合成元。

4）双电子中性的(e)合成元。

下面的表中我们可以从一些实例看出分拆的情况。

转化类型	目标分子	合成元	试剂、条件和中间体
异裂类型	a OH d 反Grignard 转化	OH + a C_2H_5−d	CH_3CHO + C_2H_5MgBr 1) 0℃/THF 2) NH_4Cl/H_2O
	O d OH a 反 aldol转化	- O H + OH	OLi + CH_3CHO 1) −78℃ to rt, THF 2) NH_4Cl, H_2O
均裂分拆	r O r OH	O OH	COOEt COOEt 1) Na/TMSCl 甲苯、回流 2) H_2O
电环化分拆	O O O	+ O O O	合成元＝试剂、中间体

连接和重排这两类转化通常在双线箭头上加注，这时的合成元通常即为试剂、中间体，无需进一步推导，如下表的例子：

转化类型	目标分子	合成元(试剂、中间体)反应条件
连接	CHO CHO con. 反臭氧化转化	O_3/Me_2S CH_2Cl_2，−78℃
重排	O NH 重排 反臭氧化转化 N-OH	H_2SO_4 加热

目标分子中官能团的反合成转化也像合成反应中一样有三种类型：变换(interconversion)(FGI)、引入(addition)(FGA)和消除(removal)(FGR)。

转化类型	目标分子	合成元(试剂、中间体)	反应条件
官能团变换(FGI)	O, FGI ⟹	OH S S	CrO_3,H_2SO_4 acetone $HgCl_2$,MeCN $HgCl_2$,H_2SO_4 aq.
官能团引入(FGA)	O, FGA ⟹	O COOH O	加热 H_2,Pd-C,EtOH
官能团消除(FGR)	O OH, FGR ⟹	O	1) LDA,THF,−25℃ 2) O_2,−25℃ 3) I^-,H_2O

重复或交替使用上述各转化过程也就可以推导出合成目标分子所需的易得的原料，如下目标分子 4-甲基-6-羟基己酸甲酯可经官能团变换将羟基变换成醛基，再经连接得环己烯醚，进一步官能团转化即可推导出原料 4-甲基环己酮，但此时未考虑如何对映选择性地合成目标分子。

HO～COOCH$_3$ $\xrightarrow{\text{FGI}}$ OHC～COOCH$_3$ $\xrightarrow{\text{con}}$ OCH$_3$ $\xrightarrow{\text{FGI}}$ O

较简单的目标分子经几步转化就可以得到合成的起始原料，但较复杂的目标分子则就需要长得多的转化。如不算很复杂的维生素 A 的反合成，下面是一种反合成的途径，为简化起见，不写出合成元，而直接写出相应于该合成元的中间体或试剂。由此可看到经官能团转化和分拆后从维生素 A 可得到一个五碳和一个十五碳的片段，两片段再分别推导后可以得到合成的起始原料丙酮和丙二酸酯以及柠檬醛，当然这一合成计划的可行性如何还需进一步考察，合成反应的选择性和效率也需再深入考虑。

OH
维生素 A
FGI ⇓ ↑ $LiAlH_4$
COOR
discon ⇓ ↑
CHO
+
Ph_3P=
COOR
discon ⇓ ↑ Ph_3P=CHCHO
FGI ⇓ ↑ Ph_3P
O
β-紫罗兰酮
COOR
Br
discon ⇓ ↑ H_2SO_4
FGR ⇓ ↑ NBS
O
COOR
discon ⇓ ↑ CH_3COCH_3 OH^-
discon ⇓ ↑ B^-
CHO
柠檬醛
O + COOR COOR

还需要指出的是，除了最简单的目标以外，都会有不止一条的反合成路线，分子愈复杂这种可能的反合成路线就越多。棉红铃虫性信息素是一个十六个碳原子直链醇的乙酸酯，结构并不算复杂，但其反合成的可能途径则很多。下面是根据已报道成功合成的路线[29, 30]而画出的反合成途径，其中仅表明碳骨架的分拆转化和最后推导出的试剂原料，类似这样推导出的图像如向下长的树，所以也称合成树。实际工作中不可能将每一条路线都去实验室实践，所以还必须对合成树进行修剪，也就是必须考察、比较并进行取舍。

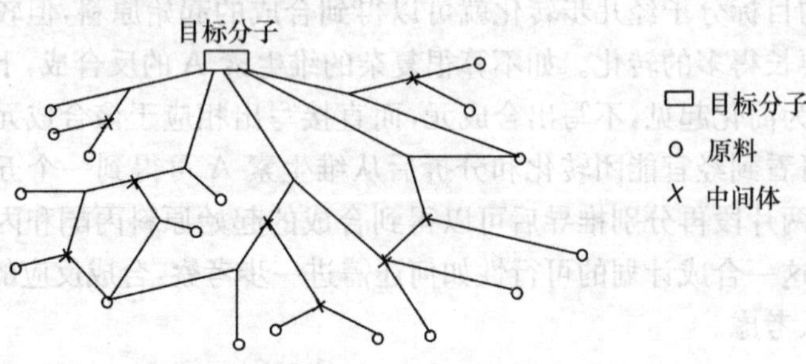

棉红铃虫性信息素合成树

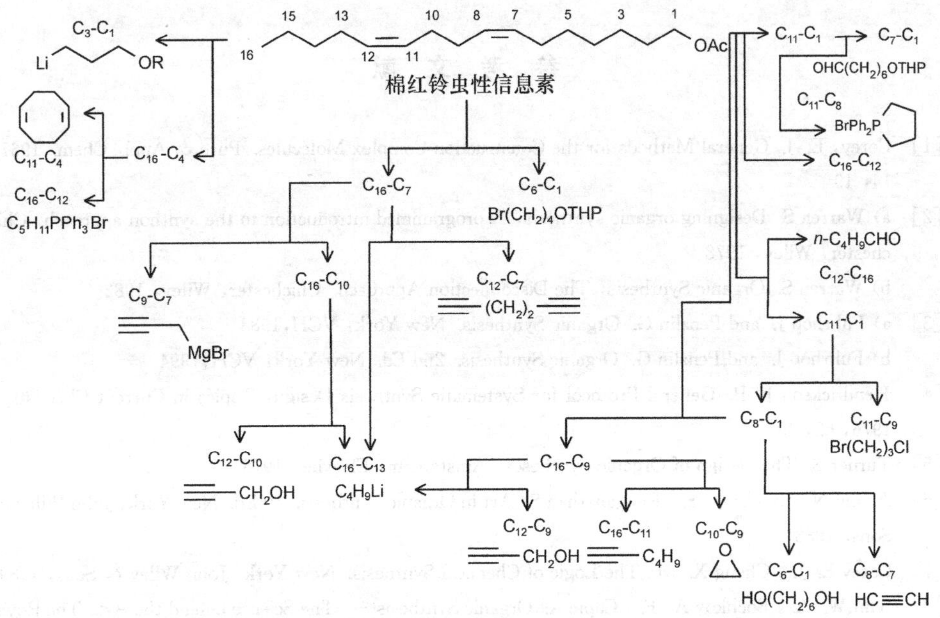

棉红铃虫性信息素合成树

第三步是从合成方向进行检查，也就是对合成树的剪裁，取舍。有机合成的工作内容概而言之可以说有三个任务：碳骨架的建立、官能团的配置，以及确立正确的立体化学。前两个任务在上一步设计中已经提及，现在的这一步则着重要考察立体化学的问题。如欧洲榆树甲虫的集合信息素 α-multi-striatin 有四个手性中心，如仅按下式所示的反合成设计获得的合成路线，最后将会得到立体异构体的混合物。

α-multi-striatin　discon.　a　d　FGI　2 步　discon.　2 步　CHO

由于其中只有 α-异构体能引诱甲虫，所以必须考虑另外能控制立体化学的反合成转化，这些比较新的考虑我们将在后面提及。

除立体化学问题外，诸如合成的经济性问题，包括路线长短、产率、原料易得性、分离方法等都必须加以考察，这样才能筛选出最佳的合成设计。

参 考 文 献

[1] Corey, E. J. General Methods for the Construction Complex Molecules. Pure & Appl. Chem. 1967, 14, 19

[2] a) Warren S. Designing organic synthesis, A programmed introduction to the synthon approach. Chichester, Wiley, 1978

b) Warren S. Organic Synthesis, The Disconnection Approach. Chichester, Wiley, 1982

[3] a) Fuhrhop J. and Penzlin G. Organic Synthesis. New York: VCH, 1983

b) Fuhrhop J. and Penzlin G. Organic Synthesis. 2nd Ed. New York: VCH, 1994

[4] Hendrickson J. B. General Protocol for Systematic Synthesis Design, Topics in Current Chemistry, 1976, 62, 49

[5] Turner S. The Design of Organic Syntheses. Amsterdam: Elsevier, 1976

[6] Anand N., Bindra J. S., Ranganathan S. Art in Organic Synthesis. 2ndEd. New York: John Wiley & Sons, 1988

[7] Corey E. J., Cheng X.-M. The Logic of Chemical Synthesis. New York: John Wiley & Sons, 1989

[8] Smit W. A., Bochkov A. F., Caple R. Organic Synthesis——The Science behind the Art. The Royal Society of Chemistry, 1998

[9] Nicolaou K. C., Vourloumis D., Winssinger N., Baran P. S. The Art and Science of Total Synthesis at the Dawn of the Twenty-First Century. Angew. Chem. Int. Ed. Engl. 2000, 39, 44～122

[10] Smith M. B. Organic Synthesis. 2ndEd. Boston: McGraw-Hill, 2004

[11] Katsuki T., Sharpless K. B. J. Am. Chem. Soc., 1980, 102, 5974

[12] Rossiter B. E, Katsuki T., Sharpless K. B. J. Am. Chem. Soc., 1981, 103, 464

[13] Kende A. S., Rizzi J. P. J. Am. Chem. Soc., 1981, 103, 4247

[14] Wu W.-L., Wu Y.-L. J. Chem. Res. (S), 1990, 112～113; (N) 1990, 0866～0876

[15] Huang Y., Shi L., Yang J. Tetrahedron Lett., 1985, 26, 6447

[16] Lu, X., Huang Y. Tetrahedron Lett., 1986, 27, 1615

[17] Gravel D., Benoit S., Kumanovic S., Sivaramakrishnan H. Tetrahedron Lett., 1992, 33, 1407

[18] a) Hopkins M. H., Overman L. E., Rishton G. M. J. Am. Chem. Soc., 1991, 113, 5354

b) Brown M. J., Harrison T., Herrinton P. M., et al. J. Am. Chem. Soc., 1991, 113, 5365

c) Brown M. J., Harrison T., Overman L. E. J. Am. Chem. Soc., 1991, 113, 5378

[19] a) Trost B. M., Dirat O., Dudash Jr. J., Hembbre E. J. Angew. Chem. Int. Ed. Engl., 2001, 40, 3658

b) Trost B. M., Dudash Jr. J., Hembbre E. J. Chem. Eur. J., 2001, 7, 1619

[20] Trost B. M., Pissot-Soldermann C., Chen I., Schroeder G. M. J. Am. Chem. Soc., 2004, 126, 4480

[21] Graening T., Schmalz H.-G. Angew. Chem. Int. Ed. Engl., 2003, 42, 2580

[22] Castoldi D., Caggiano L., Panigada L., et al. Angew Chem Int Ed., 2005, 44, 588～591

[23] a) Xu X.-X., Huang D.-Z., Zhu J., Zhou W.-S. Huaxue Xuebao, 1982, 40, 1081

b) Xu X.-X., Huang D.-Z., Zhu J., Zhou W.-S. Huaxue Xuebao, 1983, 41, 574

c) Xu X.-X., Zhu J., Zhou W.-S. Kexue Tongbao, 1982, 1022

d) Xu X. -X. , Zhu J. , Huang D. -Z. , Zhou W. -S. Tetrahedron, 1986, 42(3), 819～828

e) Jung M. , ElSohly H. N. , Croom E. M. , McPhail A. T. , McPhail D. R. J. Org. Chem. , 1986, 51, 5417

f) Haynes R. K. , Vonwiller S. C. J. Chem. Soc. Chem. Commun, 1990, 451

g) Ye B. , Wu, Y. -L. J. Chem. Soc. Chem. Commun, 1990, (10), 726～727

[24] Baker S. R. , Clissold D. W. , McKillop A. Tetrahedron Lett. , 1988, 29, 991

[25] a) Batmangherlich S. , Davidson A. H. J. Chem. Soc. Chem. Commun. , 1985, 1399

b) G. M. Coppola et al. Asymmetric Synthesis. NY: John Wiley & Sons, 1987

[26] García-Granados A. , López P. E. , Melguizo E. , et al. Tetrahedron, 2004, 60, 3831～3845

[27] a) Schreiber S. L. Science, 2000, 287, 1964～1969

b) Burke M. D. , Schreiber S. L. Angew. Chem. Int. Ed. , 2004, 43, 46～58

[28] Corey E. J. Angew. Chem. Int. Ed. Engl. , 1991, 30, 455

[29] Henrick C. A. Tetrahedron, 1977, 33, 1845

[30] Lin G. -Q. , Zhou W. -S. Youji Huaxue, 1983, 375

第 7 章　目标分子的考察

19 世纪 50 年代，由于对神奇的天然抗疟药物奎宁(quinine)的迫切需求，在英国的 Hofmann 就计划用有机合成的方法来获得奎宁。但在当时仅知道奎宁的经验式是 $C_{20}H_{22}N_2O_2$(实际上应为 $C_{20}H_{24}N_2O_2$)，而对结构是一无所知，因此就采用了组分原子数数字相加的方案，希望两分子萘胺加两分子水能给出一分子奎宁。1856 年，Hofmann 的学生，18 岁的 Perkin 在获悉奎宁的正确分子式以后，再次设想了另一个原子数相加的方案——用两分子 *N*-烯丙基甲苯胺氧化加入 3 个氧原子的合成方案，并用重铬酸钾作为氧化剂在他的家庭实验室中进行了首次的合成试验。尽管 Perkin 的工作意外地开创了合成染料的新时代，但显然，在一无结构知识、二无有机反应概念的情况下，他不可能合成得到这一目标分子。

$$2C_{10}H_9N + 2H_2O \longrightarrow C_{20}H_{22}N_2O_2$$

$$C_{20}H_{24}N_2O_2 + H_2O \longleftarrow 2C_{10}H_{13}N + 3[O]$$

萘胺(α-萘胺)　　quinine（奎宁）　　*N*-烯丙基甲苯胺

Perkin 没有成功合成奎宁是今天还在演绎的奎宁合成故事的序幕[1]，也是有机合成发展史中常被提及的一个插曲，它告诉我们是社会需求推动了有机合成，而从事有机合成，尤其是复杂分子的有机合成必先基于对合成目标的充分认识和对有机反应的深入了解。因而现在进行复杂分子合成时，首先需要对其目标分子的结构有充分的了解，或至少已经知道几种可能结构的条件下才可以开始进行合成方案的设计。从已有的信息中分析出其结构特征，设计出有针对性的合成路线。同时，合成设计还需要考察目标分子的化学反应性质、生源途径，以及尽可能多地收集、借鉴类似分子的化学性质或合成工作，少走弯路。

7.1　目标分子的结构特征

7.1.1　对称性

对称性是科学中一个极其重要的概念。对称性在化学中，尤其在量子化学中也有着广泛的应用。同样,合成设计中的对称性也是一个非常有用的概念,由此可以大大简化合成工作。以分子的对称性为依据而设计的高效率和简捷的合成路线正受到人们广泛的关注,这样的合成路线既可以是对称两部分的会聚合成,也可以是从对称中心开始的双向合成（two-directional synthesis）[2]。下面是各方面应用的具体例子。

目标分子的对称性,包括轴和面的对称性都可用于简化合成目标的结构特征,对简单分子而言,这一点是很明显的。如下面对称分子很易分拆成一中心片段和两个相同的两边片段。

OH　⟹　2 d　+　aa 2+ OH

MgBr　　$CH_3COOC_2H_5$

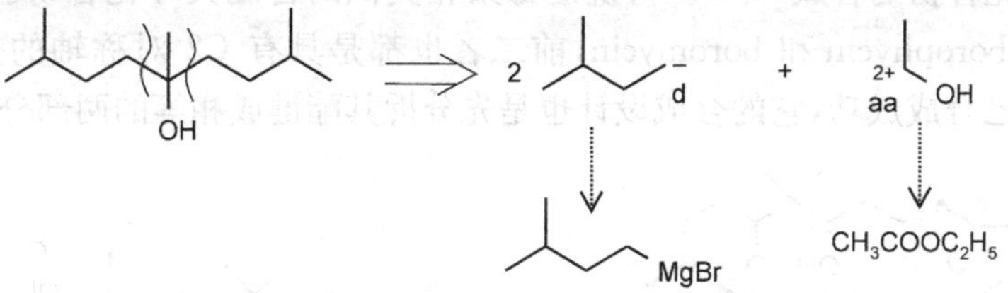

稍复杂一些的分子,如(＋)-ancepsenolide 的合成设计也是较直观的[3],这是一个轴对称的天然产物分子,最终也可分拆成一中心片段和两个相同的两边片段。

(+)-ancepsenolide

1) MsCl, 2) DBU

HO　OH　⟹　LDA　+ OHC OTBS　OMe　MeO　TBSO CHO　+　4

⟹　$NiCl_2$ - Zn 粉　MeO　+ I 4 I　+ OMe

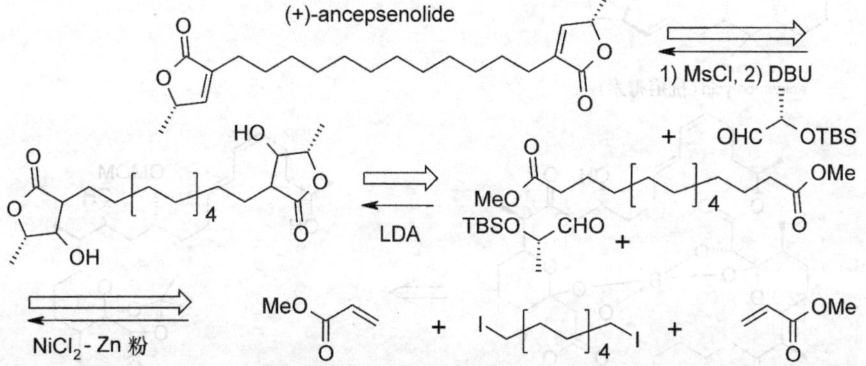

一些更复杂的分子,如前面提及的角鲨烯，Johnson 等[4]也利用其对称性（C2 对称轴）简化并缩短了合成路线。下面是他们设计的合成路线,这是早期的,也是较典型的范例。

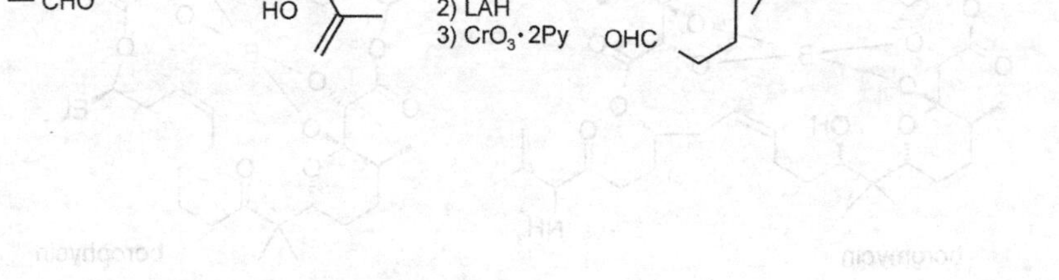

CHO CHO　Li　OH HO　1) $CH_3C(OEt)_3$, H^+　2) LAH　3) $CrO_3 \cdot 2Py$　OHC　CHO　repeat

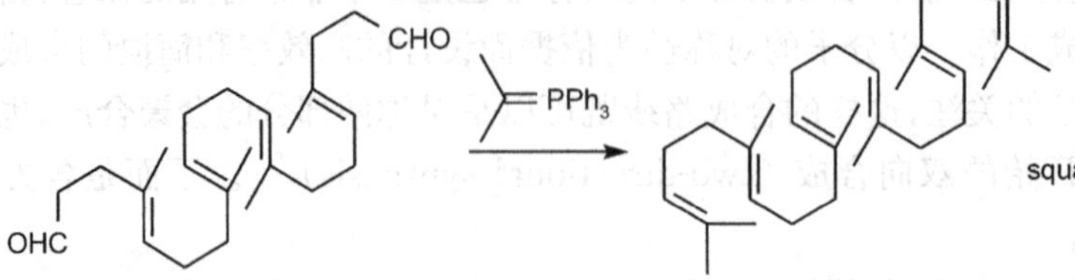

OHC CHO PPh3 squalene

抗疟霉素(aplasmomycin)也是一个具有 C2 对称轴的分子,34 个碳原子组成的大环内酯化合物可分拆成相等的两部分,因此合成目标就可以简化为对一个 17 碳的直链化合物的合成[5a, 5b]。与抗疟霉素相类似的含硼大环化合物已知的还有 tartrolon、borophycin 和 boromycin,前二者也都是具有 C2 对称轴的分子,其中 tartrolon 已合成成功,它的合成设计也是先分拆其酯键成相等的两部分[5c, 5d]。

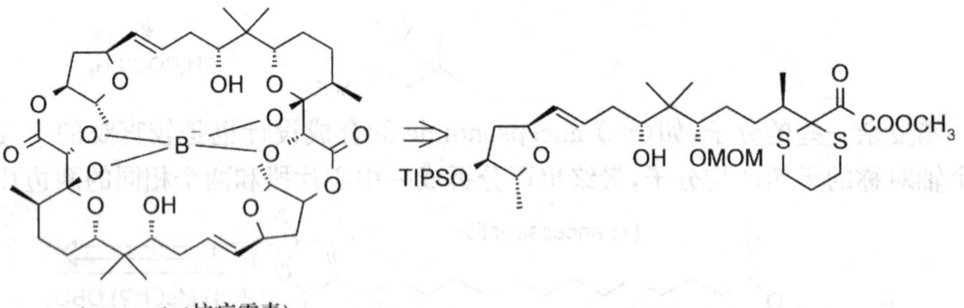

aplasmomycin(抗疟霉素)

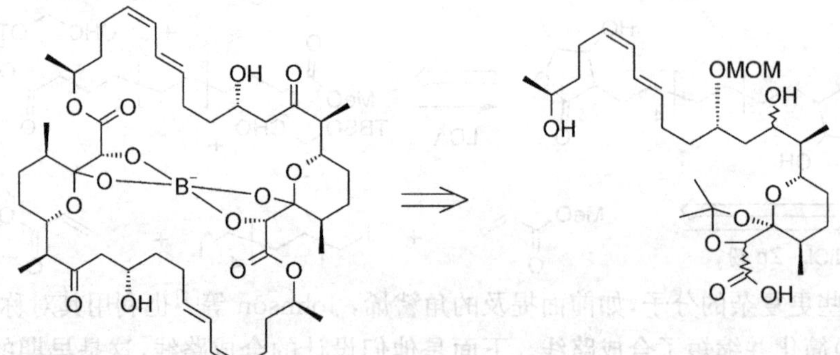

tartrolon

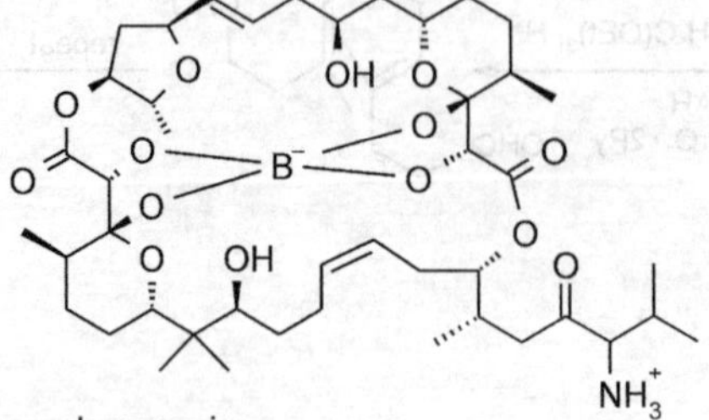

boromycin

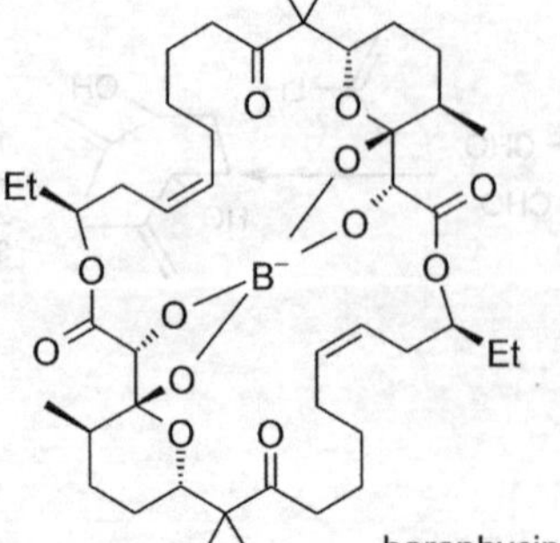

borophycin

早年完成的(+)-α-onocerin 全合成也是由相同的两部分组成，可通过羧酸中间体的 Kolbe 电解，自由基偶联反应构建基本骨架[6a]。40 多年后，西班牙的一个实验室按照同样的策略，但不同的自由基偶联方法——钛催化烯丙基溴偶联合成了 α-onocerin 的双键异构体 β-onocerin[6b]。

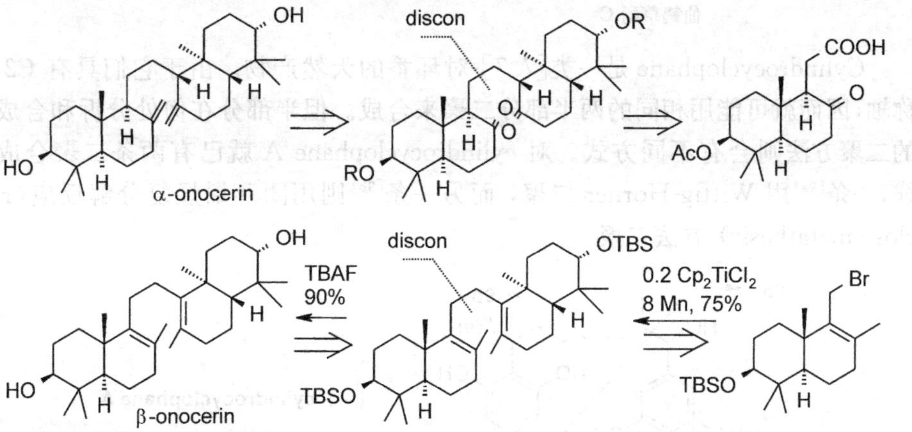

无活菌素(nonactin) 则是具有 S4 对称轴的分子，由左旋和右旋的 nonactic acid 交替组成，因此可以先分拆成相同的两片段，而每一片段则又可分成一对对映体的 nonactic acid[7]。

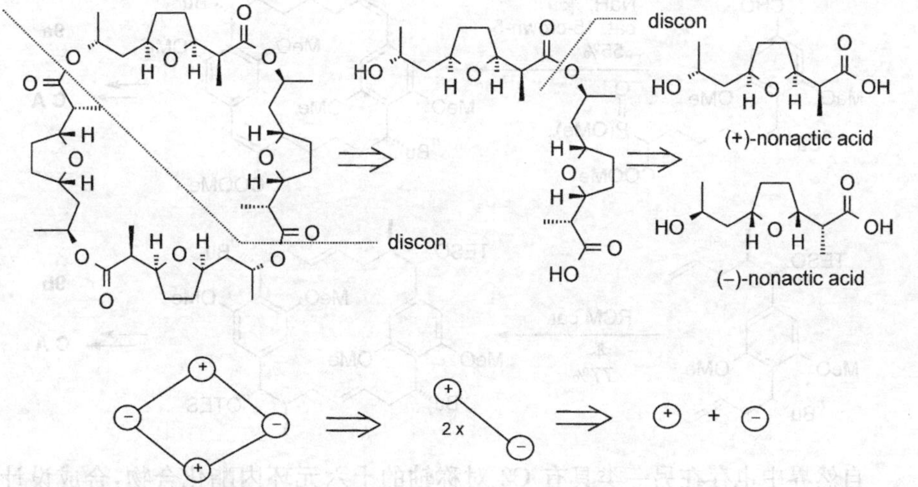

仙鹤草酚系由仙鹤草分得的抗疟活性成分，它的结构特征为具有平面对称的间苯三酚衍生物的三聚体。可设计成两分子五取代间苯三酚和一分子四取代间苯三酚与甲醛缩合而成，此法虽然产率不佳，但合成路线较短[8]。

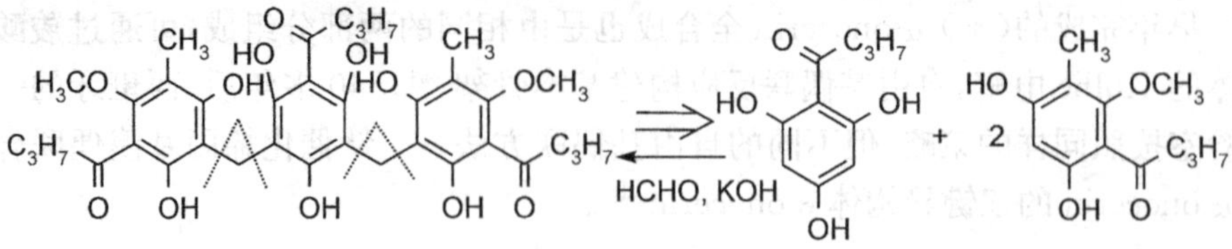

仙鹤草酚 C

Cylindrocyclophane 是一类[7.7]-对环番的天然产物。由于它们具有 C2 对称轴,因而就可能用相同的两半部分二聚来合成。但半部分在何处分拆和合成时的二聚方法则会有不同方式。对 cylindrocyclophane A 就已有两条二聚合成路线,一条[9a]用 Wittig-Horner 二聚,而另一条[9b]则用闭环烯烃复分解反应(ring close metathesis) 方法二聚。

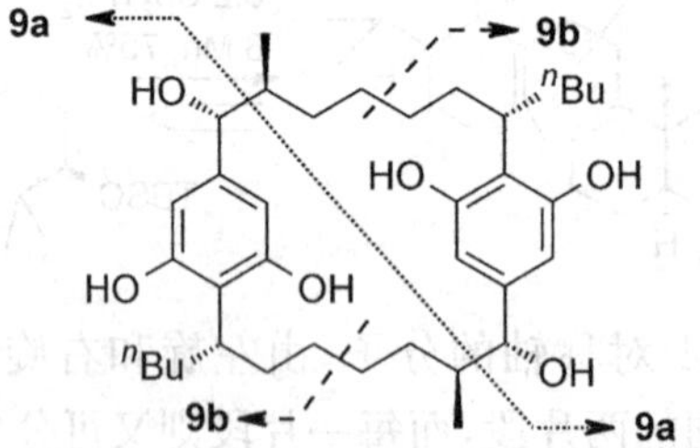

(–)- cylindrocyclophane A

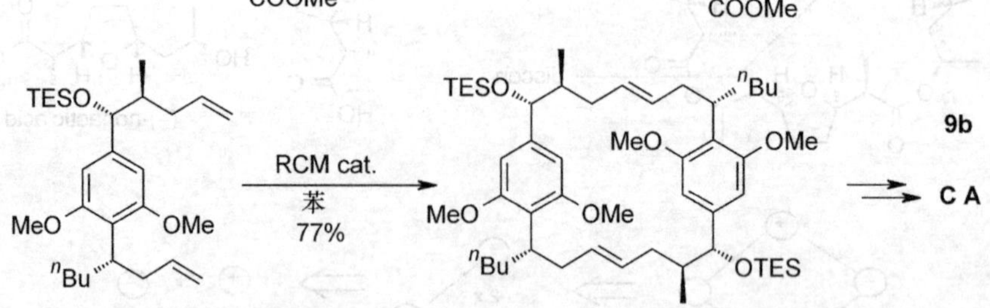

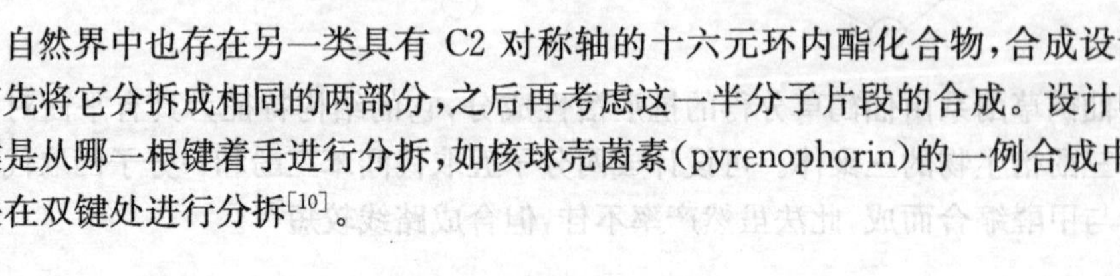

自然界中也存在另一类具有 C2 对称轴的十六元环内酯化合物,合成设计中可首先将它分拆成相同的两部分,之后再考虑这一半分子片段的合成。设计时的关键是从哪一根键着手进行分拆,如核球壳菌素(pyrenophorin)的一例合成中,大环是在双键处进行分拆[10]。

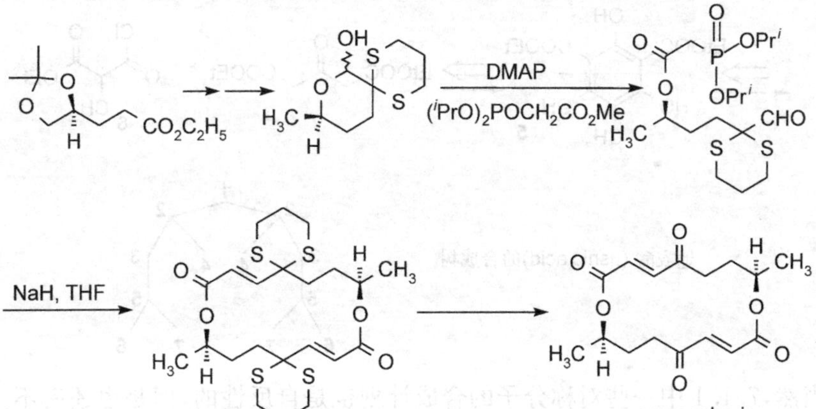

DMAP
$({}^iPrO)_2POCH_2CO_2Me$
NaH, THF
pyrenophorin

从以上例子中，我们看到在合成设计中可以很好地利用目标分子的对称性。但反过来说也并非一定要利用其对称性，事情总有两个方面，应该视实际情况而定。下例中去甲基核球壳菌素（norpyrenophorin）的合成[11]也是很巧妙的。

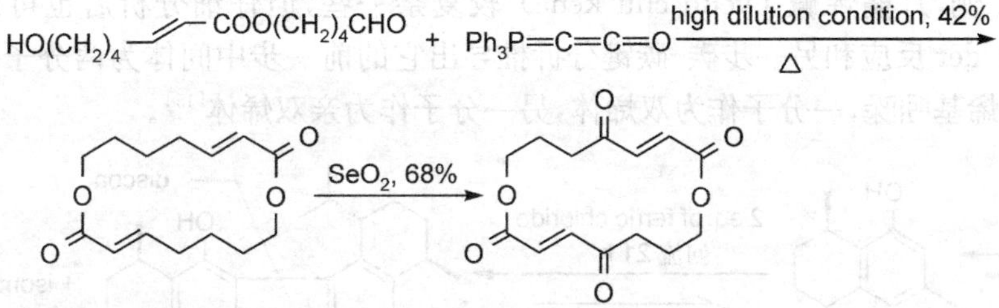

high dilution condition, 42%
SeO_2, 68%

7.1.2 潜在对称性

某些目标分子本身并没有对称因素，但一定的反合成转化后可以得到一个对称的分子或一条对称的合成路线，再应用所谓自反性（reflexivity）的概念，从而简化合成设计。Barton 等对地衣酸（usnic acid）的合成[12]是这方面一个经典的例子。地衣酸无对称性，但是它可分拆为相同的两部分，也即可由相同两片段汇聚合成，这时的合成树是左右对称的，Bell 实验室的 Bertz 称这样的合成计划为自反性的[13]。

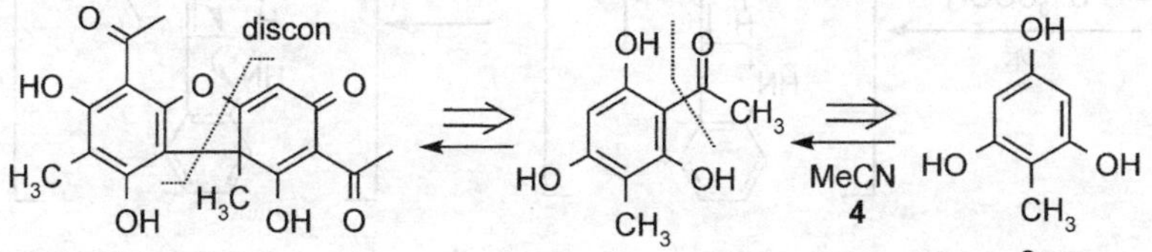

discon
usnic acid 1
2
MeCN 4
3

当然，7.1.1 中一些对称分子的合成计划也是自反性的，但是也还有不少其他的不对称分子也可能设计出自反性的合成计划，而这时的计划往往是极其有效的，如下面二例[14, 15]。第一例较简单[14]，目标分子可在两个苯基联键处分拆成相同的两个中间体，它的无对称性只是由于偶联分别发生在酚羟基的对位和邻位而造成；第二例，月橘烯碱（yeuh chu kene）较复杂一些，但仔细分析后也可以由反 Diels-Alder 反应和另一步碳-碳键分拆推导出它的前一步中间体为两分子相同的异戊二烯基吲哚，一分子作为双烯体，另一分子作为亲双烯体[15]。

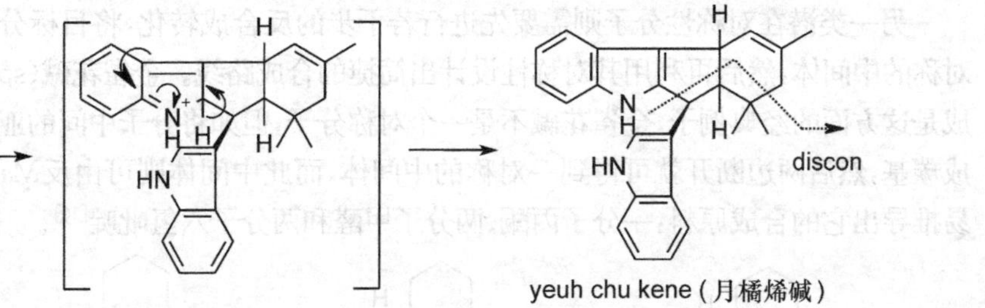

yeuh chu kene (月橘烯碱)

类似地,可以分拆成相同的两片段的天然产物分子还是常可在文献上看到。如最近报道的(+)-absinthin 的合成,其合成设计思想就是依据 Diels-Alder 反应将目标分子分拆成两片相同的带环戊二烯的倍半萜型分子,最后也据此设计成功得二聚体,仅因采用了 10 位差向异构体的底物,故所得二聚体在进一步转位后才得目标分子[15b]。

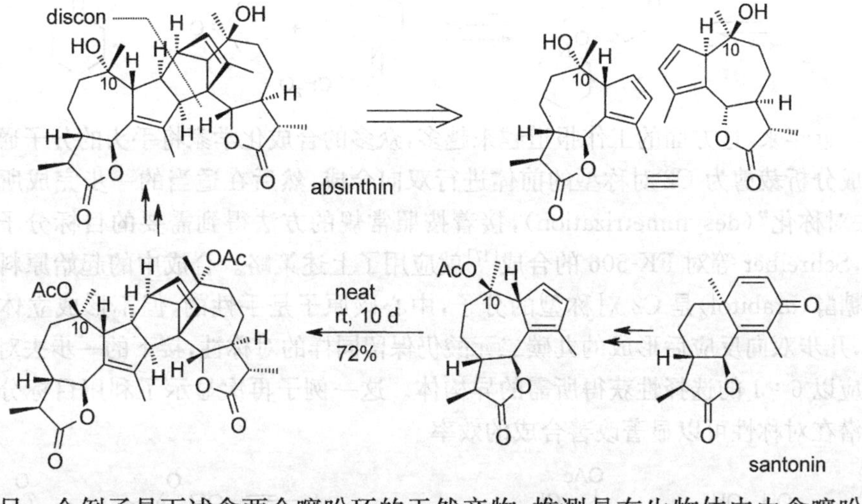

另一个例子是下述含两个噻吩环的天然产物,推测是在生物体内由含噻吩的茼蒿素类分子二聚而成,后在茼蒿素类分子的系统研究中,实现了这一同分子间的 Friedel-Crafts 反应,并修正了原报道的结构[15c]。

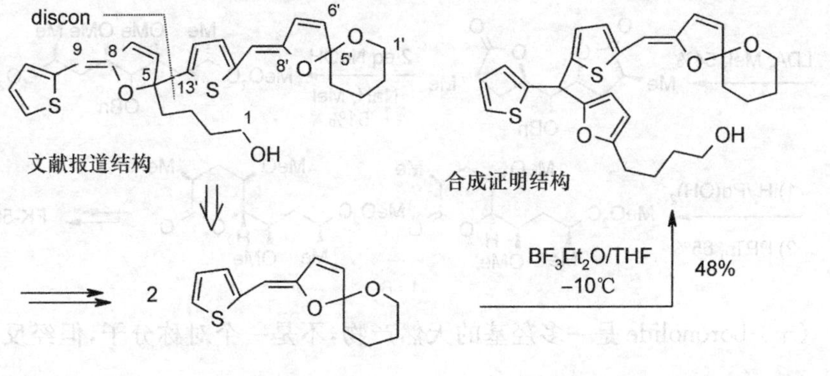

文献报道结构　　　　合成证明结构

另一类潜在对称性分子则需要先进行若干步的反合成转化，将目标分子推导至一对称的中间体，然后再利用其对称性设计出简捷的合成路线。金雀花碱(sparteine)的合成是这方面的经典例子，金雀花碱不是一个对称分子，但如将分子中间的亚甲基桥转换成羰基，然后两边断开就可得到一对称的中间体，而此中间体则可由反Mannich转化很易推导出它的合成原料：一分子丙酮、两分子甲醛和两分子六氢吡啶[16]。

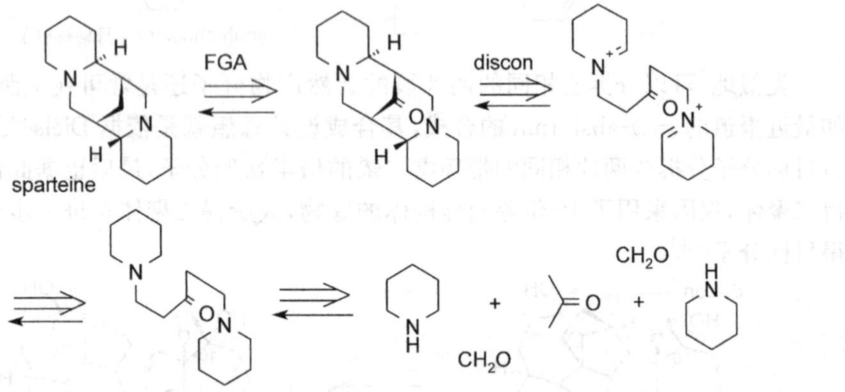

近年来，这方面的工作报道越来越多，众多的合成化学家将手头的分子通过反合成分析裁剪为 C2 对称型的前体进行双向合成，然后在适当的一步完成所谓的"去对称化"(desymmetrization)，接着按照常规的方法得到需要的目标分子。例如，Schreiber 等对 FK-506 的合成[17]就应用了上述策略。合成中的起始原料阿拉伯糖醇(arabitol)是 C2 对称型的分子，中心碳原子是手性的，但不形成立体异构体，几步双向反应后形成的九碳二元酸仍保留同样的对称性，接下的一步去对称化反应以 6∶1 的选择性获得所需的异构体。这一例子再次显示了利用目标分子中的潜在对称性可以显著改善合成的效率。

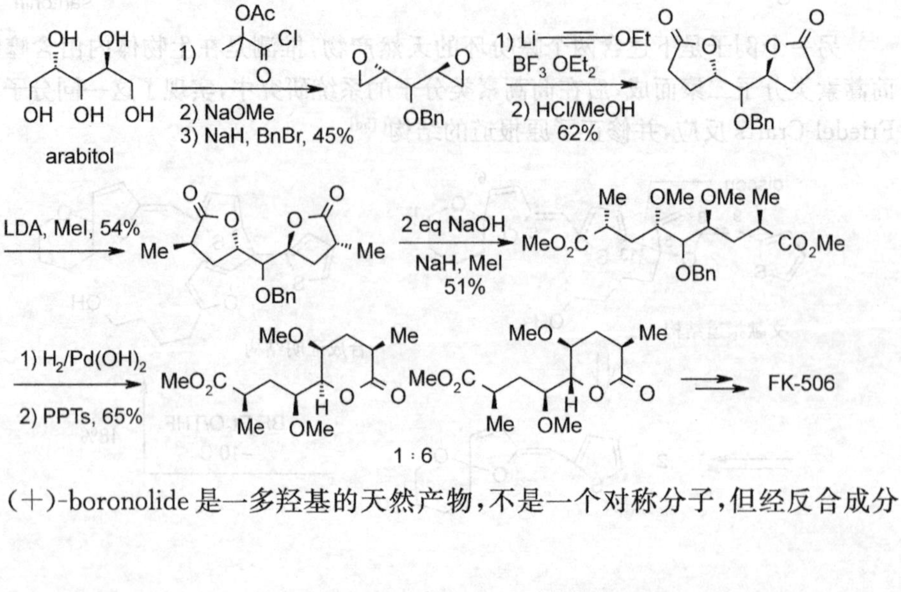

(+)-boronolide 是一多羟基的天然产物，不是一个对称分子，但经反合成分

析后可推导至一具有 C2 对称轴的中间体，而此中间体则可以 D-酒石酸为原料经双向合成而得[18]。实验结果虽然因初步实验中羟基转位未成，而仅合成得 8-差向-boronolide，但利用对称性的合成设计还是很有效的。在这一合成中，炔键甲基化去对称化一步是在一真正的 C2 对称分子上进行，因此不像上例那样会形成部分立体异构体。

(＋)-boronolide 的反合成分析

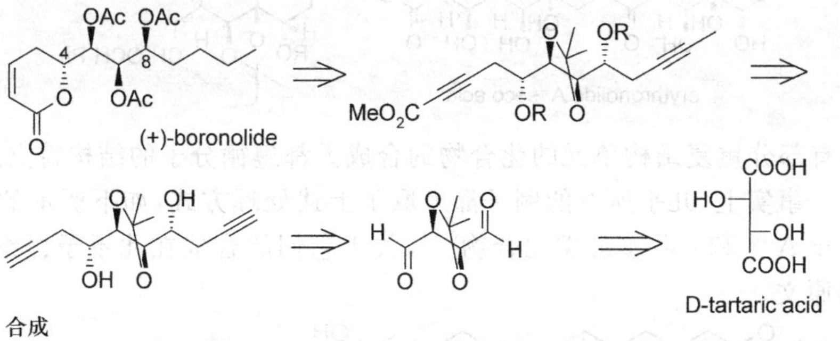

(+)-boronolide

D-tartaric acid

合成

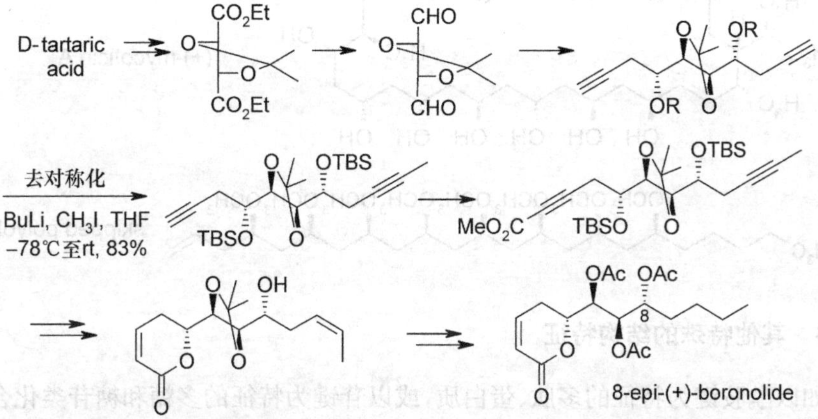

D-tartaric acid

去对称化

BuLi, CH_3I, THF

−78℃至rt, 83%

8-epi-(+)-boronolide

7.1.3　分子中部分的重复结构单元

7.1.2 中提到的对称性也就是整个分子由几部分重复的结构单元所组成，有的时候分子中有部分重复的结构单元，对此我们也可用简化合成设计。如前面提及的角鲨烯，在其一半对称结构中尚有重复的结构单元，如下面虚线框内的部分，因此 Johnson 等就可以采用两次相同的反应程序来合成这两组五碳单元[4]。

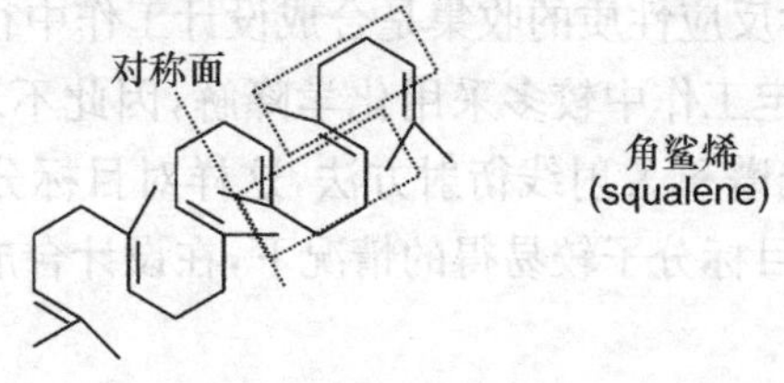

Woodward 逝世后才发表的红霉素(erythromycin)全合成[19]中也有类似的情况。从开环后的红霉素 A 结构中可以看出其中 C4-C6 和 C10-C12 两个部分结构和立体化学完全相同,因此 Woodward 设计了由双硫代十氢萘作为这两个部分的共同原料(下面右式)。

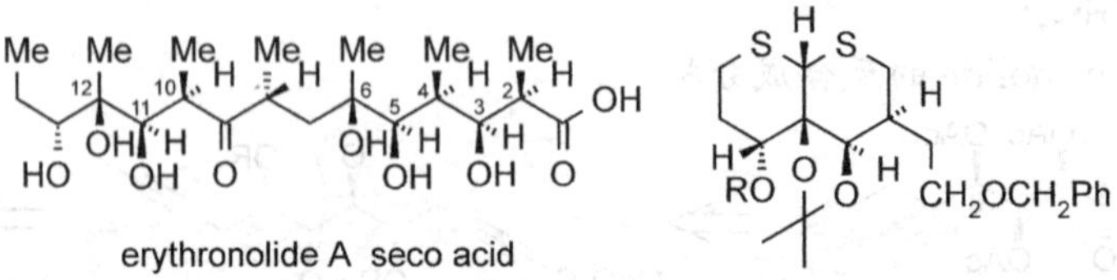

erythronolide A seco acid

具有部分重复结构单元的化合物的合成大都遵循分子的结构特点进行合成设计。事实上,几乎所有的例子都采取了上述处理方式,如下所示的(+)-mycoticin A[20]和一些多醇类化合物[21],关于它们的合成在此不予详细分析,请参阅原文。

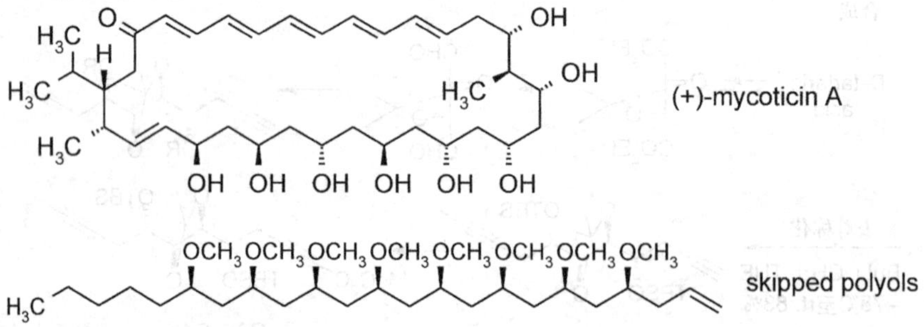

(+)-mycoticin A

skipped polyols

7.1.4 其他特殊的结构特征

如以酰胺键为特征的多肽、蛋白质,或以苷键为特征的多糖和糖苷类化合物在合成上都有其独特的考虑。

天然有机化合物中有较多的环状化合物,除 5 元、6 元、7 元环外,小环、中环和大环化合物合成都较困难,在设计中必须特别注意。

7.2 目标分子的化学反应性质

对目标分子的化学反应性质的收集是合成设计工作中很重要的一个方面。过去,在目标分子结构测定工作中较多采用化学降解,因此不乏这方面的资料;但现在结构测定较多采用光谱和 X 射线衍射方法,这样对目标分子的化学反应性的了解就少得多。因此,在目标分子较易得的情况下,在设计合成同时还需要进行一些化学反应性质的研究。

7.2.1　目标分子的化学反应活性

(1) 稳定性　现在要合成的一些有意义的目标分子中，常会有一些不太稳定的化合物，第 6 章中已提及前列腺素 E_2 是这样的分子。另外，如前列腺素 I_2 也是一个生理活性很强的化合物，但分子结构中的烯醇醚部分极易水解开环转变成羟基酮，因此必须把这部分的合成放到合成路线的最后阶段。

青蒿素含有过氧基团，虽然本身性质还是比较稳定的，但它不能耐受大多数的反应条件，特别是还原反应，因此在合成时也不能过早地引入这一过氧基团。

COOH　HO　OH　PGI_2　　H　O　O　H　O　O　青蒿素

从反合成角度来讲，在类似上述情况时就需要在反合成的较早阶段把不稳定部分变换掉。

(2) 惰性　在要合成目标分子中可能有一些基团因电子或立体的因素使分子反应惰性，这时如在合成中过早引入这些基团则将不利于进一步的合成工作，因此合成设计时也需要在早期将这样的基团变换掉。如下例中，因为硝基使苯环上的亲电反应变惰性和其间位定位性质，在反合成时需要先除去它，而不能先除去胺基。

CH_3 NO_2　⇍　CH_3 NHAc NO_2　$\xRightarrow{\text{FGR}}$　CH_3 NHAc

7.2.2　目标分子的降解物能否再合成回到目标分子

在传统的天然产物结构鉴定工作中，经常会进行大量的降解反应研究，有时还会探索这些降解产物能否再重组成原来的天然产物分子。这样的信息对这一分子的合成设计十分有用，因为就可以将目标分子简化为这样的降解产物分子，还可同时利用它们来进一步优化最后的合成工作。这样的合成称为接力合成，而这样的降解产物可称为接力合成中间体。这样的情况也很多，经典的例子如 1944 年 Woodward 首次合成奎宁[22]。当时已知奎宁可降解成 quinotoxine，而 quinotoxine 又能返回奎宁，因此奎宁的合成也可简化为对 quinotoxine 的接力合成。实际上，当年 Woodward 也仅完成了 quinotoxine 的合成，而未重复 quinotoxine 到奎宁的合成,因此只是做到了奎宁的形式合成。55 年后,Stork 在他合成奎宁的论文中质疑 1918 年 quinotoxine 能返回奎宁报道的可靠性[1b],现在看来 Woodward 接力合成的设计思想仍然值得我们借鉴,但是降解物能否重组至目标分子则必须予以确证。

在缺乏现存资料时,也可以有意识地进行降解及对半合成的试探,如胰岛素的合成中将天然胰岛素分为 A、B 两链,再将它们重组成胰岛素[23],这一方法的成功为人工合成胰岛素打下了基础。

吴毓林等[24, 25]将青蒿素降解为一个醛,醛可返回到青蒿素,也可再降解成双酮化合物,后又成功地将双酮再合成为青蒿素。因此青蒿素的全合成工作也就可以将此醛作为目标,或更进一步简化为以双酮为目标。

紫杉醇 taxol 的合成过程中,Nicolaou 领导的研究组[26]在最初阶段碰到了一系列的困难。于是他们将手头的几克 taxol 母体 10-deacetyl baccatin Ⅲ样品进行化学性质分析,最后由反应的结果重新确立反合成的目标中间体。这些无疑为他们抢先合成得到 taxol 奠定了基础。

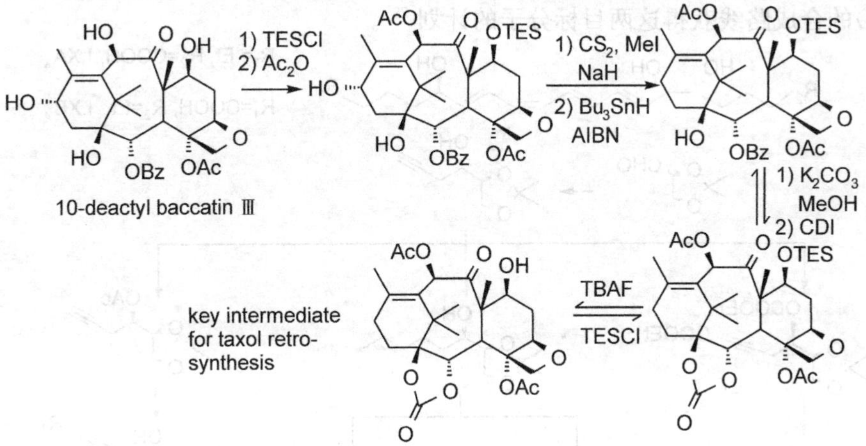

1) TESCl 2) Ac_2O; 1) CS_2, MeI NaH 2) Bu_3SnH AIBN; 1) K_2CO_3 MeOH 2) CDI; TBAF / TESCl

10-deactyl baccatin Ⅲ

key intermediate for taxol retro-synthesis

7.3　类似化合物合成经验的借鉴和合成策略的通用

实际合成中经常会遇到类似化合物合成经验的借鉴这样的情况。这种借鉴无疑是非常高效的,类似化合物合成中提供的信息可以使我们减少许多试探的过程。例如,柔红霉素的配基柔红酮(daunomycinone) 合成[27]中最后一步报道为

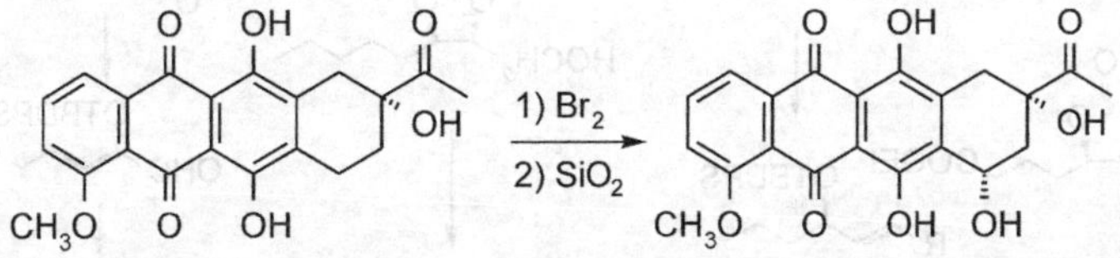

1) Br_2 2) SiO_2

因此,在另一类蒽醌类抗菌素——阿克拉霉素的配基 aklavinone 的合成中设想最后一步也可以为

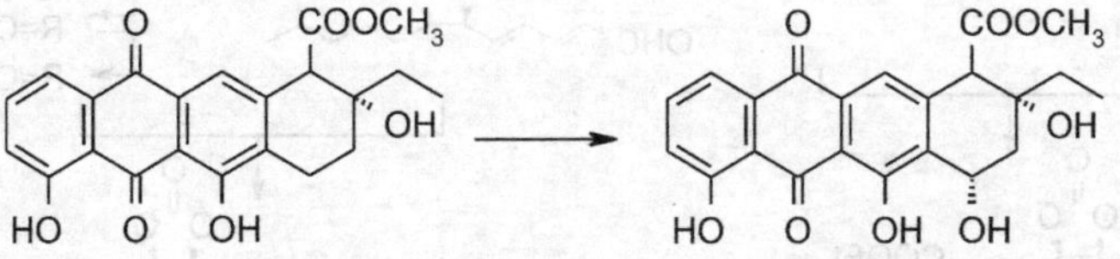

aklavinone

由此就可简化 aklavinone 的合成为前者的合成,实际上也就是这样将 aklavinone 合成成功的。

类似物合成时,不仅具体的合成反应可以相互借鉴,而且合成策略和合成路线更可以相互通用。这样的例子常可见于文献报道。花生四烯酸脂氧化酶代谢产物 lipoxin A (LXA_4)和 lipoxin B (LXB_4),它们均含有四个双键和四个带羟基的手性中心。每个化合物都是一个具挑战性的目标分子。但经过仔细分析发现,它们是一对中心结构、构型完全相同,而头尾倒置的化合物。由此采用了一通用的合成策略,实现了从同一手性原料出发,采用类似的反应,分别经过不同、但是对应

(称)的合成路线获得这两目标分子的计划[28]。

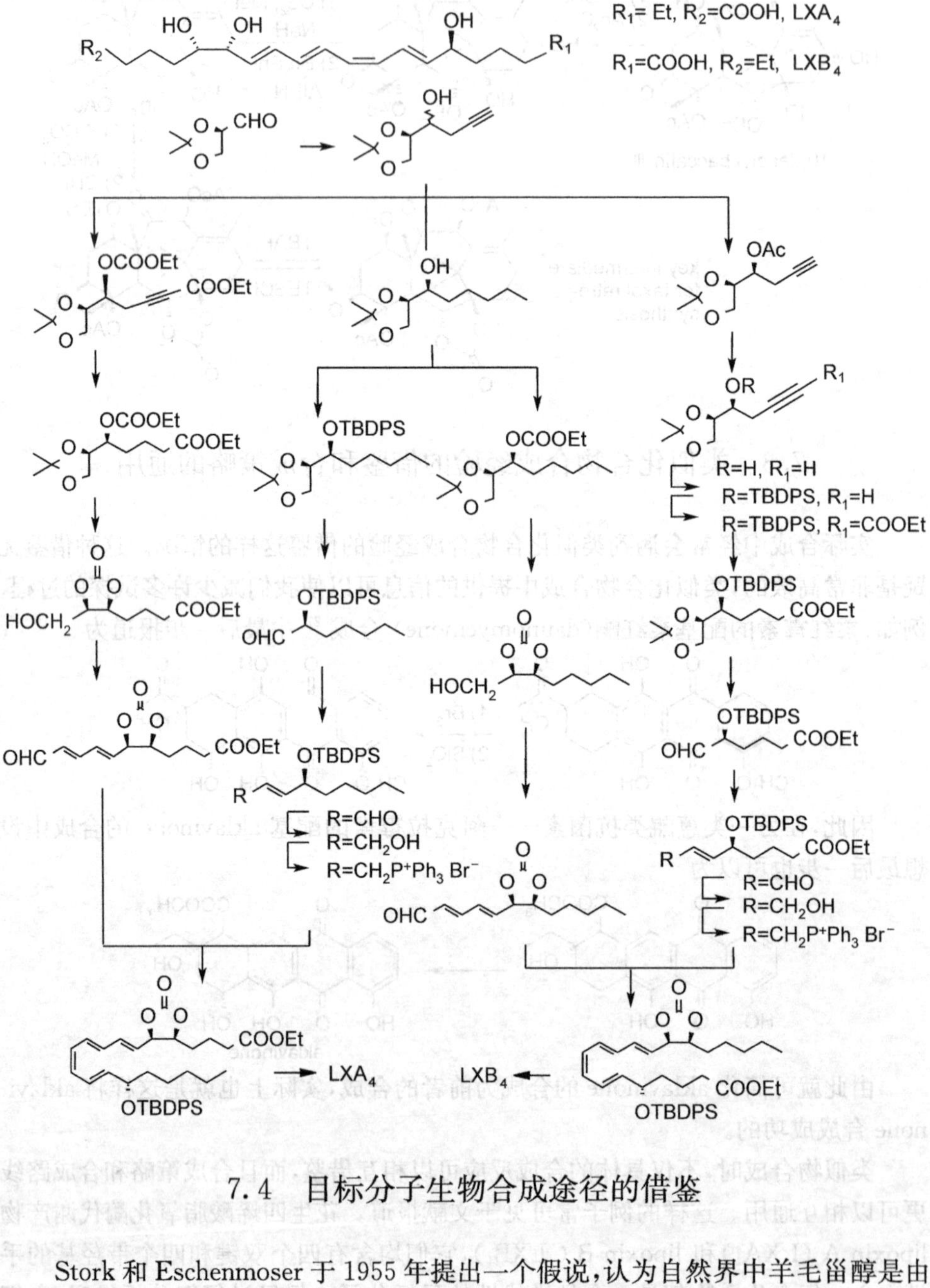

R_1= Et, R_2=COOH, LXA_4

R_1=COOH, R_2=Et, LXB_4

7.4 目标分子生物合成途径的借鉴

Stork 和 Eschenmoser 于 1955 年提出一个假说，认为自然界中羊毛甾醇是由角鲨烯酶催化环化而得。

squalene

HO

由此假说设计出了所谓仿生环化（biomimetic polycyclization），采用非酶催化剂一次形成 3～4 个环的合成方法。Johnson 等由此合成了各种甾体化合物。20 世纪 80 年代，van Tamelem 采用不同的底物也合成了类似的甾体化合物[29, 30]。

白三烯 C_4、D_4 或所谓慢反应物质（SRS）在生物体内由花生四烯酸代谢而得。

COOH　酯氧化酶　OOH　COOH

AA　5-HPETE

O　COOH　OH　COOH　SR

LTA_4　LTC_4, D_4, E_4, F_4

据此，当今一条合成路线就先由花生四烯酸合成 5-HPETE，再由化学方法模拟合成得到 LTA[31, 32]。

$$\text{5-HPETE} \xrightarrow[\text{CH}_2\text{Cl}_2,\ \text{THF},\ 1:1,\ -78^\circ\text{C},\ 33\%]{(\text{CF}_3\text{SO}_2)_2\text{O},\ \text{(PMP)}} \text{LTA}_4\ \text{methyl ester}$$

一些与目标分子共生的化合物，结构较为简单，可能为其生源合成前体。如以此为原料来合成目标分子，并同时筹划全合成这一原料，也不失为一种节约时间的巧妙设计思想。植物黄花蒿中除青蒿素外还发现有青蒿酸存在，而且多数地区生长的黄花蒿中青蒿酸的含量还显著高于青蒿素，青蒿酸结构简单，而且几个手性中心的绝对构型也与青蒿素分子相应部位的构型相同，当时推测可能为青蒿素生物合成的前体，后也获实验证实[33]，因此设计了以青蒿酸为接力中间体的合成路线，获得了成功[34]。

H　H　HOOC　O　OHC　CH_3OOC　O　CH_3O　CH_3OOC　$^1O_2$　青蒿素

青蒿酸

其他如钩吻素子[35]和毛喉萜(forskolin)[36]也都实现了这样的半合成工作，从而大大简化了全合成的工作。

vobasine
老刺木碱

钩吻素子

9-deoxyforskolin

forskolin（毛喉萜）

植物 *Rubia oncotricha* 中分得的 Rubioncolin A、B、C 均有较高的细胞毒性，后两个化合物也是中药茜草(*Rubia cordifolia*)中的成分。曾假设 Rubioncolin A 的生源合成是来自同类植物中的萘醌类化合物 **1**，此化合物在植物体内经氧化、环化反应后可得中间体 **2** 和 **3**，此两中间体经 Diels-Alder 反应后得 Rubioncolin A。据此假设设计合成了 **1** 和进一步的 **2** 和 **3**，但用苯基硼酸催化它们反应时未得 Rubioncolin A 而得 Rubioncolin C。在此较剧烈的甲苯回流条件下，可能两中间体分别发生环化和脱水后进行了杂原子 Diels-Alder 反应生成了后者，而不是两中间体直接进行以呋喃环为亲双烯体的 Diels-Alder 反应[37]。这一依据生物合成假设的合成设计还是很有启发性的，而且如找到合适的反应条件，也不排除按此途径直接合成得 Rubioncolin A 的可能。

综上所述，对目标分子的先期考察是反合成分析的重要环节，特别是对于具有一定对称性质的分子。这些分析将有助于设计一条高效简捷的合成路线。

Rubioncolin A — E = COOMe

[2 + 4]

[O]

PhB(OH)$_2$, PhMe, △

Rubioncolin C

参 考 文 献

[1] a) Kaufman T. S., Ruveda E. A. Angew Chem Int Ed., 2005, 44, 854

b) Stork G., Niu D., Fujimoto A., et al. J. Am. Chem. Soc., 2001, 126, 3239

c) Raheem I. T., Goodman S. N., Jacobsen E. N. J. Am. Chem. Soc., 2004, 126, 706

d) Igarashi J., Katsukawa M., Wang Y.-G., et al. Tetrahedron Lett., 2004, 45, 3783

[2] a) Poss C. S., Schreiber S. L. Acc. Chem. Res., 1994, 27, 9

b) Magnuson S. R. Tetrahedron, 1995, 51, 2167

[3] Yao Z.-J., Yu Q., Wu Y.-L. Synth. Commun., 1996, 26, 3613

[4] Johnson W. S., Werthemann L., Bartlett W. R., et al. J. Am. Chem. Soc. 1970, 92, 741

[5] a) Corey E. J., Pan B.-C., Hua D. H., Deardorff D. R. J. Am. Chem. Soc. 1982, 104, 6816

b) Corey E. J., Hua D. H., Pan B.-C., Seitz S. P. J. Am. Chem. Soc., 1982, 104, 6818

c) Mulzer J., Martin H. J. Chem. Record, 2004, 3, 258

d) Mulzer J., Berger M. Tetrahedron Lett., 1998, 39, 803; J. Am. Chem. Soc., 1999, 121, 8393

[6] a) Stock G., Meisels A., Davies J. E. J. Am. Chem. Soc., 1963, 85, 3419

b) Barrero A. F., Herrador M. M., del Moral J. F. Q., et al. Org. Lett., 2005, 7, 2301～2304

[7] Bartlett P. A., Meadows J. D., Ottow E. J. Am. Chem. Soc., 1984, 106, 5304

[8] Shanghai Institute of Materia Medica, Shanghai No. 14 Pharmaceutical Works. Huaxue Xuebao 1975, 33, 23

[9] a) Hoye T. R., Humpal P. E., Moon B. J. Am. Chem. Soc., 2000, 122, 4982
b) Smith Ⅲ A. B., Kozmin S. A., Adams C. M., Paone D. V. J. Am. Chem. Soc., 2000, 122, 4984

[10] Hatakeyama S., Satoh K., Sakurai K., Takano S. Tetrahedron Lett., 1987, 28, 2717

[11] Bestmann H. J., Schobert R. Angew. Chem. Int. Ed. Engl., 1985, 24, 791

[12] Barton D. H. R., Deflorin A. M., Edwards O. E. J. Chem. Soc., 1956, 530

[13] Bertz S. H. Chem. Commun., 1984, 218

[14] Nishizawa M., Yamada H., Sastrapradja S., Hayashi Y. Tetrahedron Lett., 1985, 26, 1535

[15] a) Cheng K. -F., Kong Y. -C., Chan T. -Y. J. Chem. Soc. Chem. Commun. 1985, 48
b) Zhang W. -H., Shengjun, Luo, S. -J., et al. J. Am. Chem. Soc., 2005, 127, 8~19
c) Yin B. -L., Wu W. -M., Hu T. -S., Wu Y. -L. Eur. J. Org. Chem 2003, 4016~4022

[16] van Tamelen E. E., Foltz R. L. J. Am. Chem. Soc., 1960, 82, 2400

[17] a) Schreiber S. L., Sammakia T., Uehling D. E. J. Org. Chem., 1989, 54, 15
b) Nakatsuka M., Ragan J. A., Sammakia T., et al. J. Am. Chem. Soc., 1990, 112, 5583

[18] Hu S. -G., Hu T. -S., Wu Y. -L. Org. Biomol. Chem., 2004, 2, 2305

[19] Woodward R. B., Logusch E., Nambiar K. P., Sakan K., Ward D. E., et al. J. Am. Chem. Soc., 1981, 103, 3210

[20] a) Noyori R., Ohkuma T., Kitamura M., et al. J. Am. Chem. Soc., 1987, 109, 5956
b) Kawano H., Ishii Y., Saburi M., Uchida Y. J. Chem. Soc. Chem. Commun., 1988, 87
c) Poss C. S., Rychnovsky S. D., Schreiber S. L. J. Am. Chem. Soc., 1993, 115, 3360

[21] Wang Z., Deschenes D. J. Am. Chem. Soc., 1992, 114, 1090

[22] a) Woodward R. B., Doering W. E. J. Am. Chem. Soc., 1944, 66, 849
b) Woodward R. B., Doering W. E. J. Am. Chem. Soc., 1945, 67, 860

[23] Du, Y. -C., Chang Y. -S., Lu Z. -X., Tsou C. -L. Acta Biochim. Biophys. Sinica, 1961, 1, 13

[24] Li Y., Nu P. -L., Chen, Y. -X., Zhang J. -L., Wu Y. -L. Kexue Tongbao, 1985, 1313

[25] Wu Y. -L., Zhang, J. -L., Li J. -C. Huaxue Xuebao, 1985, 43, 901

[26] a) Nicolaou K. C., Guy R. K. Angew. Chem. Int. Ed. Engl., 1995, 34, 2079
b) Nicolaou K. C., Nantermet P. G., Ueno H., Guy, R. K. J. Chem. Soc. Chem. Commun., 1994, 295

[27] Li T. -t., Wu Y. -L. J. Am. Chem. Soc., 1981, 103, 7007

[28] Peng Z. -H., Li Y. -L., Wu, W. -L., Liu C. -X., Wu Y. -L. J. Chem. Soc. Perkin Trans. I, 1996, 1057

[29] Johnson W. S., Semmelhack M. F., Sultanbawa M. U. S., Dolak L. A. J. Am. Chem. Soc., 1968, 90, 2994

[30] von Tamelem E. E., Hwu, J. R. J. Am. Chem. Soc., 1983, 105, 2490

[31] a) Corey E. J., van Albright J. O., Barton A. E., Hashimoto S. -i. J. Am. Chem. Soc., 1980, 102, 1435
b) Corey E. J., Barton A. E., Clark D. A. J. Am. Chem. Soc., 1980, 102, 4278

c) Corey E. J., Barton A. E. Tetrahedron Lett., 1982, 23, 2351

[32] a) Houglum J., Pai J. K., Atrache V., Sok D. E., Sih C.-J. Proc. Natl. Acad. Sci., 1980, 77, 5688

b) Atrache V., Pai J. K., Sok D.-E., Sih C.-J. Tetrahedron Lett., 1981, 22, 3443

[33] Wang Y., Xia Z.-Q., Zhou F.-Y., et al. Huaxue Xuebao (Engl. Ed.), 1988, 386

[34] Xu X.-X., Zhu J., Huang D.-Z., Zhou W.-S. Huaxue Xuebao, 1983, 41, 574

[35] Liu Z.-J., Yu Q.-S. Huaxue Xuebao, 1987, 45, 359

[36] Hrib N. J. Tetrahedron Lett., 1987, 28, 19

[37] Lumb J.-P., Trauner D. J. Am. Chem. Soc., 2005, 127, 2870

第 8 章　反合成分析

Retrosynthetic (or antisynthetic) analysis is a problem-solving technique for transforming the structure of a synthetic target (TGT) molecule to a sequence of progressively simpler structures along a pathway which ultimately leads to simple or commercially available starting materials for a chemical synthesis. The transformation of a molecule to a synthetic processor is accomplished by the application of a transform, the extract reverse of a synthetic reaction, to a target structure.

E. J. Corey, 1989

在对目标分子的结构和反应性尽可能了解之后，有机合成设计就可以一步一步地进行反合成分析，最终推导出合成此目标化合物的可能路线和易得的起始原料。每一步反合成可以得出若干合成元，由合成元再推导得试剂或反应底物，如此试剂或反应底物仍然难得，则再进行进一步的反合成。这里先以 Corey 最初的简单例子[1]为例说明怎样从目标分子推导合成元。

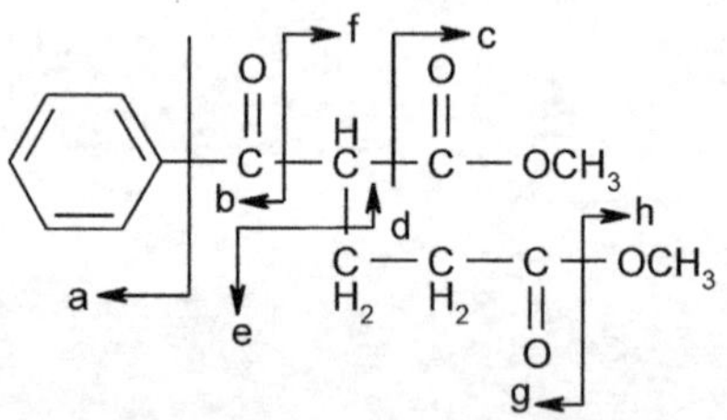

从上图的分拆方式，我们可以得到一系列的合成元：

a. C_6H_5　b. C_6H_5CO　c. $COOCH_3$　d. $C_6H_5COCHCOOCH_3$　e. $CH_2CH_2COOCH_3$

f. $\underset{\displaystyle CH_2CH_2COOCH_3}{\overset{|}{CHCOOCH_3}}$　g. CH_2CH_2CO　h. OMe　…

推导合成元纯粹是为合成设计所用，有些推导合成元所依据的转化、分拆还不存在相应的反应，因此一般没必要推导出所有可能的合成元，在上面推导出的合成元中仅仅只有 d 和 e 是最有价值的。d 是给电子的合成元(d)，e 是接受电子的合成元(a)，由此即可推导得到易得的试剂——苯甲酰乙酸甲酯和丙烯酸甲酯，此二试剂经 Michael 加成反应即可得目标化合物。

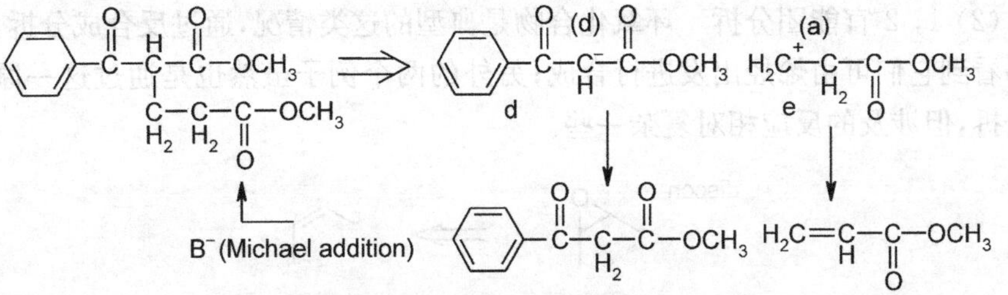

对一般的、更复杂的合成目标分子，为像上述例子那样由反合成转化得到实用的合成元和易得的中间体或原料，有机合成化学家从合成实践中已总结了若干规律。

8.1 反合成转化的基本途径

有机合成的基础是各种官能团之间的反应，因此反合成的基本途径也是围绕着官能团而进行。

8.1.1 单官能团单键分拆

单官能团单键分拆通常使用在最简单的场合，主要是分拆 C—X 键或官能团附近的 C—C 键。如下面的两种情形：前者在内酯的酯键处分拆；后者则将羟基邻位的 C—C 键断裂。

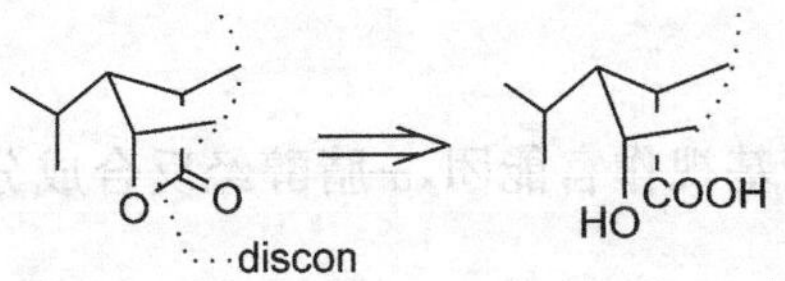

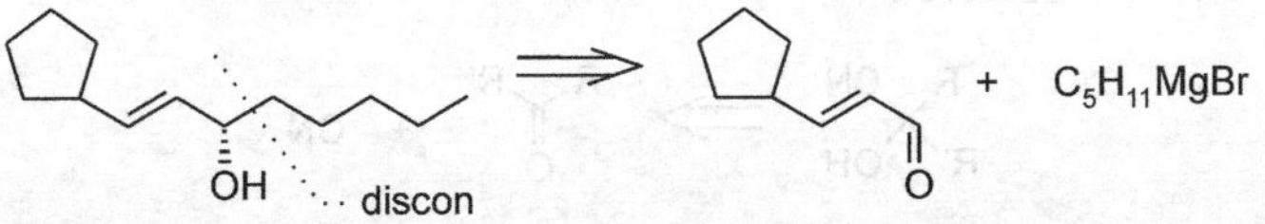

8.1.2 单官能团多键分拆

单官能团多键分拆的反合成转化，其中一些也可归入到官能团变换中，常见的有 1，1-官能团分拆、1，2-官能团分拆和 1，4-官能团分拆。

(1) 1，1-官能团分拆　如下图所示的缩酮，它可被分拆为酮和二醇，这是相当直观的。

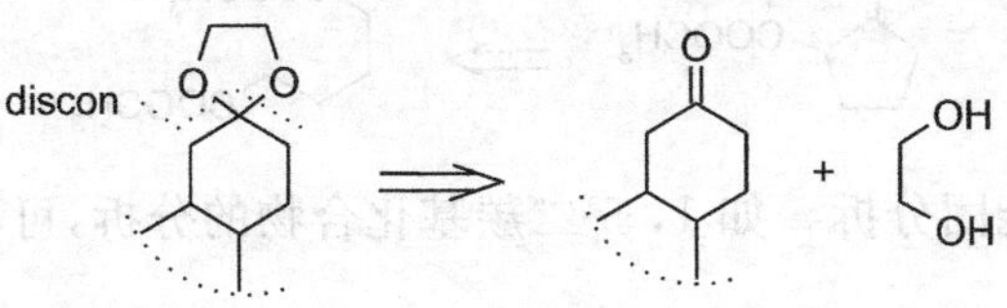

(2) 1，2-官能团分拆　环氧化合物是典型的这类情况，通过反合成分拆，就很容易看到它们可由烯烃出发进行合成；另外的两个例子虽然也是通过这一原则进行分拆，但涉及的反应相对复杂一些。

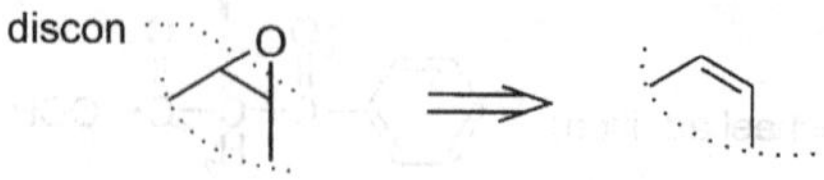

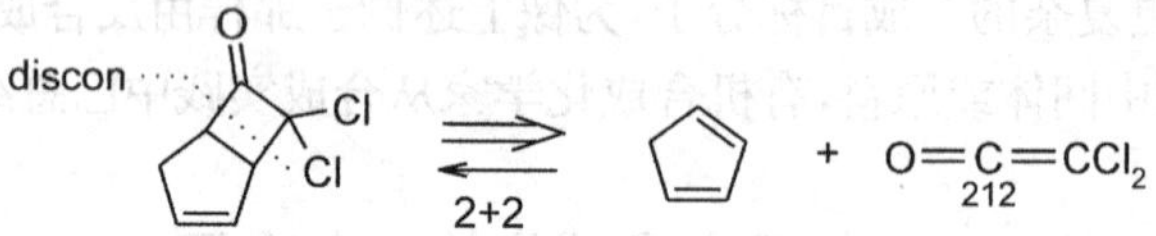

discon

discon　2+2　+ O=C=CCl$_2$　212

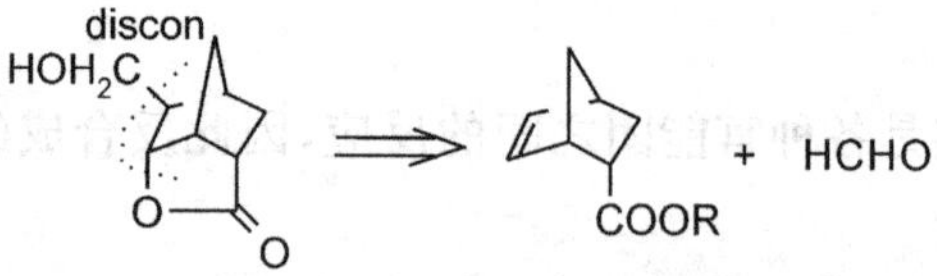

discon　HOH$_2$C　+ HCHO　COOR

(3) 1，4-官能团分拆　最常见是 Diels-Alder 反应加成物的分拆，如下图所示：

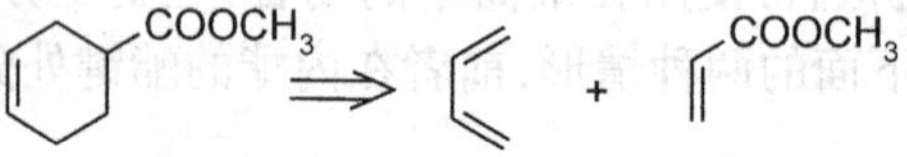

COOCH$_3$　+　COOCH$_3$

8.1.3　多官能团分拆

(1) 1，1-官能团分拆　如将腈基视作官能团，α-腈醇经反合成分拆可以推知由酮和氰负离子的反应获得。

R　CN　R'　OH　R　R'　O　+ CN$^-$

(2) 1，3-官能团分拆　下面的两个例子分别是β-羟基醛和β-羰基酯的反合成分拆，分别是典型的反羟醛缩合和反 Dieckmann 缩合。

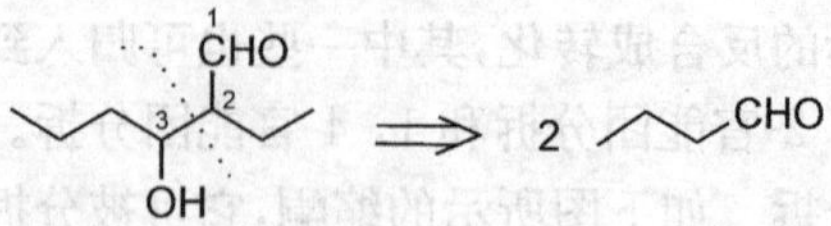

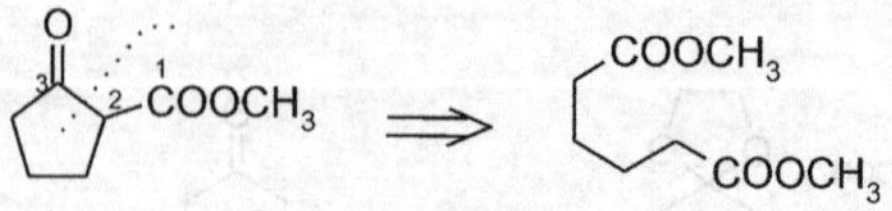

CHO　OH　2　CHO

O　COOCH$_3$　COOCH$_3$　COOCH$_3$

(3) 1，5-官能团分拆　如 1，5-二羰基化合物的分拆，可以获知是典型的反 Michael 加成。

discon CHO 4 3 2 5 1 O O ⟹ O + OHC O

8.1.4　官能团转化

有时也会遇到这样的情况，即目标分子不能直接进行碳碳键分拆。这时我们可以先进行官能团的转化。

(1) 官能团变换(FGI)的应用　下面的第一、二例是将 α，β-不饱和酮先变换成 β-羟基酮，然后则可进行 1，3-官能团分拆。第三、四例则分别先将烯键或羰基变换成炔键或 α-氯氰，然后可进行 1,4-官能团分拆。

O FGI ⟹ O OH 1, 3 -discon ⟹ O CHO　1

discon OH O S S ⟹ O S S ⟹ OHC O S S TsOH, 苯,回流　2

HO R R' ⟹ H₂, Lindlar OH R R' ⟹ Li R' + RCHO　3

CH_3OCH_2 O FGI ⟹ CH_3OCH_2 CN Cl ⟹ CH_3OCH_2 + Cl CN　4

第 4 章所述的潜在官能团、合成等当体和第 3 章的保护基团某种意义上也可算作官能团变换的一部分。

(2) 官能团引入 (FGA) 的应用　第 7 章提到的金雀花碱 (sparteine) 反合成[2]第一步就是官能团引入。

N N FGA ⟹ N O N

再如青蒿素合成研究中醛基的引入[3]：

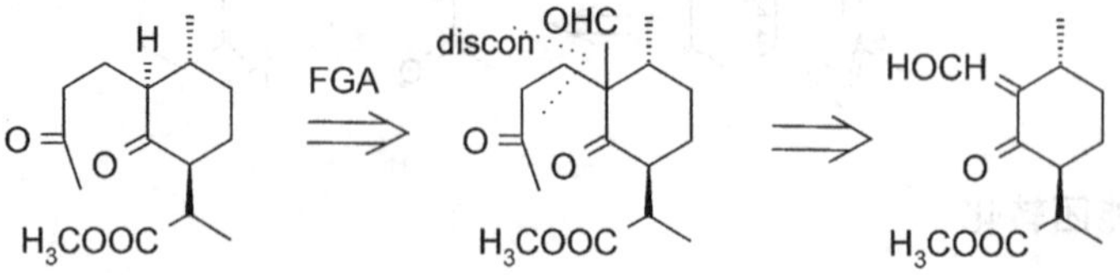

在 Δ^8-鞘胺醇的合成设计中，为保证 8-位双键的反式构型，采用了在 7-位先引入苯硫基官能团，然后再分拆 6，7-碳碳键的方式[4]。

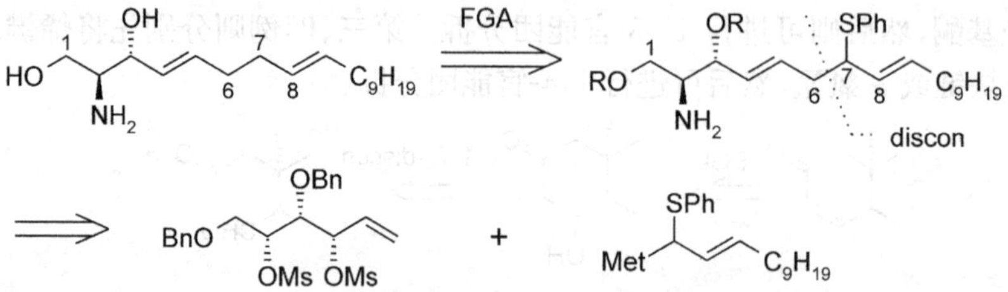

维生素 E 合成中的一个单体 2，3，5-三甲基对苯二酚的反合成中也需要用官能团引入。

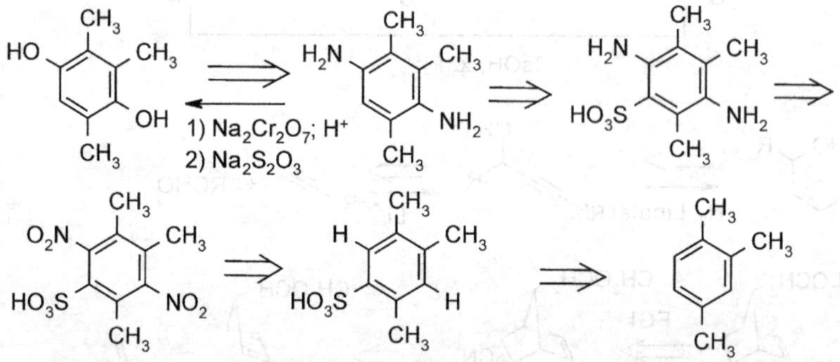

甾体全合成中为在叔碳原子上引入甲基而需先在仲碳上引入阻制甲基化的官能团。

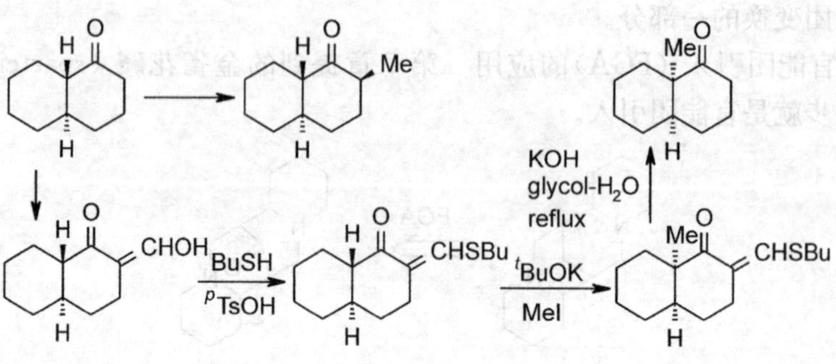

以上五个例中,第一至三例从合成来讲可称为活化基团的应用,第二例也可称为定位基团,第四、五例则可称为阻塞基团。

(3) 官能团消除(FGR)　相应于官能团分拆,这里不再重复。

8.1.5　转极在反合成转化中的应用[5]

含氧或氮的官能团化合物有沿碳骨架给、吸电子反应性交替这样一个现象。

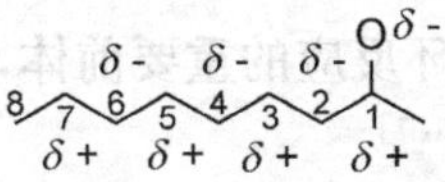

因此如以羰基化合物为例,在反合成转化过程中得到的下列合成元是合乎规律的,可以直接推导得试剂。

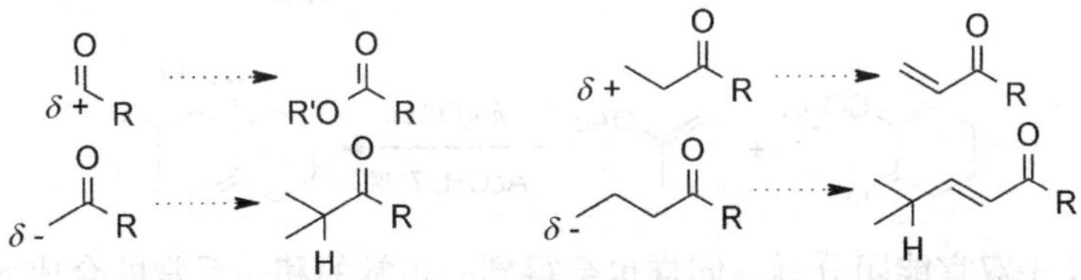

但是如分析的合成元极性与正常的相反,则必须改变原来目标分子或合成元中的电性,即所谓转极(umpolung),以得到试剂。上面多官能团分拆中未提及的1,2-和 1,4-分拆就要采用转极的方法。

(1) 1, 2-双官能团分拆　如 α-羟基酮分拆可得一正常的吸电子合成元和一反常的给电子合成元,后者就需要采用转极的方法得到试剂。

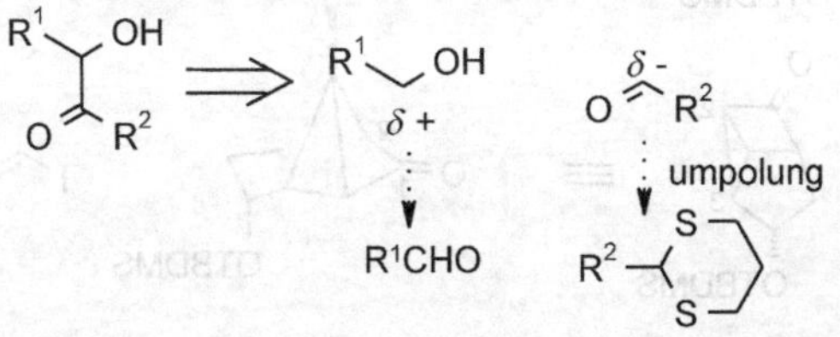

(2) 1, 4-双官能团分拆　这时同样会得到一正常的和一需要采用转极方法的反常合成元。

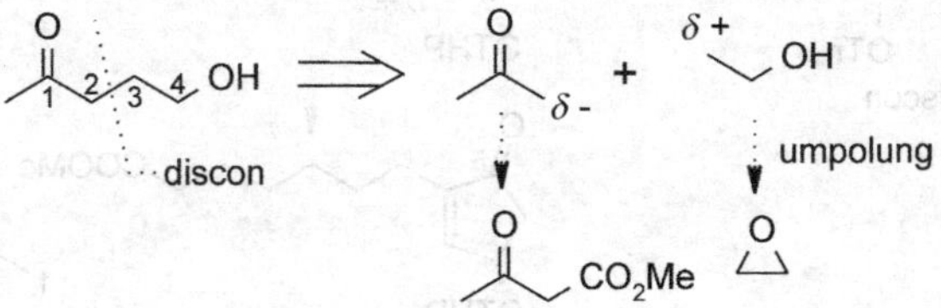

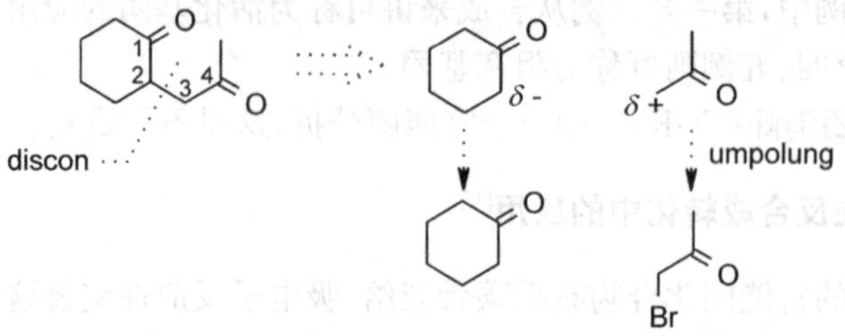

1，4-双酮是合成五元环造环反应的重要前体，因此不断有人利用转极或均裂方法探索新的合成途径。例如[6,7]

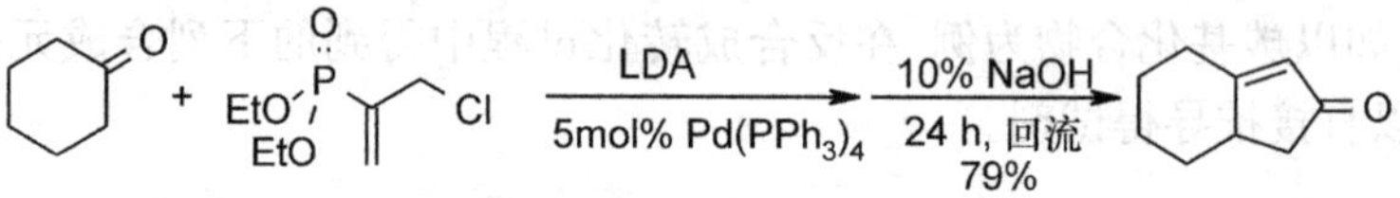

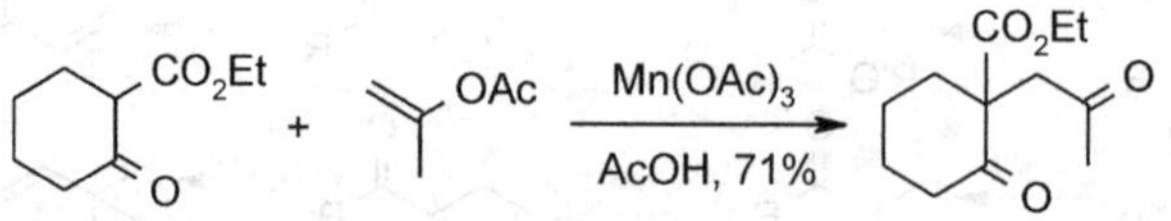

(3) 1，6-双官能团分拆　同样也会得到一正常的和一反常的合成元。下面第一个分拆是略为特殊的例子[8]。第二个分拆则十分直观[9]。

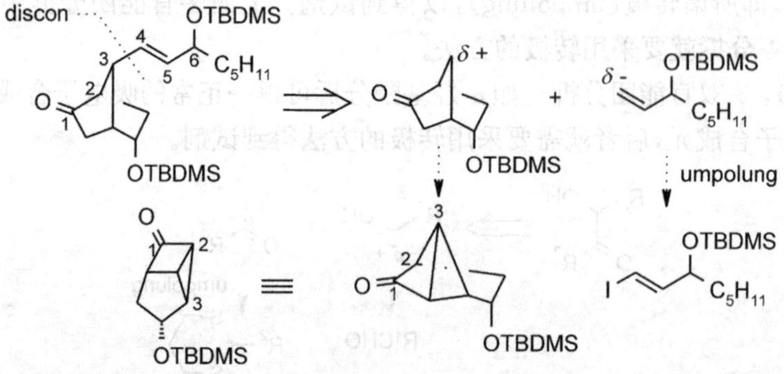

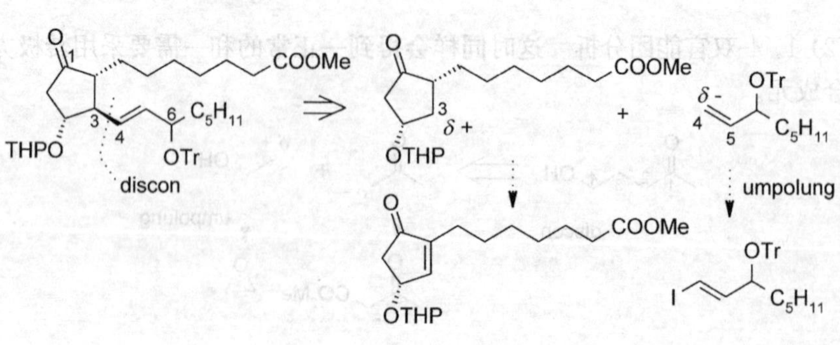

8.2　反合成转化中进一步的策略

8.2.1　多键分拆

反合成中如能进行多键分拆，就可以显著地简化问题。多键分拆所依据的一次形成多个键的反应大致有两类：一是多个键同时形成的协同反应；二是多个键一个接一个形成的所谓串联反应。如将反合成分拆所依据的反应从一个或一串反应扩展到一个反应瓶内多个组分一次进行的一系列反应，那么多组分反应也是考虑多键分拆时十分重要的一个方面。

(1) 基于协同反应的多键分拆　同时形成多个键的协同反应最常见的还是Diels-Alder反应，如compactin的合成[10]。

compactin　OH　H　OR　HO　H　+　TBDMSO　SO_2Ph　O—X　Diels-Alder 转化　discon

协同的环加成反应不仅可用于六元环的合成，而且还可用于七元环的制备，如过渡金属催化的烯基环丙烷与叁键的[5+2]环加成反应[11]。

R_1　R_2　discon　0.5 mol%, $[Rh(CO)_2Cl]_2$　dichloroethane, 80℃　+　R_1　R_2

R　discon　MeO_2C　MeO_2C　R_2　R_1　$RhCl(PPh_3)_3$　R　MeO_2C　MeO_2C　R_2　R_1

又如利用[3+2]偶极环加成构筑前列腺素的下侧链[12]。

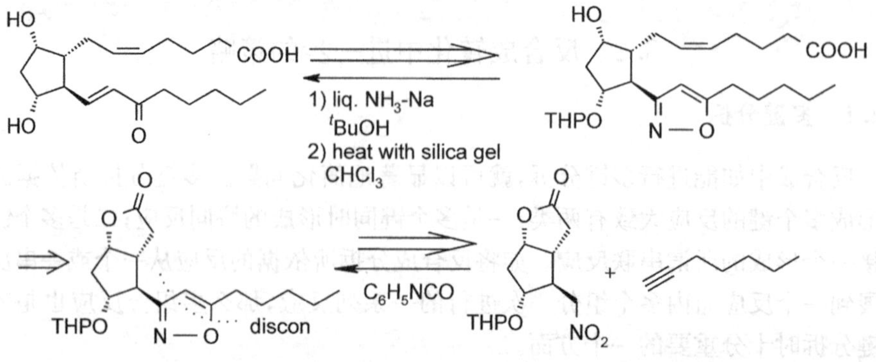

杂原子 Diels-Alder 加成反应也常用以多键分拆，如用于唾液酸中间体的合成[13]。

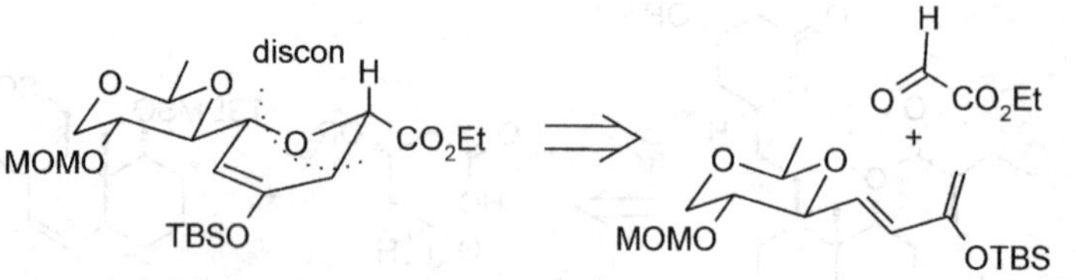

8.5 节银杏内酯合成中的一个中间体采用了 Ketene-olefin [2+2] 环加成的方法也是一种多键分拆的类型。

(2) 基于串联反应的多键分拆[14, 15]　串联反应(tandem/cascade or domino reaction)是 20 世纪 80 年代新出现的名词，但这种类型的反应早已发现并应用，它是一类所谓"一锅炒"(in one pot or *in situ*)的反应。但又不是在一个反应瓶内简单地接连进行两步独立反应，而是第一反应生成的活泼中间体接着进行第二步或再第三步反应。近年，串联反应的发展迅速，在复杂分子、天然产物的合成中获得了广泛的应用。下面以各种组合的串联反应分类介绍一些实例，为方便起见，图中仅画出合成反应方向，反合成的分拆键在产物上标出。

- 共轭加成——烷基化串联反应

这类串联反应特别在茉莉酮酸类及前列腺素的合成上取得了很大的成功[16~18]。

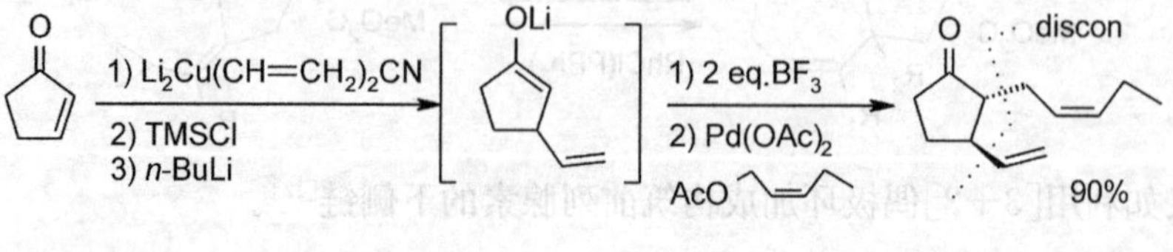

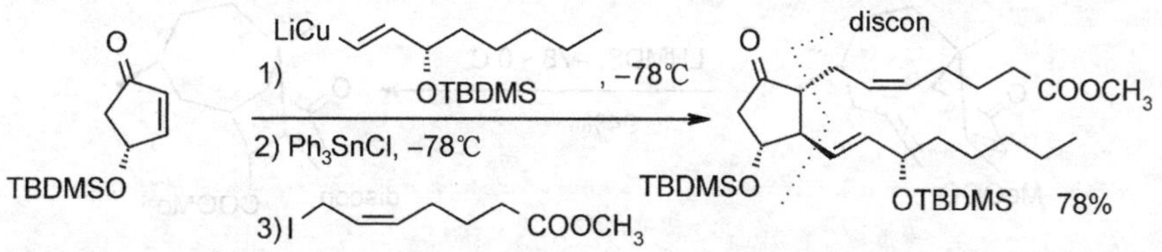

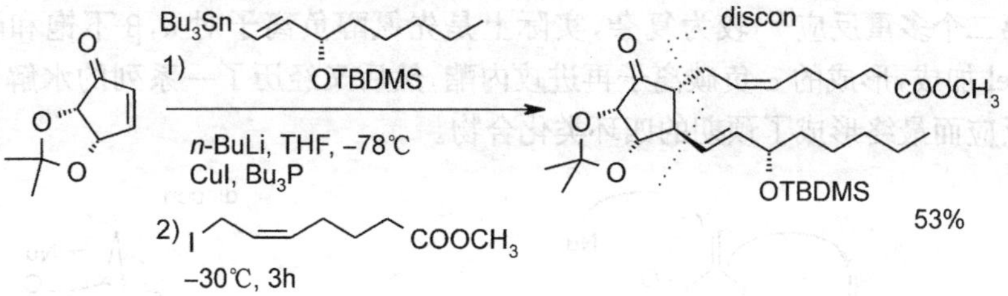

相应的分子内串联反应如下面的例子[19]。

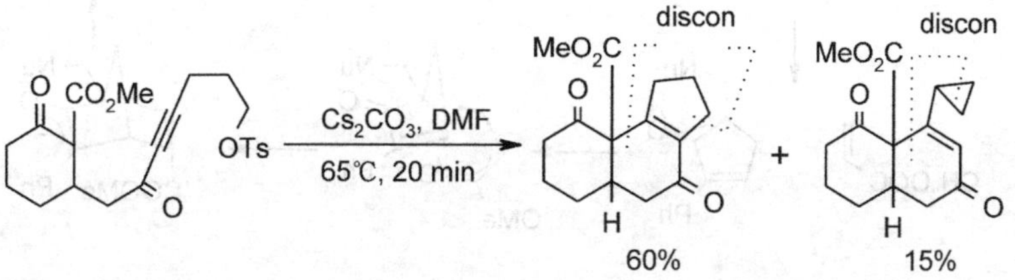

• 双重 Michael 加成串联反应[20～23]

第三、四例也可看作是 Diels-Alder 反应。

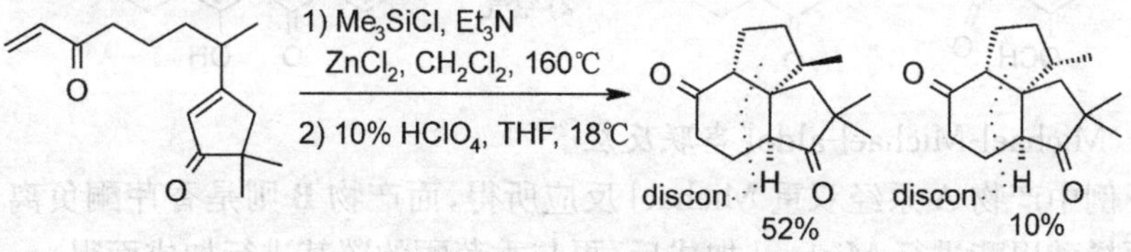

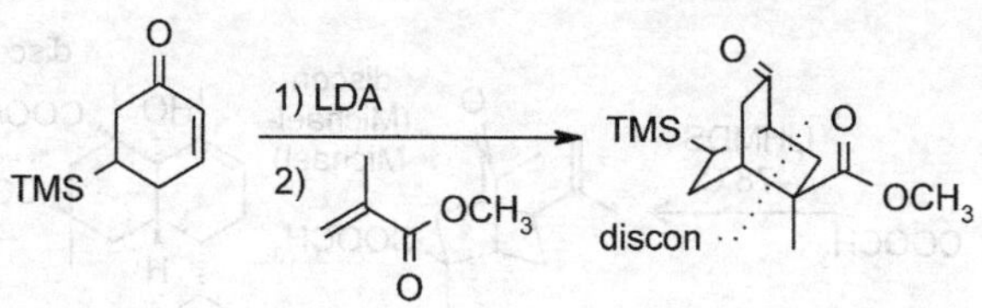

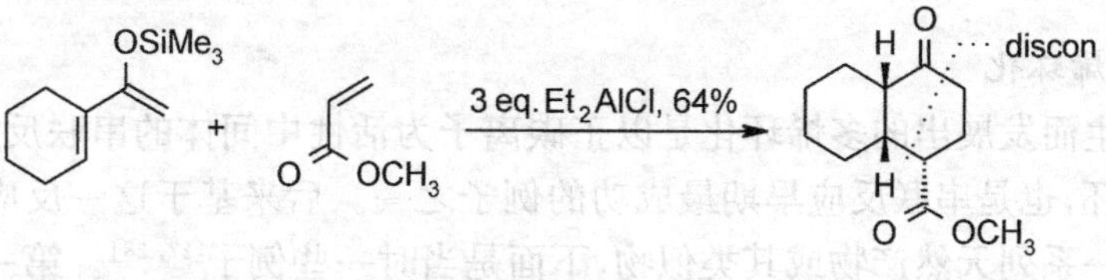

• 三重 Michael 加成——Michael 反应引发的多重反应[24, 25]

第二个多重反应[25]较为复杂，实际上是先氰醇负离子对 α,β-不饱和酮进行 Michael 加成，形成的 α-负碳离子再进攻内酯，然后又经历了一系列的水解、脱水、氧化反应而最终形成了预期的四环类化合物。

• Michael-Michael-aldol 串联反应[26]

下例中产物 **A** 系经双重 Michael 反应所得，而产物 **B** 则是香芹酮负离子对两分子丙烯酸甲酯进行 Michael 加成后，再与香芹酮的羰基进行加成而得。

• 多烯环化

由仿生而发展出的多烯环化是以正碳离子为活性中间体的串联反应，一次可形成多重环，也是串联反应早期最成功的例子之一。后来基于这一反应设计并成功合成了一系列天然产物或其类似物，下面是当时一些例子[27, 28]。第一例一次生成四环,第二例生成三环。

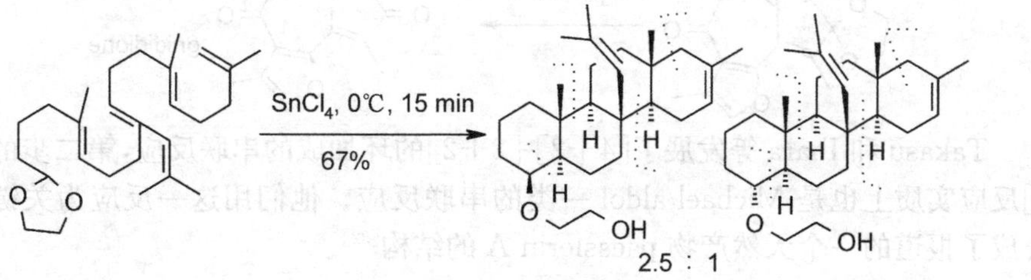

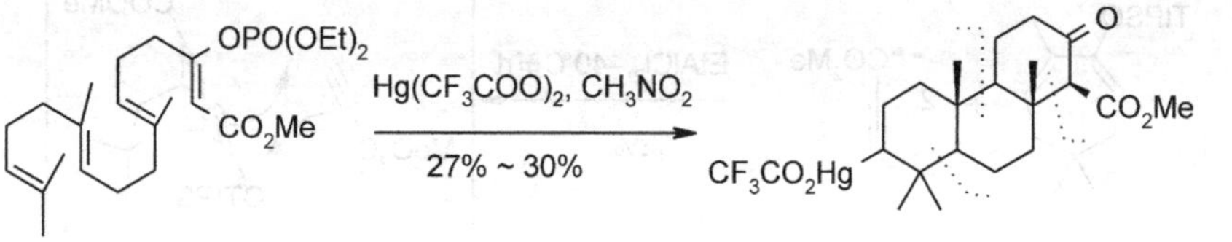

- 串联周环反应[29, 30]

周环反应常可高效地形成十分有兴趣的分子结构,而串联周环反应则更是可以给出独特结构的产物。在合成设计中应用这类反应是很有价值的,但是在反合成分析中要推导出这类反应不是用简单、直观的方法就能获得的,而是需要有相当的知识累积和分析的技巧。

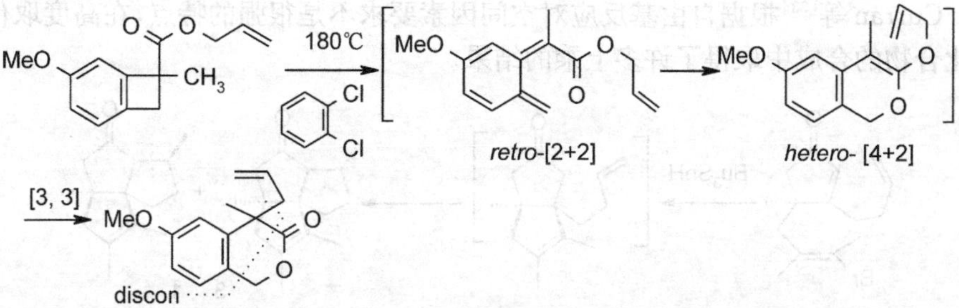

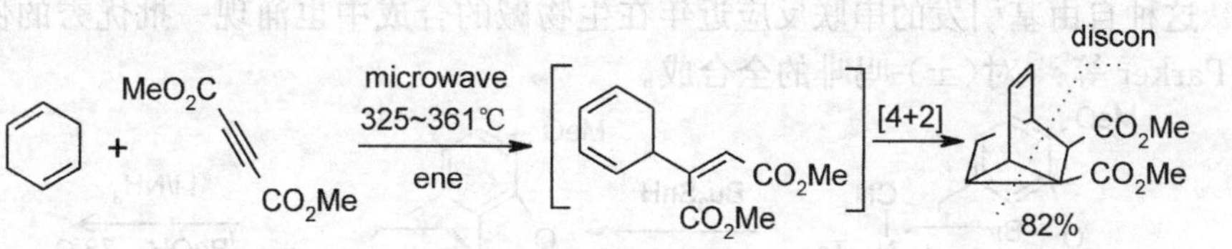

Jacobi 等[31]在肿瘤细胞抑制剂 gnididione 的合成中完美地设计并使用了下述串联反应,其中包括一个反 Diels-Alder 反应脱去一分子乙腈的过程。

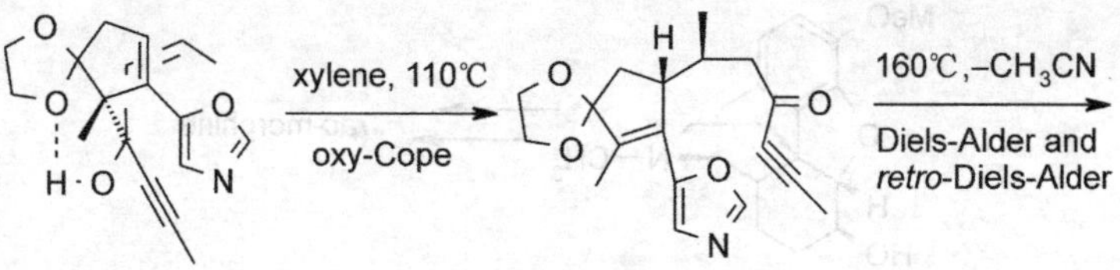

$\xrightarrow{H_3O^+,\ 45\%}$ gnididione

Takasu 和 Ihara 等发展了[4+2]-[2+2]的环加成的串联反应，第二步的[2+2]反应实质上也是 Michael-aldol 一类的串联反应。他们用这一反应为关键步骤合成了报道的一个天然产物 paesslerin A 的结构[32]。

TIPSO + 2 CO_2Me $\xrightarrow[92\%]{EtAlCl_2,-40℃至rt}$ [COOMe, MeO_2C, OTIPS] → COOMe, discon, discon, MeO_2C, OTIPS → OAc paesslerin A

• 串联自由基反应

Curran 等[33]根据自由基反应对空间因素要求不是很强的特点，在高度取代稠环化合物的合成中取得了许多上乘的结果。

Br $\xrightarrow{Bu_3SnH}$ [ ] → + 3 : 1

这种自由基引发的串联反应近年在生物碱的合成中也涌现一批优秀的例子，如 Parker 等[34]对(±)-吗啡的全合成。

MeO, Br, CH_3, N—Ts, SPh, O, H, HO $\xrightarrow[AIBN,\ PhH\ 35\%]{Bu_3SnH}$ MeO, O, N—Ts, CH_3, H, HO $\xrightarrow[{}^tBuOH,\ -78℃\ 85\%]{Li/NH_3}$

MeO, O, N—CH_3, H, HO → → *rac*-morphine

• 过渡金属催化的串联反应

Oppolzer 等[35]使用钯催化下的多烯串联环化反应，将下列底物转化成一个反式稠环的 perhydroazulene。

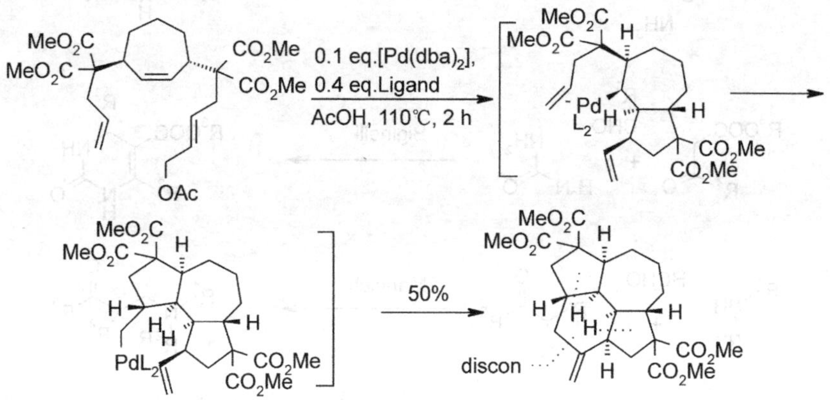

• 卡宾参与的串联反应

卡宾参与的串联反应是一个合成环庚二烯类化合物的例子[36]，Rh(Ⅱ)催化产生卡宾，卡宾对双键加成后紧接一步 Cope 重排。

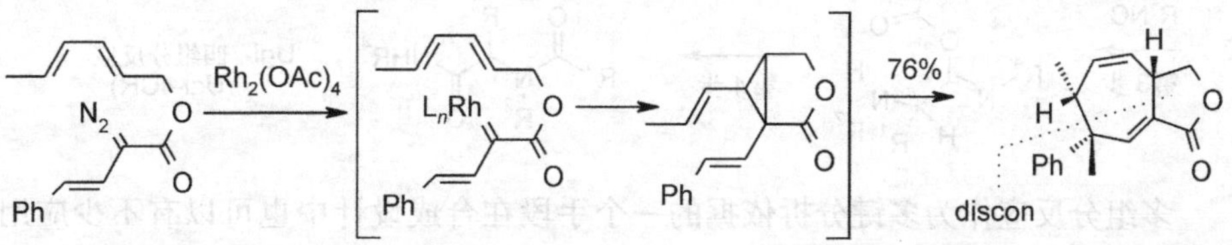

从上面一些例子中可以看出，串联反应用在反合成中多键拆分上无疑是很有效的。更详细的介绍可参阅有关综述和专著[37]。

(3) 多组分反应与有机合成设计多键分拆　多组分反应是另一类“一锅炒”的多步反应，也是有机合成设计中多键分拆可以依据的一类重要反应。实际上，多组分反应早在 19 世纪就已出现，许多重要的人名反应都属于多组分反应，如 Hantzsch 二氢吡啶合成(1882)，Biginelli 二氢嘧啶合成(1891)，Mannich(1912)反应等至今仍然在有机合成设计和实际合成中有着广泛的应用。但其中以多组分反应名称出现，产生广泛影响的当数 20 世纪 50～60 年代的 Ugi 反应。如 Ugi-四组分反应(简称 Ugi-4CR)是一个利用醛 、胺、羧酸和异腈间的反应一步合成 α-酰氨基酰胺的方法。此反应的机理可能按如下的反应过程进行：①亚胺的生成；②亚胺被酸质子化；③亲电亚胺盐和亲核羧基阴离子对异腈的 α-加成；④分子内的酰基转移。

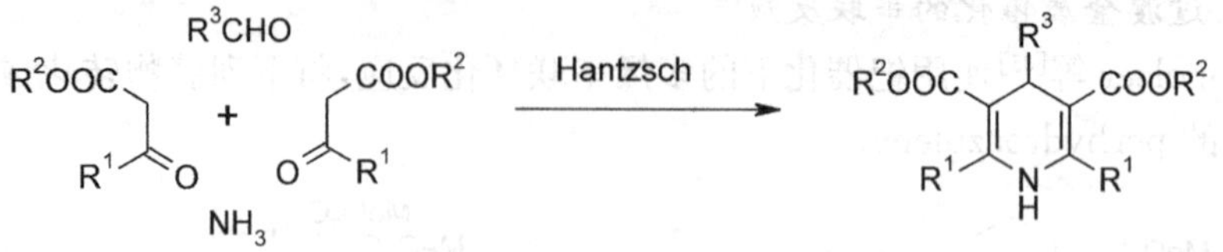

Hantzsch

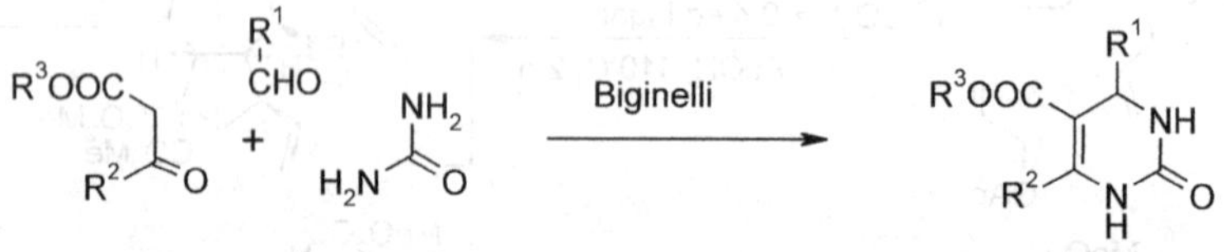

Biginelli

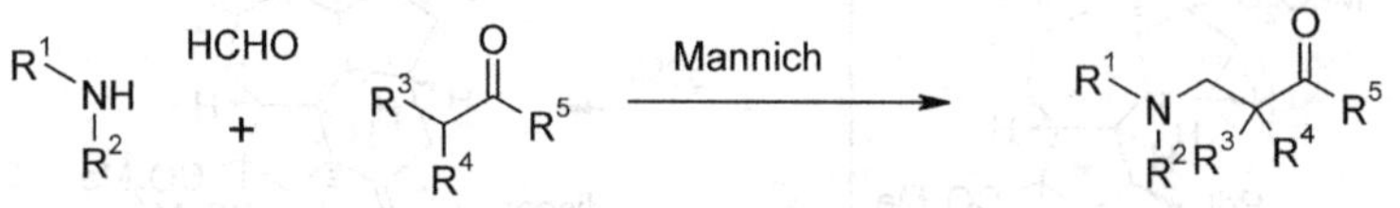

Mannich

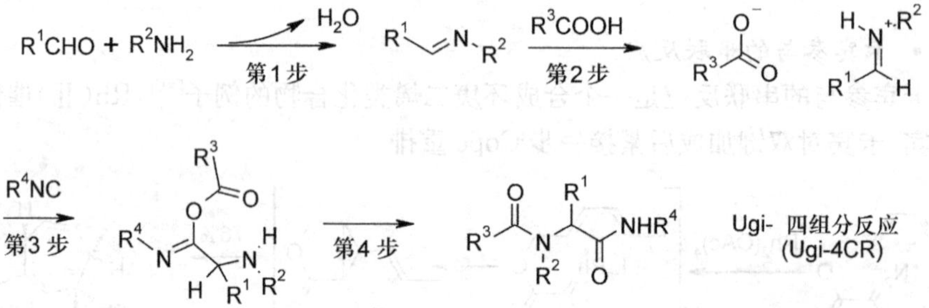

第1步　第2步　第3步　第4步

Ugi- 四组分反应 (Ugi-4CR)

多组分反应作为多键分拆依据的一个手段在合成设计中也可以有不少应用，前面提及的金雀花碱（sparteine）反合成第一步是官能团引入，而第二步就是利用多组分反应的 Mannich 反应。下面的 Ugi-三组分反应将天冬氨酸单酯、醛和异腈

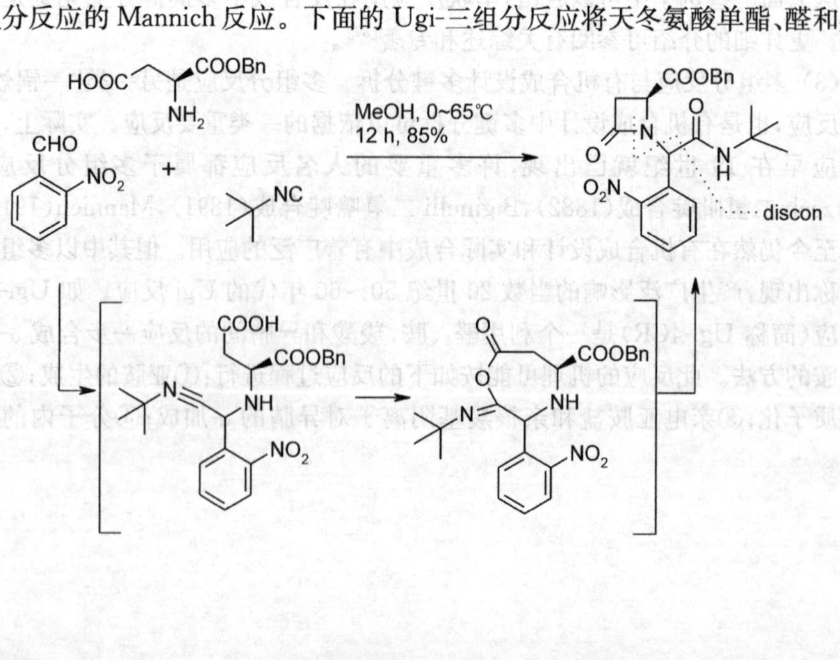

MeOH, 0~65℃
12 h, 85%

discon

混溶于甲醇中，在简单的加热条件下即以很好的收率得到一很有价值的 β-内酰胺中间体[38]，这时主要在醛基上新形成了两个键。

20 世纪 90 年代后期至今，多组分反应进入了一个繁荣发展的时期。多种反应，尤其是金属催化的反应被采用进了多组分反应；含氮杂环化合物的合成有了多种高效的合成方法，其他类型的化合物也从多组分反应中找到了新的合成途径。最近，用金属催化的多组分反应合成吡咯衍生物的四条路线正是这方面很有启发性的例子[39]。

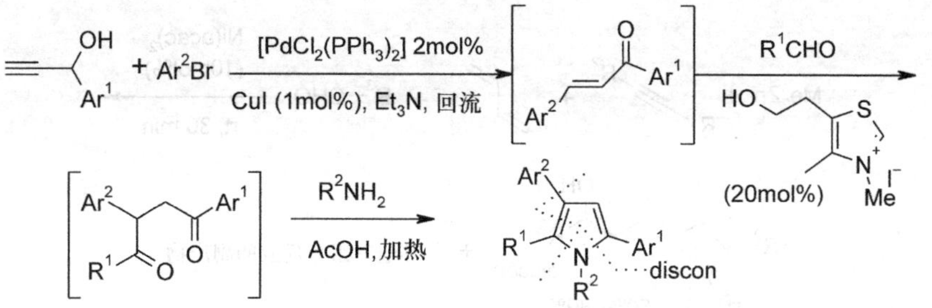

(1)

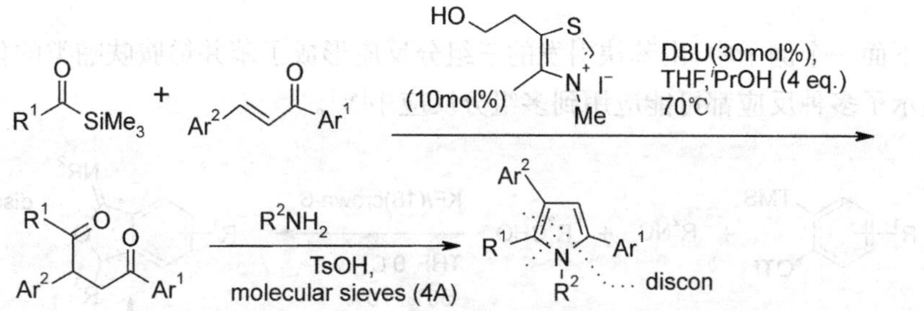

(2)

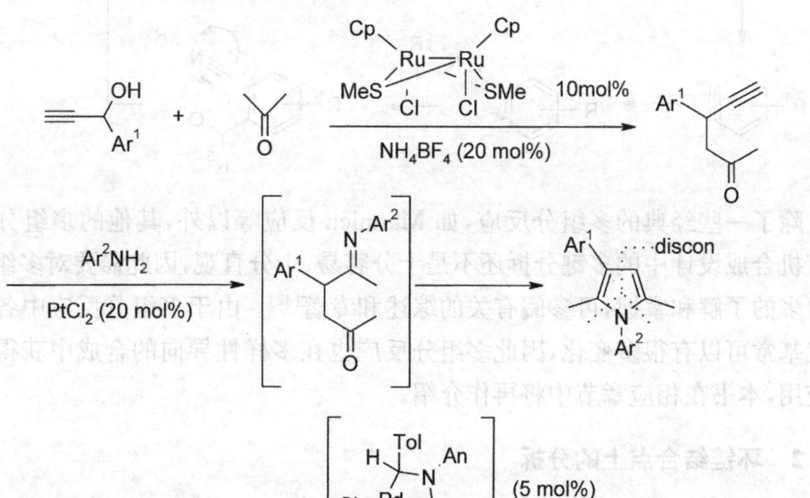

(3)

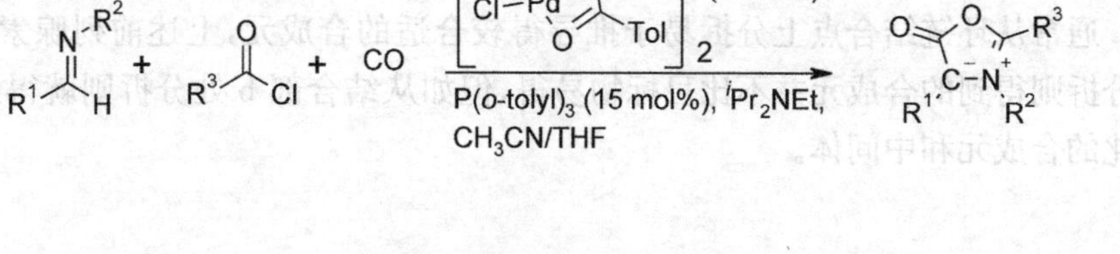

(4)

最近镍催化二甲基锌加成引发的与炔、共轭二烯和醛的四组分反应也是一个很有意义的例子，说明多组分反应还可以有很多方面的发展[40]。

Me_2Zn + $R^1C\equiv CR^2$ + 丁二烯 + R^3—CHO —Ni(acac)$_2$ (10mol%), rt, 30 min→ 产物 (50%~80%) + 其他三组分反应的副产物

下面一个例子中，由苯炔引发的三组分反应形成了苯并烯胺呋喃类的化合物，则显示了多种反应都可能应用到多组分反应中[41]。

KF/(18)crown-6, THF, 0℃, 50%~70%

除了一些经典的多组分反应，如 Mannich 反应等以外，其他的多组分反应用于有机合成设计中的多键分拆还不是十分容易、十分直观，因此需要对多组分反应有更多的了解和掌握，可参阅有关的综述和专著[42]。由于多组分反应中各组分的取代基常可以有很多变化，因此多组分反应也在多样性导向的合成中获得了广泛的应用，本书在相应章节中将再作介绍。

8.2.2　环链结合点上的分拆

通常从环链结合点上分拆易于推导得较合适的合成元，上述前列腺素如从 a 处分拆则得到的合成元并不比目标物易得，但如从结合部 b 处分拆则就得到显著简化的合成元和中间体。

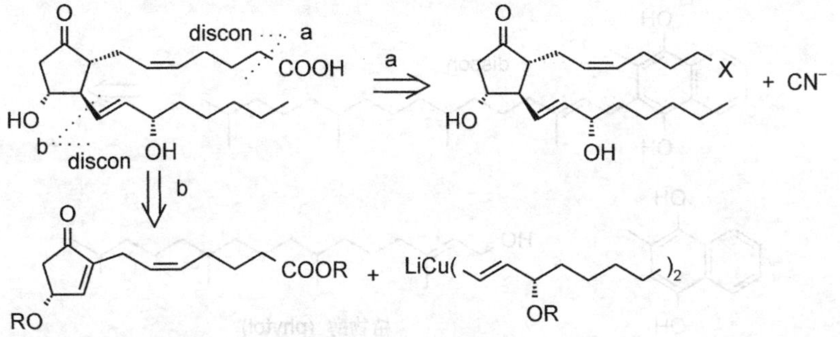

较复杂的分子如 cylindramide 的合成设计时，先分拆其大环得两个链状片段 **1** 和 **2** 以及一含双环[3.3.0]庚烷的环链片段 **3**，而环链片段 **3** 引入羰基后则可采用共轭加成-aldol 型反应进行环链结合点上的两键分拆，从而设计出较易获得的试剂和中间体[43]。

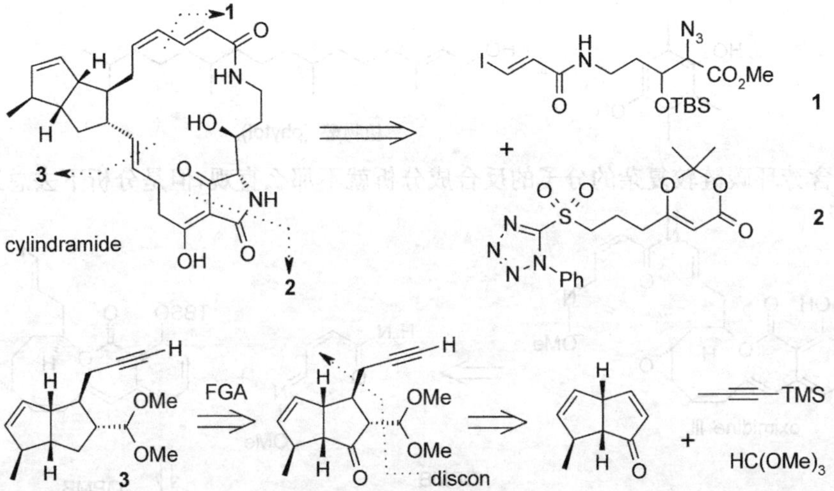

维生素 K_1 是一长碳链连在芳环上的化合物，它较好的反合成分拆也是在环链的结合处，最终可推导到甲基-二羟基萘和植物醇(phytol)。维生素 E 的反合成分拆情况也类似，也推导得植物醇(phytol)和一芳环中间体，但这时是三甲基对苯二酚。

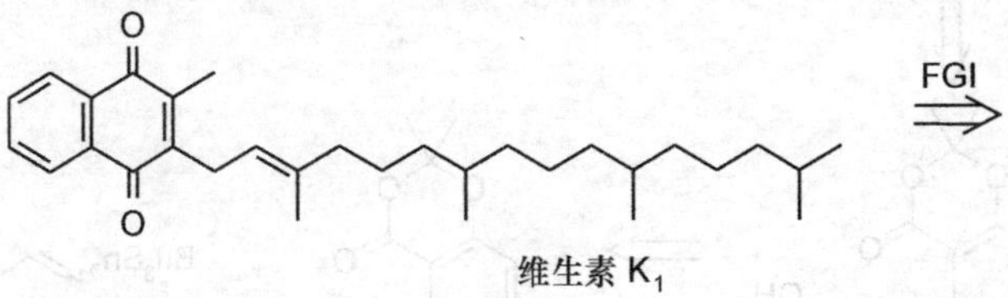

维生素 K_1

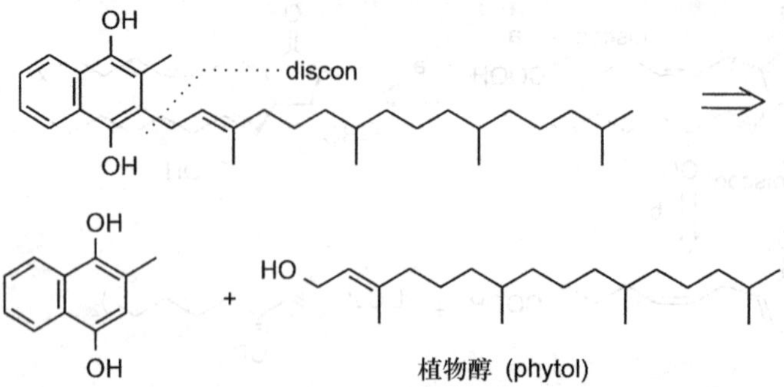

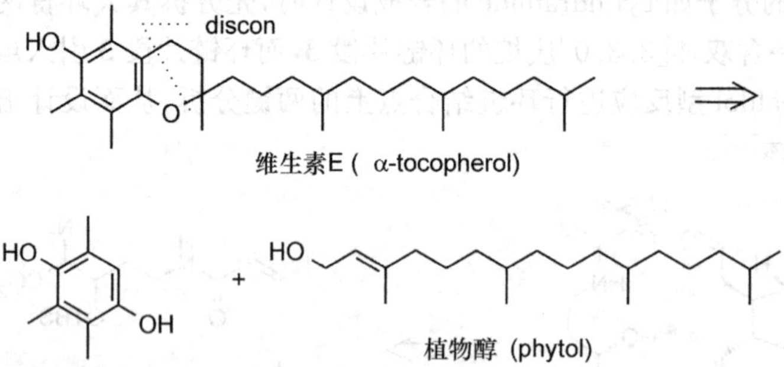

OH
discon
OH

OH
+ HO
OH
植物醇 (phytol)

HO
discon
维生素E (α-tocopherol)

HO
+ HO
OH
植物醇 (phytol)

含芳环碳链较复杂的分子的反合成分析就不那么直观,但是分析下去总还是

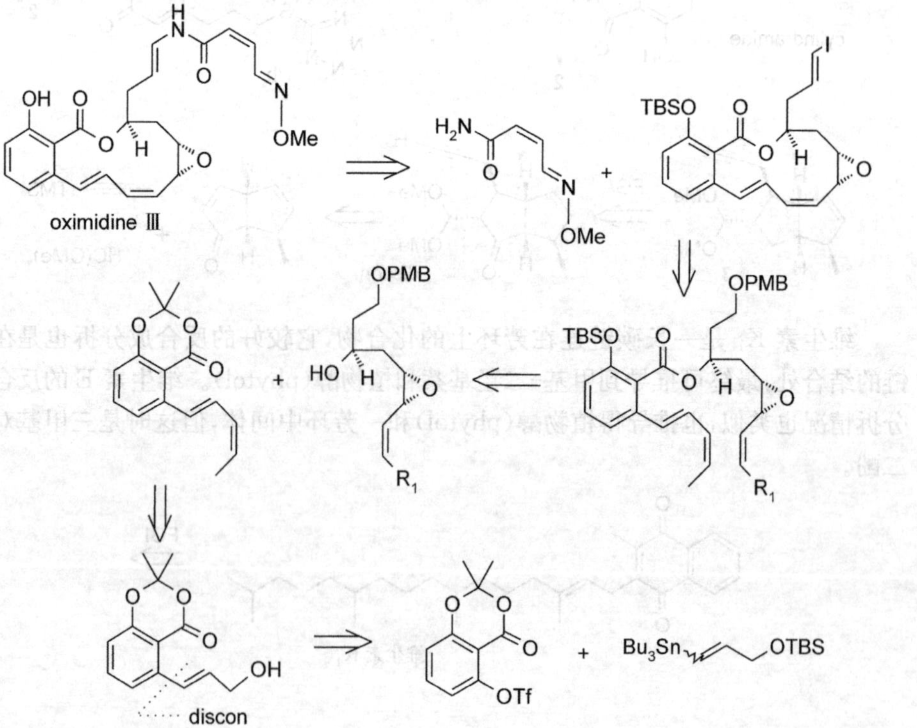

H
O
N
OH O
O
H
O
OMe
oximidine Ⅲ
H_2N
O
N
OMe
+
TBSO O
O
H
O
I

OPMB
O O
O
+ HO H
O
R_1
OPMB
TBSO O
O
H
O
R_1

O O
O
OH
discon
O O
O
OTf
+ Bu_3Sn OTBS

会遇到环链结合处拆分的情况，因为一般都不会对芳(碳)环进行分拆以推导得链状的分子，通常有机合成总是以现成的芳(碳)环为原料来开展工作的。当然，当芳醛、芳醇或芳酸更易得时，反合成的分拆也可在芳环的 α 位进行。下面，天然产物 oximidine Ⅲ的反合成分析也许可以作为这样的一个例子[44]。

8.2.3　连接法的应用

连接法是十分有用的反合成方法，如经典的甾体全合成中 D 环的形成，这时将带甲基酮边链的 D 环推导得醛酮的中间体，而此中间体则可用连接法推导得其前体甲基环己烯，这时依据的是臭氧化反应。

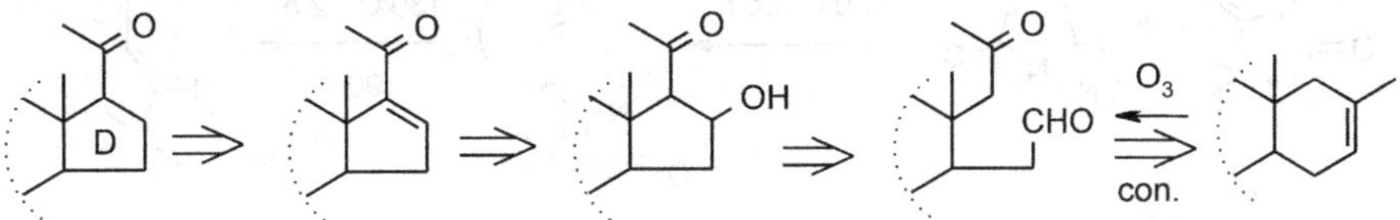

D　OH　CHO　O_3　con.

昆虫保幼激素(*cecropia* juvenile hormone，JH-1)合成中的六碳链中间体可以通过连接法(也是基于臭氧化反应)推导得 1,4-环己二烯，进一步则可以推导至易得的对甲基苯酚[45]。

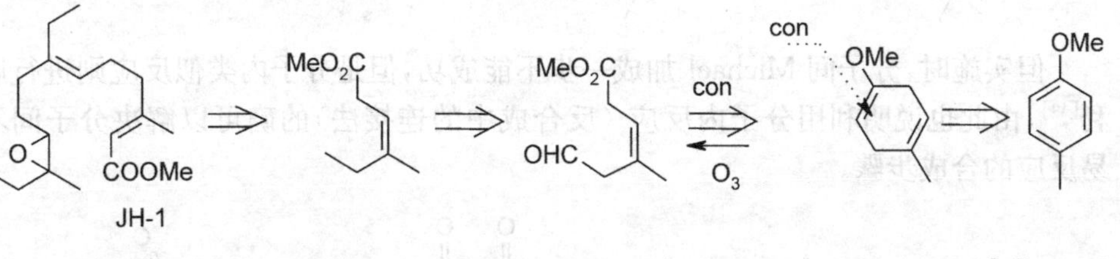

O　COOMe　JH-1　MeO_2C　MeO_2C　OHC　con　O_3　con　OMe　OMe

下面是另一个保幼激素(juvenile hormone)合成时的一个模型试验[46]，在其合成设计中两次很巧妙地使用了依据 1,3-裂分反应(1,3-fragmentation reaction)

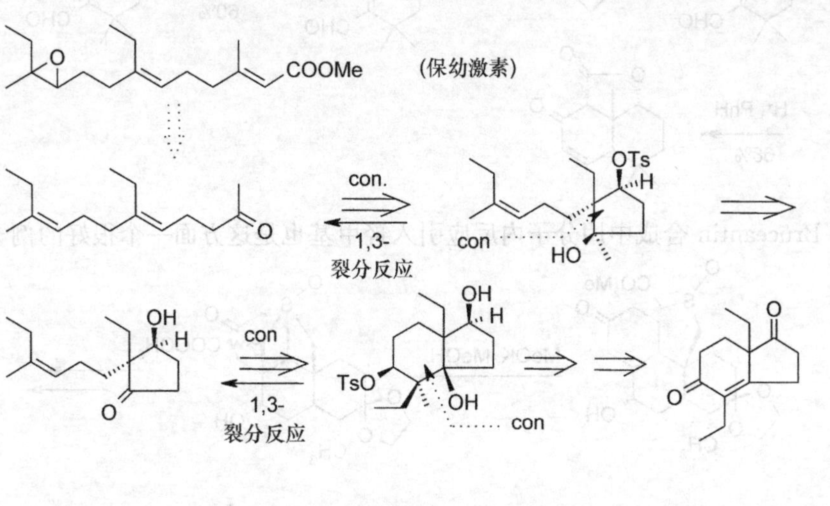

O　COOMe　(保幼激素)

O　con.　1,3-裂分反应　OTs　H　con　HO

OH　H　O　con　1,3-裂分反应　OH　H　TsO　OH　con　O　O

的连接法，最后推导得氢化茚类的二环分子为这一链状分子的合成原料，这一方法也很好地控制了产物双键的构型。

在讨论使用连接法时值得特别指出的是"在复杂有机分子合成中，无论什么时候遇到分子间合成过程由于动力学控制反应活性丧失而不能成功时，谁就应寻求机会来改变结构状态，使得关键步骤能在分子内进行，而不在分子间进行"[47]，如维生素 B_{12} 全合成中环的连接即采用硫桥的方法，使碳-碳键的形成变成分子内的反应[48]。

(PhCO)₂OO 20℃, 24 h; (EtO)₃P 130℃, 2 h 90%

我们在合成萜类化合物时设想了下列合成：

但实施时，分子间 Michael 加成一步不能成功，但是分子内类似反应则进行顺利[49]，由此也说明利用分子内反应（反合成中的连接法）的确可以解决分子间不易反应的合成步骤。

NaH, THF 60%; H⁺, PhH 68%

Bruceantin 合成中用分子内反应引入羟甲基也是这方面一个很好的例子[50]。

MeOK, MeOH

Trost 在单四氢呋喃环番荔枝内酯(+)-solamin 的合成中应用硫桥的策略连接起两个片段，再采用 Ramberg-Backlund 成烯法消除硫桥形成二氢呋喃环，最终合成至目标化合物[51]。

以上四个例子都是将不易进行的反应用连接法转化成分子内的反应，而三个例子是采用了硫醚、亚砜或砜类的硫桥，因为在反应完成后"过河拆桥"时，硫桥是较易"拆除"的桥。但在现在合成中也还是不乏其他种类的临时桥可供选择，如硅醚[52]、醚和酯等。葡萄糖的芳基碳苷化通常会得到 α 和 β 异构体的混合物，但如通过硅桥将芳基连于葡萄糖的 2 位后，再进行分子内的碳苷化反应时则可专一地合成到 α-异构体[53]。

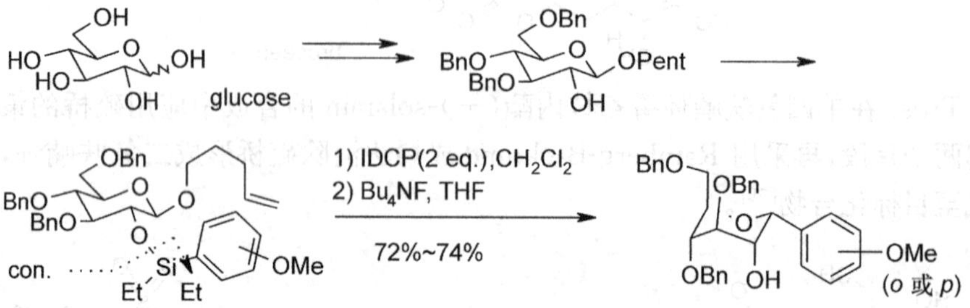

在 Epothilone 北片段的合成中，两小片段用酯键连接后再进行闭环金属复分解反应未能成功，但改用硅醚桥联后则高产率获得了所设计的中间体[54]。这不仅说明分子间不易进行的反应可试探转换成分子内的方式，而且由于硅键的柔性，用硅醚连接有时更会产生有利的效果。

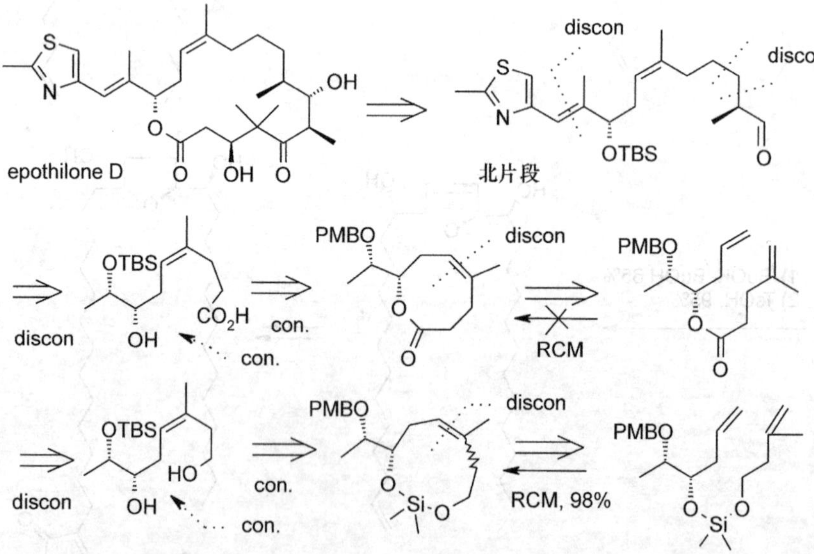

Ley 在番荔枝内酯 10-hydroxyasimicin 的合成设计中将分子中双四氢呋喃环部分分拆成一对称分子，然后中间断开成相同的两个片段。在合成时，两片段可用对羟甲基苯甲酸连接，再进行分子内闭环烯烃复分解反应(ring close metathesis, RCM)，最终简捷地获得了目标分子。这一合成不仅利用了分子的部分对称性，而且又巧妙地采用了连接法，是合成设计上一个很成功的例子[55]。

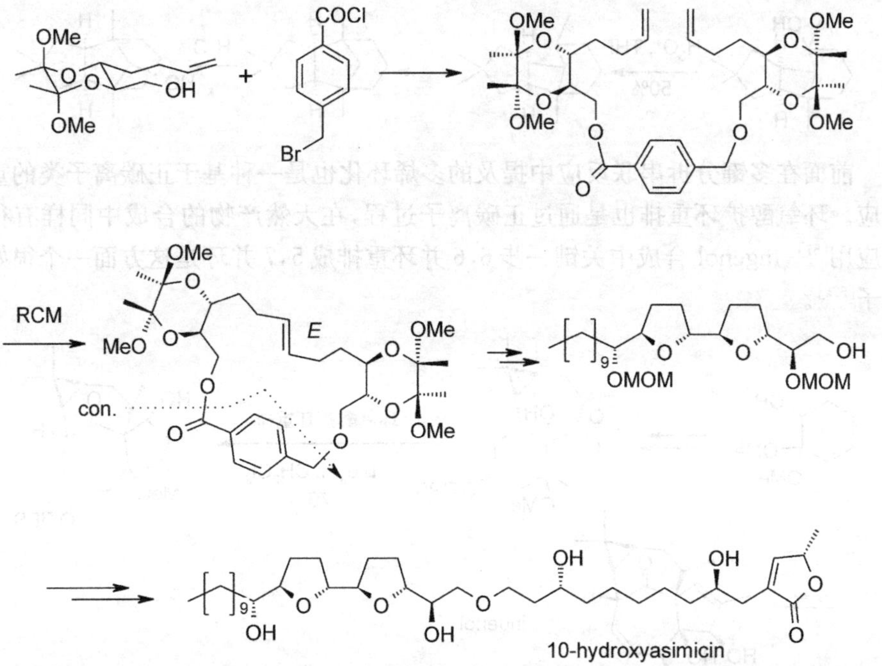

8.2.4　重排法的利用

合成中常常利用重排来进行其他反应难以完成的一些结构单元的构筑，同时重排还常有很好的立体和区域控制，合成设计中应很好利用。在实际合成中，形成碳–碳键时用得较多的是正碳离子类的重排和σ-迁移重排，有时也会应用自由基或卡宾参与的重排。下面仅对前者举几个例子说明它们的应用。

1. Wagner-Merwein 重排

Wagner-Merwein 重排是一类正碳离子类的重排，多见于萜类化合物的反应和合成，如 α-石竹烯醇（α-caryophyllene alcohol）的合成[56]。

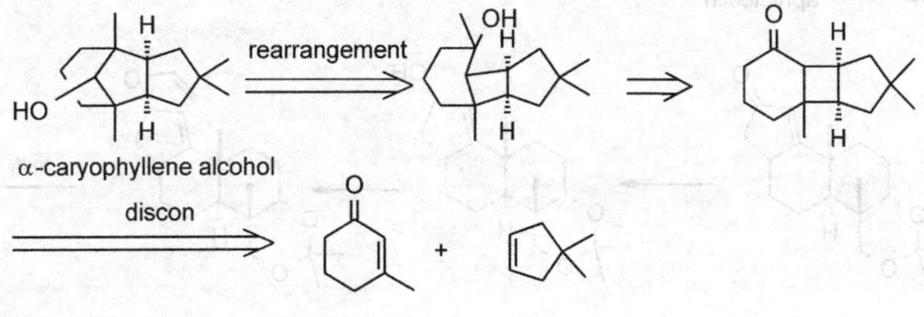

其过程大致可以表示如下：

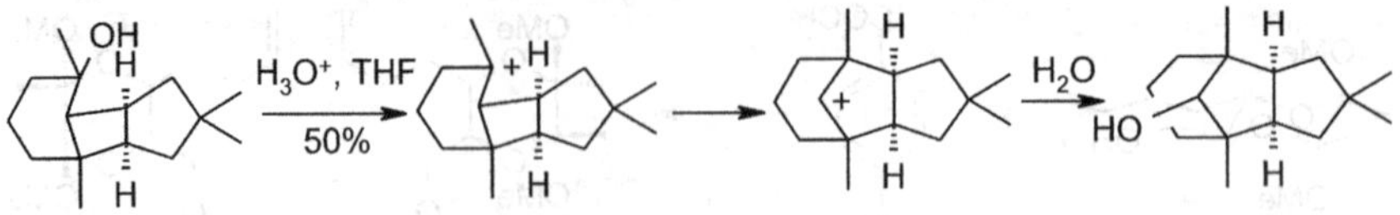

前面在多键分拆串联反应中提及的多烯环化也是一种基于正碳离子类的重排反应。环氧醇扩环重排也是通过正碳离子过程，在天然产物的合成中同样有很好的应用[57]，ingenol 合成中关键一步 6,6 并环重排成 5,7 并环是这方面一个很好的例子[57a]。

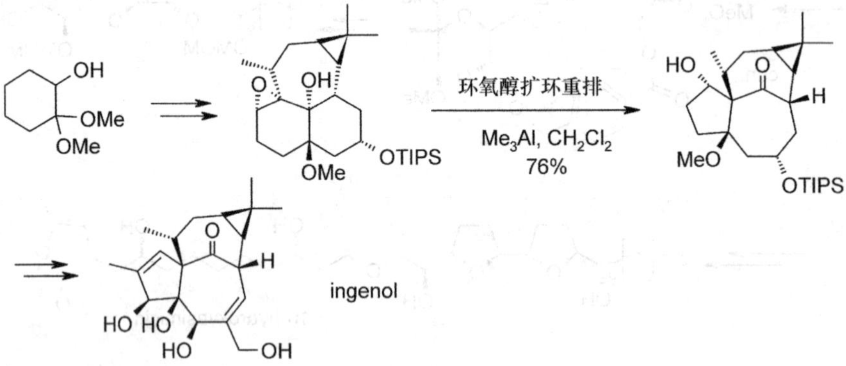

2. Claisen 重排

Claisen 重排是[3,3]-σ-迁移重排中的一种，而且 Claisen 重排本身在试剂、底物等方面也有很多变化的方式，是在有机合成中广泛应用的一种反应。Aphidicolin 的合成中，D 环形成的关键一步即为乙烯基烯丙基醚的 Claisen 重排[58]。

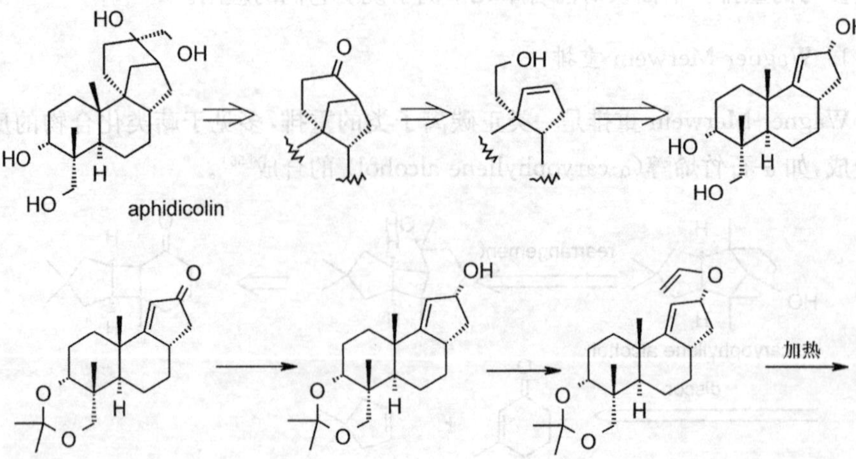

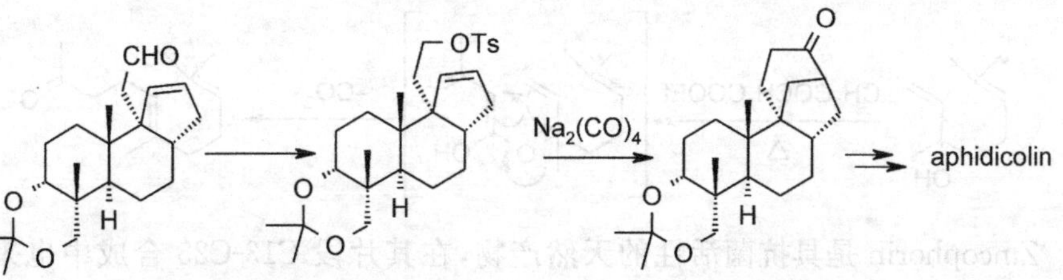

CHO　OTs　$Na_2(CO)_4$　aphidicolin　H　O　O

Stork 在前列腺素合成中两次巧妙地使用了 Claisen 重排[59]，这是 Claisen 重排应用于天然产物合成的成功例子。

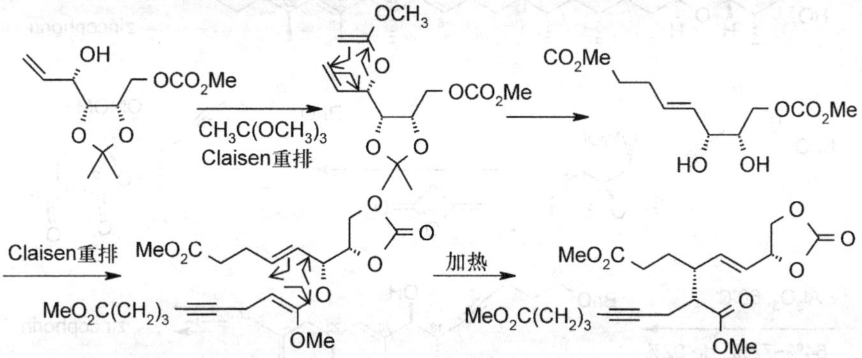

OH　OCO_2Me　$CH_3C(OCH_3)_3$　Claisen重排　OCH_3　CO_2Me　HO　OH

Claisen重排　MeO_2C　$MeO_2C(CH_2)_3$　OMe　加热

3. Carroll 重排

Carroll 重排是一种 σ-迁移重排，也是 Claisen 重排的一种形式。维生素 E 合成中另一原料异植物醇片断的合成就两次采用了这一反应。

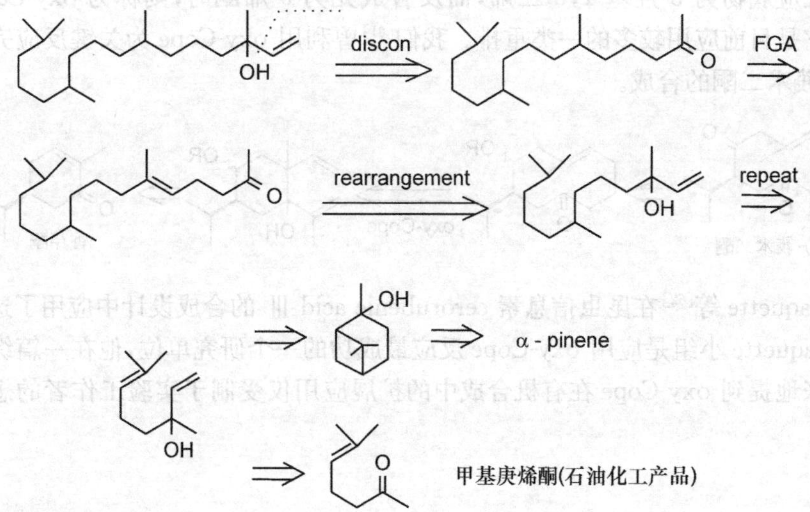

OH　discon　O　FGA

O　rearrangement　OH　repeat

OH　α - pinene

OH　O　甲基庚烯酮(石油化工产品)

该重排过程为：

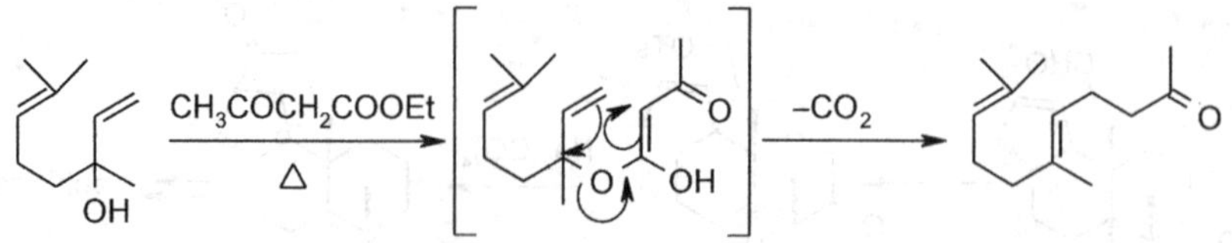

Zincophorin 是具抗菌活性的天然产物，在其片段 C13-C25 合成中也采用了 Carroll 重排，从而很好地控制了 C20-C21 双键的构型[60]。

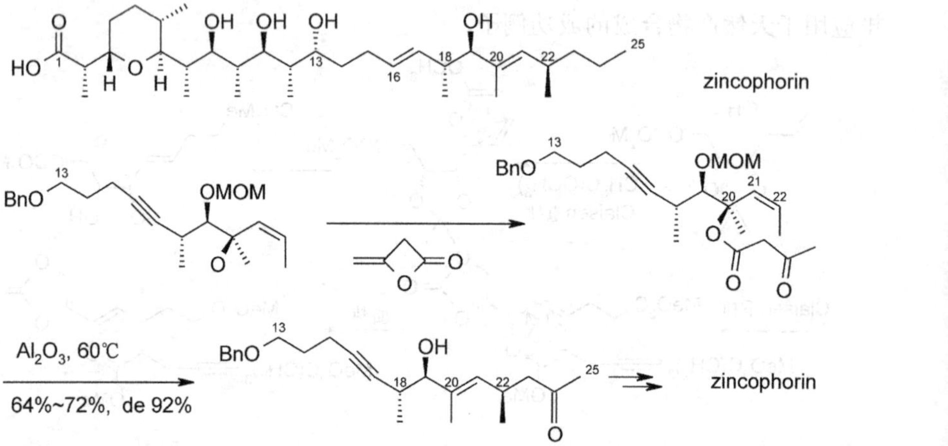

4. oxy-Cope 重排

Cope 重排是[3,3]σ-迁移重排的一种，反合成元和反应底物均为 1,5-二烯。但当反应底物为 3-羟基-1,5-二烯，而反合成元为 5-烯酮时，则称为 oxy-Copy 重排。它是目前应用较多的一类重排。我们[61]曾利用 oxy-Cope 为关键反应完成了(一)-莪术二酮的合成。

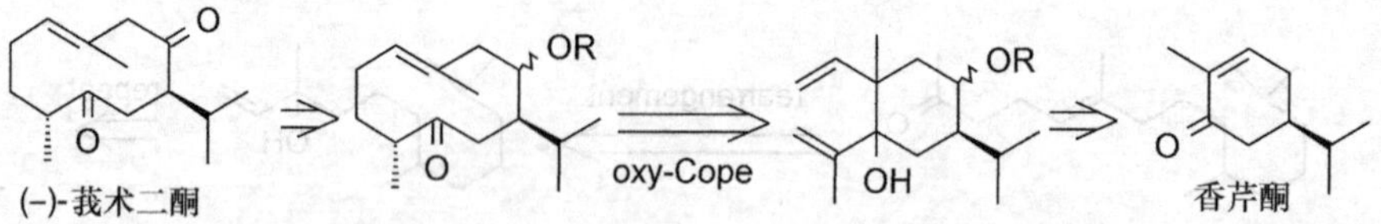

Paquette 等[62]在昆虫信息素 cerorubenic acid Ⅲ 的合成设计中应用了这一重排。Paquette 小组是应用 oxy-Cope 反应最成功的一个研究单位，他在一篇综述中曾夸张地提到 oxy-Cope 在有机合成中的扩展应用仅受制于实验工作者的想像能力[63]。

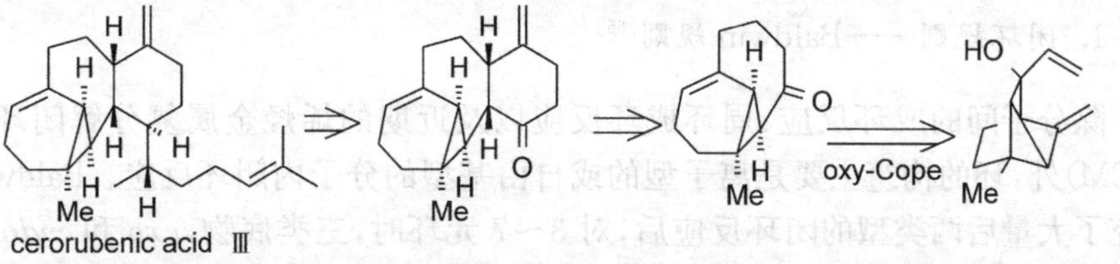

cerorubenic acid Ⅲ

oxy-Cope

后来在他们紫杉醇(taxol)的合成中再一次地应用了这一重排反应,从而构筑了较难合成的九元环(taxol 中八元环的前体)[64],由此也显示了 oxy-Cope 重排反应确实是复杂有机分子合成中很有用的手段。

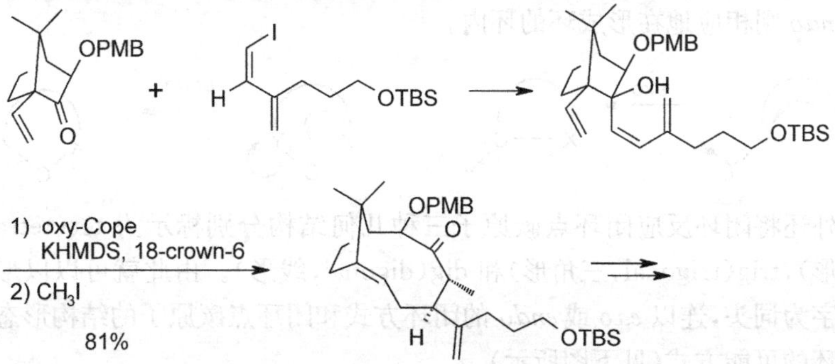

1) oxy-Cope KHMDS, 18-crown-6

2) CH_3I

81%

5. [2,3]-Wittig 重排

[2,3]-Wittig 重排也是一种 [3,3]σ-迁移重排,该重排经六电子、五元环状过渡态。Marshall 等[65]在萜类马兜铃内酯 (aristo-lactone)的合成中利用这种重排将十四元环醚缩成十元碳环,从而获得了较难合成的这类中环化合物。

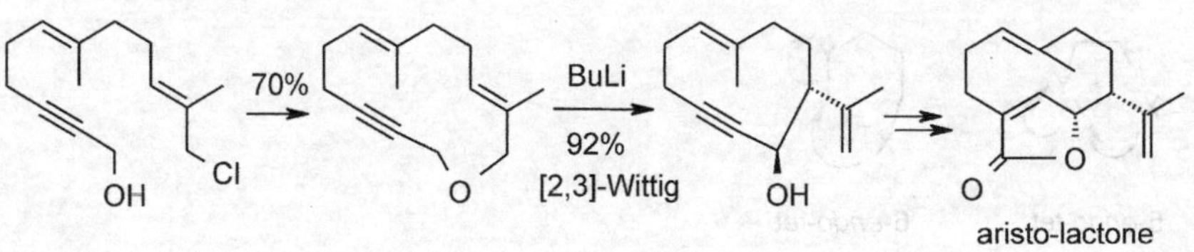

70%　BuLi　92%　[2,3]-Wittig

aristo-lactone

8.2.5　环系分拆的一些基本策略

有机合成,尤其是复杂分子的合成,经常会涉及目标分子或合成中间体中环的构筑问题。有机化合物结构中的环有碳环或杂环、芳环或脂环,一般来讲,除芳碳环外其他环的分拆是有机合成设计中很少能绕过的课题。实际上前面几节的分拆策略中或多或少地都已涉及了环的问题,下面将仅就环分拆中一些特色性的基本策略作一简介。

1. 闭环规则——Baldwin 规则[66]

除分子间的成环反应、周环成环反应以及近期的烯烃金属复分解闭环反应(RCM)外，环的构筑主要是离子型的或自由基型的分子内闭环反应。Baldwin 在研究了大量后两类型的闭环反应后，对 3～7 元环时，三类底物，*exo* 和 *endo* 两种闭环方式的相对难易程度给出了一个一般性的规则。这一 20 世纪 70 年代提出的规则迄今仍对预测闭环的可行性有着很好的指导意义，也对有机合成设计时环的分拆、推导合成元、合成中间体提供了很好的依据。

Baldwin 首先定义闭环方式 *exo* 为闭环时断开的键在当时形成的最小环的环外，而 *endo* 则相应地在形成环的环内。

另外还将闭环反应闭环点碳原子三种几何结构分别标示为 tet(tetrahedral，四面体形)，trig(trigonal，三角形)和 dig(digonal，线形)。由此就可以以形成环的大小数字为词头，连以 *exo* 或 *endo* 的闭环方式和闭环点碳原子的结构形态来表示各种闭环的可能方式(见下图所示)。

四面体形(tetrahedral)

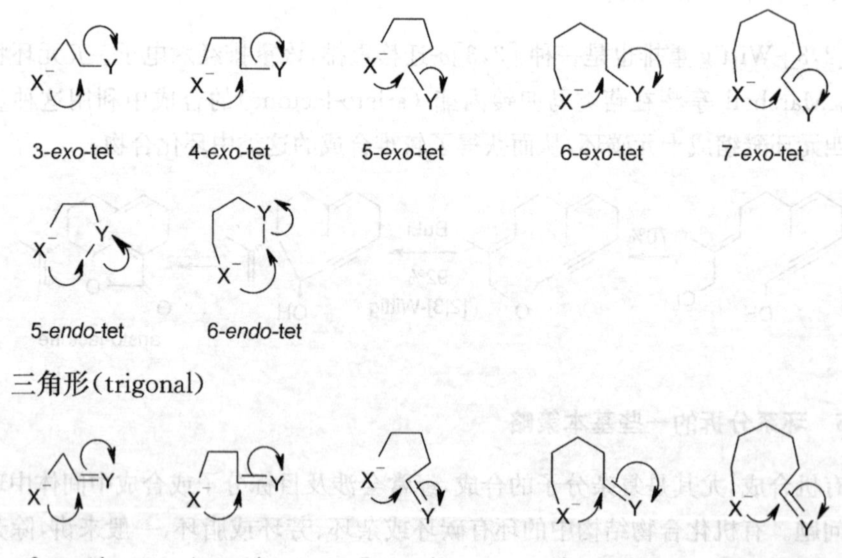

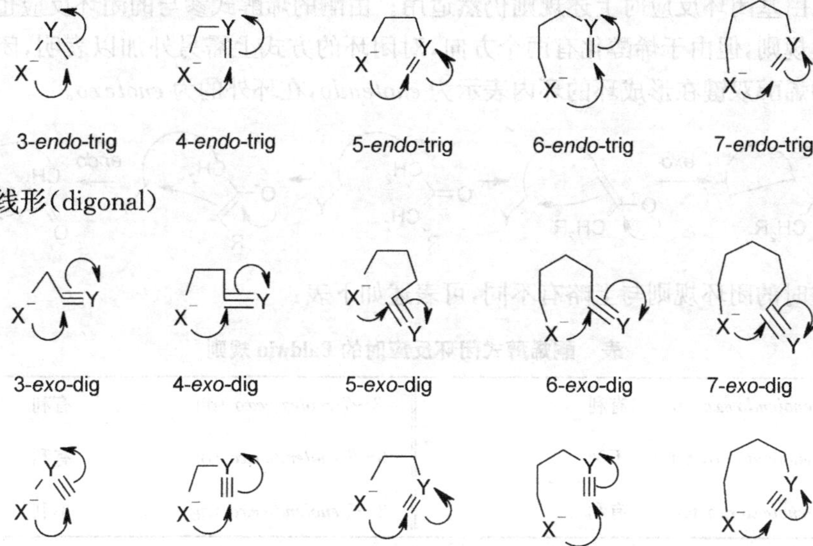

对上述这些闭环的可能方式,Baldwin 规则可表述为:

(1) 对闭环碳为四面体形体系的:

3～7-*exo*-tet 闭环均是有利的;

5～6-*endo*-tet 闭环是不利的。

(2) 对闭环碳为三角形体系的:

3～7-*exo*-trig 闭环均是有利的;

3～5-*endo*-trig 闭环是不利的;

6～7-*endo*-trig 闭环是有利的。

(3) 对闭环碳为线形体系的:

3～4-*exo*-dig 闭环是不利的;

5～7-*exo*-dig 闭环是有利的;

3～7-*endo*-dig 闭环均是有利的。

上述闭环规律也可归纳成下表(Baldwin 规则):

3～7-*exo*-tet	有利	6～7-*endo*-trig	有利
5～6-*endo*-tet	不利	3～4-*exo*-dig	不利
3～7-*exo*-trig	有利	5～7-*exo*-dig	有利
3～5-*endo*-trig	不利	3～7-*endo*-dig	有利

自由基闭环反应时上述规则仍然适用。由酮的烯醇式参与的闭环反应也适用于上述规则,但由于烯醇化有两个方向,对闭环的方式上需另外加以表明,闭环后断裂的烯醇双键在形成环的环内表示为 *enolendo*,在环外的为 *enolexo*。

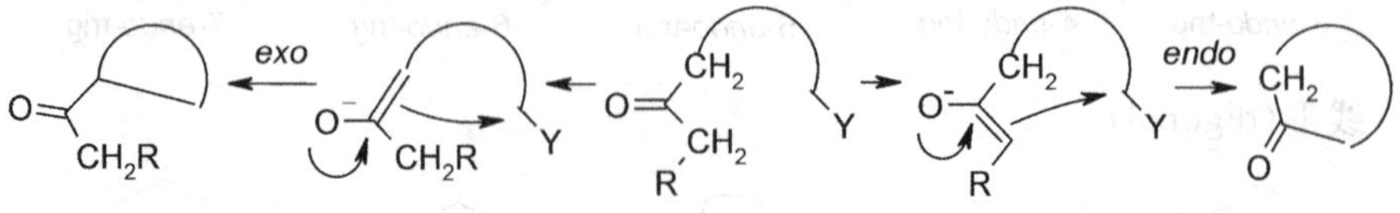

这时的闭环规则与上略有不同,可表述如下表:

表　酮烯醇式闭环反应时的 Baldwin 规则

6～7-*enolendo-exo*-tet	有利	3～7-*enolexo-exo*-trig	有利
3～5-*enolendo-exo*-tet	不利	6～7-*enolendo-exo*-trig	有利
3～7-*enolexo-exo*-tet	有利	3～5-*enolendo-exo*-trig	不利

Baldwin 规则在大多数情况下符合有机合成的实验结果,能很好地指导有机合成的设计。Baldwin 不仅可应用于碳环的合成,而且也适用于含氧、氮等杂环的形成。在二萜化合物 isodrimeninol 的合成中,羧酸开环氧一步可能按 5-*exo*-tet 方式得 γ-内酯,也可能按 6-*endo*-tet 方式得 δ-内酯,但按 Baldwin 规则后者是不利的,实验结果确以 99%的产率得到 γ-内酯[67]。

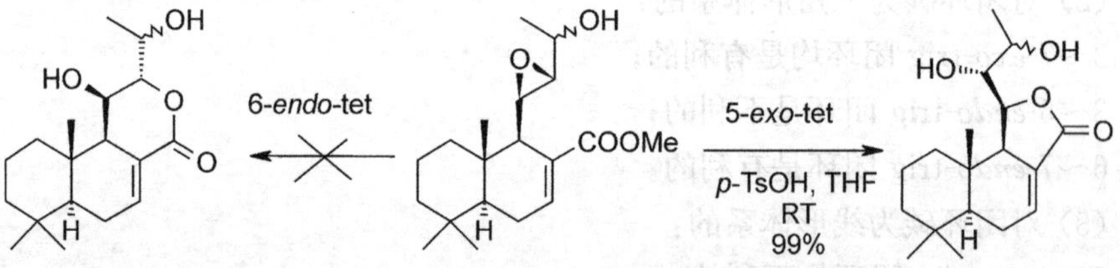

N-酰亚胺离子的闭环反应[68]是杂环天然产物合成中很有用的反应,它的闭环方式也基本上遵守 Baldwin 规则。下面这一经典的 *N*-酰亚胺离子闭环反应就是按 Baldwin 规则中有利的 6-*endo*-trig 方式进行的。

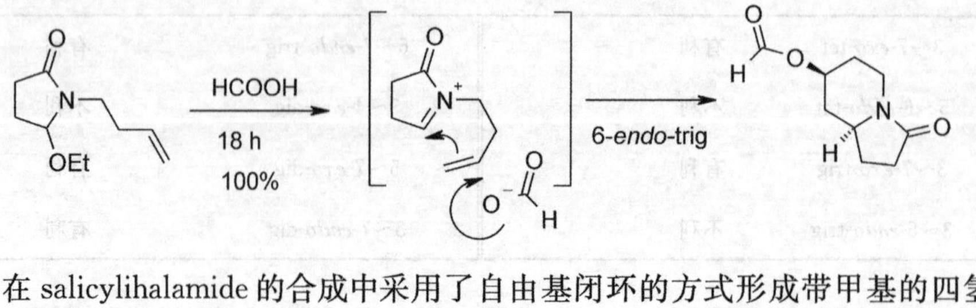

在 salicylihalamide 的合成中采用了自由基闭环的方式形成带甲基的四氢呋

喃环，而未闭环成四氢吡喃环，这是一例标准的按 Baldwin 规则 5-*exo*-trig 方式进行的闭环反应[69]。

OEt
O　OBn　OBn
6-*endo*-trig
OEt
Br
O
OBn　OBn
5-*exo*-trig
$^nBu_3SnH$,AIBN
toluene, Ref.
93%
EtO
O　OBn　OBn

Baldwin 规则是根据一般情况下的立体电子效应归纳出来的，但在具体底物时会有其他的因素影响闭环的方式。Chatgilialoglu 等[70]在系统考察和计算了戊-4-烯自由基类底物的闭环反应后，认为由于四元环张力等因素这时 5-*endo*-trig 闭环方式是有利的，而 Baldwin 规则的 4-*exo*-trig 方式则不是有利的。如 4-位上的 R 取代基能使过渡态时孤对电子离域化，则也可能按 Baldwin 规则的 4-*exo*-trig 方式闭环。

C·
R　4
4-*exo*
R　4　C·
5-*endo*
R　C·

在氧负离子开环氧时也有类似的情况，如番荔枝内酯 mucocin 的四氢吡喃环片段的合成中，几个实验室不约而同地采用了环氧开环的方法，这时环氧相邻的取代基 R 如为烷基则按 Baldwin 规则有利的 5-*exo*-tet 方式进行，而 R 为烯基时则会按 6-*endo*-tet 方式进行，获得所希望的 3-羟基四氢吡喃[71]。其中最巧妙的是利用这一性质一步反应在一个分子内，既按 5-*exo*-tet 方式建立了 mucocin 分子的四氢呋喃环，又按 6-*endo*-tet 方式建立了 mucocin 分子的 3-羟基四氢吡喃环[71a]。这一例子再次说明掌握和利用 Baldwin 规则，对环的合成设计还是十分有用的。

HO　O　OH　OH　O　OH　O　O
H　H　H　H
(–)-mucocin

HO
R　O　R'
R = alkenyl
b
6-*endo*-tet
O　a
R　OH　R'
b
a
5-*exo*-tet
HO
R　O　R'
R = alkyl

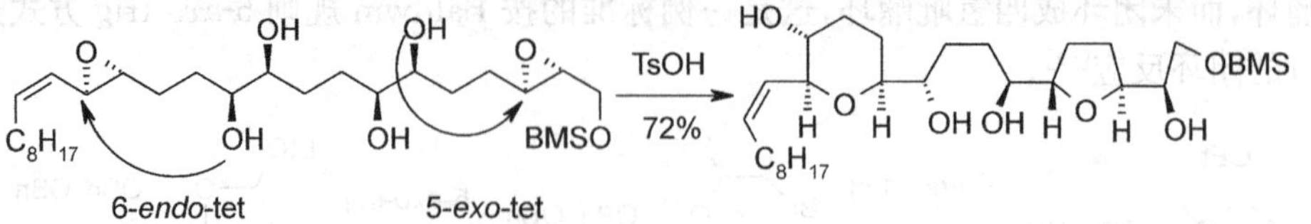

2. 单环分析

五、六、七元环的分析已在一般讨论中提及，它们闭环的难易也已在 Baldwin 规则中讨论，故下面仅就三、四元小碳环，中碳环和大环的合成设计的特色进行介绍。

1) 三元碳环

天然界中存在有含三元碳环的化合物，如著名的除虫菊酯和 FR-90848；含三元碳环的化合物也是有机合成中经常会接触到的中间体，由于三元碳环的高张力，它的合成设计有其独特之处，一般来讲三元碳环的分拆有两种方式。

单键分拆

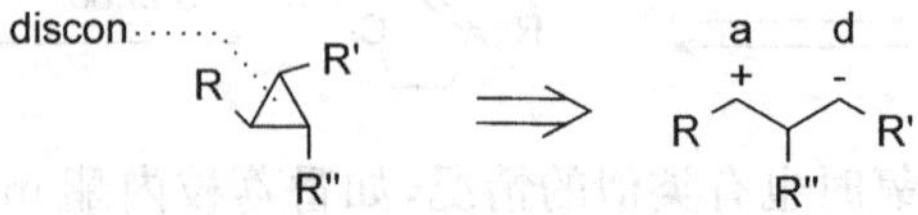

双键分拆

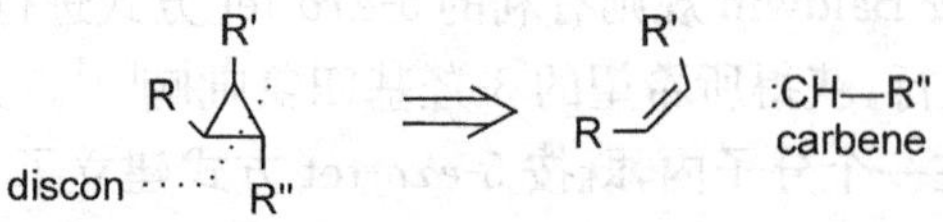

主要依据卡宾在双键上的加成。

作为典型的例子，可从菊酸的合成设计入手分析。

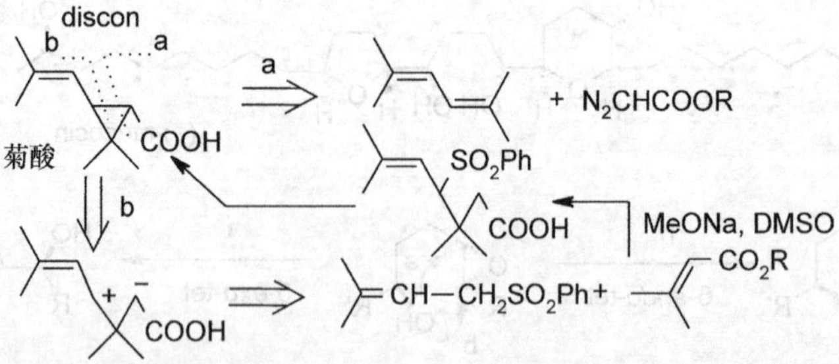

因为菊酸在应用上的巨大价值，围绕着上述两种基本合成途径，曾发展了不少具体的、各有巧妙的合成路线。在此，仅举三个例子。

(1) 顺-菊酸-对对映体的合成[72] 这时采用二甲基卡宾加成形成三元环，然后改变基团引入的先后、方向，从而从一个光学活性的原料出发合成了一对菊酸的对映体。

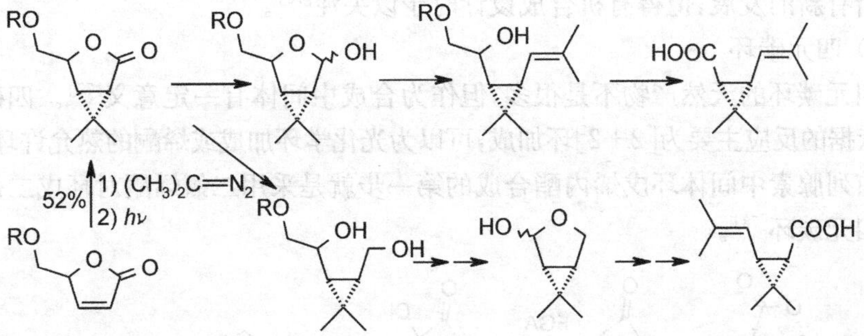

(2) 双向合成[73] 利用酒石酸的 C-2 对称性质，在两个方向同时进行相同的反应，用二甲基叶立德在 α,β-不饱和酯上引入三元环，最后中间断开进而产出两分子的菊酸甲酯。

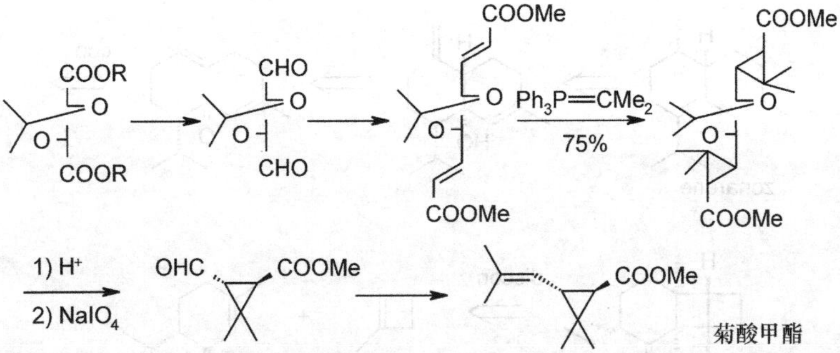

(3) 工业化合成菊酸类似物[74]

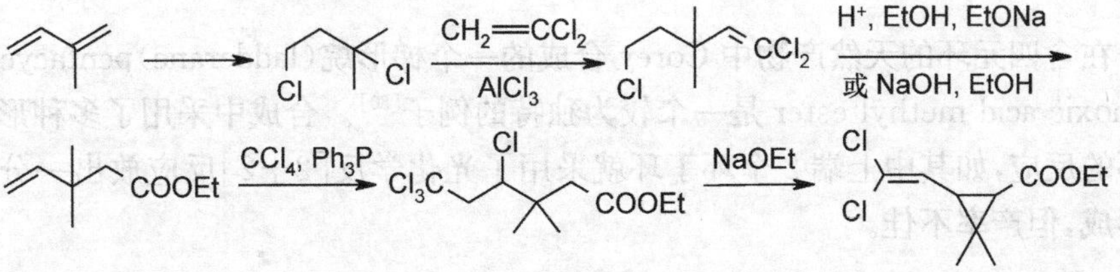

天然产物 FR-900848 具有罕见的连续环丙烷结构，发现后已有几条合成路线[75]。环丙烷的引入采用卡宾加成，立体选择性由反应体系中加入酒石酸衍生物的硼酸酯进行控制。

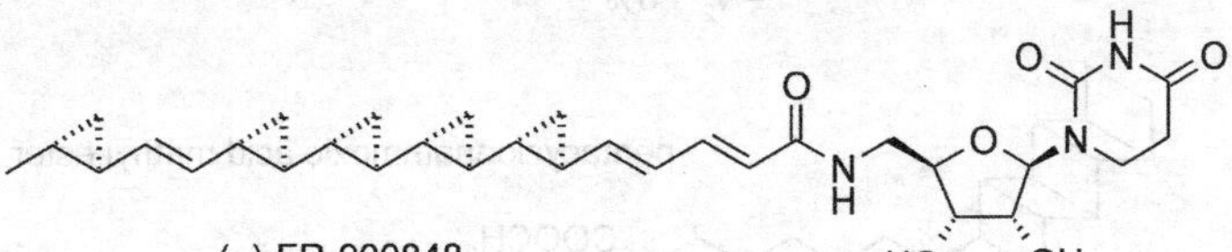

(–)-FR-900848

由于环丙烷结构在有机合成中不断有新的应用发现，合成环丙烷结构的方法也不断有新的发展，值得有机合成设计时予以关注[76]。

2）四元碳环

四元碳环的天然产物不是很多，但作为合成中间体有一定意义[77]。四碳环分拆所依据的反应主要为[2+2]环加成，可以为光化学环加成或烯酮的热允许环加成。

前列腺素中间体环戊烯内酯合成的第一步就是采用二氯烯酮对环戊二烯的加成得四元碳环[78]。

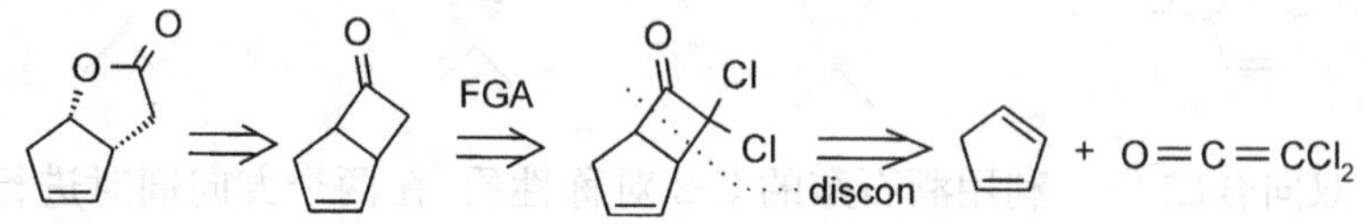

O
O
O
FGA
O
Cl
Cl
discon
+ O=C=CCl2

Zonarene 中间体合成的第一步则是用光化学环加成的方法引入中间的四元碳环[79]。

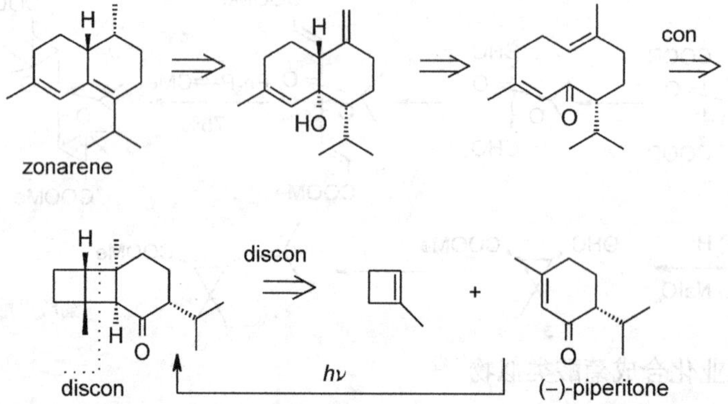

H
zonarene
H
HO
O
con
H
H
O
discon
discon
hν
O
(–)-piperitone

在含四元环的天然产物中 Corey 合成的一个梯形烷（ladderane）pentacycloanammoxic acid methyl ester 是一个较为独特的例子[80]。合成中采用了多种形成四元环的反应，如其中上端 2 个环丁环就采用了光化学反[2+2]反应放出一分子氮而形成，但产率不佳。

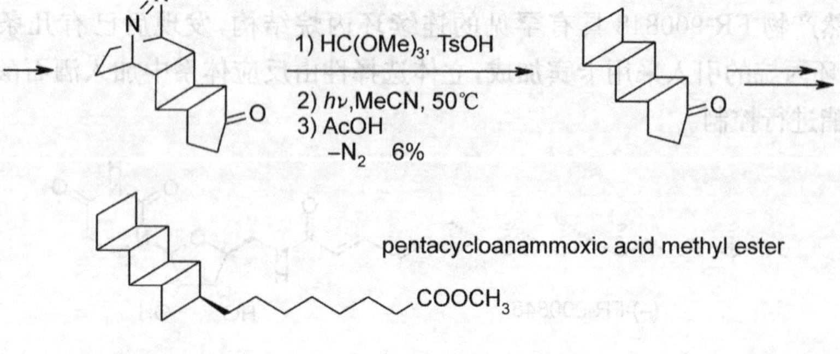

N
N
O
1) HC(OMe)3, TsOH
2) hν,MeCN, 50℃
3) AcOH
–N2 6%
O
pentacycloanammoxic acid methyl ester
COOCH3

昆虫集积信息素(+)-lineatin中环丁环的引入也是采用光化学[2+2]加成的方法,产率较好[81]。

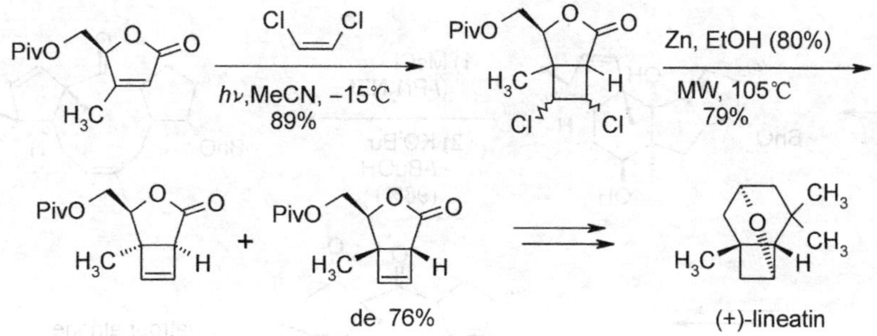

3) 中碳环(8～11 元环)

中碳环(8～11 元环)的合成比较困难,但中环化合物在天然界中存在较普遍,因此近年来也受到较广泛的重视,也有一些综述见于报道[82]。主要的几类反合成途径例举如下。

(1) 中环中间键的连接　下例中先将 5,7 并环,中间键依据 ene 反应分拆成 10 元环,然后依据 1,3-裂分反应(1,3-fragmentation reaction),采用中间键连接的策略成 6,6 并环,而 6,6 并环的中间体通常是易于获得的[83]。

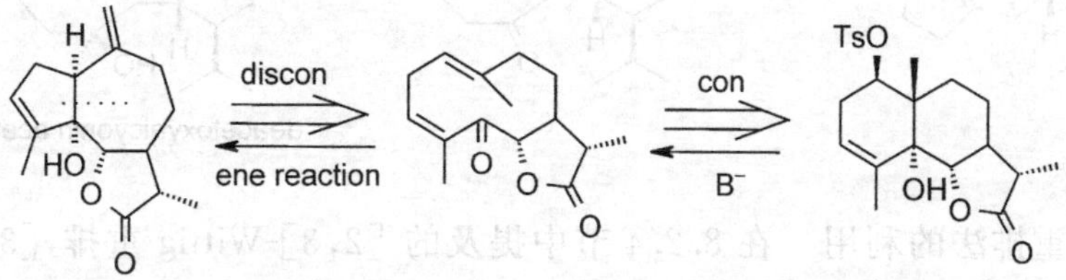

美洲紫杉醇 (taxol)的全合成中关键之一是八元环的建立,第一条的全合成路线也是依据 1,3-裂分反应,但是是环氧醇 1,3-裂分反应,而采用中间键连接的策略成 5,5 并环[84]。

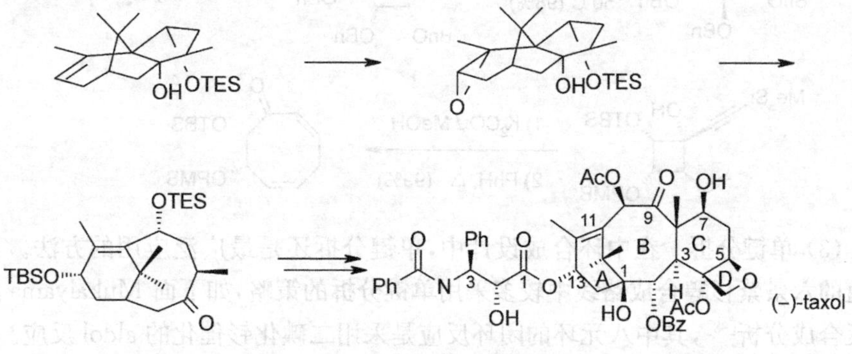

Paquette 小组在合成［5.9.5］-三环二萜 jatrophatrione 时，九元环的合成设计也同样用中间键连接成 5,6 并环[85]。

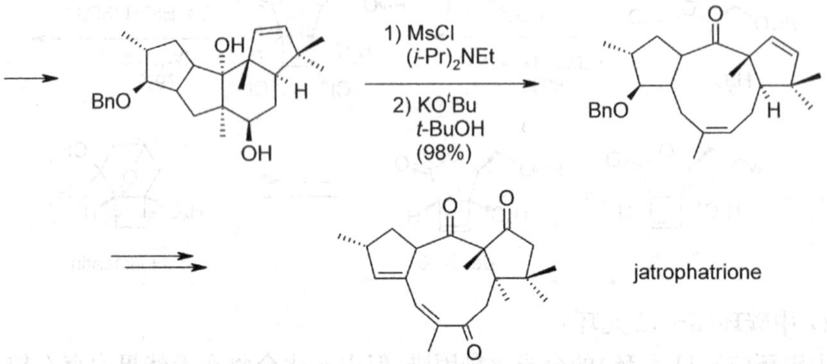
1) MsCl
(i-Pr)2NEt
2) KOtBu
t-BuOH
(98%)
BnO
OH
H
jatrophatrione

另一常用的是用双键作中间键连接成并环，合成时用臭氧化断开即可得中环产物，如 deacetoxyalcyonin acetate 中 10 元碳环的构筑就采用这一策略[86]。

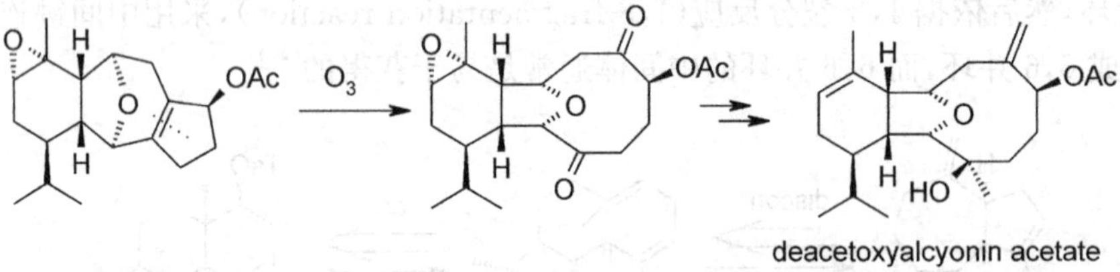
OAc
O3
HO
deacetoxyalcyonin acetate

(2) 重排法的利用　在 8.2.4 节中提及的［2,3］-Wittig 重排，［3,3］-oxy-Cope 重排都能很好地用于中环的合成[61, 62, 65]。近来在多羟基环辛烷的合成中也应用了重排反应的策略[87]。

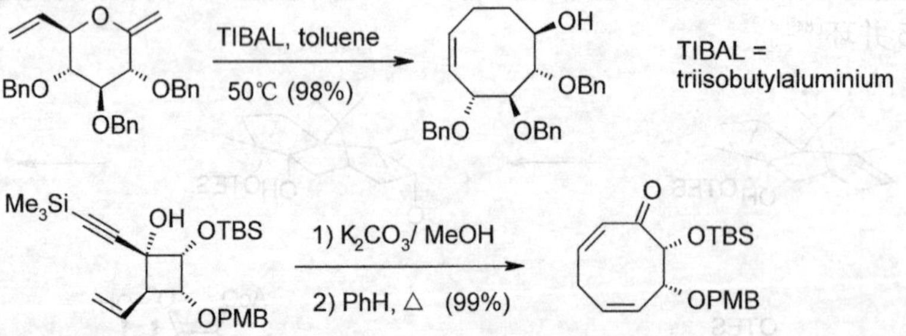
TIBAL, toluene
50℃ (98%)
BnO
OBn
OH
TIBAL =
triisobutylaluminium
Me3Si
OTBS
OPMB
1) K2CO3/ MeOH
2) PhH, △ (99%)

(3) 单键分拆　在中环合成设计中，单键分拆还是最广泛应用的方法。目前报道的六条紫杉醇合成路线中较多采用单键分拆的策略，如下面 Mukaiyama 路线的反合成分析[88]，其中八元环的闭环反应是采用二碘化钐催化的 aldol 反应。

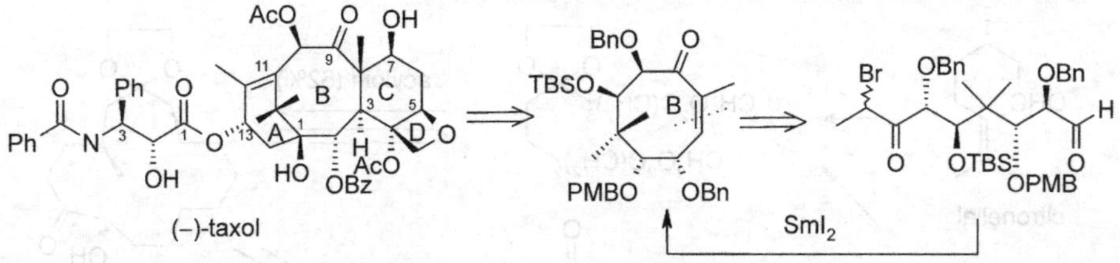

而 2000 年 Kuwajima 路线的反合成分析则依据 $TiCl_2(O^iPr)_2$ 作为 Lewis 酸催化的 Mukaiyama 型闭环反应[89]。

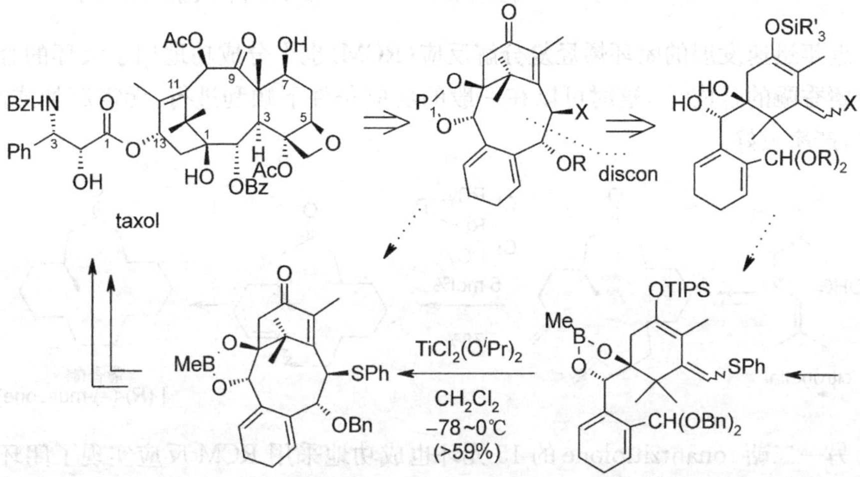

(4) 大环　大环的天然产物存在十分广泛，如包括大环内酯、大环内酰胺以及环肽则更是丰富多彩。大环的合成设计一方面可以采用类似构筑中环时的连接法和重排法，另一方面也可以依据闭环反应，而采用将大环分拆成链状分子的策略。由于大环结构中不存在小环或中环那种张力，所以正常环的闭环反应或链状分子间的成键反应基本上都能用于大环的闭环，唯一不同的是大环的闭环时的分子内反应将会受到分子间反应的竞争，为此大环的闭环反应通常均在较稀的溶液中进行，以利于分子内的反应。

下面仅以若干大碳环天然产物分子的闭环反应来介绍这方面的情况。15 元环的麝香酮是十分有名天然产物，迄今已有众多的合成报道，以闭环反应直接获得 15 元碳环的也有多条途径，如早年光学纯麝香酮的合成，由天然香茅醛和油醇出发合成至 α,ω-十五碳二元酸甲酯，然后用酮醇缩合闭环得 15 元环，反应在二甲苯回流温度下进行，16.4g 底物在 1h 内滴加至钠在 800mL 二甲苯的悬浮液中，所以反应是在很稀的溶液中进行的，产率为 62%[90]。

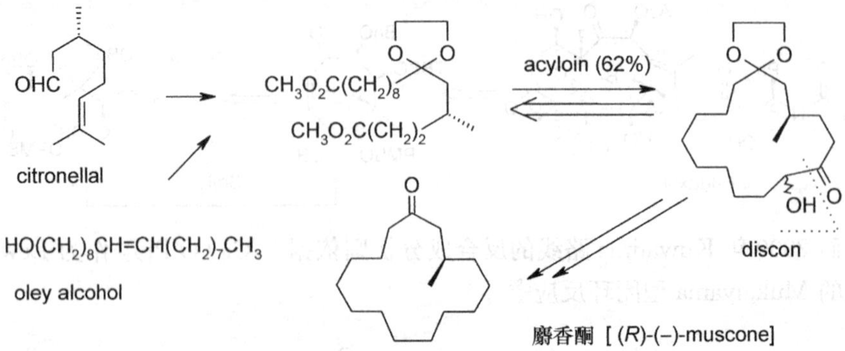

citronellal
oley alcohol
$HO(CH_2)_8CH=CH(CH_2)_7CH_3$
$CH_3O_2C(CH_2)_8$
$CH_3O_2C(CH_2)_2$
acyloin (62%)
discon
麝香酮 [(*R*)-(–)-muscone]

近年迅速发展的闭环烯烃复分解反应(RCM)也十分成功地用于大环的合成,用于麝香酮的合成[91],这时可以在一般的反应条件下顺利进行,无需滴加或高度稀释,产率较好。

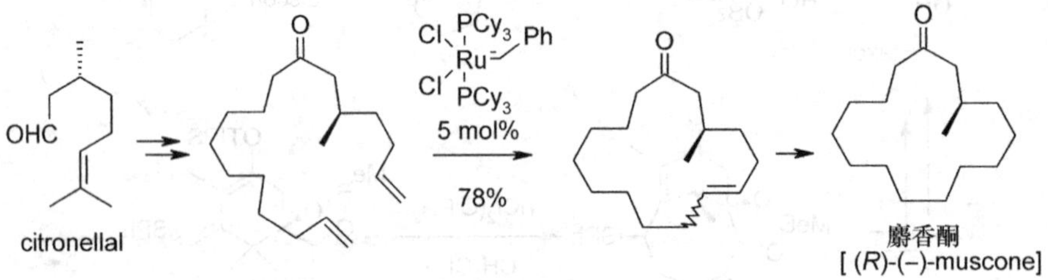

citronellal
$Cl_2(PCy_3)_2Ru{=}CHPh$
5 mol%
78%
麝香酮
[(*R*)-(–)-muscone]

另一二萜 tonantzitlolone 的 15 元环也成功地采用 RCM 反应实现了闭环,最终合成得的产物比旋光符号与天然物相反,由此也确定了天然产物的绝对构型[92]。

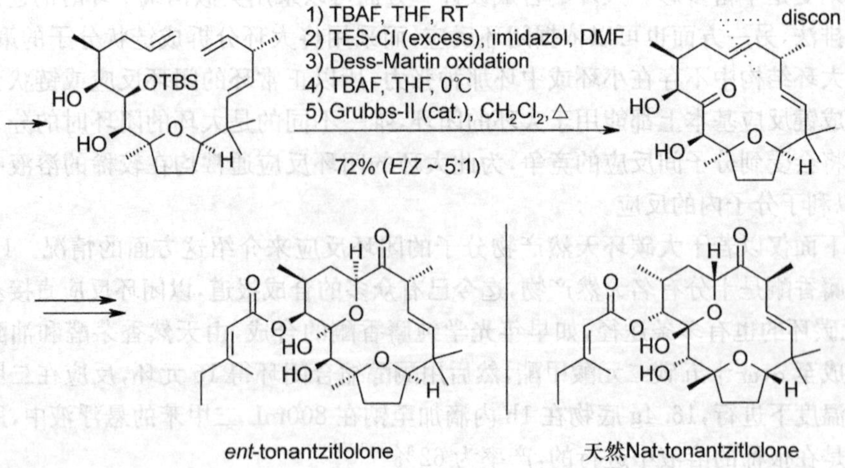

1) TBAF, THF, RT
2) TES-Cl (excess), imidazol, DMF
3) Dess-Martin oxidation
4) TBAF, THF, 0℃
5) Grubbs-II (cat.), CH_2Cl_2, △
72% (*E*/*Z* ~ 5:1)
discon

ent-tonantzitlolone
天然Nat-tonantzitlolone

其他多种大碳环闭环的方法也仍在广泛应用,较近的例子如天然产物(+)-

macquarimicin A 的合成设计中需合成 17 元环的中间体，Tadano 等采用了钯催化烯丙化反应完成了这一大环的闭环，产率很好，但这时需将底物溶在较大体积的 THF 中(0.4 g/80 mL)，再将 20 mol%的钯催化剂在 1h 内加入的方法[93]。

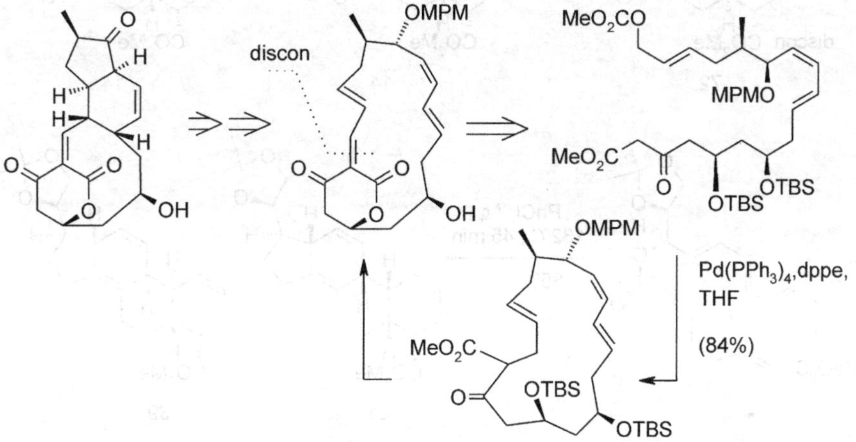

3. 多环体系的分析

多环体系主要包括四种基本类型：并环（或称稠环，fused ring）、桥环（bridged ring）、螺环（spiro system）和联环（joined ring 或 ring assemblies）。复杂的合成目标分子则可能含有两种或甚至两种以上的多环体系。

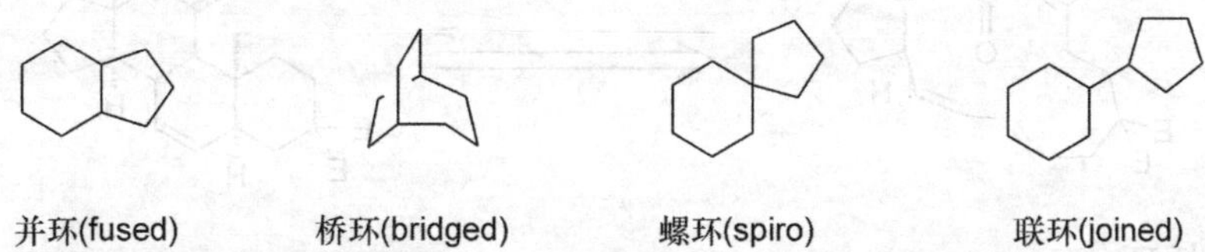

1) 并环

并环体系的分拆策略基本上与单环的分拆类似，可以中间键分拆，但通常不宜分拆到七元以上的大中环，也可以一个环一个环地分拆，三并环以上的并环体则可试探中间环先分拆的策略，当然如能采用多键分拆的转化则将会设计出更简捷的合成路线。前面串联反应一节就介绍了不少并环合成的例子，甾体仿生合成是一次形成四并环的例子，下面的例子用二重分子内 Diels-Alder 反应，也是一次性地从链状分子获得四并环化合物[94,95]。

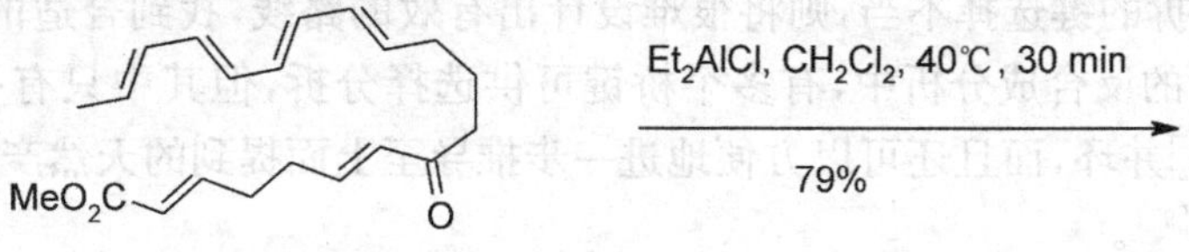

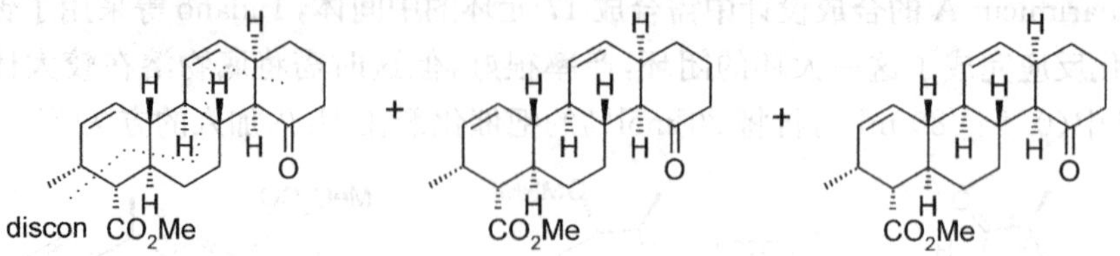

72 : 14 : 14

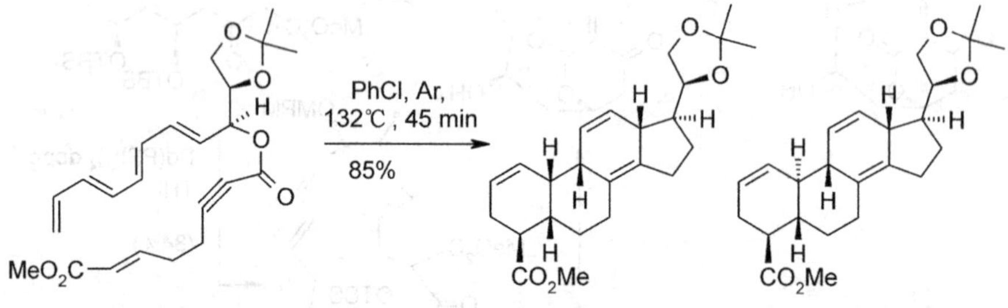

61 : 39

在此之前，Deslongchamps 小组则将多并环分子分拆成大环多烯，而不是上面的链状多烯，由此设计得的大环多烯可以以跨环 Diels-Alder 反应（TADA，transannular Diels-Alder）一次生成多并环产物，此时反应的立体控制较好，但前体大环合成的困难还是此法的不利之处[96]。

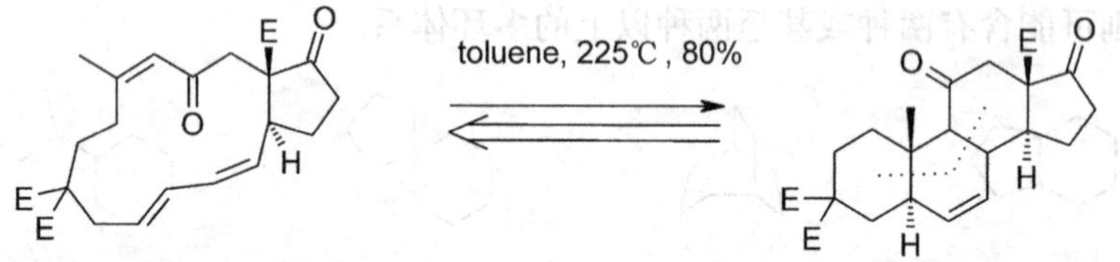

2）桥环

桥环反合成分析时通常总是首先分拆与桥头相联的键，选择好适当的分拆键常可显著简化合成工作。下面是一个桥环分拆的经典例子。

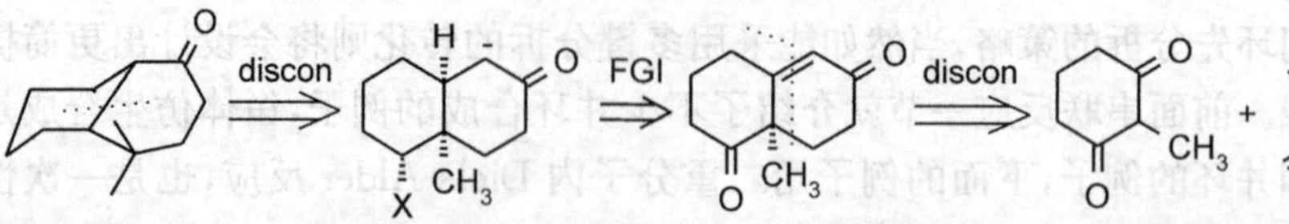

如果分拆的键选择不当，则将很难设计出有效的路线，找到合适的起始原料。*dl*-sativeno 的反合成分析中，有多个桥键可供选择分拆，但其中只有一种分拆可以得到[6,6]并环，而且还可以方便地进一步推导至上面提到的天然产物合成中常见的中间体[97]。

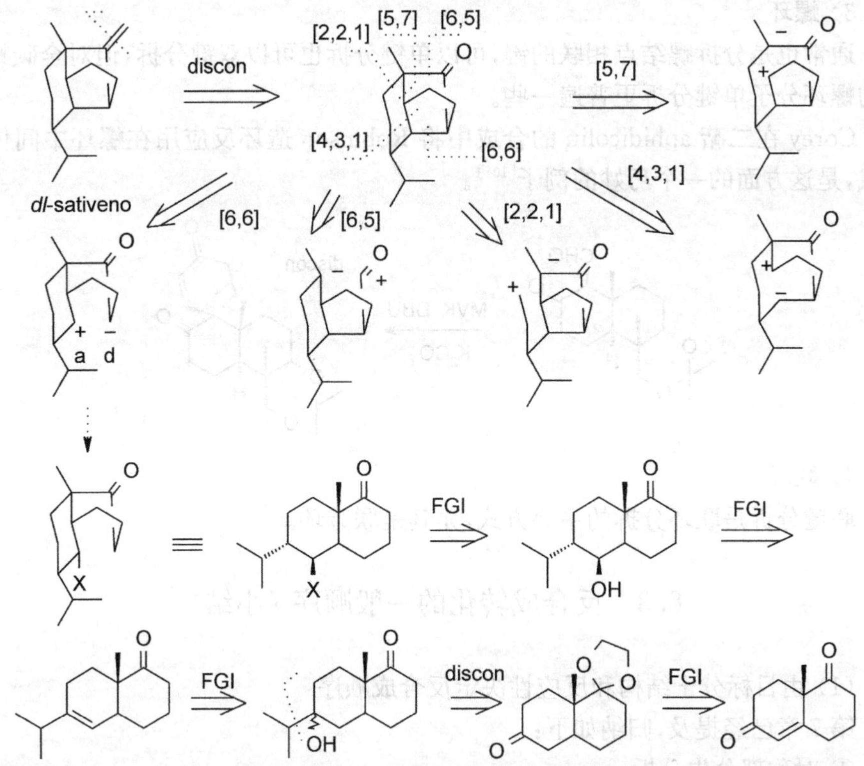

吗啡是一个较为复杂的多环体系，在近来的三条合成路线设计中，都是首先分拆含氮原子的桥键来安排环系的构筑。其中两条路线是分拆碳-氮键[98, 99]，而另一条路线是同时分拆碳-碳键和另一环[100]。由此也说明优先分拆桥键和含杂原子的桥键是较为有利的。

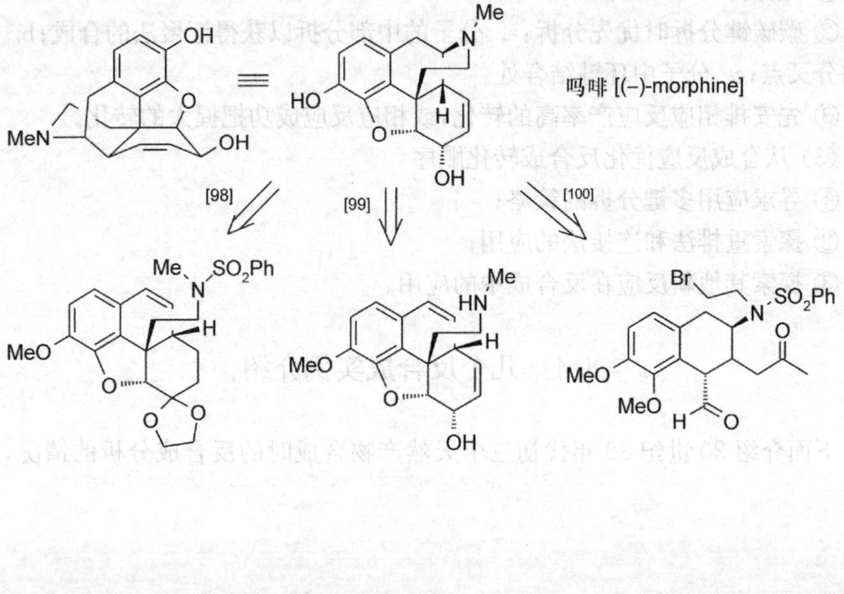

3）螺环

通常也是分拆螺结点相联的键，可以单键分拆也可以双键分拆，但对全碳螺结点的螺环分子单键分拆更普遍一些。

Corey 在二萜 aphidicolin 的合成中将 Robinson 造环反应用在螺环中间体的合成，是这方面的一个巧妙的例子[101]。

CHO　O　H　O　O　—MVK, DBU / K_2CO_3→　discon　O　O　H　O　O

4）联环

联键分拆是联环分拆的主要方式，尤其是联芳环。

8.3　反合成转化的一般顺序（小结）

(1) 由目标分子结构和反应性决定反合成顺序

第 7 章已经提及，归纳如下：

① 对称部分先分拆；

② 分子中不稳定部分先分拆或先行官能团转化；

③ 影响分子反应性及选择性的基团先转化。

(2) 从合成角度考虑反合成转化顺序

第 9 章将再详细提及，在此先列出部分要点：

① 先分拆 C—X 键；

② 碳碳键分拆时优先分拆：a. 分子的中部分拆以获得汇聚法的合成；b. 分子中的分叉点；c. 分子中环键结合处。

③ 先安排相应反应产率高的转化，或相应反应成功把握大的转化。

(3) 从合成反应优化反合成转化顺序

① 寻求应用多键分拆的策略；

② 探索重排法和连接法的应用；

③ 探索其他新反应在反合成中的应用。

8.4　几个反合成实例介绍

下面介绍 20 世纪 80 年代初三个天然产物合成时的反合成分析的情况，从中可以初步领略上述策略的应用。

8.4.1　Zoapatanol 的反合成和合成[102]

Zoapatanol 系分离自墨西哥民间避孕药用植物 *Montanoa tomentosa*，是一结构较为特殊的二萜。Kane 的反合成分析中先将边链上的羰基转换成保护了的羟基，再分拆掉环庚醚上的二碳链，进一步分拆掉 5 个碳，Baeyer-Villiger 氧化转化，官能团转换和连接法即可推导至合成中有名的中间体——Weiland-Miescher 酮。这一反合成分析较好地应用了上几节所述的策略，其中将 Weiland-Miescher 酮中的角甲基设计成 zoapatanol 中环链结合处的甲基是很巧妙的。这一合成不足之处是仅合成了消旋体，而且有几步反应的选择性也不佳。1994 年 Trost 用不对称环氧化和一系列钯催化的反应合成了光学活性的(+)-zoapatanol，有兴趣的读者可查阅该文[103]。

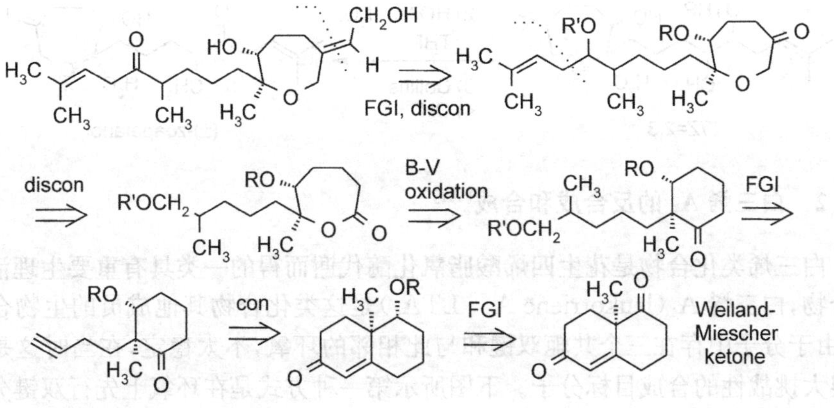

相应的合成情况如下：

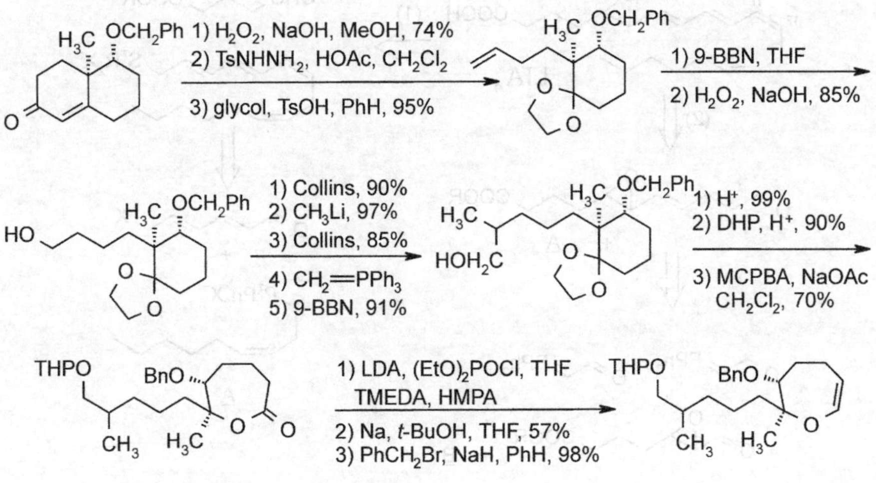

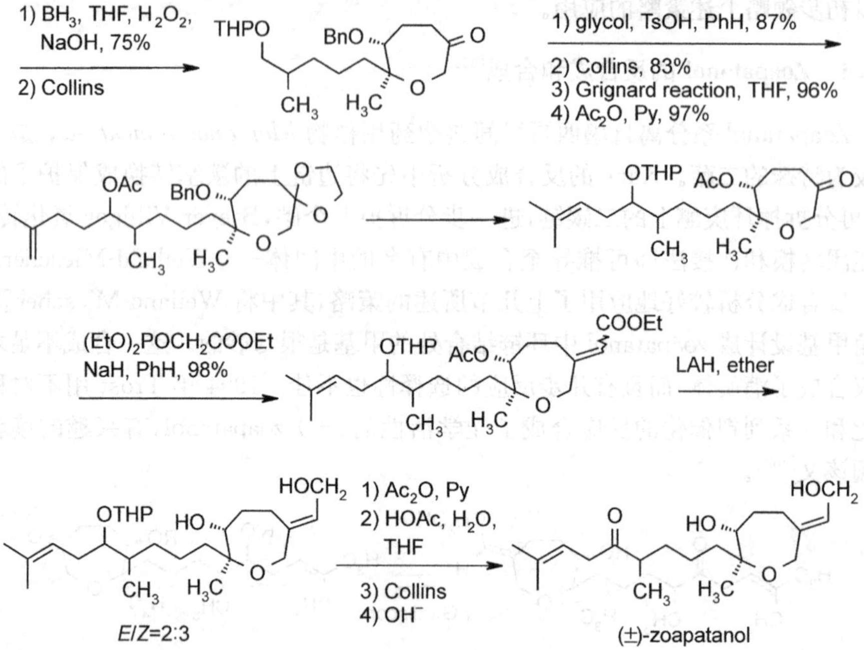

1) BH_3, THF, H_2O_2, NaOH, 75%
2) Collins

1) glycol, TsOH, PhH, 87%
2) Collins, 83%
3) Grignard reaction, THF, 96%
4) Ac_2O, Py, 97%

$(EtO)_2POCH_2COOEt$
NaH, PhH, 98%

LAH, ether

E/Z=2:3

1) Ac_2O, Py
2) HOAc, H_2O, THF
3) Collins
4) OH^-

(±)-zoapatanol

8.4.2 白三烯 A_4 的反合成和合成[104]

白三烯类化合物是花生四烯酸脂氧化酶代谢而得的一类具有重要生理活性的化合物，白三烯 A_4（leukotriene A_4，LTA_4）是这类化合物其他成员的生物合成前体，由于分子中存在三个共轭双键和与此相邻的环氧，不太稳定，在当时这是一个有很大挑战性的合成目标分子。下图所示第一种方式是在环氧上先行双键分拆，

LTA_4

A

B

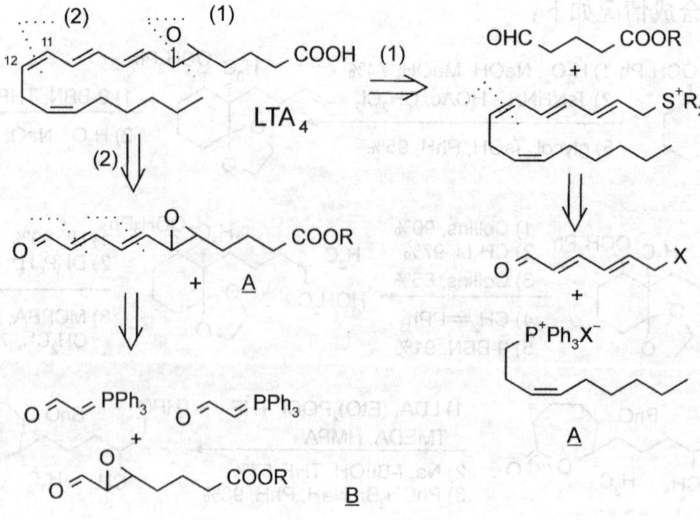

这时只能合成消旋体化合物。第二种方式是首先拆分 11,12 双键,然后对环氧边上的双键进行分拆,分拆得的七碳片段包含 LTA_4 的 2 个手性中心。实际上以后很多工作都是围绕这一片段的不对称合成而开展的,后面仅列出了 Corey 按此策略的具体合成路线。

下面是 B 片段的一个合成方法:

Br → → HO; 1) H^+, 96%; 2) LAH, 95%

HO; Sharpless oxid. 74%; HO, O

1) Ac_2O; 2) O_3; 3) Jones; 4) CH_2N_2, 60%; AcO, O, COOMe; 93% ee → B

8.4.3 青蒿素的反合成

1978 年青蒿素的结构发表以后,由于其突出的抗疟活性和奇妙的过氧结构,引发了国内外合成它的兴趣。当时的反合成分析正是依据了前面提及的策略,考虑到过氧键的不稳定性,所以将青蒿素的内酯、缩醛、过氧缩酮串连接构打开后,首先转换掉过氧基团,再依次分拆去醛基,甲基乙基酮的边链和官能团变换后即可推导至异胡薄荷醇,在异胡薄荷醇难得时还可进一步推导至大量易得的香茅醛。此设计的巧妙之处还在于 *R*-(+)-香茅醛上甲基的构型正好与青蒿素上 10 位甲基的构型一致。另一方案是对酮醛中间体采用连接法得双环化合物,而此物也可推导

青蒿素 ⟹ [HOO, O, OHC, HOOC, H] FGR ⟹ O, OHC, ROOC, H, H

discon ⟹ OR, OR, O, ROOC, H, H; discon ⟹ O, ROOC, H; ⟹ HO, HO, H; FGI ⟹

HO, H 异胡薄荷醇 discon ⟹ OHC 香茅醛 第一方案

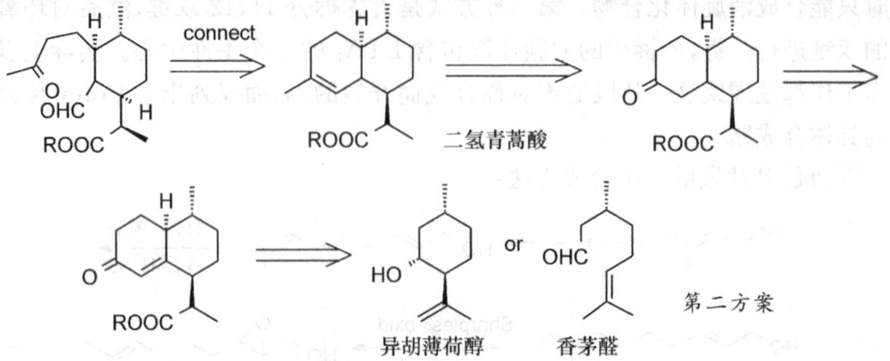

至异胡薄荷醇或香茅醛作为起始原料。1983 年,瑞士 Schmid 和 Hofheinz 报告了首次青蒿素的全合成,他们的设计思想与第一方案不谋而合[105]。同年稍晚些时候,许杏祥、朱杰、黄大中和周维善则报告了按第二方案完成了青蒿素的合成,开始是先完成了从青蒿中另一成分青蒿酸至方案中二氢青蒿素,再至青蒿素的半合成,后再由香茅醛完成了二氢青蒿酸的合成,实现了完整的青蒿素全合成[106]。迄今已有 10 来条青蒿素的合成路线,有关情况可参阅青蒿素的综述[107]。

8.5　天然产物合成精选反合成图解

下面介绍的是 1985～1993 年之间发表的六例天然产物合成的反合成分析,图中着重标出各例中关键键的分拆情况,其详细的合成过程请读者参阅所引原始文献。1993～1995 年间报道的个别天然化合物的合成工作我们将在最后两章中详细讲解。

8.5.1　Hirsutene 反合成分析图示 (Curran D. P., 1985)[108]

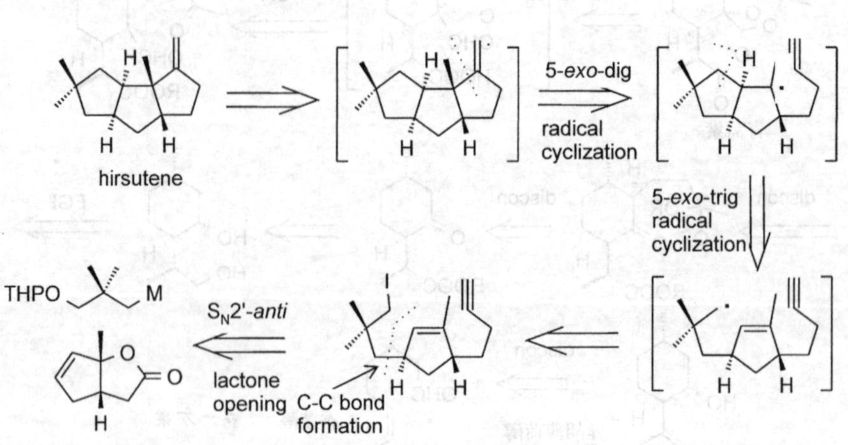

8.5.2　Amphotericin B 的反合成图示(Nicolaou K. C., 1988)[109]

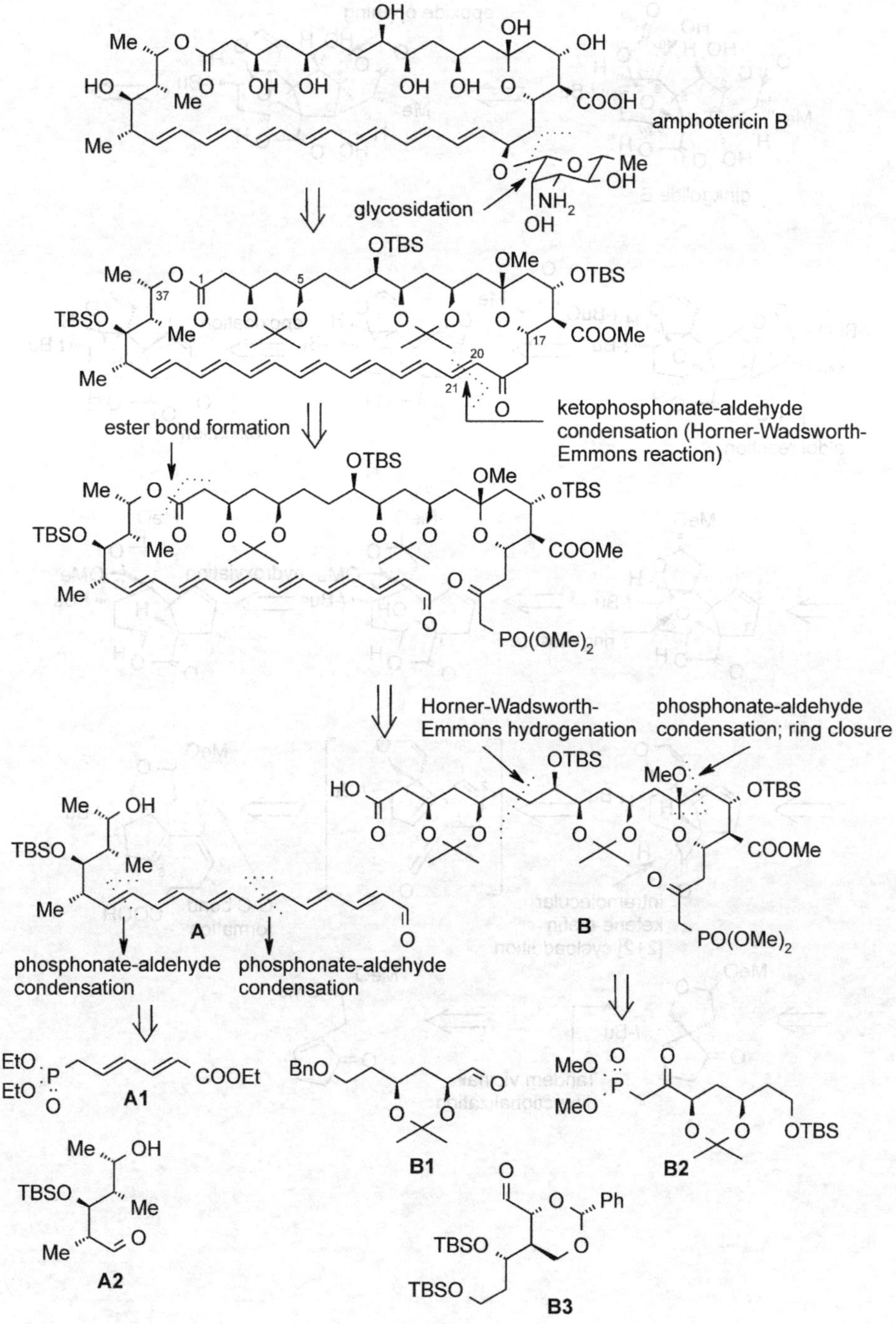

amphotericin B

glycosidation

ketophosphonate-aldehyde condensation (Horner-Wadsworth-Emmons reaction)

ester bond formation

Horner-Wadsworth-Emmons hydrogenation

phosphonate-aldehyde condensation; ring closure

A

B

phosphonate-aldehyde condensation

phosphonate-aldehyde condensation

A1

A2

B1

B2

B3

8.5.3 银杏内酯 B（Ginkgolide B）的反合成图（Corey E. J.，1988）[110]

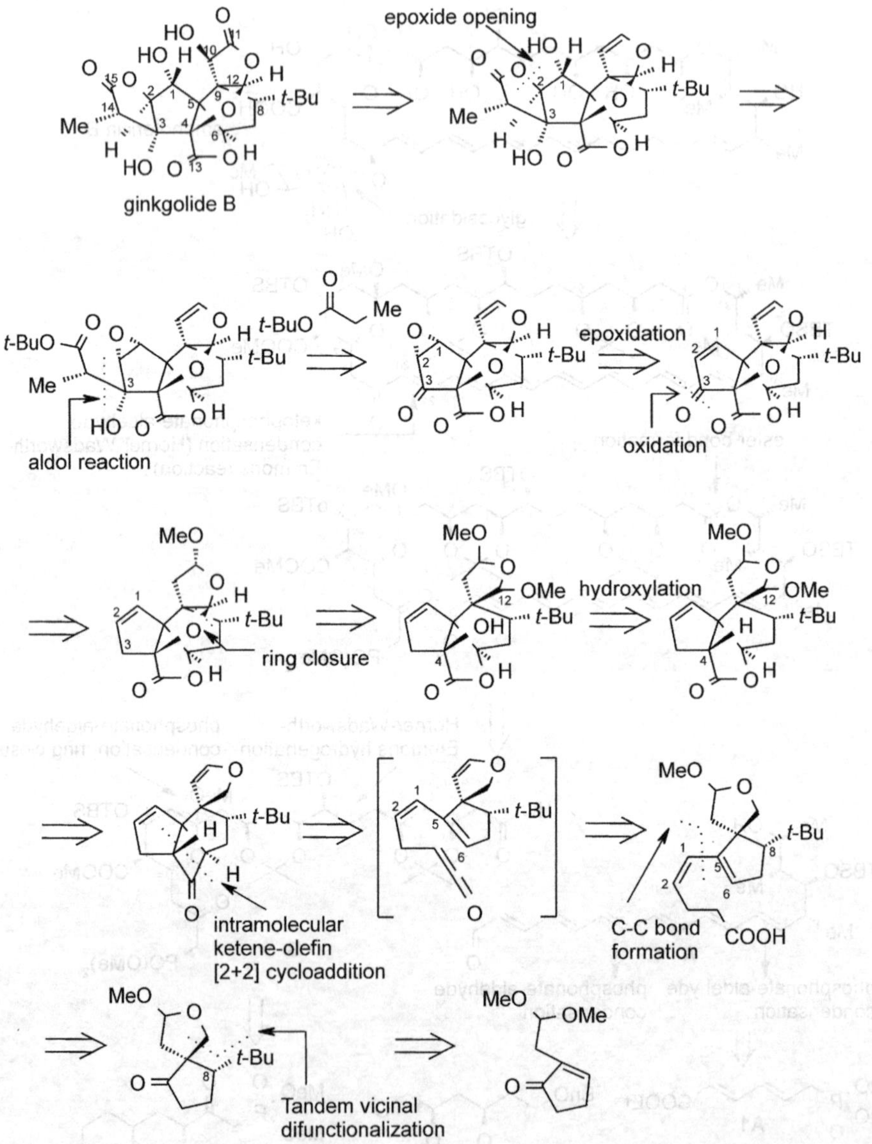

8.5.4　Methyl Homosecodaphniphyllate 的反合成图示 (Heathcock C. H., 1988)[111]

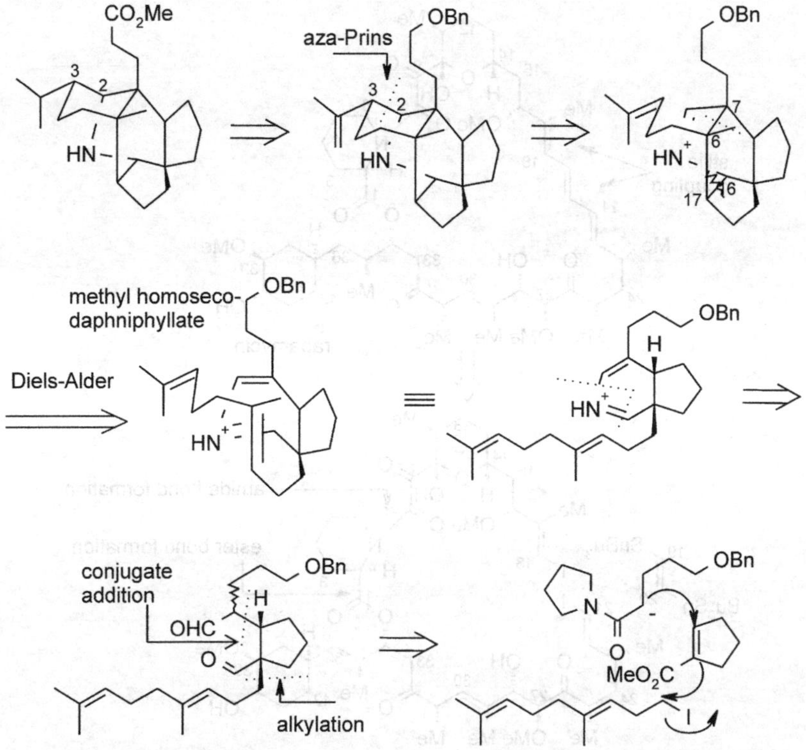

8.5.5 Rapamycin 的反合成分析图示(Nicolaou K. C., 1993)[112]

stille coupling

rapamycin

amide bond formation

ester bond formation

8.5.6　Paeoniflorin 和 paeoniflorigenin 的反合成分析图示 (Corey E. J., 1993)[113]

本章我们主要介绍了反合成分析的一些基本规则和对各类化合物进行反合成分析的一些规律。最后通过一些实例介绍，希望读者能够注意到一条成功的合成路线，事先进行充分的考察、资料准备而后反合成分析将是至关重要的。而这一切又都建立丰富的化学反应知识的基础上。

参　考　文　献

[1] Corey E. J. Pure Appl. Chem., 1967, 14, 19
[2] van Tamelem E. E., Foltz R. L. J. Am. Chem. Soc., 1960, 82, 2400
[3] Xu X.-X., Wu Z.-H., Shen J.-M., et al. Huaxue Xuebao, 1984, 42, 333
[4] Hu S.-G., Hu T.-S., Wu Y.-L. Org. Biomol. Chem., 2004, 2, 2305
[5] Seebach D. Angew. Chem. Int. Ed. Engl., 1979, 18, 239

[6] Welch S. C., Assercq J.-M., Loh J.-P. Tetrahedron Lett., 1986, 27, 1115
[7] Corey E. J., Ghosh A. K. Tetrahedron Lett., 1987, 28, 175
[8] Lee T. V., Roberts S. M., Dimsdale M. J., et al. J. Chem. Soc. Perkin Trans. I, 1978, 1176
[9] Prostaglandin Research Group. Acta Chim. Sinica, 1978, 36, 155
[10] Funk R. L., Mossman C. J., Zeller W. E. Tetrahedron Lett., 1984, 25, 1655
[11] a) Wender P. A., Dyckman A. J., Husfeld C. O., Scanio M. J. C. Org. Lett., 2000, 2, 1609
b) Wender P. A., Takahashi H., Witulski B. J. Am. Chem. Soc., 1995, 117, 4720
[12] Baraldi P. G., Barco A., Benett S., et al. Tetrahedron, 1984, 43, 4669
[13] Li L.-S., Wu Y.-L., Wu Y.-K. Org. Lett., 2000, 2, 891
[14] Tietze L. F., Beifuss U. Angew. Chem. Int. Ed. Engl., 1993, 32, 131
[15] Bunce R. A. Tetrahedron, 1995, 51, 13103
[16] Luo F.-T., Negishi E.-i. Tetrahedron Lett., 1985, 26, 2177
[17] Suzuki M., Yanagisawa A., Noyori R. J. Am. Chem. Soc., 1985, 107, 3348
[18] Johnson C. R., Penning T. D. J. Am. Chem. Soc., 1986, 108, 5655
[19] Lavallee J. F., Deslongchamps P. Tetrahedron Lett., 1987, 28, 3457
[20] Ihara M., Katogi M., Fukumoto K., Kametani T. J. Chem. Soc. Chem. Commun., 1987, 721
[21] Asaoka M., Takei H. Tetrahedron Lett., 1987, 28, 6343
[22] Hagiwara H., Okano A., Akama T., Uda H. J. Chem. Soc. Chem. Commun., 1987, 1333
[23] Takasu K., Mizutani S., Noguchi M., et al. J. Org. Chem., 2000, 65, 4112
[24] Thanupran C., Thebtaranonth C., Thebtaranonth Y. Tetrahedron Lett., 1986, 27, 2295
[25] Li T.-t., Wu Y.-L. J. Am. Chem. Soc., 1981, 103, 7007
[26] Ye B., Qiao L.-X., Zhang Y.-B., Wu Y.-L. Tetrahedron, 1994, 50, 9061
[27] Johnson W. S., Telfer S. J., Cheng S., Schbert U. J. Am. Chem. Soc., 1987, 109, 2517
[28] Corey E. J., Reid J. G., Myers A. G., Hahl R. W. J. Am. Chem. Soc., 1987, 109, 918
[29] a) Shishido K., Shitara E., Komatsu H., et al. J. Org. Chem., 1986, 51, 3007
b) Shishido K., Hiroya K., Komatsu H., Fukumoto K. J. Chem. Soc. Perkin Trans. I, 1987, 2491
[30] Giguere R., Namen A. M., Majetich G., Defauw J. Tetrahedron Lett., 1987, 28, 6553
[31] a) Mikami K., Taya S., Nakai T., Fujita Y. J. Org. Chem., 1981, 46, 5447
b) Mikami K., Kishi N., Nakai T., Fujita Y. Tetrahedron, 1986, 42, 2911
[32] Inanaga K., Takasu K., Ihara M. J. Am. Chem. Soc., 2004, 126, 1352～1353
[33] Curran D. P., Kuo S.-C. Tetrahedron, 1987, 43, 5653
[34] Parker K. A., Fokas D. J. Am. Chem. Soc., 1992, 114, 9688
[35] Oppolzer W., DeVita R. J. J. Org. Chem., 1991, 56, 6256
[36] Davies H. M. L., McAfee M. J., Oldenburg C. E. M. J. Org. Chem., 1989, 54, 930
[37] a) Ho T.-L. Tandem Organic Reactions. New York: Wiley, 1992
b) Parsons P. J., Penkett C. S., Shell A. J. Chem. Rev., 1996, 96, 195
c) Titze L. F. Chem. Rev., 1996, 96, 115
d) Winkler J. D. Chem. Rev., 1996, 96, 167
e) Neuschuetz K., Velker J., Neier R. Synthesis, 1998, 227
f) Nicolaou K. C., Montagnon T., Snyder, S. A. Chem. Commun., 2003, 551～564
g) 吴毓林，麻生明，戴立信. 现代有机合成化学进展. 北京：化学工业出版社，2005

[38] Kehagia K., Ugi I. Tetrahedron, 1995, 51, 9523～9530
[39] Balme G. Angew Chem Int Ed., 2004, 43, 6238～6241
[40] Kimura M., Ezoe A., Mori M., Tamaru Y. J. Am. Chem. Soc., 2005, 127, 201～209
[41] Yoshida H., Fukushima H., Ohshita J., Kunai A. Angew Chem Int Ed., 2004, 43, 3935～3938
[42] a) Zhu J., Bienaymé H. (Eds.) Multicomponent Reactions. Wiley-VCH, 2004
b) Ugi I. Pure Appl. Chem., 2001, 73, 187～191
c) Dömling A., Ugi I. Angew Chem Int Ed., 2000, 39, 3168～3210
d) Weber L. Curr. Med. Chem., 2002, 9, 2085～2093
e) Dömling A. Curr. Opin. Chem. Biol., 2002, 6, 306～313
f) Hulme C., Gore V. Curr. Med. Chem., 2003, 10, 51～80
g) Orru R. V. A., De Greef M. Synthesis, 2003, 1471
h) Zhu J. Eur. J. Org. Chem., 2003, 1133～1144
i) 吴毓林,麻生明,戴立信. 现代有机合成化学进展. 北京:化学工业出版社,2005
[43] Cramer N., Laschat S., Baro A., et al. Angew. Chem. Int. Ed., 2005, 44, 820～822
[44] Wang X., Bowman E. J., Bowman B. J., Porco Jr. J. A. Angew. Chem. Int. Ed., 2004, 43, 3601～3605
[45] Corey E. J., Katzehellenbogen J. A., Gilman N. W., et al. J. Am. Chem. Soc., 1968, 90, 5618
[46] Zurfluh R., Wall E. N., Siddall J. B., Edwards J. A. J. Am. Chem. Soc., 1968, 90, 6224
[47] Eschenmoser A. Science, 1977, 196, 1410
[48] Gotschi E., Hunkeler W., Wild H.-J., et al. Angew. Chem. Int. Ed. Engl., 1973, 12, 910
[49] Li T.-T., Wu Y.-L. Tetrahedron Lett., 1988, 29, 4039
[50] Hedstrand D. M., Byrn S. R., McKenzie A. T., Fuchs P. L. J. Org. Chem., 1987, 52, 592
[51] Trost B. M., Shi Z. J. Am. Chem. Soc., 1994, 116, 7459
[52] Bols M., Skrydstrup T. Chem. Rev., 1995, 95, 1253～1277
[53] Rousseau C., Martin O. R. Org. Lett., 2003, 5, 3763～3766
[54] Gaich T., Mulzer J. Org. Lett., 2005, 7, 1311～1313
[55] Nattrass G. L., Diez E., McLachlan M. M., et al. Angew. Chem. Int. Ed., 2005, 44, 580～584
[56] Corey E. J., Nozoe S. J. Am. Chem. Soc., 1964, 86, 1652
[57] a) Tanino K., Onuki K., Asano K., et al. J. Am. Chem. Soc., 2003, 125, 1498～1500
b) Guo X., Paquette L. A. J. Org. Chem., 2005, 70, 315～320
c) Wang F., Tu Y. Q., Fan C. A., et al. Tetrahedron: Asymmetry, 2002, 13, 395
d) Tu Y. Q., Sun L. D., Wang P. Z. J. Org. Chem., 1999, 64, 629
[58] McMurry J. E., Andrus A., Ksander G. M., et al. J. Am. Chem. Soc., 1979, 101, 1330
[59] Stork G., Raucher S. J. Am. Chem. Soc., 1976, 98, 1583
[60] Defosseux M., Blanchard N., Meyer C., Cossy J. J. Org. Chem., 2004, 69, 4626～4647
[61] Zhao R.-B., Wu Y.-L. Huaxue Xuebao, 1988, 46, 615
[62] Paquette L. A., Poupart M.-A. Tetrahedron Lett., 1988, 29, 273
[63] Paquette L. A. Synlett, 1990, 67
[64] Paquette L. A., Hofferberth J. E. J. Org. Chem., 2003, 68, 2266～2275
[65] a) Marshall J. M., Lebreton J., DeHoff B. S., Jenson T. M. Tetrahedron Lett., 1987, 28, 723
b) Marshall J. M., Lebreton J., DeHoff B. S., Jenson T. M. Tetrahedron Lett., 1987, 28, 3323

[66] a) Baldwin J. E. J. Chem. Soc. Chem. Comm., 1976, 734～738
b) Baldwin J. E., Kruse L. I. J. Chem. Soc. Chem. Comm., 1977, 233～235
[67] Marcos I. S., Moro R. F., Caballares M S., Urones J. G. Synlett., 2000, 541～543
[68] Maryanoff B. E., Zhang H. C., Cohen J. H., et al. Chem. Rev., 2004, 104, 1431～1628
[69] Yadav J. S., Srihari P. Tetrahedron: Asymmetry, 2004, 15, 81～89
[70] Chatgilialoglu C., Ferreri C., Guerra M., et al. J. Am. Chem. Soc., 2002, 124, 10765～10772
[71] a) Neogi P., Doundoulakis T., Yazbak A., et al. J. Am. Chem. Soc., 1998, 120, 11279～11284
b) Evans P. A., Murthy V. S. Tetrahedron Lett., 1999, 40, 1253～1256
c) Baurle S., Hoppen S., Koert U. Angew. Chem. Int. Ed., 1999, 38, 1263～1266
d) Hoppen S., Baurle S., Koert U. Chem. Eur. J., 2000, 6, 2382～2396
[72] Mann J., Thomas A. Tetrahedron Lett., 1986, 27, 3533
[73] Krief A., Dumont W., Pasau P. Tetrahedron Lett., 1988, 29, 1079
[74] Ding Y., Huang D.-Q., He F.-Z., et al. Huaxue Xuebao, 1980, 38, 89.
[75] a) Barrett A. G. M., Doubleday W. W., Hamprecht D., et al. Chem. Commun., 1997, 1693～1700
b) Verbicky C. A., Zercher C. K. Tetrahedron Lett, 2000, 41, 8723～8727 及其所引文献
[76] Virender, Jain S. L., Sain B. Tetrahedron Lett., 2005, 46, 37～38 及其所引文献
[77] Wong H. N. C. Topics in Current Chem., 1986, 133, 89
[78] Corey E. J., Noyori R. Tetrahedron Lett., 1970, 11, 311
[79] Williams J. R., Callahan J. F., Lin C. J. Org. Chem., 1983, 48, 3162
[80] Mascitti V., Corey E. J. J. Am. Chem. Soc., 2004, 126, 15664～15665
[81] Alibes R., de March P., Figueredo M., et al. Org. Lett., 2004, 6, 1449～1452
[82] a) Roxburg C. J. Tetrahedron, 1993, 49, 10749
b) Zhao R.-B., Wu Y.-L. Youji Huaxue, 1988, 8, 97
[83] Gonzalez A., Galindo A., Palenzuela J. A., Mansilla H. Tetrahedron Lett., 1986, 27, 2771
[84] Holton R. A., Somoza C., Kim H. B., et al. J. Am. Chem. Soc., 1994, 116, 1597～1598
[85] Paquette L. A., Yang, J., Long Y. O. J. Am. Chem. Soc., 2002, 124, 6542～6543
[86] Molander G. A., Jean Jr. D. J. St., Haas J. J. Am. Chem. Soc., 2004, 126, 1642～1643
[87] Paquette L. A., Zhang Y. Org. Lett., 2005, 7, 511～513
[88] Mukaiyama T, Shiina I., Iwadare H., et al. Chem. Eur. J., 1999, 5, 121
[89] Kusama H., Hara R., Kawahara S., et al. J. Am. Chem. Soc., 2000, 122, 3811～3820
[90] Mamdapur U. R., Pai, P. P., Chakravarli K. K., et al. Tetrahedron, 1964, 20, 2601～2604
[91] a) Kamat V. P., Hagiwara H., Kasumi T., et al. Tetrahedron, 2000, 56, 4397～4403
b) Ito M., Kitahara S., Ikariya T. J. Am. Chem. Soc., 2005, 127, 6172～6173
[92] Jasper C., Wittenberg R., Quitschalle M., et al. Org. Lett., 2005, 7, 479～482
[93] Munakata R., Katakai H., Ueki T., et al. J. Am. Chem. Soc., 2003, 125, 14722～14723
[94] Nörret M., Sherburn M. S. Angew. Chem. Int. Ed., 2001, 40, 4074～4076
[95] Turner C. I., Williamson R. M., Turner P., Sherburn M. S. Chem. Comm., 2003, 1610～1611
[96] Marsault E., Toro A., Nowak P., Deslongchamps P. Tetrahedron, 2001, 57, 4243～4260
[97] McMurry J. E. J. Am. Chem. Soc., 1968, 90, 6821
[98] Nagata H., Miyazawa N., Ogasawara K. Chem. Comm., 2001, 1094～1095
[99] Trost B. M., Tang W.-P. J. Am. Chem. Soc., 2002, 124, 14542～14543

[100] Taber D. F., Neubert T. D., Rheingold A. L. J. Am. Chem. Soc., 2002, 124, 12416～12417, 15399

[101] Corey E. J., Tius M. A., Das J. J. Am. Chem. Soc., 1980, 102, 1742

[102] Kane V. V., Doyle D. L. Tetrahedron Lett., 1981, 22, 3027～3030

[103] Trost B. M., Greenspan P D., Geissler H., et al. Angew. Chem. Int. Ed. Engl., 1994, 33, 2182～2184

[104] Corey E. J., Hashimoto S.-i., Barton A. E. J. Am. Chem. Soc., 1981, 103, 721

[105] Schmid G., Hofheinz W. J. Am. Chem. Soc., 1983, 105(3), 624～625

[106] a) 许杏祥，朱杰，黄大中，周维善. 化学学报，1983，41(6)，574～576

b) Xu X.-X., Zhu J., Huang D.-Z., Zhou W.-S. Tetrahedron, 1986, 42(3), 819～828

c) 许杏祥，朱杰，黄大中，周维善. 化学学报，1984，42(9)，940～942

[107] Li Y., Wu Y.-L. Curr. Med. Chem., 2003, 10 (21), 2197～2230

[108] a) Curran D. P, Rakiewicz D. M. J. Am. Chem. Soc., 1985, 107, 1448

b) Curran D. P, Rakiewicz D. M. Tetrahedron, 1985, 41, 3943

[109] a) Nicolaou K. C., Chakraborty T. K., Daines R. A., Simpkins N. S. J. Chem. Soc. Chem. Commun., 1986, 413

b) Nicolaou K. C., Chakraborty T. K., Ogawa Y., et al. J. Am. Chem. Soc., 1988, 110, 4660

c) Nicolaou K. C., Chakraborty T. K., Daines R. A., Ogawa Y. J. Chem. Soc. Chem. Commun., 1987, 686

[110] Corey E. J., Kang M.-C., Desai M. C., et al. J. Am. Chem. Soc., 1988, 110, 649

[111] a) Ruggeri R. B., Hansen M. M., Heathcock C. H. J. Am. Chem. Soc., 1988, 110, 8734

b) Heathcock C. H. Angew. Chem. Int. Ed. Engl., 1992, 31, 665

[112] a) Nicolaou K. C., Chakraborty T. K., Piscopio A. D., Minowa N., Bertinato P. J. Am. Chem. Soc., 1993, 115, 4419

b) Piscopio A. D., Minowa N., Chakraborty T. K., et al. J. Chem. Soc. Chem. Commun., 1993, 617

c) Nicolaou K. C., Bertinato P., Piscopio A. D., Chakraborty T. K., Minowa N. J. Chem. Soc. Chem. Commun., 1993, 619

[113] Corey E. J., Wu Y.-J. J. Am. Chem. Soc., 1993, 115, 8871

第 9 章　合成原料、砌块和手性源

通过反合成分析，我们由目标分子可推导出一合成树，即由几种不同原料和不同的途径得到目标物的可能合成路线。为了确定能付诸实施的合成路线，还需对原料和合成途径进行比较、考察和取舍，也即对合成树进行修剪。本章将首先就原料问题进行讨论。

9.1 原　料

对原料，包括有机试剂的基本要求，除与合成路线的系统考虑有关外，主要是价廉，易得。下面是一个实际应用中的例子，维生素 E 合成中的链部分——异植物醇，可以由几种天然精油资源合成获得，有 α-蒎烯，β-蒎烯和柠檬醛。β-蒎烯在我国较少，柠檬醛资源不很丰富价格也高，而 α-蒎烯是我国松节油的主要成分，资源丰富，价格低，因此是合适的合成原料。

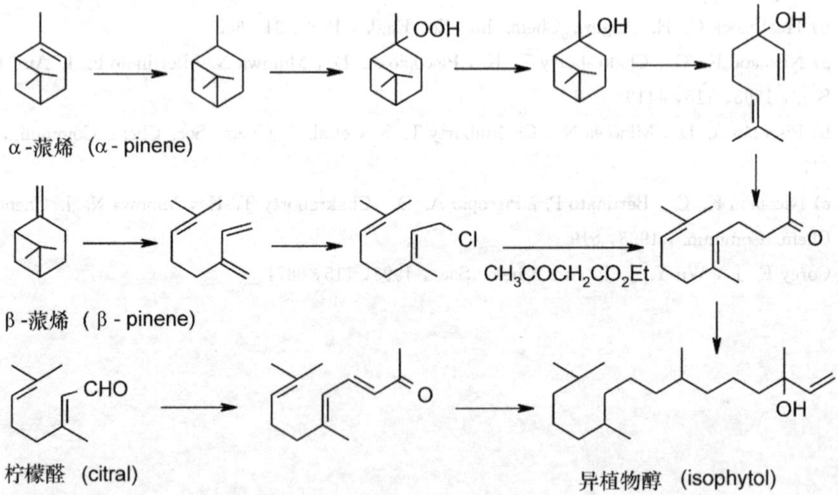

OOH

OH

OH

α-蒎烯 (α-pinene)

Cl

$CH_3COCH_2CO_2Et$

O

β-蒎烯 (β-pinene)

CHO

O

OH

柠檬醛 (citral)

异植物醇 (isophytol)

一般来讲，哪些原料、试剂价廉易得可以从试剂目录和化工产品目录中检索得到。Fuhrhop 和 Penzlin 在《有机合成》一书[1]中曾以每克不贵于 1 德国马克为标准编列了约 10 000 个化合物，可供参考。当然这一目录所列内容不一定符合我国情况，需要进一步调查。

9.2 合成砌块

合成砌块 (building block)是在合成设计时很值得注意的一个概念,高楼大厦可以从一砖一瓦建起,但也可更有效地用各种各样的砌块、预制件进行组装。将复杂分子的合成看作一项建筑工程,同样也可以从最简单的原料和试剂一步一步地进行合成,但也可以从已具有一定官能团的多种原子构成的分子单元进行拼接,这种分子单元就称为合成砌块。它其实也是一种合成原料,但却是一种较为复杂的多官能团的原料或试剂。恰当地利用合成砌块和设计创造一些新砌块,无疑将提高合成设计的水平,简化、改进合成工作。

现有的合成砌块尚少汇编。每年一期的《有机合成》中,多数制备的是合成砌块,但尚未分类归纳。J. Mathieu 和 J. Weill-Raynal 所编的 *Formation of C-C Bonds* 第一卷中所收集的是带一个官能团碳的砌块[2]。J. C. Stowell 曾汇集了增长三个碳原子的合成砌块[3],Martin 则收集了对醛、酮、酸增长 1~4 个碳的方法[4],可供我们参考。作为这方面的例子,我们集选了若干可用于增长带一个官能团的,1~8 个碳原子直链的非手性砌块供大家参考。

C1 砌块

有很多可增长带一个官能团碳的 C1 砌块[2, 4],最常见的是可以增长一个氰基,其次是醛基,羧基;用 Wittig 反应引入次甲基或末端炔也是常见的利用 C1 砌块的方法。下面是手头的一些例子。

1-1[5]

$H-C(OMe)_2-CN$ (**1-1**) + n-$C_8H_{17}Br$ —(**1-1**, LDA)→ $C_8H_{17}-C(OMe)_2-CN$ → $C_8H_{17}COOH$

1-2[6]

$(EtO)_2P(O)CH(CN)NMe_2$ (**1-2**)

1-3[7]

1-3 —(n-BuLi)→ —(Br)→ —(Hg^{2+})→ CHO

1-4[8]

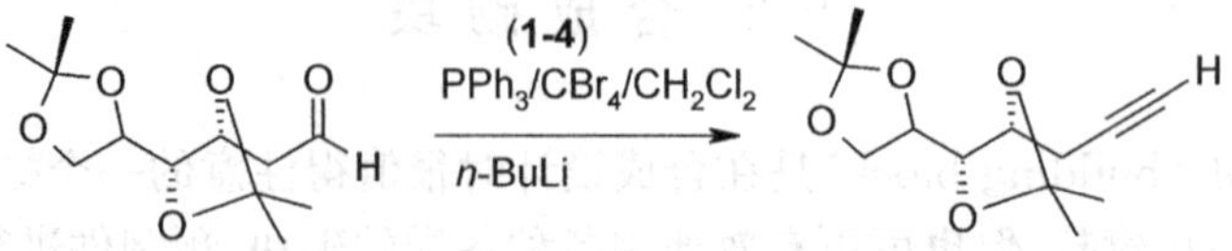

(1-4) $PPh_3/CBr_4/CH_2Cl_2$

n-BuLi

1-5[9]

CN COOK OMe **1-5** OHC

1-5，$HNMe_2$-HCl

toluene, rt

53%

H_2N O

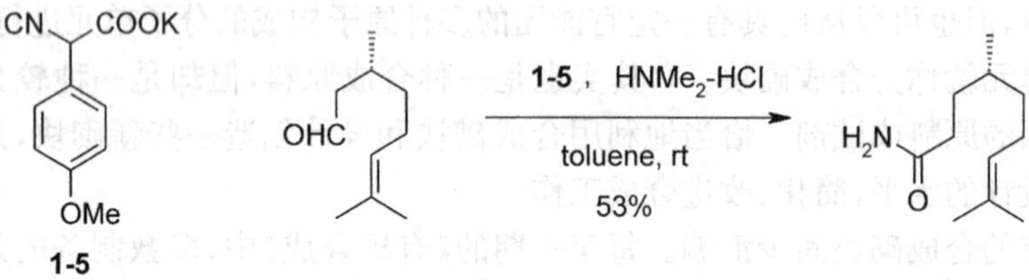

C2 砌块

C2 砌块可以引进带官能团的二碳单元，如乙烯基、乙炔基、乙酸基、乙醛基等等。有很多作为 C2 砌块的试剂，乙酸酯及其衍生物、乙酸酯的膦叶立德(**2-1-2**)和三甲基硅基乙炔(**2-5**)等是合成工作中用的较多的，对醛、酮、酸则可参阅文献[4]。下面是一些例子，乙酸酯及溴代乙酸酯等作为 C2 砌块的试剂则更是经典的有机反应，这里也就不再列出。

2-1[10] **2-1-1** 和 **2-1-2** 两个试剂都是 C2 砌块。

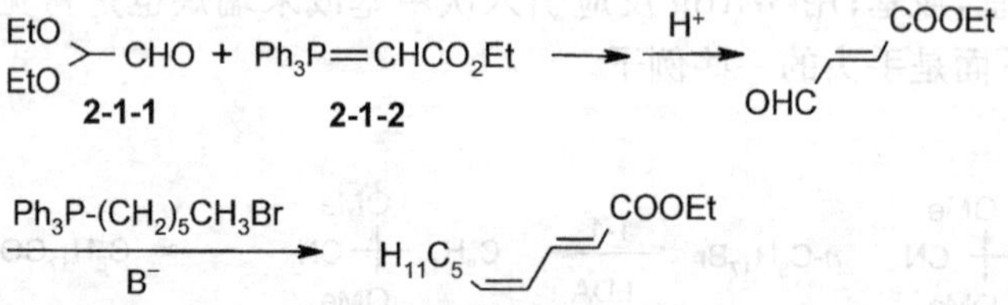

$(EtO)_2CH$—CHO + Ph_3P=$CHCO_2Et$ ⟶ H^+ ⟶ OHC—CH=CH—COOEt

2-1-1 **2-1-2**

Ph_3P-$(CH_2)_5CH_3Br$, B^- ⟶ $H_{11}C_5$—CH=CH—CH=CH—COOEt

2-2[11]

$Br^-Ph_3As^+CH_2CHO$ RCHO —(**2-2**, K_2CO_3, trace H_2O, THF-Et_2O)⟶ RCH=CHCHO

2-2

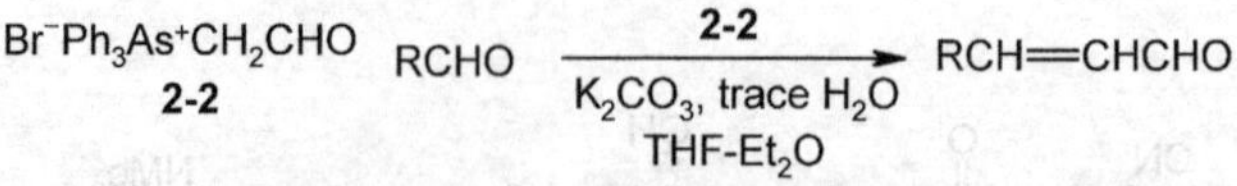

2-3[12, 13] **2-3-1**[12] 和 **2-3-2**[13] 都是相当于乙酰基的 C2 砌块。

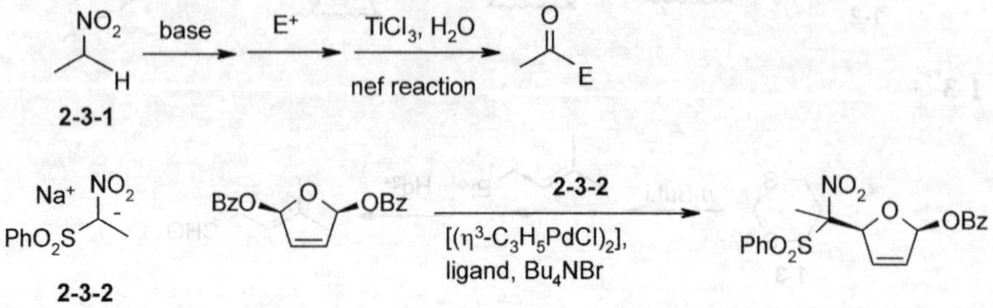

NO_2 H **2-3-1** —base⟶ —E^+⟶ —$TiCl_3$, H_2O / nef reaction⟶ O E

Na^+ NO_2 PhO_2S **2-3-2** BzO O OBz

2-3-2

$[(\eta^3$-$C_3H_5PdCl)_2]$, ligand, Bu_4NBr

PhO_2S NO_2 O OBz

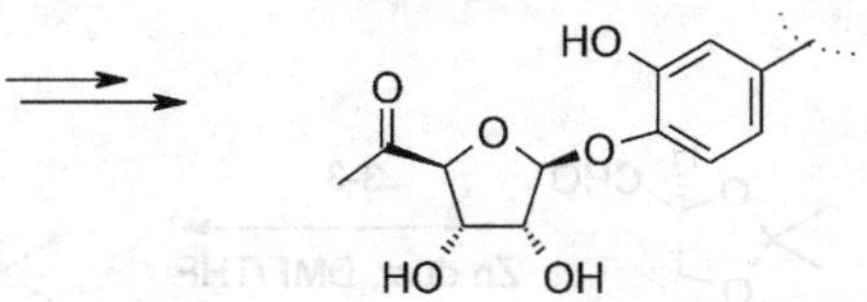

2-4[14]

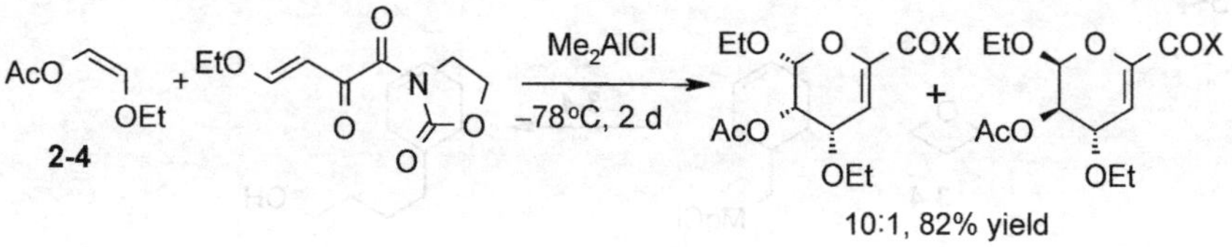

Me_2AlCl, −78℃, 2 d

10:1, 82% yield

2-5[15]

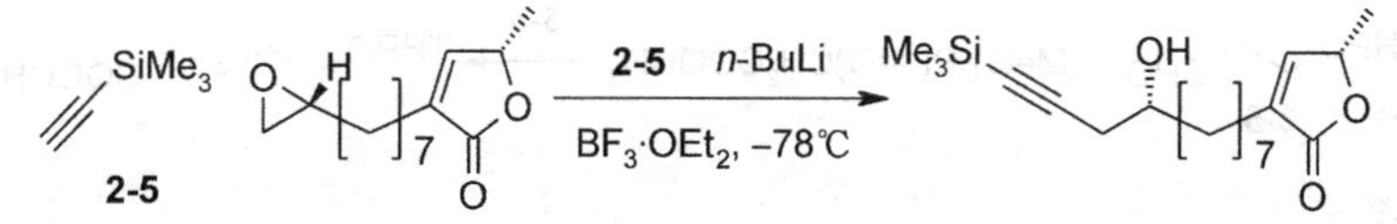

2-5 n-BuLi, $BF_3 \cdot OEt_2$, −78℃

2-6[16]

$N_2CHCOOEt$ + R—≡—H → Chiral Rh(Ⅱ) cat. 0.5 mol%, CH_2Cl_2 23 ℃

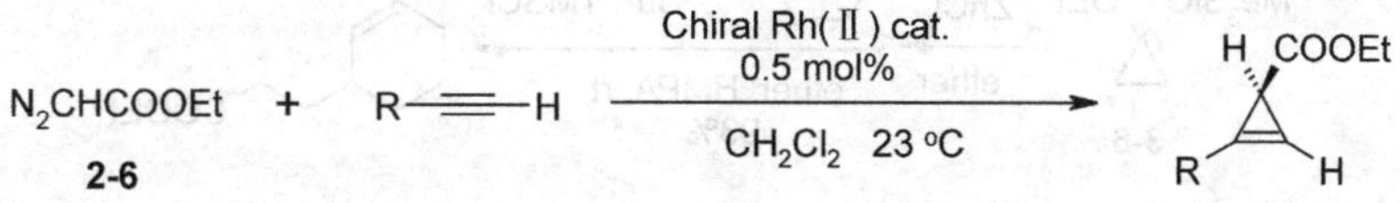

C3 砌块

C3 砌块是有机合成中经常使用的一类砌块[3,4]，而且随着有机合成方法学研究的发展，不断有新的 C3 砌块的出现或原有 C3 砌块新应用方法的报告。以下只是大量应用 C3 砌块中的一些例子。

3-1[17]

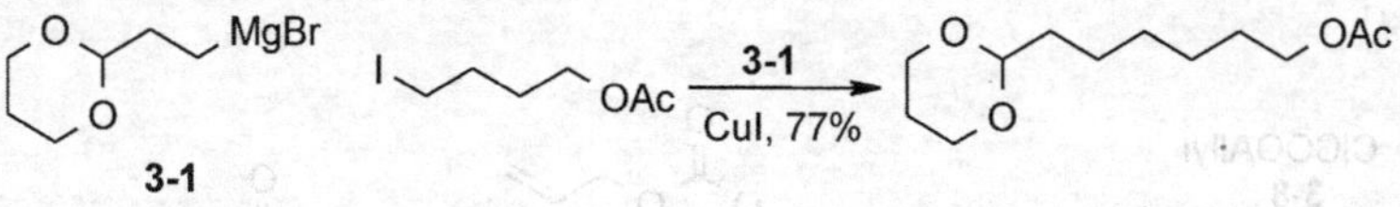

3-1, CuI, 77%

3-2[18]

3-2

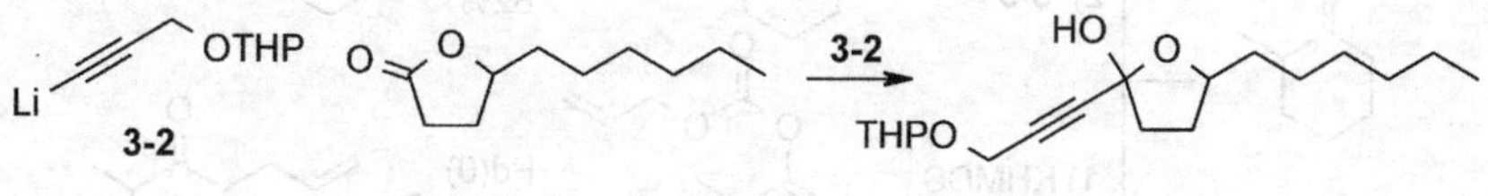

3-3[19]

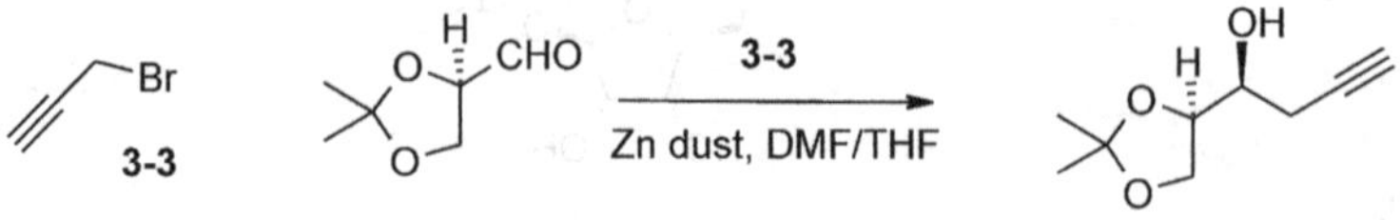

Br
3-3
H
O
CHO
O
3-3
Zn dust, DMF/THF
OH
H
O
O

3-4[20]

O
3-4
MgCl
3-4
OH

3-5[21]

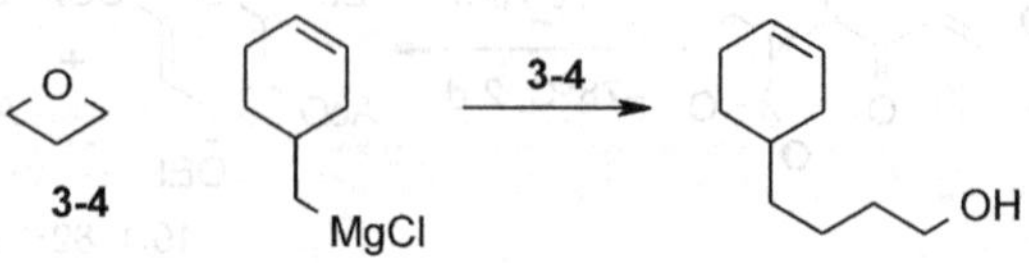

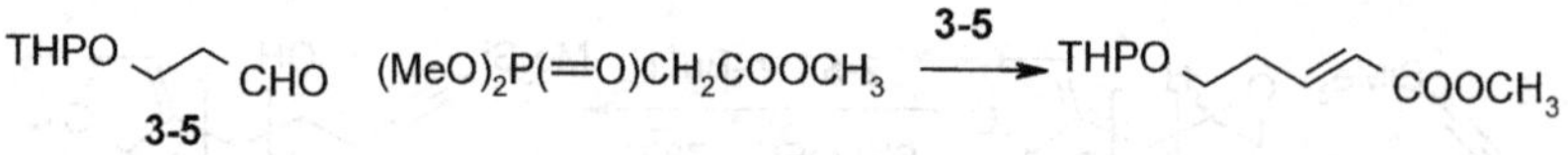

THPO
CHO
3-5
(MeO)2P(=O)CH2COOCH3
3-5
THPO
COOCH3

3-6[22]

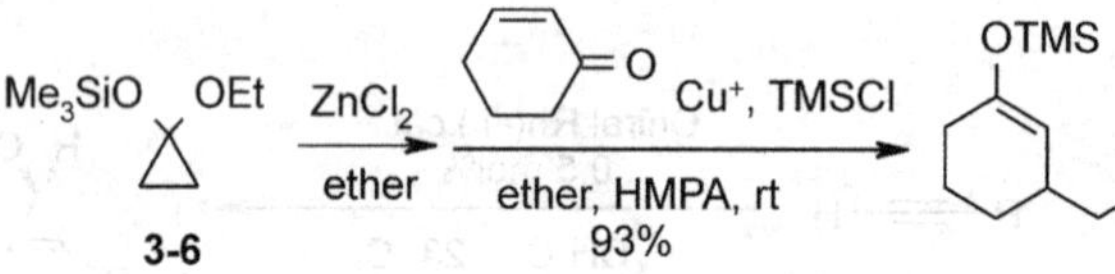

Me3SiO
OEt
3-6
ZnCl2
ether
O
Cu+, TMSCl
ether, HMPA, rt
93%
OTMS
COOEt

3-7[23]

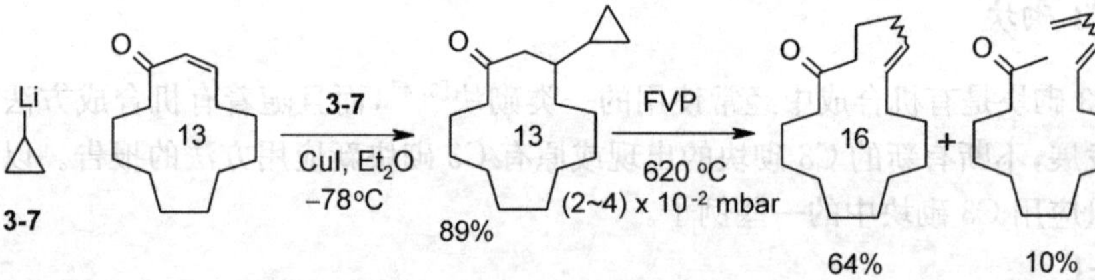

Li
3-7
O
13
3-7
CuI, Et2O
−78°C
O
13
89%
FVP
620 °C
(2~4) x 10-2 mbar
O
16
64%
+
O
10%

3-8[24]

ClCOOAllyl
3-8
O
1) t-BuOK
2) 3-8
O
O
O
Pd(0)
82%
O
1) KHMDS
2) 3-8
O
O
O
Pd(0)
83%
O

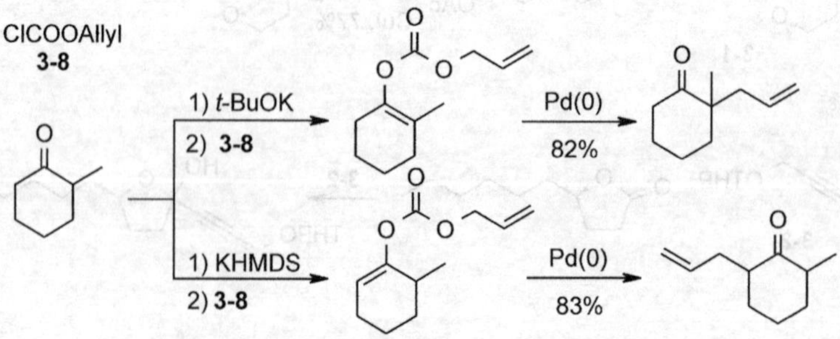

3-9[25]　烯丙基乙酸酯是一广泛应用的 C3 砌块，下面是一用于钯催化不对称

烯丙基化的例子，所得产物进一步用于天然产物 hamigeran B 的合成。

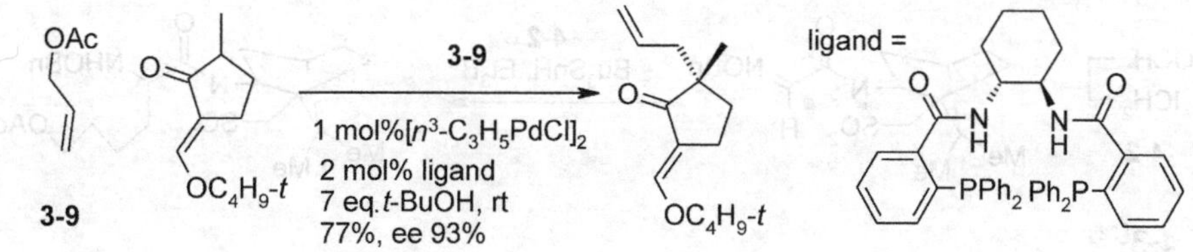

OAc
3-9
OC4H9-t
3-9
1 mol%[η3-C3H5PdCl]2
2 mol% ligand
7 eq.t-BuOH, rt
77%, ee 93%
ligand =
PPh2 Ph2P

3-10[26]　烯丙基硼酸酯也是一广泛应用的 C3 砌块，下面也是一个不对称烯丙基化的例子。

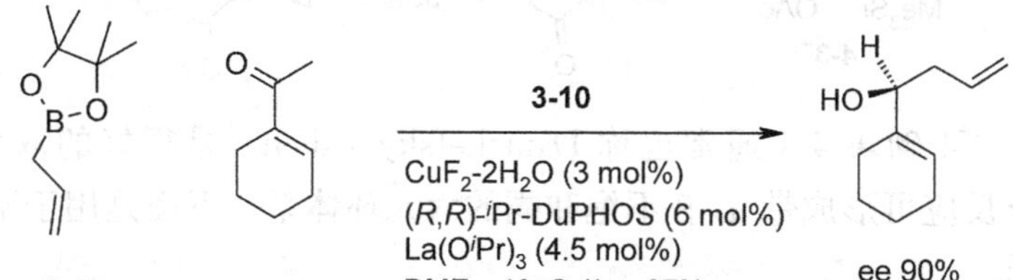

3-10
3-10
CuF2-2H2O (3 mol%)
(R,R)-iPr-DuPHOS (6 mol%)
La(OiPr)3 (4.5 mol%)
DMF, −40 ºC,1h, 87%
HO
ee 90%

3-11[27]　联烯的衍生物也可作为三个碳的砌块，下面只是其中的一个例子。

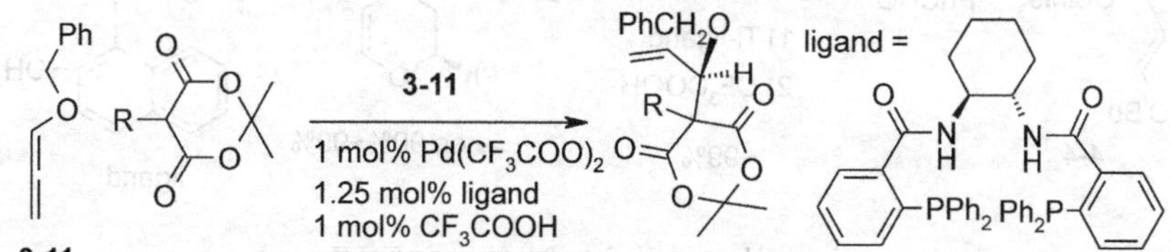

Ph
3-11
3-11
1 mol% Pd(CF3COO)2
1.25 mol% ligand
1 mol% CF3COOH
CH2Cl2, rt, 63%~90%
PhCH2O
ee 82%~99%
ligand =
PPh2 Ph2P

3-12[28]　以下是砌块 **3-12** 在合成一天然产物中的应用。

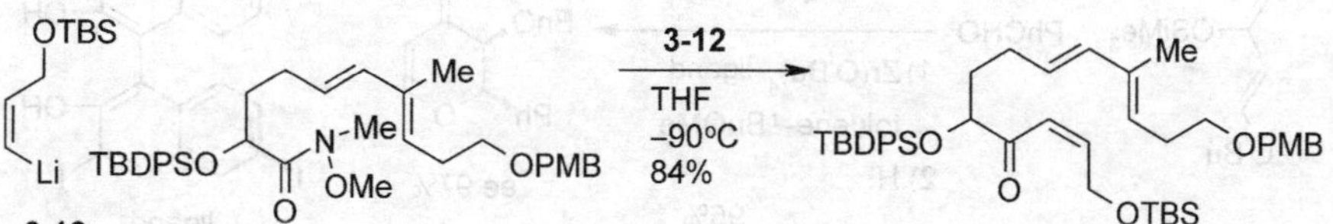

OTBS
Li
3-12
TBDPSO
OMe
Me
OPMB
3-12
THF
−90ºC
84%
TBDPSO
Me
OPMB
OTBS

C4 砌块

C4 砌块也是常用的砌块，四碳的二元醇和二元酸是通常易得的砌块，下面则列举此外的一些 C4 砌块，对醛、酮、酸增长 4 个碳的方法，可参考 Martin 的综述[4]。

4-1[29]

Li
4-1
CO2Me
1) 4-1
2) MsCl/Et3N
CO2Me

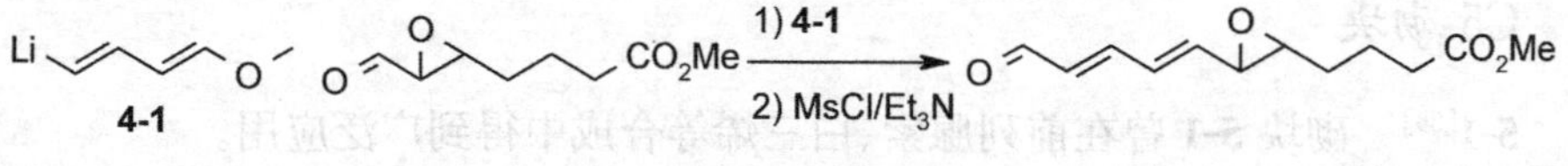

4-2[30, 31]

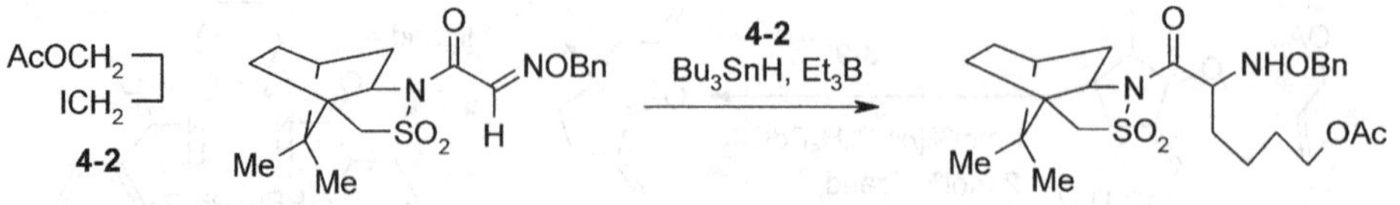

4-3[32]

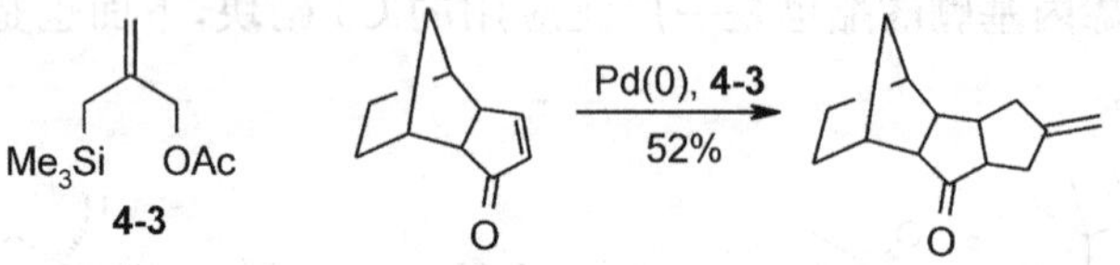

4-4[33] C4 砌块 **4-4** 通常也称 Danishefsky's diene，是很好的双烯体，通过 Diels-Alder 反应可形成带 α，β-不饱和酮的六元环体系。下面是用于不对称合成的一个例子。

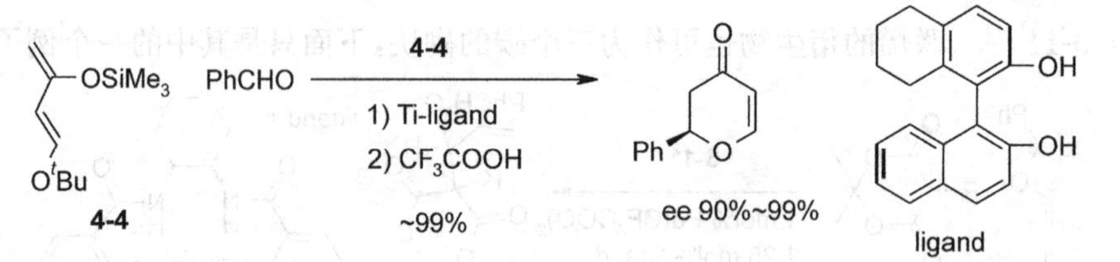

4-5[34] C4 砌块 **4-5** 与砌块 **4-4** 类似，但多一官能团。

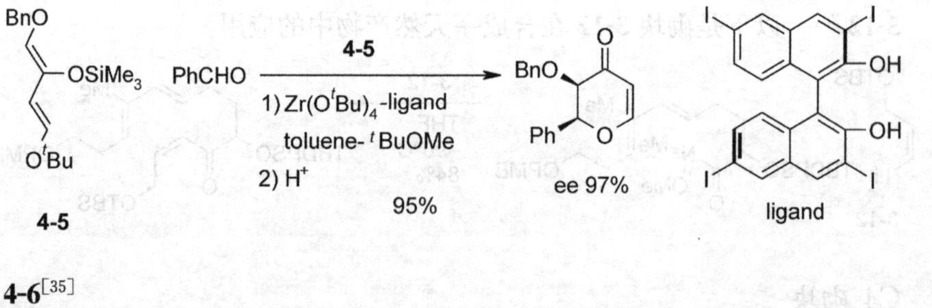

4-6[35]

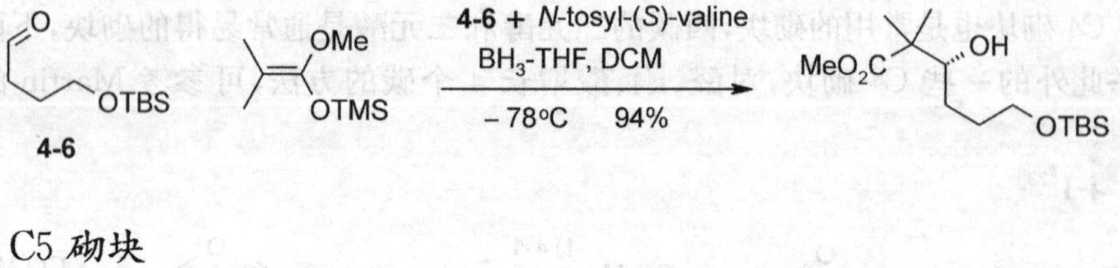

C5 砌块

5-1[36] 砌块 **5-1** 曾在前列腺素、白三烯等合成中得到广泛应用。

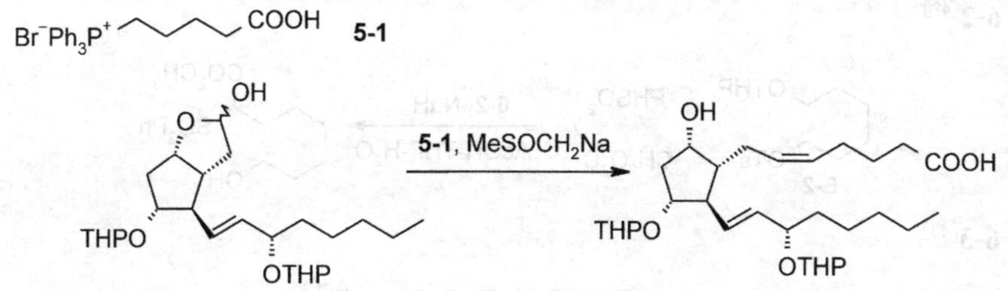

$Br^-Ph_3P^+$ COOH 5-1

5-1, $MeSOCH_2Na$

OH THPO OTHP COOH

5-2[37]

Br $CO_2CH_2CCl_3$ 5-2 $PHSO_2$ CH_3O_2C 1) 5-2, NaH 2) Zn/DMF CO_2H SO_2Ph CO_2CH_3

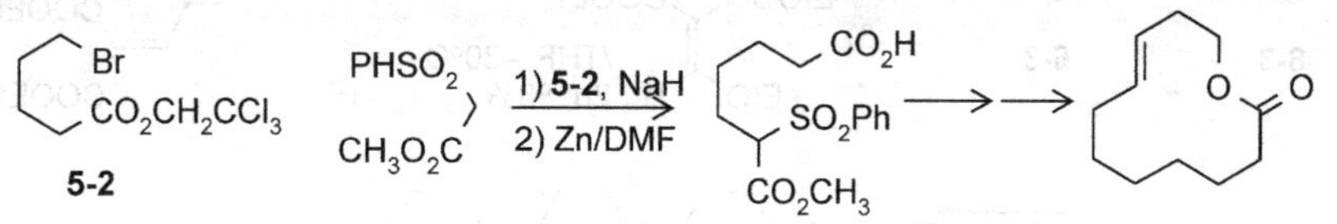

5-3[38, 39] 砌块 5-3 甲基呋喃是作为 1,3-二羰基五碳片段的等当体在有机合成中有较多的应用。

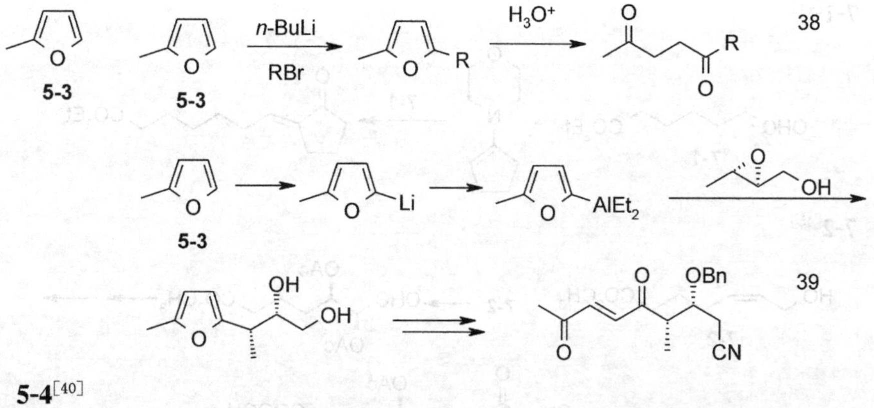

5-3 *n*-BuLi RBr H_3O^+ R 38

5-3 Li $AlEt_2$ OH

OH OH O OBn CN 39

5-4[40]

5-4 + R1 R2 0.5 mol%, $[Rh(CO)_2Cl_2]_2$ dichloroethane, 80 °C R1 R2

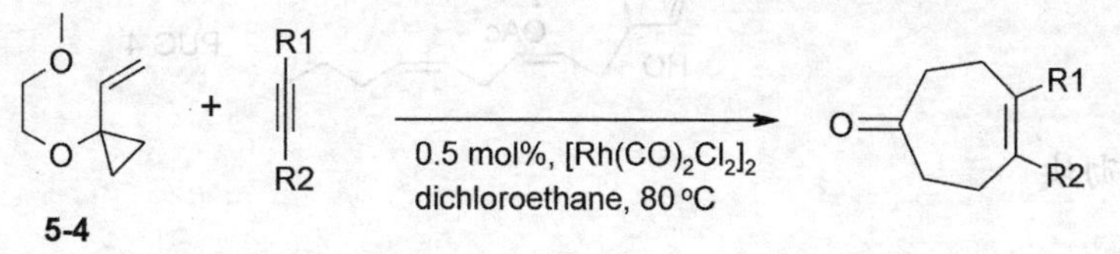

C6 砌块

6-1[41]

CHO COOEt 6-1 M 6-1 COOEt OH

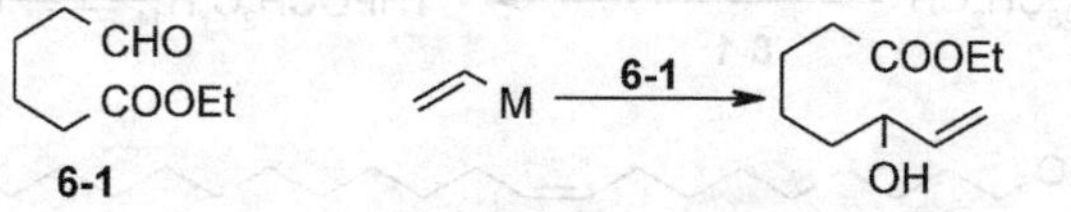

6-2[42]

PHSO$_2$ CH$_3$O$_2$C

6-2, NaH / AcOH-THF-H$_2$O

OTHP OTs 6-2

CO$_2$CH$_3$ SO$_2$Ph OH

6-3[43]

1) Zn/THF, 40~50°C, 3h
2) CuCN-2LiCl, 0°C, 5min
3) EtOOC COOEt EtO H /THF, −30°C 2h, 88%

6-3 6-3

AcO COOEt COOEt

OAc

C7 砌块

7-1[44]

OHC CO$_2$Et 7-1

7-1

CO$_2$Et

7-2[45]

HO CO$_2$CH$_3$ 7-2

7-2 → OHC OAc OAc CO$_2$CH$_3$ → →

Cl OAc COOCH$_3$ OAc HO PUG 4

C8 砌块

8-1[46]

Br OTHP 8-1

$\equiv$—C$_{13}$H$_{26}$CH$_2$OH —BuLi, THF, HMPA / 8-1→ THPOCH$_2$C$_7$H$_{14}$—$\equiv$—C$_{13}$H$_{26}$CH$_2$OH

→ HO OH

8-2[47]

PhSO$_2$ ... OTHP **8-2**；γ-丁内酯 —8-2→ 2-(COOH链)环戊烯酮 COOH

对这些和这些之外砌块的了解及应用往往要靠平时的知识积累和总结。因此，合成化学工作者对文献的跟踪尤其显得重要，当然近年各种有机化学化合物或反应数据库的出现也对掌握和应用砌块的概念，促进复杂分子有机合成的进行，带来很大的便利。

9.3　手　性　元

手性目标分子反合成分拆时，在注意尽可能不影响手性中心的情况下，可得到带手性的合成元，简称手性元 (chiral synthon ≈chiron)。其实手性元也是一种合成砌块，是光学纯的合成砌块。

手性元除由不对称合成获得外，通常可由天然的光学活性化合物制备，主要来自三类原料：氨基酸、萜类和醣类以及一些天然羟基酸，John W. Scott 在 *Asymmetric Synthesis* 第四卷中编集了 375 个易得的手性元 (手性砌块)[48]，包括天然原料及其转化得到的产物，可供我们合成设计时参考。利用这三类天然原料来制备或用作手性元的情况各有千秋，下面分别略作介绍。

9.3.1　氨基酸制备手性元

氨基酸除脯氨酸 (proline)外，一般都为无环的 3～6 个碳原子的链状化合物，含一到两个手性中心。通常 L 型的氨基酸易得，但相对来说价格较高，仅谷氨酸 (glutamic acid)例外。对利用氨基酸作手性源来获得手性元，Coppola 等[49]曾进行了较全面的总结。下面列举若干例子。

1. 丝氨酸

L-丝氨酸(serine) 在鞘氨醇(sphingosine)类化合物的合成中有着广泛的应用，下面是早年的一个例子[50]。

HO-CH$_2$-CH(NH$_2$)-COOH (serine) → → AcO-CH$_2$-CH(NPhth)-CHO + (—Al)(H)C=C(H)($C_{13}H_{27}$)

→ AcO-CH$_2$-CH(NPhth)-CH(OH)-CH=CH-$C_{13}H_{27}$ → HO-CH$_2$-CH(NH$_2$)-CH(OH)-CH=CH-$C_{13}H_{27}$ (sphingosine)

1987～1988 年 Garner 发展了一方法先将 L-丝氨酸转化成一个醛，然后再由此合成了鞘氨醇[51]，由于这一醛易于制备，也可用于其他手性纯化合物的合成，因此有时也称此手性元为 Garner 醛。

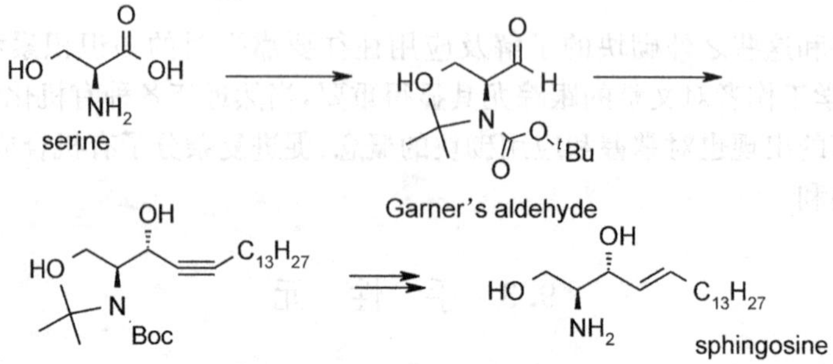

serine　Garner's aldehyde　sphingosine

1994 年，Nicolaou 等将 D-丝氨酸用于 PKC 抑制剂 balanol 的合成中[52]也是一种较为直接的应用。

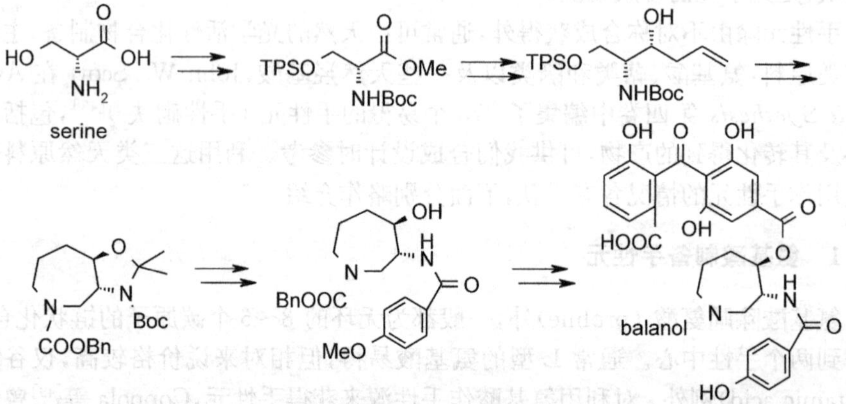

serine　balanol

2. 脯氨酸(proline)

下面是一个合成华佗豆甲碱(ipalbidine)的例子[53]。

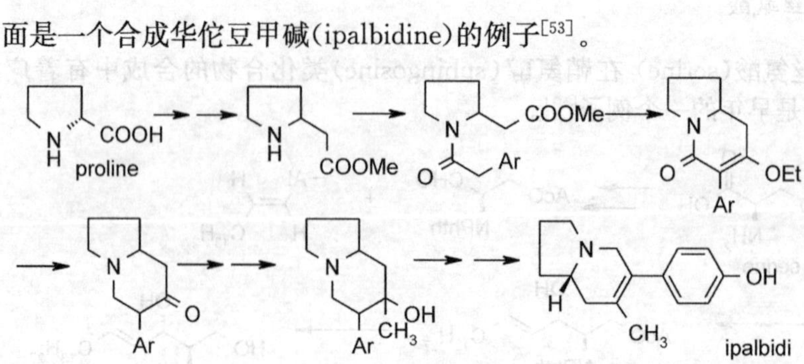

proline　ipalbidi

在生物碱(－)-cephalotaxine 合成研究中利用 L-脯氨酸为手性原料成功组建

了它的 BCDE 环母核[54]。

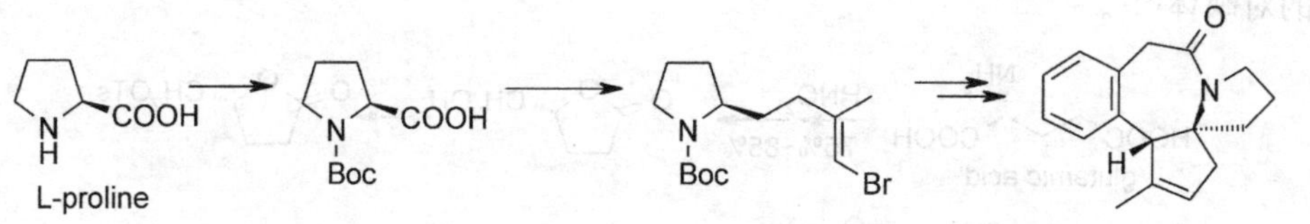

3. 色氨酸

色氨酸 (tryptophan)应用最多的地方是吲哚类生物碱的合成，下例是 Danishefsky 等[55]对 gypsetin 的简短合成。

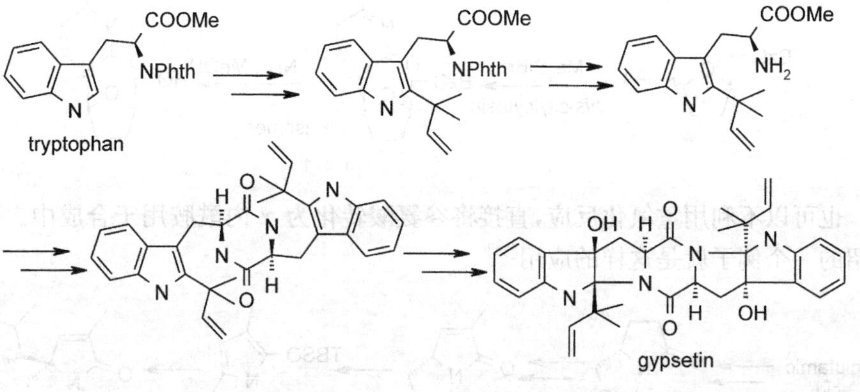

4. 酪氨酸

氨基酸作为手性源较多地是用于生物碱的合成，酪氨酸(tyrosine)衍生出的合成元也是这样，下面是用于合成五环 stemona 生物碱 tuberostemonine 的一个例子[56]。

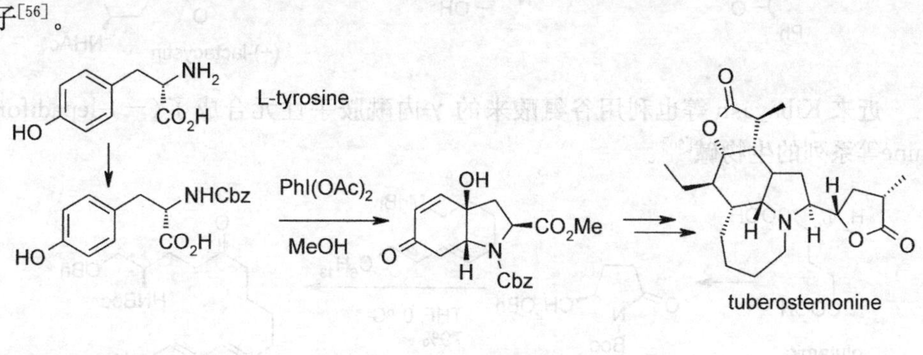

5. 谷氨酸

谷氨酸(glutamic acid)是所有氨基酸中价格最低的一种，因此在合成中被广泛应用。它能够制备成应用广泛的手性元 4-羟甲基丁内酯,同时也可以转化为它的对映体[57]。

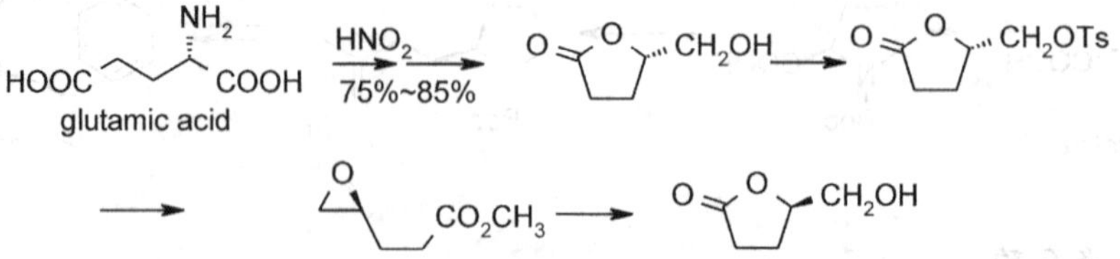

4-羟甲基丁内酯常被用于各种合成中,例如下例所示的核苷类化合物的合成[58]。

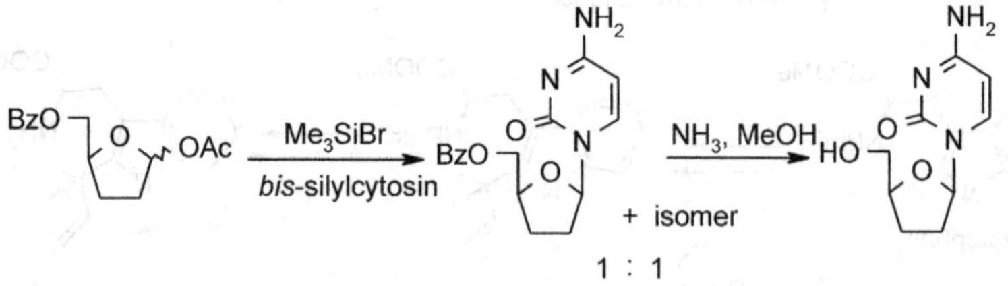

也可以不利用重氮化反应,直接将谷氨酸转化为 γ-内酰胺用于合成中。下面介绍的一个例子就是这样的应用[59]。

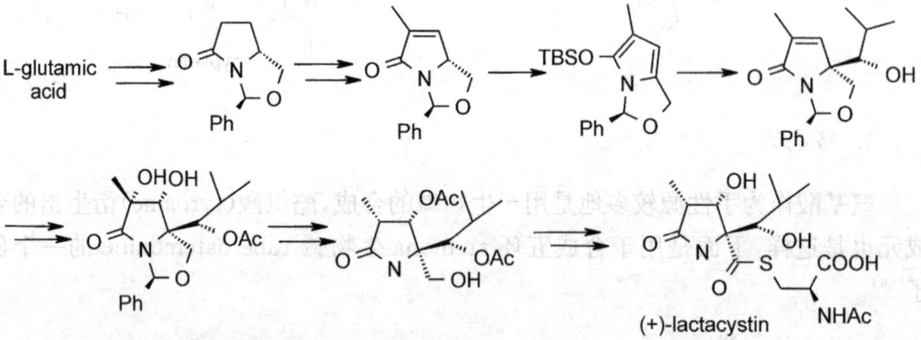

近来 Kibayash 等也利用谷氨酸来的 γ-内酰胺手性元合成了(—)-lepadiformine等系列的生物碱[60]。

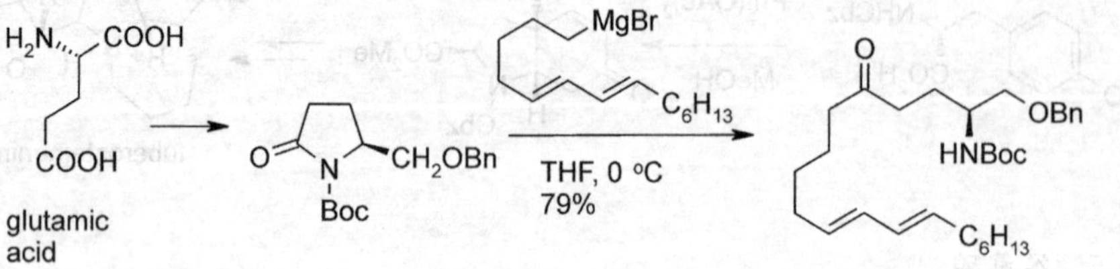

HCOOH 88% BnOH$_2$C N Boc HCOO C_6H_{13} C_6H_{13} N HO (−)-lepadiformine

吲哚类生物碱 stephacidin A 的合成也是从谷氨酸来的 γ-内酰胺开始，其中第一步实际上是用新的方法合成了羟基色氨酸，较为成功[61]。

H_2N COOH COOH glutamic acid O N CO_2Me Cbz 1) $LiEt_3BH$ 2) $Pd(OAc)_2$, DABCO,TBAI I TsO NH_2 MeO_2C NHCbz I TsO N H

75% MeO_2C NHCbz TsO N H O H N H H N O O N stephacidin A

9.3.2 萜类制备手性元[62]

通常用得较多的为 10 个碳原子的无环或环状单萜，含 1～2 个手性中心，价格较低。尤其在手性脂环化合物的合成中有着广泛的应用。缺点是由此合成手性元的变化较难，一般在一对对映体中也只有一个异构体易得，有时来自天然的原料光学纯度也不高。用萜类作为手性源合成天然产物 1992 年曾有专著予以介绍[62]。最常用于制备手性元的萜类有蒎烯、水芹烯、香茅醛、香芹酮、樟脑等，下面将分别作一些简单介绍。

1. 香芹酮

左旋、右旋和消旋的香芹酮(carvone)在天然界中都有存在。左旋(−)体的构型为 *R*，存在于留兰香等精油中，来源较为丰富，较多用作手性原料。但其对映体 *S*-(+)-香芹酮也不特别昂贵，因此也常有应用。

香芹酮由于含有 α,β-不饱和酮和异丙烯基官能团，有多个反应中心，易于制备得合用的手性元，因此在手性纯化合物的合成中受到较多的青睐。我们在 20 世纪 80 年代末曾利用香芹酮为手性源合成了(−)-莪术二酮[63]。后又发展了对香芹酮和其衍生物的双重 Michael 反应[64]，并由此合成了绿叶醇[(−)-Patchouli alcohol][65]。近年 Srikrishna 也利用了我们的双重 Michael 反应，由香芹酮合成了

(一)-2-pupukeanone[66]。

(一)-2-pupukeanone[66]。

MeI
LDA
[64]
COOMe
LiHMDS
79%
COOMe
[65]
OH
R-(−)-carvone
[63]
(−)-patchouli alcohol
AcO
COOMe
[66]
(−)-curdione
(−)-2-pupukeanone

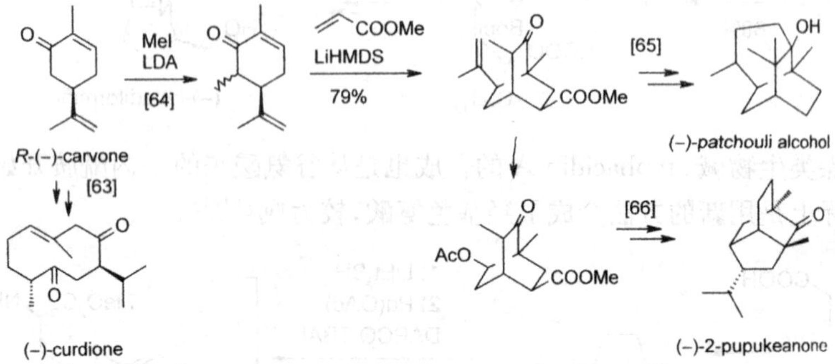

(+)-香芹酮用于手性元的制备和天然产物的合成也常有报道，如用于制备手性元 4*S*-甲基环己烯酮[67]和利用(+)-香芹酮部分还原的二氢香芹酮(dihydrocarvone)来合成海洋天然产物二萜(一)-colombiasin A 和(一)-elisapterosin B[68]。

1) Dibal, 92%
2) Ac_2O, Py, 89%
Li/liq NH_3
85%
OAc
O_3
95%
S-(+)-carvone
14 : 86 dihydrocarvone

Ac_2O-PTS
60%
+ 35% SM
OAc
O_3
85%
Et_3N
[67]

LiAlH$_4$
88%
OH
O*t*Bu
dihydrocarvone
HO
OH
(−)-colombiasin A
(−)-elisapterosin B
[68]

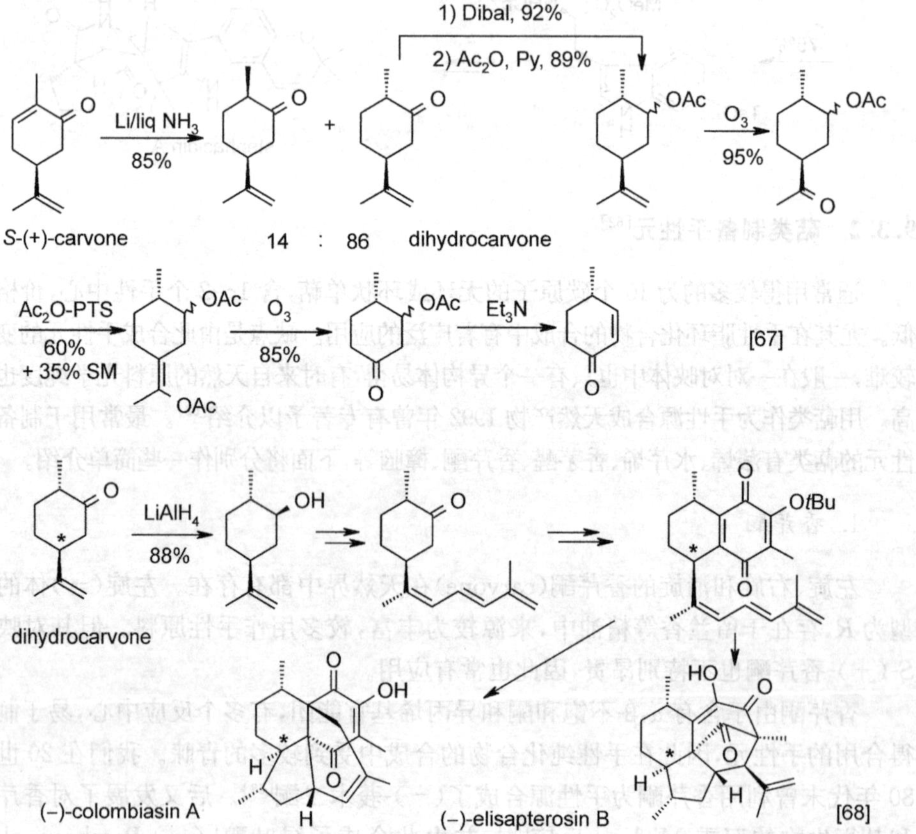

1997～1998 年间差不多时候完成的海洋天然产物 eleutherobin 两条合成路线都

是采用光学活性的单萜作为起始原料，其中之一也是采用(＋)-香芹酮为手性源[69]。

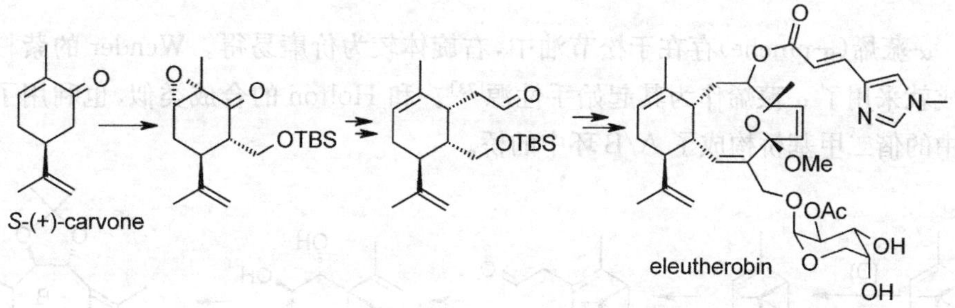

2. *R*-(－)-α-水芹烯

Eleutherobin 的另一条合成路线中 Danishefsky 等[70]则采用了 *R*-(－)-α-水芹烯(α-phellandrene)构筑了它的六元环。

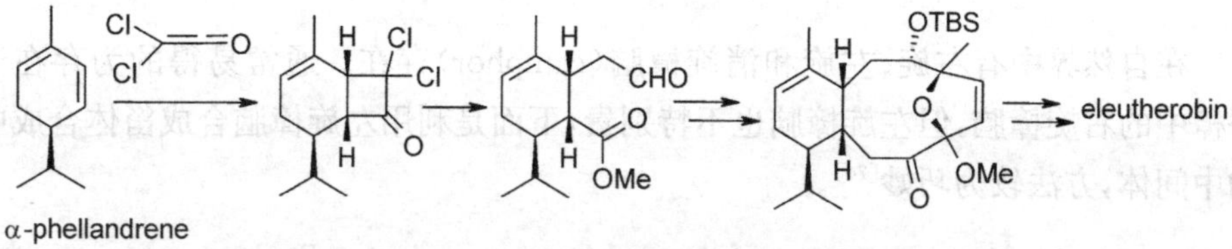

在类似的 cunicellin 海洋二萜合成中 Molander 等也采用了 *R*-(－)-α-水芹烯作为手性原料，[2＋2]反应作为第一步反应，发展了一条较为简捷的通用合成路线[71]，说明在这些目标分子的合成中，水芹烯的应用确实是一个很好的选择。

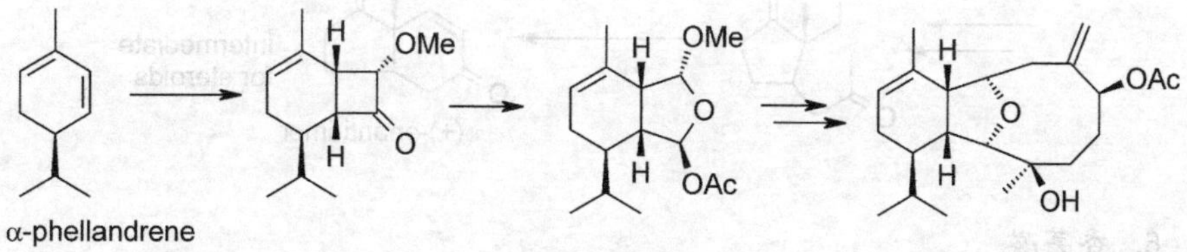

3. (－)-龙脑

紫杉醇(taxol)的全合成中有几条合成路线都采用了单萜为起始手性原料，Holton 等就采用 (－)-龙脑[(－)-borneol]来构建目标分子的 A 环和 B 环[72]。

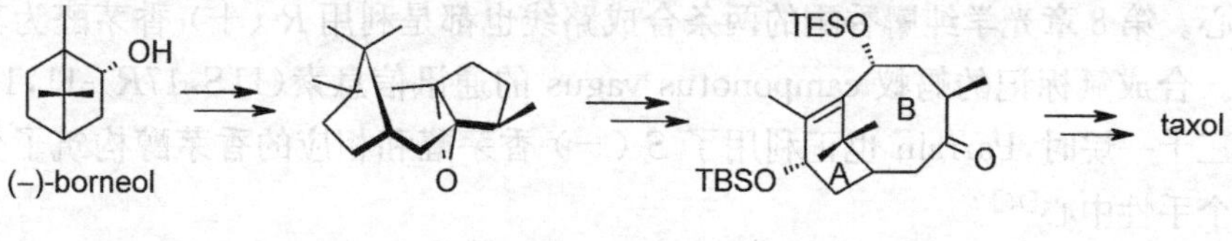

4. α-蒎烯

α-蒎烯(α-pinene)存在于松节油中,右旋体较为价廉易得。Wender 的紫杉醇合成就采用了 α-蒎烯作为其起始手性源[73]。和 Holton 的合成类似,也利用了原料中的偕二甲基桥构成了 A/B 环中的桥。

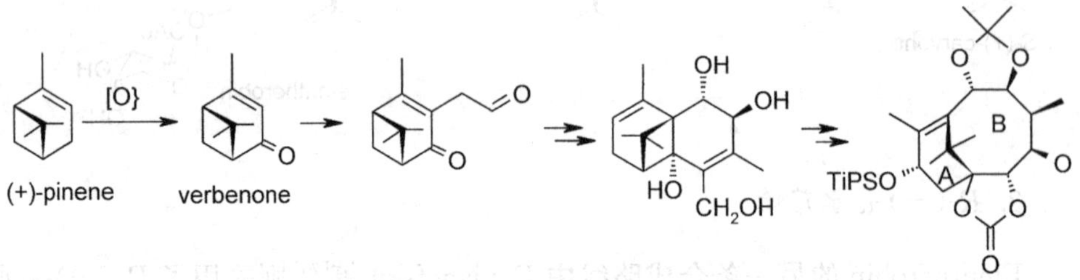

(+)-pinene —[O]→ verbenone → ⇉ ⇉ TiPSO

5. 樟脑

在自然界中有右旋、左旋和消旋樟脑(camphor)存在。通常易得的为存在于香樟中的右旋樟脑,但左旋樟脑也不特别贵,下面是利用左旋樟脑合成甾体合成中的中间体,方法较为巧妙[74]。

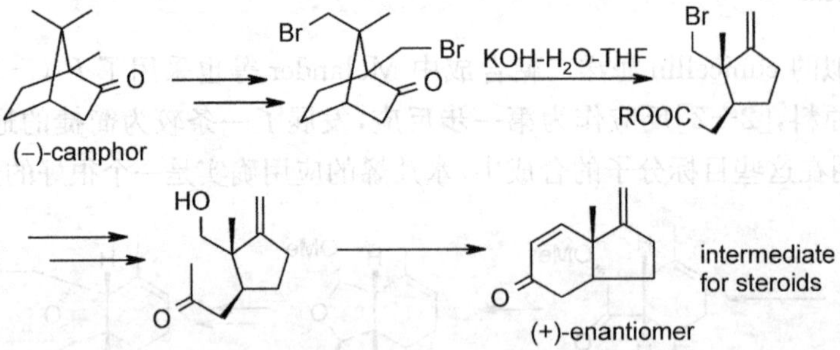

(−)-camphor ⇉ Br, Br —KOH-H_2O-THF→ Br, ROOC ⇉ HO, O ⟶ O (+)-enantiomer intermediate for steroids

6. 香茅醛

香茅醛(citronellal)是无环单萜,天然香精油香茅油等中的主要组分,有一手性中心,一对对映体 *R*-(+)-香茅醛和 *S*-(−)-香茅醛均较易获得。在手性纯链状或环状复杂分子的合成中均得到广泛的应用。第 8 章提及的青蒿素的全合成实际上是由 *R*-(+)-香茅醛开始的,并由它的甲基的构型控制生成了青蒿素的全部手性中心。第 8 章光学纯麝香酮的两条合成路线也都是利用 *R*-(+)-香茅醛为其手性源。合成氚标记的蚂蚁 camponotus vagus 的通讯信息素(11*S*,17*R*)-11,17-二甲基三十一烷时,Parrain 也正利用了 *S*-(−)-香茅醛和相应的香茅醇构筑了分子的两个手性中心[75]。

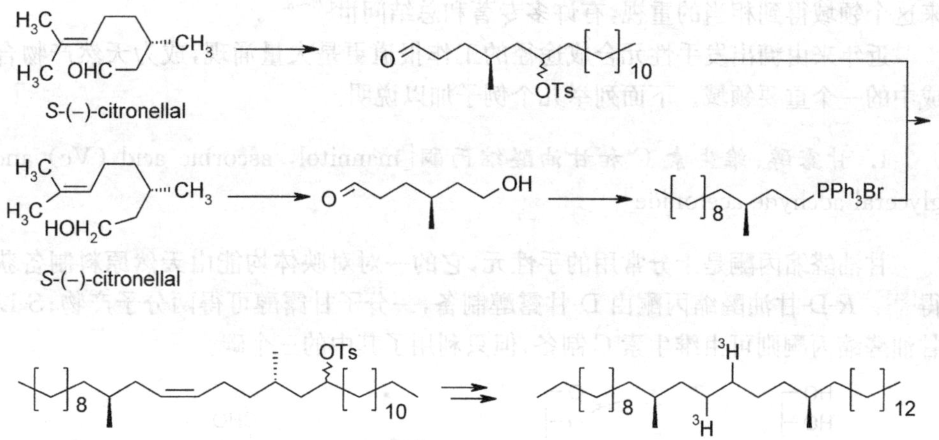

在合成有抗疟活性的天然产物 machaeriol A 和 B 时，Avery 等利用了 S-(−)-香茅醛和分子内杂原子 Diels-Alder 反应为关键反应构筑了分子的三个手性中心[76]。这一合成中利用了香茅醛的全部碳原子，并且由香茅醛的手性一次选择性地构筑了其他两个手性中心，在合成设计上还是很巧妙的。

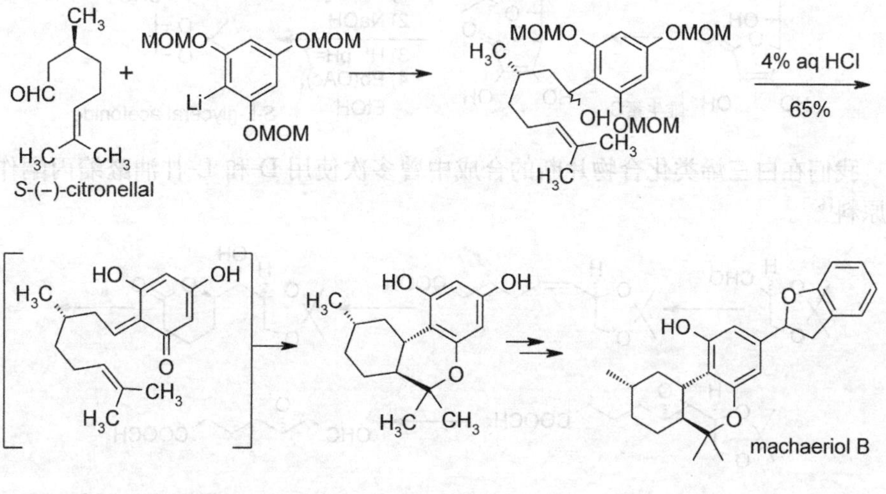

9.3.3　糖类制备手性元

羟基酸如苹果酸、酒石酸的情况类似于糖，现也归入这一节中。

一般它们具有 3～7 个碳原子的骨架，1～5 个手性中心，光学纯度高，通常为 100%，价廉易得，有些糖(如葡萄糖)价格甚至低于较一般的溶剂价格低。但是一般只有 D 型的化合物易得，因为天然的糖类均为 D 构型。糖类化合物用于制备手性元的可变性较大，在多个手性中心中有一定的选择余地。但是同样的性质往往有时又成为合成中的困难，因为多出的手性中心需要在合成过程中除去。长期以来这个领域得到相当的重视，有许多专著和总结问世[77~83]。

近年来由糖出发手性元合成途径的工作报道更是大量涌现，成为天然产物合成中的一个重要领域。下面列举几个例子加以说明。

1. 甘露醇、维生素 C 和甘油醛缩丙酮［mannitol, ascorbic acid (Vc) and glyceral adehyde acetonide］

甘油醛缩丙酮是十分常用的手性元，它的一对对映体均能由天然原料制备获得[84]。*R*-D-甘油醛缩丙酮由 D-甘露醇制备，一分子甘露醇可得两分子产物；*S*-L-甘油醛缩丙酮则可由维生素 C 制备，但只利用了其中的三个碳。

D-mannitol → → (Pb(OAc)$_4$ 或 NaIO$_4$) → *R*-D-glyceral acetonide

维生素C → → (1) NaBH$_4$ 2) NaOH 3) H$^+$, pH=7 4) Pb(OAc)$_4$ EtOH) → *S*-L-glyceral acetonide

我们在白三烯类化合物片断的合成中曾多次使用 D-和 L-甘油醛缩丙酮作手性原料[85]。

由于 D-甘露醇具有 C2 对称性，因此直接从 D-甘露醇出发可以设计一些双向合成的路线[86]。

D-mannitol → → →

2. 酒石酸、苹果酸和其衍生物(tartaric acid, malic acid and their derivatives)

由酒石酸得到的衍生物也是用得较多的手性元。酒石酸有一对光学活性的异构体——(*R*,*R*)-L-酒石酸和(*S*,*S*)-D-酒石酸,前者为天然物,但两者均易获得。这两个酒石酸都是一具C2对称轴的分子,因而在一些场合下会带来很大便利。下面的例子是从L-酒石酸出发制备PUG 4合成中的中间体[87]。

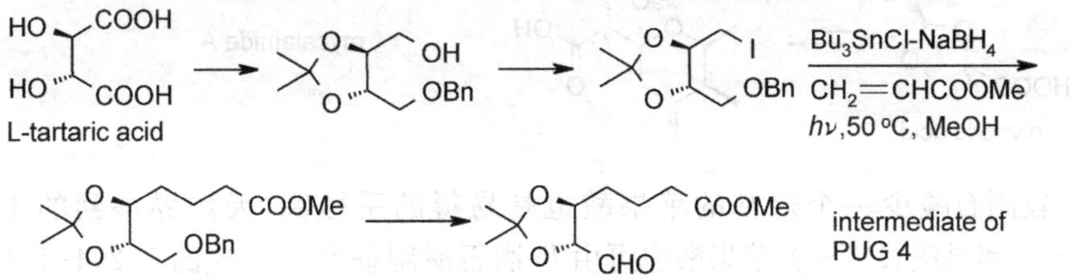

L-tartaric acid

Bu_3SnCl-$NaBH_4$
CH_2=CHCOOMe
$h\nu$,50 °C, MeOH

intermediate of PUG 4

L-(2,3)-*O*,*O*-环戊酮叉酒石酸二叔丁酯则被Evans研究小组[88]用作合成天然产物Zaragozic acid C的手性原料,获得了很好的效果。

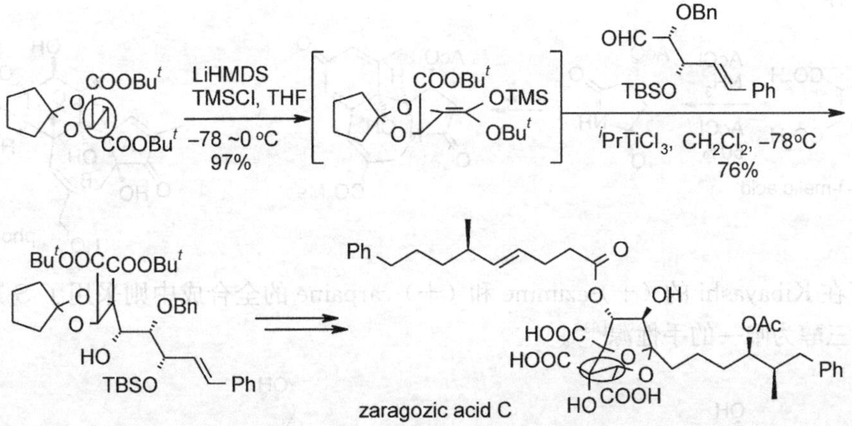

LiHMDS
TMSCl, THF
−78 ~0 °C
97%

$^iPrTiCl_3$, CH_2Cl_2, −78°C
76%

zaragozic acid C

海洋天然产物mycalamide A是一复杂的酰胺化合物,Rawal小组完成的全合成中,酸的部分由D-甘油酸等手性原料多步合成,而胺的部分则由D-酒石酸二乙酯开始合成[89]。图中可清楚看出mycalamide A中的C-7手性来自D-甘油酸,而C-11和12手性则来自D-酒石酸二乙酯。

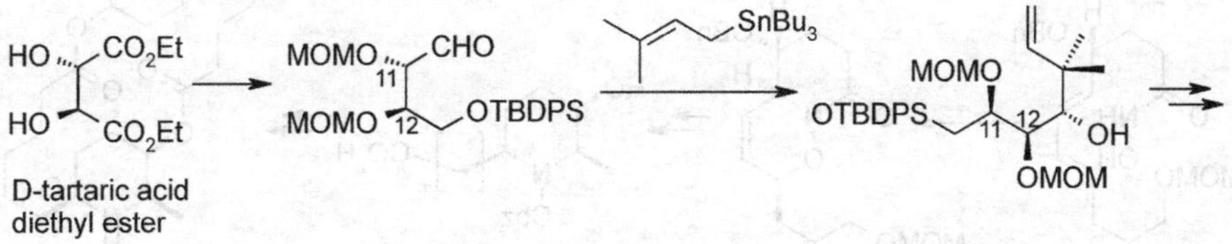

D-tartaric acid diethyl ester

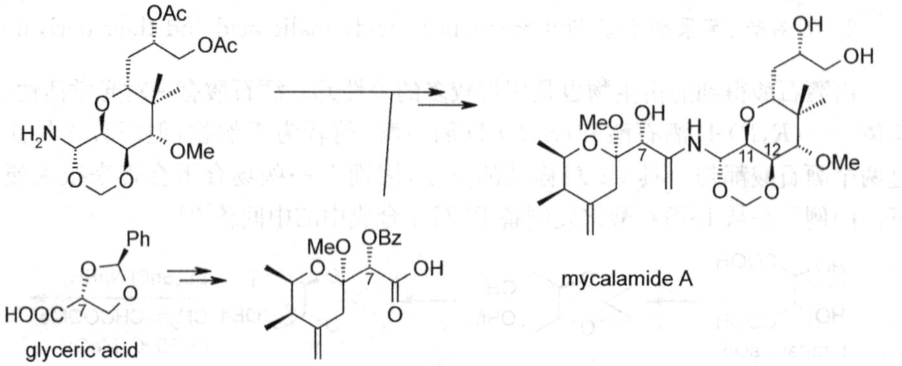

较酒石酸少一个羟基的苹果酸也是易得的手性源，天然界得到的主要为 S-(－)-苹果酸，R-(＋)-苹果酸也可由 D-酒石酸制备[90]。相应的 1,2,4-丁三醇也常用作合成中的手性元，它们也可由相应的苹果酸或酒石酸[91]制备。

下面是利用 S-(－)-苹果酸为手性源来构筑著名天然产物 Phorbol 类 ABC 环的工作[92]。

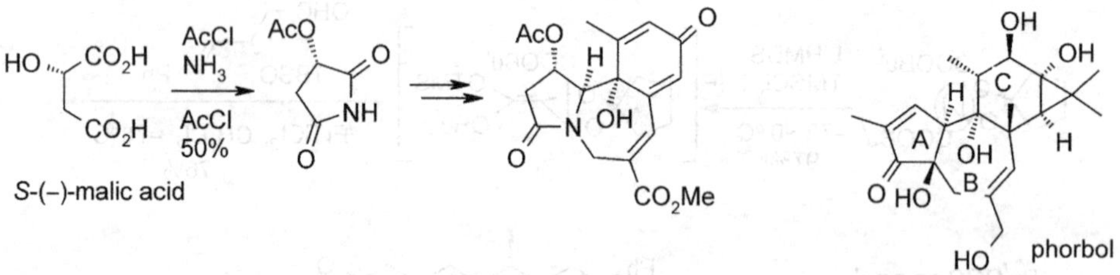

在 Kibayashi 的 (＋)-azimine 和 (＋)-carpaine 的全合成中则采用了 S-1,2,4-丁三醇为唯一的手性源[93]。

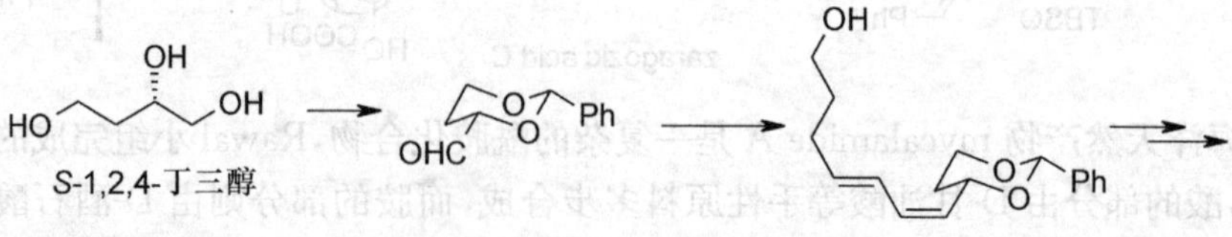

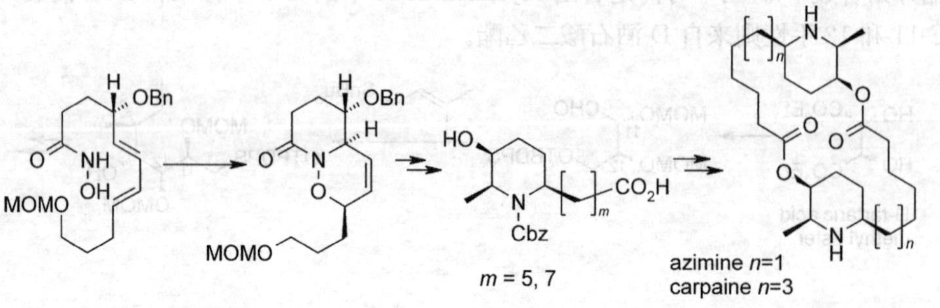

3. 葡萄糖、葡萄糖内酯和果糖(glucose，glucono-δ-lactone，frucose)

D-葡萄糖由于其价廉而被广泛开发应用。通过不同的条件可以转化为不同形式的手性元，下图是这方面的一个总结[94~98]。

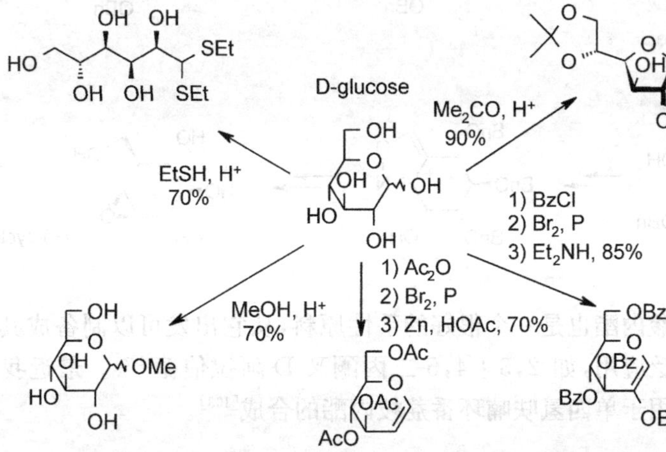

D-glucose

EtSH, H^+ 70%

Me_2CO, H^+ 90%

1) BzCl 2) Br_2, P 3) Et_2NH, 85%

1) Ac_2O 2) Br_2, P 3) Zn, HOAc, 70%

MeOH, H^+ 70%

不断有文献报道应用上述由葡萄糖来的手性元于天然产物的合成，对(－)-salicylihalamide 先后提出的初步结构和改正结构的两次合成中都用了葡萄糖 1，2,5,6-二缩丙酮作为其手性源，这只是近年大量应用葡萄糖中的一个普通例子[99, 100]。

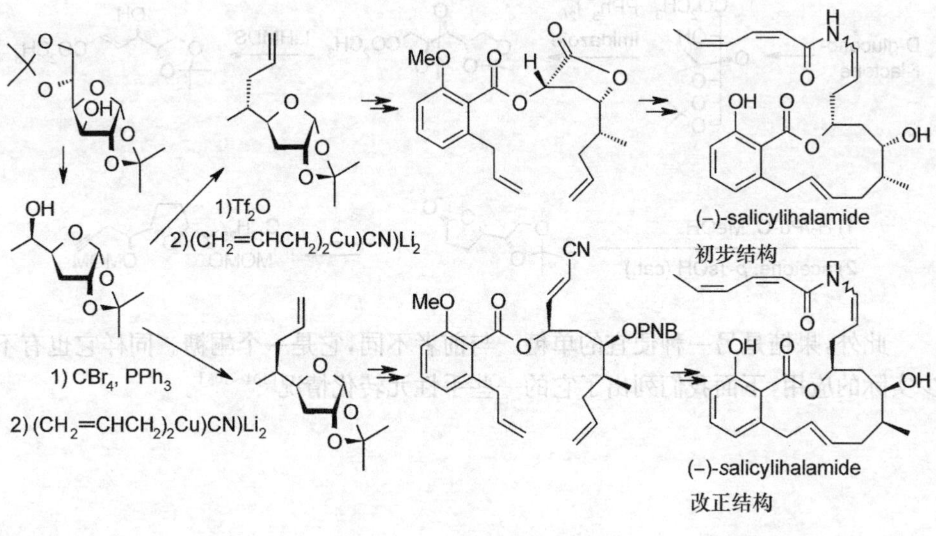

1)Tf_2O 2)$(CH_2{=}CHCH_2)_2Cu)CN)Li_2$

1) CBr_4, PPh_3 2) $(CH_2{=}CHCH_2)_2Cu)CN)Li_2$

(−)-salicylihalamide
初步结构

(−)-salicylihalamide
改正结构

除上图一些手性元外葡萄糖的 4,6-羟基也可用缩醛形式保护,进而开发出其他一些新的用途,如下例中用于环己多醇的合成[101]。

D -glucose

(+)-cyclophellitol

D-葡萄糖酸内酯也是一个很好的手性原料,从它出发可以制备成其他一些手性元而得到广泛应用,如 2,3:4,5-二丙酮叉-D-阿拉伯糖[102]。最近我们又发展了一新的途径用于单四氢呋喃环番荔枝内酯的合成[103]。

D-glucono-δ-lactone

1) DMOP, MeOH, acetone pTsOH, rt, 90%
2) LAH, ether, 86%
3) $NaIO_4$, H_2O, 76%

D-glucono-δ-lactone

PPh_3, I_2, imidazole

LiHMDS

1) H_2/Pd-C, MeOH
2) acetone, p-TsOH (cat.)

此外,果糖是另一种便宜的单糖。与前者不同,它是一个酮糖。同样它也有不少实际的应用,下面我们列出了它的一些手性元转化情况[104~108]。

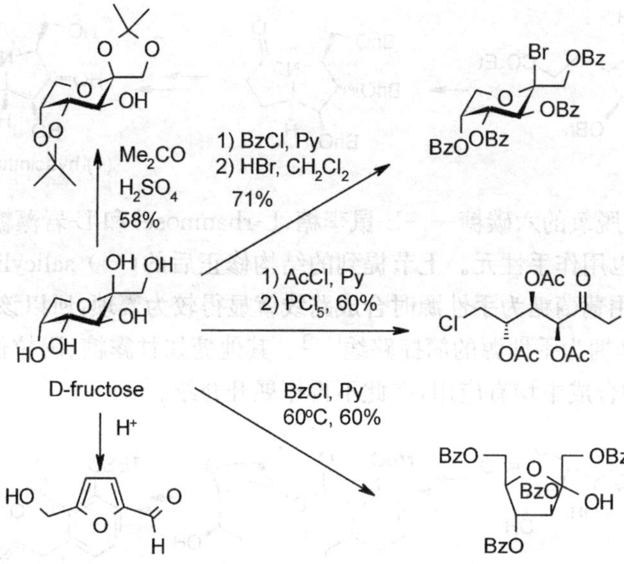

Me$_2$CO
H_2SO_4
58%
1) BzCl, Py
2) HBr, CH_2Cl_2
71%
1) AcCl, Py
2) PCl_5, 60%
BzCl, Py
60°C, 60%
D-fructose
H^+

4. 木糖(xylose)和其他糖

木糖也是一个十分易得的五碳糖，我们曾利用天然的 D-木糖作为手性元发展了一合成鞘氨醇类化合物的简捷路线[109~111]。

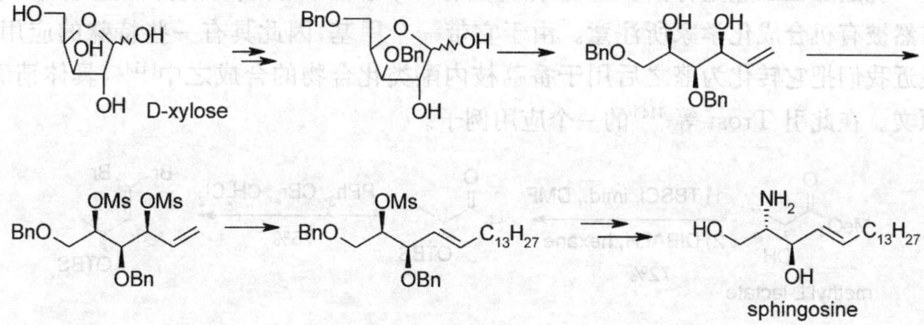

D-xylose
sphingosine

而在 Py 小组生物碱(+)-hyacinthacine A_2 的合成中由于产物构型的需要只能采用 L-木糖，但很好地利用了木糖的立体化学，合成路线十分简捷有效[112]。

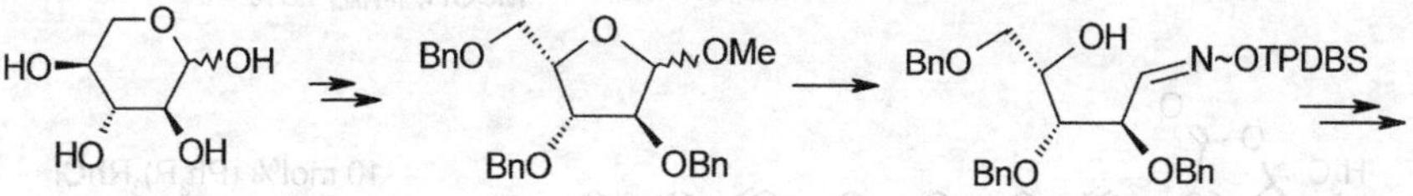

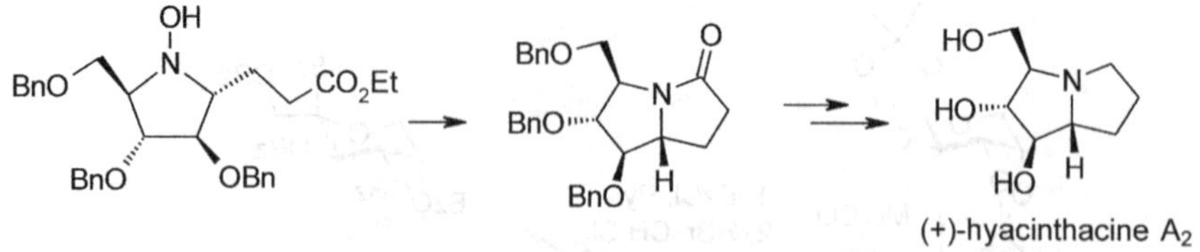

OH
N
BnO
CO2Et
BnO
OBn
BnO
O
N
BnO
BnO
H
HO
N
HO
HO
H
(+)-hyacinthacine A2

有两个 6 位脱氧的六碳糖——L-鼠李糖(L-rhamnose)和 L-岩藻糖(L-fucose)也较易得,有时也用作手性元。上节提到的结构修正后的(－)-salicylihalamide 的第二次合成,采用葡萄糖为手性源时合成路线就显得较为繁琐,所以该文作者又发展了另以 L-鼠李糖为手性源的简捷路线[100]。其他糖如甘露糖、阿拉伯糖、脱氧核糖等在天然产物合成中均有应用,在此不再作展开介绍。

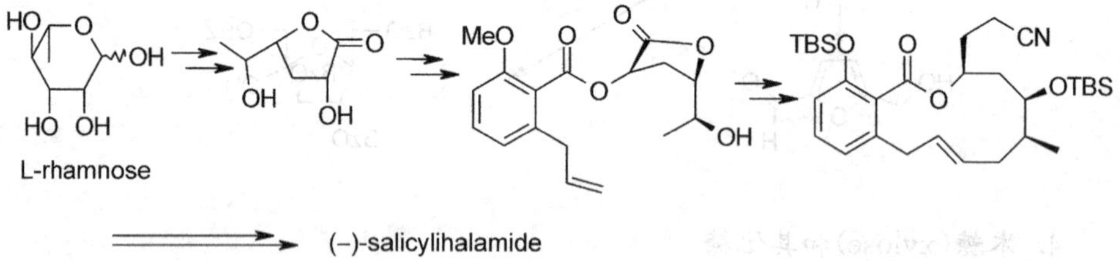

HO
O
OH
HO OH
L-rhamnose
O
O
OH
OH
MeO
O
O
O
O
OH
TBSO
O
CN
O
OTBS
(–)-salicylihalamide

5. 乳酸衍生物

乳酸酯在工业上有很多应用,作为具有一个手性中心的价廉易得的小分子,它自然被有机合成化学家所注意。由于它带一个甲基,因此具有一些特殊的应用。最近我们把它转化为醛之后用于番荔枝内酯类化合物的合成之中[113],具体请看原文。在此引 Trost 等[114]的一个应用例子。

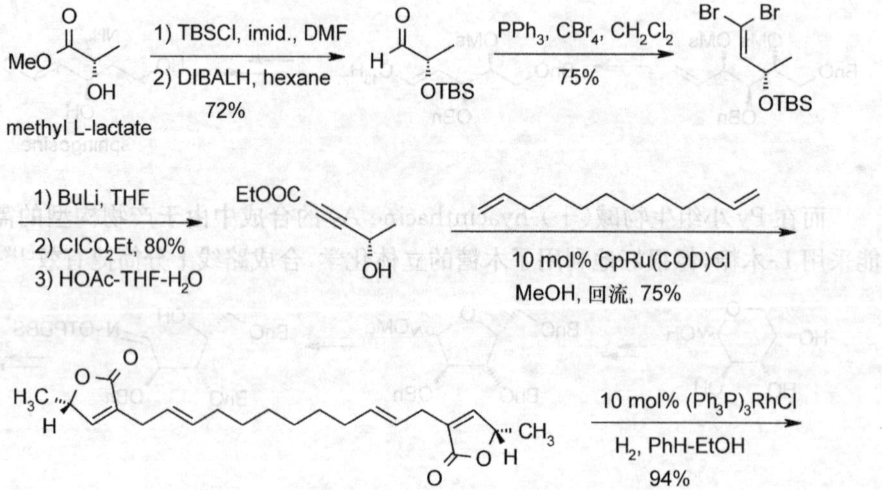

O
MeO
OH
methyl L-lactate
1) TBSCl, imid., DMF
2) DIBALH, hexane
72%
O
H
OTBS
PPh3, CBr4, CH2Cl2
75%
Br Br
OTBS
1) BuLi, THF
2) ClCO2Et, 80%
3) HOAc-THF-H2O
EtOOC
OH
10 mol% CpRu(COD)Cl
MeOH, 回流, 75%
O
O
H3C
H
CH3
O
O
H
10 mol% (Ph3P)3RhCl
H2, PhH-EtOH
94%

(+)-ancepsenolide

本章我们从合成原料、合成砌块和手性元三个方面介绍了在实际应用中的一些原则、用途和应用实例。我们认为，一个好的合成基于良好的反合成，而衡量一个好的反合成，最后归结到的合成原料是一个重要的因子。

参 考 文 献

[1] Fuhrhop J., Penzlin G. Organic Synthesis: Concepts, Methods, Starting Materials. 2nd Ed. Weinheim: VCH, 1994
[2] Formation of C-C Bonds. Vol. 1. Ed. by Mathieu J., Well-Raynal J. Stuttgart-Georg Thieme Publisher, 1973
[3] Stowell J. C. Chem. Rev., 1984, 84, 409～435
[4] Martin S. F. Synthesis, 1979, 633～665
[5] Utimoto K., Wakabayashi Y., Shishiyama Y. Tetrahedron Lett., 1981, 22, 4279
[6] Theil F., Costisella B., Gross H., et al. JCS, Perkin Trans I, 1987, 2469
[7] Grobel B.-T., Seebach D. Synthesis, 1977, 357
[8] Liu K.-G., Hu S.-G., Wu Y., et al. J. Chem. Soc. Perkin Trans. I, 2002, (16), 1890～1895
[9] Bonne D., Dekhane M., Zhu J.-P. J. Am. Chem. Soc., 2005, 127, 6926～6927
[10] Stambouli A., Amouroux R., Chastrette M. Tetrahedron Lett., 1987, 28, 5301
[11] Huang Y.-Z., Shi L.-L., Yang J.-H. Tetrahedron Lett., 1985, 26, 6447
[12] Seebach D. Angew. Chem. Int. Ed. Engl., 1979, 18, 239
[13] Trost B. M., Dirat O., Dudash Jr. J., Hembre E. J. Angew. Chem. Int. Ed., 2001, 40, 3658
[14] Tietze L. F., Schneider C., Grote A. Chem. Eur. J., 1996, 2, 139
[15] Yu Q., Wu Y., Ding H., Wu Y.-L. J. Chem. Soc. Perkin Trans. I, 1999, (9), 1183～1188
[16] Lou Y., Horikawa M., Kloster R. A., et al. J. Am. Chem. Soc., 2004, 126, 8916～8918
[17] Stowell J. C., King B. T. Synthesis, 1984, 278
[18] Phillips C., Jacobson R., Abrahams B., et al. J. Org. Chem., 1980, 45, 1920
[19] Wu W.-L., Yao Z.-J., Li Y.-L., et al. J. Org. Chem., 1995, 60, 3257
[20] Marvell E. N., Sturmer D., Knutson R. S. J. Org. Chem., 1968, 33, 2991
[21] Tufariello J. J., Tegeler J. J. Tetrahedron Lett., 1976, 4037
[22] Nakamura E., Aoki S., Sekiya K., et al. J. Am. Chem. Soc., 1987, 109, 8056
[23] Ruedi G., Hansen H.-J. Tetrahedron Lett., 2004, 45, 5143～5145
[24] Tsuji J., Minami I., Shimizu I. Tetrahedron Lett., 1983, 24, 1793
[25] Trost B. M., Pissot-Soldermann C., Chen I., Schroeder G. M. J. Am. Chem. Soc., 2004, 126, 4480～4481
[26] Wada R., Oisaki K., Kanai M., Shibasaki M. J. Am. Chem. Soc., 2004, 126, 8910～8911

［27］ Trost B. M., Jakel C., Plietker B. J. Am. Chem. Soc., 2003, 125, 4438～4439；新的应用见 Kinderman S. S., de Gelder R., van Maarseveen J. H., et al. J. Am. Chem. Soc., 2004, 126, 4100～4101
［28］ Dineen T. A., Roush W. R. Org. Lett., 2005, 7, 1355～1358
［29］ Corey E. J., Clark D. A., Goto G., et al. J. Am. Chem. Soc., 1980, 102, 1436, 3663
［30］ Oku A., Harada T., Kita K. Tetrahedron Lett., 1982, 23, 681
［31］ Miyabe H., Ushiro C., Ueda M., et al. J. Org. Chem., 2000, 65, 176～185
［32］ Trost B. M., Chan D. M. T. J. Am. Chem. Soc., 1979, 101, 6429
［33］ Long J., Hu J., Shen X., Ji B., Ding K. J. Am. Chem. Soc., 2002, 124, 10～11
［34］ Yamashita Y., Saito S., Ishitani H., Kobayashi S. J. Am. Chem. Soc., 2003, 125, 3793～3798
［35］ Kang E. J., Cho E. J., Lee Y. E., et al. J. Am. Chem. Soc., 2004, 126, 2680～2681
［36］ Corey E. J., Weinshenker N. M., Schaaf T. K., Huber W. J. Am. Chem. Soc., 1969, 91, 5675
［37］ Trost B. M., Verhoeven T. R. J. Am. Chem. Soc., 1980, 102, 4743
［38］ Fried T., Kleene W. J. Am. Chem. Soc., 1940, 62, 3258
［39］ Raczko J. Tetrahedron, 2003, 59, 10181～10186
［40］ Wender P. A., Dyckman A. J., Husfeld C. O., Scanio M. J. C. Org. Lett., 2000, 2, 1609～1611
［41］ Yoon N. M., Pak C. S., Brown H. C., et al. J. Org. Chem., 1973, 38, 2786
［42］ Corey E. J., Kim C. U. J. Am. Chem. Soc., 1972, 94, 7586
［43］ Tucker C. E., Knochel P. Synthesis, 1993, 530～536
［44］ Suzuki M., Morita Y., Yanagisawa A., et al. J. Org. Chem., 1988, 53, 286
［45］ Rossi R. Synthesis, 1981, 359
［46］ Oliver J. E., Doss R. P., Thomas Williamson R., et al. Tetrahedron, 2000, 56, 7633～7641
［47］ Savoia D., Trombini C., Umani-Ronchi A. J. Org. Chem., 1982, 47, 564
［48］ Morrison J. D. and Scott J. W. Asymmetric Synthesis. Vol. 4. Orlando: Academic Press, 1984
［49］ Coppola G. M., Schuster H. F. Asymmetric Synthesis— Construction of Chiral Molecules Using Amino Acids. NY: John Wiley & Sons, 1987
［50］ Newman H. J. Am. Chem. Soc., 1973, 95, 4098
［51］ a) Garner P., Park J. M. J. Org. Chem., 1987, 52, 2631～2634
b) Garner P., Park J. M., Malecki E. J. Org. Chem., 1988, 53, 4395～4398
［52］ Nicolaou K. C., Bunnage M. E., Koide K. J. Am. Chem. Soc., 1994, 116, 8402
［53］ Liu Z.-J. Lu R.-R., Chen Q., Hong H. Huaxue Xuebao, 1985, 43, 992
［54］ Worden S. M., Mapitse R., Hayes C. J. Tetrahedron Lett., 2002, 43, 6011～6014
［55］ Schkeryantz J. M., Woo J. C. G., Danishefsky S. J. J. Am. Chem. Soc., 1995, 117, 7025
［56］ Wipf P., Spencer S. R. J. Am. Chem. Soc., 2005, 127, 225～235
［57］ Ho P. T., Davis N. Synthesis, 1983, 462
［58］ Farina V., Beniani D. A. Tetrahedron Lett., 1988, 29, 1239
［59］ a) Casiraghi G., Rassu G., Spanu P., Pinna L. J. Org. Chem., 1992, 57, 3760
b) Rassu G., Casiraghi G., Spanu P., et al. Tetrahedron Asymmetry, 1992, 3, 1035
c) Casiraghi G., Ulgheri G., Spanu P., et al. JCS, Perkin Trans. I, 1993, 2991
d) Casiraghi G., Spanu P., Rassu G., Pinna L., Ulgheri F. J. Org. Chem., 1994, 59, 2906

[60] Abe H., Aoyagi S., Kibayashi C. J. Am. Chem. Soc., 2005, 127, 1473～1480

[61] Baran P. S., Guerrero C. A., Ambhaikar N. B., Hafensteiner B. D. Angew. Chem. Int. Ed., 2005, 44, 606～609

[62] Ho T.-L. Enantioselective Synthesis: Natural Products from Chiral Terpenes. New York: Wiley, 1992

[63] 赵荣宝,吴毓林. 化学学报, 1988, 46, 615～616; Zhao R.-B., Wu Y.-L. Huaxue Xuebao (Engl. Ed.), 1989, (1), 86～87

[64] Zhao R.-B., Zhao Y.-F., Song G.-Q., Wu Y.-L. Tetrahedron Lett., 1990, 31(25), 3559～3562

[65] Zhao R.-B., Wu Y.-L. Chinese J. Chem., 1991, 9(4), 377～380

[66] Srikrishna A., Kumar P. R., Gharpure S. J. Tetrahedron Lett., 2001, 42

[67] Hua D. H., Venkataraman S. J. Org. Chem., 1988, 53, 1095

[68] Harrowven D. C., Pascoe D. D., Demurtas D., Bourne H. O. Angew. Chem. Int. Ed., 2005, 44, 1221～1222

[69] a) Nicolaou K. C., van Delft F., Oshima T., et al. Angew. Chem. Int. Ed., 1997, 36, 2520～2524
b) Nicolaou K. C., Xu J.-Y., Kim S., et al. J. Am. Chem. Soc., 1997, 119, 11353～11354
c) Trost B. M., Tasker A. S., Ruther G., Brands A. J. Am. Chem. Soc., 1991, 113, 670～672

[70] Chen X.-T., Gutteridge C. E., Bhattacharya S. K., Zhou B., et al. Angew. Chem. Int. Ed., 1998, 37, 185～187

[71] Molander G. A., St. Jean Jr. D. J., Haas J. J. Am. Chem. Soc., 2004, 126, 1642～1643

[72] Holton R. A., Somoza C., Kim H.-B., et al. J. Am. Chem. Soc., 1994, 116, 1597 and 1599

[73] a) Wender P. A., Badham N. F., Conway S. P., et al. J. Am. Chem. Soc., 1997, 119, 2755～2756
b) Wender P. A., Badham N. F., Conway S. P., et al. J. Am. Chem. Soc., 1997, 119, 2757～2759

[74] Hutchinson J. H., Money T., Piper S. E. J. Chem. Soc., Chem. Commun., 1984, 455

[75] Pempo D., Cintrat J.-C., Parraina J.-L., Santelli M. Tetrahedron, 2000, 56, 5493～5497

[76] Chittiboyina A. G., Reddy Ch. R., Watkins E. B., Avery M. A. Tetrahderon Lett., 2004, 45, 1689～1691

[77] Seebach D. Morden Synthetic Methods, 1980, 2, 91

[78] Vasella A. Morden Synthetic Methods, 1980, 2, 173

[79] Jurczak J., Pikul S., Baller T. Tetrahedron, 1986, 42, 447

[80] Takano S. Pure Appl. Chem., 1987, 59, 353

[81] Takano S. J. Org. Syn. Jap., 1982, 40, 1037

[82] Hanessian S. Total Synthesis of Natural Products: The Chiron' Approach. Oxford: Pergamon, 1983

[83] Hanson R. M. Chem. Rev., 1991, 91, 437

[84] Hubschwerlen C. Synthesis, 1986, 962 and references cited therein

[85] Wu Y.-L., Li J.-C., Wang Y.-F. Huaxue Xuebao, 1988, 46, 472～477

[86] Merrer Y. L., Dureault A., Gravier C., Lauguin D., Depezay J. C. Tetrahderon Lett., 1985, 26, 319

[87] Mori K., Takeuchi T. Tetrahedron, 1988, 44, 333

[88] Evans D. A., Barrow J. C., Leighton J. L., Robichaud A. J., Sefkov M. J. Am. Chem. Soc., 1994, 116, 12111～12112
[89] Sohn J.-H., Waizumi N., Zhong H. M., Rawal V. H. J. Am. Chem. Soc., 2005, 127, 7290～7291
[90] Yun G., Sharpless K. B. J. Am. Chem. Soc., 1988, 110, 7538
[91] Sun X.-L., Wu Y.-L. Chinese J. Org. Chem., 2002, 7, 501～503
[92] Marson C. M., Pink J. H., Hall D., et al. J. Org. Chem., 2003, 68, 792～798
[93] Sato T., Aoyagi S., Kibayashi C. Org. Lett., 2003, 5, 3839～3842
[94] Wolfrom M. L., Thompson W. A. Methods Carbohydr. Chem., 1963, 2, 427
[95] Schmidt O. T. Methods Carbohydr. Chem., 1963, 2, 318
[96] Bollenback G. N. Methods Carbohydr. Chem., 1963, 2, 327
[97] Roth W., Pigman W. Methods Carbohydr. Chem., 1963, 2, 405
[98] Ferrier R. J., Prasad N. J. Chem. Soc. C, 1969, 570
[99] Georg G., Ahn Y. M., Blackman B., et al. Chem. Commun., 2001, 255～256
[100] Yang K.-L., Haack T., Blackman B., et al. Org. Lett. 2003, 5, 4007～4009
[101] Ishikawa T., Shimizu Y., Kudoh T., Saito S., Org. Lett., 2003, 5, 3879～3882
[102] Regeling H., Rouville E., Chittenden G. J. F. Rec. Trav. Chim. Pays-Bas., 1987, 106, 461
[103] Hu T.-S., Wu Y.-K., Wu Y.-L. Org. Lett., 2000, 2, 887
[104] Brady R. F. Jr. Carbohydr. Res., 1970, 15, 35
[105] Ness R. K., Flecher H. G., Jr. J. Am. Chem. Soc., 1953, 75, 2619
[106] Brauns D. H. J. Am. Chem. Soc., 1920, 42, 1846
[107] van Cleve J. W. Methods Carbohydr. Chem., 1963, 2, 237
[108] Theander O., Nelson D. A. Adv. Carbohydr. Chem. Biochem., 1988, 46, 284
[109] Li Y.-L., Wu Y.-L. Liebigs Ann., 1996, (12), 2079～2082
[110] Wang X.-Z., Wu Y.-L., Jiang S., Singh G. J. Org. Chem., 2000, 65, 8146～8151
[111] Chen X.-S., Wu Y.-L., Chen D.-H. Tetrahedron Lett., 2002, 43(19), 3529～3532
[112] Desvergnes S., Py S., Vallee Y. J. Org. Chem., 2005, 70, 1459～1462
[113] Yao Z.-J., Wu Y.-L. Tetrahedron Lett., 1994, 35, 157
[114] Trost B. M., Muller T. J. J., Martinez J. J. Am. Chem. Soc., 1995, 117, 1888

第 10 章　合成计划的考察和选择

复杂有机分子合成的目的以及它的设计策略上有一些基本点是值得我们注意的。美国 Oregon 大学的 Boeketheide 曾对合成设计提出两个基本观点[1]。

① 设计的合成路线要有效、短，要包含有新奇的化学问题或已知化学的新应用。

② 可提供相当量的最终产物，在竞争性的合成中，谁能第一个走通路线是很重要的，但现在讲来仅仅做到这一点是不够的。

日本名古屋大学后藤俊夫（T. Goto）则认为天然产物全合成具有四个目的：

① 确定结构；

② 提供样品（天然来源有限时）；

③ 合成衍生物；

④ 发展新反应和新的理论。

以上这些观点和想法实际上也仍为有机合成化学家所接受，作为合成设计的出发点，只是更加强调复杂有机分子合成在发展化学，培养人才和复杂有机分子功能研究中的作用[2]。Nicolaou 在 2000 年纵论两个世纪来全合成的科学和艺术时，也特别提到当年全合成确证天然产物结构的作用正在为探索和发现新的化学所取代，而在进入 21 世纪之后则更将进一步为化学生物学的发展起着重要的作用[3]。下面我们将以此对合成中的一些具体情况作一些考察和分析。

在分节具体讨论前，我们在此先对全合成确定结构的问题略作说明。20 世纪 50 年代以前，全合成曾是一个确定天然产物分子结构的权威手段。但后来谱学技术的迅猛发展和 X 射线单晶分析的应用，由全合成确定结构的作用逐渐降低。但近一些年来也还有一些天然产物的结构有待全合成确证，有一情况是当今有机化学家常面临许多极微量的非结晶的天然产物，如昆虫信息素、花生四烯酸酯氧化酶代谢物、海洋生物来的微量成分等高生理活性化合物，由微量分析技术只能知道其大致结构，许多结构细节还有待于全合成来确定。如，脂氧三醇 A（lipoxin A）的 5,6 位构型是由全合成得到四个异构体后，经比较确证的[4]。

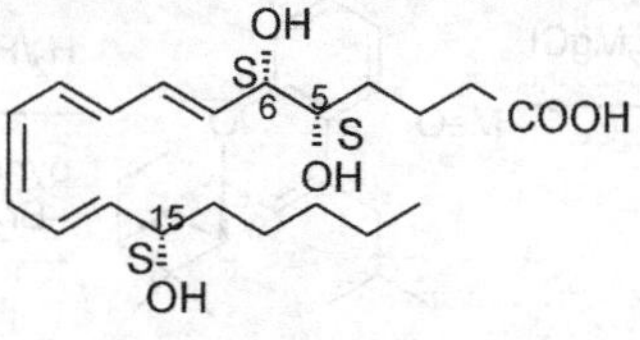

海洋生物中的二十碳酸 PUG 具抗白血病活性，它 12-OH 的构型是 α 而非 β 是通过全合成后才确证的[5]。

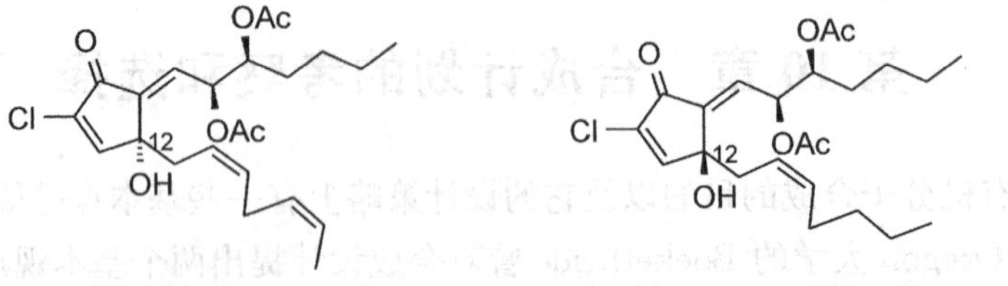

PUG 4　　12-epi-PUG 3

20 世纪 70～80 年代在中药中探索抗疟成分时，从大叶桉中先分得了大叶桉酚甲，并由全合成确证了它的结构[6]。稍后又分得了一对抗疟活性更好的次要成分 robustadial A 和 B，它们的结构由 2D NMR 推测为Ⅰ，A 和 B 为 4 位上的一对差向异构体[7]。后 Salomon 等合成了所示结构，但与天然产物数据不符，从而提出天然物结构可能为Ⅱ[8]。不久又发现合成的Ⅱ与天然产物相异，因而认为较正确的结构为Ⅲ[9]。此后即采用(+)-nopinone 为原料合成了如Ⅲ结构所示的 robustadial B 和 A 的二甲醚衍生物，它们的^{1}H NMR，^{13}C NMR，CD 与天然产物的二甲醚衍生物完全一致，从而确证了它们的结构[10]。90 年代挪威的一个实验室则用(－)-nopol 为原料合成了 robustadial A，再次确证了结构[11]。

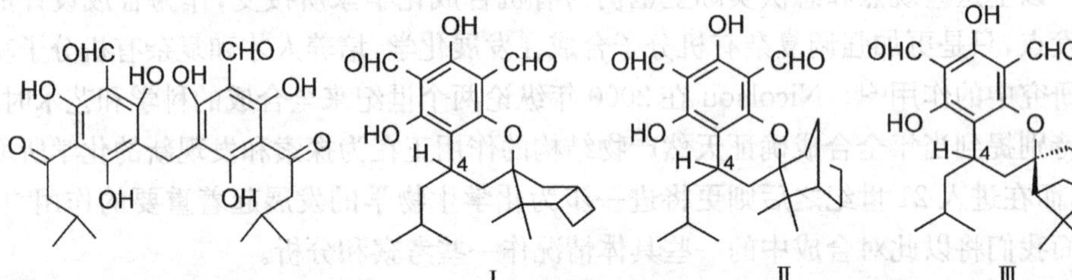

大叶桉酚甲 (robustaol)　　Ⅰ robustadial A 4β-H　　Ⅱ robustadial B 4α-H　　Ⅲ

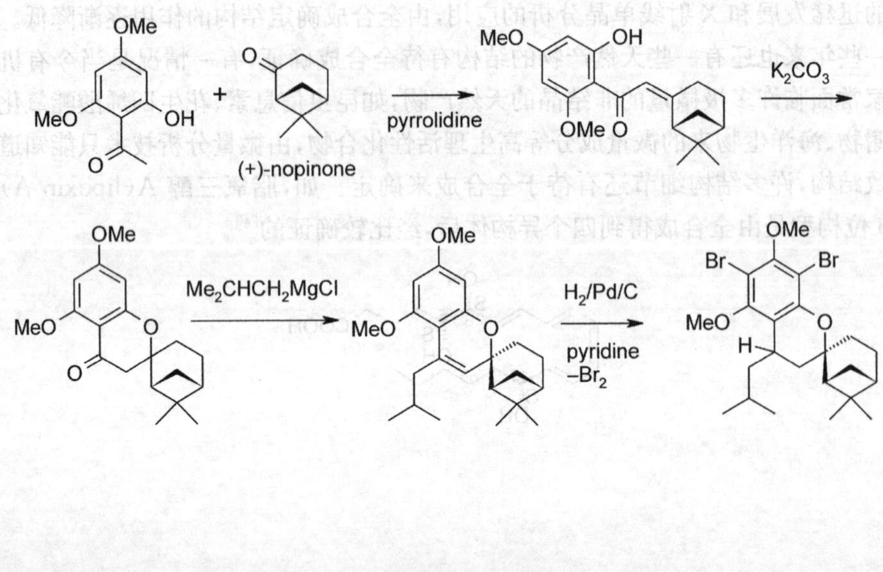

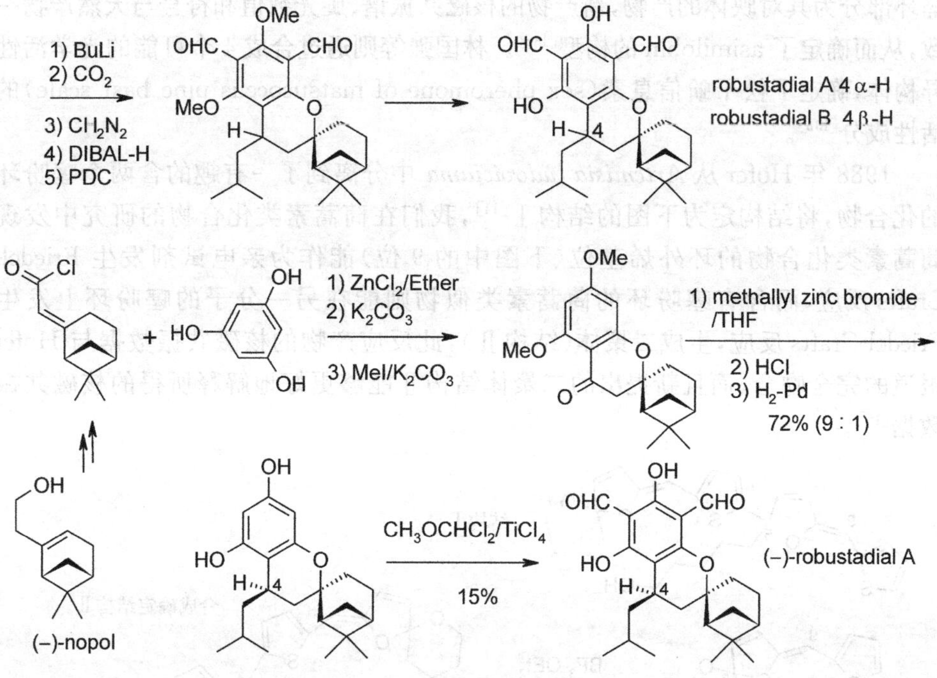

1) BuLi
2) CO_2
3) CH_2N_2
4) DIBAL-H
5) PDC

robustadial A 4α-H
robustadial B 4β-H

1) $ZnCl_2$/Ether
2) K_2CO_3
3) MeI/K_2CO_3

1) methallyl zinc bromide /THF
2) HCl
3) H_2-Pd
72% (9 : 1)

(−)-nopol

$CH_3OCHCl_2/TiCl_4$
15%

(−)-robustadial A

由 *Catalpa Speciosa* Warder 树叶中分得的 specionin 初定结构为Ⅳ[12a]，后三次合成定结构为Ⅴ[12b~f]。

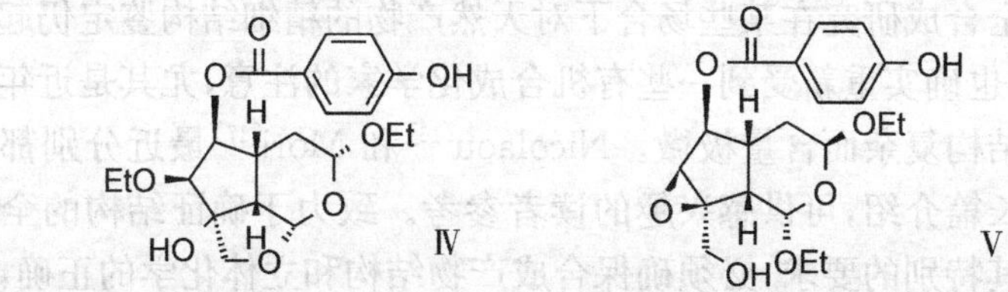

Ⅳ Ⅴ

王志民等全合成了双四氢呋喃环番荔枝内酯 asimilobin 后，发现合成产物与天然产物相比核磁共振谱相同，但旋光数值不同，符号相反。后再合成了双四氢呋

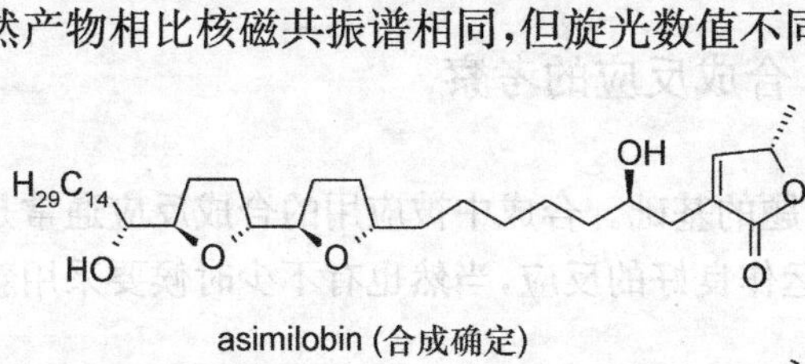

asimilobin (合成确定)

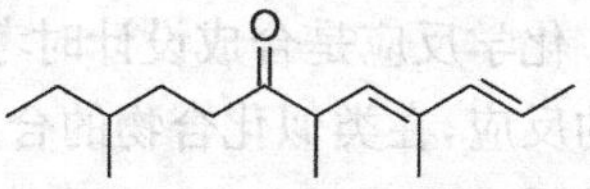

sex pheromone of matsucoccus pine bast scale

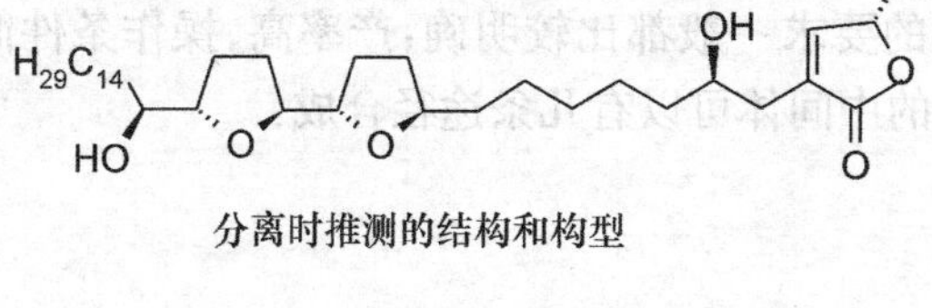

分离时推测的结构和构型

喃环部分为其对映体的产物，新产物的核磁共振谱、旋光数值和符号与天然产物一致，从而确定了 asimilobin 的构型[13a]。林国强等则通过合成 4 个可能的光学活性异构体，确定了松干蚧信息素（sex pheromone of matsucoccus pine bast scale）的活性成分[13b]。

1988 年 Hofer 从 *Artemisia ludoviciama* 中分离到了一有趣的含两个噻吩环的化合物，将结构定为下图的结构 Ⅰ[14]，我们在茼蒿素类化合物的研究中发现茼蒿素类化合物的环外烯基位（下图中的 9 位）能作为亲电试剂发生 Friedel-Crafts 反应，而含有噻吩环的茼蒿素类似物则能在另一分子的噻吩环上发生 Friedel-Crafts 反应，生成二聚体（结构 Ⅱ），此反应产物的核磁共振数据与 Hofer 报道的完全吻合，而且新提出的二聚体结构 Ⅱ 能够更好地解释所得的核磁共振数据[15]。

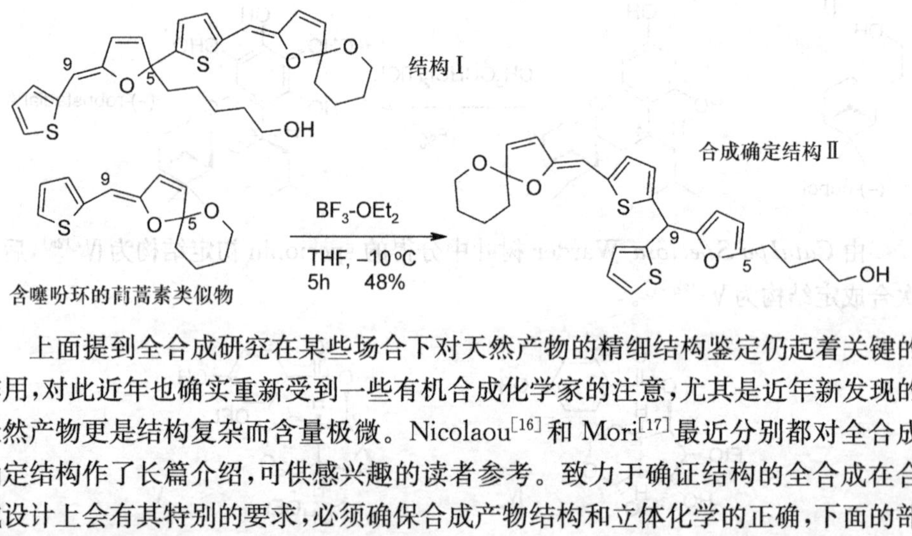

结构 Ⅰ

含噻吩环的茼蒿素类似物 $\xrightarrow[\text{THF, }-10^{\circ}C\text{, 5h, 48\%}]{BF_3\text{-}OEt_2}$ 合成确定结构 Ⅱ

上面提到全合成研究在某些场合下对天然产物的精细结构鉴定仍起着关键的作用，对此近年也确实重新受到一些有机合成化学家的注意，尤其是近年新发现的天然产物更是结构复杂而含量极微。Nicolaou[16] 和 Mori[17] 最近分别都对全合成确定结构作了长篇介绍，可供感兴趣的读者参考。致力于确证结构的全合成在合成设计上会有其特别的要求，必须确保合成产物结构和立体化学的正确，下面的部分也将会适当提及。

10.1　合成反应的考察

化学反应是合成设计时考虑问题的基础。合成中被应用的合成反应通常是已知的反应，在类似化合物的合成中运作良好的反应，当然也有不少时候要采用新设计的反应。

对已知的或类似的反应，选择的要求一般都比较明确：产率高、操作条件简单易行。如植物激素 Strigol 合成中的中间体可以有几条途径合成：

第一条路线[18]过去采用过，以柠檬醛为起始原料，产率还可以，但第一步有较多聚合物形成，后处理困难。通过改进，后发表了一称为可以大规模使用的改进法[19]，原料改从 α-紫罗兰酮出发，产率也可以。但仔细考察后则发现仍有不少问题，如氧化双键一步投料 25g 需水 5L，叔丁醇 2.5L 以及 232g 过碘酸钠，操作不便之处已可想像。为此又作了改进[20]，采用臭氧化的方法，达到了产率高，操作又简便。

与此有关的一个要求是，反应条件不应十分严格，在条件稍有变动时反应产率影响不大，即需要图 10.1 的反应，而非图 10.2 所示的反应。这对于提供较大量产品的合成则更为重要[21]。

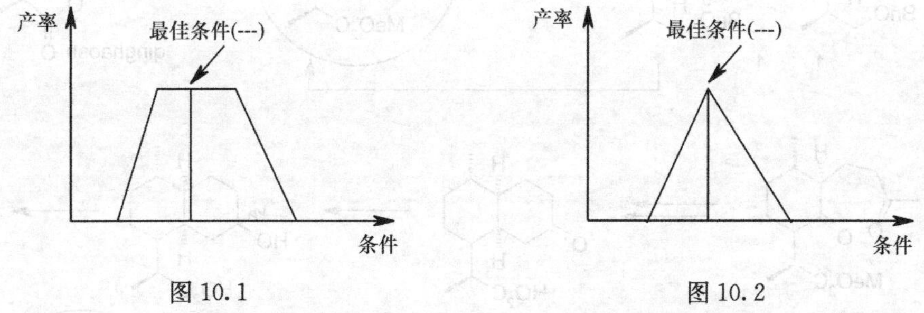

图 10.1　　图 10.2

如第 7 章最后提及的白三烯 A_4 的仿生合成[22]，Corey 报道后另一学者 Sih 称无法重复，于是 Corey 又再次报道称此反应条件十分严格，仅在所指定的条件下才能得到 33%的产率。因而选用这样的合成反应，尤其是为了提供样品，就值得考虑了。

对产率好的要求也不绝对。有机合成有时为先取得少量样品，以进行理化、生物性能测试。产率稍低，但原料易得分离容易则还是可取的。如下列合成反应[23]两步产率 14%，但副反应产物易于分去，原料易得，因此还是可取的。

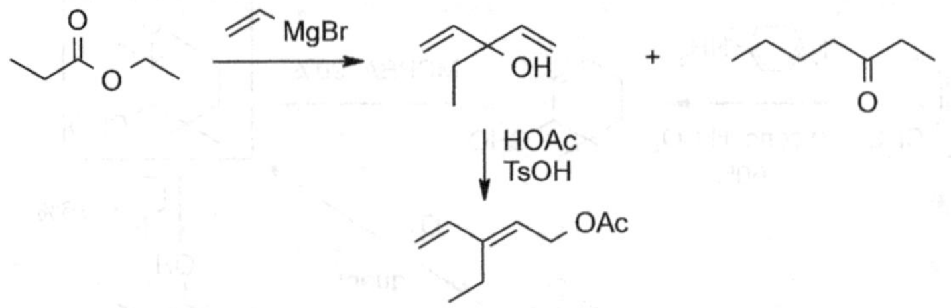

上述例子提到了反应产物的分离问题，其实这也是考察、评价一个反应的重要方面。一个产物难于分离的反应应当尽可能在合成路线中避开，而采用其他替代的反应方式或反应步骤。双氢青蒿酸是青蒿素全合成中的关键接力中间体，在合成双氢青蒿酸的路线中有一步只能得到一双键异构体为 1∶1 的混合物，必须经过反复硅胶柱层析才能获得所需少量纯的 4,5-双键产物[23c]，因而这样的方法实际上是不可能为全合成提供所需的中间体。在稍后的工作中同样也获得了类似的双键异构体为 1∶1 的混合物，但此时 4,5-双键处于羧酸的 δ 位，而 3,4-双键则处于 ε 位，因此就设计将此混合物直接进行双羟基化反应，反应后 4,5-双键产物形成羟

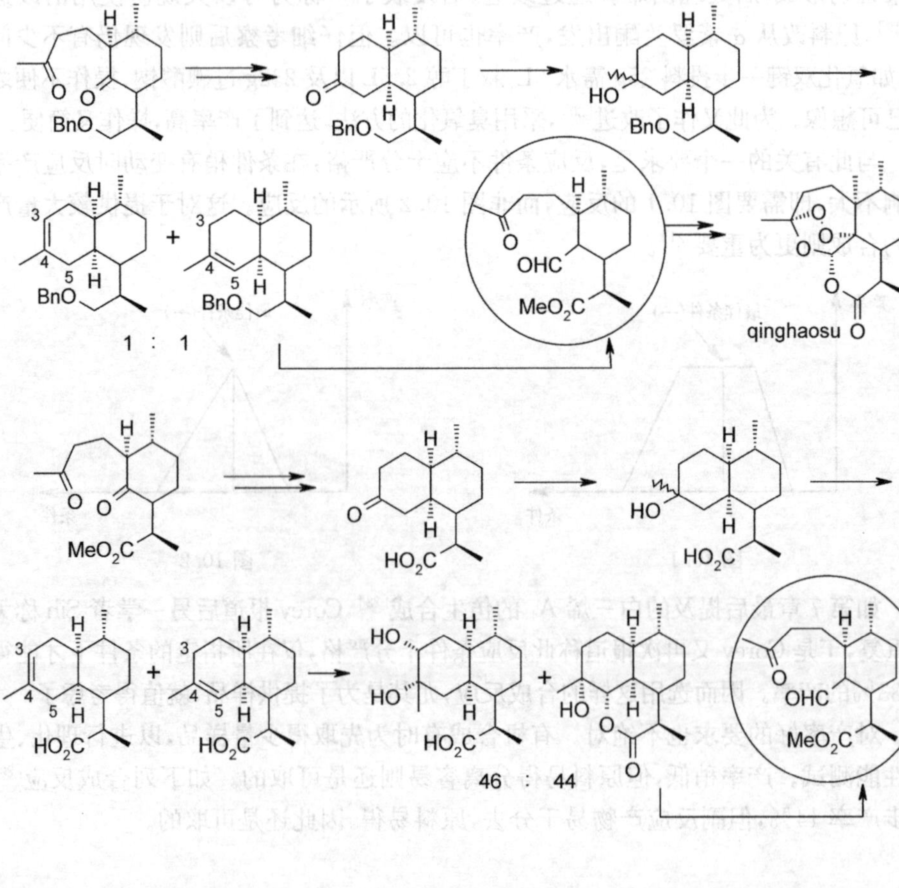

MgBr　HOAc　TsOH　OH　O　OAc

H　O　BnO　HO　3　4　5　1 : 1　OHC　MeO₂C　qinghaosu

MeO₂C　HO₂C　HO　46 : 44

基-内酯化合物，而不需的3,4-双键产物则形成双羟基的游离酸，二者利用稀碱水溶液萃取即可方便地分开，分开后的内酯化合物经水解、过碘酸钠断邻二羟基和甲酯化即得青蒿素合成的中间体[23d]，由此较好地解决了双键异构体分离的难题。

上述例子表明在合成设计中考察反应时，反应产物的分离纯化问题以及产物从反应体系中分离的问题也必须予以高度重视。1998年，Curran对此也有专门论述，认为每一反应的产率和其实用性受制于其分离能力和最终纯品从反应混合物中收得的能力，合成和纯化是一项工作不可分割的两个方面[23e]。在合成基础上处理分离的问题可以采用如上例那样的酸碱法，也可以采用固相合成的方法（反应物固载化或试剂固载化），氟碳相中或离子液体中的合成方法等等。这些都值得在合成设计中参考。

新设计的反应常会显著简化整体合成路线，提高总产率，但是由此也使合成路线存在不肯定性，这样的反应除在设计路线中最好安排在开始几步以外，还需用易得的类似分子进行模型试验，如aklavinone的全合成，新设计的一步关键反应是形成四个环的反应，开始参考类似反应[24]，如

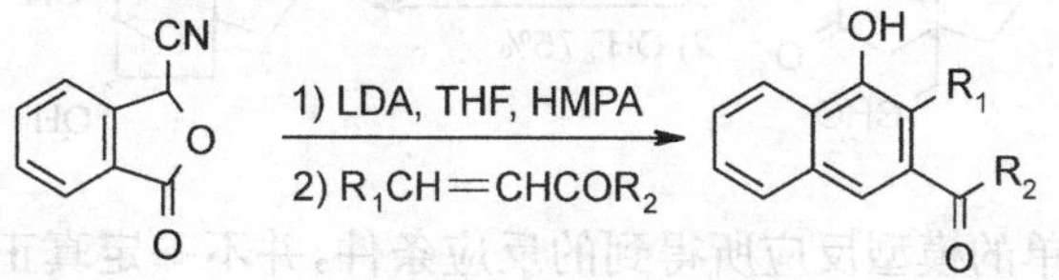
CN
1) LDA, THF, HMPA
2) R1CH=CHCOR2
OH
R1
R2

并进行了模拟试验[25]。

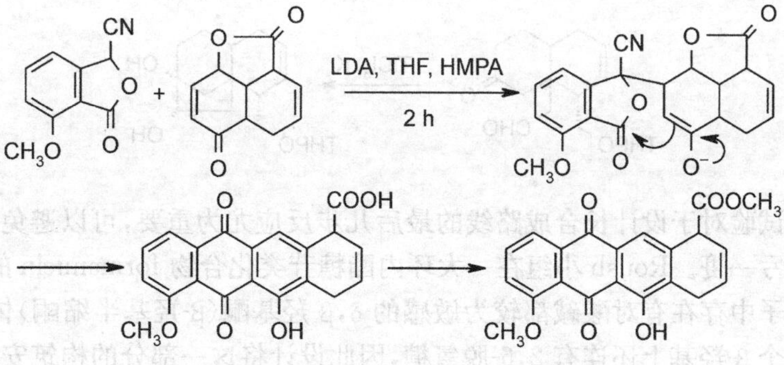
CN
CH3O
LDA, THF, HMPA
2 h
COOH
COOCH3
OH

由此进而也就成功合成了相应的中间体和aklavinone[23]。

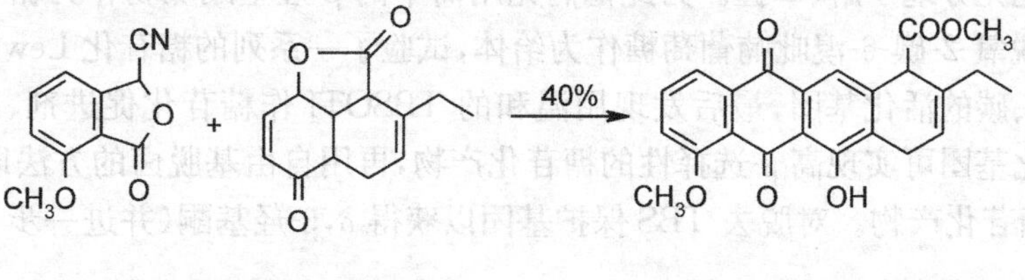
CN
CH3O
40%
COOCH3
OH

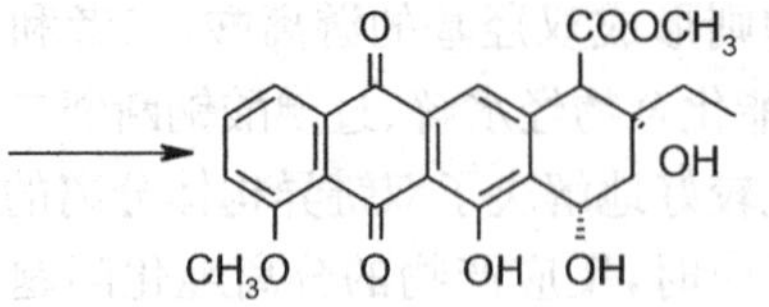

在 Corey 等[26]对赤霉素(gibberellic acid)合成中,有一步被设计为频哪醇环化(pinacolic cyclization)。

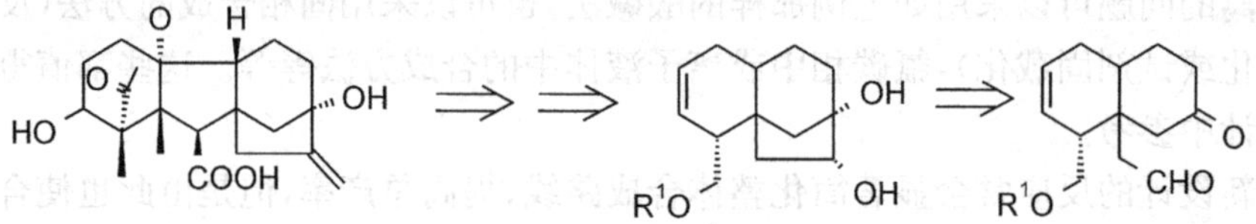

他们先进行了模型试验[27]。

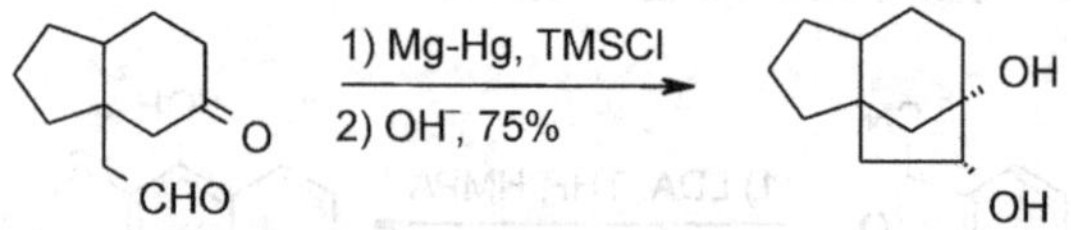

但是用较简单的模型反应所得到的反应条件,并不一定真正能用于复杂的真实分子上。上述条件就不能完全搬于赤霉素的合成中,最后他们改用零价钛催化才使反应获得成功。

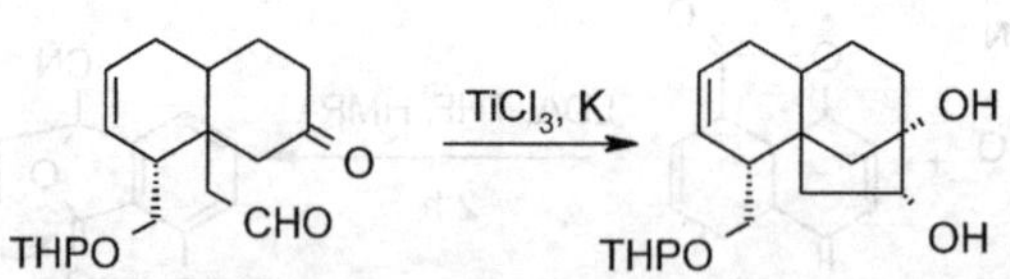

模型试验对于设计长合成路线的最后几步反应尤为重要,可以避免在胜利在望之际功亏一篑。Roush 小组在一大环内酯糖苷类化合物 formamicin 的合成中,考虑到分子中存在有对酸碱都较为敏感的 δ,β-羟基酮(β-羟基半缩酮)体系,而且在其中一个 β-羟基上还连有 2,6-脱氧糖,因此设计将这一部分的构筑安排在合成路线的最后阶段。但是如何获得游离的 δ,β-羟基酮和进行糖苷化反应的反应条件必须事先充分地了解、掌握。为此他们先用简单的 β-羟基酮底物作为糖苷化受体和 2,6-脱氧-2-碘-6-溴吡喃葡萄糖作为给体,试验了一系列的糖苷化 Lewis 酸促进剂和异头碳的活化基团,最后发现用温和的 TBSOTf 作糖苷化促进剂、F 作异头碳的活化基团可实现高 β-选择性的糖苷化产物,再用自由基脱卤的方法即可得 2,6-脱氧糖苷化产物。对脱去 TBS 保护基团以获得 δ,β-羟基酮(并进一步自动生成

β-羟基半缩酮)方面，他们也先用简单的底物试验了一系列近中性条件下脱硅醚的反应。从而找到了用 $Et_3N \cdot HF$ 在乙腈中可以以中等产率获得所需产物，但也部分留有一个 TBS 保护基团的产物。之后按照模型反应的条件，延长了最后一步的反应时间合计至两周，他们最终成功地实现了 formamicin 的全合成[28]。

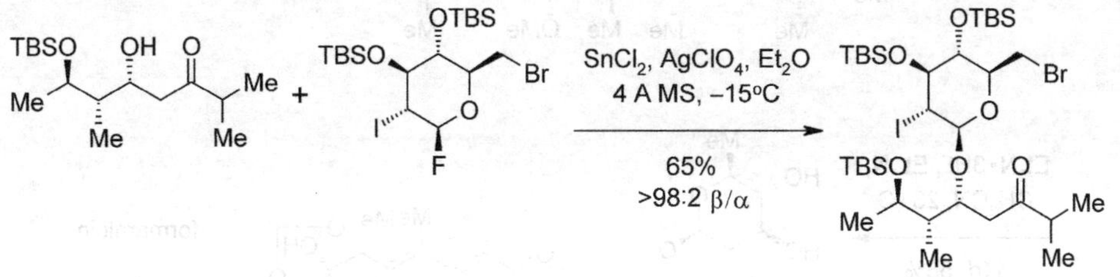

$SnCl_2$, $AgClO_4$, Et_2O
4 A MS, −15°C
65%
>98:2 β/α

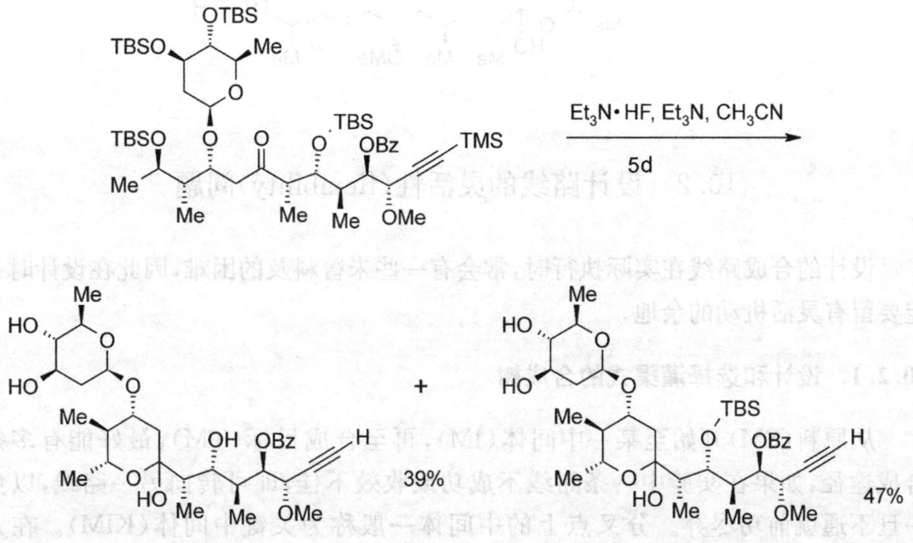

$Et_3N \cdot HF$, Et_3N, CH_3CN
5d

39%

47%

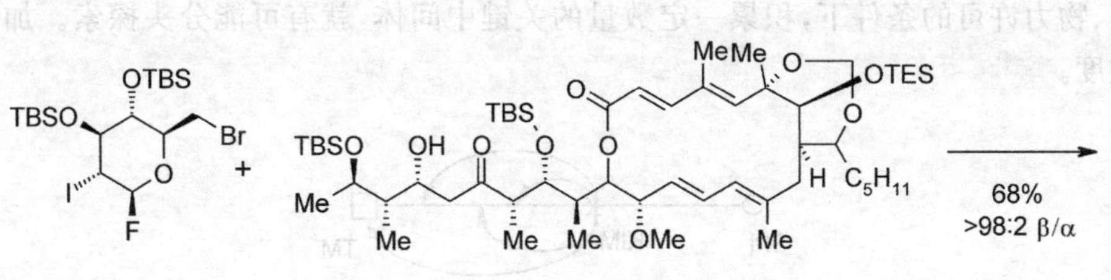

68%
>98:2 β/α

Bu_3SnH, Et_3B, O_2, 23 °C, 93%

$Et_3N\cdot 3HF$, Et_3N, CH_3CN/THF 1:1, 23 °C, 3d

$Et_3N\cdot 3HF$, Et_3N, CH_3CN, 23 °C, 11d, 58%

formamicin

10.2　设计路线的灵活性(flexibility)问题

设计的合成路线在实际执行时,常会有一些未曾料及的困难,因此在设计时一定要留有灵活机动的余地。

10.2.1　设计和选择灌渠式的合成树

从原料(SM)开始至某一中间体(IM),再至合成目标(TM),最好能有多条合成途径,如果在实验中一条路线不成功或收效不佳,即可转向另一路线,以免一旦不通就前功尽弃。分叉点上的中间体一般称为关键中间体(KIM)。在人力、物力许可的条件下,积累一定数量的关键中间体,就有可能分头探索。加快进度。

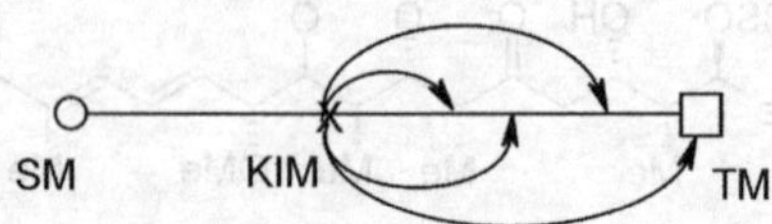

如喜树碱(camptothecin)的全合成中,有一条路线是先合成到关键中间体Ⅰ,由Ⅰ出发可先腈基水解后往下合成,这时路线长,产率低。另外,可先在甲基上羧乙基化,然后往下合成也可到达目标物。但稍后乙基化一步产率不佳,为此再回过头来由Ⅰ出发,羧乙基化后接着乙基化,从而合成至目标化合物,达到总产率18%

的较好结果[29]。此后进一步的改进主要是先构筑 E 环,包括光学纯的 E 环中间体,然后拼合得目标分子(见下图左下部分)[30]。

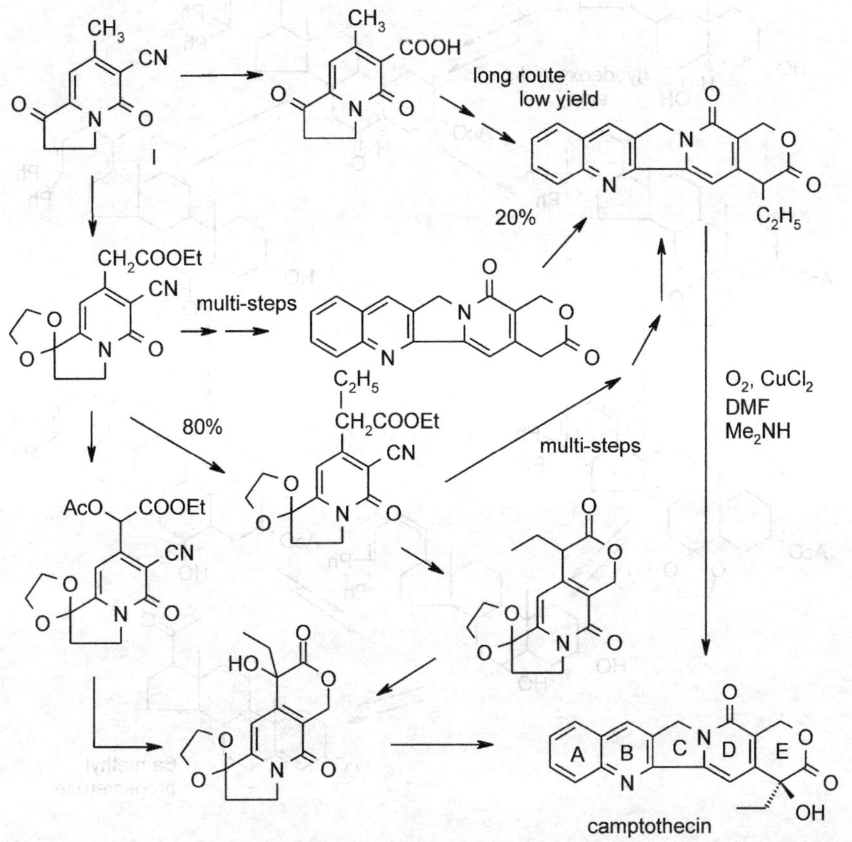

我们[31]早年从猪去氧胆酸合成 6-甲基黄体酮的工作中也先合成到一关键中间体,然后再试探两条先后引入甲基的不同路线,最后氧化断边链得目标物。

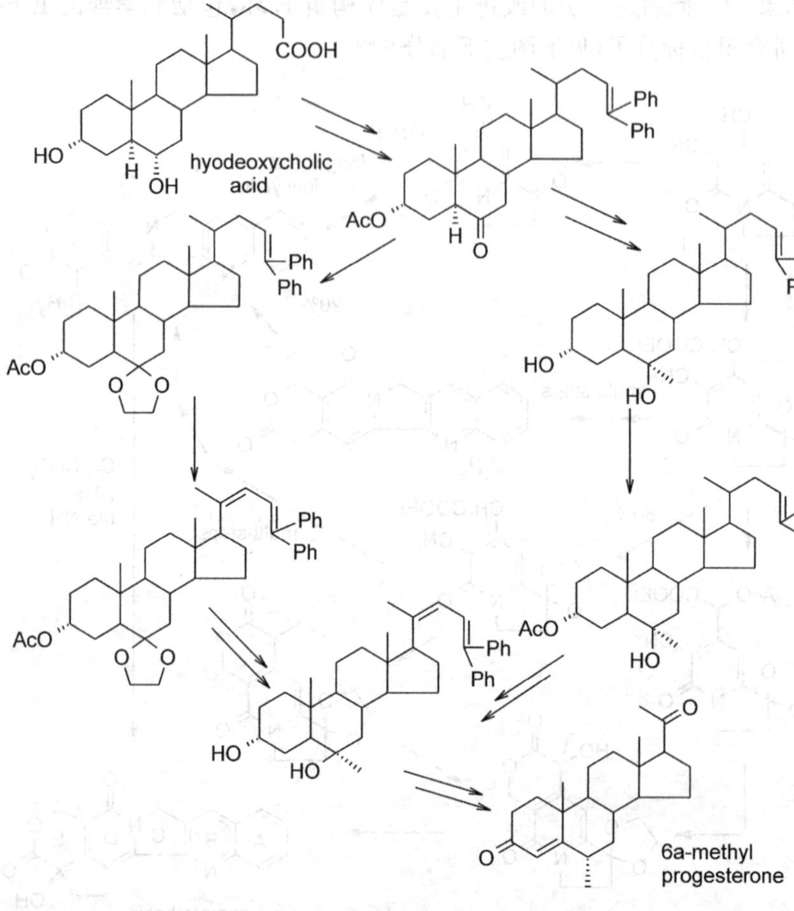

hyodeoxycholic acid
6a-methyl progesterone

在 10.1 节提到的 formamicin 全合成中，Roush 小组对从下图中的中间体出发合成至含 4 个手性中心的 C1-C11 片段设计了两条路线：路线 1 用乳酸酯的 aldol反应一次引入 2 个手性中心；而路线 2 则分两次引入。实验证明两个方案都是可行的，但路线 1 的关键反应非对映选择性较低、反应条件较难掌握、产物异构体也难于分离，而路线 2 则两步非对映选择性反应的选择性均大于 20：1，总产率也高于路线 1[28]。

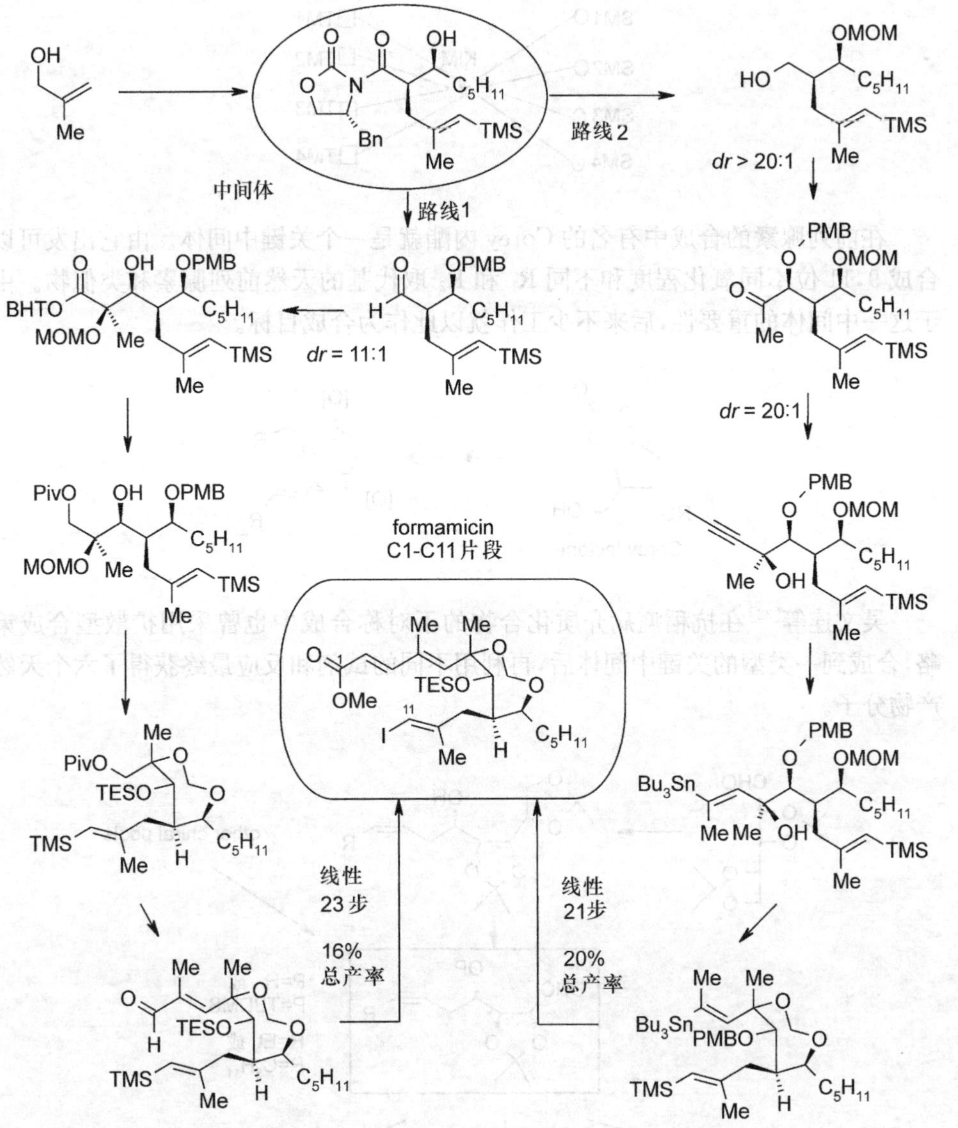

10.2.2　设计和选择伞状扩散型合成图式

前面已提及，天然产物尤其是一些生理活性物质，其合成的目的往往不仅仅为了合成化合物本身，而是想通过它的合成建立这一类型化合物的通用合成途径，从而能了解构效关系，以获得更有意义的化合物信息。因此要求设计合成至某一关键中间体后，对进一步反应的试剂略加改变，即可获得一系列产物。

SM1
SM2
SM3
SM4
KIM
X
TM1
TM2
TM3
TM4

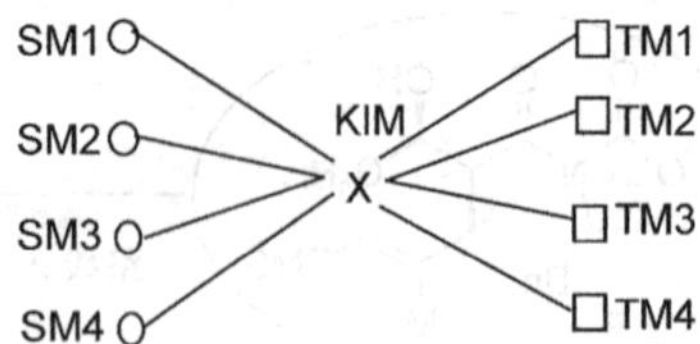

在前列腺素的合成中有名的 Corey 内酯就是一个关键中间体。由它出发可以合成 9,11 位不同氧化程度和不同 R_1 和 R_2 取代基的天然前列腺素和类似物。由于这一中间体的重要性,后来不少工作就以此作为合成目标。

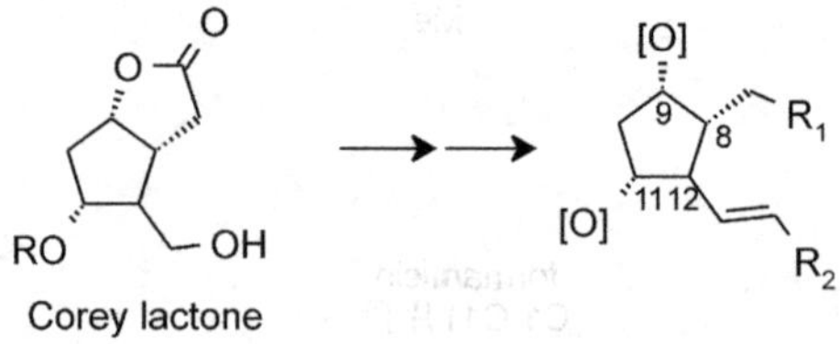

Corey lactone
[O]
[O]
R1
R2

吴文连等[32]在抗稻瘟病介质化合物的不对称合成中也曾采用扩散型合成策略,合成到一类型的关键中间体后,再利用不同的试剂和反应最终获得了六个天然产物分子。

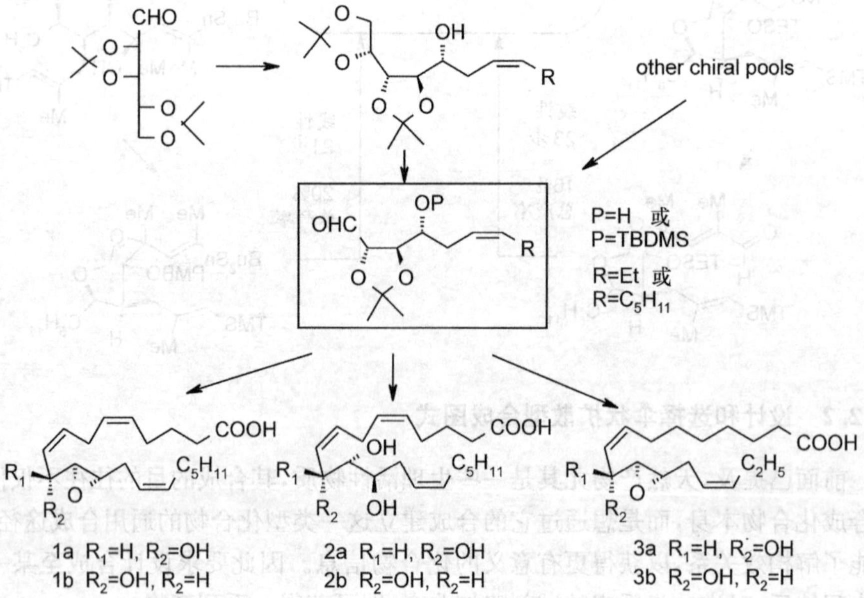

other chiral pools
P=H 或
P=TBDMS
R=Et 或
R=C5H11
1a R1=H, R2=OH
1b R2=OH, R2=H
2a R1=H, R2=OH
2b R2=OH, R2=H
3a R1=H, R2=OH
3b R2=OH, R2=H

天然单四氢呋喃环番荔枝内酯合成中，我们从 D-酒石酸、葡萄糖或葡萄糖内酯出发发展了四条四氢呋喃环片段的合成路线。由这一关键中间体出发先后完成了六个目标化合物的全合成[33]。

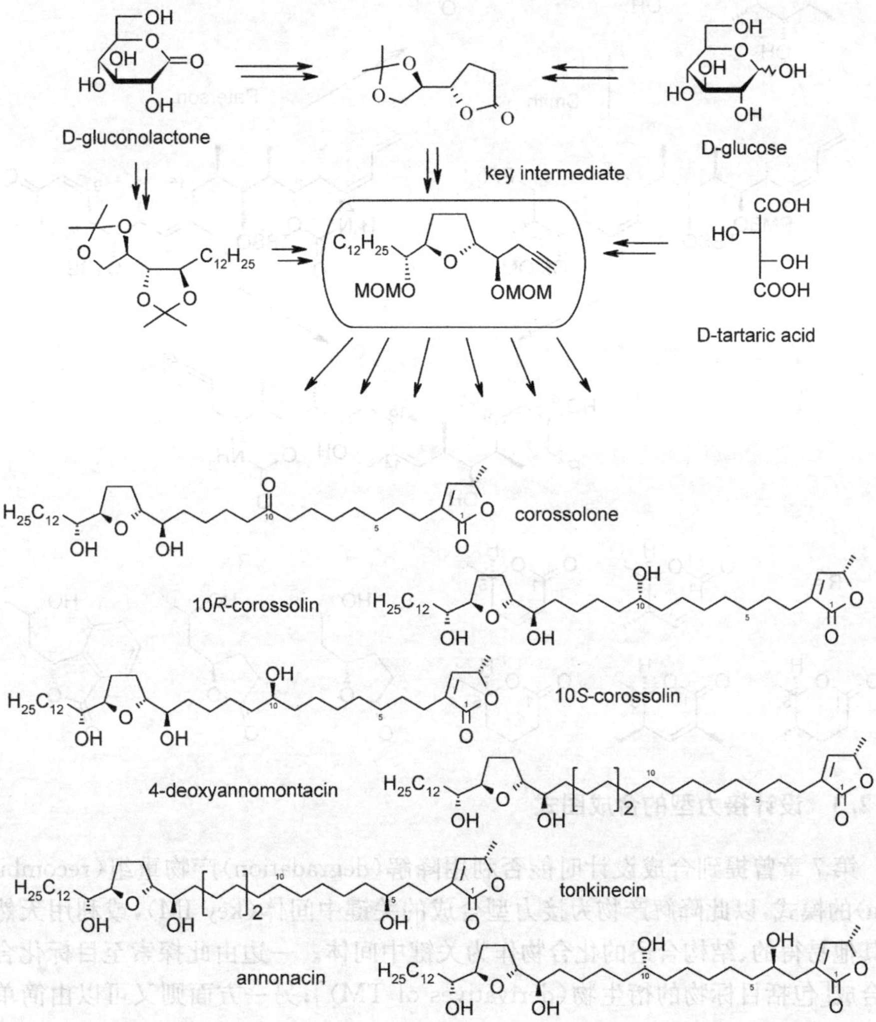

为了研究新型抗癌化合物 discodermolide 内酯端的结构-活性关系，Smith 等在完成了 discodermolide 本身的全合成后，再利用他们和 Paterson 等的两条全合成路线的中间体制备了多个产物，发现了一些有价值的结构-活性关系和有些癌细胞毒性更高的化合物[34]。这种做法已成为天然产物复杂分子合成中一种常见的现象，因此在合成设计时应优先考虑选择伞状扩散型的合成图式，尤其在合成路线的最后阶段。

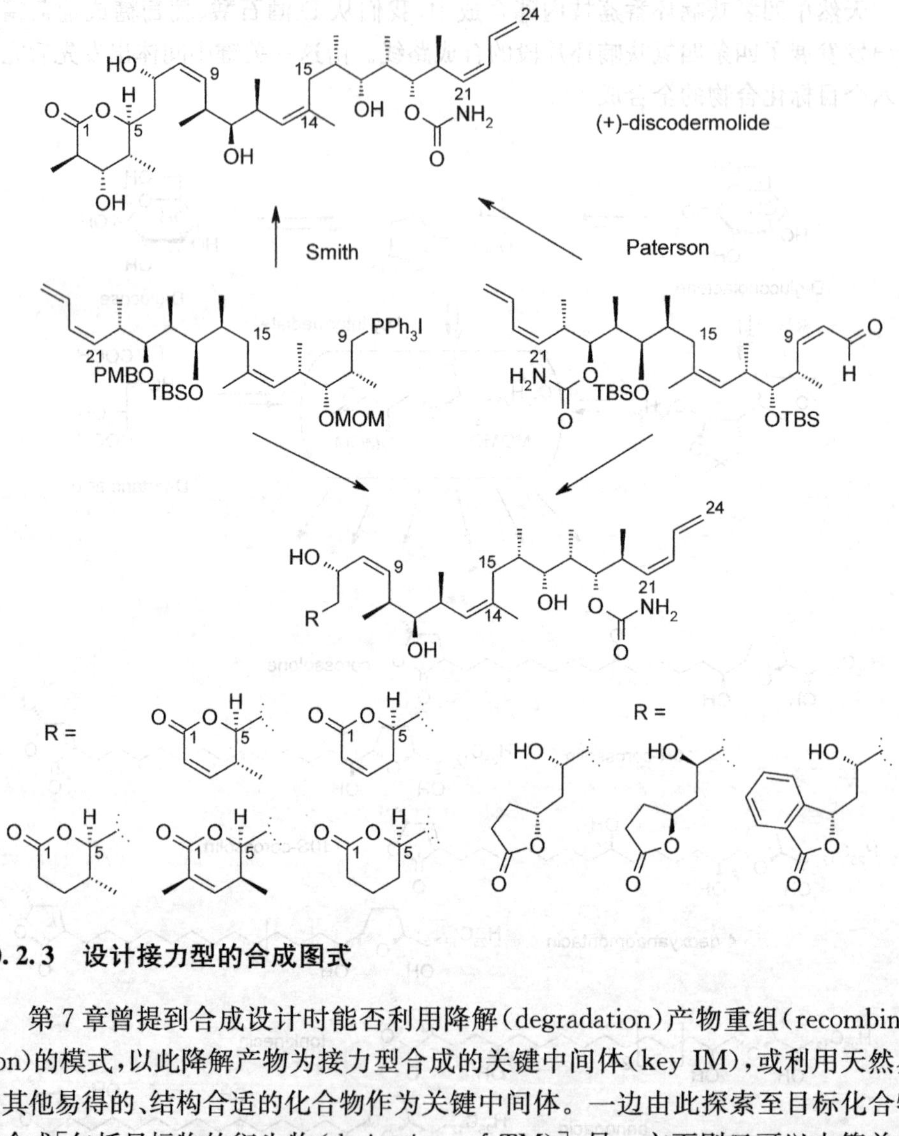

(+)-discodermolide

Smith　　Paterson

R =

10.2.3 设计接力型的合成图式

第 7 章曾提到合成设计时能否利用降解(degradation)产物重组(recombination)的模式，以此降解产物为接力型合成的关键中间体(key IM)，或利用天然界中其他易得的、结构合适的化合物作为关键中间体。一边由此探索至目标化合物的合成[包括目标物的衍生物(derivatives of TM)]；另一方面则又可以由简单的原料(simple SM)至此中间体的合成。整个合成工作因而可以分头并进，加速完成。

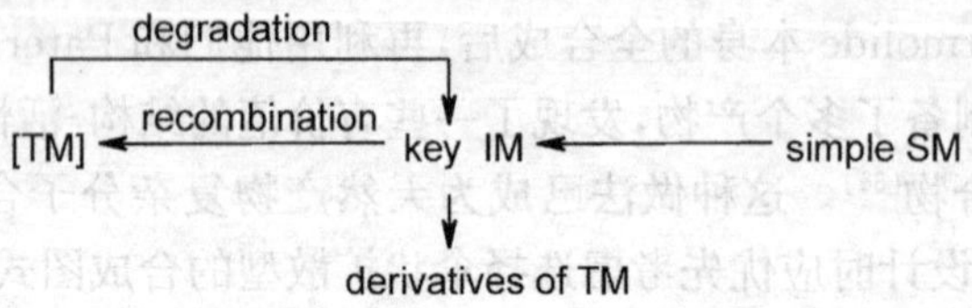

degradation
recombination
[TM] ← key IM ← simple SM
derivatives of TM

Magnus 等[35]在马钱子碱(strychnine)的合成中就采用了这样的合成策略。

他们先将马钱子碱降解产物作为全合成的关键中间体，以此为原料出发合成马钱子碱，同时又从最简单的原料出发来合成这一关键中间体。这种接力型合成往往可以明显加快合成速度。详细合成情况将在第 12 章介绍。

strychnine　degradation　multiple steps　key intermediate

赤霉素的合成中所称的 Corey-Carney acid 也是这样一个中间体[36]。GA_3 是赤霉素中最易得的一个，由 GA_3 降解得的这一接力合成中间体既可用于重组 GA_3，也可用于半合成至 GA 家族其他成员。

1) $(CF_3CO)_2O$ 2) Zn 3) $NaHCO_3$ 90%　GA_3　methyl ester　1) TsCl, Py 2) NaBr　Zn　Corey-Carney acid　MCPBA

第 7 章曾提及由青蒿素酸降解可高产率获得一关键中间体双酮化合物，由此可重组青蒿素本身。后来我们也利用这一中间体合成了一批青蒿素的类似物[37]。同时也成功地由香茅醛合成了这一关键中间体[38]。

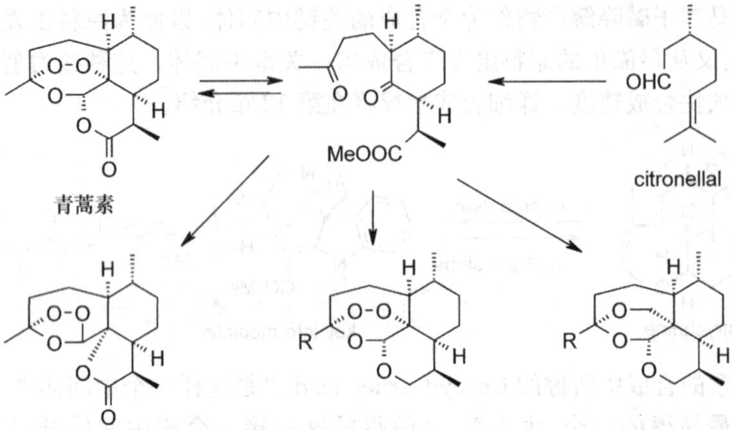

青蒿素

citronellal

MeOOC

OHC

10.3 立体化学方面的考察

10.3.1 合成计划中的立体化学问题

较早期的天然产物全合成工作常不顾及反应的立体选择性问题，合成的产物常为立体异构体的混合物。由于 Stork 等的全合成工作，反应中的立体化学问题已经受到普遍重视，高度立体选择性反应已成为现代有机合成的重要标志之一。

第 6 章我们提到 multistriatin 的反合成，照此设计则只能获得一异构体的混合物[39]。后来 Bartlett 等人[40]采用碘内酯化后两次构型翻转从而合成了 α 异构体大于 95%的产物。

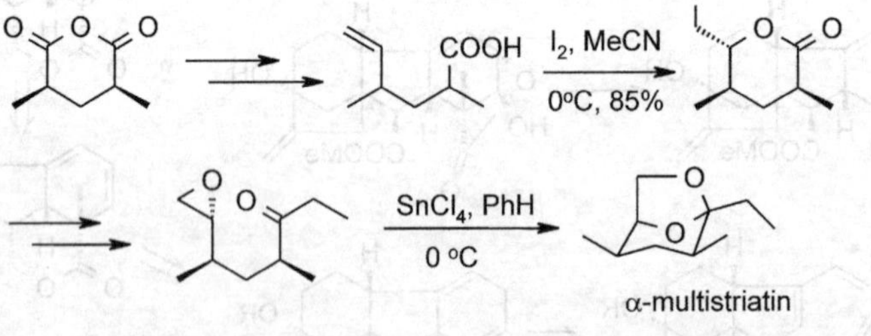

I_2, MeCN, 0°C, 85%

$SnCl_4$, PhH, 0 °C

α-multistriatin

为了获得 α-multistriatin 的纯品，之后又有一些改进选择性方面的合成报道[41]。1987 年 Larchevegue 的工作[42]是这方面的一个新的努力，用光学纯的原料，控制烷基化的立体选择性及用羧酸 α/β 构型平衡的方法较满意地获得了纯的目标化合物。

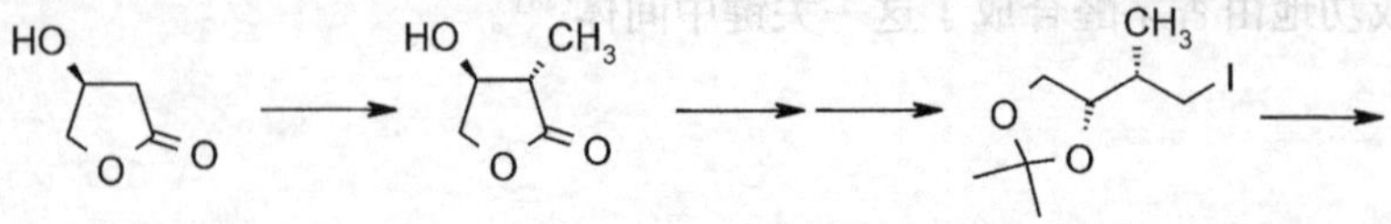

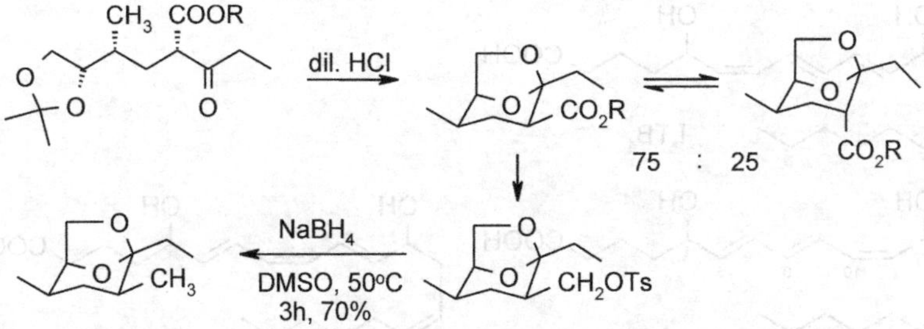

1995 年,Sinha 则采用抗体酶催化烯醇醚对映选择性质子化的方法引入 α-multistriatin 分子的第一个手性甲基[43],效果很好,但以后几步和随后引入另两个手性中心的非对映选择性反应却显得繁琐和选择性不佳。

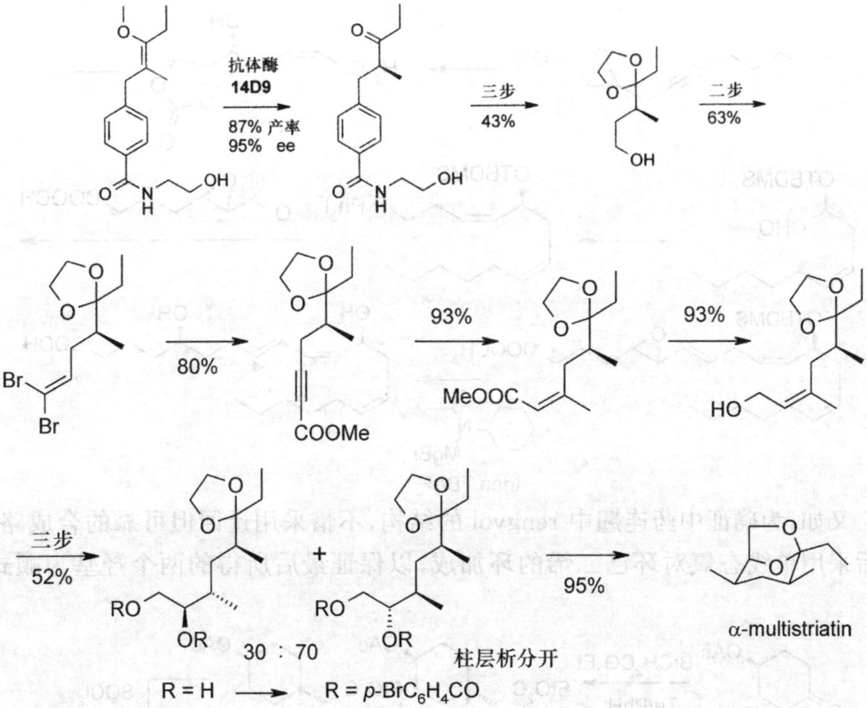

本章开始提及天然产物全合成的目的之一是确定结构,因此设计的合成路线中区域控制和立体控制就十分重要。以白三烯合成为例,在生物体内能分到的白三烯量极微,仅以毫克计。由 MS、UV、IR 等谱学手段确定了其碳链和官能团,如白三烯 B_4 中知道的三个共轭双键 2 个 E 式,1 个 Z 式烯烃,但无法确定其顺序。于是就用明确无误的合成方法合成了三个可能的异构体。再通过对照 HPLC、UV 和生物活性确定了白三烯 B_4 的结构。

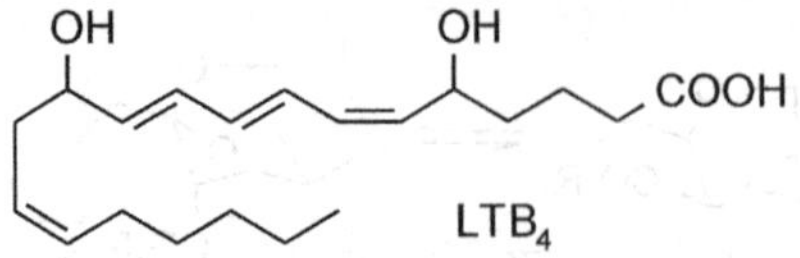

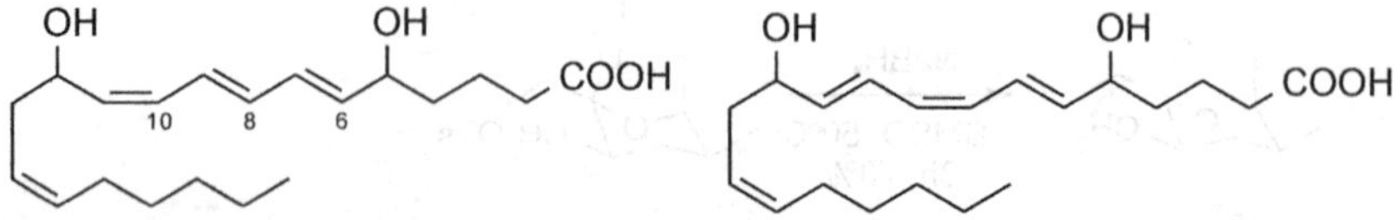

在此列出其中(6*E*,8*E*,10*Z*)异构体的合成,可以看出每步反应都是立体控制的[44]。

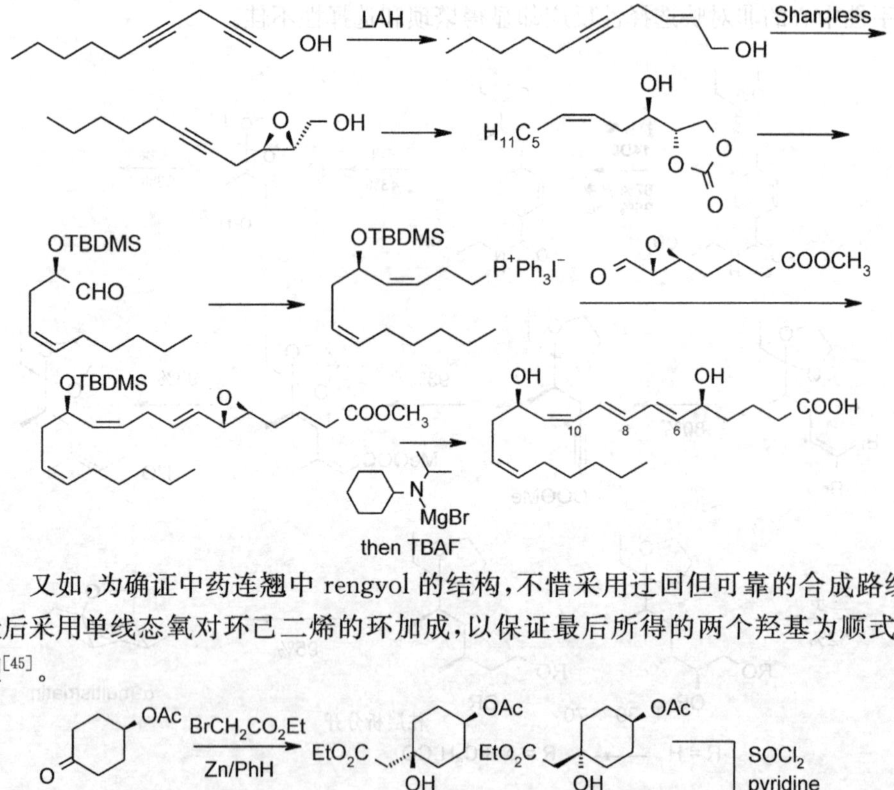

又如,为确证中药连翘中 rengyol 的结构,不惜采用迂回但可靠的合成路线,最后采用单线态氧对环己二烯的环加成,以保证最后所得的两个羟基为顺式构型[45]。

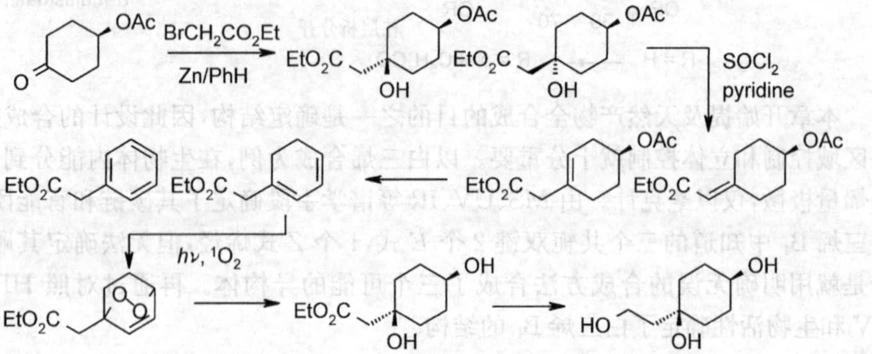

鹰爪甲素的最终结构也是通过合成来确认的。该天然产物于 1979 年由梁晓

天等首次从植物鹰爪中分离得到，但遗憾的是他们以后一直未能再获得该样品。后来，许杏祥等[46]通过立体控制的化学合成方法获得了鹰爪甲素的四个异构体，经比较它们的氢谱判断出天然产物的正确构型。

1) MCPBA; 2) BF_3 OEt_2; 3) MeMgBr; 4) $POCl_3$; 5) $^1O_2$; 6) $LiBH_4$; 7) O_3, Me_2S; 8) $HC(OMe)_3$, MeOH, TsOH; 9) $POCl_3$; 10) PtO_2, H_2; 11) TsOH, Me_2CO; 12) $Ph_3AsCH_2COC(OH)Me_2Br$, K_2CO_3, CH_2Cl_2-H_2O; 13) $LiBH_4$

Yingzaosu A

10.3.2 获得光学活性化合物的问题

在制定计划合成手性目标分子时，作为第一阶段可以合成至消旋体，但最终还是要获得光学纯的目标物。当前这不仅是学术上的要解决的问题，同时也是实际应用上的需要，因为即使在我国也只有光学纯的新药才能获得批准。

获得光学活性化合物的途径大致有四条：

(1) 手性元途径　第 9 章已较多讨论，本章不再多作重复。但这是实验室中广泛应用的途径。

(2) 拆分　拆分法在现阶段还是较为实用的手段，虽然简单的拆分最多只能利用上合成产物的一半。拆分也有策略问题，如另一半的反复利用问题，可参阅有关综述[47]。拆分的实例也有专著汇集[48]，可供参考。目前有一项研究领域就是如何将内消旋的化合物通过某些化学试剂的作用转变成一种对映体，广义上讲，它也是一种拆分。我们在第 5 章已有叙及。

(3) 不对称合成　第 5 章已专门讨论，近年已在实验室中进入了实用阶段，少数不对称合成反应已开始工业化应用，如利用不对称均相催化氢化反应生产药物 L-DOPA 的工艺。

(4) 生物转化　生物转化是利用酶或菌种进行的不对称合成。与化学方法相比，由生物转化得到的产物常为光学纯品。但这一方法经常受到某些条件(如合适菌种、酶的可得性、反应体积等)的限制，应用范围不太广泛。近几年的情况有所变化,生物转化法在光学纯化合物的合成中有较大的发展。在我国,成功的例子如避孕药 D-18-甲基炔诺酮的合成中酵母的利用[49]。

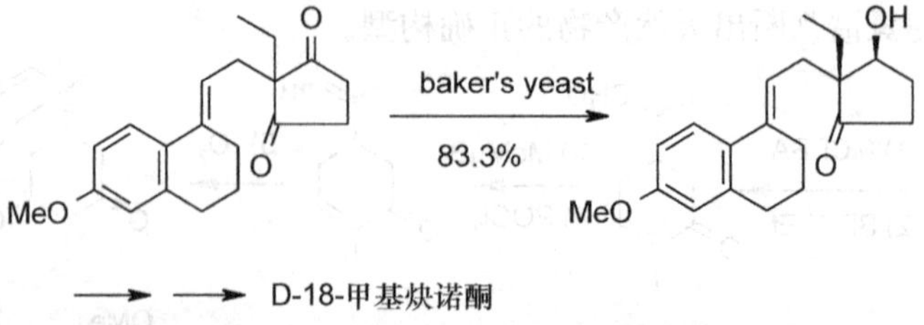

baker's yeast
83.3%
MeO
O
OH
D-18-甲基炔诺酮

上述四条途径各有优势。(*R*)-4-羟基环戊-2-烯酮是前列腺素合成中的一个关键中间体,它的对映体(*S*)-4-羟基环戊-2-烯酮则也是其他天然产物合成中常用到的中间体[50]。下面我们以它们为例看一下有机合成化学家是如何通过这四条途径来获得光学活性化合物的。

1. 手性元途径

下面三条(*R*)-4-羟基环戊-2-烯酮的合成路线分别由 D-酒石酸(D-tartaric acid)[51]、天然产物 terrein[52]和葡萄糖[53]这些手性纯的天然手性原料出发。

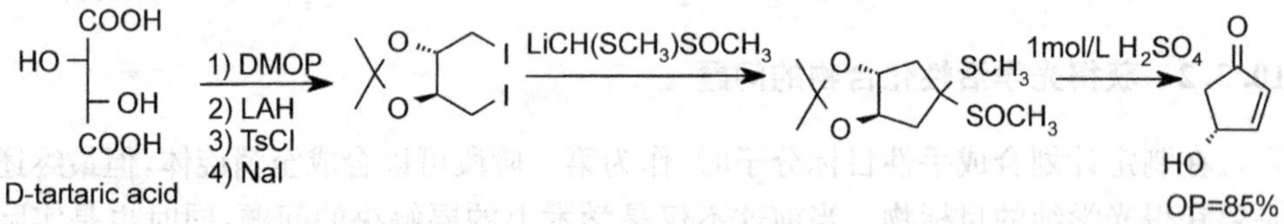

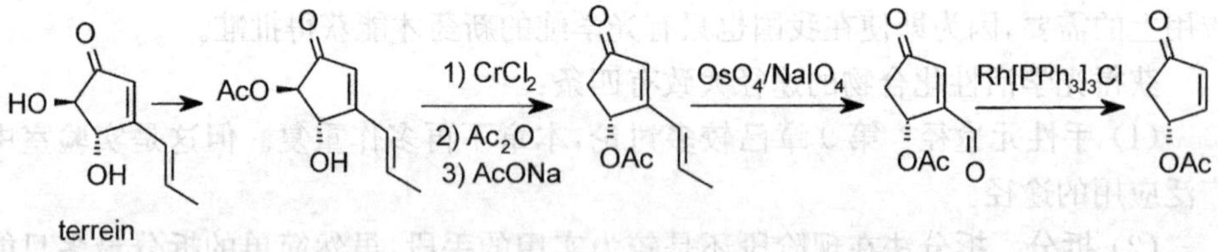

COOH
HO
OH
COOH
D-tartaric acid
1) DMOP
2) LAH
3) TsCl
4) NaI
LiCH(SCH3)SOCH3
SCH3
SOCH3
1mol/L H2SO4
HO
OP=85%

HO
OH
terrein
AcO
1) CrCl2
2) Ac2O
3) AcONa
OAc
OsO4/NaIO4
Rh[PPh3]3Cl

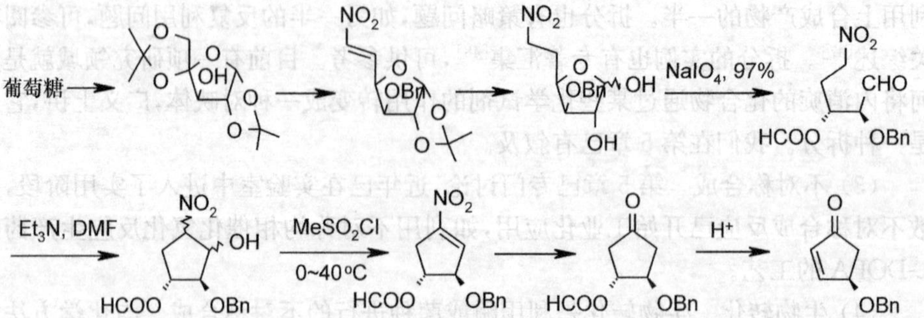

葡萄糖
NO2
OBn
OH
NaIO4, 97%
CHO
HCOO
Et3N, DMF
MeSO2Cl
0~40°C
H+

1995 年 Rokach 小组改进了上述酒石酸的路线,改最后一步为两步,先用酸性树脂处理得双羟基环戊酮,再用樟脑磺酸处理得羟基环戊烯酮,光学纯度 99%以上。报道是用 L-酒石酸合成(S)-4-羟基环戊-2-烯酮，但应该也可用于 D-酒石酸合成至(R)-4-羟基环戊-2-烯酮[54]。据该报告称这一方法可用于大规模制备。

COOH, OH, HO, COOH　D-tartaric acid　1) DMOP　2) LAH　3) TsCl　4) NaI　$LiCH(SCH_3)SOCH_3$　SCH_3　$SOCH_3$

amberlyst resin (acid form)　63%　HO　HO　CSA/C_6H_6　77%　HO　ee >99%

2. 拆分[55~57]

为拆分必先得到消旋体，由环戊二烯出发经单线态氧氧化或两步过酸氧化引入羟基和羰基得所需消旋目标分子(*rac*-TM)。

$^1O_2$　$Pd(PPh_3)_4$　HO　*rac*-TM　1) CF_3CO_3H　2) Al_2O_3　$Pd(PPh_3)_4$　RCO_3H

然后，消旋体用菊酸衍生物拆分[56]。

HO　*rac*-TM　OH　H　H　TM　cP > 97%　HO　1) silica gel chromatagraphy　2) dioxane-H_2O, 70 ºC

另一方法是从三氯苯酚出发，氧化重排后得到的羧酸化合物用番木鳖碱(brucine)拆分，再脱羧、脱氯得光学纯的目标物[57]。

OH　Cl　Cl　Cl　NaClO　50%~60%　HO　COOH　Cl　Cl　Cl　OH　saparation by brucine　HO　COOH　Cl　Cl　Cl　OH　1) $Pd(OAc)_2$　2) $CrCl_2$　HO　Cl

1) TBDMSCl　2) Zn-Ag, MeOH　TBSO　HO

3. 不对称合成[58~61]

多种不对称合成方法曾用于这一分子的制备，如对称分子的不对称还原，动力学拆分[60]，对称环氧化合物的不对称重排[61]。

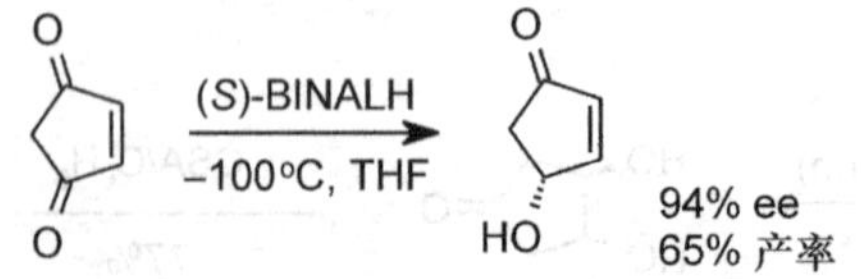

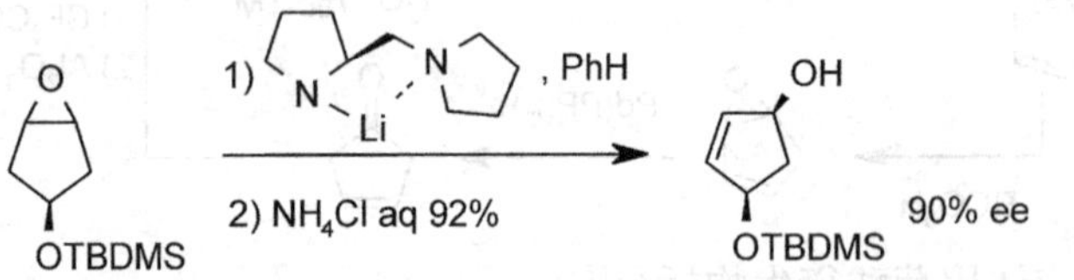

(S)-BINALH
−100°C, THF
HO
94% ee
65% 产率

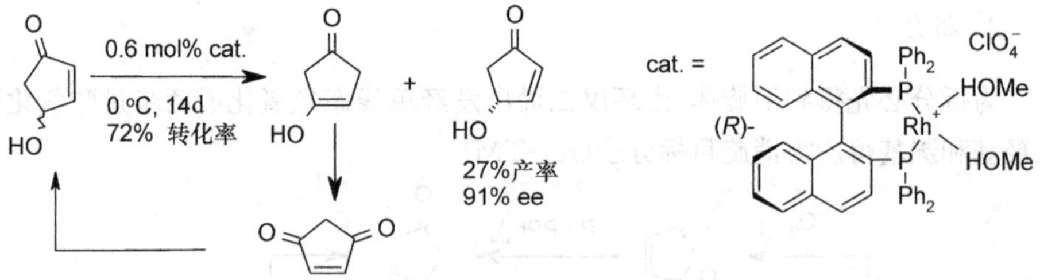

0.6 mol% cat.
0 °C, 14d
72% 转化率
HO
HO
HO
27%产率
91% ee
cat. =
(R)-
Ph_2
P
Rh
HOMe
HOMe
ClO_4^-

1) N Li N , PhH
2) NH_4Cl aq 92%
OTBDMS
OH
OTBDMS
90% ee

4. 生物转化

生物转化主要是用于1,4-二乙酰氧基环戊-2-烯的不对称水解，所得的单乙酰化产物再经化学转化至4-羟基环戊烯酮或其羟基保护产物。下面式1是用1,4-二乙酰氧基环戊-2-烯的顺反异构体混合物作原料，产率不佳[62]。式2是以顺式内消旋体为原料，用猪肝酶(PLE)水解可得单乙酰化产物，80%多的产率和ee值，重结晶后ee值可升至96%[63, 64]。式3则是同样原料用乙酰胆碱酯酶(electric eel acetyl cholinesterase, EEAC)可得86%～87%的产率和96%的ee值，现已收入*Organic Synthesis*供放大使用[65]。后来也曾试过多种酶或微生物，有些效果也较好并获得其对映体——(1*S*,4*R*)-(−)-4-羟基-2-环戊烯基乙酸酯如式4[66]。

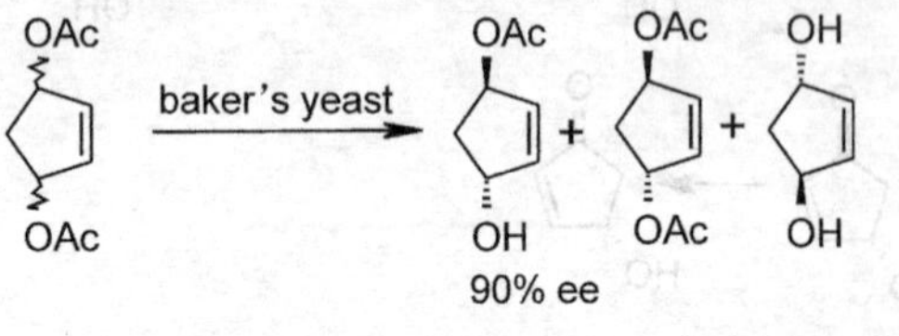

OAc
OAc
baker's yeast
OAc
OH
90% ee
+
OAc
OAc
+
OH
OH
式 1

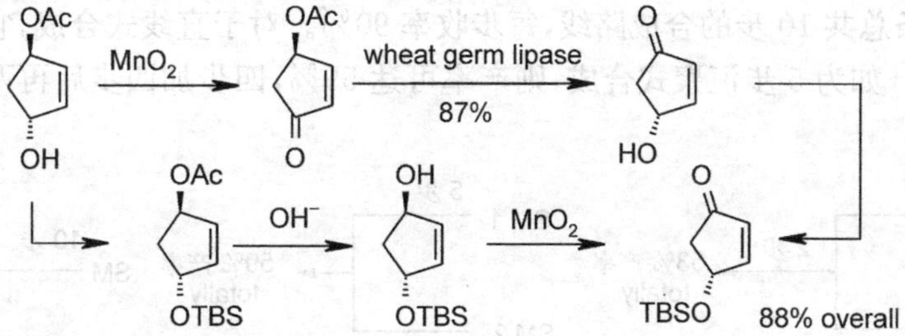

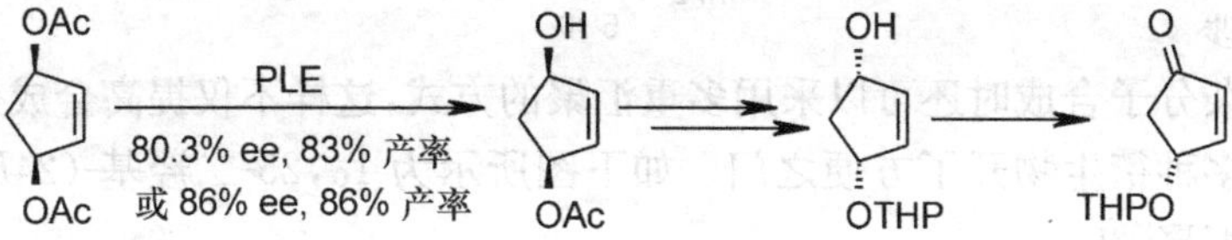

式 2

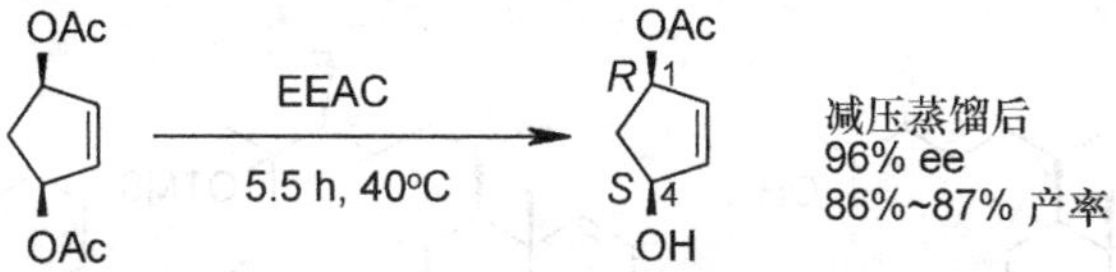

式 3

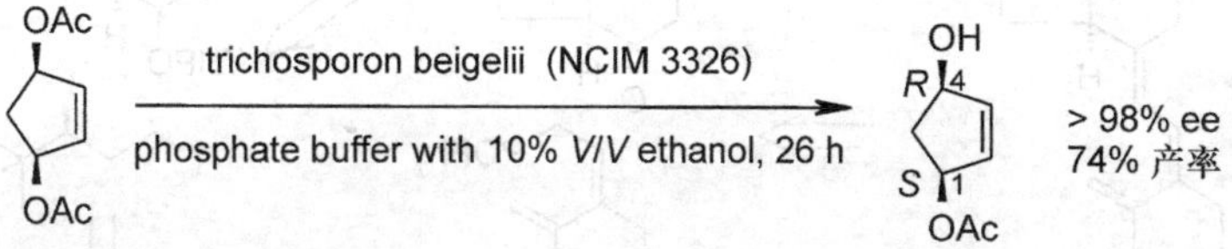

式 4

生物转化的另一途径是用于 1,4-二羟基环戊-2-烯的不对称单酰化,式 5 显示用三氯乙醇乙酸酯作酰化试剂[67],式 6 则用烯醇乙酸酯作酰化剂[68],产物为(1*S*,4*R*)-(—)-4-羟基-2-环戊烯基乙酸酯,产物 ee 值都不差,产率中等。

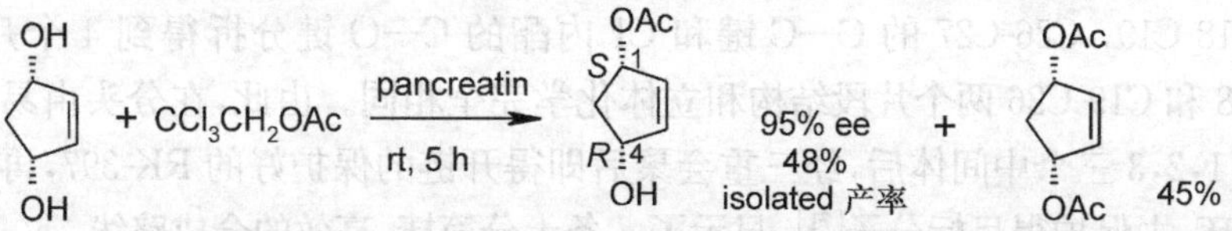

式 5

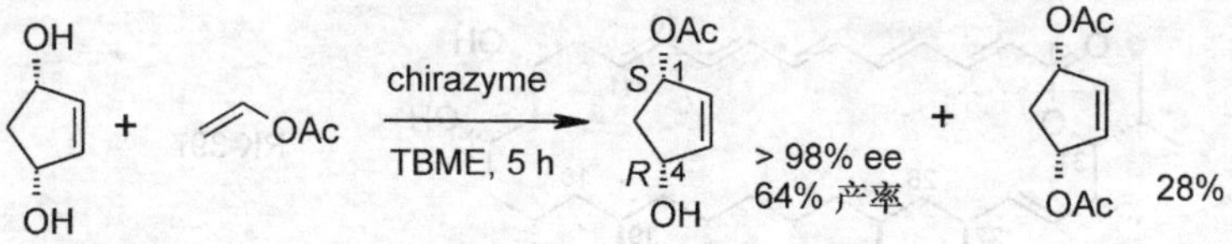

式 6

由上获得的两种 4-羟基-2-环戊烯基乙酸酯均可方便地准备 4*R* 或 4*S* 的 4-羟基环戊烯酮[69]。

10.4 合成效率的考虑

10.4.1 汇聚式和直线式合成路线

汇聚式合成路线总收率高,可以分头并进,应优先考虑并采用。

如一条总共 10 步的合成路线，每步收率 90%。对于直线式合成，它的总收率为 34.9%。如为 5 步汇聚式合成，则产率可达 59%，四步加四步后再两步的汇聚式为 53%。

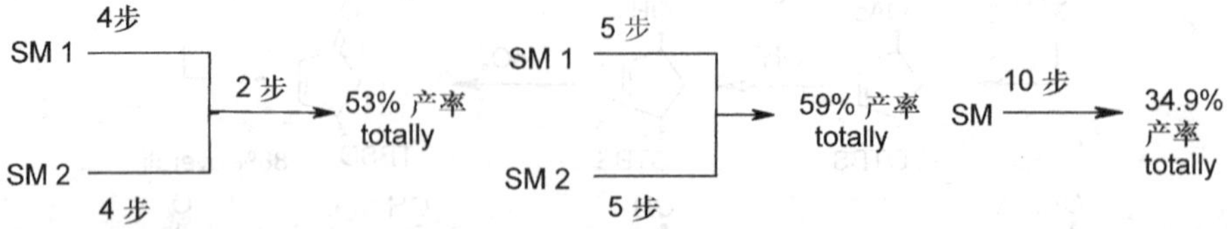

SM 1 —4步→ ，SM 2 —4步→ ，—2 步→ 53% 产率 totally
SM 1 —5 步→ ，SM 2 —5 步→ ，→ 59% 产率 totally
SM —10 步→ 34.9% 产率 totally

在复杂分子合成时还可以采用多重汇聚的方式，这样不仅提高合成效率，而且也为合成多种衍生物开了方便之门。如下图所示为 1α，25-二羟基-(24*R*)-氟合成中的三重汇聚[70]。

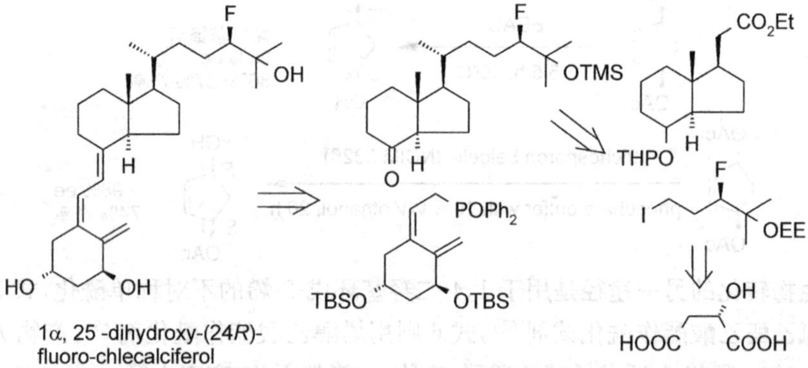

F OH H HO OH
1α, 25 -dihydroxy-(24*R*)-fluoro-chlecalciferol
⇒ F OTMS O H ; CO_2Et THPO H ; $POPh_2$ TBSO OTBS ; F I OEE ⇓ OH HOOC COOH

Denmark 在多烯大环内酯 RK-397 的反合成分析时，将此 32 元环的内酯在 C10-C11，C18-C19，C26-C27 的 C—C 键和 C1 内酯的 C—O 键分拆得到 4 个片段，而 C11-C18 和 C19-C26 两个片段结构和立体化学完全相同。由此，在分头由易得原料合成至 1,2,3 三个中间体后，经三重会聚后即得开链的保护好的 RK-397，再在稀溶液中闭环、去保护得目标分子[71]，显示了一条十分简捷、高效的合成路线。

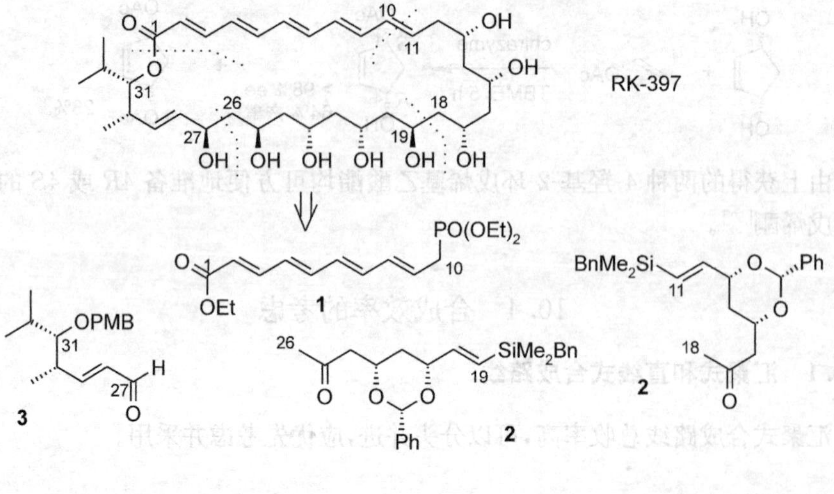

O 1 10 11 OH OH O 31 26 18 27 19 OH OH OH OH OH OH RK-397
⇓
$PO(OEt)_2$ O 1 OEt 10 **1** ; $BnMe_2Si$ 11 O Ph O 18 O **2**
OPMB 31 27 H O **3** ; 26 O O O Ph 19 $SiMe_2Bn$ **2**

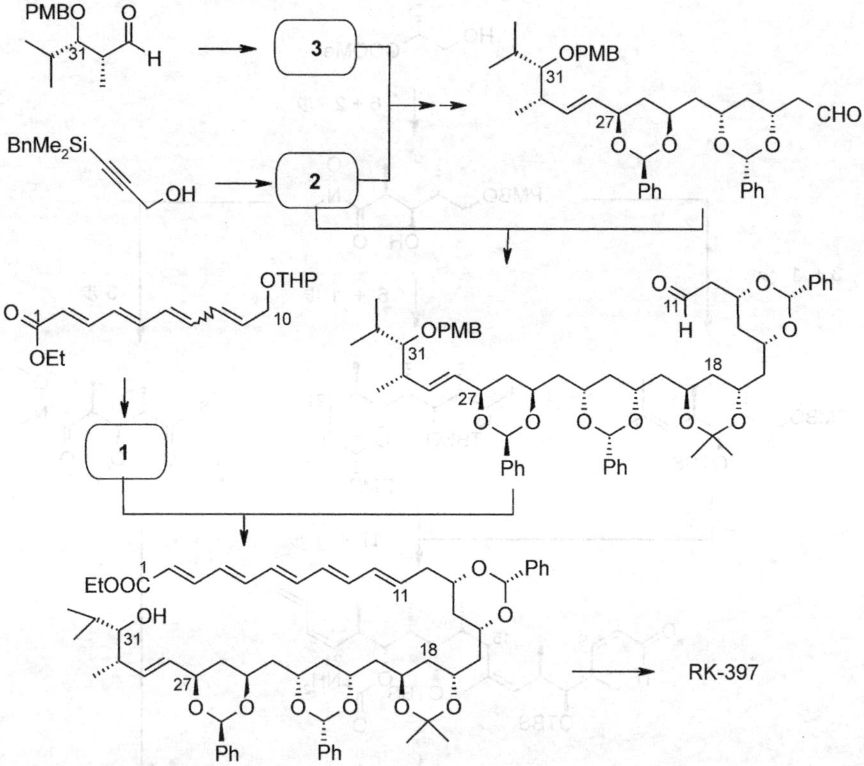

PMBO O 31 H → 3 → OPMB 31 27 O O O O Ph Ph CHO
$BnMe_2Si$ OH → 2
OTHP O 1 OEt 10 → 1
O 11 H O Ph O OPMB 31 18 27 O O O O O O Ph Ph
EtOOC 1 11 O Ph O OH 31 18 27 O O O O O O Ph Ph → RK-397

(+)-discodermolide 是具有高抗癌活性的海洋天然产物，含有 13 个手性中心，1996 年 Schreiber 小组通过全合成最后确证了它的绝对构型。之后不少实验室进行了这一复杂分子的全合成，2004 年 Novartis 公司为了提供临床研究所需的样品，也开展了对这样复杂天然产物来讲是很大规模的合成，他们综合了已经发表的 Smith 小组和 Paterson 小组的合成方法提出了下图的合成路线，主要根据 discodermolide 分子中含有三部分构型相同的甲基-羟基-甲基片段，设计了从同一手性原料出发合成至这三个片段，再二次汇聚合成至目标分子[72]。这一合成路线显示了如何利用分子中的重复单元从而采用统一的原料和方法，以及利用分片段汇聚合成从而可以安排人力齐头并进，达到高效高速合成的效果。

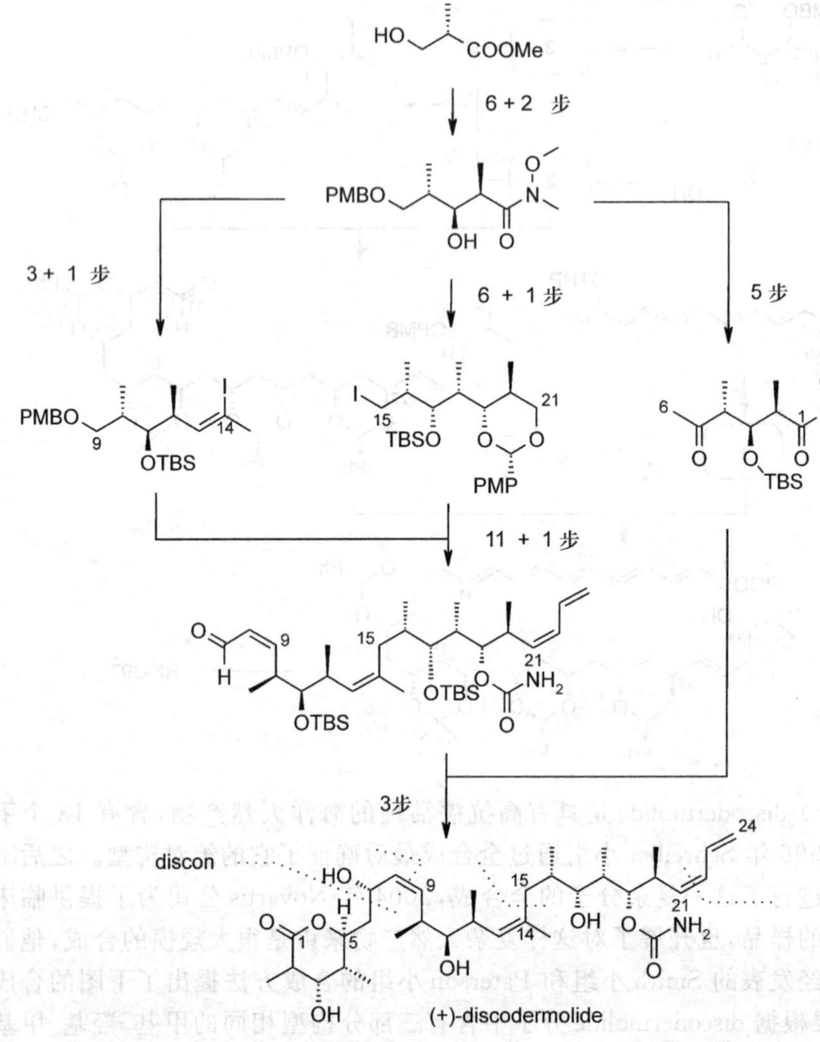

HO COOMe
6+2 步
PMBO OH O N O
3+1 步
6+1 步
5 步
PMBO 9 OTBS 14 I
I 15 TBSO O O 21 PMP
6 O O TBS 1 O N O
11 + 1 步
O H 9 OTBS 15 OTBS O NH2 O 21
3步
discon HO H O O 1 5 9 OH OH 15 14 OH O NH2 O 21 24
(+)-discodermolide

10.4.2 反应顺序

产率低的反应尽可能安排在合成路线的开头阶段。如需拆分时，则也尽可能安排在早期，这样使整个合成路线中需要处理的工作量减少，节约人力物力，并有可能加快合成进度。在番荔枝内酯 tonkinecin 的全合成时[33b]，开始采用下图第一条路

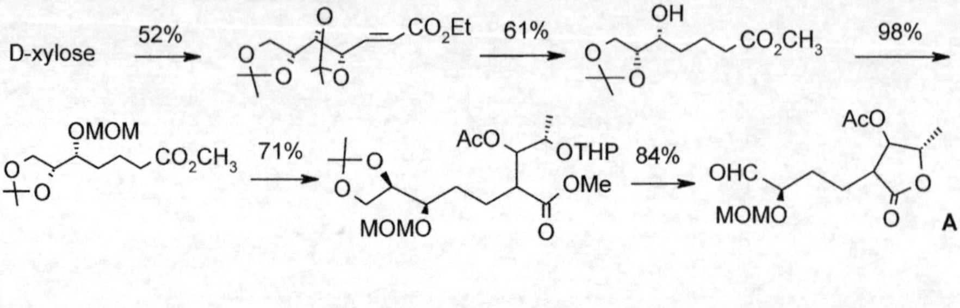

D-xylose 52% O O O O CO_2Et 61% OH O O CO_2CH_3 98%

OMOM O O CO_2CH_3 71% O O AcO OTHP OMe O MOMO 84% OHC MOMO AcO O O A

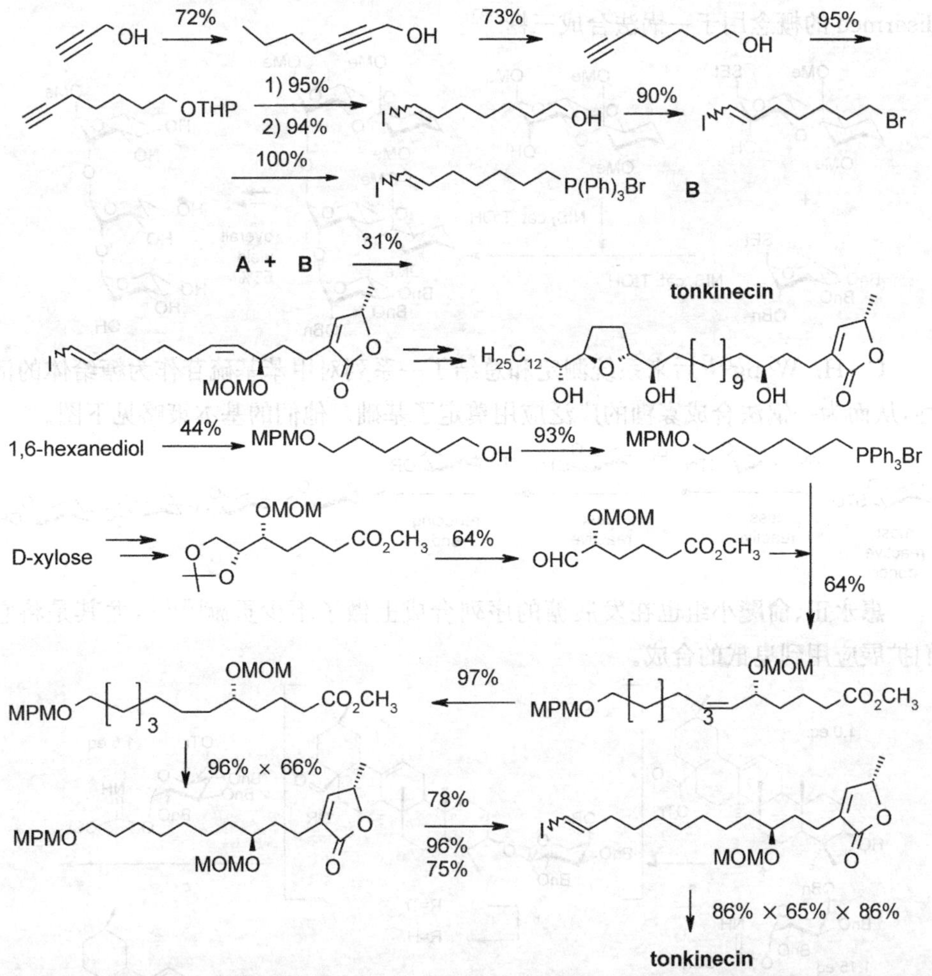

线，其中 $C_1 \sim C_{13}$ 片段最后拼接一步产率仅 31%，给整个合成带来较大的困难。后重新设计了合成路线（见第二条路线）。虽然线性总产率二者相近，但这时单步最低产率 44%一步是在第一步，而且此反应原料价廉易得，因而整个合成就较为简单易行。

10.4.3　序列反应和平行反应

在设计和实现一项高效和简捷的目标分子合成时，各步反应前后之间的衔接是值得注意的一个方面。应该尽量减少繁琐的反应后处理工作和避免上一步反应产物中的杂质对下一步反应的影响。这方面的一个主要发展是将前后步分别进行的反应合在同一容器内实现，省略了中间的分离、纯化。这也是一种"一锅法"(in one pot)反应，但有别于第 8 章提及的经过活泼中间体的串联反应。前后反应在同一容器内的组合可称为序列合成(successive, sequential or programmable synthesis)。近期序列合成在寡糖合成上尤其得到了更多的应用。Ley 最初将 armeddisarmed 的概念用于一锅法合成三糖[73]。

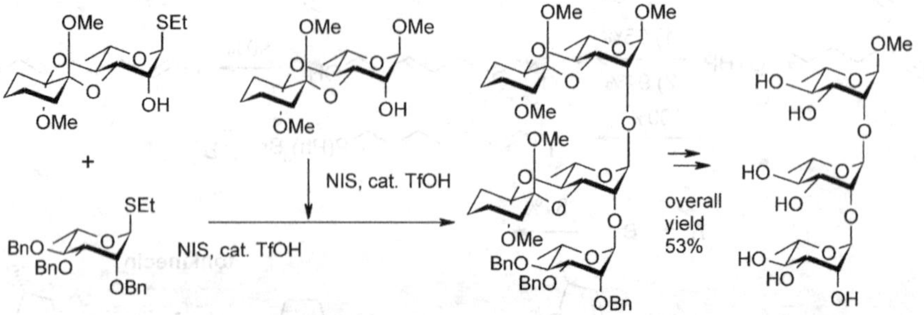

C.-H. Wong[74]后来系统测定和总结了一系列对甲苯基硫苷作为糖给体的活性，从而为一锅法合成寡糖的广泛应用奠定了基础。他们的基本策略见下图。

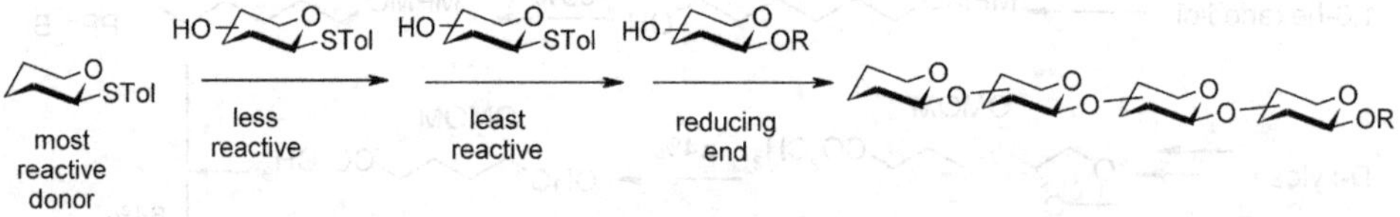

惠永正、俞飚小组也在发展糖的序列合成上做了不少贡献[75,76]，尤其是将它们扩展应用到皂甙的合成。

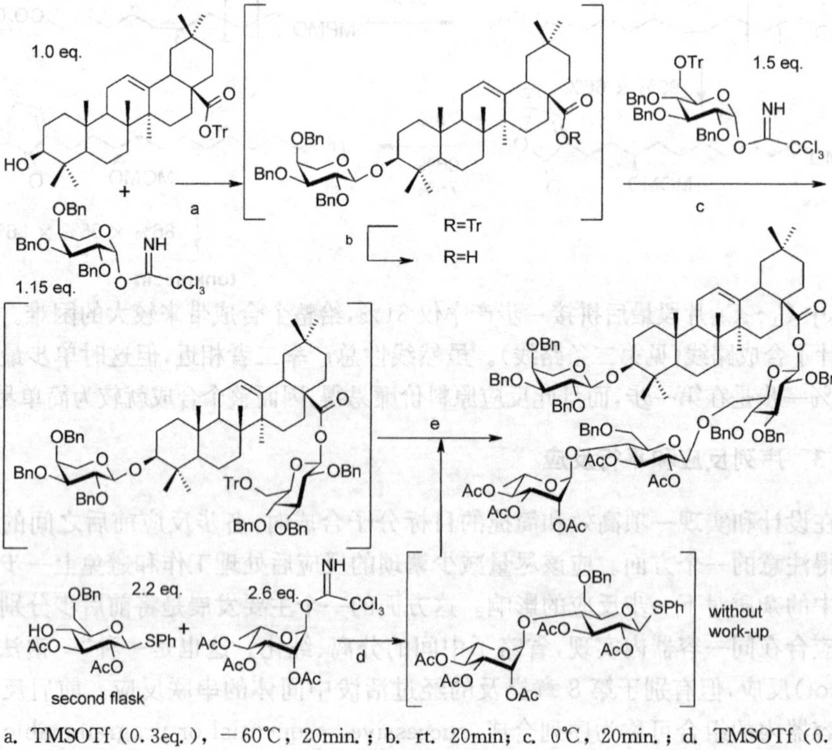

条件：a. TMSOTf (0.3eq.)，-60℃，20min.；b. rt. 20min；c. 0℃，20min.；d. TMSOTf (0.2eq.)，-70℃ to rt；e. TMSOTf (1.5eq.)，NIS (3 eq.) -15℃，15min，62% (overall yield based on triterpene)

与序列"一锅法"合成相对应的还可以是以并行方式进行的"一锅法"合成。这时在一个反应容器内,一个底物的两个部位上同时进行不同的反应。因此也可称序列法为纵向方式,并行法为横向方式。并行合成当然会是一种高效的合成方式,但设计和发现理想的并行合成并不十分容易。尽管如此,也确有并行合成的成功例子[77]。

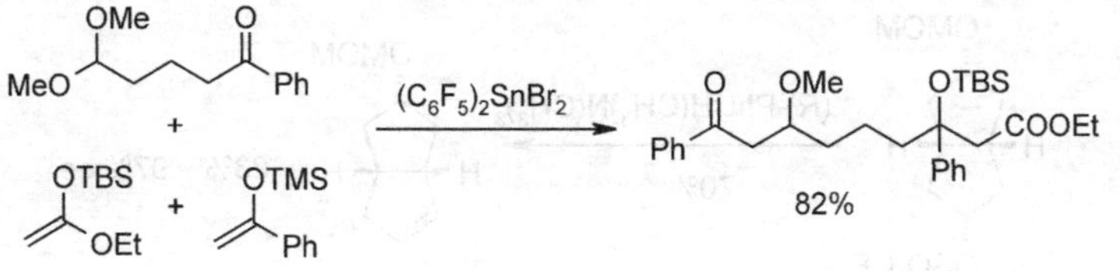
OMe
O
MeO
Ph
+
OTBS
OEt
+
OTMS
Ph
(C6F5)2SnBr2
O
OMe
OTBS
Ph
COOEt
Ph
82%

10.4.4　利用对称性

第 7 章中我们专门讨论了利用目标分子的对称性来简化反合成的方法。但对称的原料中间体是否也可以提高合成的效率呢？这已经被作为一种策略提出,也已有了一定的应用。如用对称的原料经一系列对称反应之后,再用高选择反应转化成不对称化合物。一般讲来在合成路线中,开始带入的对称性维持越久,则合成中就越可以减少选择性反应和异构体的生成。由对称到不对称转化的反应,可以利用电子或立体因素使对称分子只有一半反应位点反应,或采用生物转化进行单方向的反应等,下面是一些例子[78~80]。

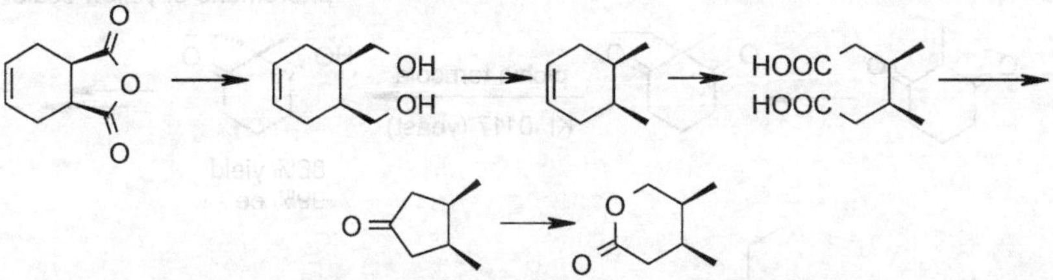
O
O
O
OH
OH
HOOC
HOOC
O
O
O

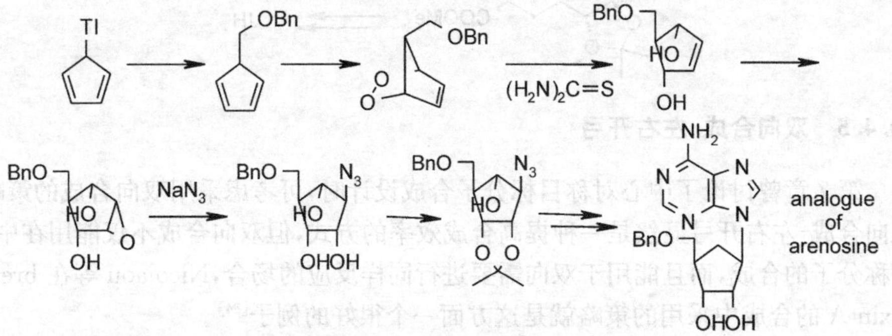
Tl
OBn
OBn
O
O
(H2N)2C=S
BnO
HO
OH
BnO
HO
OH
O
NaN3
BnO
N3
HO
OHOH
BnO
N3
HO
O O
NH2
N
N
N
N
BnO
OHOH
analogue
of
arenosine

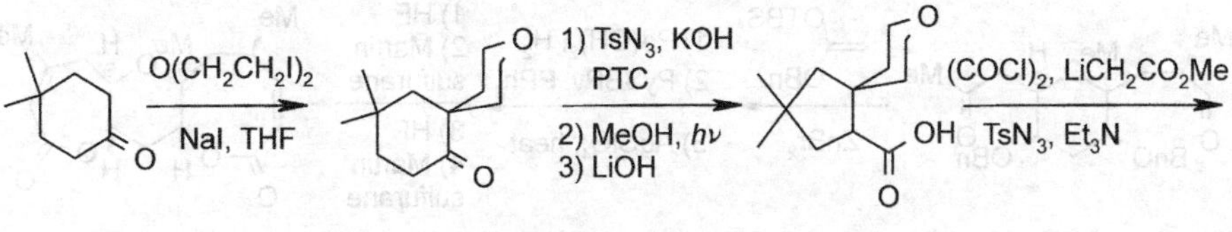
O
O(CH2CH2I)2
NaI, THF
O
O
1) TsN3, KOH
PTC
2) MeOH, hν
3) LiOH
O
OH
O
(COCl)2, LiCH2CO2Me
TsN3, Et3N

$Rh_2(OAc)_4$, rt

91%

在去对称化的转化过程中采用不对称试剂，同样可以获得光学活性的产物，如[80a]

(R)-PhCH(CH$_3$)N(CH$_3$)$_3$

70%

93% ~ 97% ee

利用微生物或酶完成这样的转化[81]，上文提及的甾体的合成[49]就是一个很好的例子。下面是另外两个应用例子[82,83]。

NaH

DMSO NaCl-H_2O △

PLE 98%

> 90%

pheromone of yellow scale

pichia terricola KI 0117 (yeast)

86% yield 99% ee

JH

10.4.5 双向合成-左右开弓

第 7 章曾讨论了中心对称目标分子合成设计时，可考虑采用双向合成的策略。双向合成-左右开弓显然是一种提高合成效率的方式，但双向合成不仅能用在中心对称分子的合成，而且能用于双向需要进行同样反应的场合，Nicolaou 等在 brevetoxin A 的合成中采用的策略就是这方面一个很好的例子[84]。

$ZnBr_2$

1) Pd(OH)$_2$, H_2
2) PySSPy, PPh_3
3) $AgClO_4$, heat

1) HF
2) Martin sulfurane
3) HF
4) Martin sulfurane

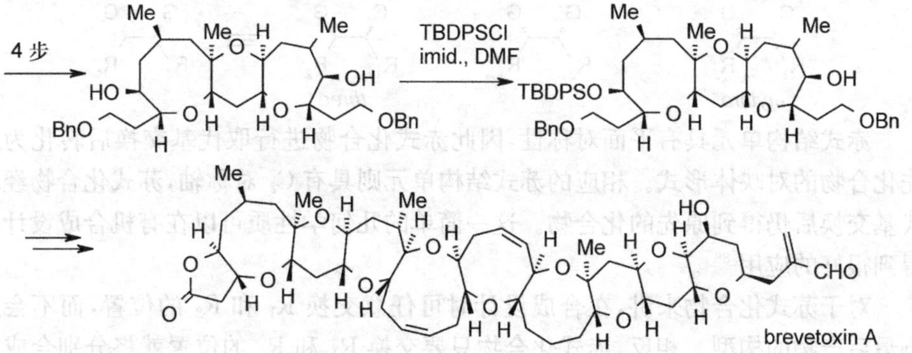

另一种方式是将两分子的合成前体在一端桥联起来，构成一中心对称的分子，继而进行双向合成。Hoye 等对番荔枝内酯（+）-parviflorin 的内酯片断的合成就采用这种方式。他们用对苯二酚醚作为桥联模块实现了这一合成[85]。这种方式对小分子的前体会带来一些操作上的便利。

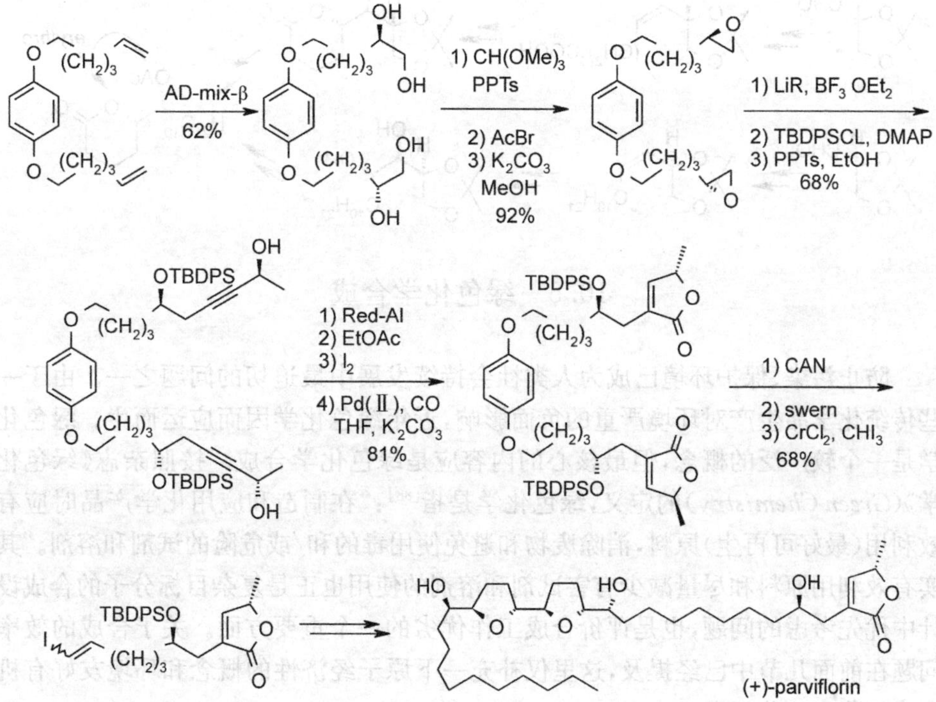

10.4.6 苏赤式化合物的合成策略

天然界和有机合成中常常会遇到一些具有某些对称特征的化合物，如具有赤式(*erythro*)和苏式(*threo*)结构单元的化合物。

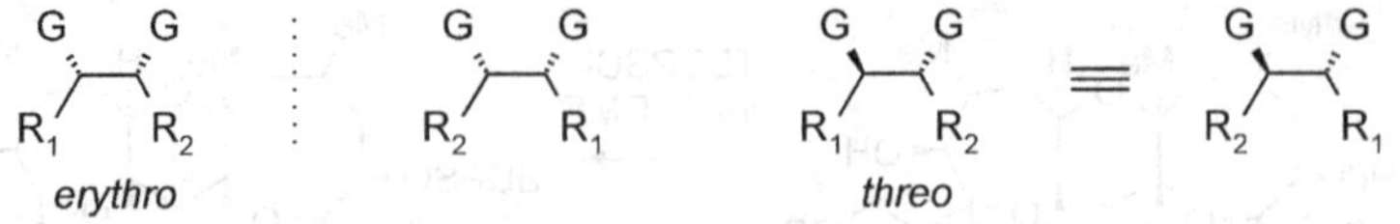

赤式结构单元具有平面对称性，因此赤式化合物进行取代基交换后转化为原先化合物的对映体形式。相应的苏式结构单元则具有 C_2 对称轴，苏式化合物经取代基交换后仍得到原先的化合物。这一简单的几何学性质可以在有机合成设计中得到很好的应用[86]。

对于苏式化合物来讲，在合成设计时可任意交换 R_1 和 R_2 的位置，而不会影响最后产物的构型。相反，赤式化合物只要交换 R_1 和 R_2 的位置就将分别合成得到一对对映体的某一个。利用这一性质，从反合成设计的角度，由同一个目标分子出发，改变分拆取代基或断键的顺序，所推出的原料可以为一对对映体。这种被称为“对映-同一”的策略被我们成功用于库蚊产卵地信息素的合成[87]。

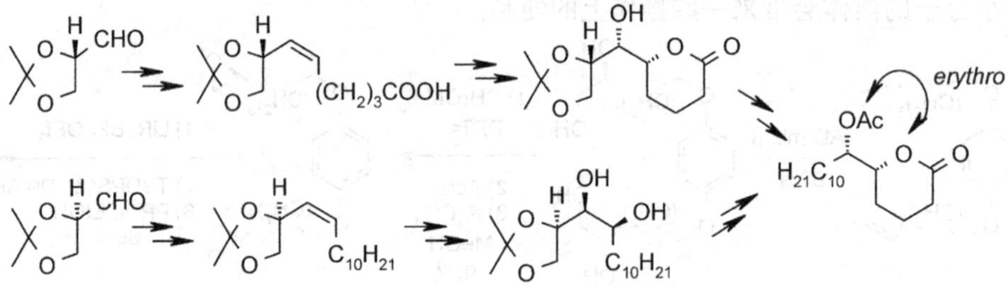

10.5 绿色化学合成

防止污染、保护环境已成为人类社会持续发展中最迫切的问题之一。由于一些传统化学品生产对环境严重的负面影响，近年绿色化学因而应运而生。绿色化学是一个较广泛的概念，但最核心的内容应是绿色化学合成。按照杂志《绿色化学》(*Green Chemistry*)的定义，绿色化学是指[88]：“在制造和应用化学产品时应有效利用(最好可再生)原料，消除废物和避免使用毒的和/或危险的试剂和溶剂。”其实有效利用原料和尽量减少有害试剂和溶剂的使用也正是复杂目标分子的合成设计中优先考虑的问题，也是评价合成工作优劣的一个重要方面。关于合成的效率问题在前面几节中已经提及，这里仅补充一下原子经济性的概念和环境友好有机合成工艺中一些问题。

原子经济性是 Trost 于 1991 年提出的[89]，其含义是原料和试剂分子的原子是否充分利用于产物分子中。相应于通常称的少排放和零排放概念。这是一个有待有机合成不断努力的目标。例如复杂分子的合成中经常应用 Wittig 反应来形成烯键连接两个片段，然而 Wittig 反应是一化学剂量反应，每生成一分子产物，同时也排放一分子相对分子质量高达 278 的三苯氧膦，因此这也是一个很不经济的合成反应。近年发展的烯烃复分解反应(metathesis)是催化反应,每生成一分子烯烃仅排放一分子乙烯(相对分子质量 28)。当然烯烃复分解反应也有很多局限性,不能简单地代替 Wittig 反应。

环境友好有机合成工艺是绿色化学致力的主要方面,合成设计时,尤其对有应用前景的合成路线,应加以更多的关注。下面仅从有机反应介质,催化氧化和反应条件改进几个方面举一些例子。

环境友好有机合成反应介质的探索是近年绿色合成化学中的热点,有机合成中大量有机溶剂的应用既易于污染环境,又是一个不安全的因素。因此人们试图不用溶剂或采用环境友好,无毒而又易于回收的介质来代替有机溶剂。

不用溶剂,仅仅研磨两个固态的反应物就可以以近乎定量的产率获得 knoevenagel 反应或 aldol 反应的产物,这是绿色合成化学中很典型的例子[90]。

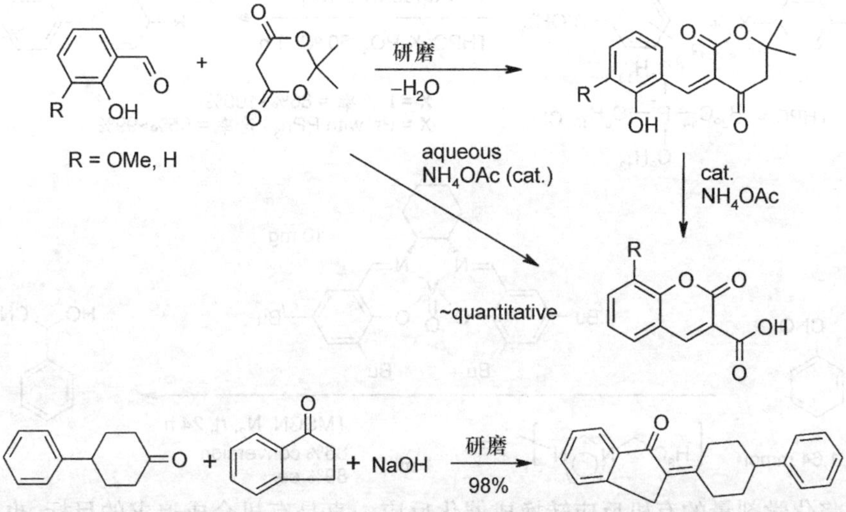

探索水相中的有机反应是这几年中人们十分关注的课题,李朝军等在这方面做了较多较系统的工作,并因此曾获 1997 年美国第一届绿色化学奖。目前多种金属有机参与的碳碳键形成反应都可以在水相中进行,其中铟参与的烯丙基化反应更是成功的典型[91a]。后来他们也实现了第一例的 Grignard 型亚胺加成反应[91b]。

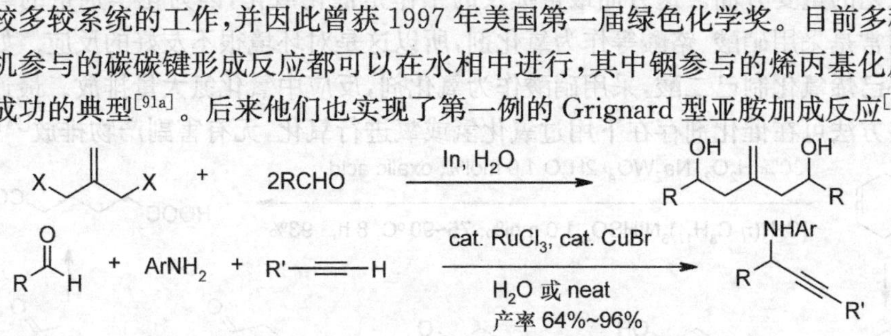

超临界二氧化碳(supercritical carbon dioxide)在萃取中的应用现今已较为普遍,而超临界二氧化碳中进行有机反应的研究,虽然开展稍晚,但近年也有很大进展。超临界二氧化碳对许多极性的、离子型的、金属有机的或高相对分子质量的化合物溶解

性能不佳,所以也有不少工作用加入添加剂等方法来增加它的溶解性能。下面是一个钯催化偶联的例子,在超临界二氧化碳中该反应可以清洁地高产率地进行[92]。

Pd(OCOCF$_3$)$_2$ 2 mol%
tris(2-furyl)phosphine 4 mol%
DIPEA, 75 ºC, 15 h
11.0 MPa, in sc CO$_2$
95%

用离子液体(ionic liquid)作为有机反应的介质也是近几年的事。离子液体对热、空气、水稳定,对众多底物溶解性能良好,在其中反应后后处理方便,因此这方面的报道不少,并认为是绿色合成化学中一个可以发展的方向。上面提及的联苯合成有报道也可以在离子液体中用 Suzuki 反应来实现[93a],最近也成功用于不对称合成[93b]。

R—X + R'—B(OH)$_2$ —1% Pd$_2$(dba)$_3$ CHCl$_3$ / THPC, K$_3$PO$_4$, 50 ºC, 1 h→ R—R'

THPC = $H_{29}C_{14}$—$P^+(C_6H_{13})_3$ Cl^-

X = I 产率 = 86%~100%
X = Br with PPh$_3$ 产率 = 95%~99%

10 mg
^{t}Bu O V O ^{t}Bu
CHO
HO CN
1.64 mmol
[H_3C N N] PF_6^- 1 mL,
TMSCN, N$_2$, rt, 24 h
85% conversion
89% ee

将化学剂量的有机反应转换成催化反应一直是有机合成追求的目标,也是绿色工艺的重要方面。这方面最常提及的工作是催化氧化,因为化学剂量的氧化反应通常是采用硝酸、铬酸等作为氧化剂,所以这是对环境很不友好的反应。如过去由环己烯氧化制己二酸,采用硝酸作为氧化剂,反应中氧化氮大量排放。最近已有一些方法可在催化剂存在下用过氧化氢或氧进行氧化,无有害副产物排放[94]。

30% H$_2$O$_2$, Na$_2$WO$_4$·2H$_2$O 1.0 mol%, oxalic acid
[CH$_3$(η-C$_8$H$_{17}$)$_3$N]HSO$_4$ 1.0 mol%, 75~90 ºC, 8 h, 93%
HOOC COOH
O OH OH O OH O O OH O O O

奚祖伟等用过氧化氢催化氧化制环氧丙烯[95],田伟生用过氧化氢催化氧化代替铬酸降解甾体皂素的边链[96]也都是很好的环境友好有机合成工艺。

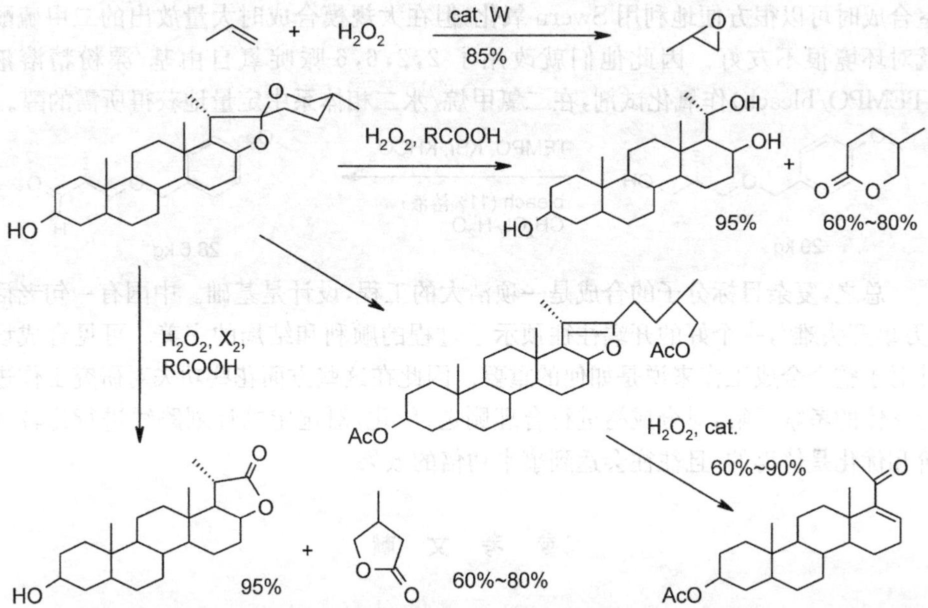

+ H_2O_2 cat. W 85%

H_2O_2, RCOOH

HO　OH　OH　95%　+　60%~80%

H_2O_2, X_2, RCOOH

AcO　AcO

H_2O_2, cat. 60%~90%

HO　95%　+　60%~80%　AcO

绿色合成化学中通过改变反应条件使合成工艺成为环境友好是一个常用的，也是很有用的方法。Pfizer 公司抗抑郁药 zoloft 的生产工艺改进是一个很成功的例子[97]。下面是过去的合成路线：

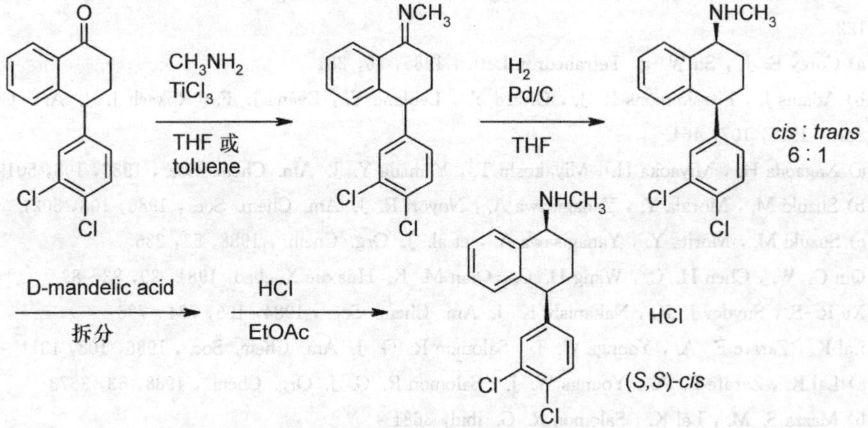

CH_3NH_2 $TiCl_3$ THF 或 toluene　NCH_3　H_2 Pd/C THF　$NHCH_3$　*cis* : *trans* 6 : 1

Cl Cl

D-mandelic acid 拆分　HCl EtOAc　$NHCH_3$ HCl　(*S*,*S*)-*cis*

后改进成三步一起进行用乙醇作溶剂，这时可以不加 $TiCl_3$，因为产物亚胺能沉淀出来而反应完全。氢化催化剂改用 $Pd/CaCO_3$ 使顺反比达到 18∶1，总产率达到 37%。改进后原料少用 45%，甲胺少用 60%，拆分剂苯乙醇酸(D-mandelic acid)少用 20%。因此这个改进的效果还是很不错的。

10.4.1 节提及的(＋)-discodermolide 放大合成中[72]，Novartis 公司的研究人员对合成路线作了优化，也对具体的反应条件作了改进，使更好地符合环境友好合成工艺的要求。如在合成三个片段的共同中间体时需要将羟基氧化至醛，在实验室合成时可以很方便地利用 Swern 氧化，但在大规模合成时大量放出的二甲硫醚就对环境很不友好。因此他们就改用了 2，2，6，6-哌啶氧自由基/漂粉精溶液(TEMPO/bleach)作氧化试剂，在二氯甲烷/水二相体系中定量地获得所需的醛。

TEMPO, KBr, $KHCO_3$
bleach (11%溶液)
CH_2Cl_2-H_2O
29 kg → 28.6 kg

总之，复杂目标分子的合成是一项浩大的工程，设计是基础。中国有一句老话“万事开头难”，一个好的开端往往预示了过程的顺利和结局的完美。可见合成设计对于整个合成工作来说是如何的重要。因此在这些方面花些功夫对研究工作进行整体的考察了解，对合成树进行合理删选、优化，对选定的计划路线进行比较评价和优化是值得的，且往往会达到事半功倍的效果。

参 考 文 献

[1] Boeketheide V. in：Strategies and Tactics in Organic Synthesis. Ed. by Lindberg T. Orlando：Academic Press，1984，1

[2] Service，R. F. Science，1999，285，184

[3] Nicolaou K. C.，Vourloumis D.，Winssinger N.，Baran P. S. Angew. Chem. Int. Ed. 2000，39，44～122

[4] a) Corey E. J.，Su W.-g. Tetrahedron Lett.，1985，26，281
b) Adams J.，Fitzsimmons B. J.，Girard Y.，Leblanc Y.，Evans J. F.，Rokach J. J. Am. Chem. Soc.，1985，107，464

[5] a) Nagaoda H.，Miyaoka H.，Miyakoshi T.，Yamada Y. J. Am. Chem. Soc.，1986，108，5019
b) Suzuki M.，Morida Y.，Yanagisawa A.，Noyori R. J. Am. Chem. Soc.，1986，108，5021
c) Suzuki M.，Morita Y.，Yanagisawa A.，et al. J. Org. Chem.，1988，53，286

[6] Qin G. W.，Chen H. C.，Wang H. C.，Qian M. K. Huaxue Xuebao，1981，39，83～89

[7] Xu R.-S.，Snyder J. K.，Nakanishi K. J. Am. Chem. Soc.，1984，106，734～736

[8] Lal K.，Zarate E. A.，Youngs W. J.，Salomon R. G. J. Am. Chem. Soc.，1986，108，1311～1312

[9] a) Lal K.，Zarate E. A.，Youngs W. J.，Salomon R. G. J. Org. Chem.，1988，53，3673
b) Mazza S. M.，Lal K.，Salomon R. G. ibid，3681

[10] a) Salomon R. G.，Lal K.，Mazza S. M.，Zarate E. A.，Youngs W. J. J. Am. Chem. Soc.，1988，110，5213～5214
b) Salomon R. G.，Mazza S. M.，Lal K. J. Org. Chem.，1989，54，1562～1570

[11] Aukrust I. R.，Skattebøl L. Acta Chem. Scandinavia，1996，50，132～140

[12] a) Chang C. C.，Nakanishi K. J. Chem. Soc. Chem. Commun.，1983，605
b) van der Eychen E.，van der Eychen J.，van der Valle M. J. Chem. Soc. Chem. Commun.，1985，1719

c) van der Eychen E., DeBruyn A., van der Eychen J., Callant P., van derwalle M. Tetrahedron, 1986, 42, 5385

d) Curran D. P., Jacobs P. B., Elliott R. L., Kim B. H. J. Am. Chem. Soc., 1987, 109, 5280

e) Kim B. H., Jacobs P. B., Elliott R. L., Curran D. P. Tetrahedron, 1988, 44, 3079

f) Whitecell J. K., Allen D. E. J. Am. Chem. Soc., 1988, 110, 3585

[13] a) Wang Z.-M., Tian S.-K., Shi M. Tetrahedron Lett., 1999, 40, 977

b) Lin G.-Q., Xu W.-C. Tetrahedron Lett., 1993, 34, 5931

[14] Hofer O., Wallnöfer B., Widhalm M., Greger H. Liebigs Ann. Chem., 1988, 525

[15] Yin B.-L., Wu W.-M., Hu T.-S., Wu Y.-L. Eur. J. Org. Chem, 2003, 4016～4022

[16] Nicolaou K. C., Snyder S. A. Angew. Chem. Int. Ed., 2005, 44, 1012～1044

[17] Mori K. Chem. Record, 2005, 5, 1～16

[18] Heather J. B., Mittal R. S. D., Sih C. J. J. Am. Chem. Soc., 1976, 98, 3661

[19] Brooks D. W., Kennedy E. J. Org. Chem., 1983, 48, 277

[20] He J.-F., Wu Y.-L. Synth. Commun., 1985, 15, 95

[21] Brewster D., Myers M., Ormerod J., et al. J. Chem. Soc. Perkin Trans. I, 1973, 2796

[22] a) Corey E. J., Albright J. O., Barton A. E., Hashimoto S.-i. J. Am. Chem. Soc., 1980, 102, 1435

b) Corey E. J., Barton A. E., Clark D. A. J. Am. Chem. Soc., 1980, 102, 4278

c) Corey E. J., Barton A. E. Tetrahedron Lett., 1982, 23, 2351

d) Houglum J., Pai J.-K., Atrache V., Sok D. E., Sih C.-J. Proc. Natl. Acad. Sci., 1980, 77, 5688

e) Atrache V., Pai J.-K., Sok D. E., Sih C.-J. Tetrahedron Lett., 1981, 22, 3443

[23] a) Li T.-t., Wu Y.-L. J. Am. Chem. Soc., 1981, 103, 7007

b) Li T.-t., Wu Y.-L., Walsgrove T. C. Tetrahedron, 1984, 40, 4701

c) Xu X.-X., Zhu J., Huang D.-Z., Zhou W.-S. Huaxue Xuebao, 1984, 42, 940～942

d) Wu Y.-L., Zhang J.-L., Li J.-C. Huaxue Xuebao, 1985, 43, 901～903

e) Curran D. P. Angew. Chem. Int. Ed., 1998, 37, 1174～1196

[24] Kraus G. A., Sugimoto H. Tetrahedron Lett., 1978, 2263

[25] Li T.-t., Walsgrove T. C. Tetrahedron Lett., 1981, 22, 3741

[26] Corey E. J., Danheiser R. L., Chandrasekaran S., et al. J. Am. Chem. Soc., 1978, 100, 8031

[27] Corey E. J., Carney R. L. J. Am. Chem. Soc., 1971, 93, 7318

[28] Durham T. B., Blanchard N., Savall B. M., Powell N. A., Roush W. R. J. Am. Chem. Soc., 2004, 126, 9307～9317

[29] a) 上海第五制药厂等. Scientia Sinica, 1978, 21, 87

b) Cai J.-C., Brossi A. The Chemistry of Heterocyclic Compounds, 1983, 25, 753

[30] a) Wani M. C., Ronman P. E., Lindley J. T., Wall M. E. J. Med. Chem., 1980, 23, 554

b) Ejima A., Terasawa H., Sugimori M., Tagawa H. J. Chem. Soc. Perkin Trans. I, 1990, 27

c) Imura A., Itoh M., Miyadera A. Tetrahedron Asymm., 1998, 9, 2285

d) Review for camptothecin: Terasawa H., Ejima A., Sugimori M. J. Syn. Org. Chem. Jap., 1991, 49, 1013; Takayama H., Kitajima M., Aimi N. J. Syn. Org. Chem. Jap., 1999, 57, 181; Josien H., Ko S.-B., Bom D., Curran D. P. Chem. Eu. J. 1998, 4, 67; Du W. Tetrahedron, 2003, 59,

8649～8687
[31] Wu Y.-L., Chow W.-Z., Hou C.-C., Huang-minlon. Scientia Sinica, 1966, 14, 1533
[32] Wu W.-L., Wu Y.-L. J. Chem. Soc. Chem. Commun., 1993, 821
[33] a) Yao Z.-J., Wu Y.-L. J. Org. Chem., 1995, 60, 1170
b) Hu T.-S., Yu Q., Lin Q., Wu Y.-L., Wu Y. Org. Lett., 1999, 1, 399
c) Yu Q., Wu Y., Ding H., Wu Y.-L. J. Chem. Soc. Perkin Trans. I, 1999, 1183
d) Yu Q., Yao Z.-J., Chen X.-G., Wu Y.-L. J. Org. Chem., 1999, 64, 2440
e) Hu T.-S., Wu Y.-L., Wu Y.-K. Org. Lett., 2000, 2, 887
[34] Shaw S. J., Sundermann K. F., Buringame M. A., et al. J. Am. Chem. Soc., 2005, 127, 6532～6533
[35] Magnus P., Giles M., Bonnert R., et al. J. Am. Chem. Soc., 1992, 114, 4403
[36] Danheiser R. L. in: Strategies and Tactics in Organic Synthesis. Ed. by Lindberg T. Orlando: Academic Press, 1984, 21
[37] a) Zhang J.-L., Li J.-C., Wu Y.-L. Yaoxue Xuebao, 1988, 23, 452
b) Ye B., Wu Y.-L. Tetrahedron, 1989, 45, 7287
c) Rong Y.-J., Wu Y.-L. J. Chem. Soc. Perkin Trans. I, 1993, 2149
[38] Zhang J.-L., Pan L.-F., Ye B., Wu Y.-L. Youji Huaxue, 1991, 11, 488
[39] a) Pearce G. T., Gore W. E., Silverstein R. M., et al. J. Chem. Ecol., 1975, 1, 115
b) Gore W. E., Pearce G. T., Silverstein R. M. J. Org. Chem., 1975, 40, 1705
[40] Bartlett P. A., Myerson J. J. Org. Chem., 1979, 44, 1625
[41] a) Mori K. Tetrahedron, 1976, 32, 1979
b) Elliott W. J., Hromank G., Fried J., Lanier G. N. J. Chem. Ecol., 1979, 5, 279
c) Cernigliaro G. J., Kocienski P. J. J. Org. Chem., 1977, 42, 3622
d) Helbig W. Liebigs Ann. Chem., 1984, 1165
[42] Larcheveque M., Henrot S. Tetrahedron, 1987, 43, 2303
[43] Sinha S. C., Keinan E. J. Am. Chem. Soc., 1995, 117, 3653～3654
[44] Corey E. J., Hopkins P. B., Munroe J. E., et al. J. Am. Chem. Soc., 1980, 102, 7986
[45] Endo K., Seya K., Hikino H. Tetrahedron, 1987, 43, 2681
[46] Xu X.-X., Zhu J., Huang D.-Z., Zhou W.-S. Tetrahedron Lett., 1991, 32, 5785
[47] Wilen S. H., Collet A., Jacques J. Tetrahedron, 1977, 33, 2725
[48] Newman P. Optical Resolution Procedures for Chemical Compounds. Manhattan College
[49] 上海有机化学研究所甾体激素组. 化学学报, 1979, 37, 1
[50] Ichikawa M., Takahashi M., Aoyagi S., Kibayashi C. J. Am. Chem. Soc., 2004, 126, 16553～16558
[51] Ogura K., Yamashita M., Tsuchihashi G.-i. Tetrahedron Lett., 1976, 759～762
[52] Mitscher L. A., Clark Ⅲ G. W., Hudson P. B. Tetrahedron Lett., 1978, 2553～2556
[53] Torii S., Inokuchi T., Oi R., Kondo K., Kobayashi T. J. Org. Chem., 1986, 51, 254
[54] Khanapure S. P., Najafi N., Manna S., Yang J. J., Rokach J. An Efficient Synthesis of 4(*S*)-Hydroxycyclopent-2-Enone. J. Org. Chem., 1995, 60, 7548～7551
[55] a) Suzuki M., Oda Y., Noyori R. J. Am. Chem. Soc., 1979, 101, 1623
b) Suzuki M., Oda Y., Noyori R. Tetrahedron Lett., 1981, 22, 4413

[56] Suzuki M., Kawagishi T., Suzuki T., Noyori R. Tetrahedron Lett., 1982, 23, 4057

[57] a) Gill, M., Rickards, R. W. Tetrahedron Lett. 1979, 1539~1542

b) Gill, M., Rickards, R. W. J. Chem. Soc. Chem. Commun. 1979, 121~123

[58] Eschler, B. M., Haynes, R. K., Kremmydas, S., Ridley, D. D. J. Chem. Soc. Chem. Commun. 1988, 137

[59] Noyori, R. Pure Appl. Chem. 1981, 53, 2315

[60] Kitamura, M., Noyori, R., Takaya, H. Tetrahedron Lett. 1987, 28, 4719~4720

[61] Asami, M. Tetrahedron Lett. 1985, 26, 5803~5806

[62] a) Tanaka, T., Kurozumi, S., Toru, T., Miura, S., Kobayashi, M., Ishimoto, S. Tetrahedron 1976, 32, 1713~1718

b) Miura, S., Kurozumi, S., Toru, T., Tanaka, T., Kobayashi, M., Matsubara, S., Ishimoto, S. Tetrahedron 1976, 32, 1893~1898

[63] Wang, Y.-F., Chen, C.-S., Girdaukas, A., Sih, C. J. J. Am. Chem. Soc. 1984, 106, 3695~3696

[64] Laumen, K., Schneider, M. Tetrahedron Lett. 1984, 25, 5875~5878

[65] a) Deardorff, D. R., Matthews, A. T., MaMeekin, D. S., Craney, C. L. Tetrahedron Lett. 1986, 27, 1255

b) Deardorff, D. R., Windham, C. Q., Craney, C. L. Organic Synthesis 1996, 73, 25~35

[66] Kalkote, U. R., Ghorpade, S. R., Joshi, R. R., Ravindranathan, T., Bastawade, K. B., Gokhale, D. V. Tetrahedron Asymmetry 2000, 11, 2965~2970

[67] Theil, F., Ballschuh, S., Schick, H., Haupt, M., Hafner, B., Schwarz, S. Synthesis 1988, 540~541

[68] Ghorpade, S. R., Kharul, R. K., Joshi, R. R., Kalkote, U. R., Ravindranathan, T. Tetrahedron Asymmetry 1999, 10, 891~899

[69] 参阅 Myers, A. G., Hammond, M., Wu, Y. S. Tetrahedron Lett. 1996, 37, 3083~3086

[70] Shiuey S.-J., Partridge J. J., Uskokovic M. R. J. Org. Chem., 1988, 53, 1040

[71] Denmark S. E., Fujimori S. J. Am. Chem. Soc., 2005, 127, 8971~8973

[72] a) Mickel S. J., Sedelmeier G. H., Niederer D., et al. Org. Process Res. Dev., 2004, 8, 92~100

b) Mickel S. J., Sedelmeier G. H., Niederer D., et al. Org. Process Res. Dev., 2004, 8, 101~106

c) Mickel S. J., Sedelmeier G. H., Niederer D., et al. Org. Process Res. Dev., 2004, 8, 107~112

d) Mickel S. J., Sedelmeier G. H., Niederer, D., et al. Org. Process Res. Dev., 2004, 8, 113~121

e) Mickel S. J., Niederer D., Daeffler R., et al. Org. Process Res. Dev., 2004, 8, 122~130

[73] Ley S. V., Priepke H. W. M. Angew. Chem. Int. Ed. Engl., 1994, 33, 2292

[74] Zhang Z., Ollmann I. R., Ye X.-S., et al. J. Am. Chem. Soc., 1999, 121, 734

[75] Yu B., Yu H., Hui Y., Han X. Tetrahedron Lett., 1999, 40, 8591

[76] Yu B., Xie J., Deng S., Hui Y. J. Am. Chem. Soc., 1999, 121, 12196

[77] Chen J.-X., Otera J. Angew. Chem. Int. Ed., 1998, 37, 91

[78] Baker R., Billington D. C., Ekanayake N. J. Chem. Soc. Perkin Trans. I., 1983, 1387

[79] Madhaven G. V. B., Martin J. C. J. Org. Chem., 1986, 51, 1287

[80] a) Taber D. F., Schuchardt J. L. Tetrahedron, 1987, 43, 5677

b) Kashihara H., Suemune H., Kawahara T., Sakai K. Tetrahedron Lett., 1987, 28, 6489

[81] Ohno M., Kobayashi S., Kurihara M.-A. J. Syn. Org. Chem. Jap., 1986, 44, 38
[82] Alvarez E., Cuvigny T., Penhoat C. H., Julia M. Tetrahedron, 1988, 44, 119
[83] Mori K., Fujiwhara M. Tetrahedron, 1988, 44, 343
[84] Nicolaou K. C., McGarry D. G., Sommers P. K. J. Am. Chem. Soc., 1990, 112, 3696
[85] Hoye T. R., Ye Z. J. Am. Chem. Soc., 1996, 118, 1801
[86] Wu Y.-L., Wu W.-L., Li Y.-L., et al. Pure & Appl. Chem., 1996, 68, 727
[87] Wu W.-L., Wu Y.-L. J. Chem. Res. (S), 1990, 112
[88] Sheldon R. Green Chem., 2000, 2(1), G1
[89] a) Trost B. M. Sciences, 1991, 254(5037), 1471
b) Angew. Chem. Int. Ed. Engl., 1995, 34, 259
[90] a) Raston C. L., Scott J. L. Green Chem., 2000, 2, 49
b) Scott J. L., Raston C. L. Green Chem., 2000, 2, 245
c) Bradley D. Chem. Britain, 2002, 38(9), 42～45
[91] a) Li C.-J., Green Chem., 2002, 4, 1～4
b) Li C.-J., Wei C., Chem. Commun., 2002, 268～269
[92] Shezod N., Clifford A. A., Rayner C. M. Green Chem., 2002, 4(1), 64～67
[93] a) McNulty J., Capretta A., Wilson J., et al. Chem. Commun., 2002, 1986～1987
b) Baleizao C., Gigate B., Garcia H., Corma A. Green Chem., 2002, 4, 272～274
c) Other recent reports about ionic liquid see the special issue of Green Chemistry. Green Chem., 2002, 4(2), 73～173
[94] Sato K., Aoki M., Noyari R. Science, 1998, 281, 1646
[95] Xi Z., Ning Z., Yu S., Lu K. Science, 2001, 292(5519), 1139
[96] a) 田伟生等. 中国专利,申请号 01113196.9
b) 田伟生等. 中国专利,专利号 ZL 96116304.6
c) 田伟生等. 中国专利,申请号 00127974.2
[97] C&E News. 2002, 80(16), 31

第 11 章　天然产物合成实例 (1)
二萜化合物 aphidicolin 的合成

本章将介绍一个二萜化合物 aphidicolin 的合成情况。aphidicolin **1** 是由头孢霉菌发酵而得,具有抗病毒、抗癌等生理活性,而它的结构则又十分独特。因此自 1972 年确定结构以来[1],曾有不少实验室从事它的合成研究,其中不乏巧妙的设计和有趣的反应,值得我们借鉴吸取。

11.1　目 标 分 子

结构特征　A、B 环为十氢萘骨架,在 B 环为连有有趣的 [3.2.1] 桥环结构。连接点 9-C 为一个季碳,构建正确构型的桥环体系是合成这一分子的关键。

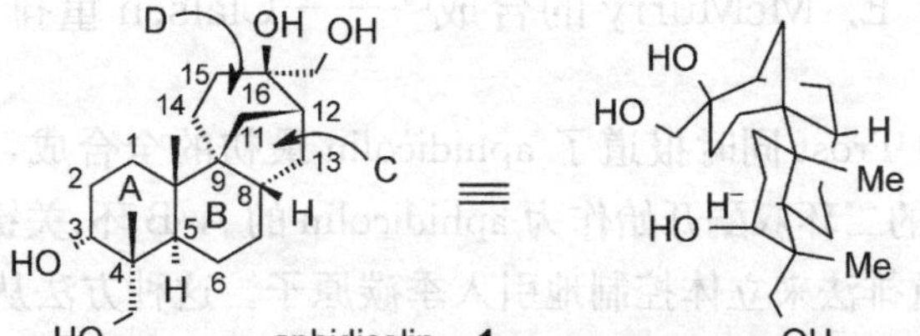

aphidicolin　**1**

在确定结构时,Brundret 等[1]发现 aphidicolin **1** 可以降解为化合物 **2**,同时 **2** 又可以重组为目标化合物 **1**。这一性质给以后的合成许多启发,可以将 aphidicolin 的合成简化为 **2** 的合成。

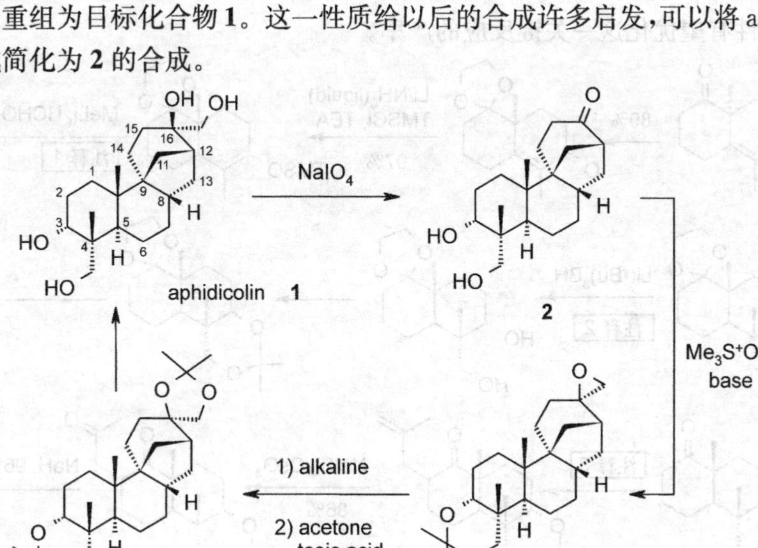

后来 A. B. Smith Ⅲ发展了更方便的方法由降解化合物 **2** 重组 aphidicolin **1**[2]。

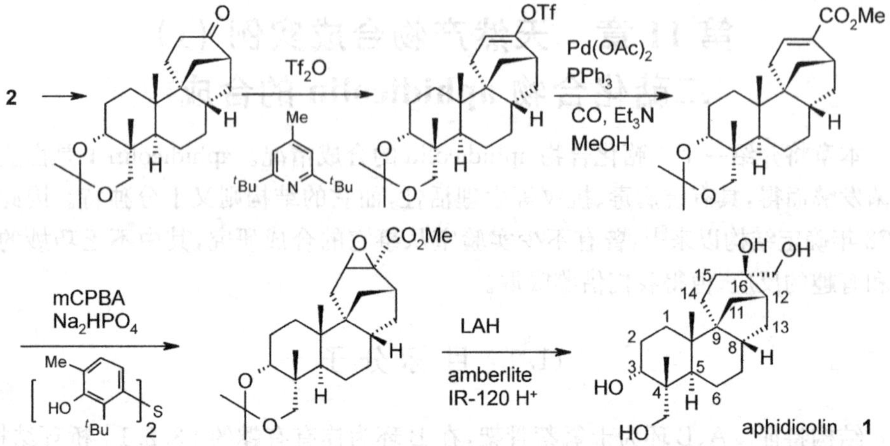

11.2　J. E. McMurry 的合成[3]——Claisen 重排产生季碳

McMurry 和 Trost 同时报道了 aphidicolin 最初的全合成，McMurry 的合成由全合成中常用的二环双酮开始作为 aphidicolin 的 A/B 环，关键步骤是利用乙烯基醚的 Claisen 重排法来立体控制地引入季碳原子。这种方法从普遍意义上讲是十分有效的，并广泛被应用于达到相似的合成目的。但本合成中这一反应产率不是很好，它的实现条件是简单的 360℃高温，有明显的时代(20 世纪 70 年代)印记，目前的条件有望优化这一关键反应的产率。

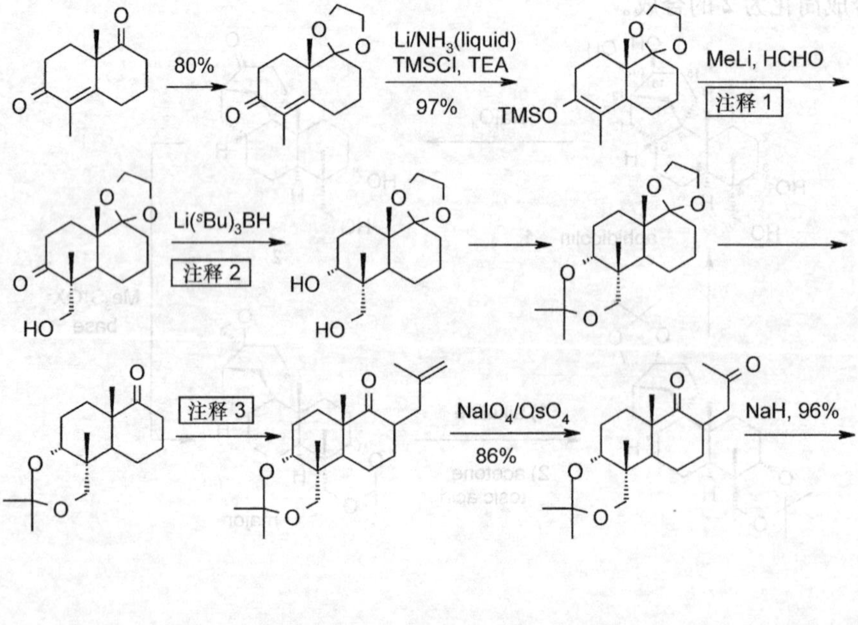

LiAlH$_4$, 95%　EVE, Hg(OAc)$_2$ 90%　360°C, 20% 注释 4

LiAlH$_4$, TsCl 60%　Na$_2$(CO)$_4$Fe, 30% 注释 5　3

Ph$_3$P=CH$_2$　OsO$_4$　→ 1

注释：

① 还原、缩合反应。

② 立体选择性还原得 α-羟基。

③ 采用双键作潜在的羰基官能团，从而达到合成 1,4-双酮来构建五元环。

④ 关键反应，形成季碳，但产率不佳。

⑤ 羰基插入法成环。

11.3　B. M. Trost 的合成[4]——烷基化反应生成季碳

Trost 的合成也是以二环双酮作为起始原料，以保护的降解产物化合物 **3** 作为合成目标的关键中间体。合成过程中，他们应用一步较为特殊的 oxy-Cope 重排来获得五元环，并取得了较好的结果。产生季碳采用一般的烷基化反应，但效果不是很好。这一点可以从目标物的构象式上得到一些启示。

as above 79%×68%　1) DIBAL+^{t}BuLi 2) H$^+$ 3) acetone, H$^+$ 99%×100%×92%　1) c-PrS$^+$Ph$_2$BF$_4^-$ KOH, DMSO, 56% 2) (PhSe)$_2$, NaBH$_4$ 3) MeCONH$_2$-TMSCl

FVP, 97%　注释 1

Pd(OAc)$_2$　MeCN, 73%　注释 2

Li/NH$_3$(liquid)　TMSCl/TEA　82%

allyl iodide　35%　注释 3

RBH$_2$　NaOH, H$_2$O　57%

PCC　NaOH　54%

DHP, H$^+$　W-K reduction　91%　H$^+$, 78%

PCC, 87%

3 → 1

注释：

① 利用 oxy-Cope 重排来建立五元环。

② 为控制角氢的 β 构型又多做了两步反应。

③ 因为立体阻碍，季碳形成的产率不是很好。

11.4　E. J. Corey 的合成[5]——A/B 环后先成六元 D 环再成五元 C 环

Corey 的合成路线是首先利用当时流行的多烯环化反应构筑 A/B 环，然后建立 D 环，最后引入 C 环。

geranyl acetate →　TBSO　Br　$CH_3COCH_2COOCH_3$　NaH →　$COOCH_3$　TBSO →

$COOCH_3$　OEt　OEt　TBSO　Hg(CF_3COO)　注释 1　ClHg　TBSO　$COOCH_3$

1) glycol, TsOH
2) NaBH$_4$, DMF, O$_2$
3) PDC, 90%
4) TBAF
5) ^{s}Bu$_3$BH
6) ^{t}BuCHO, 58%

注释 2

$COOCH_3$

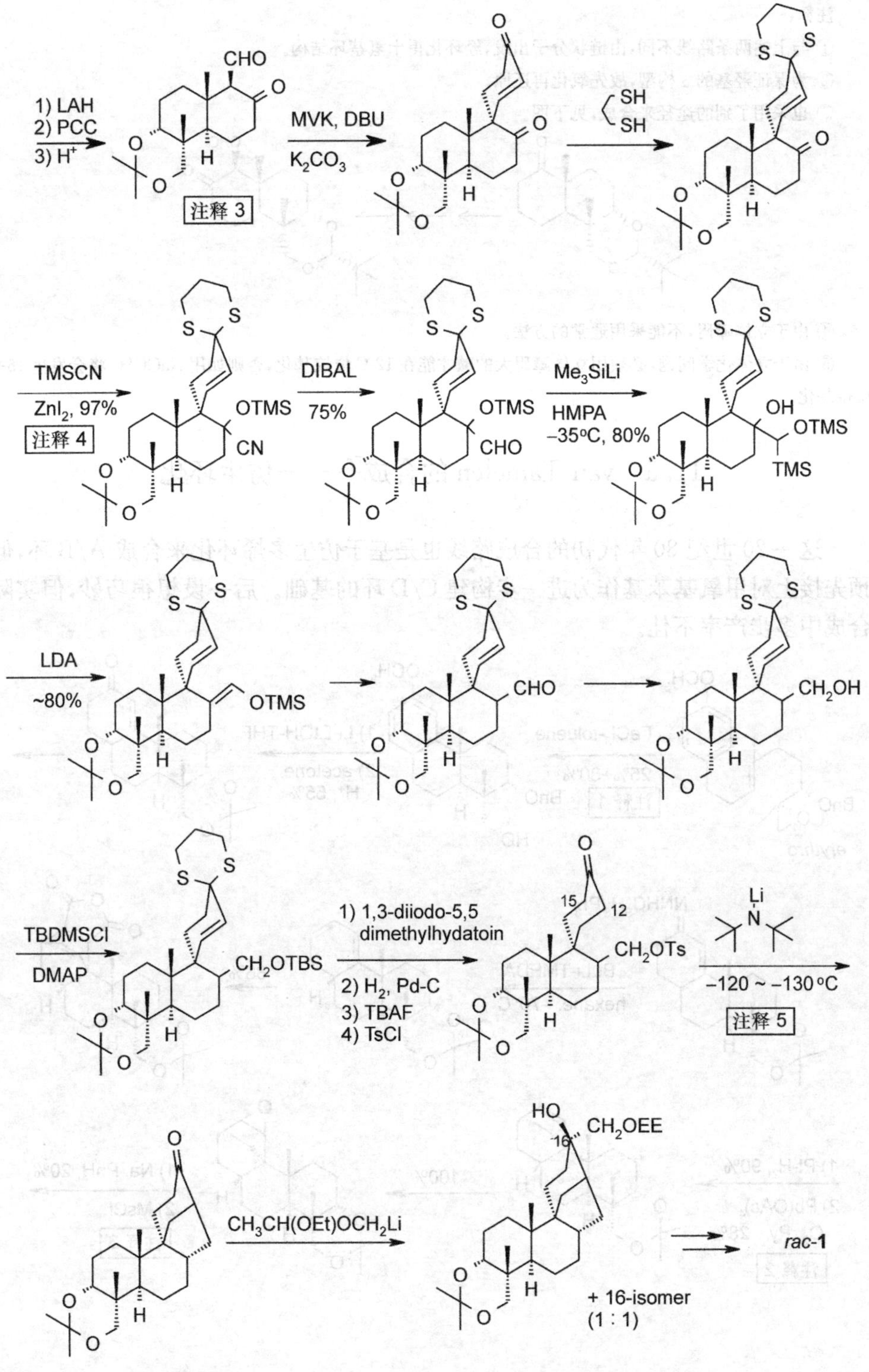

1) LAH
2) PCC
3) H^+

CHO
O
O
O
H
注释 3

MVK, DBU
K_2CO_3

O
O
O
O
H

SH
SH

S
S
O
O
O
H

TMSCN
ZnI_2, 97%
注释 4

S
S
OTMS
CN
O
O
H

DIBAL
75%

S
S
OTMS
CHO
O
O
H

Me_3SiLi
HMPA
–35°C, 80%

S
S
OH
OTMS
TMS
O
O
H

LDA
~80%

S
S
OTMS
O
O
H

S
S
CHO
O
O
H

S
S
CH_2OH
O
O
H

TBDMSCl
DMAP

S
S
CH_2OTBS
O
O
H

1) 1,3-diiodo-5,5
dimethylhydatoin
2) H_2, Pd-C
3) TBAF
4) TsCl

O
15
12
CH_2OTs
O
O
H

Li
N
–120 ~ –130 °C
注释 5

O
O
O
H

$CH_3CH(OEt)OCH_2Li$

HO
16
CH_2OEE
O
O
H
+ 16-isomer
(1 : 1)

rac-**1**

注释：

① 与上述两条路线不同，由链状分子出发，经环化得十氢萘环结构。

② 为保证羟基的 α 构型，故先氧化再还原。

③ 也采用了别的途径来合成，见下图。

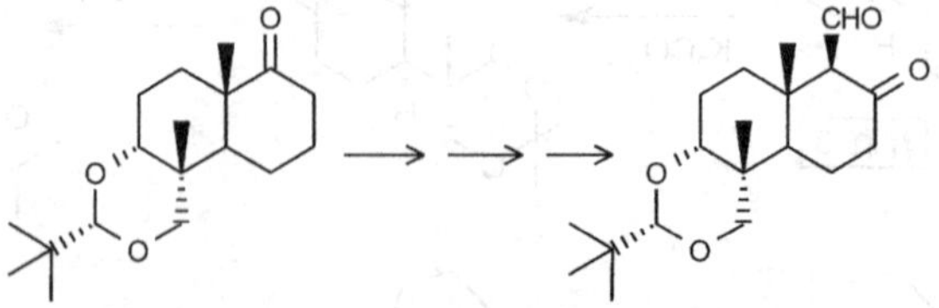

CHO

④ 由于立体障碍，不能采用通常的方法。

⑤ 由于立体化学问题，必须用立体障碍大的碱才能在 12-C 位烷基化，否则如用 $NaOCH_3$ 将会发生 15-C 位烷基化。

11.5 van Tamelen 的合成[6]——仿生环化

这一 20 世纪 80 年代初的合成路线也是基于仿生多烯环化来合成 A/B 环，但预先接上对甲氧基苯基作为进一步构建 C/D 环的基础。后一设想很巧妙，但实际合成中多步产率不佳。

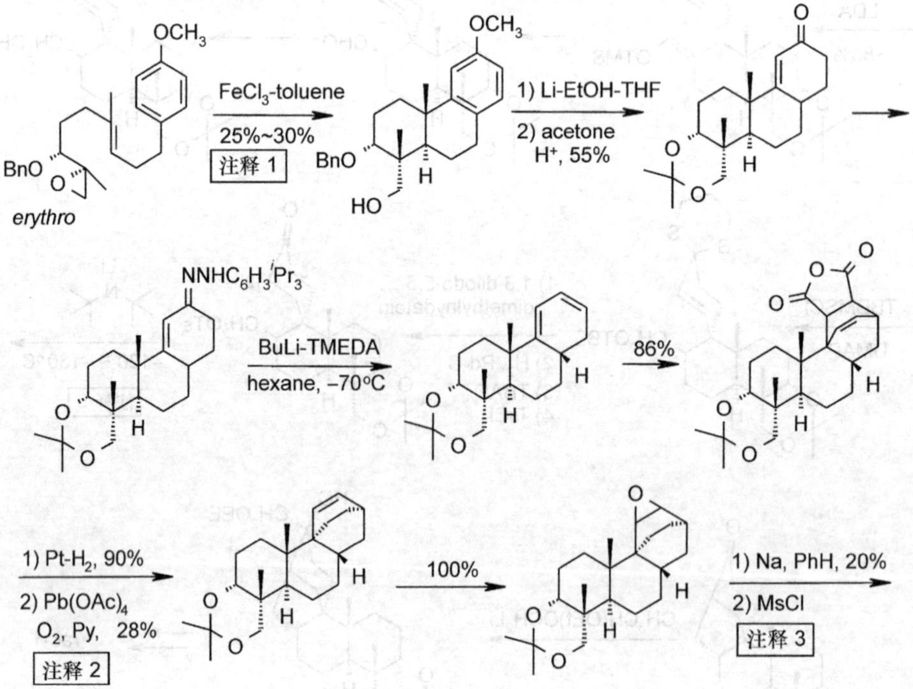

OCH_3 BnO *erythro* $FeCl_3$-toluene 25%~30% 注释 1 OCH_3 BnO H HO 1) Li-EtOH-THF 2) acetone H^+, 55% O H O

$NNHC_6H_3{}^iPr_3$ O H O BuLi-TMEDA hexane, −70°C O H O H 86% O O O O H O H O

1) Pt-H_2, 90% 2) $Pb(OAc)_4$ O_2, Py, 28% 注释 2 O H O H 100% O O H O H 1) Na, PhH, 20% 2) MsCl 注释 3

注释：

① 仿生多烯环化。

② 用 Diels-Alder 反应构成[2,2,2]体系，但脱羧酸成双键一步产率差。

③ 需 α 构型羟基，但这时选择性不好。

④ 从[2.2.2]双环重排至[3.2.1]双环是本合成的关键反应。

11.6 R. M. Bettolo 的合成[7]——利用四元环的 *retro*-aldol 和 aldol 反应

Bettolo 从前已报道的双环原料出发合成到 van Tamelen 相同的中间体，然后采用光化学的[2+2]反应，得到的四元环醇经 *retro*-aldol 和 aldol 反应至[2.2.2]桥环体系，再进行与上节类似的重排反应得 aphidicolin 的 C/D 环[3.2.1]骨架和其接力关键中间体 **2**。

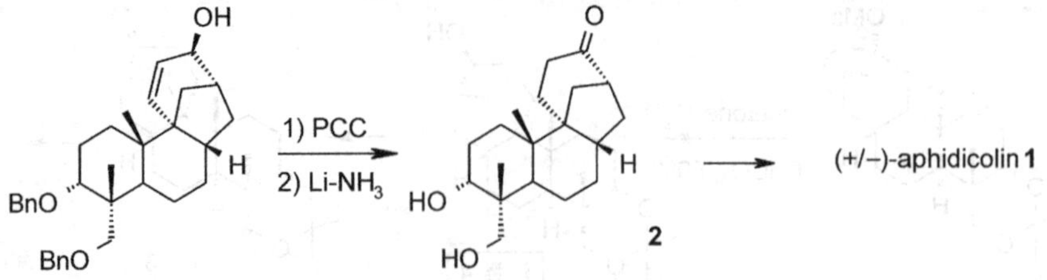

OH
BnO
BnO
1) PCC
2) Li-NH_3
O
H
HO
HO
2
(+/–)-aphidicolin 1

注释：

① 用不同的方法合成至与 van Tamelen 相同的中间体。

② 利用四元环 *retro*-aldol 和 aldol 反应。

③ Wagner-Meerwein 重排。

11.7 R. E. Ireland 的合成[8]——意外的重排

Ireland 的合成路线特点是利用了事先未曾料及的重排反应(详见注释 4)和 A 环取代基的引入放在合成路线的最后阶段。

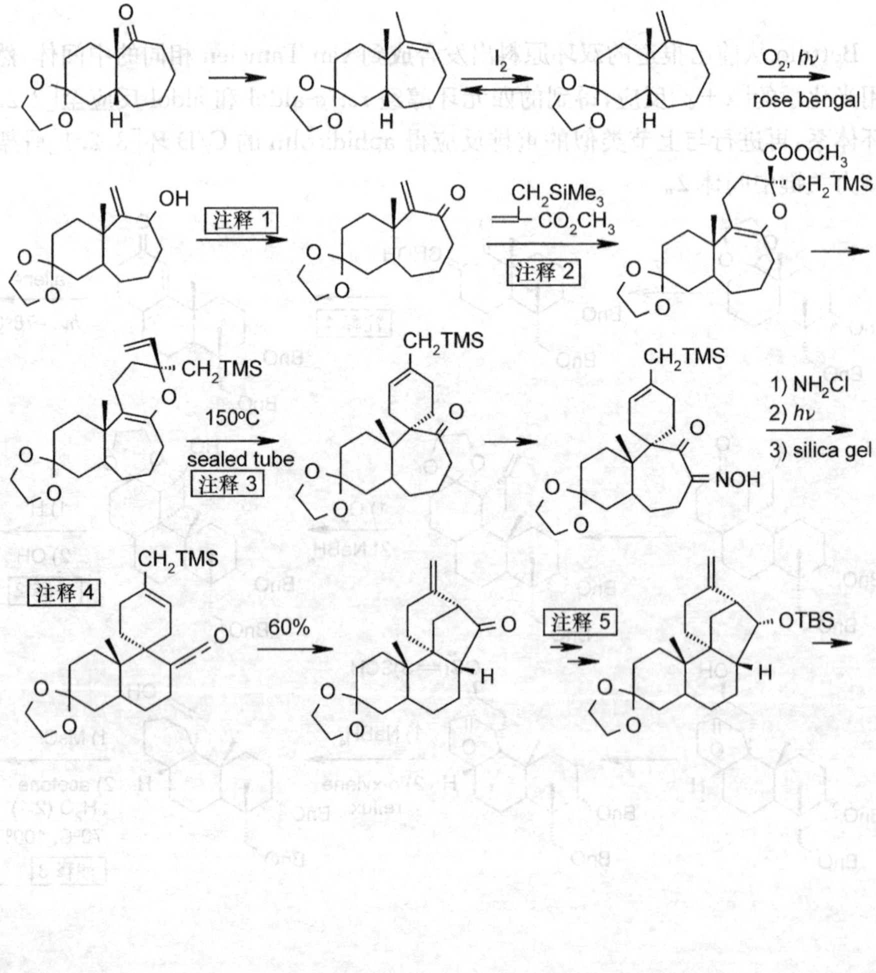

I_2
O_2, hν
rose bengal
OH
注释 1
CH_2SiMe_3
CO_2CH_3
注释 2
$COOCH_3$
CH_2TMS
150ºC
sealed tube
注释 3
=NOH
1) NH_2Cl
2) hν
3) silica gel
注释 4
60%
注释 5
OTBS

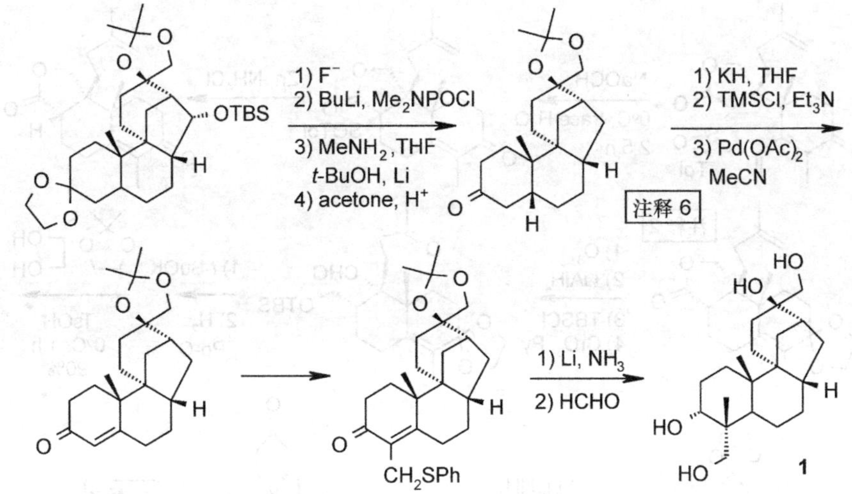

注释：

① 详见 *J. Org. Chem.*，**1979**，44，2323。

② 杂原子双烯 Diels-Alder 反应。

③ [3,3]重排。

④ 原先设计通过此重排来得到六元环及羧酸酯，进而还原羟基，再保护成 OTBS，在双键上加成的所谓 π 途径。但是实际上却发生了烯酮的[2+2]反应，获得的四元环中间体在硅胶上重排得意外的有用产物。可能的机理表示如下：

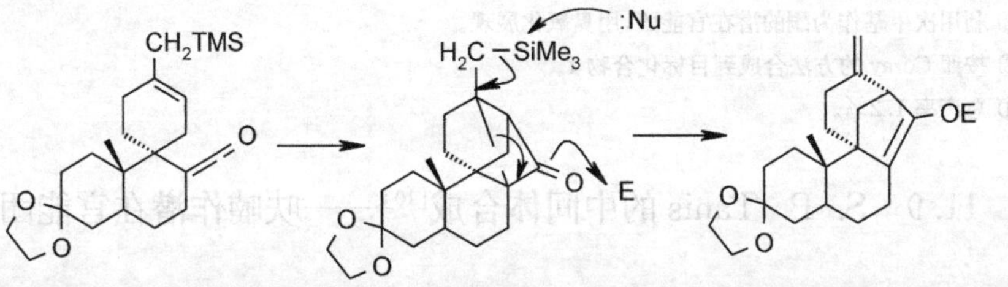

⑤ 不能用 Kishner-Wolff 还原，因为这时角氢要转位，故只能经多步迂回后来除去此 13 位的羰基。

⑥ 这时烯醇化方向正确，从而可获得所需的 α，β-不饱和酮。

11.8 R. A. Holton 的合成[9]——首次完成光学活性目标分子的合成

用对映纯的亚砜作原料进行不对称共轭加成，进一步合成至 11.4 节 Corey 路线的螺环中间体，并由此首次完成了(+)-aphidicolin 的合成。

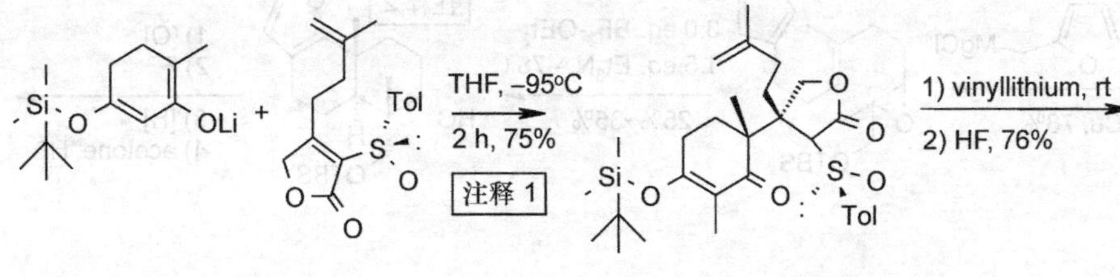

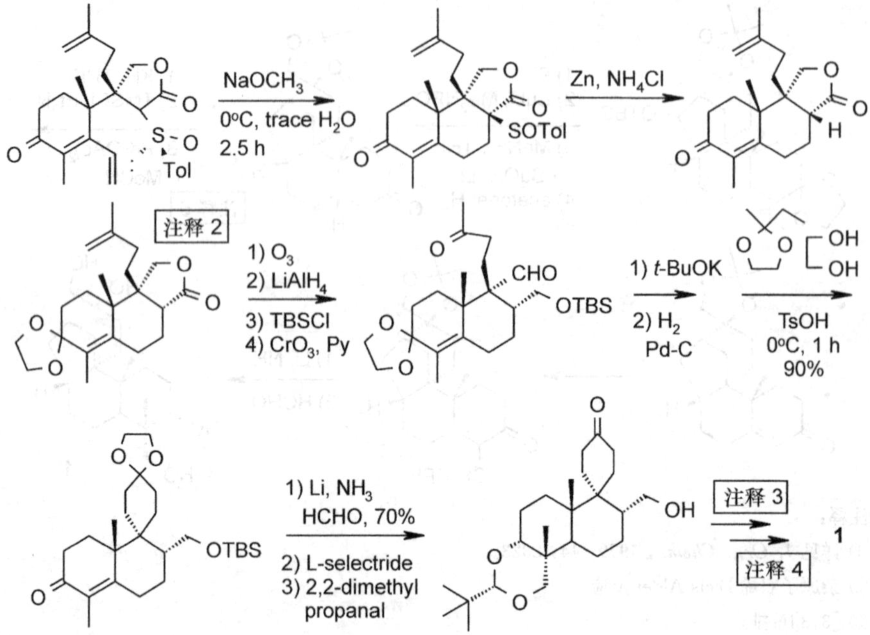

NaOCH$_3$ 0°C, trace H_2O 2.5 h

SOTol

Zn, NH_4Cl

注释 2

1) O_3
2) $LiAlH_4$
3) TBSCl
4) CrO_3, Py

CHO OTBS

1) *t*-BuOK
2) H_2 Pd-C

TsOH 0°C, 1 h 90%

OTBS

1) Li, NH_3 HCHO, 70%
2) L-selectride
3) 2,2-dimethyl propanal

OH

注释 3 注释 4 1

注释:

① 利用光学活性的亚砜作原料,进行不对称 Michael 加成,产物非对映异构体比为 7.4∶1,重结晶后即可得纯的所示构型的产物。

② 利用次甲基作为酮的潜在官能团,用臭氧化展现。

③ 按照 Corey 的方法合成到目标化合物 **1**。

④ 总产率 1.2%。

11.9 S. P. Tanis 的中间体合成[10]——呋喃作潜在官能团

Tanis 的合成也是用多烯环化来构筑 A/B 环,但利用呋喃作为潜在官能团,在随后的反应展现至环戊烯酮,合成得 McMurry (11.2 节) 和 Trost (11.3 节) 的中间体。

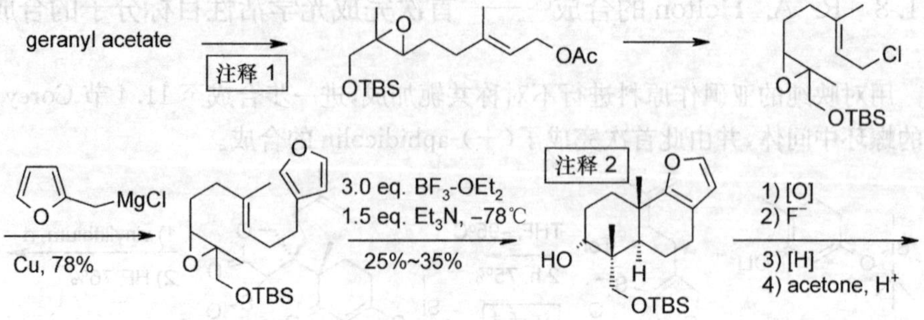

geranyl acetate 注释 1 OTBS OAc Cl OTBS

MgCl Cu, 78% OTBS

3.0 eq. BF_3-OEt_2
1.5 eq. Et_3N, −78℃
25%~35%

注释 2 HO H OTBS

1) [O]
2) F^-
3) [H]
4) acetone, H^+

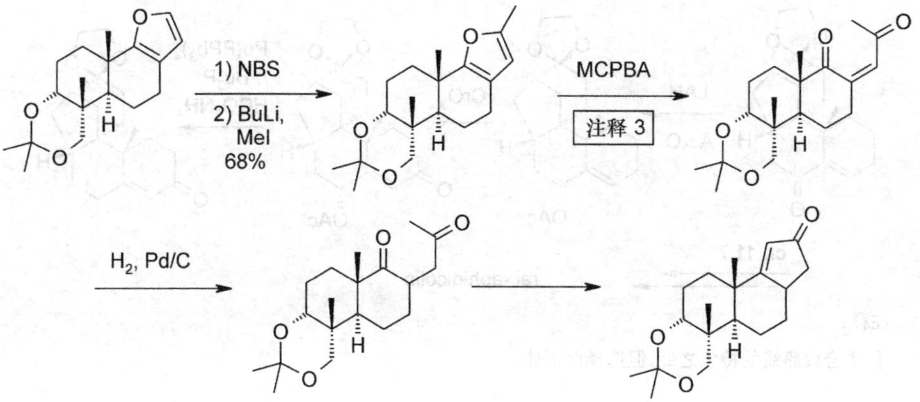

注释：

① 1988 年作者采用 Sharpless 不对称环氧化可获得 ee≥95%的产物，由此可合成至光学活性的目标物。

② 利用环化反应，但产率不好。用 ZnI_2 时产率在 0%～46%之间波动，后改硅醚保护基团为苄醚，产率可提高至 72%。

③ 利用甲基呋喃作 1,4-二酮的潜在官能团，用 MCPBA 展现。

11.10　C. Iwata 的合成[11]

Iwata 路线的特点是先 D 环后 B 环、C 环，最后 A 环而合成至 Ireland 路线的中间体(11.7 节)。

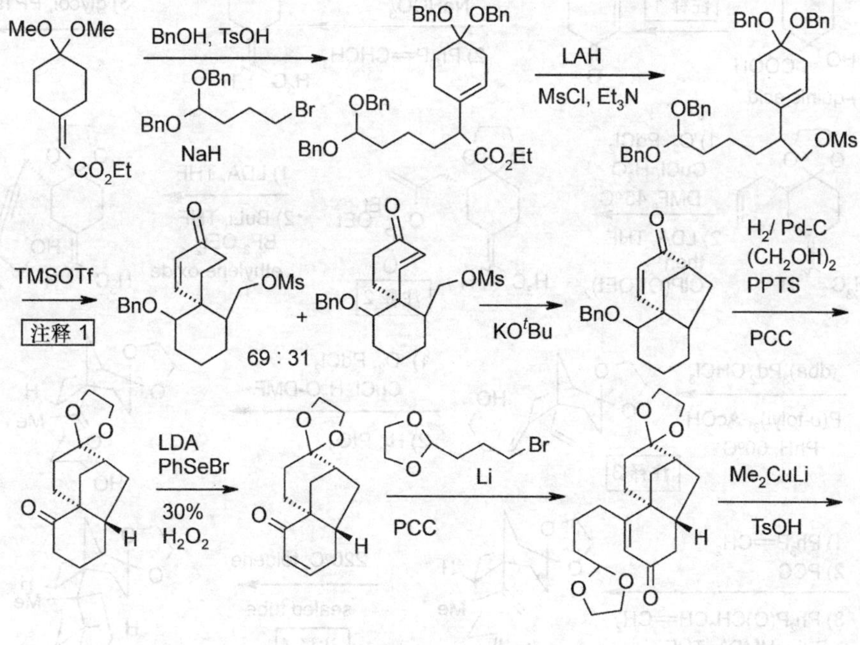

LAH / Ac_2O → CrO_3 → $Pb(PPh_3)_4$, n-Bu_3P, HCO_2NH_4

OAc OAc H H H H O O O O O O O O O O

cf. 11.7 → rac-aphidicolin

注释：

① 本合成路线的特色之处，但选择性不佳。

11.11 M. Toyota 和 K. Fukumoto 的合成[12]——Pd 催化关环和分子内 Diels-Alder 反应

该路线由(−)-quinic acid 出发，先运用 Pd 催化关环构筑 C/D 环，然后用分子内 Diels-Alder 反应确立 A/B 环，和上节一样也是合成至 Ireland 路线的中间体(11.7 节)，最后按已知方法完成了目标分子的对映选择性合成。在此之前 Toyota 和 Fukumoto 先用同样的关键反应走通了消旋体的合成路线。

(−)-quinic acid → 注释 1 → OTBS → 1) $Na_2S_2O_3$, Adogen 464, $NaHCO_3$; 2) $Ph_3P{=}CHCH_3$ → OTBS, H_3C H → 1) TBAF; 2) TPAP, NMO; 3) glycol, PPTs

→ 1) O_2, $PdCl_2$, CuCl, H_2O, DMF, 45°C; 2) LDA, THF then $ClP(O)(OEt)_2$ → 注释 2 (OEt, OEt, P, O) → 1) LDA, THF; 2) BuLi, THF, BF_3 OEt_2, ethylene oxide → HO, H_3C H

→ $(dba)_3Pd_2$ $CHCl_3$, $P(o\text{-tolyl})_3$, AcOH, PhH, 60°C → 注释 3 (HO) → 1) O_2, $PdCl_2$, CuCl, H_2O-DMF; 2) H_2, PtO_2 → H, Me, O, HO

→ 1) $Ph_3P{=}CH_2$; 2) PCC; 3) $Ph_2P(O)CH_2CH{=}CH_2$, BuLi, HMPA, THF → H, Me → 220°C, toluene, sealed tube, 注释 4 → H, Me, H

1) O_2, $h\nu$, Py hematoporphyrin
2) NaI, AcOH, EtOH, Et_2O
3) TPAP, NMO

注释 5

注释：

① 见文献 *Tetrahedron Lett.*，1994，35，4279。

② 合成烯醇磷酸酯的目的是 β-消除后产生炔烃用于下一步的闭环反应。

③ Pd 催化的闭环反应形成［3.2.1］桥环结构。

④ 分子内 Diels-Alder 反应。

⑤ 按照 C. Iwata 的已知路线：Chem. Pharm. Bull.，1995，43，193。

第 10 章中我们曾讨论了合成路线的灵活性的问题，合成目标分子的各个基团、片段的引入可以安排在先后不同阶段，进行试探、比较，从而找出较好的合成路线。上面 Toyota 的合成路线要点是利用钯催化环化和 Diels-Alder 反应为关键反应形成四环骨架，然后再引入 A 环和 D 环上的取代基。2003 年 Toyota 和 Ihara 再次报道了 aphidicolin 的合成[13]，仍利用同样的两个关键反应，但在四环骨架形成前已引入 D 环上的取代基和 A 环的两个取代基，因此四环形成后仅需几步已知反应即可得目标分子，提高了效率，而且这样的调整也改善了路线中的非对映选择性。

1) LDA, HMPA, THF, $NCCO_2Me$, 93%
2) $LiAlH_4$, MOMCl, $i\text{-}Pr_2NEt$, 76%

LDA, TBSCl, 91%

$Pd(OAc)_2$ 5 mol%, DMSO, O_2 (1 atm), 45 °C, 89%

注释 1

1) L-selectide, 93%
2) $Me_2S^+(O)CH_2^-$, 89%

1) 1 mol/L KOH, dioxane, 100 °C
2) PPTS, acetone, reflux, 91%

注释 2

1) O_3, 96%
2) LDA, $CH_2{=}CHCH_2I$, 92%

1) hydroboration
2) TBSCl, Im
3) $NaBH_4$, 86%
4) $(Imid)_2C{=}S$, 96%
5) 250 °C in autoclave, 77%

1) Bu_4NF, 100%
2) H_2/PtO_2, 100%

1) BnBr, NaH, 75%
2) H^+, 53%

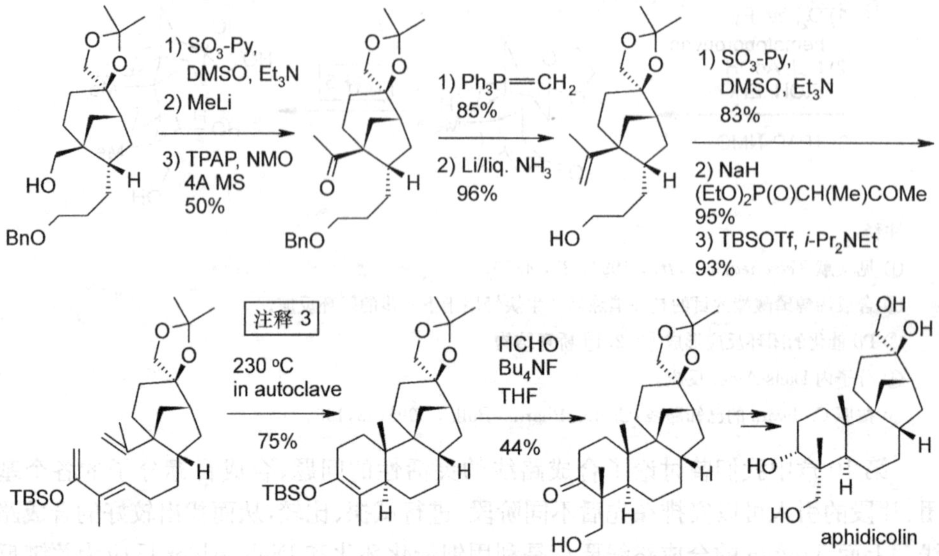

1) SO3-Py, DMSO, Et3N
2) MeLi
3) TPAP, NMO
4A MS
50%
HO
H
BnO
1) Ph3P=CH2
85%
2) Li/liq. NH3
96%
HO
1) SO3-Py, DMSO, Et3N
83%
2) NaH
(EtO)2P(O)CH(Me)COMe
95%
3) TBSOTf, i-Pr2NEt
93%
注释 3
230 °C
in autoclave
75%
TBSO
HCHO
Bu4NF
THF
44%
OH
HO
aphidicolin

注释：

① 关键反应。

② 潜在官能团展现为羰基。

③ 关键反应。

11.12　P. Deslongchamps 的 C8-差向异构体合成[14]——跨环 Diels-Alder 反应为关键的合成

Deslongchamps 小组多年来一直从事跨环 Diels-Alder 反应的研究，应用这一策略他们一次构筑了 aphidicolin 的四个环，然后再引入 A 环的羟甲基而得 8-位差向的 aphidicolin 的类似物。2003 年他们又进一步利用已引入 A 环取代基的跨环 Diels-Alder 反应前体，以 77%的产率一次获得了这一类似物的四环中间体[15]。这一跨环 Diels-alder-Aldol 串联反应是一高效的反应，缺点是其 15 元环的前体不易制备和无法获得所需的 8-位构型。

HO
OTBDPS
CO2CH3
Me2CuLi
CH3O-C6H4-CH2OCH2Cl
TBDPSO
OPMB
CO2CH3
75%
n-Bu
B
n-Bu
N
Ph
OHC
OPMB
OMOM
n-Bu2BOTf, 87%
注释 1
HO
Ph

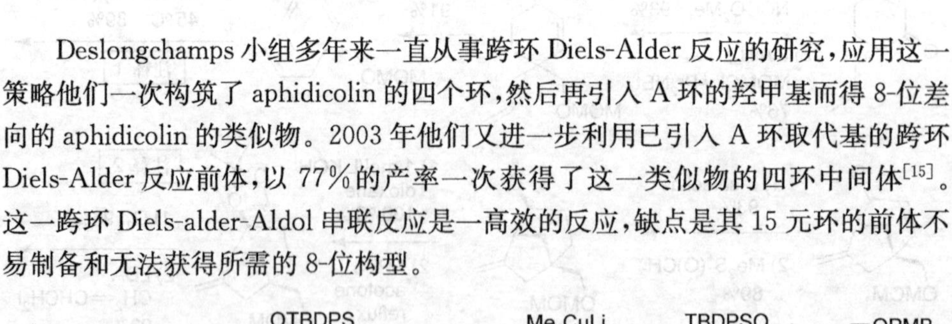

OPMB
OMOM
TiPSO
CHO

OPMB
OMOM
TiPSO
CH_2Cl

OPMB
OMe
O
TiPSO
Cl
O

Cs_2CO_3, CsI
65~70°C
slow addition
71%
注释 2

OPMB
CO_2CH_3
O
TiPSO

CHO
TiPSO
O
210 °C, 18h
sealed tube
54%
注释 3

O
CHO
8
H
TiPSO
H

HO
O
8
H
TiPSO
H

tabbe
reagent
97%

HO
8
H
TiPSO
H

VO(acac)$_2$
t-BuOOH
68%
注释 4

HO
O
8
H
TiPSO
H

HO
O
8
H
TiPSO
H

$MeOCH_2PPh_3Cl$
KHMDS
95%

CH_2OMe
HO
8
H
TiPSO
H

m-CPBA
PTS/MeOH
TBAF

HO
$CH(OMe)_2$
HO
8
H
HO
H

Im_2CO
NaOH
Dess-
Martin

O
O
O
$CH(OMe)_2$
8
H
O
H

TMSCl/LDA
$Pd(OAc)_2$
TMSCl/LDA
HCHO(g)
注释 5

O
O
O
$CH(OMe)_2$
2
8
H
O
H
CH_2OH

H_2/Pd-C, 75%
^{t}BuLi-DiBALH
38% (1: 1)
注释 6

HO
$CH(OMe)_2$
HO
8
H
HO
3
H
CH_2OH

HCl
$NaBH_4$　57%

HO
CH_2OH
HO
11
8
H
HO
H
CH_2OH
注释 7

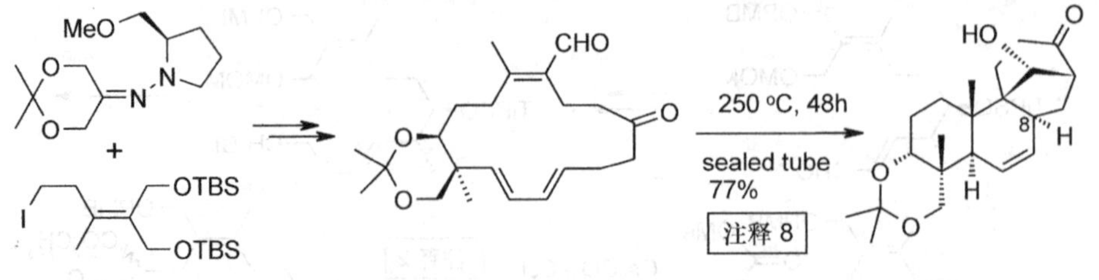

注释：

① 不对称合成引入手性中心。

② 形成 15 元大环，缓慢反滴加，控制最后浓度为 0.001mol/L。

③ 本合成的最大特色。这是一串联 Diels-Alder-aldol 反应。由一个大环形成四个五元和六元环，由两个手性中心控制形成五个手性中心，但 8-位的构型与目标分子相反。

④ 用高烯丙位的羟基控制环氧的形成。第一次合成至此未继续下去。

⑤ 先在 1,2 位上形成双键，否则 aldol 反应将在 2 位上发生。

⑥ 3-位羰基还原无选择性。

⑦ 此化合物较天然 aphidicolin 多一个 11-羟基和 8-位差向。

⑧ 由此进一步改造将可获得同样的 aphidicolin 类似物。

11.13 若干合成 C/D 环的模型试验

Aphidicolin 的结构中 C/D 环的［3.2.1］桥环结构是较为独特的，因此一些研究组也专门探索了合成此类结构的方法学，下面简单罗列了几个这样的例子。

11.13.1 T. Kametani 等的工作[16]——电环化开环和分子内 Diels-Alder 反应的串联组合

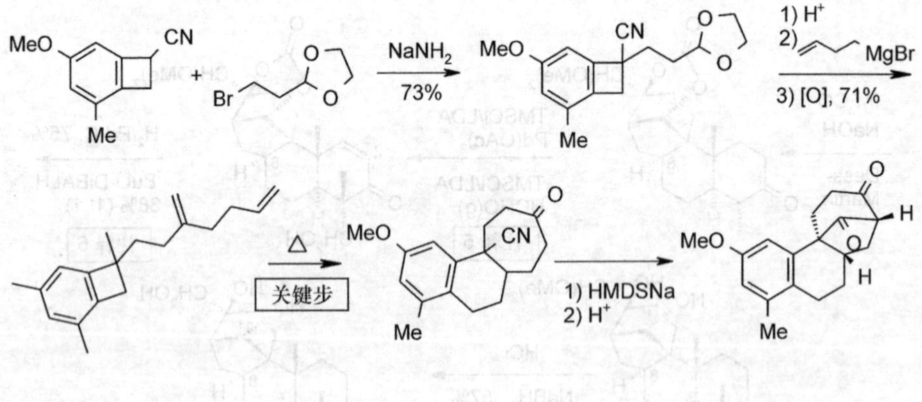

11.13.2 C. Iwata 等的工作[17]——卡宾加成与扩环反应

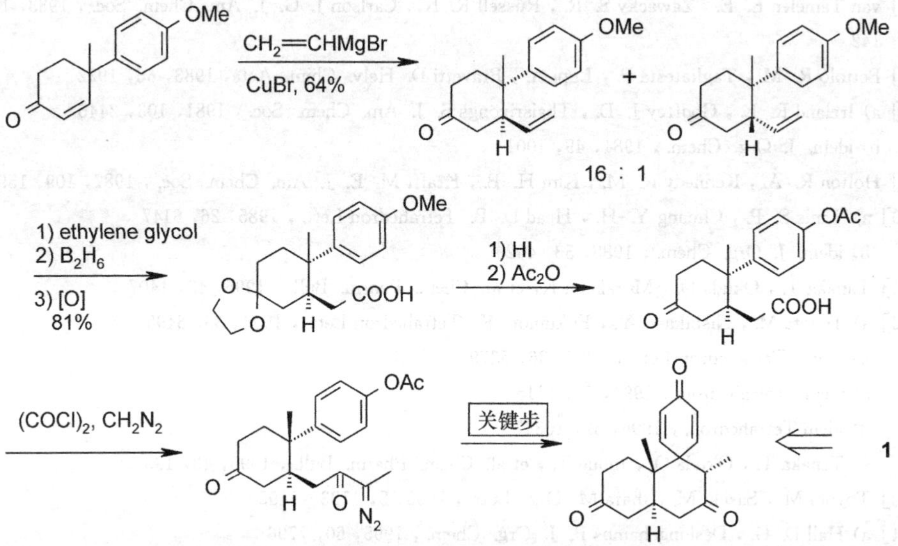

11.13.3 R. L. Cargill 等的工作[18]——光化学构环方法

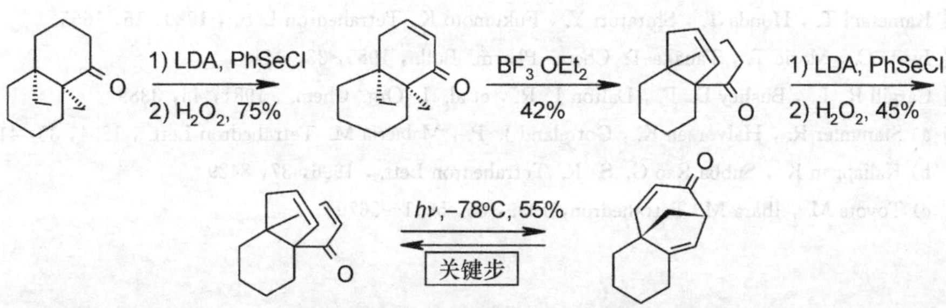

以上我们介绍了二萜类化合物 aphidicolin 的合成路线。这是一个具有较好抗肿瘤活性的化合物,但它的应用受到水溶性不大的性质的限制。然而最近发现它的一些水溶性衍生物,如 aphidicolin-17-glycinate HCl 盐具有更好的抗肿瘤活性,使这一个化合物及其衍生物的合成再度被重视起来[19]。

参 考 文 献

[1] a) Brundret K. M., Dalziel W., Hesp B., et al. J. Chem. Soc. Chem. Commun., 1972, 1027

b) Bundret K. M., Dalziel W., Hesp B., et al. J. Chem. Soc. Perkin Trans. I, 1973, 2841

[2] a) Rizzo C. J., Smith Ⅲ A. B. Tetrahedron Lett., 1988, 29,2793

b) idem J. Chem. Soc. Perkin Trans. I, 1991, 969

[3] McMurry J. E., Andrus A., Ksander G. M., et al. J. Am. Chem. Soc., 1979, 101, 1330

[4] Trost B. M., Nishimura Y., Yamamoto K. J. Am. Chem. Soc., 1979, 101, 1328

[5] Corey E. J., Tius M. A., Das J. J. Am. Chem. Soc., 1980, 102, 1742

[6] van Tamelen E. E., Zawacky S. R., Russell R. K., Carlson J. G. J. Am. Chem. Soc., 1983, 105, 142

[7] Bettolo R. M., Tagliatesta P., Lupi A., Bravetti D. Helv. Chim. Acta, 1983, 66, 1922

[8] a) Ireland R. E., Godfrey J. D., Thaisrivongs S. J. Am. Chem. Soc., 1981, 103, 2446

b) idem. J. Org. Chem., 1984, 49, 1001

[9] Holton R. A., Kennedy R. M., Kim H.-B., Krafft M. E. J. Am. Chem. Soc., 1987, 109, 1597

[10] a) Tanis S. P., Chuang Y.-H., Head D. B. Tetrahedron Lett., 1985, 26, 6147

b) idem. J. Org. Chem., 1988, 53, 4929

[11] Tanaka T., Okuda O., Murakami K, et al. Chem. Pharm. Bull., 1995, 43, 1407

[12] a) Toyota M., Nishikawa Y., Fukumoto K. Tetrahedron Lett., 1994, 35, 6495

b) idem. Tetrahedron Lett., 1995, 36, 5379

c) idem. Tetrahedron., 1994, 50, 11153

d) idem Tetrahedron., 1996, 52, 10347

e) Tanaka T., Okuda O., Inoue T., et al. Chem. Pharm. Bull., 1995, 43, 193

[13] Toyota M., Sasaki M., Ihara M. Org. Lett., 2003, 5, 1193～1195

[14] a) Hall D. G., Deslongchamps P. J. Org. Chem., 1995, 60, 7796

b) Belanger G., Deslongchamps P. Org. Lett., 2000, 2, 285～287

[15] Bilodeau F., Dube L., Deslongchamps P. Tetrahedron, 2003, 59, 2781～2791

[16] Kametani T., Honda T., Shiratori Y., Fukumoto K. Tetrahedron Lett., 1980, 15, 1665

[17] Iwata C., Morie T., Tanaka T. Chem. Pharm. Bull., 1985, 33, 944

[18] Cargill R. L., Bushey D. F., Dalton J. R., et al. J. Org. Chem., 1981, 46, 3389

[19] a) Stammler R., Halvorsen K., Gotteland J.-P., Malacria M. Tetrahedron Lett., 1994, 35, 417

b) Kaliappan K., Subba Rao G. S. R. Tetrahedron Lett., 1996, 37, 8429

c) Toyota M., Ihara M. Tetrahedron, 1999, 55, 5641～5679

第 12 章 天然产物合成实例 (2)

20 世纪 90 年代以来，有机合成化学在不对称合成等领域取得了长足的进展，复杂天然产物的合成因此成为一个空前活跃的领域。目标分子的特异性结构和生物学意义成为化学家选择目标分子的两个主要基点。合成方法学和合成策略在其中表现得多姿多彩，献给人们以艺术般的享受。本章选取了 90 年代几个代表性的合成目标，向读者介绍围绕这些分子所展开的合成工作，从中领略现代合成化学的风采和精髓。这些分子分别是：马钱子碱 (strychnine)、紫杉醇 (taxol)、Zaragozic acid 和 pancratistatin。

12.1 马钱子碱的合成

马钱子碱 (strychnine 1) 是第一个被人们以纯品形式分离得到的生物碱，是一个在有机化学和天然产物史上具有特殊意义的分子。它于 1818 年由 Pelletier 和 Caventon 分离得到[1]，它的分子式于 1946 年和 1947 年分别由当时的两大有机化学巨匠 Robinson[2] 和 Woodward[3] 领导的研究集体测出，相对和绝对构型于 1951 年通过 X 射线衍射方法测定[4]。马钱子碱的化学合成工作曾在 50 年代由于 Woodward 等[5] 的成功合成而达到高潮。这样一个含有七个环、六个手性中心的化合物，能在当时缺乏有力的微量结构分析方法的情况下被全合成成功，完全称得上是有机合成史上的一项丰碑之作。这一合成，Woodward 经过了 28 步反应，以总产率 0.000 06% 得到目标化合物，无疑带有浓厚的时代色彩。然而尽管在以后的 40 年中有数十篇合成方法学研究工作发表，但 Woodward 的合成路线仍旧是唯一成功的全合成路线。但是，在 20 世纪 90 年代初两年间却一下有四个研究组分别报道了各自成功的全合成路线[6~9]，最短的合成路线为 15 步反应，其总产率是 Woodward 路线的 100 000 倍，充分显示了现代有机合成化学在这 40 年之中的巨大发展。更有意思的是，由此马钱子碱乃至其他一些老的生物碱又成为众多有机合成实验室竞相追逐的目标分子。2000 年，Bonjoch 和 Sole 综述马钱子碱和其一类生物碱的全合成时[10]，又增加了一条他们的合成路线[11] 和两条还未正式发表的合成路线。当 2005 年初我们准备本书的第二版时，发现这几年间又有六条新的合成路线呈现在我们的面前[12~17]。下面我们分别选择性地介绍 90 年代初的四条合成路线和近年的两条合成路线。在分节介绍之前这里先介绍一下马钱子碱的两个降解产物：Wieland-Gumlich 醛(**2**, Wieland-Gumlich aldehyde)和异马钱子碱(**53**,

Isostrychnine),此二化合物在 20 世纪 50 年代时已报道均能重组成马钱子碱,因此正如本书第 7 章所指出的那样,马钱子碱的合成设计也就可以以这样的降解产物为合成目标,完成了它们中任一个的合成也就完成了马钱子碱的形式合成(formal synthesis),进一步按已知方法继续合成则就完成了马钱子碱的完整合成,实际上迄今的报道大多是按这样的方式进行的。

Wieland-Gumlich aldehyde (**2**) ⇌ degradation / $CH_2(CO_2H)_2$, Ac_2O, NaOAc, AcOH, 110 °C ⇌ Strychnine (**1**) ⇌ degradation / KOH/EtOH 85 °C ⇌ Isostrychnine (**53**)

12.1.1 Magnus 小组的合成[6]

Magnus 小组的合成路线遵循了 60 年代和 70 年代由 Harley-Mason 发展起来的骨架构建方法以及他们的反合成思路[18]。这一策略的关键之处是通过跨环系的亚胺离子九元环经正离子过程来立体选择性地构建 D 环和 E 环。首先 Magnus 从 **3** 和 **4** 出发经多步反应得到四环胺 *rac*-**5**,将此叔胺 **5** 用氯甲酸 β,β,β-三氯乙酯处理后扩为九元环结构 **6**。接着他们用一步出色的分子内共轭加成完成了 F 环的构建。这一立体选择性 1,4-加成归因于中间体酯的烯醇盐从面上获得最后的质子。化合物 **8** 氧化后得到砜的混合物,接着 Pummerer 反应和 Hg^{2+} 参与的水解得到 *rac*-**9**。

为了得到对映纯的 **9**,Magnus 采用了这样的方法:将 **6** 用(+)-(*R*)-*p*-toluenesulfonylacetic acid 酰化得到 **7b**,再依照上述路线制备得到 **9** 的两个对映体。先将得到的 **8** 的四个非对映异构体分开,然后将 C(6)和 C(7)具有相同绝对构型的两个非对映体分别合并,最后转化为 **9** 和 *ent*-**9**。由于砜 **7b** 产生的在 C(6)和 C(7)具有相同构型的两对化合物的比例为 55∶45,因此这条路线比拆分效果也好不了多少,非常费力。

3 + **4** → → **5**

5 → 1) $ClCO_2CH_2CCl_3$, CH_2Cl_2; 2) $NaOCH_3$, MeOH; 3) 50% NaOH, CH_2Cl_2, $ClCO_2Me$, TEBA; 4) Zn, AcOH, THF → **6** → $PhSCH_2COOH$, BOPCl, Et_3N, CH_2Cl_2 → **7a** R=SPh; **7b** R=*p*-S^+(---O^-)Tol

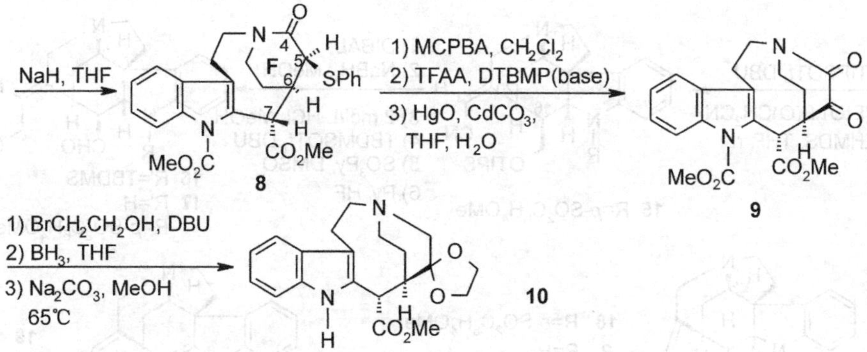

整个合成最为关键的步骤就是 D 和 E 环的形成。缩酮 **10** 经一步亚胺正离子的环际成环,以 65%产率得到 **12**,取得了出色的区域和立体选择性控制效果。这一步大致为 Hg^{2+} 先将 **10** 氧化到环状亚胺离子 **11**,然后发生协同的亲电环化生成 **12**。

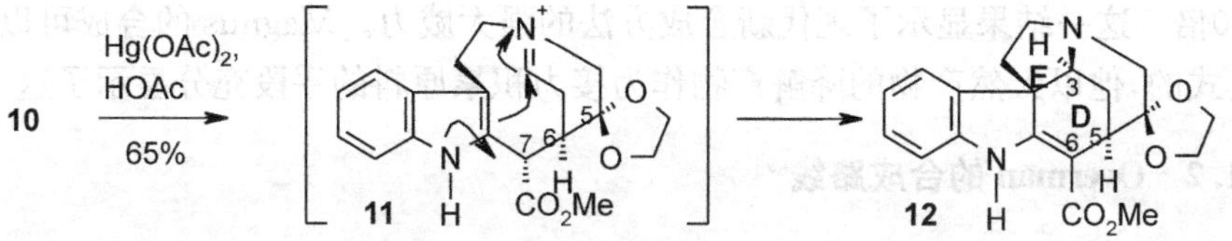

化合物 **14** 对于以下的合成是非常重要的,这一化合物不仅可以从 **4** 开始合成得到,而且也可以通过马钱子碱本身的降解产物中分离得到光学纯的 **14**。Magnus 正是采取了这样的接力式原料积累进行以下 G 环的构建。

毫无疑问,只有(*E*)-构型的 **17** 才能被用来合成 G 环,因此这种羟乙基取代的双键的形成必须得到良好的立体控制。这个问题曾经使合成大师 Woodward 感到困惑,和先驱者一样,Magnus 也同样遇到了这个问题,而且没能解决它。Wittig-Horner 反应生成的 α,β-不饱和腈 **15** 的(*Z*/*E*)比例为 2∶3。尽管 *Z* 异构体可以被分开,而且通过光化学方法能再次转化为 *E* 和 *Z* 的混合物,但这种操作显得吃力而繁琐。接下来将(*E*)-**15** 转化为 **16**,除去硅醚保护基后的 **17** 自然环化为六环化合物 **18**。通过还原反应除去磺酰胺保护基将 **18** 转化为与马钱子碱的降解产物 Wieland-Gumlish 醛 **2**。接下来从 **2** 可根据 Robinson 的方法[19] 用丙二酸处理一步直接得到马钱子碱 **1**。

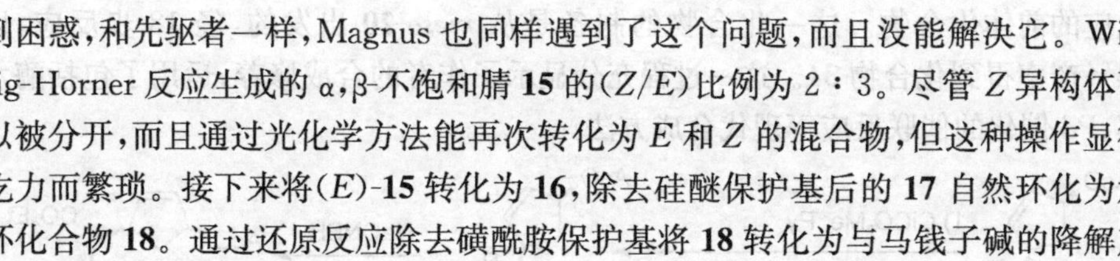

1) TIPSOTf, DBU
2) $(EtO)_2P(O)CH_2CN$, KHMDS, THF, rt

15 R=p-$SO_2C_6H_4OMe$

1) DIBAL
2) $NaBH_4$, MeOH
3) 2 mol/L HCl, MeOH
4) TBDMSOTf, DBU
5) SO_3Py, DMSO
6) Py, HF

16 R'=TBDMS
17 R'=H
R=p-$SO_2C_6H_4OMe$

18 R=p-$SO_2C_6H_4OMe$
2 R=H

19

与 Woodward1954 年的 28 步合成相比，Magnus 的 27 步路线显然没有大的改观；但是，从另一个方面看，后者的总产率达 0.03%，比 Woodward 提高了约 1 000倍。这一结果显示了现代新合成方法的强大威力。Magnus 的合成可以说是经典式的，他以天然产物的降解产物作为接力积累原料的手段充分显示了这一点。

12.1.2 Overman 的合成路线[9]

由 Overman 发表的第三条路线也是当时唯一一条对映选择性合成途径。这条合成路线关键的反应是连续的正离子型 Aza-Cope 重排和 Mannich 环化，这些方法经常被成功用于复杂生物碱的全合成中。在生物碱 akuammicinerac-**19** 的合成[20]中，作者获得了合成马钱子碱的策略。

合成中关键的化合物是氮杂双环-[3,2,1]癸烷 **31**，即为 Aza-Cope-Mannich 反应的前体化合物。这一化合物的制备是从 *meso*-**20** 出发的，经 18 步反应，以 14%产率得到化合物 **31**。这一过程充分显示了作者的合成修养，运用了包括酶水解、Pd 催化的偶联反应等现代合成方法。

20 R=Ac
21 R=H

1) $ClCO_2Me$, Py
2) t-$BuOCH_2COCH_2CO_2Et$ (**22**)
NaH, 1% $Pd_2(dba)_3$
15% PPh_3, THF, rt., 88%

23

$NaCNBH_3$
$TiCl_4$, −78°C
98%

24

DCC, CuCl
C_6H_6, 80°C, 91%

25

1) DIBAL
2) TIPSCl, NMP
3) Jones Ox.
63%

26

1) L-selectride
$PhNTf_2$, THF
2) Me_6Sn_2, 10% $Pd[PPh_3]_4$, LiCl
THF, 60°C, 80%

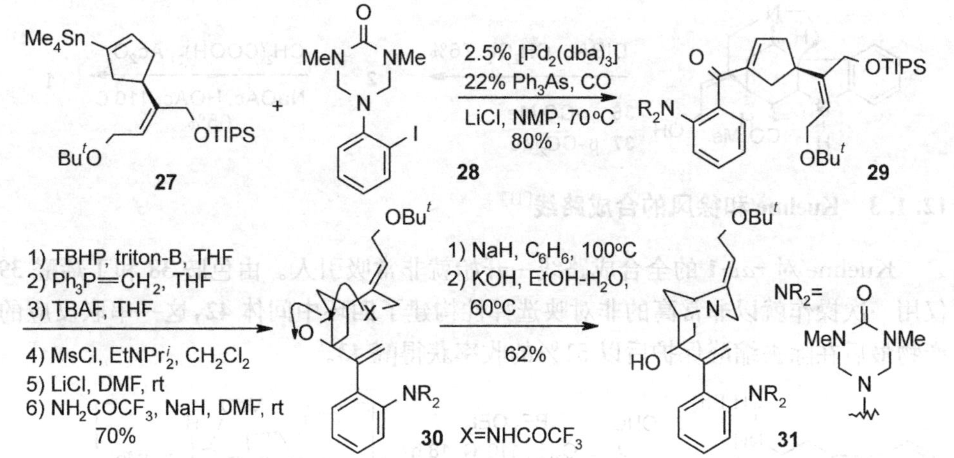

获得前体**31**之后，串联反应随即被启动。首先，胺**31**被转化为相应的亚甲基亚胺正离子结构**32**，中间体**32**在加热的条件下发生[3,3]-σ-重排得到**33**，该中间化合物具备接下来进行Mannich反应的结构要求，最后立体选择性地得到**34**，产率几乎定量。

34经腈基甲酸乙酯酰化，然后除去三唑酮保护，得到五环化合物**35**，这一中间体已经具备合成目标分子**2**所需的碳原子骨架。将**36**转化为马钱子碱**1**仍旧使用了第一次全合成时采用的方法。但是这条合成路线不需要消旋体的拆分，而且在C(20)的烯烃构型处理上，采用了预先解决的办法，提高了合成效率。

Overman的合成路线一共25步，但其总产率达到3%。显而易见，这是一个令人满意的产率，尤其作为第一次对映选择性全合成。但正如作者在论文的前言部分叙及的一样，他们合成策略的重点除了精彩的反合成分析，还放在现代合成反应以及串联反应的巧妙运用上。

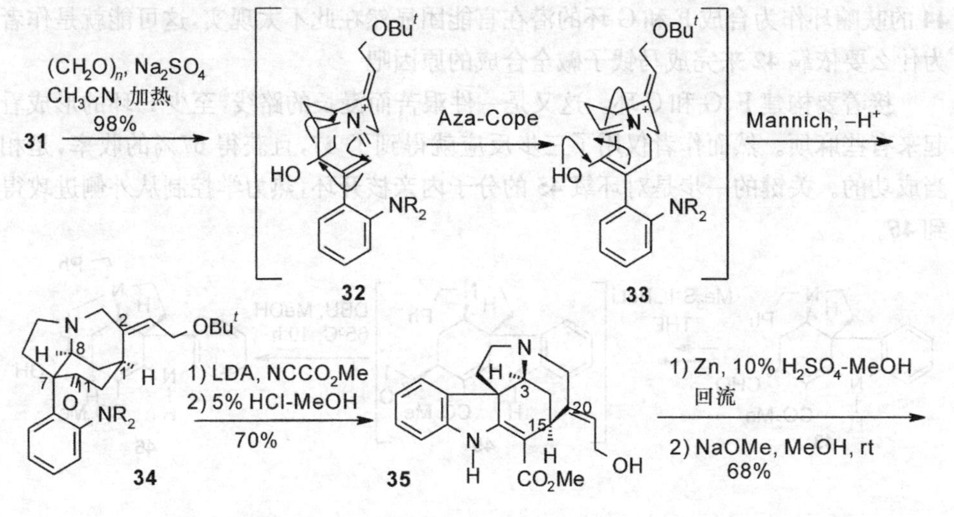

DIBAL, CH_2Cl_2, 76%
36 α-CO_2Me
37 β-CO_2Me
2
$CH_2(COOH)_2$, Ac_2O
NaOAc, HOAc, 110℃
65%
1

12.1.3 Kuehne和徐风的合成路线[11]

Kuehne对*rac*-**1**的全合成路线一开始就非常吸引人。由色胺**38**和丁烯醛**39**仅用一次操作就以非常高的非对映选择性构建了四环中间体**42**,这一串联反应的产物最后在除去缩醛保护后以51%的收率获得醛**43**。

$BF_3 \cdot OEt_2$
C_7H_8, 110°C, 18 h
38　**39**　**40**

10% $HClO_4$
THF, 23°C, 5h
51%
41　**42** R=$CH(OMe)_2$　**43** R=CHO　**44**

上述过程大致可以解释为:Mannich反应环化得**40**,然后[3,3]-σ-重排得**41**,最后酸催化环化得**42**。这一方法也曾成功用于Indoleninerac-**44**的全合成[21]中。化合物**44**除了C环的两个碳原子外,含有目标分子**1**全部的碳原子。但是,依靠**44**的呋喃环作为合成F和G环的潜在官能团显然在此不太现实,这可能就是作者为什么要依靠**42**来完成马钱子碱全合成的原因吧。

接着要构建F、G和C环。这又是一件艰苦而漫长的路线,至少F环的形成看起来有些麻烦。然而作者仅用了三步反应就得到了**47**,且获得67%的收率,是相当成功的。关键的一步是对环氧**45**的分子内亲核开环,热力学控制从外侧进攻得到**46**。

$Me_3S^+I^-$, BuLi
THF
DBU, MeOH
65°C, 10 h
43　**45**　**46**

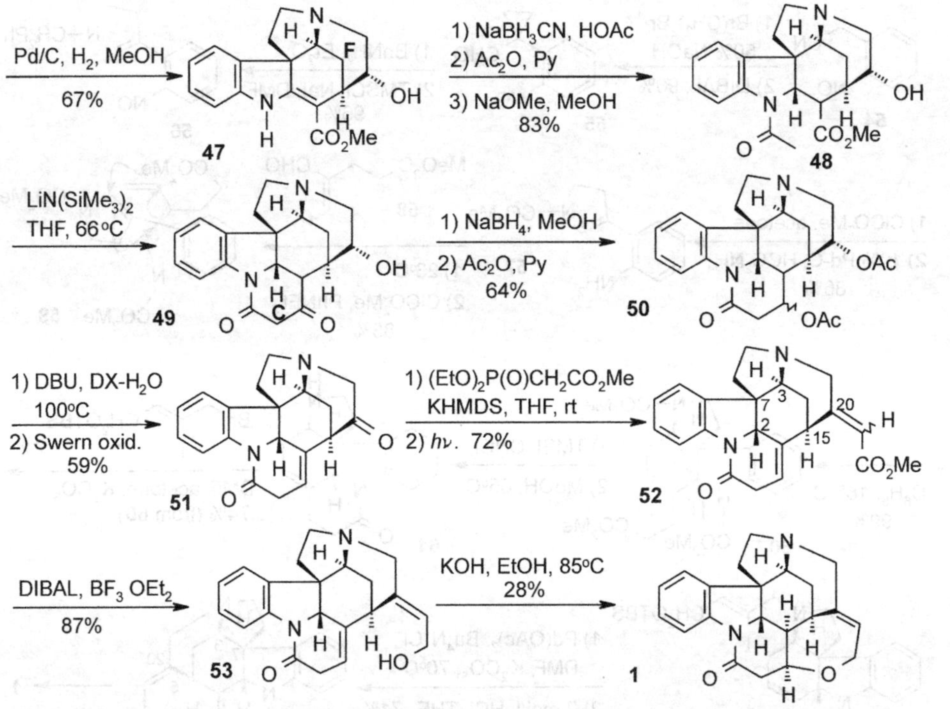

与前面的两条路线不同，Kuenhe 并没有经 **2** 去合成 **1**。作者把注意力集中在合成 isostrychnine **53** 上，并试图获得将 **53** 转化为 **1** 的高效方法。从理论上分析，这样的转化是有些困难的，连当年 Woodward 也持这种观点。首先，构成 C 环的关键是将 **48** 用分子内 Claisen 缩合生成 **49**。虽然从 **47** 到 **51** 构成 C 环总收率很好，但前后八步反应相当费力。合成的下一步，在 C(20) 处形成 *E* 式烯烃时，Kuenhe 也遇到了 Magnus 的困难，Wittig 反应的比例约 1∶1，经光照可提高为 *E*/*Z*=8∶1 的水平。**52** 还原后转化为 **53**，但正如当年 Woodward 预料的一样，最后的一步效率很低，仅得到 28% 的目标化合物 **1**，回收 61% 的原料。

可以这么说，Kuenhe 的合成中并不是每一步都是很优秀的，但是这条路线设计了一组有效的串联反应作为合成的核心步骤，且整个过程只用了 17 步反应，总产率达到 2%，称得上是一条成功的路线。合成中的效率可以通过改进 C 环的构建方法以及最后的转化步骤而可能得到改观。

12.1.4　Rawal 的合成路线[13]

Rawal 等对 *rac*-**1** 的合成策略成功实现了将分子内 Diels-Alder 反应和分子内 Heck 反应组合运用在这条路线中。

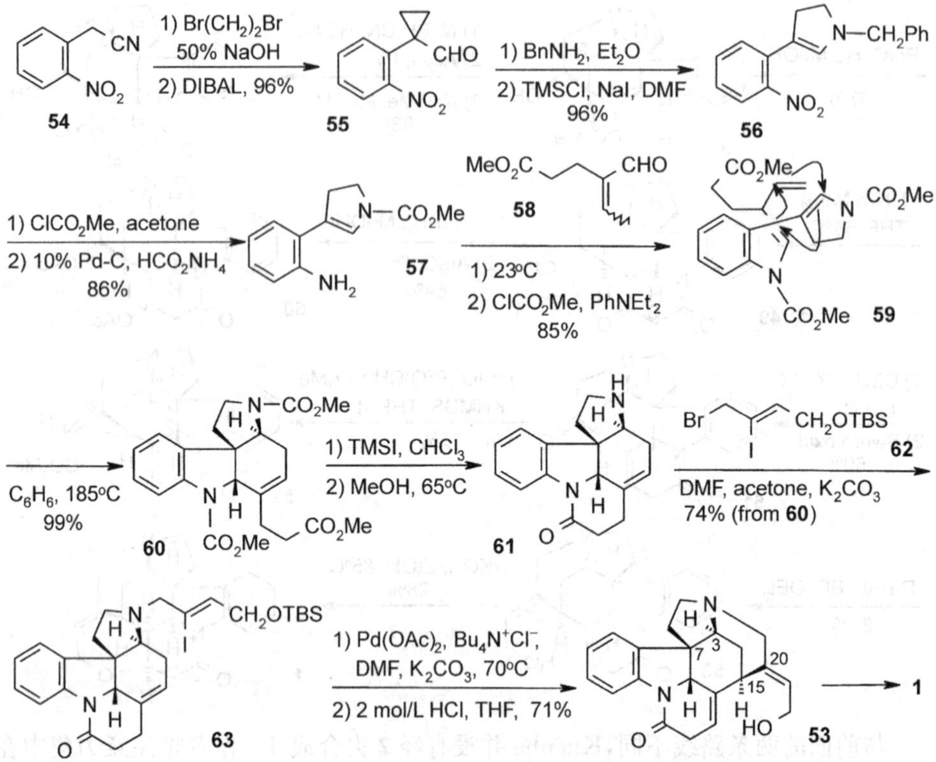

将前体 *rac*-**59**(由 **54** 八步合成制备)封管加热进行分子内 Diels-Alder 反应,以 99%的产率获得四环化合物 **60**。然后分子内经两步形成酰胺快速构成 C 环,显得干脆利落。**61** 在温和条件下和 **62** 发生 N 烷基化得到 **63**。接下来分子内 Heck 反应非对映选择性地形成 F 环,过程中 C(20)烯烃构型保持不变。去保护后得到 Isostrychnine **53**。以上 14 步的产率为 35%,甚为可观。但是最后他仍无法摆脱 **53** 到 **1** 的低效率转化。按照最后 28%的转化计算,Rawal 15 步合成的总产率为 10%,这是目前最好的结果。

12.1.5 Shibasaki 的合成路线[16]

20 世纪 90 年代后不对称合成有了长足的进步,不少反应已可用于放大制备,Shibasaki 因而就可利用丙二酸酯对环已烯酮的不对称催化共轭加成来提供其天然 (—)-马钱子碱合成的起始手性原料,并由这一手性中心出发成功地诱导形成了其他五个中心的正确构型。合成路线中最精彩之处是其中的第 20 步,还原-共轭加成串联反应一步形成了分子中的两个含氮环。其他方面,6,10 两步反应的选择性也还是满意的,21 步的闭环反应和紧接着的还原反应在试探了一些条件后给出了很好的结果。第 27 步在环外双键存在下脱 EtS 基团是这一路线的一个难点,但最终还是获得了解决。这一路线另一优点是将降解产物 Wieland-Gumlich 醛(**2**)作为其合成目标,从而能以较好的效率完成最后一步合成到 **1** 的转化。

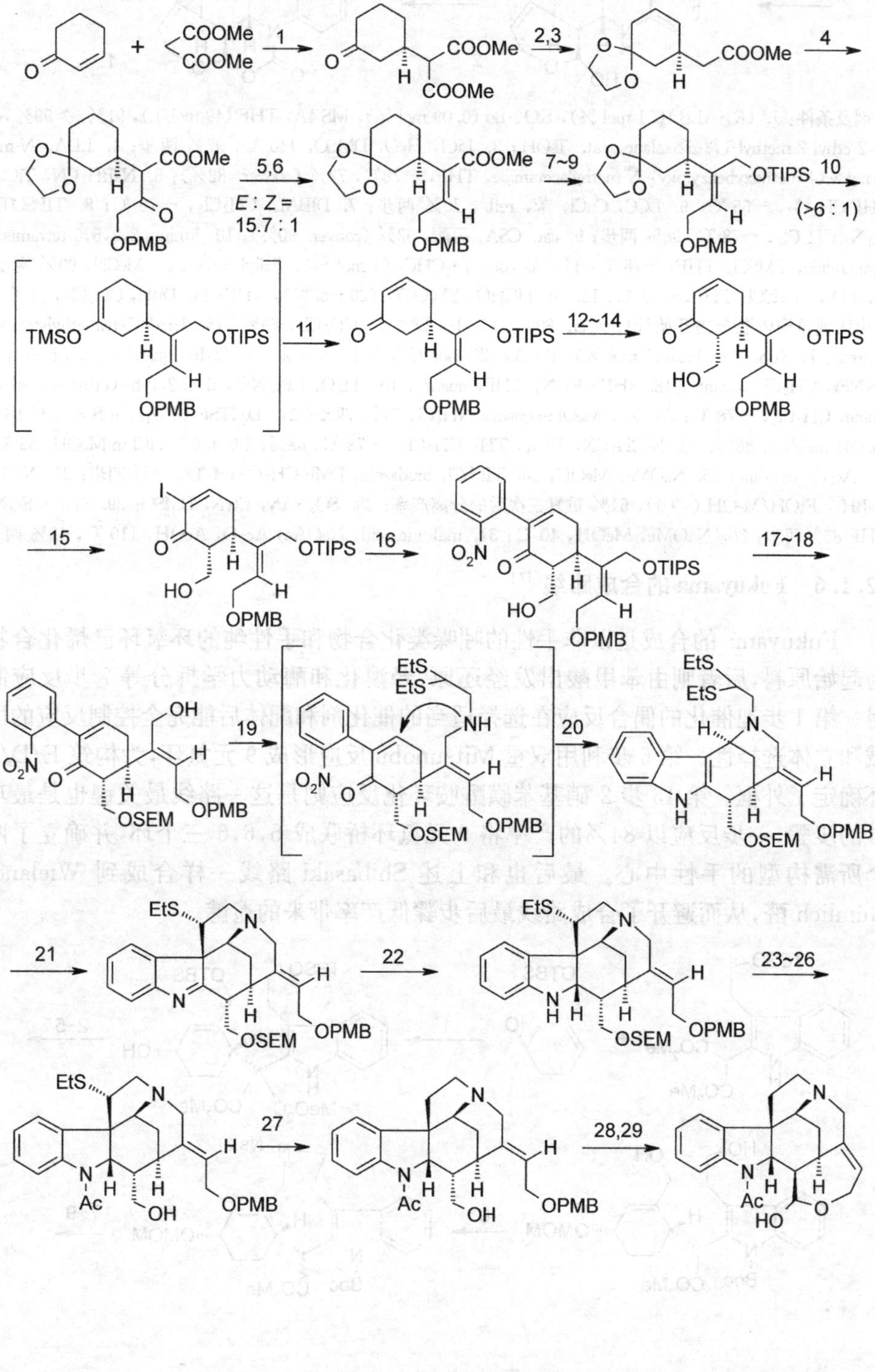

1 2,3 4 5,6 $E:Z=15.7:1$ 7~9 10 (>6 : 1) 11 12~14 15 16 17~18 19 20 21 22 23~26 27 28,29

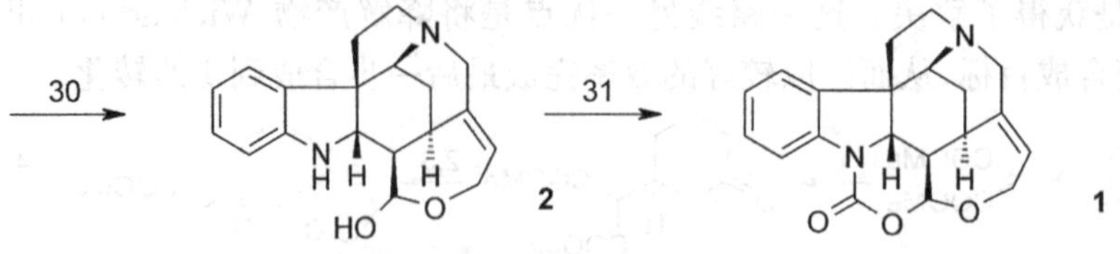

试剂及条件：1. (*R*)-ALB (0.1 mol %)，KO-*t*-Bu (0.09 mol %)，MS 4Å，THF (49 mol/L)，91%，>99% ee；2. 2-ethyl-2-methyl-1,3-dioxolane，cat. TsOH；3. LiCl，H_2O，DMSO，140 ℃，97% 两步；4. LDA，*N*-methoxy-2-(4-methoxybenzyloxy)-*N*-methylacetamide，THF，−78℃，72% (conver. 82%)；5. $NaBH_3CN$，$TiCl_4$，THF-CH_2Cl_2，−55 ℃；6. DCC，CuCl，苯，refl.，70% 两步；7. DIBAL，CH_2Cl_2，−78 ℃；8. TIPSOTf，Et_3N，CH_2Cl_2，−78 ℃，98% 两步；9. cat. CSA，丙酮，62% (conver. 90%)；10. lithium 2,2,6,6-tetramethylpiperidide，TMSCl，THF，−78 ℃；11. $Pd_2(dba)_3 \cdot CHCl_3$ (5 mol %)，diallyl carbonate，MeCN，90% 两步；12. LDA，TMSCl，THF，−78 ℃；13. aq. HCHO，$Yb(OTf)_3$ (20 mol %)，THF；14. DBU，CH_2Cl_2，57% 三步由区域异构体混合物开始计(conver. 80%) 15. I_2，DMAP，CH_2Cl_2，89%；16. 1-iodo-2-trimethylstannylbenzene，$Pd_2(dba)_3 \cdot CHCl_3$ (5 mol %)，Ph_3As (20 mol %)，CuI (10 mol %)，DMF，quant.；17. SEMCl，*i*-Pr_2NEt，CH_2Cl_2，quant.；18. $3HF \cdot Et_3N$，THF，quant.；19. Tf_2O，*i*-Pr_2NEt，then 2,2-bis(ethylthio)ethylamine，CH_2Cl_2，−78 ℃；20. Zn，MeOH-aqueous NH_4Cl，77% 两步；21. DMTSF (5 eq)，MS 4A，CH_2Cl_2 (0.005 mol/L)，86%；22. $NaBH_3CN$，$TiCl_4$，THF-CH_2Cl_2，−78 ℃，68%；23. 1.0 N HCl in MeOH，55 ℃；24. Ac_2O，pyridine；25. NaOMe，MeOH；26. TIPSCl，imidazole，DMF-CH_2Cl_2，4 ℃，51% 四步；27. $NiCl_2$，$NaBH_4$，EtOH/MeOH (4∶1)，61% 重复三次后的分离产率；28. $SO_3 \cdot Py$，Et_3N，DMSO；29. $3HF \cdot Et_3N$，THF 83%两步；30. NaOMe，MeOH，40 ℃；31. malonic acid，NaOAc，Ac_2O，AcOH，110 ℃，42% 两步

12.1.6 Fukuyama 的合成路线[17]

Fukuyama 的合成是以非手性的吲哚类化合物和手性纯的环氧环己烯化合物为起始原料，后者则由苯甲酸出发经还原、羟溴化和酶动力学拆分等 7 步反应制得。第 1 步钯催化的偶合反应在选择适当的催化剂和配体后能完全控制反应的区域和立体选择性。第 6 步利用双重 Mitsunobu 反应形成 9 元氮环，为构筑 E/D/F 环确定了外框。第 13 步 2-硝基苯磺酰胺环化反应则是这一路线最关键也是最巧妙的步骤，一步反应以 84%的产率将 9 元氮环桥联成 5,6,6 三个环，并确立了两个所需构型的手性中心。最后也和上述 Shibasaki 路线一样合成到 Wieland-Gumlich 醛，从而避开了合成路线最后步骤低产率带来的遗憾。

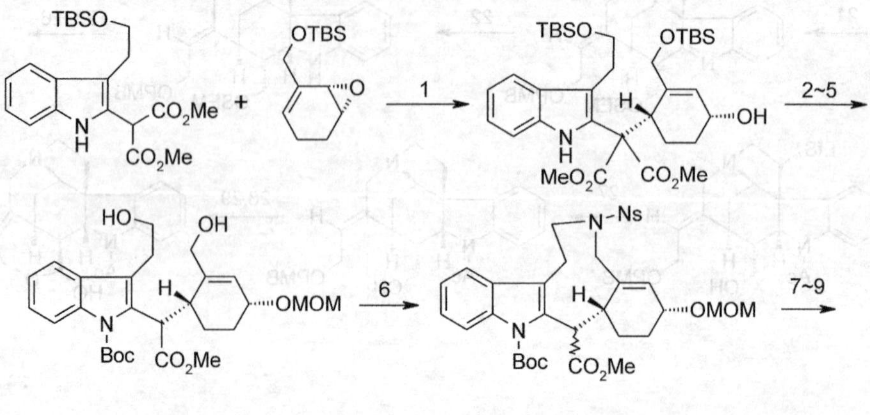

Wieland-Gumlich aldehyde

(−)-马钱子碱
(−)-strychnine

试剂及条件：1. $Pd_2(dba)_3$，P(2-furyl)$_3$，toluene，rt，86%；2. MOMCl，i-Pr_2NEt，CH_2Cl_2，rt；3. LiI，collidine，80 ℃；4. Boc_2O，DMAP，MeCN，rt；5. $NH_4F \cdot HF$，DMF-NMP，rt，72%（四步）；6. $NsNH_2$，PPh_3，DEAD，toluene，rt，95%；7. DBU，toluene，100 ℃；8. aq HCl，THF，50 ℃；9. Dess-Martin periodinane，CH_2Cl_2，0 ℃，69%（三步）；10. TMSOTf，Et_3N，CH_2Cl_2，0 ℃；11. mCPBA，aq $NaHCO_3$-CH_2Cl_2，0 ℃；aq HCl，MeOH，rt，66%（两步）；12. $Pb(OAc)_4$，MeOH-benzene，0 ℃；13. PhSH，Cs_2CO_3，MeCN；TFA，Me_2S，CH_2Cl_2，50 ℃，84%（两步）；14. DIBAL，$BF_3 \cdot OEt_2$，CH_2Cl_2，−78 ℃，93%；15. $NaBH_3CN$，AcOH，10 ℃；16. NaOMe，MeOH-THF，rt；17. DIBAL，CH_2Cl_2，−98 ℃；18. $CH_2(CO_2H)_2$，NaOAc，Ac_2O，AcOH，110 ℃，42%（四步）

12.1.7 小结

显而易见，20 世纪 90 年代初四条合成路线比之 Woodward 的全合成都取得了令人兴奋的进步。总的来说，其中 Overman 的对映选择性合成最具时代代表性，其本人也因出色的工作成就获得 1995 年美国化学会有机合成杰出成就奖。以上这些合成最好的产率达到了 Woodward 合成的 100 000 倍。21 世纪初的全合成则进一步注意改进合成中的选择性和合成路线中的策略，采用新的试剂、反应和各种串联反应，使合成的效率和合成的艺术更进一步上升到一个新的高度。

12.2 紫杉醇的合成

紫杉醇（taxol **64**）也称红豆素，是 20 世纪 70 年代初从太平洋紫杉树中分离得到的化合物[22]。最近该化合物被 FDA 批准用于子宫癌的治疗，同时该化合物还具有明显的抗乳腺癌、肺癌和其他癌症的功效[23]。由于紫杉醇的药用价值和基础研究意义，它的来源成为人们关注的问题。在很长的一段时间里，taxol 是靠从紫杉的树皮中提取，但其含量甚少，明显不能满足研究和临床的需要。从 20 世纪 80 年代后期开始，众多的化学家致力于紫杉醇的全合成和半合成工作，但进展缓慢，这很大程度上是由于这一化合物复杂的结构因素[24]。然而，在 1993 年末和 1994 年初，在相隔约六个星期的时间里，两个研究小组分别报道了他们各自完成的全合成工作[25]。他们分别是：美国 Florida 州立大学的化学教授 Holton 领导的研究组[26]和美国加州 Scripps 研究所的化学家 Nicolaou 领导的研究组[27]。虽然目前这两条合成路线均不能成为商品化需要的途径，但是他们的开创性工作为研究者们获得更多的高效、低毒的 taxol 类似物提供了可能。同时由于紫杉醇本身结构的复杂性和特殊性，它的全合成无疑是有机合成界的一件值得称道的事件。下面，我们分别来介绍他们的合成路线。

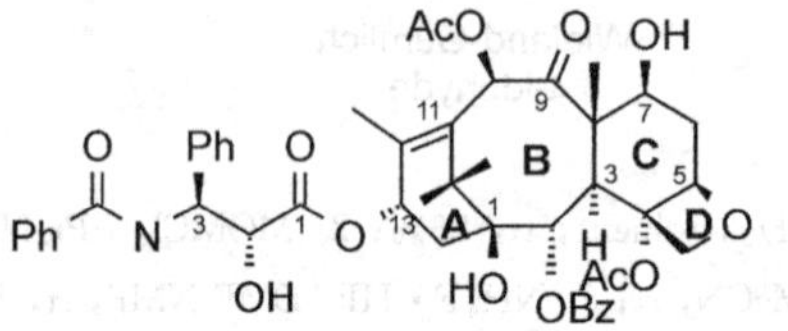

64 (−)-taxol

12.2.1 Holton 的合成路线[26]

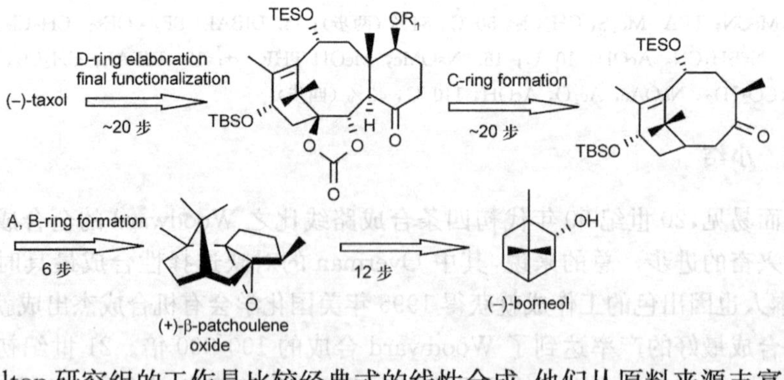

(−)-taxol ⟹ (D-ring elaboration, final functionalization, ~20 步) ⟹ (C-ring formation, ~20 步) ⟹ (A, B-ring formation, 6 步) (+)-β-patchoulene oxide ⟹ (12 步) (−)-borneol

Holton 研究组的工作是比较经典式的线性合成，他们从原料来源丰富的天然龙脑[冰片，(−)-borneol]出发，经过 57～59 步反应，以 0.3%的总产率合成得到了紫杉醇。该路线的反合成可以分析如上图。他们曾经从商品化的(−)-β-patchoulene oxide 出发合成了天然 taxusin 的对映体[28]，但由于天然 taxol 的绝对立体化学需要从(+)-β-patchouleneoxide **65** 出发合成，该化合物没有商品供应，因此他们用了 12 步反应，从(−)-borneol 开始以 9%的产率来获得这一合成前体[29]。

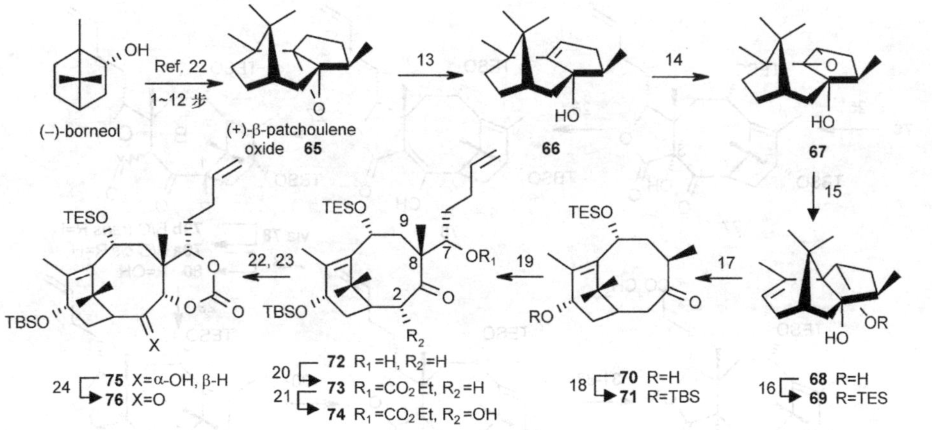

试剂及条件：1～12. 参见文献[22]；13. *t*-BuLi，hexane，reflux，5h；14. TBHP，$Ti(OPr^i)_4$，CH_2Cl_2，2h，98% from **65**；15. BF_3OEt_2，CF_3SO_3H，CH_2Cl_2，－80℃，22h，93% at 73% conv；16. TESCl，DMAP，Et_3N，CH_2Cl_2，rt，1.75h；17. TBHP，$Ti(OPr^i)_4$，then Me_2S；18. TBSOTf，Py，93% from **68**；19. $BrMgN(Pr^i)_2$，THF，rt.，then 4-pentenal；20. $COCl_2$，CH_2Cl_2，Py，then EtOH，75% from **71**；21. LDA，THF，then (＋)-camphoruslfonyl oxaziridine，85%；22. Red-Al，toluene；23. $COCl_2$，CH_2Cl_2，Py，97% from **74**；24. DMSO，$(COCl)_2$，Et_3N，95%

他们通过三步反应将 **65** 转化为二醇 **68**，将该化合物进行选择性保护、环氧化之后，接着发生骨架碎片化重排反应，将 C(13)羟基保护后获得 **71**。C 环碳原子的装配是通过 **71** 的烯醇镁与 4-戊烯醛的羟醛缩合完成，这个反应在 C(7)和 C(8)产生的手性中心正好符合要求。在此处，对 C(7)的羟基进行保护是为了避免在以后的反应中避免发生 retro-aldol 等副反应。然后，他们利用 Davis 试剂将 C(2)位氧化为羟基，接着再用 Red-Al 还原使羟基酮还原为三醇。得到的三醇用光气将 C(3)和 C(7)羟基保护成六元环碳酸酯，最后将裸露的 C(2)位羟基用 Swern 氧化得到化合物 **76**。

在 LiTMP 作用下，**76** 发生重排得到更稳定的 **77**，该化合物经 SmI_2 还原为稳定的烯醇 **78**。这时，C(3)位发生消旋化成为混合物，但 **79a** 可以转化为 **79b**，**79b** 烯醇化后经 Davis 氧化得 **80**。该化合物 C(2)羰基经 Red-Al 还原立体选择性地得到 threo 二醇并使 C(3)异构化。二醇部分再次用碳酸酯捕获成为 **82**。**82** 经氧化转化为甲酯 **83**。化合物 **83** 经 Dieckmann 环化在 C(4)和 C(5)之间形成双键构成 C 环，到化合物 **84** 时已经具备了 taxane 的三环核心结构。此时，将 **84** 的 C(7)羟基当前保护，然后脱羧、换保护、氧化即得前体 **89**。

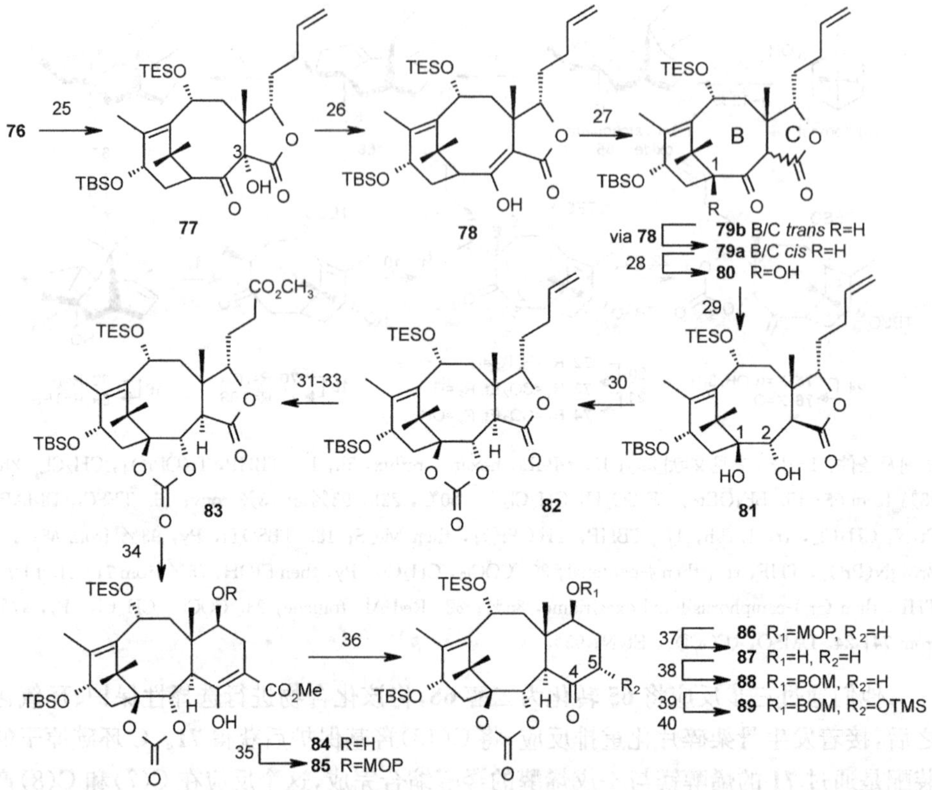

试剂及条件：25. LiTMP，THF，90%；26. SmI_2，THF，rt，4h；27. silica gel，hexane，rt，77% **79a** and 15% **79b**；28. LiTMP，THF，then (±)-camphorsolfonyloxaziridine，88%；29. Red-Al，THF，then 15% NaOH，88%；30. $COCl_2$，CH_2Cl_2，Py，100%；31. O_3，CH_2Cl_2，Et_3N，$P(OMe)_3$；32. $KMnO_4$，KH_2PO_4，*t*-BuOH，acetone，0℃；33. CH_2N_2，Et_2O，93% from **82**；34. LDA，THF，93%；35. 2-methoxypropene，THF，*p*TsOH，100%；36. KSPh，PhSH，DMF，92%；37. PPTs，THF，100%；38. $BnOCH_2Cl$，Bu_4NI，$(^iPr)_2NEt$，92%；39. TMSCl，Et_3N，LDA；40. MCPBA，85% from **88**

接下来，Holton 就要在 C(4)位装配 D 环。这通过三步操作来实现：先将 **89** 与甲基格氏试剂反应生成叔醇 **90**，然后用 Burgess 试剂脱水，再除去保护基得 **92**。接下来将 *exo* 双键用 OsO_4 双羟基化，得到的三醇用 TMSCl 选择性保护，再将 C(5)羟基转化为对甲苯磺酸酯，去保护、碱作用下形成环氧丁烷结构，C(4)位高位阻的羟基用乙酸酯保护起来。将 C(10)羟基去保护后用过量苯基锂破坏环碳酸酯生成 C(2)苯甲酸酯。C(10)的羟基用 TPAP 氧化为酮 **89**，该酮再经三步反应在 C(9)位引入羰基。到化合物 **100** 为止，作者在 B 环上的官能团化全部完成。最后，他们将 C(13)位羟基裸露出来接上边链，整个全合成即告结束，共用了 59 步反应。

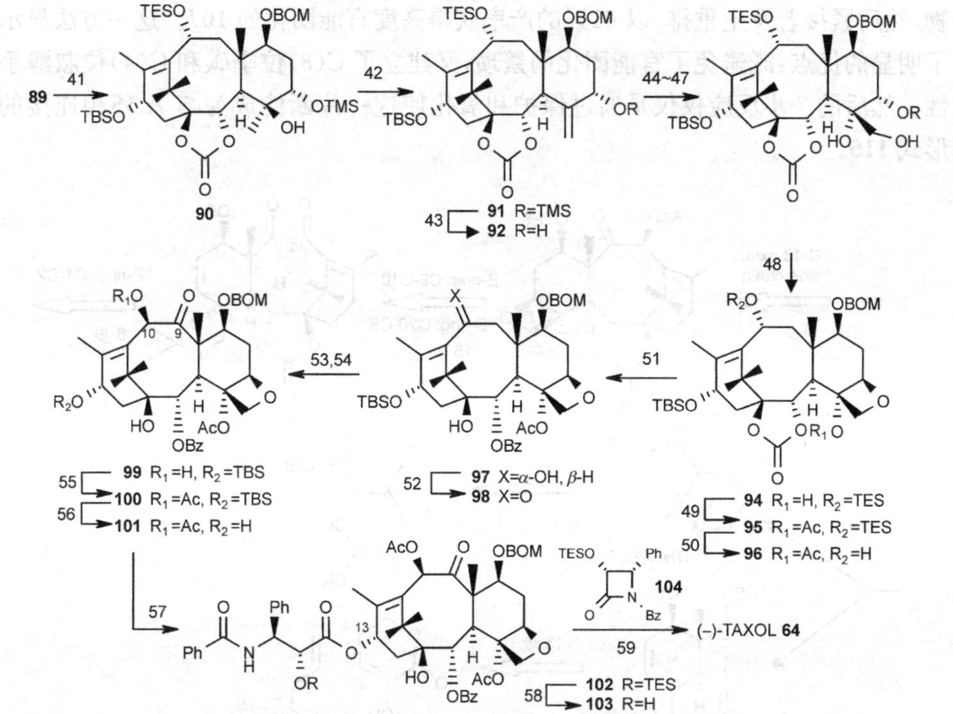

试剂及条件：41. MeMgBr，CH_2Cl_2，95%；42. Burgess reagent，toluene，reflux；43. 48% HF，Py，CH_3CN 63% from **90**；44. OsO_4，THF，Py，80%；45. TMSCl，Et_3N，CH_2Cl_2；46. LDA，THF，then，TsCl；47. HOAc，85%；48. DBU，toluene，85%；49. Ac_2O，DMAP，Py，75%；50. HF-Py，CH_3CN，100%；51. PhLi，THF，85%；52. TPAP，NMO，100%；53. ^{t}BuOK，THF，then [PhSe(O)]$_2$O；54. ^{t}BuOK，THF；55. Ac_2O，DMAP，Py，100% from **98**；56. TASF，THF，94%；57. LiHMDS，THF，then **104**；58. 48% HF，Py，MeCN，99% from **101**；59. H_2，10% Pd-C，EtOH，94%

12.2.2 Nicolaou 的合成路线[27]

与前者相比，该小组采用了汇聚式合成路线，以最长的路线计算为 39 步，总产率为 0.09%。合成的关键是 A 环和 C 环以汇聚式策略拼接成高度官能团化的八元 B 环，他们的 A 环和 C 环都是通过 Diels-Alder 反应来组装的。在这一策略方面，他们曾经进行过一个较为简单的模型实验[30]，较为成功。但是，Kende 等[31]曾首先使用这种还原关环方法形成 C(9)-C(10)键，但产率低下，这自然也为 Nicolaou 的合成埋下了阴影。

该小组利用 9 步反应得到了 A 环前体，又用 13 步反应合成了 C 环前体。下面我们来介绍这两个片断的工作。

C 环　C 环的构建主要利用了化合物 **105**（从烯丙醇四步反应制备）和 **106** 的 Diels-Alder 反应。这种用苯基硼酸催化的反应能高度立体选择性地得到中间产物，然后紧接着发生重排，以 61%的产率获得高度官能团化的 **107**。这一方法显示了明显的优点：既避免了官能团化的繁琐，又建立了 C(8)位季碳和 C(4)位叔醇手性。然后的 7 步反应仅仅是通过保护和氧化使这一片断能成为与 A 环相连接的形式 **115**。

TAXOL ⟹ (C-13 oxid. side chain, 5 步) ⟹ (B-ring: C9-C10, D-ring: C20-C5, 15 步) ⟹ (B-ring: C1-C2, 6 步)

A 环片断 ⟹ (9 步)；C 环片断 ⟹ (13 步)

105 + 106 ⟶(5) 107 $R_1=R_2=H$ ⟶(6) 108 $R_1=R_2=TBS$ ⟶(7) 109 $R_1=TBS$ ⟶(8) 110 $R_1=H$ ⟶(9) 111 $R_1=H$ ⟶(10) 112 $R_1=Bn$ ⟶(11) 113 ⟶(12) 114 X=H, OH ⟶(13) 115 X=O

105 Step 1~4 (70%)

试剂及条件：5. $PhB(OH)_2$，C_6H_6，90℃，then 2,2-dimethylpropane-1,3-diol，61%；6. TBDMSOTf，2,6-lutidine，DMAP，95%；7. $LiAlH_4$，Et_2O，94%；8. CSA，MeOH，CH_2Cl_2，90%；9. TBDPSCl，imid.，DMF，92%；10. KH，BnBr，n-Bu_4NI，Et_2O，87%；11. $LiAlH_4$，Et_2O，80%；12. DMOP，CSA，82%；13. TPAP，NMO，MeCN，rt，95%

A 环　A 环也通过 Diels-Alder 反应来组装，将二烯 **116** 和过量的氯丙烯腈封管加热得到环己烯化合物 **117**。该化合物经碱处理后即得相应的酮，羟基用乙酸酯进行保护，并将酮转化为腙，最后得到 **120**。

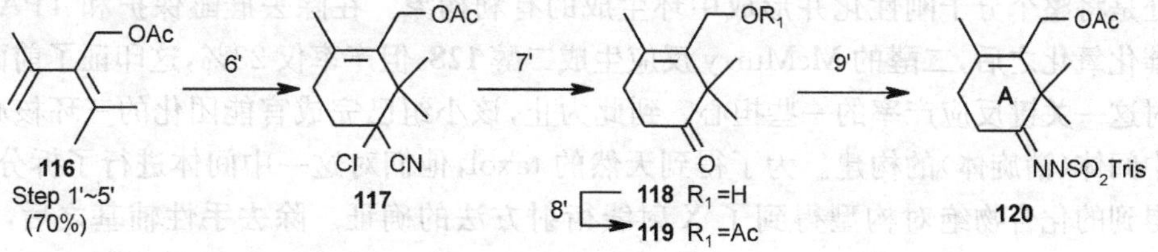

试剂及条件：6′. $CH_2=C(Cl)CN$，135℃，96h，85%；7′. KOH，*t*-BuOH，70℃，4h，90%；8′. Ac_2O，DMAP，CH_2Cl_2，1h，99%；9′. ethylene glycol，CSA，C_6H_6，70℃，1h，92%

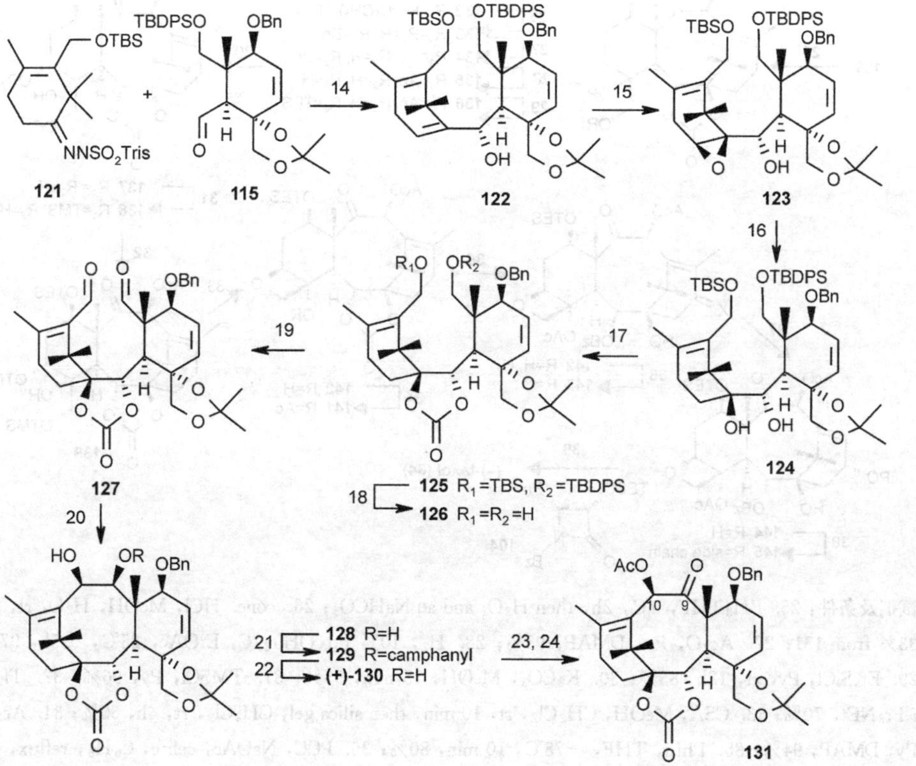

试剂及条件：14. **121** then *n*-BuLi，THF，added then **115** in THF，0.5h，82%；15. $VO(acac)_2$，TBHP，4A MS，C_6H_6，rt，12h，87%；16. $LiAlH_4$，Et_2O，rt，7h，76%；17. KH，HMPA/Et_2O，$COCl_2$，rt，2h，48%；18. TBAF，THF，rt，7h，80%；19. TPAP，NMO，82%；20. $(TiCl_3)_2(DME)_3$，Zn-Cu，DME，70℃，1h，23%；21. 1-(*S*)-camphanyl chloride then chromatographic seperation，41%；22. MeOH，K_2CO_3，90%；23. Ac_2O，DMAP，95%；24. TPAP，NMO，MeCN，rt，2h，93%

B 环的建立　一步优美的 Shapiro 反应将 A 环和 C 环在 C(1)和 C(2)位置高

效地连接起来，同时产生了所需要的C(2)位手性。接下来，他们通过三步操作在C(1)位置引入叔醇：先用C(1)-C(14)的双键的导向性环氧化，再用$LiAlH_4$对环氧选择性开环，然后将此二醇用碳酸酯加以保护。此处利用碳酸酯保护的一个好处是将整个分子刚性化并形成中环生成的有利构象。在除去硅醚保护和TPAP催化氧化之后，二醛的McMurry反应生成二醇**128**，但产率仅23%，这印证了前面对这一关键反应产率的一些担心。到此为止，该小组已完成官能团化的三环核心中间体(消旋体)的构建。为了得到天然的taxol，他们对这一中间体进行了拆分，得到的化合物绝对构型得到了X射线衍射方法的确证。除去手性辅基之后，C(10)羟基被选择性保护成乙酸酯，然后游离的羟基用TPAP氧化获得**131**的结构。

132 $R_1=R_2=C(CH_3)_2$, $R_3=Bn$
133 $R_1=R_2=H$, $R_3=Bn$
134 $R_1=Ac$, $R_2=H$, $R_3=Bn$
135 $R_1=Ac$, $R_2=H$, $R_3=H$
136 $R_1=Ac$, $R_2=H$, $R_3=TES$
137 $R_1=R_2=H$
138 $R_1=TMS$, $R_2=H$
139
140 R=H
141 R=Ac
142 R=H, H
143 R=O
144 R=H
145 R=side chain
104
(−)-taxol (64)

试剂及条件：25. BH_3 THF, 0℃, 2h, then H_2O_2 and aq $NaHCO_3$; 26. conc. HCl, MeOH, H_2O, rt, 5h, 33% from **131**; 27. Ac_2O, Py, DMAP, 95%; 28. H_2, 10% $Pd(OH)_2/C$, EtOAc, 25℃, 0.5h, 97%; 29. Et_3SiCl, Py, rt, 12h, 85%; 30. K_2CO_3, MeOH, 15 min, 95%; 31. TMSCl, Py, 96%; 32. Tf_2O, *i*-Pr_2NEt, 70%; 33. CSA, MeOH, CH_2Cl_2, rt, 10 min, then silica gel, CH_2Cl_2, rt, 4h, 60%; 34. Ac_2O, Py, DMAP, 94%; 35. PhLi, THF, −78℃, 10 min, 80%; 36. PCC, NaOAc, celite, C_6H_6, reflux, 1h, 75%; 37. $NaBH_4$, MeOH, rt, 5h, 83%; 38. NaHMDS, **105**, THF, 0℃, 87%; 39. HF Py, THF, rt, 1.5 h, 80%

131的C(5)-C(6)的双键经硼氢化氧化，以3∶1的比例优势得到**132**，此时在C(5)上已具有形成环氧丁烷结构所需的α面羟基。接着除去丙酮叉保护，然后将C(7)羟基的保护基由苄基换成TES保护，随后将D环关上，得到**140**。将C(4)羟基用乙酸酯保护，再以PhLi打开环碳酸酯，然后将C(13)位氧化为酮羰基，在将之

还原为 α 面羟基，并与 β 内酰胺 **104** 相连。最后除去 C(7)和 C(2′)的保护基团就获得了目标产物(−)-taxol。

12.2.3 小结

总的来说，Holton 的合成的成功很大程度上是由于他对 taxane 环系构象和反应性关系的良好理解。他们运用核磁共振等手段对中间体的溶液构象进行了仔细的分析，计算机辅助的模拟方法使 Holton 小组能够有效地控制反应的进行和键的生成。这种理论、波谱学和实验的紧密结合成为当代强目的性有机合成的标志之一。

Nicolaou 小组的合成则大部分应归功于在 A 环和 C 环合成时对 Diels-Alder 反应的有效利用。这种环的快速构建方法使官能团化的过程放在前面完成，省却了后面复杂的操作。Nicolaou 对 B 环合成的关键反应——McMurry 反应尽管设计精巧，但产率太低，影响了整个合成。但是合成计划一旦实施，选择的余地将是很小的。

无疑，两个小组对 taxol 的成功的全合成工作代表了这一领域取得的令人振奋的成就，为今后在化学合成、生理活性和医学研究领域的进一步深入奠定了基础。

此后，Columbia 大学著名化学家 Danishefsky 领导的研究组也完成了对 taxol 的全合成[32a]。1997 年后，Wender[32b,32c]、Mukaiyama[32d,32e]和 Kuwajima[32f,32g,32h]又相继报道了它们的合成。这些工作也都各具特色，有它们巧妙的合成策略。因篇幅关系这里也就不多作介绍了。

12.3 Zaragozic acid 的全合成

心血管疾病是目前世界上的第一大"杀手"，其机制大多与高胆固醇症有关系。1992 年，Merck、Sharp 和 Dohme 的科学家[33a]和 Glaxo 的科学家[33b]分别独立地发现了一类新型的天然产物，它们可以抑制胆固醇前体——角鲨烯合成酶的活性。Merck 公司研究组将发现这些化合物的西班牙城市 Zaragoza 来命名这类化合物为 Zaragozic acids；Glaxo 公司研究者则将它们用性质称之为 squalestatins。Zaragozic acid C **146** 和 Zaragozic acid A **147** 就是这类化合物的两个代表成员。所有这些化合物都有一个共同的 2,8-dioxabicyclo[3,2,1]octane 核心结构单元，由于这些分子在 3,4,5 位上有三个羧基，在 4,5,6 位上有三个羟基，因此极性特别大，这些分子也是目前被发现的有机化合物中氧化程度最高的分子。它们均在 C(1)位置有一条碳氢链，C(6)-O 位置有脂肪酸边链。

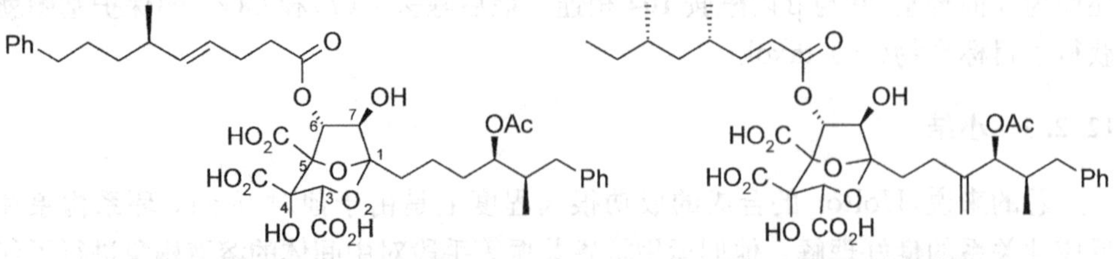

Zaragozic acid C **146**　　　　　Zaragozic acid A **147**

这些化合物的结构特殊性和生理活性，吸引了许许多多的合成化学家的研究兴趣和注意力。到 1994 年，美国的三个研究组分别报道了对这两个代表性分子成功的全合成工作，他们分别是：美国加州理工学院的 Carreira 小组[34]和 Scripps 研究所的 Nicolaou 研究组[35]对 Zaragozic acid C **146** 的合成，以及美国哈佛大学 Evans 研究组[36]对 Zaragozic acid A **147** 的合成。这些工作是 20 世纪 90 年代天然产物合成界对 polyketide 类化合物不对称合成的代表性例子[37]，下面我们先分别介绍一下他们的工作。

首先我们将他们的合成路线来作一下反合成分析比较。三个研究组均把 C(6)-O 的酰基化放在最后完成，由此合成的核心前体为 **149**。从它开始，三条路线发生变化。Nicolaou 将二氧杂双环[3,2,1]辛烷骨架转化为 **150**，然后在 C(1)和 C(7)之间断裂成为 **151** 和 **152**。Evans 的合成策略是将 **153** 作为 **149** 的前体，然后再将边链截下成为 **154** 和 **155**。他们的共同点都是先将 **149** 的缩酮解开。而 Carreira 的路线则与之不同，他在完成二氧杂双环[3,2,1]辛烷骨架之后再引入三个羧基。因此 **149** 可以倒推为四醇 **156**，再是 **157**，接着在 C(1)和 C(7)之间裂键成为 **158** 和 **159**。

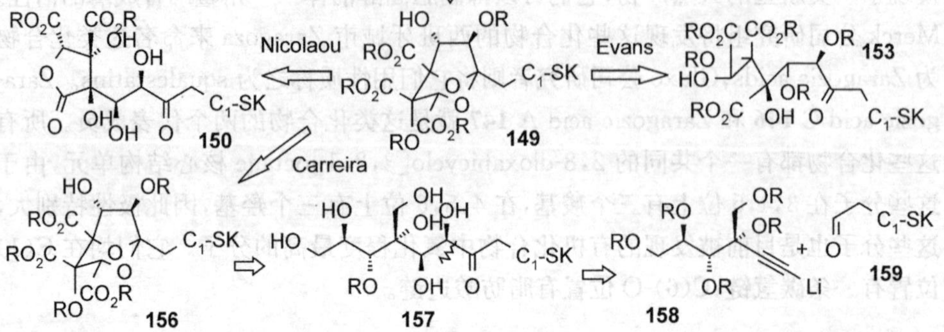

12.3.1 Nicolaou 研究组的全合成路线[35]

从该小组完成的合成工作可以看到，分子中五个手性中有四个是通过 Sharpless 双羟基化来获得的。

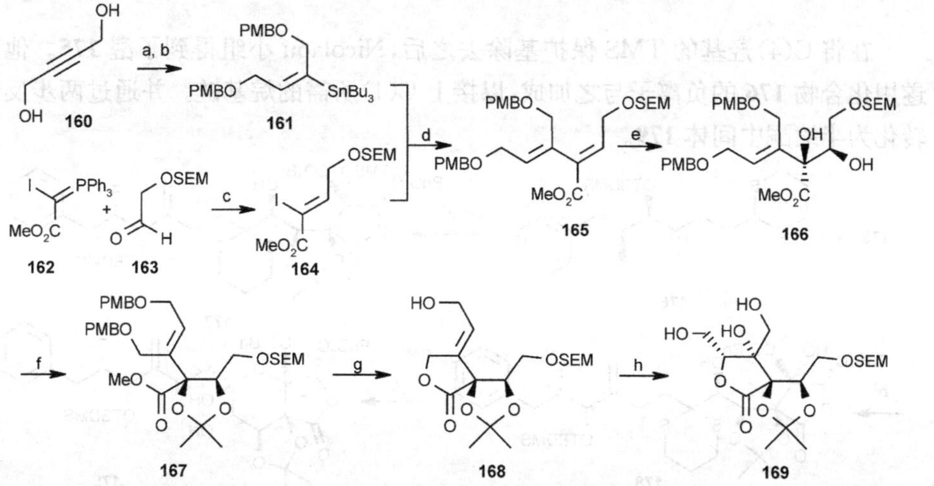

试剂及条件：a. NaH，PMBCl，DMF，n-Bu_4NI；b. Bu_3SnH，$Pd(PPh_3)_2Cl_2$，THF，rt，88%；c. PhH，rt，78%；d. $PdCl_2(PhCN)_2$，DMF，rt，70%；e. $K_2OsO_2(OH)_4$，$K_3Fe(CN)_6$，$(DHQD)_2PHAL$，K_2CO_3，$MeSO_2NH_2$，t-BuOH/H_2O (1∶1)，0℃，20%；f. $HC{=}C(OMe)_2$，PPTs，CH_2Cl_2，0℃，88%；g. DDQ，$CHCl_3/H_2O$ (20∶1)，rt，86%；h. OsO_4，NMO，THF-^{t}BuOH-H_2O (1∶1∶1)，0℃，83%

首先，他们通过几步反应先得到二烯 **165**，在这个底物上进行第一次双羟基化反应得到二醇 **166**，但是产率很低，只有 20%，而且只有 78%ee 值。通过重结晶手段得到纯品后再将此转化到 **168** 进行第二次双羟基化反应，这次的反应没有用配体，依靠底物控制作用就只得到单一的产物，产率也很好，该双羟基化产物自动环化为内酯 **169**。接下来的 12 步反应将两个伯醇氧化为所需要的羧酸并用苄基酯进行保护。

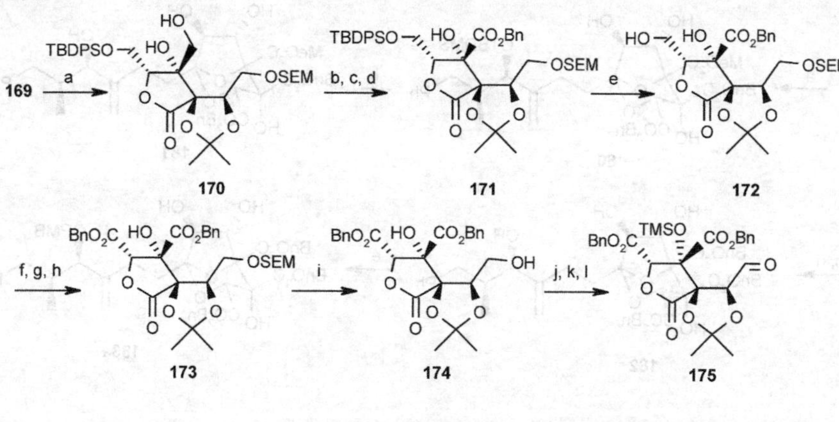

试剂及条件：a. 1.3 eq TBDPSCl，imid.，DMAP，89%；b. Dess-Martin oxid；c. $NaClO_2$，NaH_2PO_4，$(CH_3)_2C{=}CHCH_3$，*t*-BuOH/H_2O；d. $(H_3C)_2C{=}CHCH_3$，96%；e. 1.2 eq TBAF，2 eq HOAc，THF，0℃，2h，96%；f. Dess-Martin oxid；g. $NaClO_2$，NaH_2PO_4，*O*-benzyl-*N*,*N*-dicyclohexylisourea，*t*-BuOH/H_2O；h. *O*-benzyl-*N*,*N*-dicyclohexylisourea；i. TFA，CH_2Cl_2/MeOH (10∶1)，rt，5 min，88%；j. $CH_3N(TMS)COCF_3$；k. cat. PPTs，CH_2Cl_2/MeOH，rt，5 min；l. Dess-Martin，88%

在将C(4)羟基的TMS保护基除去之后，Nicolaou小组得到了醛**175**。他们遂用化合物**176**的负离子与之加成，以接上C(1)所需的烷基链。并通过两步反应转化为半缩酮中间体**179**。

175 + 176 →(a) 177 →(b) 178 →(c) 179

试剂及条件：a. **176**，*n*-BuLi，THF，−30℃，1.5h，then **175**，−78℃，5 min，75%；b. 2% HCl in MeOH/CH_2Cl_2(1∶1)，rt，5 min，100%；c. $Hg(ClO_4)_2$，$CaCO_3$，THF/H_2O (5∶1)，rt，2h，83%

半缩酮**179**进行小心的酸处理操作，可以重排为所需要的二氧杂双环[3,2,1]辛烷化合物**180**。接着改变酸的保护基，由甲酯保护更替为苄基酯保护以求后面去保护时的统一性，并且将脂肪链上醇的保护基由硅醚改为PMB保护。得到的化合物**183a**的C(6)-OH与羧酸**183b**进行酯化反应得到需要的化合物**184**，但这一反应对两个羟基的区域选择性仅为3∶2。最后，他们再经过五步反应除去**184**上的保护基团，最终得到目标分子——Zaragozic acid A **147**。

179 →(a) 180 →(b) 181 →(c, d) 182 →(e) 183a

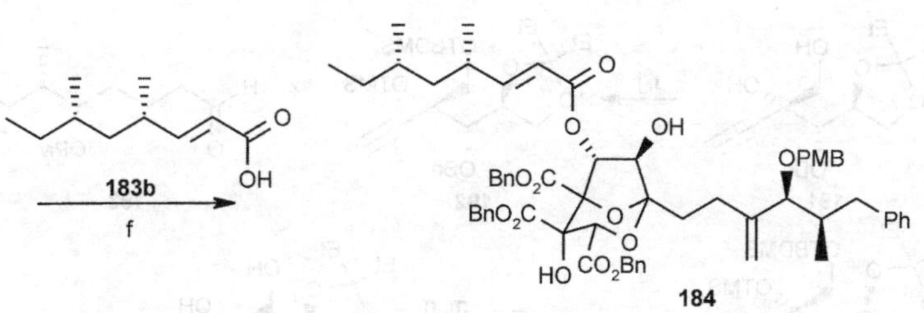

试剂及条件：a. 1.8% HCl in MeOH，78℃，21h，50%；b. 49% aq HF/MeCN (1∶1)，0℃，24h，30%；c. LiOH，THF/H_2O (2∶1)，rt，1h；d. *O*-benzyl-*N*, *N*-dicyclohexylisourea，THF，55℃，1.5h，74%；e. CCl_3(OPMB)=NH，CSA，CH_2Cl_2，rt，45 min，21%；f. EDC，DMAP，**183b**，CH_2Cl_2，rt，10.5h，47%

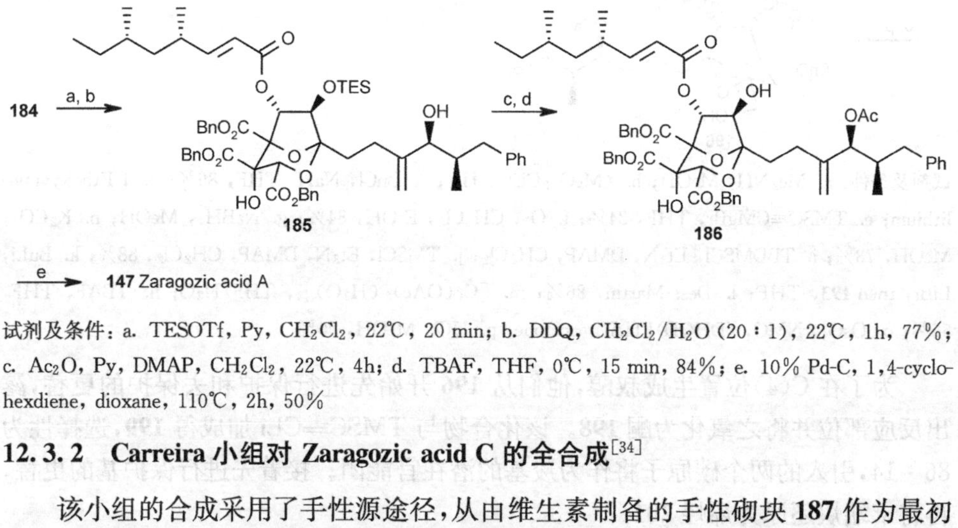

147 Zaragozic acid A

试剂及条件：a. TESOTf，Py，CH_2Cl_2，22℃，20 min；b. DDQ，CH_2Cl_2/H_2O (20∶1)，22℃，1h，77%；c. Ac_2O，Py，DMAP，CH_2Cl_2，22℃，4h；d. TBAF，THF，0℃，15 min，84%；e. 10% Pd-C，1,4-cyclohexdiene，dioxane，110℃，2h，50%

12.3.2 Carreira 小组对 Zaragozic acid C 的全合成[34]

该小组的合成采用了手性源途径，从由维生素制备的手性砌块 **187** 作为最初的手性原料。令人印象深刻的一步是由酰胺 **188** 到醇 **189** 的转化：**188** 和乙氧基乙烯基锂的反应先中止在酮的阶段，然后再与新加入的 TMSC≡CMgBr 反应，以 20∶1 的非对映选择性获得了化合物 **189**。**189** 中的乙烯基作为酯羰基的潜在官能团，经氧化后展现出来，接着按照通常的方法转化到末端炔 **192**。利用此炔的负离子与醛 **193** 反应将 C(1)端的烷基化完成，然后将生成的羟基氧化为单一化合物酮 **194**。通过氧化反应和去保护等操作，化合物 **195** 用 Sharpless 双羟基化产生两个羟基，该中间化合物在酸环境中可以转化为二氧杂双环[3,2,1]辛烷 **196**。

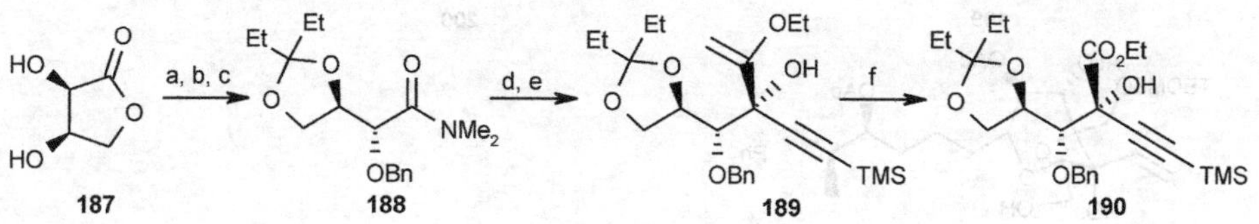

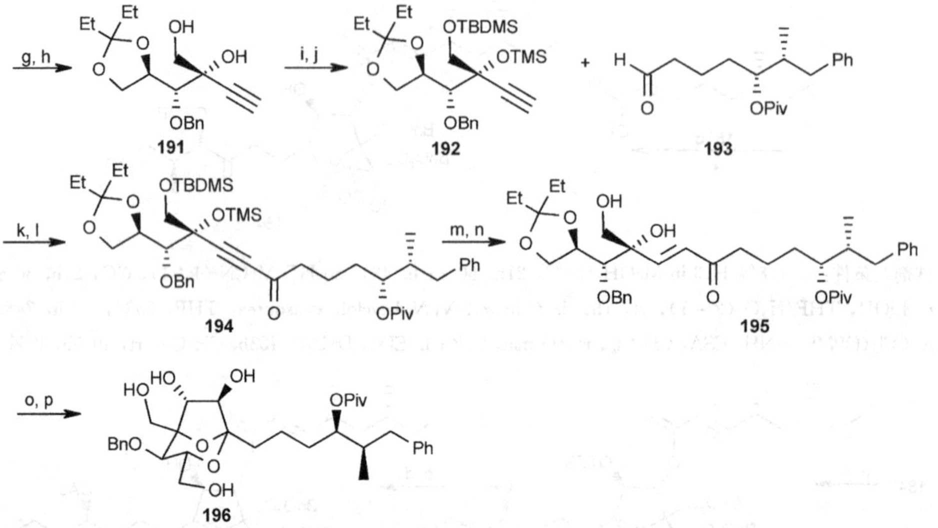

试剂及条件：a. Me_2NH，MeOH；b. $(MeO)_2CEt_2$，H^+；c. BnCl，NaH，THF，86%；d. 1-Ethoxyvinyllithium；e. TMSC≡CMgBr，THF，84%；f. O_3，CH_2Cl_2，EtOH，84%；g. $NaBH_4$，MeOH；h. K_2CO_3，MeOH，78%；i. TBDMSCl，Et_3N，DMAP，CH_2Cl_2；j. TMSCl，Et_3N，DMAP，CH_2Cl_2，88%；k. BuLi，LiBr，then **193**，THF；l. Dess-Martin，86%；m. $[Cr(OAc)_2(H_2O)]_2$，THF/H_2O；n. TBAF，THF，56%；o. OsO_4，NMO，(DHQD)PHAL，acetone；p. HCl，MeOH，90%

为了在 C(4)位置生成叔醇，他们从 **196** 开始先进行保护和去保护的更替，露出反应部位并将之氧化为酮 **198**。该化合物与 TMSC≡CLi 加成得 **199**，选择性为 86∶14，引入的两个碳原子将作为羧基的潜在官能团。接着先进行保护基的更替，再将末端炔还原为烯烃 **201**。

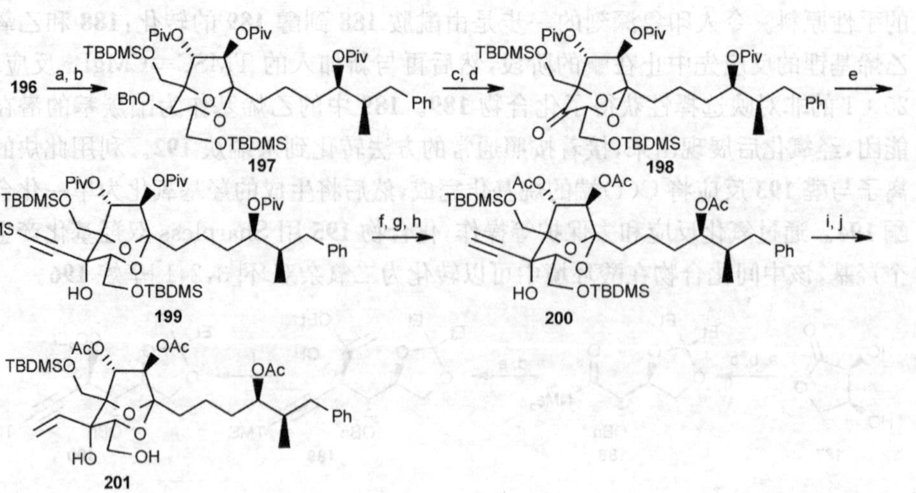

试剂及条件：a. TBDMSCl，Et_3N，DMAP，CH_2Cl_2；b. PivCl，DMAP，$ClCH_2CH_2Cl$，50℃，83%；c. H_2，

$Pd(OH)_2/C$，$Pd/CaCO_3$；d. $(COCl)_2$，DMSO，Et_3N，CH_2Cl_2，89%；e. TMSCCLi，Me_3N-Et_2O，78%；f. $AgNO_3$，2，6-lutidine；g. DIBAL，toluene；h. Ac_2O，Py，DMAP，76%；i. $Cl_2CHCOOH$，MeOH；j. H_2，Pd/C，Py，89%

之后，他们将伯醇一个一个氧化为羧酸后再保护为叔丁基酯，直到得到化合物 **204**。值得一提的是接下来的选择性水解一步，将三个性质相近的乙酸酯选择性除去两个，这一步他们竟获得 92%的产率，似乎有些难以想像！化合物 **205** 接上酰基时的选择性也缺乏区域选择性，以 1∶1 比例得到需要化合物，最后一步除去叔丁基酯保护基得到 Zaragozic acid C **146**。

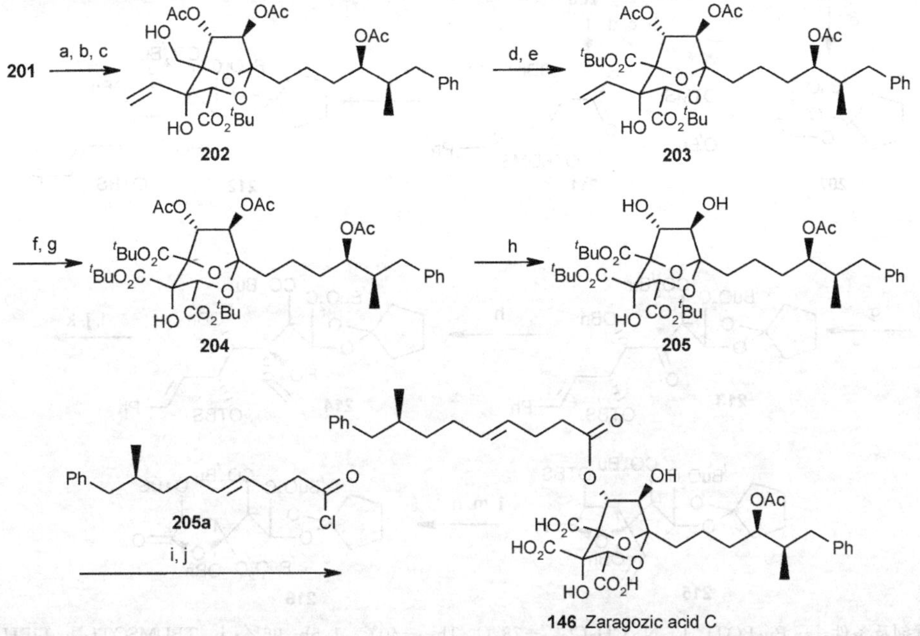

试剂及条件：a. Dess-Martin；b. $NaClO_2$，NaH_2PO_4，$(H_3C)_2C{=}CHCH_3$，THF/H_2O，then *O-tert*-butyl-*N*，*N*-diisopropylisourea；c. HF Py，THF，76%；d. Dess-Martin；e. $NaClO_2$，NaH_2PO_4，$(H_3C)_2C{=}CHCH_3$，THF/H_2O，then *O-tert*-butyl-*N*，*N*-diisopropylisourea，80%；f. O_3，$CH_2Cl_2/MeOH$，$-78℃$；g. $NaClO_2$，NaH_2PO_4，$(H_3C)_2C{=}CHCH_3$，THF/H_2O，then *O-tert*-butyl-*N*，*N*-diisopropylisourea，85%；h. K_2CO_3，MeOH，92%；i. **205a**，DMAP，CH_2Cl_2；j. TFA，87%

12.3.3　Evans 小组对 Zaragozic acid C 的全合成[36]

Evans 的合成路线处处透露出他的一贯风格，即产生手性过程的高度立体控制效果。他将目标分子 C(3)-C(4)部分结构截下，发现这一单元可以从酒石酸中获得。因此，整个合成是从酒石酸酯衍生物 **206** 出发的。将该化合物先转化为烯醇硅醚 **207**，然后在 Lewis 酸催化下与醛 **211** 发生 aldol 型反应生成化合物 **212**。经过 Dess-Martin 氧化之后，前一步生成的羟基就变成酮。用过量的乙烯基格氏试剂作用使在C(5)位生成需要的叔醇构型，这种加成的立体选择性可能是通过了Cram的配位机制。接着，经过氧化反应使得到的化合物成为内酯**215**，其末端烯再氧化为羧酸酯**216**。

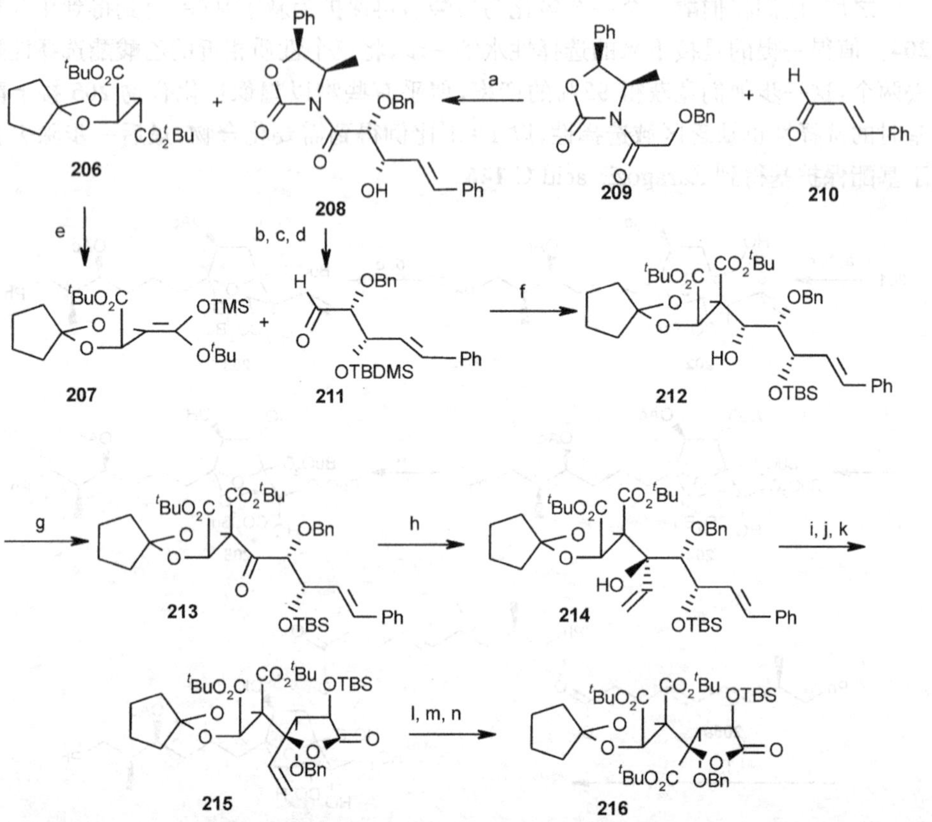

试剂及条件：a. Bu_2BOTf, Et_3N, CH_2Cl_2, −78 ℃, 1h, −40℃, 1.5h, 96%; b. TBDMSOTf; c. $LiBH_4$; d. Swern oxid; e. LiHMDS, TMSCl, THF, −78 ~ 0 ℃, 1h, 97%; f. $^iPrOTiCl_3$, CH_2Cl_2, −78 ℃, 76%; g. Dess-Martin, 94%; h. 20 eq CH_2 ═CHMgBr, CH_2Cl_2/THF (6 : 1), −78℃, 10h, 76%; i. OsO_4, NMO, *t*-BuOH, THF, H_2O; j. $Pb(OAc)_4$, PhH; k. [*n*-Pr_4N][RuO_4], NMO, 4AMS, CH_2Cl_2, 5h, 84%; l. O_3, Py, CH_2Cl_2, Me_2S; m. $NaClO_2$, NaH_2PO_4, Me_2C═CMe_2, *t*-BuOH; n. *O*-*tert*-butyl-*N*, *N*-diisopropylisourea, 91%

获得**216**后，Evans小组将它作为亲核反应的受体来完成C(1)位的烷基化，这一步的立体化学结果主要受到底物上内酯周围的取代基空间因素的控制。接着将生成的化合物**218**中的PMB保护基团更换为乙酸酯。至此，环已酮叉保护基的作用已经完成，于是将它除去，并重排成**220**。裸露的C(6)位羟基与羧酸**221**在DCC存在下顺利地完成酯化，最后除去硅醚和叔丁基酯保护基，得到目标产物——Zaragozic acid C **146**。

试剂及条件：a. 1.7 eq. **217**，3.4 eq. *t*-BuLi，hexane-Et_2O (1∶1)，−78℃，5 min；then **216**，−78℃，15 min，73%；b. DDQ，CH_2Cl_2，H_2O；c. Ac_2O，DMAP，Py/PhH (1∶4)，90%；d. TFA，CH_2Cl_2，H_2O (10∶20∶1)；e. 7 eq. *O-tert*-butyl-*N*,*N*-diiso-propylisourea，82%；f. **221**，DCC，DMAP，CH_2Cl_2，36h，82%；g. TBAF，THF，0℃，15 min；h. TFA，CH_2Cl_2，24 h，98%

12.3.4　Hashimoto 小组的 Zaragozic acid C 全合成

Hashimoto 小组 1997 年先报道了他们第一条 Zaragozic acid C 的全合成路线[37]，当时他们分别从 D-酒石酸和 L-酒石酸出发合成了 C3-C4 片段和 C5-C7-C1 片段，然后用 $Sn(OTf)_2$ 催化 aldol 反应连接起来，接上 C1-侧链后再环化得 Zaragozic acid C 的母核和然后整个目标分子，但缩酮化成环一步选择性不好，有异构体生成。2003 年，该组又报道了他们的第二代合成路线，绕过了用缩酮化成环的步骤[38]。这次合成也是从 D-酒石酸开始，第 12 步是整条合成路线的关键步骤，也是最精彩之处，铑催化的羰基 Ylide 与丁炔酮的环加成反应一步形成了 Zaragozic acid 的母核，产率达到 72%。C1-侧链的引入采用了交叉烯烃复分解反应，从而解决了合成中的最后一个关键问题。

6 R = MPM → R = H; 7; 8 R = THP → R = H; 9; 10; 11 R = H → R = TMS; 12; 13; 14 R = H → R = Bn; 15, 16; 17; 18 R = H → R = Boc; 19; 20~22 R = CH_2OH → R = $CO_2{}^tBu$; 23; 24 R = CH_2OH → R = CHO; 25 → R = $CH=CH_2$; 26 (1.2 eq), 5 mol% Grubbs cat.; 29; 27, 28; 30

Zaragozic acid C

试剂及条件：1. Bu_2SnO，toluene，reflux，2 h，then CsF，MPMBr，DMF，10 h，92%；2. $LiBH_4$，THF，

4 h; 3. $LiBH_4$, THF, −78℃, 4 h, 74% (2 步), 31∶1 regioselectivity; 4. TBDPSCl, imidazole, CH_2Cl_2, 0℃, 30 min, 97%; 5. DHP, PPTS, CH_2Cl_2, 5 h, 95 %; 6. DDQ, CH_2Cl_2, pH 7 buffer, 2 h, 96 %; 7. $MOMO(CH_2)_2CO_2H$, EDCI, DMAP, CH_2Cl_2, 3 h, 81 %; 8. TsOH, MeOH, 40 min, 91 %; 9. Dess-Martin periodinane, CH_2Cl_2, 2 h, 97 %; 10. $N_2CHCO_2{}^tBu$, NaHMDS, CH_2Cl_2/THF (20∶1), −93℃, 5 min, 73 %, 8∶1 diastereoselectivity; 11. HMDS, imidazole, THF, 48 h, 94%; 12. $Rh_2(OAc)_4$ (5 mol %), HC≡CCOMe (3 eq), benzene, reflux, 1 h, 72 %; 13. OsO_4, NMO, aq acetone, 20 h, 88 %; 14. BnBr, Ag_2O, DMF, 48 h, 95 %; 15. DIBAL-H, toluene, −78℃, 30 min, quant.; 16. $Pb(OAc)_4$, benzene, 30 min, 94 %; 17. DIBAL-H, $ZnCl_2$, CH_2Cl_2, −78℃, 0.5 h, 87 %, 46∶1 diastereoselectivity; 18. $(Boc)_2O$, Et_3N, DMAP, CH_2Cl_2, 2 h, 96 %; 19. Bu_4NF, THF, 0℃, 30 min, 97 %; 20. Dess-Martin periodinane, CH_2Cl_2, 24 h; 21. $NaClO_2$, NaH_2PO_4, 2-methyl-2-butene, aq ^tBuOH, 3 h; 22. $^iPrN=C(O^tBu)NH^iPr$, CH_2Cl_2, 24 h, 96 % (3 步); 23. TMSCl, Et_4NBr, CH_2Cl_2, 20 h, 75%; 24. Dess-Martin periodinane, CH_2Cl_2, 24 h, 93%; 25. $Ph_3P^+CH_3Br^-$, ^tBuOK, toluene, 40℃, 30 min, 91%; 26. benzene, 70℃, 8 h, 67%; e. H_2, 5% Pd/$BaSO_4$, EtOAc, 10 h; f. H_2, 20% $Pd(OH)_2$/C, EtOAc, 1 h, 87% (2 步); g. DCC, DMAP, CH_2Cl_2, 48 h, 90%; h. TFA, CH_2Cl_2, 16 h, quant

12.3.5　小结

上述前三条对 Zaragozic acid 的全合成路线都体现了 20 世纪 90 年代当时国际上对天然产物合成的水准，它们是高效率、高选择性和强目的性合成的典型例子[39]。Nicolaou 和 Carreira 的路线都约 35 步，产率在 1%左右；Evans 的路线为 21 步，产率达 15%。而且特别值得注意的是，Evans 的路线对每一个手性中心的产生都进行了严格的控制，无疑是三者之中最成功的一位。2003 年 Hashimoto 小组的合成采用了铑催化的羰基 ylide 与亲偶极体的环加成反应一步形成 Zaragozic acid 的母核，反映了现代合成方法学的迅猛发展对天然产物合成的巨大促进作用。除上面介绍的 5 条合成路线外，还有好几个研究小组也报道他们的全合成工作[40,41]。因篇幅关系，我们这里不再作具体介绍。

12.4　(+)-pancratistatin 的全合成

Pancratistatin(**223**)是 Pettit 等[42]于 1984 年从夏威夷灌木中分离得到的一种生物碱，具有抗子宫癌和胰腺癌的活性。该化合物天然含量很少，立体化学也很独特，分子中六个手性中心均集中在一个环己烷环上。它的这些性质使之成为一个引人注目的合成目标，到 1996 年为止已有三条全合成路线见诸报道[43]。它们分别是：由 Danishefsky 小组[44]于 1989 年完成的消旋体的合成；有 Hudlicky 小组[45]和 Trost 小组[46]分别于 1995 年完成的对映选择性合成。至 2004 年底又有不下六条合成路线显现于文献杂志[47~52]，至于 pancratistatin 的同系物和类似物的合成则更是有不少报告[53]。下面我们将分别对最早三条路线和 2004 年的一条路线[48]进行一些分析。

12.4.1 Danishefsky 研究组的合成路线[44]

Pancratistatin(**223**)含有一个高度氧化的环已烷环,这与以前合成的化合物 Quassinoids 和 Shikimic acid 有许多类似的地方[54]。Danishefsky 在合成中显然借鉴了类似的方法学。他在反合成中首先将 **223** 进行了一下结构重组,将 C-6 位羰基与 C-4a 位氨基的内酰胺形式转化为与 C-1 位羟基的内酯环形式 **226**。这样处理之后使得 C-3,C-4 位 β 面双羟基化反应顺理成章。然后再由 **226** 反推至中间体 **224**。

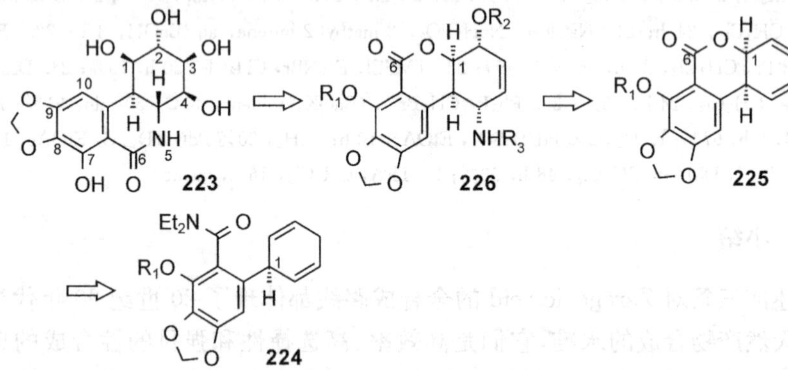

下面我们来看合成过程中的一些情况。对于反合成分析图中出现的中间体 1,4-环已二烯 **224**(R=TBS),作者是通过一次 Diels-Alder 反应和随后的还原消除反应来实现的,具体表现在化合物 **229** 到 **224** 的转化中,与一般的制备方法有些不同。接下来通过碘内酯化反应来形成内酯环,这时产物 **230** 的并环的 *cis* 立体化学正好符合合成目标的需要。

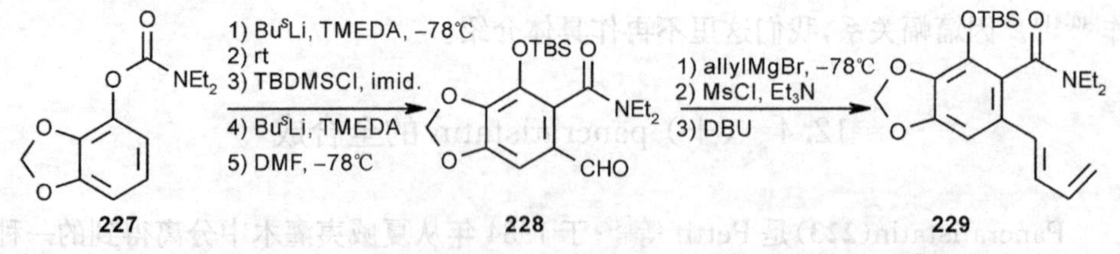

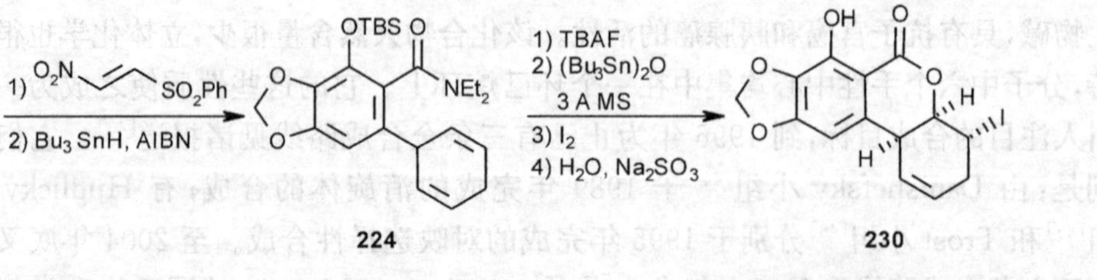

从化合物 **230** 开始,作者经过了一系列的转化才获得双羟基化的前体 **234**。由此可以发现作者为了达到这个目的投入了很大的努力,包括必要的保护基更替。

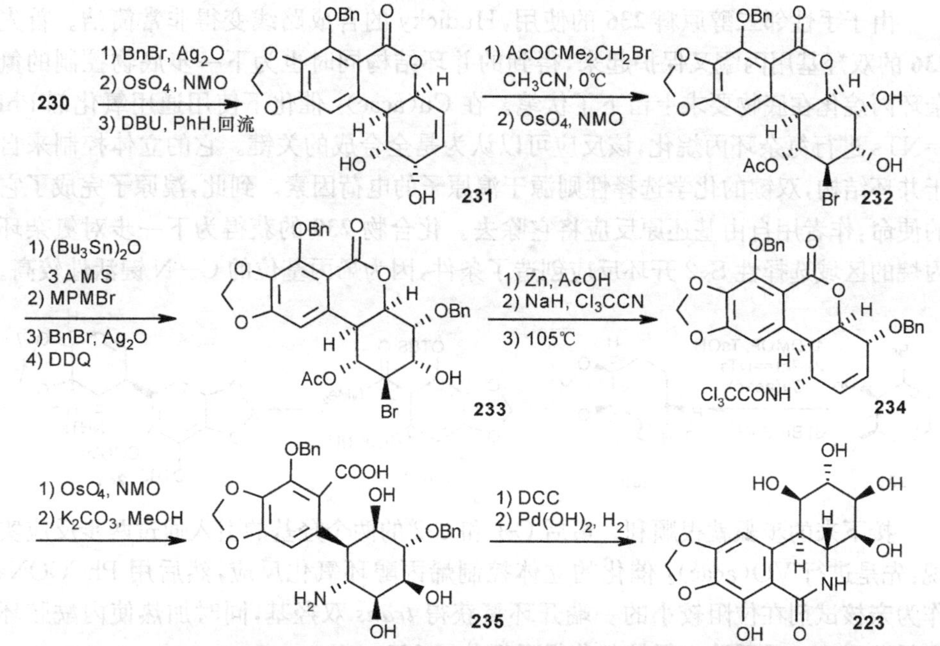

最后由 **234** 实施底物控制的双羟基化,从而获得全部的官能团。在除去保护基后,先进行内酰胺化,最后用 Pearlman 催化剂氢解除去苄基获得目标分子 **223**。整个过程中,他们先后三次运用了 OsO_4 催化的双羟基化反应,这也是本合成路线的一个特点。这样,作者通过约 27 步反应完成了对 **223** 消旋体的立体控制合成。

12.4.2　Hudlicky 的合成途径[34]

Hudlicky 的合成与他成名的原因一样,都具有同一个特点,那就是合成原料的选择。该合成原料——对映纯的 *cis*-3-bromocyclohexa-3,5-dien-1,2-diol(**236**)可以由溴苯经细菌 *Pseudomonas* 作用而富集[55],并被他们广泛用于合成之中,特别是肌醇类化合物的合成。这些光学纯原料的开发和利用被誉为“绿色合成”或“环境友好合成”的一个重要方面,越来越引起有机合成界的关注。下面是这条合成路线的反合成分析,其中关键的中间体是三环化合物 **237**。无疑,合成中必须有一步对氮杂环丙烷进行区域选择性 S_N2 开环反应。

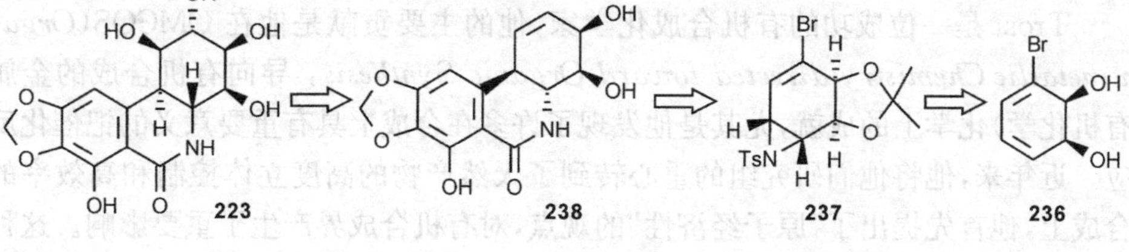

由于手性邻二醇原料 **236** 的使用，Hudicky 的合成路线变得非常简洁。首先 **236** 的双羟基用丙酮叉保护起来，得到的并环结构同时也为下一步底物控制的氮杂环丙烷化在底物要求上留下了伏笔。在 $Cu(acac)_2$ 催化下使用通用氧化剂 PhI═NTs 进行氮杂环丙烷化，该反应可以认为是全合成的关键。它的立体控制来自于并环结构，双键的化学选择性则源于溴原子的电荷因素。到此，溴原子完成了它的使命，作者用自由基还原反应将它除去。化合物 **239** 的获得为下一步对氮杂环丙烷的区域选择性 S_N2 开环反应创造了条件，因为烯丙基位的 C—N 键活性较高。

1) DMOP, TsOH; 2) PhI═NTs, $Cu(acac)_2$; 3) Bu_3SnH

236 → **239** + **240** → **241**

接下来的步骤就很顺利。最后 C-1 和 C-2 的两个羟基的引入通过两步反应实现：先是进行 $VO(acac)_2$ 催化的立体控制烯丙醇环氧化反应，然后用 PhCOONa 作为亲核试剂在位阻较小的一端开环氧获得 *trans* 双羟基，同时加热使内酰胺环也得以形成。最后除去保护基获得目标分子 **223**。

241 —1) Bu^sLi, $(Boc)_2O$; 2) Na, $C_{14}H_{10}$; 3) TBAF→ **242** —1) Red-Al, −45℃, morpholine; 2) BnBr, K_2CO_3; 3) $NaClO_2$, Bu^tOH, KH_2PO_4, C_5H_{10}→ **243**

—1) CH_2N_2; 2) AcOH, THF, H_2O; 3) TBHP, $VO(acac)_2$→ **244** —1) H_2O, PhCOONa, 100℃, 48 h; 2) H_2, Pd→ **223**

Hudlicky 的合成路线一共 15 步，显然在产率以及对映体的合成意义上都要优于 Danishefsky 等的工作。

12.4.3 Trost 的合成路线[35]

Trost 是一位成功的有机合成化学家，他的主要贡献是他在 OMCOS(*Organometallic Chemistry directed toward Organic Synthesis*，导向有机合成的金属有机化学)化学上的成就，尤其是他发现了许多在合成上具有重要意义的钯催化反应。近年来，他将他们研究组的重心转到了天然产物的高度立体控制和高效率的合成上，他首先提出了“原子经济性”的观点，对有机合成界产生了重要影响。这种观念深深体现在由他们完成的各条合成路线上，读者可以在下面的合成中得到一些启示。Trost 教授对(+)-pancratistatin (**223**)的合成是基于对 *meso* 化合物 **245** 的去对称化反应的成功实施，他们使用的方法包括手性钯催化剂参与的面选择性控制的 π-烯丙基化反应以及随后的亲核加成反应。下面是他们的反合成分析：

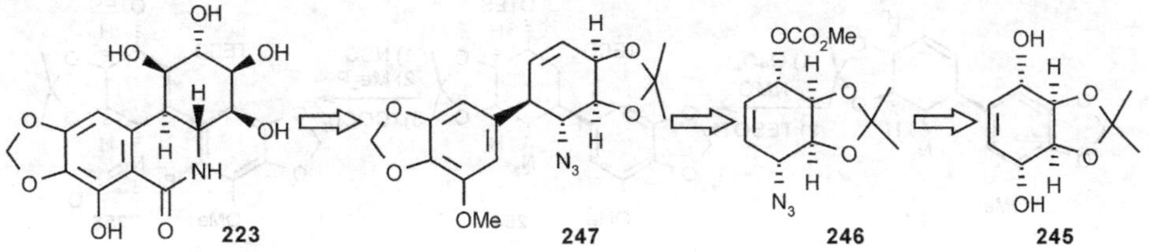

制备 *meso* 化合物 **246** 时，Trost 使用了 *retro*-Diels-Alder 反应，利用对苯二醌与蒽的 Diels-Alder 加成物 **248** 的巨大位阻以及脂溶性使得氧化反应的立体控制和产物带来的高极性均得到了良好的处理，至少在视觉上是很流畅的。

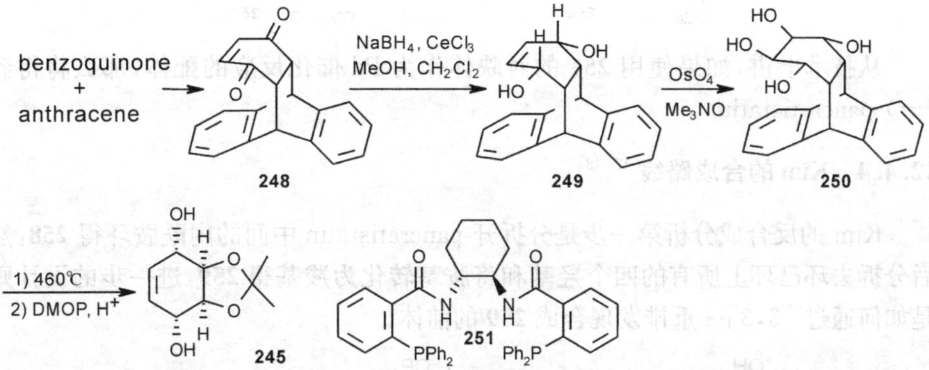

接着，他们将 **245** 的两个羟基均用碳酸甲酯保护起来。利用具有 C_2 对称性的手性膦配体 **251** 与 Pd 形成手性催化剂，然后与底物作用产生去对称化效果，同时体系中共存的亲核试剂 Me_3SiN_3 在金属物种的另一面进攻获得光学活性化合物 **246**。反应中 N_3^- 对 π-烯丙基络合物进攻的选择性是 Pd 反应中特有的一种“记忆效应”。获得的化合物 **246** 经与铜试剂 **253** 作用，发生 S_N2' 反应形成偶联产物 **247**。接着的双羟基化反应与前面类似。但是后面形成内酰胺的反应颇具特色：首先他们将叠氮基团转化为异腈酸酯 **255**，然后将芳环锂化进行 C 端亲核反应形成 C—C 键。一般的反合成断键是优先考虑 C—X 键的断裂，此处有些不同，但确实很成功。通过 C-1 位羟基转位后，脱去保护基即获得产物 **223**。

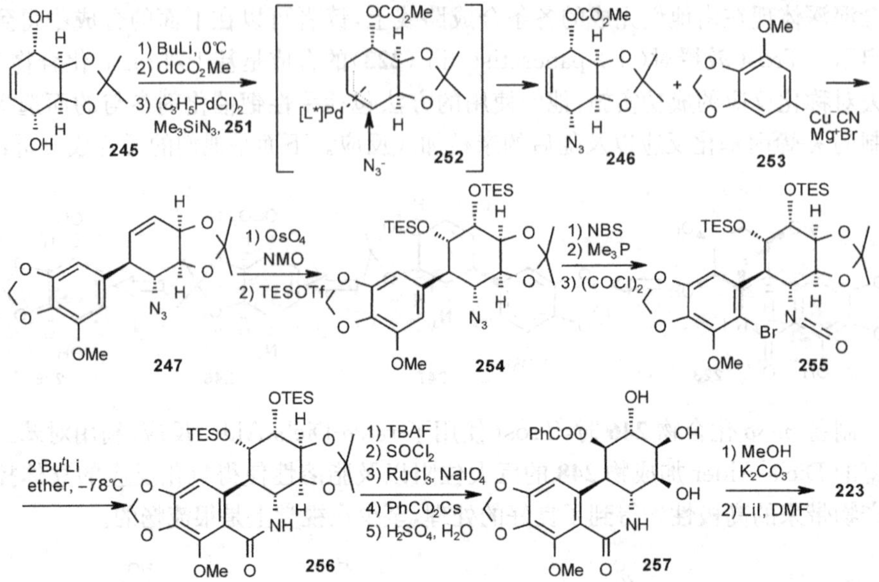

从技术上讲，如果使用 **251** 的对映体作为 Pd 催化反应的配体，那么将得到(—)-pancratistatin.

12.4.4 Kim 的合成路线[47, 48]

Kim 的反合成分析第一步是分拆开 pancratistatin 中间的内酰胺环得 **258**，然后分拆去环已环上所有的四个羟基和将胺基转化为羧基得 **259**，进一步的设计则是如何通过 [3,3]-σ 重排发现合成 **259** 的前体。

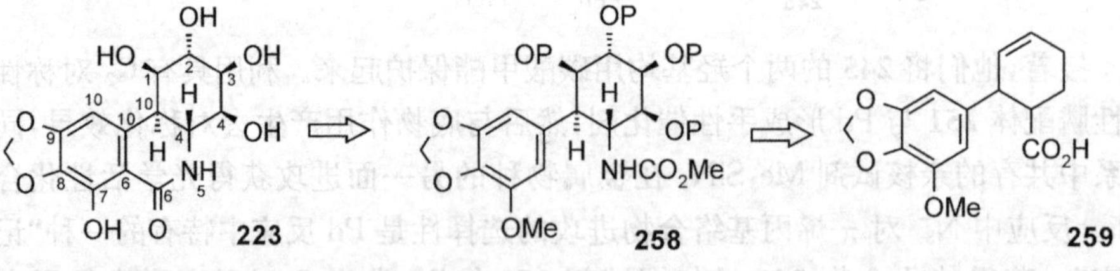

首先他们从已知的溴化合物 **260** 开始制备得膦酸酯 **261**，然后与丙烯醛的二聚体进行 Wittig-Horner 反应高选择性地获得反式产物 **262**。**262** 的[3,3]-σ 重排是这一路线的关键步骤，以 78%的产率立体选择性地获得顺式产物 **263**，实际上作者是希望获得反式产物，但后来幸运地发现在氧化成酸 **264** 后，经碘内酯化、消除、碱性条件下开内酯环后，甲酯基可以转位为所需的反式化合物 **267**。

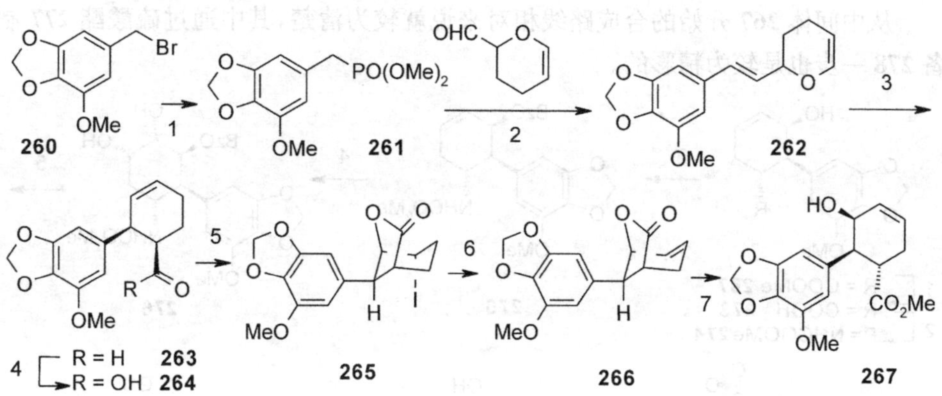

试剂及条件：1. $P(OMe)_3$，toluene，sealed tube 180 ℃，2 h，99%；2. LHMDS，THF，−78 ℃ to rt，22 h，60%（92% based on the recovered starting material）. as a single isomer of **262**；3. toluene，sealed tube，250 ℃，20 h，78%；4. 2-methyl-2-butene，$NaClO_2$，NaH_2PO_4，*t*-BuOH，H_2O，0 ℃ to rt，18 h，90%；5. KI_3，$NaHCO_3$，H_2O，CH_2Cl_2，20 h，99%；6. DBU，benzene，reflux，8 h，80%；7. NaOMe，MeOH，reflux，20 h，93%

以上消旋体路线走通后，作者就采用手性纯的原料和 Stille 反应合成了手性纯的中间体 **270**，然后应用另一类[3,3]-σ 重排——Ireland-Claisen 重排以 6∶1 的比例获得了 **272** 和其反式异构体，二者无法分开。**272** 和其反式异构体的混合物经闭环烯烃复分解反应(RCM)得 **264** 和其异构体的混合物，仍无法分开。最后经碘内酯化，**264** 反应得手性纯的(＋)-**265**，**264** 的异构体不反应，从而能通过柱层析分开。(＋)-**265** 的获得说明由此进一步合成手性纯的 pancratistatin 是可能的，但由于分离上的问题实际进行下去是很困难的，因此 Kim 还是用消旋体的 **265**-**267** 继续完成了消旋体 pancratistatin 的合成。

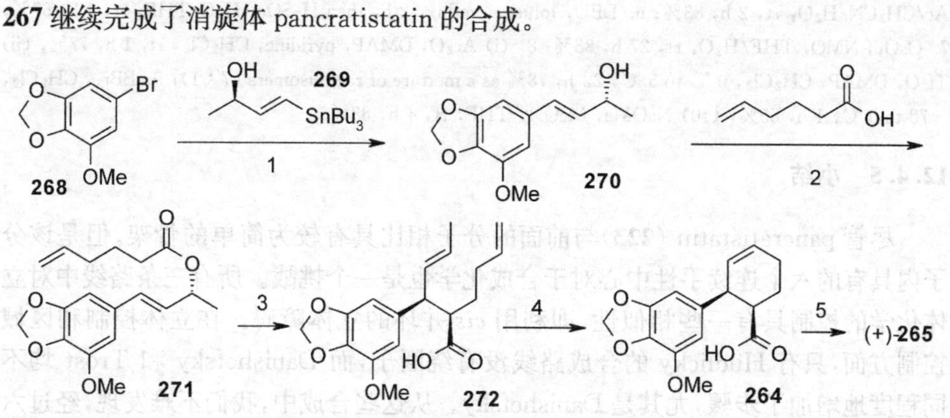

试剂及条件：1. $Pd(PPh_3)_4$，DMF，65 ℃，24 h，84%；2. DCC，DMAP，CH_2Cl_2，93%；3. LDA，HMPA，THF，TBSCl，−78 ℃ to rt，77% as a mixture of *cis* and *trans*（6∶1）；4. Grubbs' catalyst，CH_2Cl_2，91% as a mixture of *cis* and *trans*（6∶1）；5. KI_3，$NaHCO_3$，H_2O，CH_2Cl_2，20 h，76%

从中间体 **267** 开始的合成路线相对来说就较为清楚，其中通过硫酸酯 **277** 制备 **278** 一步也是较为精彩的。

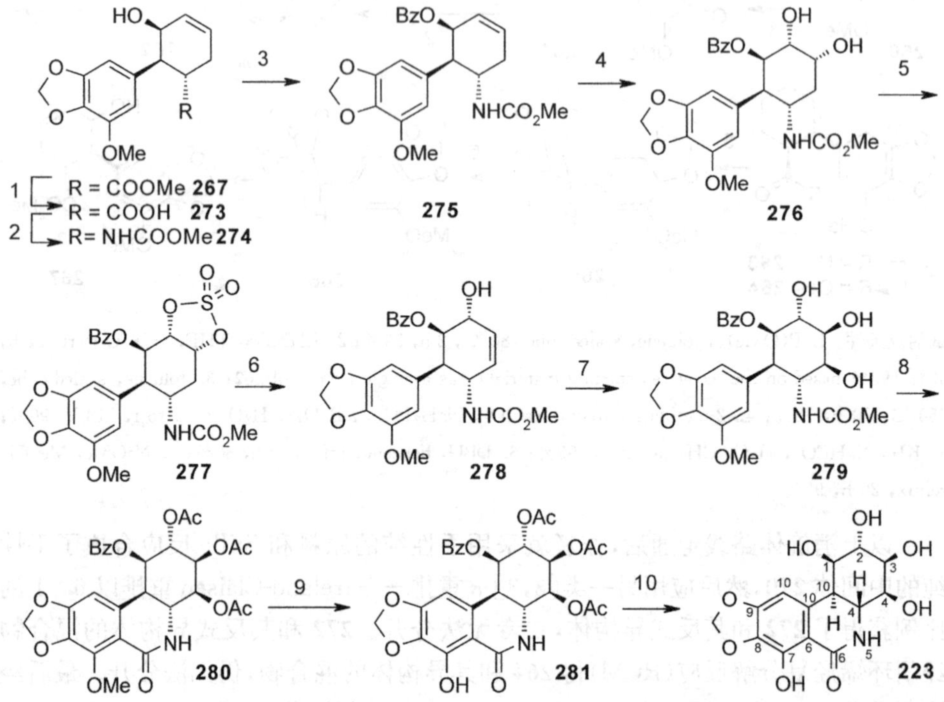

试剂及条件：1. 1 mol/L LiOH, THF, rt, 18 h, 99%；2. (i) DPPA, Et_3N, toluene, reflux, 15 h, (ii) NaOMe, MeOH, reflux, 0.5 h, 82%；3. BzCl, Et_3N, DMAP, CH_2Cl_2, rt, 15 h, 99%；4. OsO_4, NMO, THF/H_2O, rt, 20 h, 96%；5. (i) $SOCl_2$, Et_3N, CH_2Cl_2, 0 ℃, 0.5 h, (ii) oxone, $RuCl_3 \cdot 3H_2O$, EtOAc/CH_3CN/H_2O, rt, 2 h, 83%；6. DBU, toluene, reflux, 2 h, then H_2SO_4, H_2O/THF, rt, 4 h, 67%；7. OsO_4, NMO, THF/H_2O, rt, 27 h, 88%；8. (i) Ac_2O, DMAP, pyridine, CH_2Cl_2, rt, 1 h, 77%, (ii) Tf_2O, DMAP, CH_2Cl_2, 0 ℃ to 5 ℃, 22 h, 78% as a mixture of regio-isomers (7 : 1)；9. BBr_3, CH_2Cl_2, −78 to 0 ℃, 1 h, 65%；(10) NaOMe, MeOH, THF, rt, 4 h, 83%

12.4.5 小结

尽管 pancratistatin (**223**)与前面的分子相比具有较为简单的骨架，但是该分子内具有的六个连续手性中心对于合成化学也是一个挑战。所有三条路线中对立体化学的控制具有一些相似性，即利用 *cis* 并环的立体障碍。在立体控制和区域控制方面，只有 Hudlicky 的合成路线没有绕圈子，而 Danishefsky 和 Trost 均不同程度地增加了步骤，尤其是 Danishefsky。从这些合成中，我们不难发现，经过六年之后的两条合成路线，显然比六年前的首次合成优化了许多，从易得的原料出发总产率分别为 2%和 11%，进一步说明这几年有机合成化学的发展。Kim 的消旋体合成用了 17 步反应，总产率也有 5.8%，他们的对映选择性合成路线更短一些，产率也好一些,但可惜放大合成有困难。由此也说明有机合成已有了很大发展,但它的发展还远没有穷尽。

12.5　结束语

本章我们主要介绍了 20 世纪 90 年代天然产物合成化学界较为代表性的四个目标分子以及围绕它们所进行的全合成工作。从这些工作中,我们可以观察到有机合成化学目前在反应的选择性控制、合成试剂、合成策略、合成辅助手段等方面的一些发展概况。毫无疑问,这些成果在过去几乎是无法想像的。但是,物质的多样性将继续不断地给化学家提出各种各样的问题,正如 UC Berkeley 的著名有机化学家 Heathcock 所说的那样[56]:有机合成目前虽然已经有了很大的发展,但是它还需要更多的,甚至一代又一代的年轻化学家去不断创新和努力,对于这一点,我们不能有丝毫的怀疑!今天的有机合成化学已经超出了有机化学的范围,它已成为生物学、生物化学、医学、物理学和材料科学研究的重要手段,而且它还是现代化学工业,尤其是精细有机化工的基础。"对于合成化学家来说,合成不仅是一种得到化合物的手段,也是体现它的创造力、聪明才智、能力和毅力的场所"德国化学家 Tietze[57]如是评说现代有机合成化学。

参考文献

[1] Pelletier P. J., Caventon J. B. Ann. Chim. Phys., 1818, 8, 323

[2] Openshaw H. T., Robinson R. Nature, 1946, 157, 438

[3] Woodward R. B., Brehm W. J., Nelson A. L. J. Am. Chem. Soc., 1947, 69, 2250

[4] Robertson J. H., Beevers C. A. Acta Crystallogr., 1951, 4, 270

[5] a) Woodward R. B., Cava M. P., Ollis W. D., et al. J. Am. Chem. Soc., 1954, 76, 4749
b) idem. Tetrahedron, 1963, 19, 247

[6] a) Magnus P., Giles M., Bonnert R., et al. J. Am. Chem. Soc., 1992, 114, 4403
b) ibid, 1993, 115, 8116

[7] a) Knight S. D., Overman L. E., Pairaudeau G. J. Am. Chem. Soc., 1993, 115, 9293
b) ibid, 1995, 117, 5776

[8] Kuehne M. E., Xu F. J. Org. Chem., 1993, 58, 7490

[9] Rawal V. H., Iwasa S. J. Org. Chem., 1994, 59, 2685

[10] Bonjoch J., Sole D. Synthesis of Strychnine. Chem. Rev., 2000, 100, 3455~3482

[11] a) Sole D., Bonjoch J., Garciarubio S., et al. Angew. Chem. Int. Ed., 1999, 38, 395~397
b) Sole D., Bonjoch J., Garciarubio S., et al. Chem. Eur. J., 2000, 6, 655~665

[12] a) Eichberg M. J., Dorta R. L., Lamottke K., Vollhardt K. P. C. Org. Lett., 2000, 2, 2479~2481
b) Eichberg M. J., Dorta R. L., Grotjahn D. B., et al. J. Am. Chem. Soc., 2001, 123, 9324~

9337
[13] a) Ito M., Clark C. W., Mortimore M., et al. J. Am. Chem. Soc., 2001, 123, 8003～8010
b) Martin S. F. Account Chem. Res., 2002, 35, 895～904
[14] Bodwell G. J., Li J. Angew. Chem. Int. Ed., 2002, 41, 3261
[15] a) Nakanishi M., Mori M. Angew. Chem. Int. Ed., 2002, 41, 1934～1936
b) Mori M., Nakanishi M., Kajishima D., Sato Y. J. Am. Chem. Soc., 2003, 125, 9801～9807
[16] a) Ohshima T., Xu J. Y., Takita R., et al. J. Am. Chem. Soc., 2002, 124, 14546～14547; 2003, 125, 2014
b) Ohshima T., Xu Y. J., Takita R., Shibasaki M. Tetrahedron, 2004, 60, 9569～9588
[17] Kaburagi Y., Tokuyama H., Fukuyama T. J. Am. Chem. Soc., 2004, 126, 10246～10247
[18] Harley-Mason J. Pure Appl. Chem., 1975, 41, 167
[19] Anet F. A. L., Robinson R. Chem. Ind. (London), 1953, 245
[20] Angel S. R., Fevig S. D., Knight S. D., et al. J. Am. Chem. Soc., 1993, 115, 3966
[21] Parsons R. L., Berk J. D., Kuehne M. E. J. Org. Chem., 1993, 58, 7482
[22] Wani M. C., Taylor H. L., Wall M. E., et al. J. Am. Chem. Soc., 1971, 93, 2325
[23] Borman S. Chem. & Eng. News, 1991, et al. 11
[24] Nicolaou K. C., Dai W.-M., Guy R. K. Angew. Chem. Int. Ed. Engl., 1994, 33, 15
[25] a) Borman S. Chem. & Eng. News, 1994, 32
b) Wender P. A., Marquess D. G., McGrace P. L., Taylor R. E. Chemtracts-Org. Chem., 1991, 7, 160
[26] Holton R. A., Somoza C., Kim H. B., et al. J. Am. Chem. Soc., 1994, 116, 1597 and 1599
[27] Nicolaou K. C., Yang Z., Liu J. J., et al. Nature, 1994, 367, 630
[28] Holton R. A., Juo R. R., Kim H. B., et al. J. Am. Chem. Soc., 1988, 110, 6558
[29] Buchi G., MacLeod W. D., Jr. Padilla J. J. Am. Chem. Soc., 1964, 86, 4438
[30] Nicolaou K. C., Yang Z., Sorensen E. J., Nakada M. J. Chem. Soc., Chem. Commun., 1993, 1024
[31] Kende A. S., Johnson S., Sanfilippo P., et al. J. Am. Chem. Soc., 1986, 108, 3513
[32] a) Masters J. J., Link J. T., Snyder L. B., et al. Angew. Chem. Int. Ed. Engl., 1995, 34, 1723
b) Wender P. A., Badham N. F., Conway S. P., et al. J. Am. Chem. Soc., 1997, 119, 2757
c) Wender P. A., Badham N. F., Conway S. P., Floreancig, et al. J. Am. Chem. Soc., 1997, 119, 2755
d) Shiina I, Saitoh K., Frechard-Ortuno I., Mukaiyama T. Chem. Lett., 1998 3
e) Mukaiyama T. Shiina I, Iwadare H., et al. Chem. Eu. J., 1999, 5, 121
f) Morihira K., Hara R., Kawahara S., et al. J. Am. Chem. Soc., 1998, 120, 12980
g) Kusama H., Hara R., Kawahara S., et al. J. Am. Chem. Soc., 2000, 122, 3811～3820
h) Kuwajima I., Kusama H. Synlett, 2000, 1385～1401
[33] a) Wilson K. E., Burk R. M., Biftu T., Ball R. G., Hoogsteen K., J. Org. Chem., 1992, 57, 7151
b) Dawson J. M., Farthing J. E., Marxhall P. S., et al. J. Antibiot., 1992, 45, 639
[34] Carreira E. M., DuBois J. J. Am. Chem. Soc., 1994, 116, 10825
[35] Nicolaou K. C., Yue E. M., Naniwa Y., et al. Angew. Chem. Int. Ed. Engl., 1994, 33, 2184,

2187 and 2190

[36] Evans D. A. , Barrow J. C. , Leighton J. L. , Robichaud A. J. J. Am. Chem. Soc. , 1994, 116, 12111

[37] Sato H. , Nakamura S. , Watanabe N. , Hashimoto S. Synlett, 1997, 451～454

[38] a) Nakamura S. , Hirata Y. , Kurosaki T. , et al. Angew. Chem. Int. Ed. 2003, 42, 5351～5355
b) Nakamura S. Chem. Pharm. Bull. Tokyo, 2005, 53, 1～10

[39] Koert U. Angew. Chem. Int. Ed. Engl. , 1995, 34, 773.

[40] a) Stoermer D. , Caron S. , Heathcock C. H. J. Org. Chem. , 1996, 61, 9115
b) Caron S. , Stoermer D. , Mapp A. K. , Heathcock C. H. J. Org. Chem. , 1996, 61, 9126～9134
c) Tomooka K. , Kikuchi M. , Igawa K. , et al. Angew. Chem. Int. Ed. , 2000, 39, 4502～4505
d) Freemancook K. D. , Halcomb R. L. J. Org. Chem. , 2000, 65, 6153～6159

[41] a) H. Sato, S. Nakamura, N. Watanabe, S. Hashimoto. Synlett, 1997, 451～454
b) Armstrong A. , Jones L. H. , Barsanti P. A. Tetrahedron Lett. , 1998, 39, 3337
c) Armstrong A. , Barsanti P. A. , Jones L. H. , Ahmed G. J. Org. Chem. , 2000, 65, 7020～7032.

[42] a) Pettit G. R. , Gaddamidi V. , Cragg G. M. , et al. J. Chem. Soc. Chem. Commun. 1984, 1693
b) Pettit G. R. , Gaddamidi V. , Cragg G. M. J. Nat. Prod. , 1984, 47, 1018
c) Pettit G. R. , Gaddamidi V. , Herald D. L. , et al. J. Nat. Prod. , 1986, 49, 995

[43] Bridges A. J. Chemtracts-Organic Chemistry, 1996, 9, 101

[44] Danishefsky S. , Lee J. Y. J. Am. Chem. Soc. , 1989, 111, 4829

[45] a) Tian X. , Hudlicky T. , Konigsberger K. J. Am. Chem. Soc. , 1995, 117, 3643
b) Hudlicky T. , Tian X. , Konigsberger K. , et al. J. Am. Chem. Soc. , 1996, 118, 10752

[46] Trost B. M. , Pully S. R. J. Am. Chem. Soc. , 1995, 117, 10143

[47] Kim S. , Ko H. , Kim E. , Kim D. Org. Lett. , 2002, 4, 1343～1345

[48] Ko H. J. , Kim E. , Park J. E. , Kim D. , Kim S. J. Org. Chem. , 2004, 69, 112～121

[49] Doyle T. J. , Hendrix M. , Vanderveer D. , Javanmard S. , Haseltine J. Tetrahedron, 1997, 53, 11153

[50] a) Magnus P. , Sebhat I. K. J. Am. Chem. Soc. , 1998, 120, 5341
b) Magnus P. , Sebhat I. K. Tetrahedron, 1998, 54, 15509

[51] a) Rigby J. H. , Mateo M. E. J. Am. Chem. Soc. , 1997, 119, 12655
b) Rigby J. H. , Maharoof U. S. M. , Mateo M. E. J. Am. Chem. Soc. , 2000, 122, 6624～6628

[52] Pettit G. R. , Melody N. , Herald D. L. J. Org. Chem. , 2001, 66, 2583～2587

[53] Rinner U. , Hudlicky T. Synlett. , 2005, 365～387

[54] a) Coblens K. E. , Muralidharan V. B. , Ganem B. J. Org. Chem. , 1982, 47, 5041
b) Koreeda M. , Cuifolini M. A. J. Am. Chem. Soc. , 1982, 104, 2308

[55] a) Gibson D. T. , Hensley M. , Yoshika H. , Mabry T. J. Biochemistry, 1970, 9, 1626
b) Boyd D. R. , Dorrity M. R. J. , Hand M. V. , et al. J. Am. Chem. Soc. 1991, 113, 666
c) Hudlicky T. , Boros E. E. , Boros C. H. Synthesis, 1992, 174

[56] Heathcock C. H. Chem. & Eng. News, 1993, 71(48), 50

[57] Tietze L. F. , Beifuss U. Angew. Chem. Int. Ed. Engl. , 1993, 32, 131

第 13 章　组合化学、分子多样性和类天然产物化学

近两个世纪以来，有机化学家的一个中心任务就是创造新的具有各种功能的化学物质，并发展各种有效的方法获得尽可能纯的单一化合物。应用这种方式，许多的化合物被制备为各种层次的候选药物分子进行生物学测试和研究，或进行相应的深度发展。根据一般的统计数字，平均数千个新化合物中才能发现一个化合物称为药物先导化合物(drug lead)。这种一个个合成再一个个进行活性测试的方法使药物发现成为一个高消耗的过程，不仅时间上长，而且在人力、物力和财力方面代价也不菲。显然，这样的方式已经不能满足现代高科技工作的需求，人们试图获得更佳的替代性方案。20 世纪 80 年代，几篇创新性的论文改变了有机化学在设计和合成药用化合物和其他应用方面的理论和实践，为我们这个时代开创了一个崭新的领域，那就是组合化学(combinatorial chemistry)的诞生。这一划时代的革命性创新思想现在不仅深刻影响了现代药物工业的研究走向，也走入了化学之外的大科学之中，产生着重大的社会影响。

13.1　天然产物的分子多样性在药物科学中的重要地位

源于动植物、微生物等的天然物质一直是人类寻找治疗各种疾病的药物的一个主要方向，在 20 个世纪的 70～80 年代达到巅峰，积极地影响了当时的药物发现与发展研究。根据报道[1]，在 1981～2002 年之间 877 个小分子化合物被作为药物候选物进行开发，近半数(49%)是天然产物、半合成的天然产物类似物，或者在天然产物药性结构基础上的合成化合物。

虽说这是天然产物在健康领域足以引以为豪的事情，但是自从组合化学概念被引入以来，人们的思考角度发生了深刻的变化。药物工业界对于天然产物的依赖性在过去 20 年中大幅度降低，人们试图通过这种思想的革新获得更大的成功。但是 20 年时间过去，人们回来总结过去，却发现化学家制造化合物的速度大大加快，化合物数量急剧膨胀，但是药物发现的步伐却反而减速了。于是，人们重新开始思考问题的本质，和过去思考中没有考虑的不利发展因素。最后得出的结论显然是，来源于自然界的创新显然是我们不可以忽视的最重要方面。这几年有机化学重新对天然产物开始表现出前所未有的兴趣，研究和投入大大增加。同时有机化学、药物化学、天然产物合成研究中也大量吸收了组合化学的优点，针对性地发展出许多具有某些天然产物特征的非天然产物的化合物文库(chemical library)，

这就是我们今天讲的类天然产物化学(natural product-like chemistry)。最近有综述[2]总结了最近 20 年间具有药物工业发展价值的天然产物相关专利的变化情况(图 13.1)比较清晰地反映了这样一种发展的轨迹。

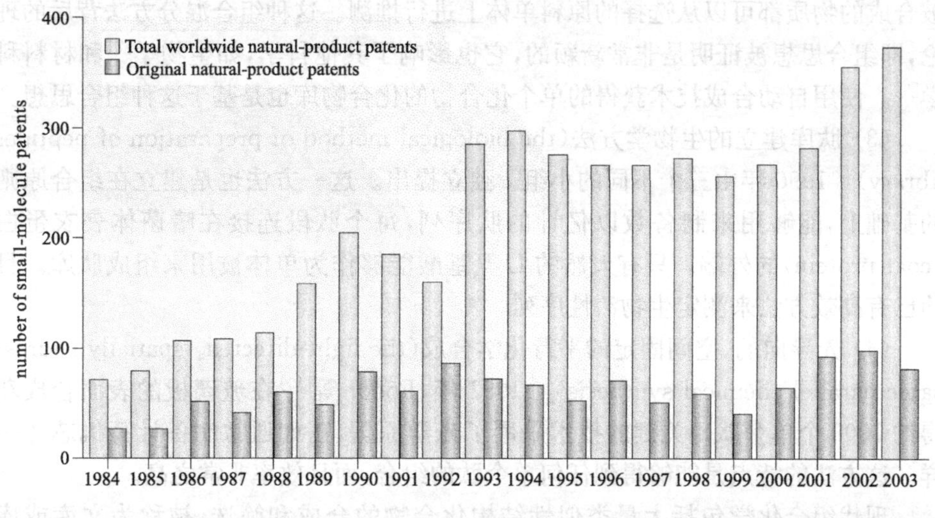

图 13.1[2]

尽管如此,今天我们所处的时代对于天然产物的重要性认识和发展方法的思考已经完全不同于 20 年前,我们务必考虑药物发展过程的几个要素环节:快速筛选、活性化合物(hit)的确定、从活性化合物到药物先导化合物的优化过程。在这样一个环境之下,传统的以天然资源为主的天然产物研究模式(萃取、筛选、生物模型指导的分离、结构鉴定、放大生产等)必定受到考验;这样,如何思考发扬天然产物的结构独特性和其中蕴含的三维结构多样性与活性之间的联系成为重要的研究切入点,亦即有机化学的创造性可以和自然进化的创造有效地结合来满足更大的分子多样性的需求,而且具有较传统组合化学更高的成功可能性。

在开始讨论基于天然产物的分子多样性问题之前,我们先来介绍一下组合化学的基本概念和一些主要方法。

13.2　组合化学的基本概念和方法

首先,我们希望提一下组合化学短暂历史中几件重要的标志性事件:

(1) 多针头操作(the multipin procedure)　1984 年由 Geysen 及合作者[3]发明的这一方法最初被用于多肽的平行合成 (parallel synthesis)上。后来这一方法被用于有机化合物文库[4]的建立。可以认为,它是现在高效率的、可同时平行制备数百个化合物的自动合成仪的雏形[5]。

(2) 组分混分方法(the portioning-mixing/split method) 它由 Furka 等[6]于1988年发明。最初这方法用来在一两天内合成百万个以上的多肽,现在也成功用于化合物库的建立。这是真正运用组合化学原则建立有机化合物库的例子,所有被合成的物质都可以从选择的原料单体上进行推测。这种组合混分方法背后的理论,即组合思想被证明是非常新颖的,它也影响了其他科学,如生物学[7]和材料科学[8]。使用自动合成技术获得的单个化合物的化合物库也是基于这种组合思想。

(3) 肽库建立的生物学方法(the biological method of preparation of peptides library) 1990年由三个不同的小组[9]独立提出。这一方法也是建立在组合原则的基础上,能够用来制备数以亿计的肽序列,每个肽段连接在嗜菌体表衣蛋白(coat protein)的外端。只有天然的 L-氨基酸能够作为单体被用来组成肽库。目前已有高效方法来测定生物活性序列。

(4) 光导向的、空间固定的平行化学合成(the light-directed, spatially addressable parallel chemical synthesis) 1991年,Fodor 等[10]在玻璃板的表面合成获得约1000个单个肽。关键的技术采用了光学原理,正如通常制备计算机芯片一样。这方法的特点是能够得到任何单个肽的组合,而且效率非常之高。

现代组合化学包括大量类似性结构化合物的合成和筛选,被称为文库或库(library,意为"馆藏")。文库本身就是由许许多多单个化合物或它们的混合物组成的矩阵(array)。合成的方法通常可以粗分为两类:①单个化合物的平行合成;②混合物的组合合成。换一种角度,或者更加精确一点,我们可以归类为另外两种合成的方法:①合成化合物的数目可由一系列的连接步骤数计算出是一个稳定的梯度常数,这种平行合成方式可以用来合成不同系列的单一化合物(individual compounds);②合成的化合物数目随连接步骤数的增加呈指数递增。这样的方法常被称为真正意义上的大规模组合化学。

13.2.1 组合合成方法

尽管现在的组合合成方法发展很快,内容丰富得达到五花八门的程度,但是本质上都运用了组合化学的原理,亦即合成得到的化合物的结构可以从合成使用的原料单体和步骤流程进行结构推导并得到确认。

1. 组分混分法[6](the portioning-mixing synthesis, PM)

PM 法建立在 Merrifield 的固相合成[11]基础上。其合成的过程是重复以下三个简单的基本操作,即

(1) 将固相担体分成相等的几份;

(2) 上步的每一份固相分别与一个不同的氨基酸相连接;

(3) 均匀地混合所有的组分,然后再回到第一步的操作进入下一次循环。

如果以一个四肽合成作为例子，图式(图 13.2)可以表示如下：

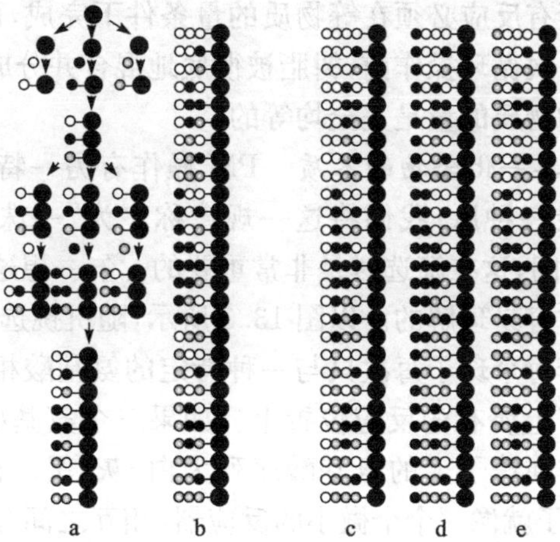

a　b　c　d　e

图 13.2

在第一轮合成中，每份树脂(resin)分别与一个氨基酸连接，然后得到的产物混合在一起，这样就成了三个连有不同的氨基酸的树脂的混合物(图 13.2a)。在第二轮循环中，混合物再次被分成三份，并分别与一个不同的氨基酸连接，这样最后的产物是 9 个固定在树脂上的二肽的混合物(图 13.2b)。依次推算，第三轮产生 27 个固载化三肽混合物；第四轮得到 81 个固载化四肽混合物(图 13.2c，d，e)。

PM 合成在药物发现等应用中被广泛利用主要基于下面几个特点。

效率　从上述 PM 方法中，我们可以发现从单一的树脂原料出发，每经一步合成操作，化合物的数目就会是原先的三倍：即第一步为 $3^1=3$；然后第二步为 $3^2=9$；下面依次为 $3^3=27$；$3^4=81$。这里我们仅仅使用了三个氨基酸作为底物，如果我们用 20 个不同氨基酸，那么化合物的数目就应该是 20^n(n 就是树脂上连着的氨基酸数目)。如果以每天完成一轮操作计算，五天后将获得 3 200 000 个五肽。如果使用商品化的自动合成仪，那么化学家的工作就是设计实验，提供起始原料；在若干天之后，从树脂上取下需要的新化合物。

可以获得所有可能的序列组合　PM 合成的另一个特点也是非常重要的，即通过不断重复上述三个简单操作，最后可以获得所有可能序列的组合化合物库。从 PM 方法的图式中可以发现，不可能遗漏白、灰、黑任何一种可以推导出来的组合。这种 PM 合成法体现在产物上的特点很好地反映了一个学术名词的含义，那就是组合库(combinatorial library)。

化合物以一定物质的量之比例形成　化合物库的建立通常是为了发现新产物中的具有生物活性的化合物，这一目的往往通过筛选 (screening)完成。如果存在的化合物不是等量的话，就会产生假信息问题，比如大大过量的活性较低的化合物

呈现的生理效应可能会高于含量很少的活性高的化合物引起的生物学效应。所以合成时化合物库中所有反应必须在等物质的量条件下完成,而 PM 法正符合这样的一个要求。在每一次循环操作前,树脂被彻底地混合并分成均匀的等份,用来保证连在树脂上的肽的物质的量是完全均等的。

PM 法平行合成单一化合物的本质 PM 操作有另一特点,即在固相的单个珠子(bead)上只形成一种肽;我们将这一规律称之为“一珠一物”(one bead one compound)。毫无疑问,这在筛选时是非常重要的。乍一想这有些不能理解,但是仔细分析一下是非常容易理解的。以图 13.3 所示,随机挑选出来的珠子将要经历三次连接过程。由于每个珠子每次只与一种特定的氨基酸相遇,只有那个氨基酸有机会连接在该珠子上所有的反应位置上。如果三个氨基酸按照步骤分别为白色、灰色和黑色,那连在珠子上的氨基酸序列为白-灰-黑。在 PM 方法和 Merrifield 合成中,这些珠子就像一个个微小的反应器,相互之间并不交换自己的内容。在反应过程中,数百万的微小反应器各自保护自己的内容为单一的化合物,直至整个过程结束。连载的肽可采用自动序列测定[12](automatic sequencing)证实,珠子上的量完全满足这一任务。从这方面说,PM 法实际上是一种极为高效率的获得单个化合物的平行合成方法,这一重要特点使得筛选可以选择三种不同的办法进行:①对固载化的单一化合物直接进行结合能力测定(binding experiments),这一方法由 Smith 等[13]首先创立;②将单一的化合物从珠子上脱下来完成测试过程;③混合化合物溶液进行筛选。

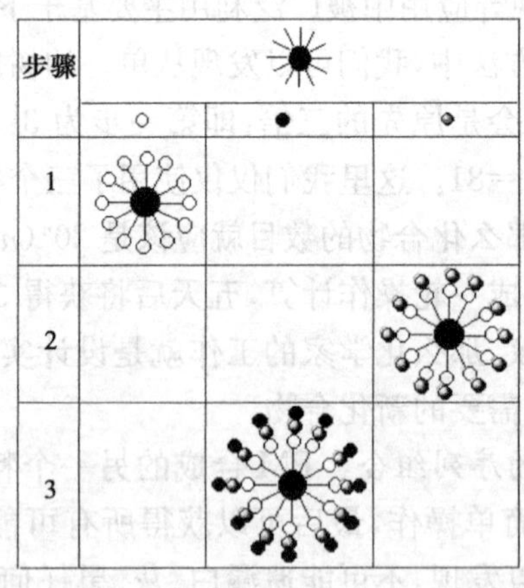

图 13.3

PM 方法用于有机化合物库的建立 众所周知,肽并非理想药物的最佳选择,主要原因是它对酶降解的高度敏感性。因此,理想的药物往往是具有良好药物动力学性质的小分子有机化合物。PM 方法在建立这样的有机化合物库方面也完全符合要求,不管是序列型(sequential)的,还是环状(cyclic)化合物库,只要采用合

适的固相条件，都能取得满意的结果。合成化合物库的筛选通常以珠子上切下的单个化合物形式进行。由于不同的有机化合物的结构测定较序列型的肽复杂得多，因此固相载体常常进行编码。编码标记(tag)与库的合成子(building blocks)一起被平行地连接在固相上。文献中提到两种基本的编码方法：随序列编码（encoding with sequences)[14]和双向编码(binary encodes)[15]。

使用第一种方法(图 13.4a)，标记(encoding tag)可以是肽或者寡核苷酸，它们在有机试剂和连接次序两个方面都可以得到鉴别。图 13.4a 中的白、黑、灰色菱形分别编码白、黑、灰色圆圈代表的合成试剂和白-黑-灰-白的连接次序。通过标记肽的氨基酸次序或标记的寡核苷酸中核苷的次序测定，密码就得到了确认。在第二种方法中，密码单元是一个卤代苯(图 13.4b 中浅灰色的结构)，以不同长度的碳氢链连接在载体上。这一标记技术的特征是不形成序列。在原始文献中，作者[15]用此来编码肽的序列。通过 18 个不同的密码单元按照这样的编码方式可以对库中由 7 个氨基酸(D，E，I，J，K，L，Q 和 S)在六个位置上形成的所有 117 649个成员的序列进行编码。密码的测定可以在切下后通过一步简单的电子捕获气相层析(electron capture gas chromatogram)获得。表 13.1 显示九个不同的标记(T1～T9)如何来编码三组不同的试剂(A1～A7，B1～B7，C1～C7)合成获得的 343 个有机化合物。我们不难发现，化合物 A1B1C3，A2B3C4，A7B7C 的密码子分别为 T9T4T1，T8T7T6T2 和 T9T8T7T6T5T4T3T2T1。

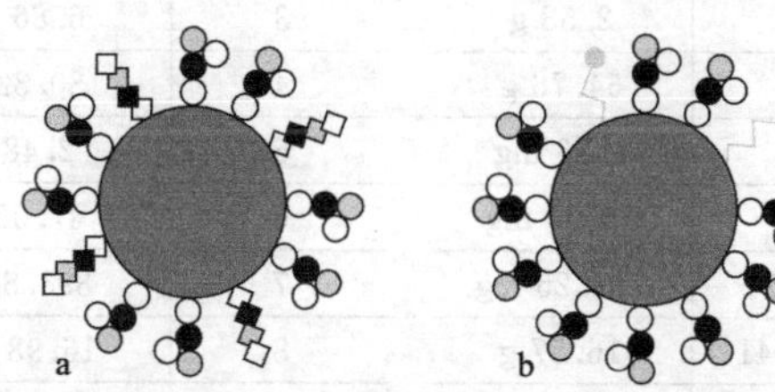

图 13.4

表 13.1　二元编码

组合 1		组合 2		组合 3	
A1	T1	B1	T4	C1	T7
A2	T2	B2	T5	C2	T8
A3	T3	B3	T6	C3	T9
A4	T2T1	B4	T5T4	C4	T8T7
A5	T3T1	B5	T6T4	C5	T9T7
A6	T3T2	B6	T6T5	C6	T9T8
A7	T3T2T1	B7	T6T5T4	C7	T9T8T7

其他的编码系统还有电波编码(radiofrequency encoding)[16]和激光编码(laser optical encoding)[17]等。

液相 PM 法合成 这一方面的代表是美国加州 Scripps 研究所的 Kim Janda 领导的研究组,他们[18]发展了许多在液相中进行的 PM 合成方法,主要借助于多聚乙二醇单甲醚(MeO-PEG)作为载体。这种多聚物在反应过程中是溶解的,均相体系非常有利于多数的有机反应。反应结束之后,通过改变溶剂体系可以使多聚物发生沉淀,从而将多余试剂完全洗去。但是这一方法只能得到混合物。

设计化合物库的可行性考虑 按照 PM 方法设计化合物库之前,事先必须做一些初步的可行性考察。虽然这些问题都是以肽合成为例子提出的,但获得的结论对于有机化合物库的构建也同样适用。完整的肽库一般以除了 cysteine 之外的 19 个氨基酸为原料制备获得。由上文可以获知,化合物库中肽的个数是指数增加的,同样库中化合物的质量也是以指数增加的,包括需要的树脂质量也是如此。我们将每个肽以 1 pmol 计算,氨基酸可变位置数为 10,那么整个库的质量是如此巨大(表 13.2)。当将它们切除下来以混合物的形式筛选时,首先遇到的就是溶解度的问题。

表 13.2

可变位置数	肽的数量	产物质量
2	361	92.00 ng
3	6859	2.58 g
4	130 321	64.76 g
5	2 476 099	1.53 mg
6	47 045 881	36.64 mg
7	893 871 739	765.25 mg
8	16 983 563 041	16.57 g
9	322 687 697 779	353.52 g
10	6 131 066 257 801	7.45 kg

表 13.3

可变位置数	所需总量	树脂质量
2	361.00 pmol	720.0 ng
3	6.86 nmol	13.7 g
4	130.32 nmol	260.0 g
5	2.48 mol	5.0 mg
6	47.05 mol	94.1 mg
7	893.87 mol	1.8 g
8	16.98 mmol	24.0 g
9	322.69 mmol	645.4 g
10	6.13 mol	12.3 kg

上文提及,合成中还会遇到的具体问题之一是树脂的使用量。通常单个化合物的最终量会大于 1 pmol。如以 1 pmol 计算,需要的树脂将非常多(表 13.3),在实验室里,我们很难操作以公斤计的树脂。所以如果产物序列中的可变位置的数目非常多,几乎不可能在实验室完成设定的目标。

另一个我们也必须在合成前加以考虑的问题就是预期获得的肽数目与树脂的珠子数之间的关系。由于一个珠子上只能形成一个肽,那么肽的总数显然受到珠子总数的限制。另外,PM 方法中两个关键的操作,混合和均分,受统计学规律影响。因此,只有珠子的数目大大超过预期获得的肽的数目,才能真正获得这么多的肽,而且每个肽才会具有相等的物质的量[13]。实践中,至少平均一个肽要求在 10

个以上的珠子上形成。基于上述原因，对于复杂的化合物库，一般选择尽可能细的珠子，如 200～400 目(38～75 μm)的树脂。每克这样的树脂约有 1000 万个珠子。参考表 13.4 中的数据，我们可以获知，一般合成的完全肽库应限于 6～7 个可变位置数。

表 13.4　如果 1 个肽需要 1 个或 10 个珠子，对应的 200～400 目树脂质量

可变位置数	1 个珠子质量	10 个珠子质量	可变位置数	1 个珠子质量	10 个珠子质量
2	36.10 μg	361.00 μg	7	89.39 g	893.87 g
3	685.90 μg	6.86 mg	8	1.70 kg	16.98 kg
4	13.03 mg	130.32 mg	9	32.27 kg	322.69 kg
5	247.61 mg	2.48 g	10	613.11 kg	6.13 t
6	4.70 g	47.05 g			

由完整肽库(full library)中的成员数目大而引起的问题，可以通过制备它们的部分库(partial library)的方式加以解决。有三条主要的途径：①减少作为反应底物的可变的氨基酸种类；②减少产物中的氨基酸可变位置数目；③结合上述①和②。但是，我们有时会发现结合两者的考虑会产生较大的变化，因此在合成前做细致的考虑是非常必要和值得的。

我们从表 13.5 可以获知，如果可以变化的单元，即作为反应物的氨基酸数目减少，库中成员数目也会大大减少。例如，当可变位置数为 6 时，总底物数为 5 个氨基酸的库中肽的数目为 15 625 个，而总底物数为 15 个时，库中的化合物数目为 11 390 625 个。显然这种变化是极其巨大的。

表 13.5　部分库中肽数与可变氨基酸数目的关系

可变位置数	5 个氨基酸	10 个氨基酸	15 个氨基酸
2	25	100	225
3	125	1000	3375
4	625	10 000	50 625
5	3125	100 000	759 375
6	15 625	1 000 000	11 390 625
7	78 125	10 000 000	170 859 375
8	390 625	100 000 000	2 562 890 625
9	1 953 125	1 000 000 000	38 443 359 375
10	9 765 625	10 000 000 000	576 650 390 625

当然，我们在合成化合物库时并不需要在每一步都使用相同数目的氨基酸。我们在表 13.6 中 column 1 列举一个八肽库的合成，其中的每一步都使用了不等的氨基酸数目。在实际操作中，某些氨基酸在特定位置的变化被排除是可以理解

的,因为这些位置对氨基酸的性质有一定的要求从而排除某些氨基酸的存在可能。制备部分库时,我们不仅仅要考虑如何弥补完整库的缺失部分,而且还应考虑实际需要的问题。所以设计过程中,设计者的知识和直觉往往是非常重要的。

表 13.6 八肽部分库肽数的减少与不同位置可变氨基酸数目增减的关系

反应位置	可变氨基酸数目	
	column 1	column 2
1	10	19
2	8	19
3	12	19
4	9	19
5	4	1
6	19	19
7	4	19
8	12	—
肽总数	31 518 720	47 045 881

表 13.6 中 column 2,对位置 5 而言,应该有 19 个部分库组成完整的七肽库。合成并筛选这样 19 个部分库,提供的信息可以很好地研究位置 5 的氨基酸性质并得出一些结论。然而,如果只合成一个部分库,而被忽略的氨基酸又恰好是活性所必需的,那么结果就会很令人失望。我们之所以提出并分析上述这些可能性,就是要强调一个问题,即在设计合成化合物库之前,必须对许多可能出现的问题、方法的局限性、现实性和如何克服困难进行深入的思考。

2. 组合库合成中的混合试剂方法

组合库合成中的混合试剂方法(the mixed reagents methods)于 1986 年由 Geysen 等[19]首先提出,即在固相合成的每步酰化反应可以使用氨基酸的混合物作原料。虽然此方法较 PM 方法在效率上大为提高,然而不利因素也很显见,在物质的量比 1∶1 形成化合物的过程中,我们不能确信每个性质各异的氨基酸的反应速率都是一样的。这问题有时可以通过对氨基酸浓度的适当调整[20]获得解决,此方法在肽和有机化合物库中都有应用报道[21,22]。由于反应物是混合物,每个珠子上包含所有可能的化合物,也就是说这方法只能制备混合物库。

3. 生物学方法

应用生物学方法(the biological methods)[9]合成肽库主要是用于嗜菌体显示(phage display)[23]的生物筛选。首先,通过一系列化学反应合成获得等物质的量的寡核苷酸库。然后,获得的寡核苷酸被植入嗜菌体的 DNA。第二阶段就是用嗜菌体感染宿主细菌,将这些含有外源片断的 DNA 在宿主体系(通常为大肠杆菌 *E. Coli*)中进行复制,获得嗜菌体克隆库。每个克隆将自己带有的外源信息表达到它的表壳蛋白(coat protein)的部分序列中。通过这种方式,每个嗜菌体粒子(phage particle)含有数千个外部末端连有一样的外源肽序列的表壳蛋白。从这种意义上讲，嗜菌体是一种生物方式的 PM 合成，嗜菌体粒子就像 PM 合成中的树脂珠子。由于肽序列与 DNA 序列存在内在的联系，因此过程中嗜菌体 DNA 可以被认为是一种编码标记。

4. 空间设定的光刻平行化学合成(the light-rirected, spatially addressable parallel chemical synthesis)[10]

光导向的方法可以使肽或其他有机分子以矩阵方式直接合成在玻璃片的表面上，很多小分子芯片采用光刻技术获得。玻璃表面先官能团化，如氨基烷基化(aminoalkylation)，氨基由对光敏感的 Nvoc (6-nitroveratryloxycarbonyl)保护基加以保护。合成中使用的氨基酸底物也用 Nvoc 进行保护。在每次接氨基酸前，先选择性地对玻璃上的一个或几个区域(点)进行光照脱保护，然后将氨基酸往上接，反应只在被光照过的区域发生。这样重复实施操作，就可以根据要求完成“光刻”过程。最后，玻璃板的某个区域形成的都是单一化合物。这是一种非常高效率的 PM 方法。这种方法一般制备的量很小，不适合切除下来制备真正意义的混合物库，但可以用于测定核酸序列[24]以及在材料科学中制备混合物。

通过这些方法获得的化合物文库需要通过相应的筛选评价方式才能最后获得结论，并决定下一步的研究计划。对于单一化合物库而言，情况相对简单；但是对于混合物库，还必须进行有效化合物的甄别过程。由于现在已经有很多教科书[25]提及这些内容，在此不再详细介绍。

13.2.2　平行合成法

平行合成(parallel synthetic)在组合化学中至今还是最重要的方式，使用频率很高。近年来对于聚焦型小型化合物的构建日渐重要，平行方法的各种设计技巧和实现手段也越来越丰富。这里简要介绍几种早期的实现方式，使读者能够理解平行合成的一般道理，并发挥各自的思想进行更新的发展。

1. 多针头法(the multipin method)

一系列相互关联的化合物可以通过平行合成的方法同时制备获得。如前文提及的由 Geysen 等[3]发表的工作，他们发展了一个特殊的反应器来合成一系列的寡肽抗原决定基。图 13.5 表示这样一个多针头的装置。这种多针头的装置拥有一排排的孔穴(well)作为反应容器(reaction vessel)，如图 13.5 中的 b 和 c。而盖板上带有和孔穴契合的聚乙烯针头(pin or rod)，如图

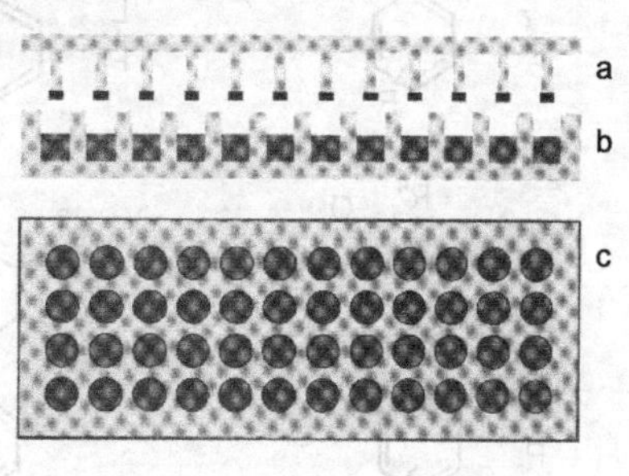

图 13.5

13.5 中的 a。第一个氨基酸被连接在聚乙烯针头上，而 c 孔穴中则放入保护好的氨基酸和偶联试剂(coupling reagents)。当两者合上后，即针头插入孔穴中时，肽就开始合成在针头上。肽的序列取决于加入到孔穴内的氨基酸次序。最后针头上的氨基酸不用切除就可以与相关蛋白质等进行筛选实验，非常方便。这种平行合成方法与前面提及的方法是有区别的，最重要的特点是制备的化合物个数最多只能和针头的数目相等，如图 13.6 所示。

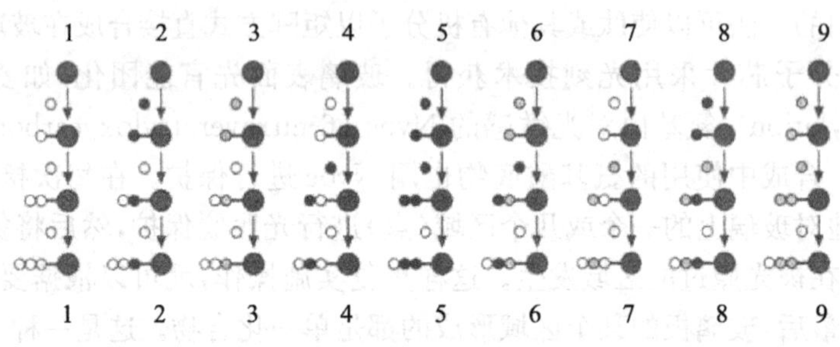

图 13.6

多针头合成方法目前仍然在使用，并且装置已商品化，可以自动化(机械手)操作。Ellman 等[26]首先使用这一方法平行合成了有机化合物库(图 13.7)。例如从氨基酸和烷基化试剂出发合成 1,4-benzodiazepine 衍生物库。首先，将 Fmoc 保护的 2-氨基二苯甲酮通过对酸性敏感的连接臂(linker，L)与针头(pin，P)端接上。接着除去 Fmoc 保护，接上一氨基酸(步骤 1)；再次除去保护并环化(步骤 2)；然后，通过在 N 原子上烷基化反应引入 R^4(步骤 3)；最后，产物从固相上被脱除下来(步骤 4)。

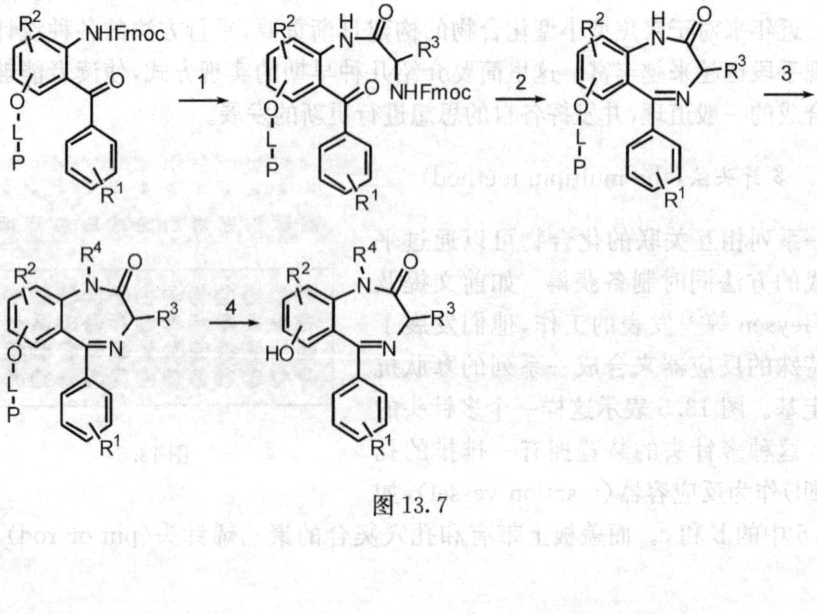

图 13.7

2. 茶袋法

茶袋法(the teabag method)是平行合成的另一个版本,1985年Houghten等[27]通过这样的方法获得一系列肽。首先将固相放入可以渗透溶剂的塑料袋内,然后将它们浸入含有保护的氨基酸和偶联试剂的溶液中进行肽键形成反应。所有的操作,如去保护、偶联、洗涤以及脱除都在这些茶袋中进行。这种方法有一个优点,如果若干茶袋要连接相同的氨基酸,它们可以归为一组放在同一个反应溶液内,只需一次操作。茶袋法目前仍被使用着。

3. 点样法

Frank等[28]使用点样法(the SPOT technique)是为了获得一个矩阵式肽库,类似于芯片。反应在纤维素纸膜上进行,纸膜被衍生物化并联上第一个氨基酸作为锚地(anchors)。然后使用取样器将所需氨基酸和偶联试剂在低挥发性溶剂中的溶液滴到设定位置上,因此膜上的每个点均可以被认为是一个固相反应器,在8cm×12cm大小的纸上可以合成2000个肽。最后除去保护基,这些肽可以直接在纸膜上筛选。这方法也被用于定点混合物的制备。

4. 其他

DeWitt等[29]使用一种有微孔的试管来进行有机化合物库的合成,他们将固相放入试管内,然后将试管插入到盛有氨基酸和偶联试剂的溶液中反应。反应时,温度可以通过加热或冷却得到控制。

Meyers等[30]发明使用一种便宜的反应器。在Beckman公司生产的聚丙烯深孔板的每个孔穴底部钻一个小孔,然后在新打的小孔上堵上一块聚乙烯过滤板,这样每次都可以经真空抽虑除去空穴内的溶液。反应过程中在孔上方开口处盖上一个帽子,即可阻止反应液流失。

13.2.3 固相有机反应

从前面的内容中,我们可以发现肽的固相合成具有一个显著特点,即只有少数反应被重复使用着,通常是偶联、去保护、切除反应等,这些反应除了特别困难的个例,现在都比较成熟了。然而,固相有机合成反应却是大大地不同。首先,反应种类和反应底物的范围比肽的合成大大拓展;另外,许多过去只在溶液中容易进行的有机反应是否能在固相上同样进行得很好,还是一个问号。因此,在合成有机化合物库时,首先要调研和优化固相反应的条件。

自Merrifield引入固相合成[11]的概念之后到1995年间,除了个别研究小组[31~34]之外,用于肽以外的固相有机合成方面的工作积累相当少。然而,自组合化学概念出现以来，这一领域发生了巨大而深刻的变化，成为一个迅速扩大的研究领域。美国化学会 20 世纪 90 年代后期新出版的《组合化学杂志》(*Journal of Combinatorial Chemistry*)中多数论文与固相有机合成有密切关系，每年第一期有总结该领域去年进展的综述发表。有几个理由可以说明固相合成对平行组合合成的重要性：①可以使用过量试剂来获得高产率；②过量试剂可以用洗涤的办法除去，免除了柱层析分离；③产品从固相上切除下来，能获得较高的纯度；④固相合成适合自动化流程。

我们不想在此详细描述固相合成的反应细节，仅就几个关键的因素进行一些介绍。

固相担体(solid support)和连接臂(linker)

固相担体对于这类合成至关重要，一般都要求能经受较宽的温度范围，在反应过程中对试剂和溶剂呈现化学惰性，通常使用的都是交联(cross linked)型合成树脂。首先，树脂要在溶剂中溶涨(swell)，使反应位置都能暴露于试剂中。使用哪一种具有溶涨作用的溶剂则取决于树脂的性质，比如 Merrifield 树脂用 DMF 等极性非质子溶剂，而 Rapp 树脂则使用质子溶剂来溶涨。溶涨性质与树脂交联度有关，交联度越高，溶涨性能越差。Merrifield 树脂一般为 1%～2%交联度，所以能够较好地溶涨，溶涨后的体积通常约为干体积的五倍。同时机械性质和对温度的稳定性也与交联度相关。只有机械稳定性达到要求，才能在长时间的混合和振荡过程中不受明显的损坏，如机械性碎裂等。

有机化合物通过不同的连接臂[35]接到固相上，这种连接方式必须是“可逆”的，即在合成结束时有机分子可以被特定的化学反应从固相上切除下来。切除反应常常要求比较温和，不影响化合物本身。上述两点都与连接臂的性质有关系，对这样的“中间人角色”进行微调，可以获得满意的切除反应条件。同样的产物，同样的切除条件和反应，可供选择的连接臂往往不止一种。

随着时间的推移，越来越多的有机固相合成反应见诸报道，并不是几页纸可以描述完成。它们几乎覆盖了各种类型的有机反应，除个别情况，基本上都为官能团的转化反应。仔细研究各类反应的条件、媒介、温度、担体等性质，可以为组合化学的实践提供许多依据，避免许多人为臆断而导致的实验失败。但是，今天这个领域仍旧有很多问题没有解决或者正寻求更好的解决办法，如涉及碳-碳键形成过程中的立体控制问题就是一个难以克服的问题。

13.2.4　自动化合成

上面提及的几乎都是人工平行合成的例子，虽然人工方法也可以完成近万个组分的化合物库的合成，但是效率毕竟不及机器合成。自动化合成仪目前已经被广泛使用于一些较成熟反应，为化学法展开创了一个新的时代。与人工方式相比，自动化合成仪具有两个显著的优势：①可一天 24h 工作；②严格执行电脑指令而不犯错误。

1. 自动合成仪

早在 1963 年，Merrifield[11]运用固相合成原理成功实现肽的合成，为肽的自动化合成创造了可能性，这种技术可以使多步合成不需要纯化中间体，从而大大提高合成效率和获得产物的速度。第一台多肽自动合成仪[36]也是诞生于他的实验室。现在，许多公司相继推出各种用途的商品化自动合成仪，而且智能化程度非常高，对于反应过程的监测也实现了在线方式。今天，人们最感兴趣的候选药物多数是有机小分子，最受重视的化合物库形式则是聚焦型单个化合物矩阵。因此，自动合成仪具有广阔的应用天地。

2. 应用自动合成仪优化固相反应条件[37～39]

固相合成建立化合物库之前，必须先模仿溶液中的反应条件，然后优化采用固相时的条件。自动化合成仪无疑是最有效率的工具，包括溶剂的选择、重复反应的次数、树脂的选用、进行平行反应完成对催化剂的评价等。

3. 自动化操作

目前，自动化合成仪均采用电脑控制，在视窗操作系统（Microsoft Windows 9X or up）下运行。软件的可操作性强，且窗口界面非常友好。执行者只需要将合成工作的信息（如单体在反应架中的位置，在化合物中的位置，以及必要的转移方式、反应时间、使用溶剂、反应温度等）输入一个表格，将此表格存档成一个文件；然后，只要将固相分别放入各反应器内，将担体、试剂和溶剂放入各个指定的地方。做完这些后，启动电脑工作程序，就不再需要操作员，工作效率非常之高，一个工作人员还可以同时运作几台仪器。

13.2.5　信息化与计算机辅助

对于大规模的化合物库的设计和合成，除了依赖于电脑和自动化机械装置外，还有一个关键贡献者是软件设计者，所谓的计算机辅助。计算机辅助往往可以涵盖化合物库合成过程的每个阶段，使之更具效率、更容易掌握各种技术要求。

1. 设计

有机化合物库的制备通常从商品化的原料出发，例如前面提到的 Ellman 等[26]合成 1，4-benzodiazepine 类似物库时使用的原料——Fmoc 保护的取代的

2-氨基二苯甲酮、Fmoc保护的氨基酸和卤代烷。设计阶段必须对原料作一些调研,同时也要对它们的供应和价格有所了解。许多数据库软件可以提供这方面的信息,节约我们的工作时间。

除此之外,组合化学工作者还需要了解反应行为,即化学转化是否可能实现。今天的很多反应数据库(如 SciFinder、X′fire 等)可以作为我们了解反应行为的快速通道。一般来说,这些数据库都可以使用部分结构检索,即输入一个代表结构,计算机就会给出所有衍生物或相关化合物的结构信息,以及相对分子质量、物理性质和商品化来源等信息。

另外,还有一些软件可以对一系列指定的单体进行组合库设计,即虚拟库(virtual library)。设计的化合物库中的组成都是通过运用 PM 原理,结合单体结构推导而得。使用虚幻库方法,通常给出数百万、数千万个化合物结构。要平行合成这么多的化合物,目前仍旧是非常耗时和费钱的。因此如何合理地减少化合物库的复杂性显得非常重要。如果化合物库只是用于普通的探索目的,分子多样性范围越宽越好。但是通常化合物库只为了一个单一的目标,于是多样性范围将变得大为缩小。现在,对于分子多样性的定义和定量评价也可以通过软件来完成。

软件对于组合化学来说是非常重要的,成千上万化合物的合成、分析、筛选、保存、方法、文档记录等,都需要专业的软件来帮助。同时,Internet 的高速发展普及使我们的信息获取方式更加简单,我们甚至可以利用搜索引擎(如 Yahoo,Google 等)在相关网页上获得软件等大量的科学信息,甚至是带有代表分子结构的化合物库信息。

数以百计的有关组合化学的综述和专著[40]在近年发表和出版,这些都为组合库工作的开展提供了很好的参考和指导。

2. 分析和筛选

组合库合成化合物的结构需要确认,由自动平行合成仪获得的大量产物的分析工作同样需要自动化的分析方法来配合完成,主要的分析手段为高效液相色谱(HPLC)、质谱(MS)和核磁共振(NMR)。在测定中间体或者仍旧联在担体上的产物时,魔角核磁共振(magic angle spinning NMR)[41]是非常成功的方法。

产物从树脂上被脱除下来之后,通常被保存在 96 孔板或 384 孔板上。每个化合物的一部分被取样测定结构和纯度,这通常借助 HPLC 和 MS 完成。Fitch 等[42]较早地对分析手段在组合化学上的应用进行了很好的总结。

筛选是药物发现的重要环节,是对合成化合物库的检验。检验的过程通常也是在 96 孔板或 384 孔板上进行。同样,目前有一些商品化的软件和扫描条形码技术可以帮助登记、排列、储存和筛选报告分析等。现在,高通量筛选方法(high throughput screening, HTS)和相关自动化仪器被相继开发,使筛选的效率大为提高,以配合化合物库合成的进展。

13.3　正向合成分析

分子多样性问题对于今天来说非常重要,基于两个主要的需求。首先是人类基因组计划的完成带来了很多科学研究的机会,其中也给化学科学留出了一个新的空间[43],即使用各种化学物质去干扰和理解生命过程的每一个细节以及它们的影响[44]。这也是我们今天常说的化学基因学[45](chemical genomics or chemogenomics)的基本要义。但是面对如此复杂的生物系统,显然需要多样性丰富的化学分子[46]才能与之相匹配。由于天然产物给我们带来的机会和启迪,这些年人们十分重视天然产物本身结构蕴含的生物学含义[47],如何结合这些有特点的、各异的结构信息和组合化学的优点开展多样性更加丰富的研究计划,成为一个热点问题。此外,这些前沿的科研计划还具有很强的应用背景,产生的成果对于未来药物工业的发展将会有两个方面的意义,一个是新的药物靶点的发现,另一个则为那些具有活性的小分子带来的新药发现机会。

与我们前面几章接触的天然产物全合成或其他具有明确目标结构导向的合成计划(target-oriented synthesis, TOS)相比,从分子多样性角度出发的合成计划(diversity-oriented synthesis, DOS)[48]显然从形式到内容都有了巨大的变化。对于目标导向的合成(TOS),其合成分析一般从一个复杂的结构开始,通过化学反应分解,最后到一个或几个简单的原料,这就是我们通常提到的反合成分析(*retrosynthetic* analysis);而对于多样性导向的合成(DOS),其合成分析则从一个或若干简单的原料出发,通过化学反应组装,最后形成一批复杂而多样性的产物,现在这一分析与计划的方法称之为"正向合成分析(forward synthetic analysis)"。正向合成分析由哈佛大学化学系 Schreiber 教授[49]于 2000 年提出,对于近年来这一领域的发展起到了非常重要的积极作用。

根据 Schreiber 教授的总结,获得分子多样性至少可以通过三种要素或途径来实现。

1) 合成砌块途径(building block diversity)

以 Shair 等[50]建立的约 3000 个左右的化合物库(图 13.8)为例,其核心结构模拟了天然生物碱 galanthamine 骨架,使用了正交形式的四组多样性的合成砌块,包括伯醇、硫醇、醛、酰氯、异氰酸酯、肼和羟胺,在相应的位置进行了官能团衍生物化。这些化合物被用于细胞表象变化筛选,最后发现其中的一个化合物(他们将之命名为 secramine)能够阻止蛋白质从高尔基体到质膜的运输。

2) 立体化学途径(stereochemical diversity)

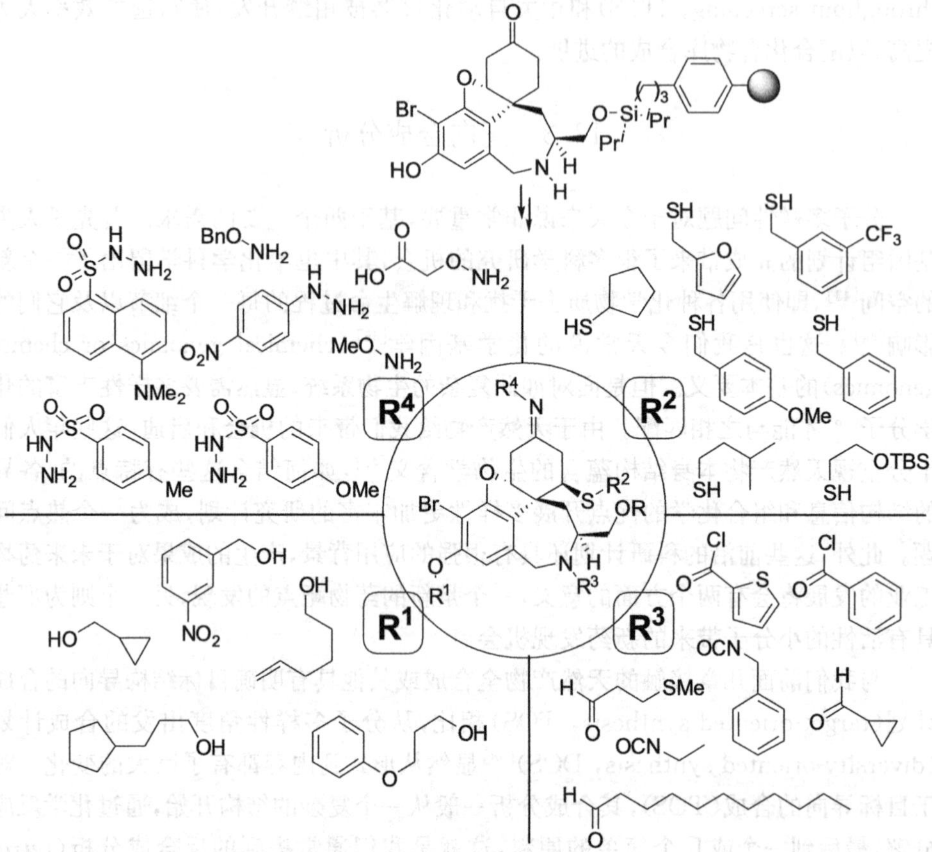

图 13.8

以 Sharpless 和 Masamune 的早期工作[51]为例，他们曾经使用 Sharpless 不对称环氧化反应在一个线性的骨架上通过立体化学的不同控制方式，分别得到了八个非天然的六碳糖(图 13.9)。这就是一个很好的通过立体化学因素实现分子多样性的例子。

3) 骨架支化途径(skeletal diversity)

这方面一个很好的例子就是 Schreiber 等[52]完成的将一个官能团化的十二元环骨架的多样化转化工作(图 13.10)。通过过氧丙酮的氧化，或者依次进行的烷基化、环氧化、碱存在下的重排等产生完全不一样的核心骨架结构。

以上三个创造分子多样性的因素(或原则)在具体研究工作中发挥了很大的作用。在不对称催化剂的筛选中也有成功的应用，如 Jocobsen 研究组[53]应用分子多样性原则成功筛选出了催化 Strecker 反应的高效率的有机分子(无金属)催化剂(图 13.11)。

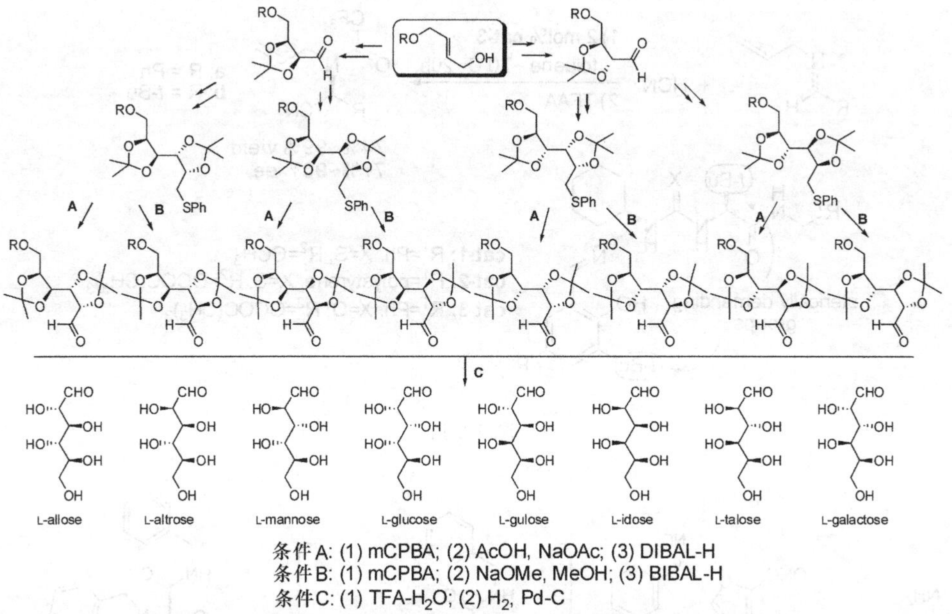

L-allose　L-altrose　L-mannose　L-glucose　L-gulose　L-idose　L-talose　L-galactose

条件 A: (1) mCPBA; (2) AcOH, NaOAc; (3) DIBAL-H
条件 B: (1) mCPBA; (2) NaOMe, MeOH; (3) BIBAL-H
条件 C: (1) TFA-H_2O; (2) H_2, Pd-C

图 13.9

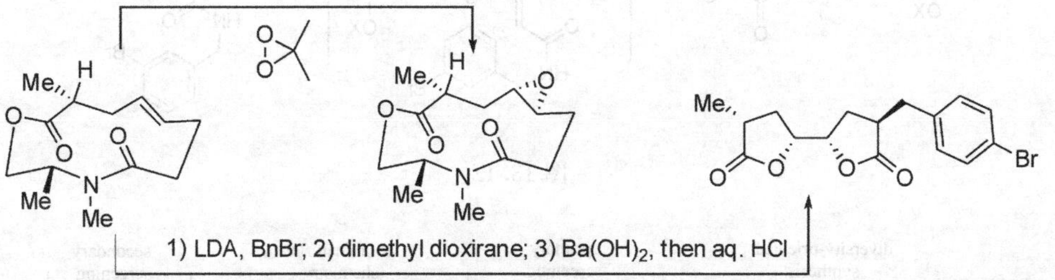

1) LDA, BnBr; 2) dimethyl dioxirane; 3) $Ba(OH)_2$, then aq. HCl

图 13.10

一些多组分的化学反应虽然种类不多，但是却是构建多样性分子库的很好方法与手段[54]，Ugi 四组分反应就是一个例子。Schreiber 等[55]利用 Ugi 反应和随后立即发生的分子内呋喃 Diels-Alder 反应，马上就可以构建一个复杂性程度非常高的分子库(图 13.12)。

通过纵向合成分析以及它们的三个实现手段(途径)可以实现从简单分子到复杂结构，或从类似分子到多样化结构的分子库的建立。但是，对于现在和未来相当长一段时间来说，获得同时具备复杂结构和多样化性质的整合型化合物文库依然具有挑战性。但是总的来说，这种基于多样性的合成思维为未来的科学目标提供了很多科学机会，加速了科研计划的进程。图 13.13[49c]描绘的就是多样性分子库如何结合性质研究开展工作的一个流程图。

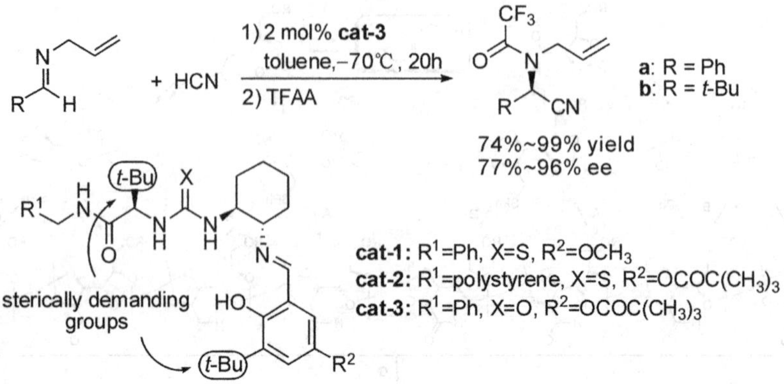

+ HCN　1) 2 mol% **cat-3**　toluene, −70℃, 20h　2) TFAA

a: R = Ph
b: R = *t*-Bu

74%~99% yield
77%~96% ee

sterically demanding groups

cat-1: R^1=Ph, X=S, R^2=OCH_3
cat-2: R^1=polystyrene, X=S, R^2=$OCOC(CH_3)_3$
cat-3: R^1=Ph, X=O, R^2=$OCOC(CH_3)_3$

图 13.11

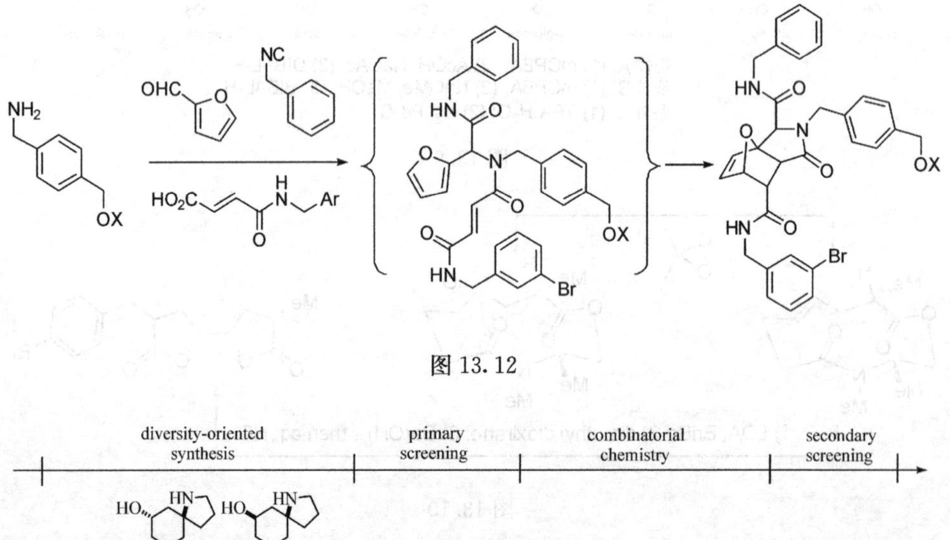

图 13.12

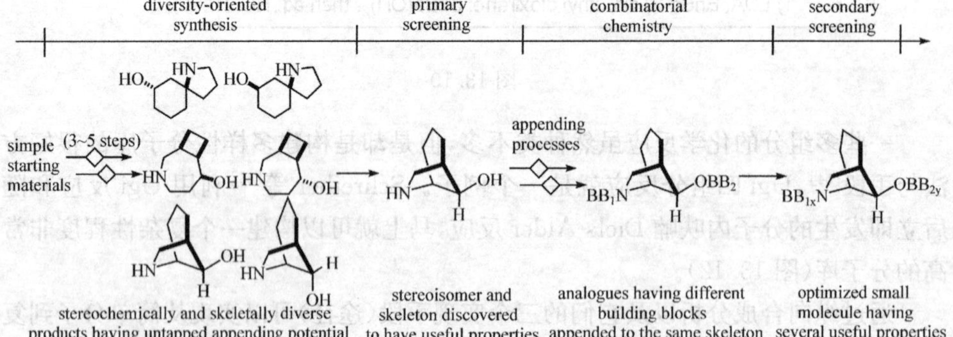

图 13.13

Schreiber 教授在最近的综述[49c]中从化学空间(chemical space)的角度来分析了目标导向的合成(TOS,图 13.14a)、药物和组合化学(combichem,图 13.14b)和多样性导向的合成(DOS,图 13.14c)之间的区别。图 13.14 中三维坐标的每一点表示从某一条合成路线获得的产物或者产物群;而轴表示可以某个(些)化合物可以计算或者测量获得的化合物性质。TOS 的目标就是合成一个已知的或者预测性质的单一结构,combichem 的目标就是获取某一个已知的或者预测性质的单一结构的一组类似结构,而 DOS 的目标则对于最初发现的某一有兴趣的小分子通过多样性和复杂性在化学空间展示更宽广的结构域。

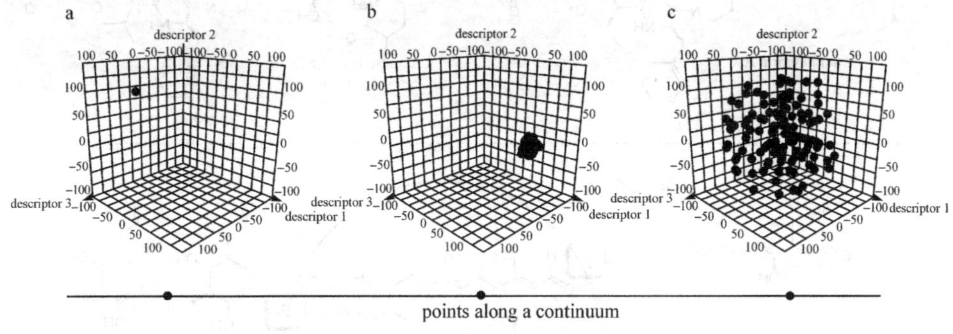

图 13.14

13.4　天然产物与分子多样性

组合化学概念的普遍接受虽然只有 10 年左右的时间,然而对于化学界的影响却是巨大和深远的。在本章前文提及的内容里,大多数的反应属于比较简单的,如酰胺键的形成等;经过最近几年的发展,我们已经看到在涉及更为复杂的情况时,组合化学也已经可以发挥作用。但是,挑战性的问题依旧存在,对于选择性较差的反应,最终的结果是产物比率将失去控制;而没有了量的可比性,获得的筛选结果也就失去了意义。化学家们发展了包括不对称合成在内的许多固相组合方法,在这些领域做着不懈的努力。在若干重要天然产物及其类似物库的合成方面,取得了一系列令人瞩目的成绩,形成了传统天然产物合成化学与组合合成相结合的一个新领域,我们今天称之为“类天然产物化学”(natural product-like chemistry)[56]。

Sanglifehrin A (SFA)是一个新型结构的链霉菌代谢产物,具有免疫抑制活性。SFA 对于免疫蛋白 cyclophilin A 的亲和能力达到 6.9 nM,但是其结构完全不同于环肽抑制剂 cyclosporin A,而且采用一种新的作用机理。SFA 结构中含有一个 22 元大环,通过一个 9 个碳的碳氢链与一个高度取代的螺环相连。Wagner 等[57]采用了分子多样性的类似物库合成设计,通过有效的结构片断整合,获得了一批 SFA 的类似物,对于各项研究计划的推进起到了积极作用,得到了很多比较明确的构效关系结论。图 13.15 勾勒了 SFA 大环部分类似结构库合成设计的基本框架。

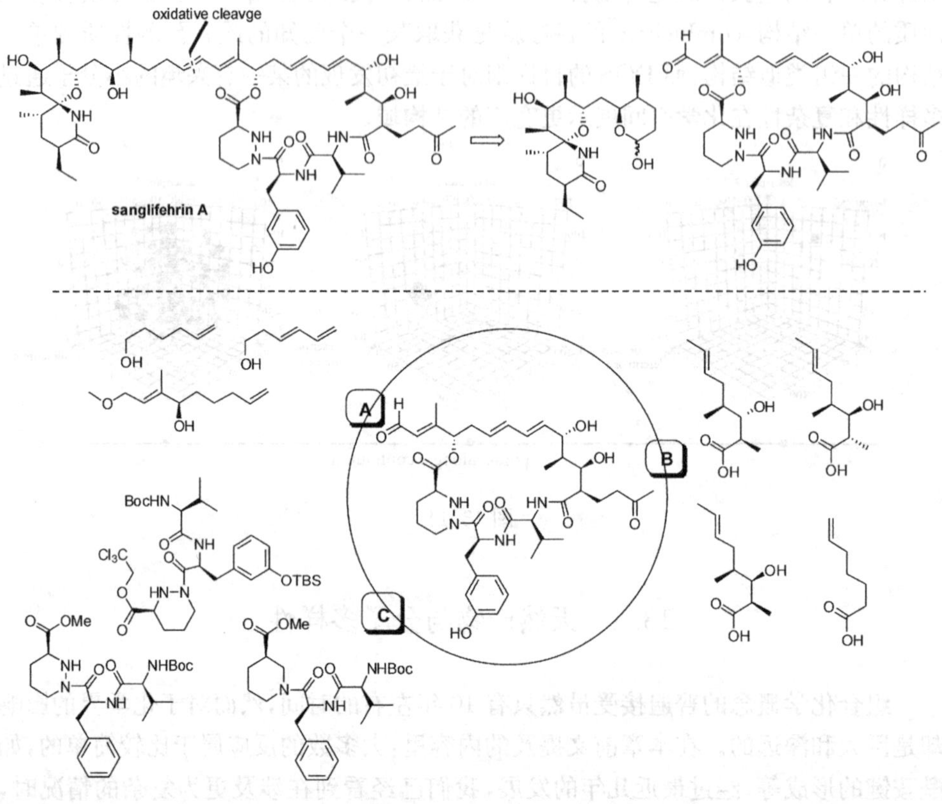

图 13.15

很多天然产物结构相对都比较复杂，因此构建类天然产物库的时候会采用很多使合成状态简化的方法；因为立体化学等复杂性因素，方案必须采取一些较为现实的方法与策略，其中片断平行组装法就是其中之一。中国科学院上海有机化学研究所姚祝军等[58]在对抗癌活性天然产物番荔枝内酯的类天然产物研究中，使平行片断组装策略有效地发挥了作用(图 13.16)。在这一工作中，他们将分子切成 ABC 三个片断，分别建立相关的立体化学因素(包括其中的变化)，然后将有关的评断按照平行办法进行相应的化学方法连接，最终获得具有一定变化程度和结构够复杂程度的小型类天然产物分子库。

在建立天然产物类似物的过程中，固相合成的许多优点在很多工作中被再次发展和应用，并获得了极好的效果。Epothilone 是于 1996 年发现的天然产物[59]，它具有稳定微管蛋白的作用，其抗癌机制与 taxol[60]类同，而效果是 taxol 的 10 倍

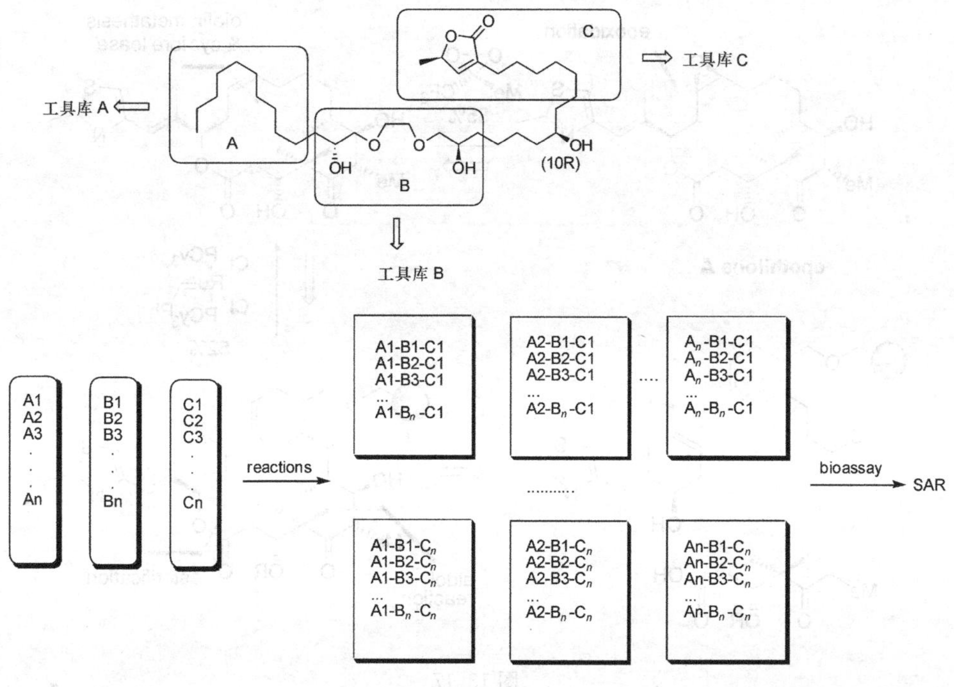

图 13.16

以上。特别是,该化合物具有较好的水溶性,同时又对 taxol 不起作用的癌症类型具有非常好的效果,引起了科学界的广泛重视。毫无疑问,对这样重要分子的合成具有重要意义。如能建立一条组合化学的途径获得更多的类似物,则对构效关系等研究更具现实意义,而 Nicolaou 等[61]确实成功实现了这一想法(图 13.17)。从图 13.17 的分析可以发现,他们没有采用大环内酯常用的酯化环化方法,而是采用了 Grubb 催化剂参与的烯烃复分解反应(metathesis)方式[62]成环,同时将需要的产物从固相上脱除下来,即无痕迹脱除法(traceless cleavage)。而此关键反应的前体又可以由三个各带有手性碳原子的片断汇聚合成获得,其中包括不对称羟醛缩合反应等,无疑对于增加结构多样性提供了机会。经此路线,他们利用 Radiofrequency Encoded Technology 编码方式[16b]成功合成了 epothilone 的类天然产物库并用于各项研究[63]之中。

天然产物 carpanone 是具有潜在对称性的分子, Chapman 等[64]利用两个简单的苯酚衍生物前体的同源二聚方式,由氧化偶联反应建立了该化合物的全合成路线;这一路线在时隔 30 年后经过 Shair 等[65]的发展,引入固相载体,从而建立了 carpanone 类似物的分子库(图 13.18)。

前面我们提到获得分子多样性的一个实现途径就是立体化学策略,这在类天然产物化学研究中也是同样重要的一个实现方式。Radicicol 是一个天然的、对于

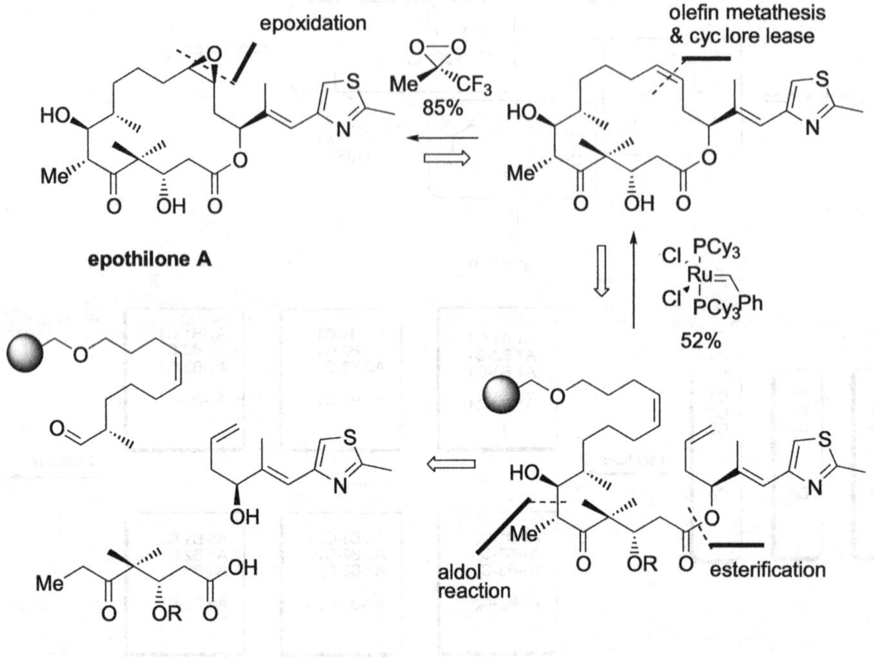

图 13.17

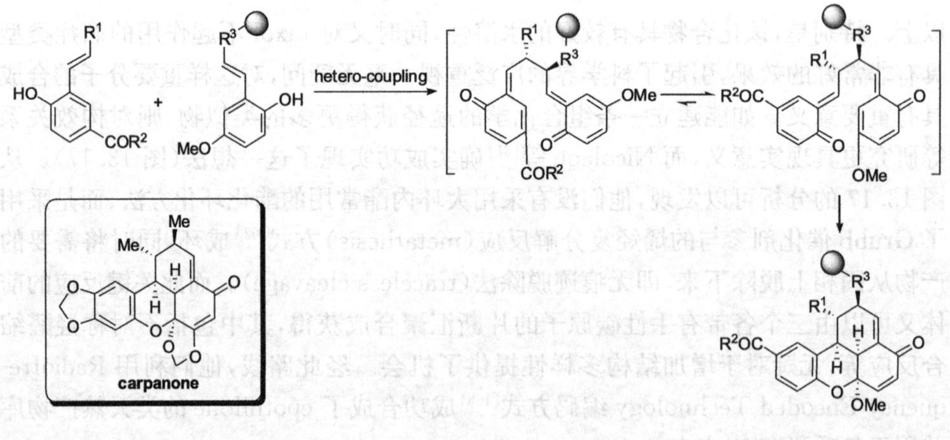

图 13.18

蛋白质 Hsp90 具有强亲和力的小分子，早在 1953 年就被分离得到[66]，但是，该化合物的生理作用的重要性却在 1998 年以后[67]才被认识到。由于该天然产物在进一步的体内实验时被发现药代动力学性质不佳，并呈现非专一性的毒性。为了使该天然化合物(或类似结构)最终能够成为药物，因此建立天然产物类似物库将是解决其弱点的一个重要选择。最近，Danishefsky 等[68]通过在天然产物三元环立体化学和三元环杂原子的改变等途径获得了若干平行类似物(图 13.19),并发现其中一个三元碳环的类似物具有类似活性,稳定性大为提高,而且发现了以前没有发现过的一些构效关系性质。

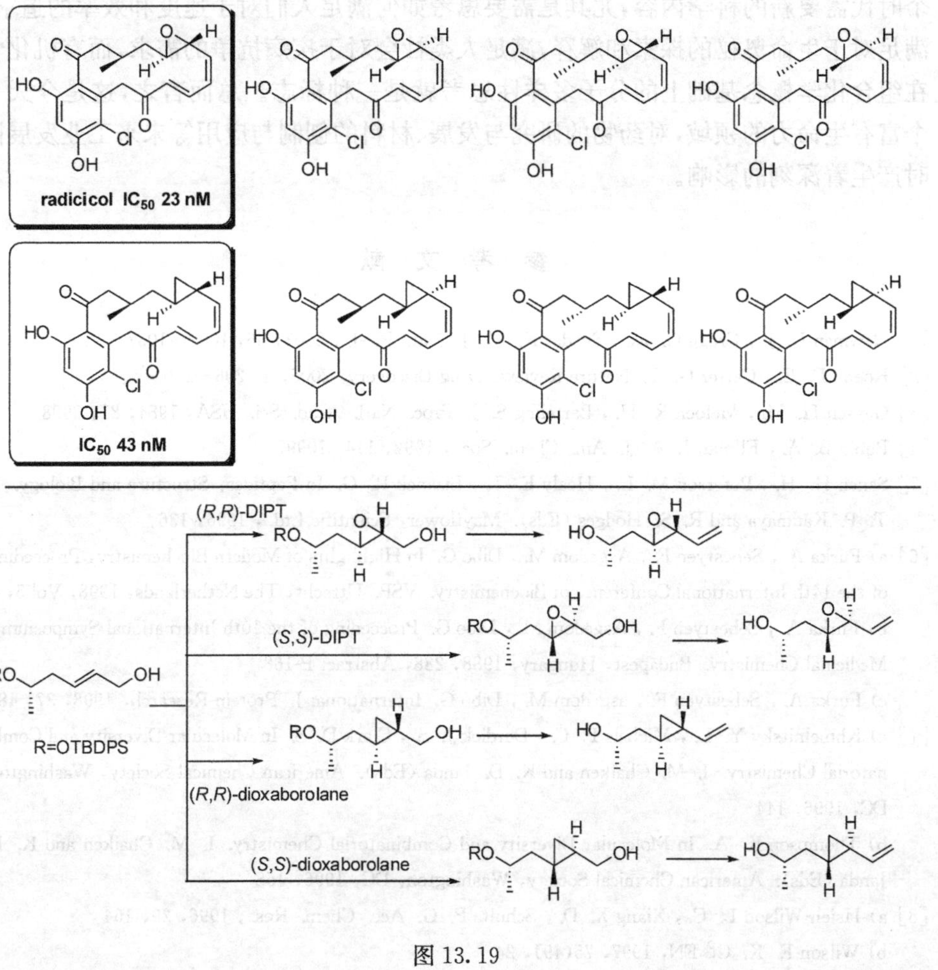

图 13.19

13.5　展　望

在追求分子多样性的今天,复杂结构分子与类药分子的组合库以及类天然产物化学是化学科学中一个年轻而富有活力的方向。由于筛选灵敏度、内容涵盖程度和分析效率的提高,加上自动化手段的采用以及信息化程度的提升,给类研究需要的单个化合物的量明显减少。即使对于用于多个目标筛选(高容量筛选)的化合物库也是如此,因此 96 孔板现在逐渐被 384 孔板替代,效率急剧提高。分子水平的生物学研究成果，尤其DNA或单个酶与小分子的相互作用可以被动态检测，使筛选工作可以在非常小的板上呈矩阵形式自动化进行，进一步强化了该领域的发展动力。尽管历史的贡献使天然产物化学保持一种持续发展的态势，但是今天这个时代需要新的科学内容，尤其是需要思考如何满足人们对于速度和效率的追求，满足对于生命奥秘的探索和解释，满足人类社会对于疾病抗争的需求，而有机化学在组合化学概念基础上的分子多样性思考就是一种标志。总而言之，这是今天一个富有生命力的领域，对药物的研究与发展、材料的创制与应用等未来工业发展同时产生着深刻的影响。

参 考 文 献

[1] Newman D. J., Cragg G. M., Snader K. M. J. Nat. Prod., 2003, 66, 1002～1037

[2] Koehn F. E., Carter G. T. Nature Review: Drug Discovery, 2005, 4, 206～220

[3] Geysen H. M., Meloen R. H., Barteling S. J. Proc. Natl. Acad. Sci. USA, 1984, 81, 3998

[4] Bunin B. A., Ellman J. A. J. Am. Chem. Soc., 1992, 114, 10997

[5] Saneii H. H., Peterson M. L., Healy E. T., Bizanek R. G. In Peptides: Structure and Biology. P. T. P. Kaumaya and R. S. Hodges (Eds). Mayflower, Scientific Ltd., 1996, 136

[6] a) Furka A., Sebestyen F., Asgedom M., Dibo G. In Highlights of Modern Biochemistry, Proceedings of the 14th International Conference of Biochemistry. VSP. Utrecht, The Netherlands, 1998, Vol 5, 47

b) Furka A., Sebestyen F., Asgedom M., Dibo G. Proceeding of the 10th International Symposium of Medicinal Chemistry. Budapest, Hungary, 1988, 288, Abstract P-168

c) Furka A., Sebestyen F., asgedom M., Dibo G. International J. Protein Research, 1998, 37, 487

[7] a) Khmelnitsky Y. L., Michels P. C., Dordick J. S., Clark D. S. In Molecular Diversity and Combinatorial Chemistry. I. M. Chaiken and K. D. Janda (Eds). American Chemical Society, Washington, DC, 1996, 144

b) Thompson K. A. In Molecular Diversity and Combinatorial Chemistry. I. M. Chaiken and K. D. Janda (Eds). American Chemical Society, Washington, DC, 1996, 158

[8] a) Hsieh-Wilson L. C., Xiang X. D., Schultz P. G. Acc. Chem. Res., 1996, 29, 164

b) Wilson E. K. C&EN, 1997, 75(49), 24

[9] a) Scott J. K., Smith G. P. Science, 1990, 249, 404

b) Cwirla S. E., Peters E., A., Barrett R. W., Dower W. J. Proc. Natl. Acad. Sci. USA, 1990, 87, 6378

c) Devlin J. J., Panganiban L. C., Devlin P. E. Science, 1990, 249, 404

[10] Fodor S. P. A., Read J. L., Pirrung M. C., et al. Science, 1991, 251, 767

[11] Merrifield R. B. J. Am. Chem. Soc., 1963, 85, 2149

[12] a) Burgess K., Liaw A. I., Wang N. J. Med. Chem., 1994, 37, 2985

b) Zhao D. L, Nachbar R. B., Bolognese J. A., Chapman K. J. Med. Chem., 1996, 39, 350.

[13] Smith J. A., Hurrel J. G. R., Leach S. J. Immunochemistry, 1977, 14, 565

[14] a) Brenner S., Lerner R. A. Proc. Natl Acad. Sci. USA, 1992, 89, 5381

b) Needels M. C., Jones D. G., Tate E. H., et al. Proc. Natl. Acad. Sci. USA, 1993, 90, 10700

c) Nielsen J., Brenner S., Janda K. D. J. Am. Chem. Soc., 1993, 115, 9812

d) Nikolaiev V., Stierandova A., Krchnak V., et al. Peptide Research, 1993, 6, 161

e) Kerr J. M., Banville S. C., Zuckermann R. N. J. Am. Chem. Soc., 1993, 115, 2529

[15] a) Ohlmeyer M. H. J., swanson R. N., Dillard L. W., et al. Proc. Natl. Acad. Sci. USA, 1993, 90, 10922

b) Borchardt A., Still W. C. J. Am. Chem. Soc., 1994, 116, 373

[16] a) Moran E. J., Sarshar S., Cargill J. F., et al. J. Am. Chem. Soc., 1995, 117, 10787

b) Nicolaou K. C., Xiao X.-Y., Parandoosh Z., Senyei A., Nova M. P. Angew Chem. Int. Ed. Engl., 1995, 34, 2289

[17] Xiao X.-Y., Zhao C.-F., Potash H., Nova M. P. Angew Chem. Int. Ed. Engl., 1997, 36, 780

[18] Han H., Wolfe M. M., Brenner S., Janda K. D. Proc. Natl. Acad. Sci. USA, 1995, 92, 6419

[19] Geysen H. M., Rodda S. J., Mason T. J. Mol. Immunol., 1986, 23, 709

[20] Rutter W. J., Santi D. V. General Method for Producing and Selectinf Peptides with Specific Properties. US Pat., 5 010 175 (1991)

[21] Ostresh J. M., Winkle L. M., Hamashin V. T., Houghten R. A. Biopolymers 1994, 34, 1681

[22] Winter E. A., Rebek J. Jr. In Combinatorial Chemistry. Synthesis and Application. S. R. Wilson and A. W. Czarnik (Eds). New York: John Wiley & Sons, 1997, 95

[23] Smith G. P., Petrenko V. A. Chem. Rev., 1997, 97, 391

[24] Fodor S. P. A. Laboratory Automation News, 1997, 2, 50

[25] 刘刚,萧晓毅. 寻找新药中的组合化学. 北京:科学出版社,2003

[26] Bunin B. A., Plunkett M. J., Ellman J. A. In Combinatorial Peptide and Nonpeptide Libraries. G. Jung (Ed). Weinheim, VCH, 1996, 405

[27] Houghten R. A. Proc. Natl. Acad. Sci. USA, 1985, 82, 5131

[28] a) Frank R., Guler R., Krause S., Lindenmayer W. In Peptide 1990. E. Giralt D. Andreu (Eds), ESCOM, Leiden, 1991, 151

b) Frank R. Tetrahedron, 1992, 48, 9217

[29] De Witt S. H., Kiely J. S., Stankovic C. J., et al. Proc. Natl. Acad. Sci. USA, 1993, 90, 6909

[30] Meyers H. V., Dilley G. L., Durgin T. L., et al. Molecular Diversity, 1995, 1, 13

[31] a) Leznoff C. C. Acc. Chem. Res., 1978, 11, 327

b) Worster P. M., McArthur C. R., Leznoff C. C. Angew. Chem., 1979, 91, 255

c) Leznoff C. C., Yedidia V. Can. J. Chem., 1980, 58, 287

d) Yedidia V., Leznoff C. C. Can. J. Chem., 1980, 58, 1144

[32] Camps E., Cartells J. Pi J. Anales de Quimica, 1974, 70, 848

[33] a) Frechet J. M. J. Tetrahedron 1981, 37, 663

b) Farrall M. J., Frechet J. M. J. J. Org. Chem., 1976, 41, 3877

c) Frechet J. M. J., Schuerch C. J. Am. Chem. Soc., 1971, 93, 492

[34] Crowley J. I., Rapoport H. Acc. Chem. Res., 1976, 9, 135

[35] Mayer J. P., Zhang J.-W., Bjergarde K., et al. Tetrahedron Lett., 1996, 37, 8081

[36] Merrifield R. B., Stewart J. M. Nature, 1965, 207, 522

[37] Hamaker L. K., Peterson M. L., Saneii H. H. Proceeding of the 3rd Annual Conference on New Ad-

vances in Peptidomimetics and Small Molecule Design. Washington DC, 1996

[38] a) Wipf P., Cunningham A. Tetrahedron Lett., 1995, 36, 7819

b) Hamaker L. K., Yang K., Drane J. A., Peterson M. L. Proceeding of the 2nd Lake Tahoe Symposium on Molecular Diversity. Tahoe City, CA, 1998

[39] Hamaker L. K. Proceeding of the 5th International Symposium Solid Phase Synthesis & Combinatorial Chemical Libraries. London, 1997

[40] a) Bunin B. A. The Combinatorial Index. San Francisco: Academic Press, 1998

b) Terrett N. Combinatorial Chemistry. New York: Oxford University Press, 1998

c) Gorden E. M. and Kerwin J. F. J. Combinatorial Chemistry and Molecular Diversity in Drug Discovery. New York: John Wiely and Sons, 1998

d) Wilson S. R. and Czarnik A. W. Combinatorial Chemistry. Synthesis and Applications. New York: John Wiely & Sons, 1997

e) Czarnik A. W. and Dewitt S. H. A Practical Guide to Combinatorial Chemistry. Washington DC: American Chemical Society, 1997

f) Devlin J. P. High Throughput Screening: The Discovery of Bioactive Substances. New York: Marcel Dekker Inc., 1997

g) Jung G. Combinatorial Peptide and Nonpeptide Libraries: A Handbook. New York: VCH, Weinheim, 1996

h) Abelson J. N. Combitorial Chemistry. San Diego: Academic Press, 1996

i) James I. Solid Phase Chemistry Publications. Clayton, Victoria: Chiron Technologies, 1998

[41] Fitch W. L, Detre G., Holmes C. P., et al. J. Org. Chem., 1994, 59, 7955

[42] Fitch W. L. In Annual Reports in Combinatorial Chemistry and Molecular Diversity. W. H. Moos, M. R. Pavia, A. D. Ellington and B. K. Kay (Eds). ESCOM Science Publishers B. V., 1997, Vol. 1, 59

[43] Dobson C. M. Nature, 2004, 432, 824

[44] Stockwell B. R. Nature, 2004, 432, 846

[45] Bredel M., Jacoby E. Nature Rev. Genetics, 2004, 5, 262

[46] Schreiber S. L. Nature Chemical Biology, 2005, 1, 64

[47] Clady J., Walsh C. Nature, 2004, 432, 829

[48] a) Tan D. S. Nature Chemical Biology, 2005, 1, 74

b) Burke M. D., Lalic G. Chemistry & Biololgy 2002, 9, 535

c) Nielsen J. Current Opinion in Chemical Biology, 2002, 6, 297

[49] a) Schreiber S. L. Science, 2000, 287, 1964

b) Schreiber S. L. Chem. Eng. News, 2003, 81(9), 51

c) Burke M. D., Schreiber S. L. Angew. Chem. Int. Ed., 2004, 43, 46

[50] Pelish H. E., Westwood N. J., Feng Y., et al. J. Am. Chem. Soc., 2001, 123, 6740

[51] Masamune S., Sharpless K. B. Science, 1983, 220, 949

[52] Lee D., Sello J. K., Schreiber S. L. J. Am. Chem. Soc., 1999, 121, 10648

[53] Sigman M. S., Jacobsen E. N. J. Am. Chem. Soc., 1998, 120, 4901

[54] von Wangelin A. J., Neumann H., Gordes D., et al. Chem. Eur. J., 2003, 9, 4286

[55] Lee D., Sello J. K., Schreiber S. L. Organic Letters, 2000, 2, 709

[56] Arya P., Joseph R., Chou D. T. H. Chemistry & Biology, 2002, 9, 145
[57] Sedrani R., Kallen J., Cabrejas L. M. M., et al. J. Am. Chem. Soc., 2003, 125, 3849
[58] Jiang S., Li Y., Chen X.-G., et al. Angew. Chem. Int. Ed., 2004, 43, 329
[59] Gerth K., Bedorf N., Hofle G., et al. J. Antibiot., 1996, 49, 560
[60] Bollag D. M., McQueney P. A., Zhu J., et al. Cancer Res., 1995, 55, 2325
[61] Nicolaou K. C., Winssinger N., Pastor J., et al. Nature, 1997, 387, 268
[62] Nicolaou K. C., He Y., Vourloumis D., et al. Angew. Chem. Int. Ed., 1996, 35, 2399
[63] Nicolaou K. C., Vourloumis D., Li T., et al. Angew. Chem. Int. Ed., 1997, 36, 2097
[64] Chapman O. L., Engle M. R., Springer J. P., Clardy J. C. J. Am. Chem. Soc., 1971, 93, 6696
[65] Lindsley C. W., Chan L. K., Goess B. C., et al. J. Am. Chem. Soc., 2000, 122, 422
[66] Delmontte P., Delmontte-Plaquee J. Nature, 1953, 171, 344
[67] Sharma S. V., Agatsuma Nakano, H. Oncogene, 1998, 16, 2639
[68] Yamamoto K., Garbaccio R. M., Stachel S. J., et al. Angew. Chem. Int. Ed., 2003, 42, 1280

附录 1　有机合成化学文献

有机合成文献检索主要是化合物和合成方法两个方面，下面简要列举有关的杂志、丛书和专著。

一、化合物检索

(1) Beilstein handbuch der Organischen Chemie，4th Ed.，Springer-Verlag，Berlin，1985。

近期该大全又推出了多种形式的计算机版，如 CrossFire Plus Reaction 据称是世界上最大、最完备的有机化合物及反应数据库。

(2) Chemical Abstracts Vol. 1～(1907～)，American Chemical Society。

大全性二次文献。现也可通过计算机检索、查阅。

(3) Dictionary of Organic Compounds，6th. Ed.，Chapman and Hall，London，1996。

目前已出第六版。对于广泛感兴趣的一些化合物进行检索非常方便。而且不断还有补编推出。

二、合成方法检索

在最近的十几年间有许多合成方法的汇编，而且数量增长很快，主要的有下列几种：

(1) W. Theiheimer，Theiheimer's Synthetic Methods of Org. Chem. Vol. 1～(1947～)，连续出版物。

(2) Houben-Weyl，Methoden der Organiche Chemie，连续出版物。

(3) Harrison & Harrison，Compendium of Organic Synthetic Methods 至 1995 年已出 Vol. 1～8。

(4) Bueller & Pearson，Survey of Organic Synthesis，Vol. 1～2，John Wiley & Sons，Inc.，Canada，1977。

(5) J. Mathieu & J. Weill-Raynal，Formation of C-C Bonds Vol. 1～3. Georg Thieme Pub。

(6) Miller et al.，Annual Reports in Organic Synthesis，每年出版。

(7) H. T. Clarke et al.，Organic Synthesis，Vol. 1～(1942～)，John Wieley & Sons，Inc. 每年出版，定期汇集成 Organic Synthesis Collective。

(8) Fieser & Fieser, Reagents for Organic Synthesis, Vol. 1～17 (1967～1994), John Wieley & Sons, Inc. Vol. 18 ～ (1999 ～),由 Lse-Lok Ho 编集。

(9) R. M. Coates et al. Handbook of Reagents for Organic Synthesis Vol. 1 ～ 4 (1999), John Wiley & Sons Ltd。

(10) R. N. Grimes, Inorganic Synthesis, Vol. 1～29 (1945～1992+), John Wiley & Sons, Inc。

(11) J. J. Eisch et al., Organometallic Syntheses, Vol. 1～4 (1965 ～ 1988), Elsevier。

(12) Herrmann, Synthetic Methods of Organometallic and Inorganic Chemistry, Vol. 1 ～ 8 (1996 ～ 1997), Thieme。

(13) R. Adams et al., Organic Reactions, Vol. 1 ～ (1954 ～), John Wiley & Sons, Inc., 每年出版。

(14) R. C. Larock, Comprehensive Organic Transformation, 2nd Ed. (1999) Wiley VCH。

(15) 非纸质出版物：除上节提及的 CrossFire Plus Reaction 外，当前最有影响的当属美国化学会化学文摘社(Chemical Abstracts Service, CAS) 1994 年开始建立起来的数据库 SciFinder，它可以检索 CAS 所拥有的五个数据库和 MEDLINE，包括了 1907 年以来的文献、专利、化合物、化学反应等数据资料。美国科学情报研究所(Institute of Scientific Information, ISI)出版的"科学引文索引"(Science Citation Index, SCI)和"化学引文索引"(Chemistry Citation Index)因可以检索引用情况和引文指数而声名显赫，其实它的网络版和光盘版对文献、化合物、化学反应等的检索也还是十分方便的，但只能查找 20 世纪 90 年代以后的资料。此外还有不少以 CD-ROM 方式出版或提供联机服务的反应数据库，如 CASreact (网络版)、InfoChem 反应数据库 (1975 ～ 1991) (光盘版)、Derwent Jounal of Synthetic Methods (DJSM) (光盘版) 以及 ChemPrep 化学反应数据库(1985～)(光盘版)。

三、综述文献查阅

刚刚接触一个新的合成化学课题时往往需要熟悉相关的一些文献，而这方面的综述文献就成为最方便和全面了解前人工作的途径。下面列举一些检索综述文献的书籍和有机合成有关的丛书。

(1) N. Kharasch, W. Wolf & E. C. P. Harrison, Review Index to Reviews, Symposia volumes and Monographs in Organic Synthesis。

(2) D. A. Lewis & P. Charnock, Index of Review in Organic Chemistry。

(3) Methods in Organic Synthesis (Reviews Section)。

(4) Current Chemical Reaction (Review Section, monthly)。

(5) J. Synthetic Methods (Review Section)。

(6) Houben-Weyl Methoden der Organischen Chemie 及其增补本 Stereoselective Synthesis Vol 1 ～ 10 (1996)。

(7) Comprehensive Organic Chemistry, Vol. 1～6, Ed. by Sir D. H. R. Barton, Pergamon Press, Oxford, 1979。

(8) Comprehensive Organic Synthesis: Selectivity, Strategy and Efficiency in Morden Organic Chemistry, Vol. 1～9, Ed. by B. M. Trost & I. Fleming, Pergamon Press, Oxford, 1991。

(9) Comprehensive Organometallic Chemistry Ⅱ (A review of the literatures of 1982～1994), Vol. 1～14, Ed. by E. W. Abel, F. G. A. Stone and G. Wilkinson, Elsevier Press, Oxford, 1995。

(10) Comprehensive Organic Functional Group Transformations Vol. 1～7, Ed. by A. R. Kartritzky, O. Meth-Cohn, C. W. Rees, Elsevier Press, Oxford, 1995。

(11) Comprehensive Heterocyclic Chemistry Vol. 1 ～ 8, Ed. by. A. R. Katritzky et al. 1984; Comprehensive Heterocyclic Chemistry Ⅱ Vol. 1 ～ 11, Ed. by. A. R. Katritzky et al. 1996, Elsevier Press。

(12) Comprehensive Natural Products Chemistry Ed. by. D. Barton et al. 1999, Elsevier Press。

(13) 美国化学会杂志 J. Org. Chem. 自 1978 年开始编撰有机化学方面的综述文献目录，以 Recent Review 名称刊登于杂志上，1985 年 15 期时[J. Org. Chem. 1985, 50(8), 1346～1350]暂停，1990 年恢复，至 2001 年初已登至 59 期[J. Org. Chem. 2001, 66(1), 352～362]读者可由此上溯检索综述文献。

四、知识跟踪

跟踪阅读新的原始文献是了解有机合成化学最新发展情况的最好方法。但是在文海浩瀚的今天，每个读者要全部阅读所有文献显然是力不从心。我们向有机合成化学工作者推荐下列期刊用来经常阅读，画线者为核心文献：

(1) Accounts of Chemical Research (美国，综述)

(2) Angew. Chem. Int. Ed. (德国，综述、通讯)

(3) Australian J. Chem. (澳大利亚)

(4) Bulletin Chem. Soc. Japn. (日本)

(5) Canadian J. Chem. (加拿大)

(6) Chem. Commun. (英国，通讯)

(7) Chem. Lett. (日本，通讯)

(8) Chem. Pharm. Bull. (日本)

(9) Chem. Rev.（美国,综述 ）

(10) Chem. Soc. Rev.（英国,综述）

(11) Coll. Czech Chem. Commun.（捷克，全文）

(12) Contemporary Organic Synthesis（英国,综述）

(13) Europe J. Org. Chem.（欧洲,全文,通讯）

(14) Helv. Chim. Acta（瑞士,全文）

(15) Heterocycles（日本,通讯、全文,简报,综述）

(16) J. Am. Chem. Soc.（美国,通讯、全文）

(17) J. Chem. Soc. Perkin Trans. I（英国及斯堪的纳维亚,通讯、全文,综述）,2003年起合并成 Org. Biomol. Chem.

(18) J. Org. Chem.（美国,简报、全文）

(19) J. Eu. Chem.（欧洲,全文）

(20) Org. Lett.（ 美国,通讯）

(21) Pure & Appl. Chem.（ IUPAC,会议论文报告综述）

(22) Synlett（德国,综述、通讯）

(23) Synthesis（德国,综述、全文）

(24) Synthetic Commun.（美国,通讯、全文）

(25) Tetrahedron（英国,综述、全文）

(26) Tetrahedron Lett.（英国,通讯）

(27) Tetrahedron: Asymmetry（英国,综述、通讯、全文）

(28) 有机合成化学(J. Syn. Org. Chem. Jap.)（日本,综述）

五、一些二次文献:

(1) Current Chemical Reactions (monthly)

(2) Methods in Organic Synthesis (monthly)

(3) Journal of Synthetic Methods (monthly)

(4) Natural Products Updates

六、最新进展报道评述

(1) Chem. & Eng. News（美国化学会,周刊）

(2) Chemistry in British（英国化学会,月刊），2004年起改名为 Chemistry World

(3) Chem Tech（美国化学会,月刊）

(4) Chemistry International（ IUPAC,月刊）

(5) Chemtracts, Organic Chemistry（美国,双月刊）

附录 2 常用保护基一览表

	hydroxyl	diol	carboxyl	carbonyl	amine
N,*O*-acetals				√	√
O,*O*-acetals		√		√	
O,*S*-acetals				√	
S,*S*-acetals				√	
acetyl (Ac)	√				
allyl	√		√		
allyloxycarbonyl (Aloc)	√				√
arylsulfenyl					√
2,3-dihydro-1*H*-2,1,3-benzazadisilole					√
benzoyl (Bz)	√				
benzyl (Bn)	√		√		√
benzylidene acetal		√			
benzyloxycarbonyl (Cbz)					√
benzyloxymethyl (BOM)	√		√		√
bis(methylthio)methylene					√
tert-butoxycarbonyl (Boc)					√
tert-butyl (*t*-Bu)	√		√		
tert-butyldimethylsilyl (TBS or TBDMS)	√		√		√
tert-butyldiphenylsilyl (TBDPS)	√		√		√
chloroacetyl	√				
cyclohexylidene acetal		√			
cyclopentylidene acetal		√			
2,7-dibromo-9-phenyl-9-xanthenyl	√				
di-*tert*-butylsilylene (DTBS)		√			
diethylisopropylsilyl (DEIPS)	√				
3,4-dimethoxybenzyl (DMB)	√				
di(*p*-methoxyphenyl)phenylmethyl (DMTr)	√				
diphenylmethyl			√		√

续表

	hydroxyl	diol	carboxyl	carbonyl	amine
diphenylmethylene					√
ethoxycarbonyl					√
2-ethoxyethyl (EE)	√				
9-fluorenylmethoxycarbonyl (Fmoc)					√
9-fluorenylmethyl (Fm)			√		
isopropyldimethylsilyl (IPDMS)	√				
isopropylidene acetal		√			
p-methoxybenzyl (PMB)	√				√
p-methoxybenzyloxymethyl (PMBM)	√				
methoxycarbonyl					√
2-methoxyethoxymethyl (MEM)	√		√		
methoxymethyl (MOM)	√		√		√
1-methoxy-1-methylethyl	√				
p-methoxyphenyl (PMP)					√
p-methoxyphenyldiphenylmethyl (MMTr)	√				
4-methoxytetrahydropyran-4-yl (MTHP)	√				
methyl	√		√		
methylthiomethyl (MTM)	√		√		
p-nitrobenzyl (PNB)			√		
p-nitropcinnamyloxycarbonyl (Noc)					√
o-nitrophenylsulfenyl (Nps)					√
ortho esters			√		
1,3-oxazolines			√		
9-phenyl-9-fluorenyl (PhFl)					√
phenylsulfonyl					√
2-(phenylsulfonyl)ethoxycarbonyl (Psec)					√
9-phenyl-9-xanthenyl (pixyl)	√				
phthalimides					√
pivaloyl (Pv)	√				
pivaloyloxymethyl (Pom)			√		
2, 2, 5, 5-tetramethyl-1-aza-2, 5-disilacyclopentane (STABASE)					√

续表

	hydroxyl	diol	carboxyl	carbonyl	amine
tetrahydropyran-2-yl (THP)	√				
1，1，3，3-tetraisopropyldisiloxane-1，3-diyl (TIPDS)		√			
thexyldimethylsilyl (TDS)	√				
tosyl (Ts)					√
2-tosylethoxycarbonyl (Tsoc)					√
2-tosylethyl (TSE)			√		
2,2,2-trichloroethoxycarbonyl (Troc)					√
triethylsilyl (TES)	√		√		
trifluoroacetyl					√
triisopropylsilyl (TIPS)	√				√
trimethylsilyl (TMS)	√		√		√
2-(trimethylsilyl)ethanesulfonyl (TMSES)					√
2-(trimethylsilyl)ethoxycarbonyl (Teoc)					√
2-(trimethylsilyl)ethoxymethyl (SEM)	√		√		√
2-(trimethylsilyl)ethyl (TMSE)	√		√		
2,6,7-trioxabicyclo[2,2,2]octane (OBO)			√		
4,4′,4,4″-tris(benzoyloxy)trityl (TBTr)	√				
trityl (Tr)	√				√

附录 3　常用缩写语汇录

每年,美国化学会出版的 *J. Org. Chem.* 杂志的第一期上都对常用的化学缩写语进行一些说明,但比较系统的可见于 *Aldrichimica Acat* 1984 年 17 卷第 1 期第 13~23 页的汇录。下面仅收集一些常用试剂、溶剂和说明反应条件的缩写语,保护基的缩写语望参考附录 2。

4 Å MS, 4 Å molecular sieves	4 Å 分子筛
9-BBN, 9-borabicyclo[3. 3. 1]nonane	9-硼-双环[3. 3. 1]壬烷
acac, acetylacetonate	乙酰丙酮
AIBN, 2,2′-azobisisobutyronitrile	偶氮二异丁腈
anhyd, anhydrous	无水
aq, aqueous	水溶液
Ar, aryl	芳基
atm, atmosphere(s)	大气压
av, average	平均
9-BBN, 9-borabicyclo[3. 3. 1]nonane	9-硼-双环[3. 3. 1]壬烷
BINAP, 2,2′-bis(diphenylphosphanyl)-1,1′-binphthyl bpy or bipy, 2,2′-bipyridyl	2′,2′-联吡啶基
bp, boiling point	沸点
Bu or *n*-Bu, normal (primary) butyl	正丁基
s-Bu, *sec*-butyl	仲丁基
t-Bu, *tert*-butyl	叔丁基
CAN, ceric ammonium nitrate	硝酸铈铵
cat., catalyst or catalytic	催化剂 或 催化剂量的
compd, compound	化合物
concd, concentrated	浓缩
concn, concentration	浓度
COD, cod, cyclooctadiene	环辛二烯
COT, cot, cyclooctatetraene	环辛四烯
Cp, cyclopentadienyl	环戊二烯基
CSA, camphorsulfonic acid	樟脑磺酸

续表

d day(s)	天
d，density	密度
DABCO，1,4-diazabicyclo[2.2.2]octane	1,4-二氮杂双环[2.2.2]辛烷
DAST，(diethylamino)sulfur trifluoride	二乙胺基三氟化硫
dba，dibenzylideneacetone	二苯亚甲基丙酮
DBN，1,5-diazabicyclo[4.3.0]non-5-ene	1,5-二氮杂双环[4.3.0]壬-5-烯
DBU，1,8-diazabicyclo[5.4.0]undec-7-ene	1,8-二氮杂双环[5.4.0]十一-7-烯
DCC，N,N′-dicyclohexylcarbodiimide	二环己基碳二亚胺
DDQ，2,3-dichloro-5,6-dicyano-1,4-benzoquinone	2,3-二氯-5,6-二氰基-1,4-苯醌
DEAD，diethyl azodicarboxylate	偶氮二羧酸二乙酯
DHP，3,4-dihydro-2*H*-pyran	3,4-二氢-2*H*-吡喃
DIAD，diisopropyl azodicarboxylate	偶氮二羧酸二异丙酯
DIBAL-H，diisobutylaluminium hydride	二异丁基氢化铝
DIPEA，diisopropylethylamine	二异丙基乙基胺
DMAP，4-dimethylaminopyridine	4-二甲氨基吡啶
DME，1,2-dimethoxyethane	1,2-二甲氧基乙烷
DMF，dimethylformamide	*N*,*N*-二甲基甲酰氨
DMPU，1,3-dimethyl-3,4,5,6-tetrahydropyrimidin-2(1*H*)-one	1,3-二甲基-3,4,5,6-四氢嘧啶-2(1*H*)-酮
DMSO，dimethyl sulfoxide	二甲亚砜
de，diastereomeric excess	非对映体过量
dr，diastereomeric ratio	非对映体比例（注意和 diastereomeric excess 区别）
dppe，1,2-bis(diphenylphosphino)ethane	1,2-二(二苯基膦)-乙烷
E1，unimolecular elimination	单分子消除反应
E2，bimolecular elimination	双分子消除反应
ED50，dose that is effective in 50% of test subjects	半有效量
EDTA，ethylenediaminetetraacetic acid	乙二胺四乙酸
EECE	electric eel cholinesterase
eq，equation	方程式
equiv	当量(相当量，不是量词)
ee，enantiomeric excess	对映体过量
er，enantiomeric ratio	对映体比例（not enantiomeric excess）

续表

Et, ethyl	乙基
g, gram(s)	克
GC, gas chromatography	气相色谱
h, hour(s)	小时
HATU, *N*-[(dimethylamino)(3*H*-1,2,3-triazolo[4,5-*b*]pyridin-3-yloxy)methylene]-*N*-methylmethanaminium hexafluorophosphate	
HMDS, 1,1,1,3,3,3-hexamethyldisilazane	1,1,1,3,3,3-六甲基二硅胺烷
HMPA, hexamethylphosphoric triamide (hexamethylphosphoramide)	六甲基磷酰胺
hν, represents "light irradiation"	表示"光照"
HOAt, 1-hydroxy-7-azabenzotriazole	1-羟基-7-氮-苯并三唑
HOBT, 1-hydroxybenzotriazole	1-羟基苯并三唑
HPLC, high-performance liquid chromatography	高效液相色谱
HRMS, high-resolution mass spectrometry	高分辨质谱
Hz, hertz	赫兹
Im, imidazol-1-yl	咪唑基
IR, infrared	红外
J, coupling constant (in NMR spectrometry)	偶合常数
L, liter(s)	升
LAH, lithium aluminum hydride	锂铝氢
LD50, dose that is lethal in 50% of test subjects	半致死量
LDA, lithium diisopropylamide	二异丙基胺基锂
LHMDS, lithium hexamethyldisilazane (lithium bis(trimethylsilyl)-amide)	六甲基二硅胺基锂
lit., literature (abbreviation used with period)	文献
LTMP, lithium 2,2,6,6-tetramethylpiperidide	2,2,6,6-四甲基哌啶锂盐
MCPBA, *m*-chloroperbenzoic acid	间氯过苯甲酸
Me, methyl	甲基
Mes, 2,4,6-trimethylphenyl (mesityl) [not methanesulfonyl] mesyl	2,4,6-三甲基苯基
MHz, megahertz	兆赫兹
min, minute(s)	分钟;或者 minimum;最小

续表

mM，millimolar (millimoles per liter)	毫摩尔浓度
mol，mole(s)	摩尔
mp，melting point	熔点
MsCl，methanesulfonyl chloride	甲磺酰氯
MW or mol wt，molecular weight	分子量
NBS，*N*-bromosuccinimide	*N*-溴丁二酰亚胺
NCS，*N*-chlorosuccinimide	*N*-氯丁二酰亚胺
NIS，*N*-iodosuccinimide	*N*-碘丁二酰亚胺
NMO，4-methylmorpholine *N*-oxide	*N*-氧化甲基吗啉
NMP，1-methylpyrrolidin-2- one	1-甲基-2-吡咯烷酮
Ns，2-nitrobenzenesulfonamide	2-硝基苯甲磺酰氨
Nu，nucleophile	亲核试剂
PCC，pyridinium chlorochromate	吡啶氯铬酸盐
PDC，pyridinium dichromate	吡啶二铬酸盐
Ph，phenyl	苯基
Pht，phthalimido	苯邻二甲酰亚胺基
PLE，pig liver esterase	猪肝酶
PPA，poly(phosphoric acid)	多聚磷酸
PPTS，pyridinium *para*-toluenesulfonate	对甲苯磺酸吡啶盐
Pr，propyl	丙基
i-Pr，isopropyl	异丙基
PTSA or PTS = TsOH	
quant.，quantitative	定量的
Pyr or Py，Pyridine	吡啶
RCM，ring closing metathesis	闭环复分解反应
refl.，reflux	回流
rt，or r. t.，room temperature	室温
S_N1 unimolecular nucleophilic substitution	单分子亲核取代反应
S_N2 bimolecular nucleophilic substitution	双分子亲核取代反应
S_N' nucleophilic substitution with allylic rearrangement	烯丙基重排伴随的亲核取代反应
Su，succinimide	丁二酰亚胺
TBAF，tetrabutylammonium fluoride	四丁基氟化铵
TBDPSCl，*tert*-butyldiphenylsilyl chloride	叔丁基二苯基氯硅烷

续表

TBSCl or TBDMSCl，*tert*-butyldimethylsilyl chloride	叔丁基二甲基氯硅烷
TBSOTf，*tert*-butyldimethylsilyl triflate	三氟甲磺酸叔丁基二甲基硅基酯
TCNE，tetracyanoethylene	四腈基乙烷
TESCl，triethylsilyl chloride	三乙基氯硅烷
TESOTf，triethylsilyl triflate	三氟甲磺酸三乙基硅基酯
Tf，trifluoromethanesulfonyl (triflyl)	三氟甲磺酰基
TFA，trifluoroacetic acid	三氟乙酸
TFAA，trifluoroacetic anhydride	三氟乙酸酐
TfOH，trifluoromethanesulfonic acid	三氟甲磺酸
THF，tetrahydrofuran	四氢呋喃
TIPSCl，triisopropylsilyl chloride	三异丙基氯硅烷
TIPSOTf，triisopropylsilyl triflate	三氟甲磺酸三异丙基硅基酯
TMEDA，*N*,*N*,*N′N′*-tetramethylethylenediamine	*N*,*N*,*N′N′*-四甲基乙二胺
TMS，trimethylsilyl；tetramethylsilane	三甲基硅基
TMSBr，trimethylsilyl bromide	三甲基溴硅烷
TMSCl，chlorotrimethylsilane	三甲基氯硅烷
TMSE，2-(trimethylsilyl)ethyl	2-(三甲基硅基)乙基
TMSI，trimethylsilyl iodide	三甲基碘硅烷
TMSOTf，trimethylsilyl trifluoromethanesulfonate	三氟甲磺酸三甲基硅基酯
Ts，*p*-toluenesulfonyl	对甲苯磺酸基
TsOH，toluene-*p*-sulfonic acid	对甲苯磺酸
UV，ultraviolet	紫外
Vol，volume	体积
V/*V*，volume per unit volume (volume-to-volume ratio)	体积比
wt，weight	重量
W/*W*，weight per unit weight (weight-to-weight ratio)	重量比

索　引